"十二五"职业教育国家规划教材
经全国职业教育教材审定委员会审定
土木工程专业系列规划教材

建筑力学题解（第二版）

中册　材料力学

沈养中　李桐栋　主　编

高淑荣　石　静　孟胜国　副主编

科学出版社

北　京

内 容 简 介

本书是与"十二五"职业教育国家规划教材《建筑力学（第四版）》与《结构力学（第四版）》、普通高等教育"十一五"国家级规划教材《理论力学（第四版）》、《材料力学（第三版）》配套的教学辅导教材。本书涵盖建筑力学的知识要点，对精选 773 道概念题和 730 道计算题全部做了解答。本书内容丰富、突出应用、深入浅出、通俗易懂，注重培养分析问题和解决问题的能力。全书共分上、中、下三册。上册为理论力学（第一章至第七章），包括静力学基础、平面力系、空间力系、点与刚体的运动、质点与刚体的运动微分方程、动能定理、达朗贝尔原理与虚位移原理；中册为材料力学（第八章至第十四章），包括轴向拉伸与压缩、截面的几何性质、扭转、弯曲、应力状态与强度理论、组合变形、压杆稳定；下册为结构力学（第十五章至第二十二章），包括平面杆件体系的几何组成分析、静定结构的内力计算、静定结构的位移计算、力法、位移法、力矩分配法和无剪力分配法、影响线、工程结构有限元计算初步。

本书可作为高等职业学校、高等专科学校、成人高校及本科院校所属二级职业技术学院和民办高校土建大类专业，以及道桥、市政、水利等专业的力学课程的学习辅导教材，专升本考试用书。也可作为本科院校相关专业学生学习辅导用书，以及教师和有关工程技术人员的参考用书。

图书在版编目(CIP) 数据

建筑力学题解（中册　材料力学）/沈养中，李桐栋主编. —2 版. 北京：科学出版社，2016

（"十二五"职业教育国家规划教材·经全国职业教育教材审定委员会审定·木土工程专业系列规划教材）

ISBN 978 - 7 - 03 - 047244 - 1

Ⅰ.①建… Ⅱ.①沈…②李… Ⅲ.①建筑科学－力学－高等职业教育－题解 Ⅳ.①TU311－44

中国版本图书馆 CIP 数据核字(2016)第 021906 号

责任编辑：李　欣/责任校对：马英菊
责任印制：吕春珉/封面设计：曹　来

斜 学 出 版 社 出版

北京东黄城根北街 16 号
邮政编码：100717
http://www.sciencep.com

铭浩彩色印装有限公司印刷
科学出版社发行　各地新华书店经销

*

2002 年 10 月第　一　版　　开本：787×1092　1/16
2016 年 2 月第　二　版　　印张：13 3/4＋18 1/2＋17
2016 年 2 月第一次印刷　　字数：1 120 000

定价：96.00 元（上、中、下册合定价）

第二版前言

本书是在第一版的基础上，根据高职高专的特点和高等教育大众化的特点进行修订的。本次修订除继续保持第一版中的涵盖面广、内容丰富、突出应用、深入浅出、通俗易懂，注重培养分析问题和解决问题能力的特色外，增加了第二十二章：工程结构有限元计算初步，突出了建筑力学的实用性；增加了概念题 773 道，题型有：选择题、填空题、判断题和简答题；并对原有的计算题进行了修改和调整，题量达 730 道。对所有的概念题和计算题都做了解答。

本书分为上、中、下册，上册为理论力学（第一章至第七章），中册为材料力学（第八章至第十四章），下册为结构力学（第十五章至第二十二章），参加本书修订工作的有：江苏建筑职业技术学院沈养中（第一、二、三章）、李桐栋（第四、五、六、七、二十二章）、河北工程技术高等专科学校高淑荣（第十二、十三、十四章）、石静（第十七、十八章）、闫礼平（第十五、二十章）、王国菊（第十九、二十一章）、张翠英（第八、九章）、骆素培（第十一章）、山西阳泉职业技术学院孟胜国（第十六章）、刘少泷（第十章）、李达（第二十二章）。全书由沈养中统稿。

本书由北京大学于年才教授、河北科技大学陈健教授和宁波职业技术学院程桂胜教授担任主审，在此致以衷心的感谢。

在本书的编写过程中，许多同行提出了很好的意见和建议，在此深表感谢。

鉴于编者水平有限，书中难免有不妥之处，敬请同行和广大读者批评指正。

第一版前言

本书是与《理论力学》、《材料力学》以及《结构力学》配套的教学用辅导教材。本书涵盖建筑力学的知识要点，对 696 道题全部做了解答。内容丰富、突出应用、深入浅出、通俗易懂，注重培养分析问题和解决问题的能力。

参加本书编写工作的有：沈养中（第一、二、三章）、石静（第十七、十八章）、李桐栋（第四、五、六、七章）、高淑荣（第十二、十三、十四章）、孟胜国（第十六章）、闫礼平（第十五、二十章）、王国菊（第十九、二十一章）、张翠英（第八、九章）、骆素培（第十一章）、刘少泷（第十章）。全书由沈养中统稿。

本书由北京大学于年才教授和河北建筑工程学院程桂胜教授主审，在此致以衷心的感谢。

在本书的编写过程中，许多同行提出了很好的意见和建议，在此深表感谢。

鉴于编者水平有限，书中难免有不妥之处，敬请同行和广大读者批评指正。

编　者

2002 年 6 月

目　录

中册　材料力学

中册 材料力学

第八章
轴向拉伸与压缩

内容提要

1. 轴向拉伸与压缩

杆件受到与其轴线重合的外力作用，杆件将发生轴线方向的伸长或缩短，称为轴向拉伸或压缩。受轴向拉伸或压缩的杆件称为拉、压杆。

2. 内力和截面法

（1）内力。内力指的是因外力作用而引起的物体内部各质点间相互作用的内力的改变量，即由外力引起的"附加内力"。

（2）截面法。求物体内力的基本方法是截面法。截面法一般分为以下三个步骤：

第一步：沿需要求内力的截面，假想地将构件截开成两部分；

第二步：取截开后的任一部分作为研究对象，并把弃去部分对留下部分的作用以截面上的内力代替。

第三步：列出研究对象的静力平衡方程，解得内力。

（3）拉、压杆的内力。拉、压杆的内力与轴线重合，称为轴力，用 F_N 表示；符号规定：拉力为正，压力为负。

3. 应力

截面上某点处分布内力的集度称为该点处的应力。通常把它分解为两个分量：垂直于截面的分量 σ，称为正应力；相切于截面的分量 τ，称为切应力。

4. 拉、压杆的应力

（1）横截面上的应力。拉、压杆横截面上的应力为正应力，且均匀分布，其计算公式为

$$\sigma = \frac{F_N}{A} \tag{8.1}$$

式中：A——横截面面积。

σ 的符号规定与轴力 F_N 的符号规定相同，即拉应力为正，压应力为负。

（2）斜截面上的应力。与横截面成 α 角的斜截面上既有正应力 σ_α，又有切应力 τ_α，它们的计算公式为

$$\left.\begin{array}{l} \sigma_\alpha = \sigma\cos^2\alpha \\ \tau_\alpha = \dfrac{1}{2}\sin2\alpha \end{array}\right\} \tag{8.2}$$

计算时要注意式中 α、σ_α、τ_α 的正负号规定。

5. 拉、压杆的变形

（1）胡克定律

$$\Delta l = \frac{F_N l}{EA} \text{ 或 } \sigma = E\varepsilon \tag{8.3}$$

式中：E——材料的弹性模量。

（2）纵向线应变

$$\varepsilon = \frac{\Delta l}{l} \tag{8.4}$$

（3）横向线应变

$$\varepsilon' = -\nu\varepsilon \tag{8.5}$$

式中：ν——材料的泊松比。

6. 拉、压杆的强度计算

等直杆的强度条件为

$$\sigma_{\max} = \frac{F_{N\max}}{A} \leqslant [\sigma] \tag{8.6}$$

式中：$[\sigma]$——材料的许用应力。

根据以上强度条件可进行三种类型的强度计算问题，即强度校核，设计截面，确定许用荷载。

7. 拉、压超静定问题

拉、压超静定问题的解题步骤：

1）列出静力学平衡方程；

2）找出变形的几何关系；

3）根据力与变形的物理关系（即胡克定律）和变形的几何关系，得出补充方程；

4）联立静力学平衡方程和补充方程，解出未知量。

上述解法也适用于扭转、弯曲等超静定问题。

8. 剪切和挤压的实用计算

（1）剪切和挤压的概念。连接件的受力和变形特点：在构件的两个侧面上作用着与构

件轴线垂直的一对大小相等、方向相反、相距很近的横向外力，使构件两部分沿剪切面发生相对错动，即剪切变形；剪切面上的内力称为剪力 F_s，应力为切应力 τ。同时，在连接件和被连接件的接触面上还相互压紧，这种局部承压现象称为挤压；挤压面上的内力称为挤压力 F_{bs}，应力称为挤压应力 σ_{bs}。

(2) 剪切和挤压的实用计算。

1) 剪切强度条件：

$$\tau = \frac{F_s}{A_s} \leqslant [\tau] \tag{8.7}$$

式中：$[\tau]$——材料的许用切应力；

A_s——剪切面的面积。

2) 挤压强度条件：

$$\sigma_{bs} = \frac{F_{bs}}{A_{bs}} \leqslant [\sigma_{bs}] \tag{8.8}$$

式中：$[\sigma_{bs}]$——材料的许用挤压应力；

A_{bs}——挤压面的计算面积。当挤压面为平面时，A_{bs} 为该平面的面积；当挤压面为半个圆柱面时，A_{bs} 为挤压面在其直径平面上的正投影面积。

利用剪切强度条件和挤压强度条件也可进行三种类型的强度计算问题，即强度校核，设计截面，确定许用荷载。

概念题解

概念题 8.1～概念题 8.9　材料的力学性能

概念题 8.1　在下列四种工程材料中（　　）不可应用各向同性假设。

A. 铸铁　　　　　　B. 玻璃　　　　　　C. 松木　　　　　　D. 铸铜

答　C。

概念题 8.2　各向同性假设认为材料沿各个方向具有相同的（　　）。

A. 力学性能　　　　B. 外力　　　　　　C. 变形　　　　　　D. 位移

答　A。

概念题 8.3　构件的强度，刚度和稳定性（　　）。

A. 只与材料的力学性能有关

B. 只与构件的形状尺寸有关

C. 与材料的力学性能和构件的形状尺寸有关

D. 与材料的力学性能和构件的形状尺寸无关

答　C。

概念题 8.4　在线弹性范围，正应力 σ 与其相应的线应变 ε 满足_____定律，其表达式为_____。

答　胡克；$\sigma = E\varepsilon$。

概念题 8.5　设 σ_p、σ_e、σ_s 和 σ_b 分别表示拉伸试件的比例极限、弹性极限、屈服极限和强度极限，则下列结论中正确的是（　　）。

A. $\sigma_p < \sigma_e < \sigma_s < \sigma_b$

B. 试件中的真实应力不可能大于 σ_b

C. 对于各种不同材料，许用应力均由强度极限 σ_b 和对应的安全因数 n_b 来确定，即 $[\sigma] = \sigma_b / n_b$

D. 拉伸塑性材料都有明显的屈服阶段，均能测得 $\sigma_s = F_s / A$

答　A。

概念题 8.6　塑性材料经过冷作硬化处理后，它（　　）得到提高。

A. 强度极限　　　　　　B. 比例极限　　　　　　C. 延伸率　　　　　　D. 断面收缩率

答　B。

概念题 8.7　圆截面铸铁试件在压缩实验时的破坏形式和破坏原因，下列结论中正确的是（　　）。

A. 断面垂直于试件轴线，是由于拉应力强度不够破坏的

B. 断面垂直于杆轴线，是由于切应力力强度不够破坏的

C. 断面与杆轴线成 $45° \sim 55°$ 角，是由于拉应力强度不足引起的

D. 断面与杆轴线成 $45° \sim 55°$ 角，是由于切应力强度不足引起的

答　D。

概念题 8.8　对铸铁圆柱试件进行压缩试验，试件的破坏形式表明铸铁的_____能力比_____能力差。

答　抗剪；抗压。

概念题 8.9　低碳钢拉伸试件中应力达到屈服极限 σ_s 时，试件表面会出现滑移线，滑称线的出现与试件中的_____有关。

答　最大切应力。

概念题 8.10～概念题 8.40　内力、应力、变形

概念题 8.10　一阶梯形杆件受拉力 F 的作用，其截面 1—1、2—2、3—3 上的内力分别为 F_{N1}、F_{N2} 和 F_{N3}，三者的关系为（　　）。

A. $F_{N1} \neq F_{N2}$，$F_{N2} \neq F_{N3}$　　　　　　B. $F_{N1} = F_{N2} = F_{N3}$

C. $F_{N1} = F_{N2}$，$F_{N2} > F_{N3}$　　　　　　D. $F_{N1} = F_{N2}$，$F_{N2} < F_{N3}$

答　B。

概念题 8.11　图示钢梁 AB 由长度和横截面积相等的钢杆 1 和铝杆 2 支承，荷载 F 靠近 A 端作用，则（　　）。

A. 杆 1 比杆 2 内力大　　　　　　B. 杆 2 比杆 1 内力大

C. 杆 1、杆 2 内力一样大　　　　　　D. 不能确定

答　A。

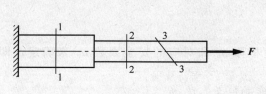

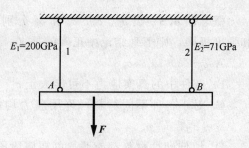

概念题 8.10 图　　　　　　　　　　　　概念题 8.11 图

概念题 8.12　图示阶梯杆，CD 段为铝，横截面积为 A；BC 和 DE 段为钢，横截面积均为 $2A$，设 1—1、2—2、3—3 截面上的内力分别为 F_{N1}、F_{N2} 和 F_{N3}，则三者的关系为（　　）。

A. $F_{N1} > F_{N2} > F_{N3}$ 　　　　　　　　B. $F_{N2} = F_{N3} > F_{N1}$

C. $F_{N3} > F_{N1} = F_{N2}$ 　　　　　　　　D. $F_{N2} = F_{N1} = F_{N3}$

概念题 8.12 图

答　D。

概念题 8.13　同一种材料制成的阶梯杆，受力如图，则内力 F_{N1} 和 F_{N2} 的关系为（　　）。

A. $F_{N1} = F_{N2}$ 　　　　　　　　　　B. $F_{N1} = 2F_{N2}$

C. $2F_{N1} = F_{N2}$ 　　　　　　　　　　D. $F_{N1} > F_{N2}$

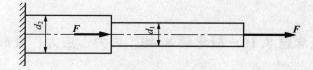

概念题 8.13 图

答　C。

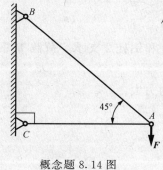

概念题 8.14 图

概念题 8.14　图示结构由杆 AB 和杆 AC 组成，在结点 A 处作用一力 F，则两杆的内力的大小分别为（　　）。

A. $F_{NAB} = \sqrt{2}F$，$F_{NAC} = \sqrt{2}F$

B. $F_{NAB} = \sqrt{2}F$，$F_{NAC} = \dfrac{\sqrt{2}}{2}F$

C. $F_{NAB} = \sqrt{2}F$，$F_{NAC} = F$

D. $F_{NAB} = 2\sqrt{2}F$，$F_{NAC} = F$

答　C。

概念题 8.15　变截面杆 AD 受力如图所示，设 F_{NAB}、F_{NBC} 和 F_{NCD} 分别表示该杆 AB 段、BC 段和 CD 段的轴力，则下列结论中正确的是（　　　）。

A. $F_{NAB} > F_{NBC} > F_{NCD}$
B. $F_{NAB} = F_{NBC} = F_{NCD}$
C. $F_{NAB} = F_{NBC} > F_{NCD}$
D. $F_{NAB} < F_{NBC} = F_{NCD}$

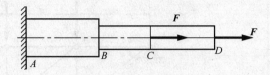

概念题 8.15 图

答　C。

概念题 8.16　图示杆件受到大小相等的四个轴向力 F 的作用，其中内力为零的一段为（　　　）。

A. AB 段
B. AC 段
C. AD 段
D. BC 段

概念题 8.16 图

答　D。

概念题 8.17　等直杆受力如图所示，BC 段内的轴力为_____，AB 段内的轴力为_____，CD 段内的轴力为_____。

答　0；F；F。

概念题 8.18　等直杆受力如图所示，杆内的最大轴力为_____。

答　40kN。

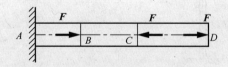

概念题 8.17 图

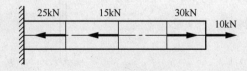

概念题 8.18 图

概念题 8.19　等直杆上端固定，下端受集中力 F 作用，如图所示。杆件自重为 $W = 4F$，则截面 1—1，2—2 上的轴力分别为 $F_{N1} =$ _____，$F_{N2} =$ _____。

答　0；$2F$。

概念题 8.20　图示桁架中，各杆的横截面面积相同，试问该结构中最大应力 σ_{max} 出现在哪些杆件中（　　　）。

A. 斜杆 AC、ED、BD
B. 竖杆 EC 和 HD
C. 斜杆 ED
D. 斜杆 AC 和 BD

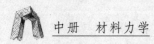

答　D。

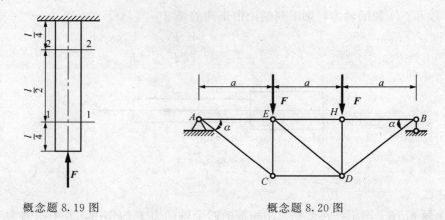

概念题 8.19 图　　　　　　　　概念题 8.20 图

概念题 8.21　木架受力情况如图所示，若立柱 AG 和 BH 的横截面面积分别为 A 和 $\frac{2}{3}A$，则立柱中压应力最大的部位是（　　）。

A. CE 段　　　　　B. EG 段　　　　　C. FH 段　　　　　D. CE 段和 FH 段

答　D。

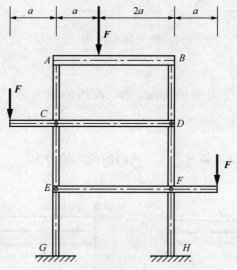

概念题 8.21 图

概念题 8.22　矩形截面杆两端受荷载 F 作用，如图所示，设杆件的横截面面积为 A，则下列结论中正确的是（　　）。

A. 杆件横截面上的正应力 $\sigma = -\dfrac{F}{A}$，切应力 $\tau = 0$

B. 在截面 m—m 上，正应力 $\sigma_\alpha = -\dfrac{F}{A}\cos\alpha$

C. 在截面 m—m 上，切应力 $\tau_\alpha = -\dfrac{F}{A}\sin\alpha$

D. 在截面 m—m 上，切应力 $\tau_\alpha = -\dfrac{F}{A}\sin 2\alpha$

答　A。

概念题 8.23　矩形截面杆两端受荷载 F 作用，如图所示，设杆件的横截面面积为 A，σ_α 和 τ_α 分别表示截面 m—m 上的正应力和切应力，则下列结论中错误的是（　　）。

A. σ_α 和 τ_α 的值随 α 角变化，当 $\alpha = 0°$ 时，σ_α 达到最大值

B. 当 $\alpha = 45°$ 时，τ_α 达到最大值

C. 当 $\alpha = 135°$ 时，$\sigma_\alpha = \tau_\alpha$

D. 当 $\alpha = 90°$ 时，$\sigma_\alpha = 0$

答　C。

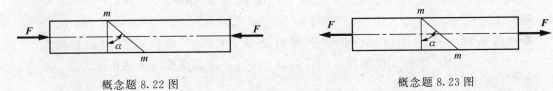

概念题 8.22 图　　　　　概念题 8.23 图

概念题 8.24　图示构架中，活动荷载 F 可在刚性梁 AB 上水平移动。杆 CD 的横截面面积为 A，当荷载移动到 B 处时，杆 CD 横截面上的正应力为_____。

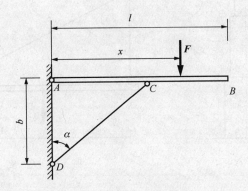

概念题 8.24 图

答　$\dfrac{Fl}{Ab\sin\alpha}$。

概念题 8.25　矩形截面杆杆两端受荷载 F 作用，如图所示。设杆件的横截面面积为 A，则 m—m 截面上的正应力为_____，切应力为_____。

答　$\dfrac{F}{A}\sin^2\alpha$；$\dfrac{1}{2}\cdot\dfrac{F}{A}\sin 2\alpha$。

概念题 8.26　变截面杆 AC 如图所示，F_{NAB}、F_{NBC} 分别表示 AB 段和 BC 段的轴力，σ_{AB} 和 σ_{BC} 分别表示 AB 段和 BC 段横截面上的应力，则下列结论中（　　）是正确的。

A. $F_{NAB} = F_{NBC}$，$\sigma_{AB} = \sigma_{BC}$　　　　B. $F_{NAB} \neq F_{NBC}$，$\sigma_{AB} \neq \sigma_{BC}$

C. $F_{NAB} = F_{NBC}$，$\sigma_{AB} \neq \sigma_{BC}$　　　　D. $F_{NAB} \neq F_{NBC}$，$\sigma_{AB} = \sigma_{BC}$

答　C。

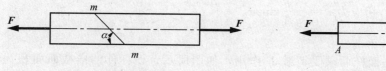

概念题 8.25 图　　　　　　　　　　　　概念题 8.26 图

概念题 8.27　均质变截面杆 AD 受自重作用，如图所示。杆件 AB 段和 CD 段的横截面面积分别为 A、$2A$、$3A$，设 F_{N1}、σ_1、F_{N2}、σ_2、F_{N3}、σ_3 分别表示 AB 段、BC 段和 CD 段中的最大轴力和最大应力，则下列结论中正确的是（　　）。

A. $F_{N1}=F_{N2}=F_{N3}$，$\sigma_1=\sigma_2=\sigma_3$　　　　　B. $F_{N1}\neq F_{N2}\neq F_{N3}$，$\sigma_1\neq\sigma_2\neq\sigma_3$

C. $F_{N1}<F_{N2}<F_{N3}$，$\sigma_1=\sigma_2=\sigma_3$　　　　　D. $F_{N1}\neq F_{N2}\neq F_{N3}$，$\sigma_1\neq\sigma_2=\sigma_3$

答　B。

概念题 8.28　图示刚性梁 AB 由三根杆支承，已知三根杆的横截面积均为 $A=100\text{mm}^2$，$F=30\text{kN}$。则杆①横截面上的应力为_____，杆②横截面上的正应力为_____。

答　150MPa；0。

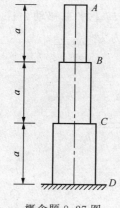

概念题 8.27 图

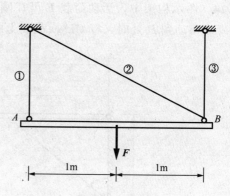

概念题 8.28 图

概念题 8.29　图示构架中，杆 AB 保持水平且长度不变，杆 CB 的长度随解变化，设 BC、AB 两杆的横截面面积分别为 $2A$ 和 A，则 α 为_____时，两杆中的拉、压应力数值相等。

答　60°。

概念题 8.30　电线杆用钢缆固定，如图所示。钢缆的横截面面积 $A=100\text{mm}^2$，弹性模量 $E=200\text{GPa}$。为使钢缆中的张力达到 100kN，则张紧器螺杆紧缩的位移量为（　　）cm。

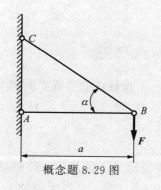

概念题 8.29 图

A. 6.67　　　　　　B. 5.59　　　　　　C. 5.0　　　　　　D. 4.82

答　B。

概念题 8.31　在图示桁架中，结点 B 的水平位移为（　　）。

A. $\Delta l_{AB}/2$　　　　B. $\sqrt{3}\Delta l_{AB}$　　　　C. $\dfrac{1}{2}\Delta l_{BC}$　　　　D. $\dfrac{\sqrt{3}}{2}\Delta l_{BC}$

答　B。

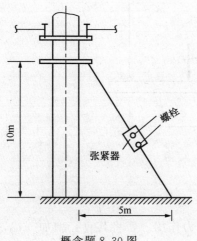

概念题 8.30 图

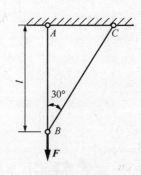

概念题 8.31 图

概念题 8.32　在概念题 8.31 图中，设两杆横截面积均为 A，弹性模量均为 E，则杆 AB 和 CB 的变形分别为（　　）。

A. $\dfrac{Fl}{EA}$，0　　　　B. 0，$\dfrac{Fl}{EA}$　　　　C. $\dfrac{Fl}{2EA}$，$\dfrac{Fl}{\sqrt{3}EA}$　　　　D. $\dfrac{Fl}{EA}$，$\dfrac{3Fl}{2EA}$

答　A。

概念题 8.33　一刚性杆 AB 上连接三根杆件，其长度分为 l、$2l$ 和 $3l$，如图所示。设在力 F 作用下三杆的纵向线应变分别为 ε_1、ε_2、ε_3，则线应变之间的关系为_____。

答　$\varepsilon_1=\varepsilon_2=\varepsilon_3$。

概念题 8.34　阶梯杆 ABC 受拉力 F 作用，如图所示，AB、BC 段横截面面积分别为 A_1 和 A_2，各段杆长均为 l，材料的弹性模量均为 E。此杆的最大线应变 $\varepsilon_{\max}$ 为_____。

答　$\dfrac{F}{EA_1}$。

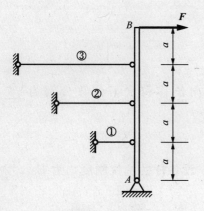

概念题 8.33 图

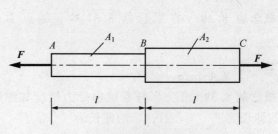

概念题 8.34 图

217

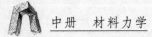

概念题 8.35 图示一刚性杆 AB，由两根弹性杆 AC 和 BD 悬吊。已知 F，l，a，E_1A_1 和 E_2A_2。当横杆 AB 保持水平时，x 等于_____。

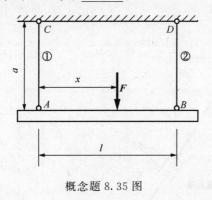

概念题 8.35 图

答 $\dfrac{E_2A_2}{E_1A_1+E_2A_2}l$。

概念题 8.36 一圆截面直杆，两端承受拉力作用。若将其直径增加一倍，则杆的抗拉刚度将是原来的_____倍。

答 4。

概念题 8.37 图示桁架中，荷载 F 沿 AB 方向，两杆的横截面面积均为 A，弹性模量均为 E，设 $\alpha=30°$，则杆 AB 和 BC 的伸长分别为_____和_____。

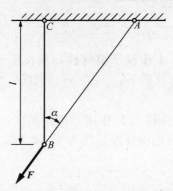

概念题 8.37 图

答 $\dfrac{2Fl}{\sqrt{3}EA}$；0。

概念题 8.38 在概念题 8.37 中，结点 B 的竖向位移和水平位移分别为_____和_____。

答 0；$\dfrac{2Fl}{EA\sin2\alpha}$ （←）。

概念题 8.39 正方形杆系结构受力情况如图所示，设各杆的抗拉刚度均为 EA，则杆 AB 的伸长为_____，杆 AC 的伸长为_____。

答 0；$\dfrac{\sqrt{2}Fa}{EA}$。

概念题 8.40 正方形结构受力如图所示。若各杆的抗拉和抗压刚度均为 EA，则杆 AD 的伸长为_____，BD 的伸长为_____。

答 $\dfrac{Fa}{\sqrt{2}EA}$；$-\dfrac{\sqrt{2}Fa}{EA}$。

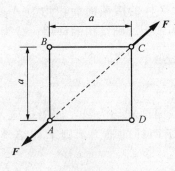

概念题 8.39 图

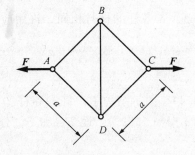

概念题 8.40 图

概念题 8.41～概念题 8.53 强度计算

概念题 8.41 图示结构受竖向力 F 作用。两杆的横截面面积和使用的材料相同，许用应力为 $[\sigma]$，杆 AB 保持水平且长度不变，杆 BC 的长度随角 α 角变化。若 $\alpha \leqslant \dfrac{\pi}{4}$，试问 α 角取何值时两杆的用料最省？（　　）

A. $\dfrac{\pi}{4}$

B. $\dfrac{\pi}{6}$

C. $\dfrac{\pi}{8}$

D. $41.3°$

答 A。

概念题 8.42 结构如图所示，杆①和杆②的横截面面积均为 A，许用应力均为 $[\sigma]$，设 F_{N1} 和 F_{N2} 为两杆的轴力，则下列结论中错误的是（　　）。

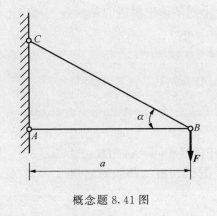

概念题 8.41 图

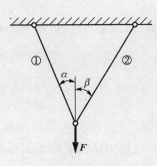

概念题 8.42 图

A. 荷载 $F = F_{N1}\cos\alpha + F_{N2}\cos\beta$

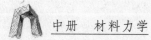
B. 当 F 逐渐增大时，杆②内的应力先达到许用应力的值

C. 若 $\alpha=\beta$，则许用荷载 $F_{max}=2[\sigma]A\cos\alpha$

D. 当 F 逐渐增大时，杆①的应力先达到许用应力的值

答 B。

概念题 8.43 图示桁架中，$\alpha=30°$，竖杆和水平杆的横截面面积均为 A，斜杆的横截面面积为 $1.5A$。若各杆的材料相同，许用应力均为 $[\sigma]$，则结构的许用荷载为（ ）。

A. $A[\sigma]$ B. $\dfrac{3}{4}A[\sigma]$ C. $\dfrac{\sqrt{3}}{3}A[\sigma]$ D. $\dfrac{\sqrt{3}}{4}A[\sigma]$

答 C。

概念题 8.44 图示结构中，杆①和杆②的横截面面积均为 A，许用拉应力均为 $[\sigma_t]$，许用压应力 $[\sigma_c]=0.5[\sigma_t]$。设 F_{N1} 和 F_{N2} 分别表示两杆的轴力，则下列结论中错误的是（ ）。

A. $F_{N1}=-0.5F$（压），$F_{N2}=1.5F$（拉）   B. $F_{N1}\leqslant[\sigma_c]A$，$F_{N2}\leqslant[\sigma_t]A$

C. 许用荷载 $F_{max}=2[\sigma_c]A$ D. 许用荷载 $F_{max}=\dfrac{2}{3}[\sigma_t]A$

答 C。

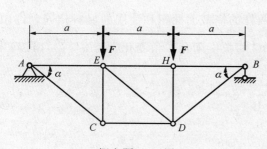

概念题 8.43 图

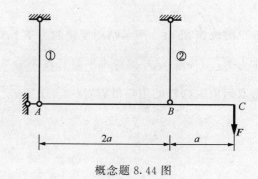

概念题 8.44 图

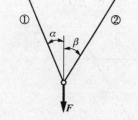

概念题 8.45 图

概念题 8.45 图示结构中，杆①和杆②的材料相同，许用应力为 $[\sigma]$，横截面面积分别为 A_1 和 A_2，横截面上的轴力分别为 F_{N1} 和 F_{N2}。下列结论中错误的是（ ）。

A. $F_{N1}\sin\alpha=F_{N2}\sin\beta$

B. $F_{N1}\cos\alpha+F_{N2}\cos\beta=F$

C. $A_1\geqslant\dfrac{F_{N1}}{[\sigma]}$，$A_2\geqslant\dfrac{F_{N2}}{[\sigma]}$

D. 许用荷载 $F_{max}=[\sigma](A_1\cos\alpha+A_2\cos\beta)$

答 D。

概念题 8.46 正方形桁架如图所示，各杆材料相同，许用拉应力为 $[\sigma_t]$，许用压应力 $[\sigma_c]=1.2[\sigma_t]$，竖杆 BD 的横截面面积为 A，其余四根的横截面面积 $A'=0.5A$，该桁架的许用荷载为_____。

答 $0.71[\sigma_t]A$。

概念题 8.47 图示结构中，钢杆①、②的横截面面积均为 A，许用应力均为 $[\sigma]$，设

荷载 F 可在横梁 DE 上移动，则此结构的许用荷载为_____。

答 $\dfrac{2}{3}[\sigma]A$。

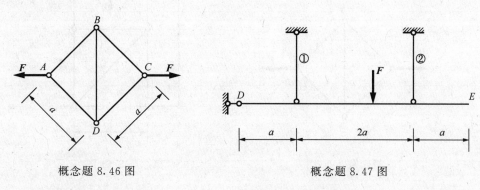

概念题 8.46 图　　　　　　概念题 8.47 图

概念题 8.48　图示结构中，杆①、②、③的横截面面积均为 A，许用应力均为 $[\sigma]$，则该结构许用荷载为_____。

答 $3A[\sigma]\cos\alpha$。

概念题 8.49　图示起重机用的吊环受荷载 F 作用，侧臂 AB 和 AC 分别由两块 $b\times h$ 矩形截面的条钢组成，条钢的许用应力为 $[\sigma]$。设 $b=0.3h$，则 h 的最小值为_____。

答 $\sqrt{\dfrac{F}{1.2[\sigma]\cos\alpha}}$。

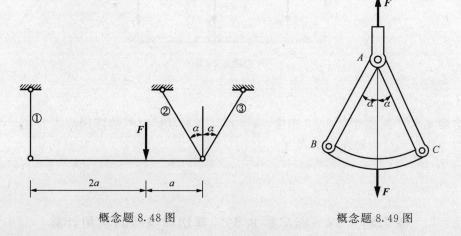

概念题 8.48 图　　　　　　概念题 8.49 图

概念题 8.50　正方形桁架如图所示，各杆的横截面积相同，材料相同，许用压应力为 $[\sigma_c]$，许用拉应力 $[\sigma_t]=0.8[\sigma_c]$。该桁架的许用荷载 F_{max} 为_____。

答 $[\sigma_c]A$。

概念题 8.51　水塔的结构图如图所示，水塔总重为 W，侧向水平力为 F，杆①、②材料相同，许用拉、压应力均为 $[\sigma]$，则杆①、②所需的横截面面积 A_1 为_____，A_2 为_____。

答 $\dfrac{\sqrt{2}F}{[\sigma]}$；$\dfrac{W+F}{2[\sigma]}$。

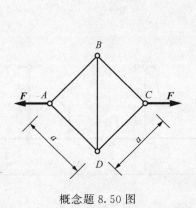

概念题 8.50 图

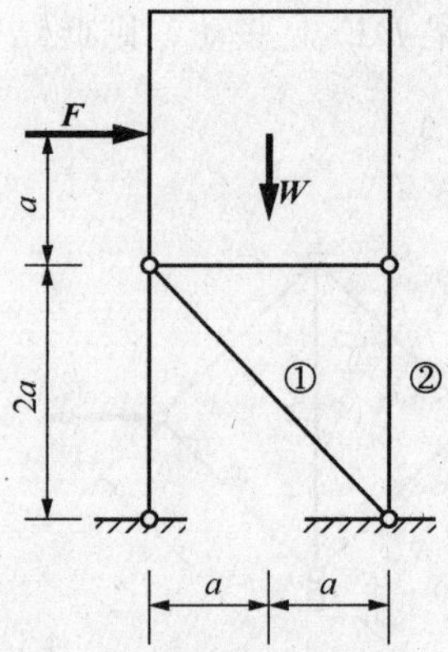

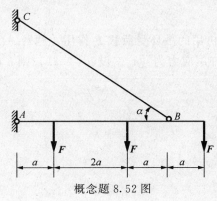

概念题 8.51 图

概念题 8.52 图示结构中，$\alpha=30°$，设拉杆 BC 的许用应力为 $[\sigma]$，则其横截面面积的最小值为_____。

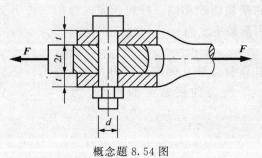

概念题 8.52 图

答 $\dfrac{4.5F}{[\sigma]}$。

概念题 8.53 在概念题 8.52 图中，$\alpha=30°$，拉杆 BC 材料的许用应力为 $[\sigma]$，其横截面面积为 A，则该结构的许用荷载为_____。

答 $\dfrac{2}{9}[\sigma]A$。

概念题 8.54～概念题 8.59 剪切和挤压的实用计算

概念题 8.54 图

概念题 8.54 图示大型平板和牵引车的挂钩部分以销钉相连。已知最大牵引力为 F，销钉直径为 d，材料的许用切应力为 $[\tau]$，则销钉的剪切强度条件为_____。

答 $\dfrac{2F}{\pi d^2}\leqslant[\tau]$。

概念题 8.55 在概念题 8.54 图中，大型平板车和牵引车的挂钩部分以销钉相连。已知最大牵引力为 F，挂钩板厚为 t，销钉直径为 d，材料的挤压许用应力为 $[\sigma_{bc}]$，则销钉的挤压强度条件为_____。

答 $\dfrac{F}{2td} \leqslant [\sigma_{bc}]$。

概念题 8.56 齿形榫连接件尺寸如图所示，两端受拉力 F 作用，则连接中挤压面上的挤压应力为_____，剪切面上的切应力为_____。

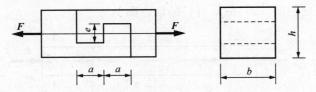

概念题 8.56 图

答 $\dfrac{F}{be}$；$\dfrac{F}{ba}$。

概念题 8.57 冲床的最大冲击力为 F，冲头的直径为 d，如图所示。材料的许用应力为 $[\sigma]$，被冲钢板的剪切强度极限为 τ_b，则该冲床能冲剪的钢板的最大厚度 $t=$_____。

答 $\dfrac{F}{\pi d \tau_b}$。

概念题 8.58 齿轮用平键与传动轴连接如图所示。已知平键的尺寸 $b \times h \times l = 20 \times 12 \times 100\,\text{mm}^3$，键材料的许用切应力 $[\tau]=140\text{MPa}$，许用挤压应力 $[\tau_{bs}]=300\text{MPa}$，则键所能承担的最大剪力为_____，所能承担的最大挤压力为_____。

答 280kN；180kN。

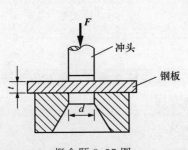

概念题 8.57 图

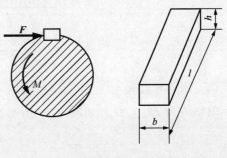

概念题 8.58 图

概念题 8.59 正方形截面的混凝土，其横截面边长为 200mm，其基底为边长 $a=1\text{m}$ 的正方形混凝土板。已知 $F=100\text{kN}$，混凝土的许用切应力 $[\tau]=2\text{MPa}$，假设地基地板的反力均匀分布，为使柱不致穿过混凝土板，则板的最小厚度 t 为_____。

答 60mm。

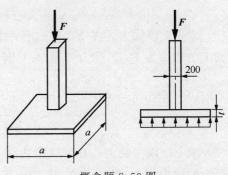

概念题 8.59 图

计算题解

计算题 8.1～计算题 8.22　内力、应力和变形

计算题 8.1　试绘制图（a）所示直杆的轴力图。

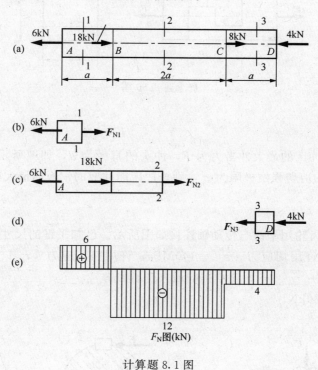

计算题 8.1 图

解　（1）求 AB 段轴力。在 AB 段内任一截面 1—1 处将杆件截开，取左段为研究对象，设截面上的轴力为 F_{N1}，受力如图（b）所示。列平衡方程

$$\sum X = 0, \quad F_{N1} - 6\text{kN} = 0$$

得

$$F_{N1} = 6\text{kN}$$

（2）求 BC 段轴力。在 BC 段内任一截面 2—2 处将杆件截开，仍取左段为研究对象，设截面上的轴力为 F_{N2}，受力如图（c）所示。列平衡方程

$$\sum X = 0, \quad -6\text{kN} + 18\text{kN} + F_{N2} = 0$$

得

$$F_{N2} = -12\text{kN}$$

（3）求 CD 段的轴力。在 CD 段内任一截面 3—3 处将杆件截开，取右段为研究对象，设截面上的轴力为 F_{N3}，受力如图（d）所示。列平衡方程

$$\sum X = 0, \quad -F_{N3} - 4\text{kN} = 0$$

得

$$F_{N3} = -4\text{kN}$$

（4）绘出轴力图如图（e）所示。

计算题 8.2 正方形截面的阶梯形杆受力如图（a）所示，试绘制杆的轴力图

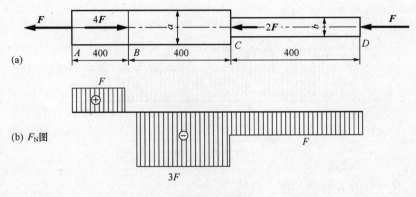

计算题 8.2 图

解 （1）分段计算各横截面上的轴力。

AB 段：$F_{N1} = F$

BC 段：$F_{N2} = -3F$

CD 段：$F_{N3} = -F$

（2）绘出轴力图如图（b）所示。

计算题 8.3 等直杆受力如图（a）所示，试绘制杆的轴力图。

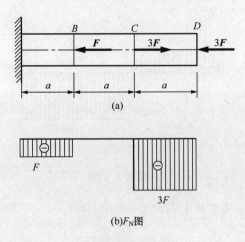

计算题 8.3 图

解 （1）分别计算各段横截面上的轴力。

AB 段：$F_{N1} = -F$

BC 段：$F_{N2} = 0$

225

CD 段：$F_{N3} = -3F$

（2）绘出轴力图如图（b）所示。

计算题 8.4 等截面轴向拉（压）杆受力如图（a）所示，试绘制杆的轴力图。

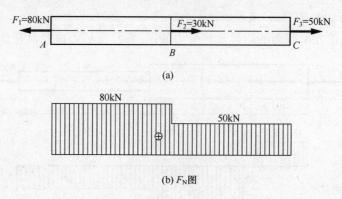

（a）

(b) F_N图

计算题 8.4 图

解 （1）分别计算各段横截面上的轴力。

AB 段：$F_{N1} = 80$kN

BC 段：$F_{N2} = 50$kN

（2）绘出轴力图如图（b）所示。

计算题 8.5 等截面杆受力如图（a）所示，试绘制杆的轴力图。

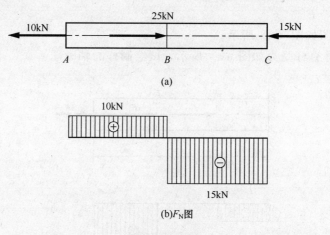

（a）

(b)F_N图

计算题 8.5 图

解 （1）分别计算各段横截面上的轴力。

AB 段：　$F_{N1} = 10$kN

BC 段：　$F_{N2} = -15$kN

（2）绘出轴力图如图（b）所示。

计算题 8.6 阶梯形轴向拉（压）杆受力如图（a）所示，试绘制杆的轴力图。

解 （1）计算各段横截面上的轴力。

AB 段：$F_{N1} = 40$kN

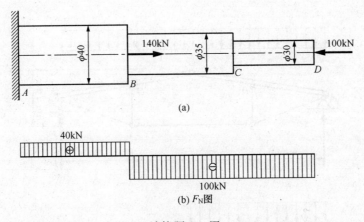

(a)

(b) F_N图

计算题 8.6 图

BC 段：$F_{N2} = -100\text{kN}$

CD 段：$F_{N3} = -100\text{kN}$

（2）绘出轴力图如图（b）所示。

计算题 8.7　阶梯形杆受力如图，$F_1 = 2\text{kN}$，$F_2 = 1\text{kN}$，试绘制杆的轴力图。

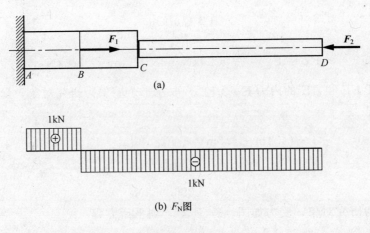

(a)

(b) F_N图

计算题 8.7 图

解　（1）计算各段横截面上的轴力。

AB 段：$F_{N1} = 1\text{kN}$

BC 段：$F_{N2} = -1\text{kN}$

（2）绘出轴力图如图（b）所示。

计算题 8.8　图（a）所示为一混合屋架结构的计算简图。屋架的上弦用钢筋混凝土制成，下面的拉杆和中间竖向撑杆都用两根 $80 \times 80 \times 8$ 等边角钢组成。已知屋面承受集度 $q = 20\text{kN/m}$ 的均布荷载，试求杆 AE 和 EF 横截面上的正应力。

解　（1）求支座反力。取整个屋架为研究对象，受力如图（a）所示。因屋架及荷载左右对称，所以

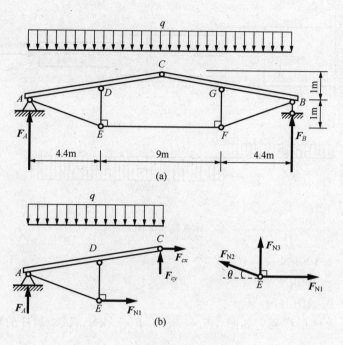

计算题 8.8 图

$$F_A = F_B = \frac{1}{2} \times 20\text{kN/m} \times 17.8\text{m} = 178\text{kN}$$

（2）求拉杆 EF 和 AE 的内力 F_{N1}、F_{N2}。取左半个屋架为研究对象，受力如图（b）所示。列平衡方程

$$\sum M_C = 0, \quad \frac{1}{2}q \times (4.4\text{m} + 4.5\text{m})^2 + F_{N1} \times 2\text{m} - F_A \times (4.4\text{m} + 4.5\text{m}) = 0$$

得

$$F_{N1} = 396.05\text{kN}$$

取结点 E 为研究对象，受力如图（c）所示。列平衡方程

$$\sum X = 0, \quad F_{N1} - F_{N2}\cos\theta = 0$$

式中：

$$\cos\theta = \frac{4.4\text{m}}{\sqrt{(4.4\text{m})^2 + (1\text{m})^2}} = 0.975$$

得

$$F_{N2} = 406.21\text{kN}$$

（3）求拉杆 EF 和 AE 横截面上的正应力。杆 EF 和 AE 的横截面积为

$$A_1 = A_2 = A = 12.303\text{cm}^2 \times 2 = 24.606\text{cm}^2$$

杆 EF 和 AE 横截面上的正应力分别为

$$\sigma_1 = \frac{F_{N1}}{A_1} = \frac{396.05 \times 10^3\text{N}}{24.606 \times 10^{-4}\text{m}^2}$$

$$= 160.96 \times 10^6\text{Pa} = 160.96\text{MPa}$$

$$\sigma_2 = \frac{F_{N2}}{A_2} = \frac{406.21 \times 10^3 \text{N}}{24.606 \times 10^{-4} \text{m}^2}$$
$$= 165.09 \times 10^6 \text{Pa} = 165.09 \text{MPa}$$

计算题 8.9 图（a）所示水箱重 $W = 440$kN，用杆 AB、BD 和 CD 支承，并受水平风力 $F = 100$kN 的作用。设三杆的横截面面积均为 $A = 2000 \text{mm}^2$，试求各杆横截面上的正应力。

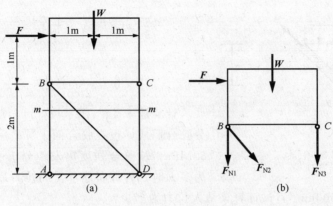

计算题 8.9 图

解 （1）求各杆内力。取截面 m—m 以上半部分为研究对象，受力如图（b）所示。列平衡方程

$$\sum X = 0, \quad F_{N2} \cos 45° + F = 0$$

得

$$F_{N2} = -141.4 \text{kN}$$

$$\sum M_B = 0, \quad F \times 1\text{m} + W \times 1\text{m} + F_{N3} \times 2\text{m} = 0$$

得

$$F_{N3} = -270 \text{kN}$$

$$\sum Y = 0, \quad -F_{N2} \sin 45° - W - F_{N1} - F_{N2} = 0$$

得

$$F_{N1} = -70 \text{kN}$$

（2）求各杆横截面上的正应力。杆 AB、BD、CD 横截面上的正应力分别为

$$\sigma_1 = \frac{F_{N1}}{A} = -35 \text{MPa}$$

$$\sigma_2 = \frac{F_{N2}}{A} = -70.7 \text{MPa}$$

$$\sigma_3 = \frac{F_{N3}}{A} = -135 \text{MPa}$$

计算题 8.10 图（a）所示为一圆锥形薄壁容器的纵截面图，容器装满液体，液体容重为 ρ，容器高为 h，圆锥顶角为 2θ，壁厚为 t。试求离底 A 距离 y [图（b）]高度处的横截面上的应力 σ（设 σ 沿壁厚均匀分布）。

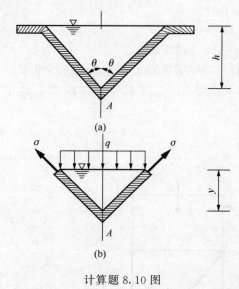

(a)

(b)

计算题 8.10 图

解 取圆锥形薄壁容器的一部分为研究对象，受力如图（b）所示。图中 $q = (h-y)\rho$。列平衡方程

$$\sum Y = 0, \quad F_N\cos\theta - F_q - W = 0$$

即

$$(2\pi y\tan\theta)t\,\sigma\cos\theta - (h-y)\rho\,\pi(y\tan\theta)^2$$
$$-\frac{\pi}{3}(y\tan\theta)^2 y\rho = 0$$

得

$$\sigma = \frac{\rho\sin\theta}{2t\cos^2\theta}\left(h - \frac{2}{3}y\right)y$$

计算题 8.11 图示拉杆沿斜截面 $m-m$ 由两部分胶合而成，设在胶合面上 $[\sigma] = 100\text{MPa}$，$[\tau] = 50\text{MPa}$。从胶合强度出发，分析胶合面的方位角 α 为多大时，杆件所能承受的拉力最大（$\alpha \leqslant 60°$）？若杆的横截面积 $A = 500\text{mm}^2$，试计算该最大拉力为多少？

解 （1）求方位角 α。若横截面上的正应力为 σ，则 α 斜截面上的正应力和切应力分别为

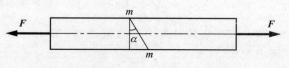

计算题 8.11 图

$$\sigma_\alpha = \sigma\cos^2\alpha, \quad \tau_\alpha = \frac{\sigma}{2}\sin2\alpha$$

根据题意可知，若有 α 满足 $\dfrac{\sigma_\alpha}{\tau_\alpha} = \dfrac{[\sigma]}{[\tau]} = \dfrac{100}{50} = 2$，则此 α 的值即为所求，即

$$\sigma\cos^2\alpha = 2\sigma\sin\alpha\cos\alpha$$

得

$$\alpha = 26.6°$$

（2）求最大拉力 F_{max}。设此时横截面上的正应力为 σ_{max}，则

$$\sigma_{max} = \frac{[\sigma]}{\cos^2\alpha} = \frac{100\text{MPa}}{0.794^2} = 125\text{MPa}$$

最大拉力为

$$F_{max} = A\sigma_{max} = 500 \times 10^{-6}\text{m}^2 \times 125 \times 10^6\text{N/m}^2 = 62.5\text{kN}$$

计算题 8.12 变截面杆如图（a）所示，已知 AB、BC 两段横截面面积分别为，$A_1 = 400\text{mm}^2$，$A_2 = 800\text{mm}^2$，材料的弹性模量 $E = 200\text{GPa}$。试求杆各段的变形及最大线应变 ε_{max}。

解 （1）求杆件各段的轴力，绘出轴力图如图（b）所示。

（2）AB 段、BC 段的变形分别为

$$\Delta l_1 = \frac{F_{N1}l_1}{EA_1} = \frac{40 \times 10^3\text{N} \times 0.4\text{m}}{200 \times 10^9\text{Pa} \times 400 \times 10^{-6}\text{m}^2}$$
$$= 2 \times 10^{-4}\text{m} = 0.2\text{mm}$$

$$\Delta l_2 = \frac{F_{N2}l_2}{EA_2} = -\frac{20 \times 10^3\,\mathrm{N} \times 0.4\mathrm{m}}{200 \times 10^9\,\mathrm{Pa} \times 800 \times 10^{-6}\,\mathrm{m}^2}$$
$$= -5 \times 10^{-5}\,\mathrm{m} = -0.05\mathrm{mm}$$

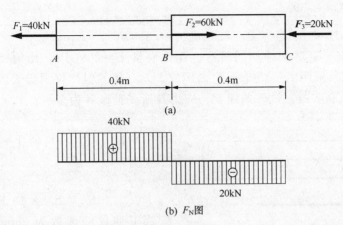

(a)

(b) F_N图

计算题 8.12 图

（3）最大线应变 ε_{max} 发生在 AB 段，其值为

$$\varepsilon_{max} = \frac{\Delta l_1}{l_1} = \frac{2 \times 10^{-4}\,\mathrm{m}}{0.4\mathrm{m}} = 5 \times 10^{-4}$$

计算题 8.13 图示圆锥形杆受轴向拉力作用，试求此杆的伸长。设力 F、弹性模量 E、杆长 l 及两端截面的直径 d_1、d_2 均为已知。

解 设距左端为 x 处横截面的直径用 d_x 表示，面积用 A_x 表示，dx 段的变形用 $d\lambda$ 表示，根据胡克定律有

$$d\lambda = \frac{F}{EA_x}dx$$

因此杆的伸长为

$$\Delta l = \int_0^l d\lambda = \frac{F}{E}\int_0^l \frac{dx}{A_x} \qquad (a)$$

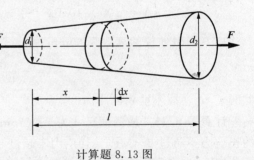

计算题 8.13 图

由图知

$$\frac{d_x - d_1}{d_2 - d_1} = \frac{x}{l}$$

得

$$d_x = \frac{d_2 - d_1}{l}x + d_1$$

所以

$$A_x = \frac{\pi}{4}d_x^2 = \frac{\pi}{4}\left[\frac{d_2 - d_1}{l}x + d_1\right]^2$$

将上式代入式（a），有

$$\Delta l = \int_0^l \frac{4F\,\mathrm{d}x}{\pi E \left(\dfrac{d_2 - d_1}{l}x + d_1\right)^2} = \frac{4F}{\pi E} \times \frac{l}{d_2 - d_1} \times \frac{-1}{\left(\dfrac{d_2 - d_1}{l}x + d_1\right)}\bigg|_0^l$$

$$= \frac{4Fl}{\pi E(d_2 - d_1)} \cdot \left(-\frac{1}{d_2} + \frac{1}{d_1}\right) = \frac{4Fl}{\pi E d_1 d_2}$$

计算题 8.14　一钢制试件如图所示，弹性模量 $E = 200\mathrm{GPa}$，比例极限 $\sigma_p = 200\mathrm{MPa}$，直径 $d = 8\mathrm{mm}$。在其标距 $l_0 = 100\mathrm{mm}$ 之内用放大 500 倍的引伸仪测量变形，试问：（1）当引伸仪的读数为 25mm 时，试件的应变、应力及所受荷载各为多少？（2）当引伸仪的读数为 60mm 时，应力等于多少？

计算题 8.14 图

解　（1）材料的比例极限所对应的应变为

$$\varepsilon_p = \frac{\sigma_p}{E} = \frac{200 \times 10^6\,\mathrm{Pa}}{200 \times 10^9\,\mathrm{Pa}} = 1 \times 10^{-3}$$

当引伸仪的读数为 25mm 时，试件的应变为

$$\varepsilon = \frac{\Delta l}{l_0} = \frac{25\mathrm{mm}}{500 \times 100\mathrm{mm}} = 5 \times 10^{-4}$$

可见 $\varepsilon < \varepsilon_p$，故试件横截面上的应力为

$$\sigma = E\varepsilon = 200 \times 10^9\,\mathrm{Pa} \times 5 \times 10^{-4} = 100 \times 10^6\,\mathrm{Pa} = 100\mathrm{MPa}$$

试件所受荷载为

$$F = \sigma A = 100 \times 10^6\,\mathrm{Pa} \times \frac{\pi}{4} \times 8^2 \times 10^{-6}\,\mathrm{m}^2 = 5.03 \times 10^3\,\mathrm{N} = 5.03\mathrm{kN}$$

（2）当引伸仪的读数为 60mm 时，试件的应变

$$\varepsilon = \frac{\Delta l}{l_0} = \frac{60\mathrm{mm}}{500 \times 100\mathrm{mm}} = 1.2 \times 10^{-3}$$

此时 $\varepsilon > \varepsilon_p$，故不能求出应力。

计算题 8.15　横截面尺寸为 $75 \times 75\mathrm{mm}^2$ 的短木柱承受轴向压力，欲使木柱任意截面上的正应力不超过 2.4MPa，切应力不超过 0.84MPa，试求其最大荷载 F_{max}。

解　（1）根据正应力强度确定最大荷载 F_{max}。在所有截面上的正应力中横截面上的正应力最大，则

$$\sigma = \frac{F}{A} \leqslant 2.4\mathrm{MPa}$$

得

$$F \leqslant 2.4 \times 10^6\,\mathrm{Pa} \times 75^2 \times 10^{-6}\,\mathrm{m}^2 = 13.5\mathrm{kN}$$

（2）根据切应力强度确定最大荷载 F_{max}。在所有截面上的切应力中，45°斜截面上的切应力最大，则

$$\tau = \frac{\sigma}{2} = \frac{F}{2A} \leqslant 0.84\mathrm{MPa}$$

得

$$F \leqslant 2 \times 0.84 \times 10^6\,\mathrm{Pa} \times 75^2 \times 10^{-6}\,\mathrm{m}^2 = 9.45\mathrm{kN}$$

比较后得最大荷载 $F_{max}=9.45$kN。

计算题 8.16　一平板拉伸试件如图所示，已知截面尺寸 $b\times h=30\times 4$mm^2。为了测得试件的应变，在试件表面纵向和横向贴上电阻应变片。在实验过程中，每增加 3kN 的拉力测得试件纵向线应变 $\varepsilon_1=120\times 10^{-6}$，横向线应变 $\varepsilon_2=-38\times 10^{-6}$。试求试件材料的弹性模量 E 和泊松比 ν。

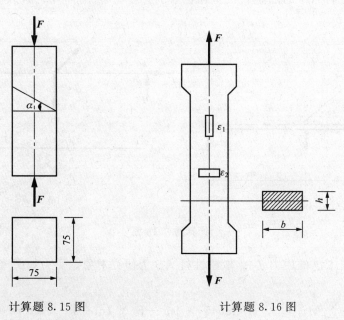

计算题 8.15 图　　　　　　　计算题 8.16 图

解　（1）求材料的弹性模量 E。由胡克定律知：应变与荷载成正比，即成线性关系，故应变的增量与荷载的增量间仍保持线性关系，由题意知

$$\varepsilon_1=\frac{\Delta F}{EA}$$

故

$$E=\frac{\Delta F}{\varepsilon_1 A}=\frac{3\times 10^3\,\mathrm{N}}{120\times 10^{-6}\times 30\times 4\times 10^{-6}\,\mathrm{m}^2}=208.3\mathrm{GPa}$$

（2）求材料的泊松比 ν。

$$\nu=\left|\frac{\varepsilon_2}{\varepsilon_1}\right|=\left|\frac{-38\times 10^{-6}}{120\times 10^{-6}}\right|=0.32$$

计算题 8.17　一起重机吊索承受荷载后，从原长 13.500m 拉长到 13.507m，试问：（1）这时吊索的应变为多少？（2）若材料为钢，弹性模量 $E=200$GPa，则产生这一应变时吊索横截面上的应力为多大？（3）如果吊索的横截面积为 $4\times 10^{-4}\,\mathrm{m}^2$，那么此时吊索的吊重为多少？

解　（1）吊索的应变为

$$\varepsilon=\frac{\Delta l}{l}=\frac{13.507-13.500}{13.500}=5.19\times 10^{-4}$$

（2）此时吊索横截面上的应力为

$$\sigma=E\varepsilon=200\times 10^9\mathrm{Pa}\times 5.19\times 10^{-4}=103.8\mathrm{MPa}$$

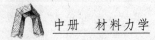

（3）吊索的吊重为

$$F = \sigma A = 103.8 \times 10^6 \text{Pa} \times 4 \times 10^{-4} \text{m}^2 = 41.52\text{kN}$$

计算题 8.18　在图（a）所示结构中，AB 为一刚性杆，CD 为钢制斜拉杆。已知 $F_1 = 8\text{kN}$，$F_2 = 6\text{kN}$，杆 CD 横截面面积 $A = 100\text{mm}^2$，钢的弹性模量 $E = 200\text{GPa}$，试求杆 CD 的轴向变形和刚性杆 AB 的端点 B 的竖向位移。

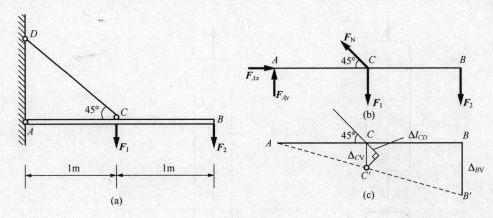

计算题 8.18 图

解　（1）求杆 CD 的内力 F_N。取刚性杆 AB 为研究对象，受力如图（b）所示。列平衡方程

$$\sum M_A = 0, \quad F_N \sin45° \times 1\text{m} - F_1 \times 1\text{m} - F_2 \times 2\text{m} = 0$$

得

$$F_N = \sqrt{2}(F_1 + 2F_2) = \sqrt{2}(8\text{kN} + 2 \times 6\text{kN}) = 28.28\text{kN}$$

（2）杆 CD 的伸长为

$$\Delta l_{CD} = \frac{F_N l_{CD}}{EA} = \frac{28.28 \times 10^3 \text{N} \times 1.414\text{m}}{200 \times 10^9 \text{Pa} \times 100 \times 10^{-6} \text{m}^2} = 2 \times 10^{-3} \text{m} = 2\text{mm}$$

（3）求 B 点的竖向位移。绘出刚性杆 AB 的位移图［图（c）］。由图可知，B 点的竖向位移为

$$\Delta_{BV} = 2\Delta_{CV} = 2\sqrt{2}\Delta l_{CD} = 5.66\text{mm}$$

计算题 8.19　一根直径 $d = 10\text{mm}$ 的圆截面杆，在轴向拉力 $\boldsymbol{F}$ 作用下直径减小 0.0025mm。已知材料的弹性模量 $E = 210\text{GPa}$，泊松比 $\nu = 0.3$，试求轴向拉力 $\boldsymbol{F}$。

解　横向线应变为

$$\varepsilon' = \frac{\Delta d}{d} = -\frac{0.0025\text{mm}}{10\text{mm}} = -2.5 \times 10^{-4}$$

纵向线应变为

$$\varepsilon = -\frac{\varepsilon'}{\nu} = -\frac{2.5 \times 10^{-4}}{0.3} = 8.33 \times 10^{-4}$$

横截面面积为

$$A = \frac{\pi}{4} \times 10^2 \times 10^{-6} \text{m}^2 = 78.5 \times 10^{-6} \text{m}^2$$

轴向拉力 F 为

$$F = \sigma A = E\varepsilon A = 210 \times 10^9 \text{Pa} \times 8.33 \times 10^{-4} \times 78.5 \times 10^{-6}\text{m}^2$$
$$= 13.73 \times 10^3 \text{N} = 13.73\text{kN}$$

计算题 8.20 空心圆截面钢杆的外径 $D=120\text{mm}$，内直径 $d=80\text{mm}$，材料的泊松比 $\nu=0.3$。当其受轴向拉伸时，已知纵向线应变 $\varepsilon=0.001$，试求此时的壁厚 δ。

解 横向线应变为

$$\varepsilon' = -\nu\varepsilon = -0.3 \times 0.001 = -0.0003$$

原壁厚为

$$\delta_0 = \frac{D-d}{2} = \frac{120\text{mm}-80\text{mm}}{2} = 20\text{mm}$$

变形后的壁厚为

$$\delta = \delta_0 + \delta_0\varepsilon' = 20\text{mm} - 20\text{mm} \times 0.0003 = 19.994\text{mm}$$

计算题 8.21 图（a）所示 A、B 两点之间原来水平地拉着一根直径 $d=1.2\text{mm}$ 的钢丝，现在钢丝的中点 C 加一竖向荷载 F，钢丝由此产生的线应变为 $\varepsilon=0.0025$。已知材料的弹性模量 $E=210\text{GPa}$，钢丝的自重不计，试求：（1）钢丝横截面上的应力。假设钢丝经过冷拉，在断裂前可认为符合虎克定律；（2）钢丝在 C 点下降的距离 Δ_C；（3）此时荷载 F 的值。

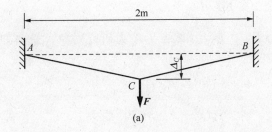
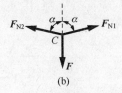

计算题 8.21 图

解 （1）钢丝横截面上的应力为

$$\sigma = E\varepsilon = 210\text{Pa} \times 10^9 \times 0.0025 = 525 \times 10^6 \text{Pa} = 525\text{MPa}$$

（2）求 Δ_C。钢丝变形后的长度为

$$l = 2000\text{mm} + 0.0025 \times 2000\text{mm} = 2005\text{mm}$$

钢丝在 C 点的下降的距离为

$$\Delta_C = \sqrt{\left(\frac{2005\text{mm}}{2}\right)^2 - (1000\text{mm})^2} = 70.75\text{mm}$$

（3）求荷载 F 的值。取点 C 为研究对象，受力如图（b）所示。列平衡方程

$$\sum Y = 0, \quad 2F_{N1}\cos\alpha - F = 0$$

得

$$F = 2F_{N1}\cos\alpha = 2\sigma A\cos\alpha \tag{a}$$

钢丝的横截面面积为

$$A = \frac{\pi}{4} \times 1.2^2 \times 10^{-6}\text{m}^2 = 1.13 \times 10^{-6}\text{m}^2$$

中册　材料力学

将上式及 $\sigma = 525\text{MPa}$ 代入式（a），得

$$F = 2 \times 525 \times 10^6 \text{Pa} \times 1.13 \times 10^{-6} \text{m}^2 \times \frac{70.75\text{mm}}{1002.5\text{mm}} = 83.7\text{N}$$

计算题 8.22　图（a）所示结构由实心圆截面钢杆 AB 和 AC 在 A 点铰接而成。已知 AB、AC 两杆的直径分别为 $d_1 = 12\text{mm}$，$d_2 = 15\text{mm}$，钢的弹性模量 $E = 210\text{GPa}$，荷载 $F = 40\text{kN}$，试求 A 点竖向位移。

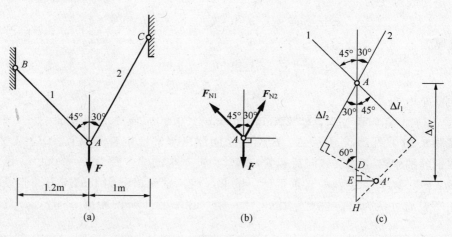

计算题 8.22 图

解　（1）求杆 AB 和 AC 的轴力 F_{N1}、F_{N2}。取结点 A 为研究对象，受力如图（b）所示。列平衡方程

$$\sum X = 0, \quad F_{N2}\sin30° - F_{N1}\sin45° = 0$$

$$\sum Y = 0, \quad F_{N1}\cos45° + F_{N2}\cos30° = 0$$

联立求解，得

$$F_{N1} = \frac{\sqrt{6}-\sqrt{2}}{2}F = 0.52F = 20.8\text{kN}$$

$$F_{N2} = \sqrt{2}F_{N1} = 29.4\text{kN}$$

（2）求杆 AB 和 AC 的变形。杆 AB 和 AC 的变形分别为

$$\Delta l_1 = \frac{F_{N1}l_1}{EA} = 0.00149\text{m} = 1.49\text{mm}$$

$$\Delta l_2 = \frac{F_{N2}l_2}{EA} = 0.00159\text{m} = 1.59\text{mm}$$

（3）求 A 点的竖向位移。由图（c）的几何关系，有

$$AD = \frac{\Delta l_2}{\cos30°} = 1.84\text{mm}$$

$$DE + EH = AH - AD$$

$$= \frac{\Delta l_1}{\cos45°} - \frac{\Delta l_2}{\cos30°} = 2.11\text{mm} - 1.84\text{mm} = 0.27\text{mm}$$

将 $EH = A'E = DE\tan60°$ 代入上式，得

236

$$DE = 0.1\text{mm}$$

故 A 点的竖向位移为

$$\Delta_{AV} = AD + DE = (1.84\text{mm} + 0.1\text{mm}) = 1.85\text{mm}$$

计算题 8.23～计算题 8.40　强度计算

计算题 8.23　图（a）所示三铰屋架的拉杆用 16 锰钢制成。已知材料的许用应力 $[\sigma] = 200\text{MPa}$，弹性模量 $E = 210\text{GPa}$，$q = 20\text{kN/m}$，试按强度条件设计拉杆的直径，并计算其伸长。

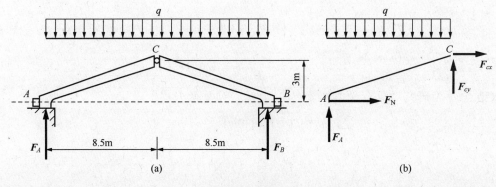

计算题 8.23 图

解　（1）求支座反力。取整个屋架为研究对象，受力如图（a）所示。由对称性知

$$F_A = F_B = \frac{ql}{2} = \frac{1}{2} \times 20\text{kN/m} \times 17\text{m} = 170\text{kN}$$

（2）求拉杆的轴力 $\boldsymbol{F}_\text{N}$。取左半个屋架为研究对象，受力如图（b）所示。列平衡方程

$$\sum M_C = 0, \quad \boldsymbol{F}_\text{N} \times 3\text{m} + \frac{1}{2} \times q \times (8.5\text{m})^2 - F_A \times 8.5\text{m} = 0$$

得

$$\boldsymbol{F}_\text{N} = 240.83\text{kN}$$

（3）按强度条件设计拉杆的直径。由强度条件有

$$A = \frac{\pi d^2}{4} \geqslant \frac{F_\text{N}}{[\sigma]}$$

得

$$d \geqslant 3.92 \times 10^{-2}\,\text{m} = 39.2\text{mm}$$

（4）计算拉杆的伸长 Δl。根据胡克定律有

$$\Delta l = \frac{\boldsymbol{F}_\text{N}l}{EA} = \frac{\sigma}{E}l = \frac{200 \times 10^6\,\text{Pa}}{210 \times 10^9\,\text{Pa}} \times 17\text{m} = 16.2 \times 10^{-3}\,\text{m} = 16.2\text{mm}$$

计算题 8.24　一结构受力如图（a）所示，杆 AB、AC 均由两根等边角钢组成。已知材料的许用应力 $[\sigma] = 170\text{MPa}$，试设计杆 AB、AC 的角钢型号。

解　（1）求杆 AB 和 AC 的内力。取杆 ED 为研究对象，受力如图（b）所示。由对称性知

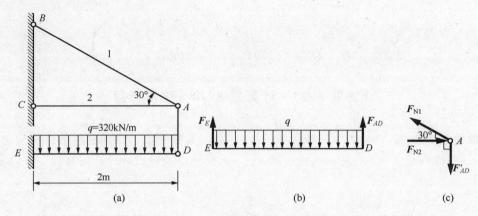

计算题 8.24 图

$$F_{AD} = \frac{q \times 2\text{m}}{2} = 320\text{kN}$$

取结点 A 为研究对象,受力如图(c)所示。列平衡方程

$$\sum Y = 0, \quad F_{\text{N}1}\sin30° - 320 = 0$$

得

$$F_{\text{N}1} = 640\text{kN}$$

$$\sum X = 0, \quad F_{\text{N}2} - F_{\text{N}1}\cos30° = 0$$

得

$$F_{\text{N}2} = 554.2\text{kN}$$

(2)设计角钢型号。由强度条件,杆 AB 和 AC 的横截面积分别为

$$A_1 \geqslant \frac{F_{\text{N}1}}{[\sigma]} = 3.76 \times 10^{-3}\text{m}^2 = 37.6\text{cm}^2$$

$$A_1 \geqslant \frac{F_{\text{N}2}}{[\sigma]} = 3.26 \times 10^{-3}\text{m}^2 = 32.6\text{cm}^2$$

查型钢表知,杆 AB 应选择 $100 \times 100 \times 10$ 的等边角钢,杆 AC 应选择 $90 \times 90 \times 10$ 的等边角钢。

计算题 8.25 钢制正方形框架的边长 $a = 400\text{mm}$,重 $W = 500\text{N}$,用麻绳套在框架外面起吊,如图(a)所示。已知此麻绳在 290N 的拉力作用下将被拉断,试求:(1)如麻绳长为 1.8m,试校核其强度;(2)若要安全起吊,问麻绳的长度至少应为多少?

解 (1)校核强度。当绳长为 1.8m 时,有

$$\cos\alpha = \frac{0.2\text{m}}{\dfrac{1.8\text{m} - 0.4\text{m} \times 3}{2}} = 0.667, \quad \sin\alpha = 0.745$$

取结点 A 为研究对象,受力如图(b)所示。由对称性知,$F_{\text{N}1} = F_{\text{N}2} = F_{\text{N}}$。列平衡方程

$$\sum Y = 0, \quad 2F_{\text{N}}\sin\alpha - F = 0 \tag{a}$$

得

$$F = 2F_N \sin\alpha \leqslant 2 \times 290\text{N} \times 0.745 = 430.36\text{N} < W = 500\text{N}$$

故麻绳长为 1.8m 时，不能安全起吊。

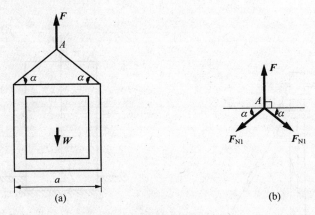

计算题 8.25 图

（2）求能安全起吊，麻绳的最小长度 $l_{\min}$。由式（a）知（式中 $F=W$）

$$F_N = \frac{W}{2\sin\alpha} \leqslant 290$$

得

$$\sin\alpha \geqslant \frac{W}{290\text{N} \times 2} = \frac{500\text{N}}{580\text{N}} = 0.862, \quad \alpha \geqslant 59.5°$$

$$\cos\alpha \leqslant 0.507$$

因此，麻绳的最小长度为

$$l_{\min} = 0.4\text{m} \times 3 + 2 \times \frac{0.2}{0.507}\text{m} = 1.989\text{m}$$

计算题 8.26　电线杆由钢缆稳固，如图（a）所示。已知钢缆的横截面面积 $A = 1000\text{m}^2$，材料的弹性模量 $E = 200\text{GPa}$，许用应力 $[\sigma] = 240\text{MPa}$，欲使电线杆有 $F = 100\text{kN}$ 的稳固力，张紧器的螺杆需相对移动多少？并校核钢缆的强度。设电线杆自重不计。

解　（1）求钢缆的内力。考虑电线杆的平衡，欲使电线杆有 $F=100\text{kN}$ 的稳固力，钢缆的内力必为

$$F_N = \frac{F}{\sin 60°} = 115.5\text{kN}$$

（2）求张紧器的螺杆的相对移动。欲钢缆产生内力，需调整张紧器的螺杆。设螺杆需相对移动 δ，才能满足要求。则有下式

$$\delta = \frac{F_N l}{EA} = \frac{115.5 \times 10^3\text{N} \times 10\text{m}}{200 \times 10^9\text{Pa} \times 1000 \times 10^{-6}\text{m}^2 \times \sin 60°}$$
$$= 6.7 \times 10^{-3}\text{m} = 6.7\text{mm}$$

（3）校核钢缆的强度。钢缆的应力为

$$\sigma = \frac{F_N}{A} = 115.5\text{MPa} < [\sigma] = 240\text{MPa}$$

可见，钢缆的强度足够。

中册 材料力学

计算题 8.27 石砌桥墩的墩身高 $h=8$m，其横截面尺寸如图所示。已知荷载 $F=1200$kN，石料的容重 $\gamma=23$kN/m³，地基的许用压应力 $[\sigma_c]=0.5$MPa，试校核地基的强度。

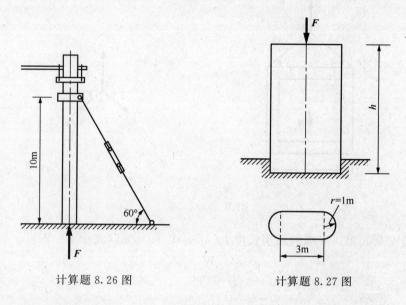

计算题 8.26 图　　　　计算题 8.27 图

解 桥墩的横截面面积为
$$A = 3\text{m} \times 2\text{m} + \pi \times (1\text{m})^2 = 9.14\text{m}^2$$
地基受到的压力为
$$F_c = A\gamma h + F = 2881.76\text{kN}$$
地基的应力为
$$\sigma_c = \frac{F_c}{A} = \frac{2881.76 \times 10^3\text{N}}{9.14\text{m}^2} = 0.32\text{MPa} < [\sigma_c] = 0.5\text{MPa}$$
可见，地基的强度足够。

计算题 8.28 刚性杆 AB 用两根等长钢杆 AC、BD 悬挂着，受力如图（a）所示。已知杆 AC、BD 的直径分别为 $d_1=25$mm，$d_2=18$mm，钢的许用应力 $[\sigma]=170$MPa，弹性模量 $E=210$GPa，试校核二钢杆的强度并计算 A、B 两点的竖向位移。

解 （1）求杆 AC、BD 的轴力。取 AB 为研究对象，受力如图（b）所示。列平衡方程
$$\sum M_A = 0, \quad F_{N2} \times 3\text{m} - F \times 1\text{m} = 0$$
得
$$F_{N2} = 40\text{kN}$$
$$\sum M_B = 0, \quad -F_{N1} \times 3\text{m} + F \times 2\text{m} = 0$$
得
$$F_{N1} = 80\text{kN}$$

（2）校核 AB、CD 两杆的强度。杆 AB、CD 的横截面面积分别为
$$A_1 = \frac{\pi d_1^2}{4} = 490.87 \times 10^{-6}\text{m}^2$$

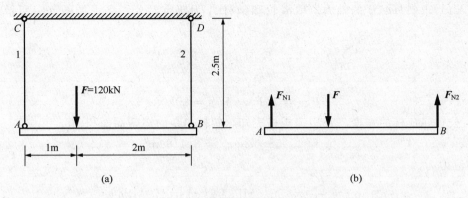

计算题 8.28 图

$$A_2 = \frac{\pi d_2^2}{4} = 254.47 \times 10^{-6}\,\text{m}^2$$

两杆的应力分别为

$$\sigma_1 = \frac{F_{N1}}{A_1} = 163.0\text{MPa} < [\sigma] = 170\text{MPa}$$

$$\sigma_2 = \frac{F_{N2}}{A_2} = 157.2\text{MPa} < [\sigma] = 170\text{MPa}$$

由计算结果可知，两杆的强度足够。

（3）求 A、B 两点的竖向位移 Δ_{AV}、Δ_{BV}。

$$\Delta_{AV} = \Delta l_1 = \frac{F_{N1} l}{EA_1} = 1.94 \times 10^{-3}\,\text{m}^2 = 1.94\text{mm}$$

$$\Delta_{BV} = \Delta l_2 = \frac{F_{N2} l}{EA_2} = 1.87 \times 10^{-3}\,\text{m}^2 = 1.87\text{mm}$$

计算题 8.29 简易起重设备的计算简图如图（a）所示。已知斜杆 AB 用两根不等边角钢 $63 \times 40 \times 4$ 组成，钢的许用应力 $[\sigma] = 170\text{MPa}$，试问这个起重设备在提起重 $W = 20\text{kN}$ 的重物时，斜杆 AB 是否满足强度条件？

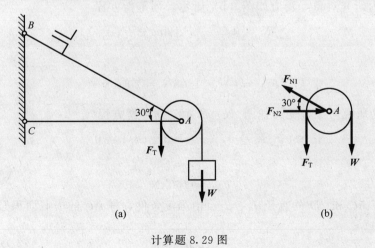

计算题 8.29 图

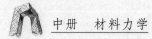

解 （1）求斜杆 AB 的轴力。取滑轮和销钉 A 为研究对象，受力如图 （b)所示。列平衡方程

$$\sum Y = 0, \quad F_{N1}\sin 30° - F_T - W = 0$$

得

$$F_{N1} = 2(F_T + W) = 80\text{kN}$$

（2）校核 AB 杆的强度。查型钢规格表知，斜杆 AB 的横截面面积为

$$A = 4.058 \times 2\text{cm}^2 = 8.116\text{cm}^2$$

AB 杆的应力为

$$\sigma_1 = \frac{F_{N1}}{A} = 98.5\text{MPa} < [\sigma] = 170\text{MPa}$$

故杆 AB 的强度足够。

计算题 8.30 一桁架受力如图 （a）所示，各杆都由圆钢制成。已知材料的许用应力 $[\sigma] = 170\text{MPa}$，试设计 AC 杆和 CD 杆的直径。

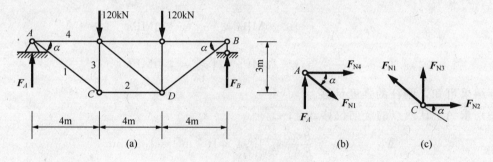

计算题 8.30 图

解 （1）求杆 AC 和 CD 的轴力 F_{N1}、F_{N2}。取整个桁架为研究对象，受力如图 （a）所示。由对称性知支座反力为

$$F_A = F_B = 120\text{kN}$$

取结点 A 为研究对象，受力如图 （b）所示。列平衡方程

$$\sum X = 0, \quad -F_{N1}\sin\alpha + F_A = 0$$

得

$$F_{N1} = \frac{5\text{m}}{3\text{m}} \times 120\text{kN} = 200\text{kN}$$

取结点 C 为研究对象，受力如图 （c）所示。列平衡方程

$$\sum X = 0, \quad F_{N2} - F_{N1}\cos\alpha = 0$$

得

$$F_{N2} = 160\text{kN}$$

（2）设计杆 AC 和 CD 的直径 d_1、d_2。由强度条件，杆 AC 的横截面积必须满足如下条件：

$$A_1 = \frac{\pi d_1^2}{4} \geqslant \frac{F_{N1}}{[\sigma]}$$

故
$$d_1 \geqslant 3.87 \times 10^{-2} \text{m} = 38.7 \text{mm}$$

同理，对于 CD 杆有
$$A_2 = \frac{\pi d_2^2}{4} \geqslant \frac{F_{N2}}{[\sigma]}$$

故
$$d_2 \geqslant 3.46 \times 10^{-2} \text{m} = 34.6 \text{mm}$$

计算题 8.31 梯子由两部分 AB 和 AC 在 A 点铰接而成，并用水平绳 DE 相连，放置在光滑的水平面上。一重 $W = 800\text{N}$ 的人站在梯子的 K 点，如图（a）所示。已知 $l = 2\text{m}$，$a = 1.4\text{m}$，$h = 1.2\text{m}$，$\alpha = 60°$，绳子的横截面积 $A = 20\text{mm}^2$，许用应力 $[\sigma] = 10\text{MPa}$，试求：（1）不计梯重，校核绳 DE 的强度；（2）若强度不足，可采取什么改进措施？

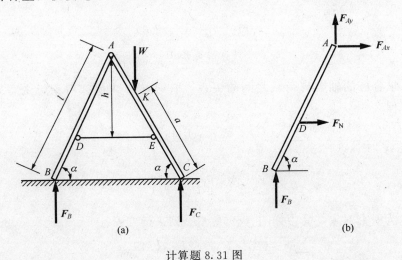

计算题 8.31 图

解 （1）校核绳 DE 的强度。先计算地面对梯子的作用力。取梯子整体为研究对象，受力如图（a）所示。列平衡方程
$$\sum M_C = 0, \quad -Wa\cos\alpha - F_B \times 2l\cos\alpha = 0$$

得
$$F_B = \frac{a}{2l}W = 280\text{N}$$

再计算绳 DE 的内力。取左半个梯子为研究对象，受力如图（c）所示。列平衡方程
$$\sum M_A = 0, \quad F_N h - F_B l\cos\alpha = 0$$

得
$$F_N = \frac{F_B l\cos\alpha}{h} = 233.33\text{N}$$

绳 DE 的应力为
$$\sigma = \frac{F_N}{A} = 11.67\text{MPa} > [\sigma] = 10\text{MPa}$$

故绳 DE 的强度不足。

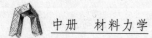

(2) 绳 DE 的强度不足，此时可把绳子靠下系一些，也可把梯子的两部分靠拢一些，都能达到减小绳的拉力的目的；或者增大绳的横截面面积，从而使绳 DE 的强度足够。

计算题 8.32 图（a）所示为铰接正方形结构。已知各杆的横截面面积 $A = 2000\text{mm}^2$，材料的许用拉应力 $[\sigma_t] = 40\text{MPa}$，许用压应力 $[\sigma_c] = 140\text{MPa}$，试求该结构的许用荷载。

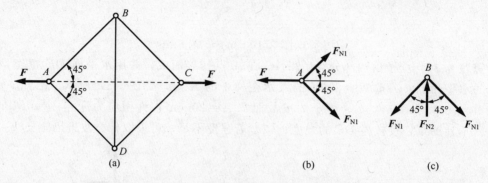

计算题 8.32 图

解 （1）求各杆的轴力与荷载之间的关系。取结点 A 为研究对象，受力如图（b）所示。列平衡方程

$$\sum X = 0, \quad 2F_{N1}\cos 45° - F = 0$$

得

$$F_{N1} = \frac{\sqrt{2}}{2}F（拉力）$$

取结点 B 为研究对象，受力如图（c）所示。列平衡方程

$$\sum Y = 0, \quad F_{N2} - 2F_{N1}\cos 45° = 0$$

得

$$F_{N2} = \sqrt{2}F_{N1} = F（压力）$$

（2）求结构的许用荷载。由 AB 杆的强度条件计算出的许用荷载为

$$F = \sqrt{2}F_{N1} \leqslant \sqrt{2}A_1[\sigma_t] = 113.1 \times 10^3\,\text{N} = 113.1\text{kN}$$

由 BD 杆的强度条件计算出的许用荷载为

$$F = F_{N2} \leqslant A_2[\sigma_c] = 280 \times 10^3\,\text{N} = 280\text{kN}$$

故结构的许用荷载为 113.1kN。

计算题 8.33 图（a）所示三角架在结点 A 受力 F 作用。已知杆 AC 为空心管，其外径 $D_1 = 100\text{mm}$，内径 $d_1 = 80\text{mm}$，杆 AB 为实心钢杆，材料的许用应力 $[\sigma] = 160\text{MPa}$。试根据强度条件设计杆 AB 的直径，并求出结构的许用荷载。

解 （1）求结构的许用荷载。考虑两杆轴力与荷载间的关系。杆 AC 的最大轴力为

$$F_{N1} = A_1[\sigma] = \frac{\pi}{4}(0.1\text{m}^2 - 0.08\text{m}^2) \times 160 \times 10^6\,\text{Pa} = 452.8\text{kN}$$

取结点 A 为研究对象，受力如图（b）所示。列平衡方程

$$\sum X = 0, \quad F_{N2}\cos 30° + F_{N1} = 0$$

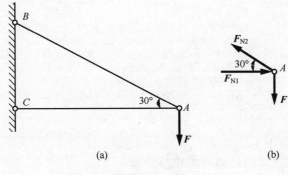

计算题 8.33 图

得

$$F_{N2} = \frac{2}{\sqrt{3}} F_{N1} = 522.8\text{kN}$$

$$\sum Y = 0, \quad F_{N2}\sin30° - F = 0$$

得

$$F = \frac{1}{2} \times 522.8\text{kN} = 261.4\text{kN}$$

故结构的许可荷载为 261.4kN。

（2）设计杆 AB 的直径。由强度条件有

$$A_2 = \frac{\pi d_2^2}{4} \geqslant \frac{F_{N2}}{[\sigma]}$$

故杆 AB 的直径为

$$d_2 \geqslant \sqrt{\frac{4F_{N2}}{\pi[\sigma]}} \geqslant 6.45 \times 10^{-2}\text{m} = 64.5\text{mm}$$

计算题 8.34 图（a）所示刚性杆 AB 用杆 1 和杆 2 悬挂于水平位置，杆 1 和杆 2 由同一材料制成。已知 $F=50\text{kN}$，材料的许用应力 $[\sigma]=160\text{MPa}$，弹性模量 $E=200\text{GPa}$，试求：（1）若满足强度条件，两杆所需的横截面面积；（2）又若刚性杆 AB 保持水平，两杆所需的横截面面积。

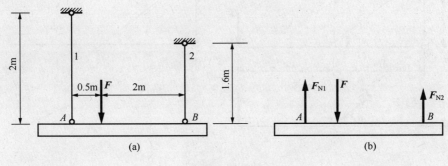

计算题 8.34 图

解 （1）按强度条件求两杆所需的横截面面积。取刚性杆 AB 为研究对象，受力如

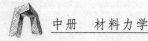

图（b）所示。列平衡方程

$$\sum M_A = 0, \quad F_{N2} \times 2.5\text{m} - F \times 0.5\text{m} = 0$$

得

$$F_{N2} = 10\text{kN}$$

$$\sum M_B = 0, \quad F \times 2\text{m} - F_{N1} \times 2\text{m} = 0$$

得

$$F_{N1} = 40\text{kN}$$

由强度条件，两杆所需的横截面面积分别为

$$A_1 \geqslant \frac{F_{N1}}{[\sigma]} = \frac{40 \times 10^3\,\text{N}}{160 \times 10^6\,\text{Pa}} = 2.5 \times 10^{-4}\,\text{m}^2 = 250\text{mm}^2$$

$$A_2 \geqslant \frac{F_{N2}}{[\sigma]} = \frac{10 \times 10^3\,\text{N}}{160 \times 10^6\,\text{Pa}} = 0.625 \times 10^{-4}\,\text{m}^2 = 62.5\text{mm}^2$$

（2）求使刚性杆 AB 保持水平，两杆的横截面面积。若要求刚性杆 AB 保持水平，则杆 1 和杆 2 的变形相等，即

$$\Delta l_1 = \Delta l_2$$

由胡克定律及上式知

$$\Delta l_1 = \frac{F_{N1} l_1}{EA_1} = \frac{F_{N2} l_2}{EA_2} = \Delta l_2$$

得

$$A_1 = 5A_2$$

考虑到满足强度条件，杆 2 的横截面面积 $A_2 = 62.5\text{mm}^2$，那么杆 1 的横截面面积 $A_1 = 62.5 \times 5 = 312.5\text{mm}^2$。

计算题 8.35 刚性杆由直径 $d = 20\text{mm}$ 的钢杆 BC 拉住位于水平位置，如图（a）所示。已知钢的许用应力 $[\sigma] = 160\text{MPa}$，弹性模量 $E = 200\text{GPa}$，根据设计要求，D 端的竖向位移应小于 2mm。试确定许用荷载 $[F]$。

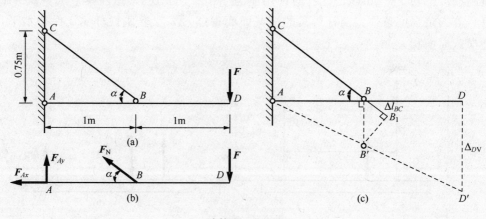

计算题 8.35 图

解 （1）先求荷载与杆 BC 的轴力之间的关系。取刚性杆 ABD 为研究对象，受力如

图（b）所示。列平衡方程

$$\sum M_A = 0, \quad F_N \sin\alpha \times 1\text{m} - F \times 2\text{m} = 0$$

得

$$F = \frac{F_N \sin\alpha}{2} = \frac{3}{10} F_N$$

（2）根据杆 BC 的强度条件确定许用荷载。杆 BC 的许用轴力为

$$[F_N] = A[\sigma] = \frac{\pi}{4} \times 20^2 \times 10^{-6}\,\text{m}^2 \times 160 \times 10^6\,\text{Pa}$$

$$= 50.2 \times 10^3\,\text{N} = 50.2\text{kN}$$

因此，许用荷载为

$$[F] = \frac{3}{10}[F_N] = \frac{3}{10} \times 50.2\text{kN} = 15.1\text{kN}$$

（3）根据 D 端的竖向许可位移确定许用荷载。绘出结构的位移图 [图（c）]。由于刚性杆不变形，即 AB 段既不伸长也不缩短，故过 B 点作 AB 的垂线，而杆 BC 由于受到轴向拉力的作用，杆件要伸长，所以先延长至 B_1，使 $BB_1 = \Delta l_{BC}$，再过 B_1 作 BB_1 的垂线，两垂线的交点 B' 即为刚性杆上 B 点的新位置。刚性杆 ABD 转到 $AB'D'$ 的位置。由图可知

$$\Delta_{DV} = 2BB' = \frac{2\Delta l_{BC}}{\sin\alpha}$$

由题意知

$$\Delta_{DV} \leqslant 2\text{mm}$$

得

$$\Delta l_{BC} \leqslant 0.6\text{mm}$$

由胡克定律，有

$$\Delta l_{BC} = \frac{F_N l_{BC}}{EA_{BC}}$$

代入数据，得

$$[F_N] = 31.7\text{kN}$$

因为 $[F] = \frac{3}{10}[F_N]$，所以

$$[F] = \frac{3}{10} \times 31.7\text{kN} = 9.51\text{kN}$$

根据上述计算可知，结构的许用荷载应为 $[F]=9.51$kN，它是由刚性杆 D 端的竖向许用位移所控制的。

计算题 8.36　图（a）为一起重机的计算简图。已知钢丝绳 AB 的横截面面积 $A=600\text{mm}^2$，许用应力 $[\sigma]=45$MPa，试根据钢丝绳 AB 的强度确定最大起重量。

解　（1）求最大起重量与钢丝绳 AB 内力的关系。取起重机为研究对象，受力如图（b）所示。列平衡方程

$$\sum M_D = 0, \quad F_N \sin\alpha \times 15\text{m} - F \times 5\text{m} = 0$$

得

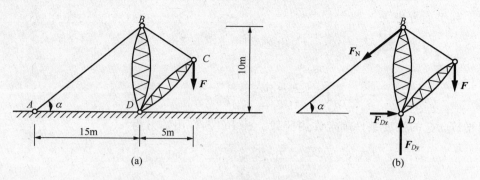

计算题 8.36 图

$$F = 3F_N \sin\alpha$$

(2) 求最大起重量 F_{max}。钢丝绳 AB 的许用轴力为

$$F_{Nmax} = A[\sigma] = 45 \times 10^6 \text{Pa} \times 600 \times 10^{-6} \text{m}^2 = 27000\text{N} = 27\text{kN}$$

故

$$F_{max} = 3F_{Nmax}\sin\alpha = 3 \times 27\text{kN} \times \frac{10}{\sqrt{10^2 + 15^2}} = 44.3\text{kN}$$

计算题 8.37 图 (a) 所示三角架在结点 A 受 $F = 10\text{kN}$ 的力作用。杆 AB 为直径 $d_1 = 10\text{mm}$ 的圆截面钢杆，长 $l_1 = 2.5\text{m}$，杆 AC 为空心钢杆，处于水平位置，其横截面面积 $A_2 = 50\text{mm}^2$，长 $l_2 = 1.5\text{m}$，钢的许用应力 $[\sigma] = 160\text{MPa}$，弹性模量 $E = 200\text{GPa}$。试对二杆作强度校核，并求 A 点的竖向位移。

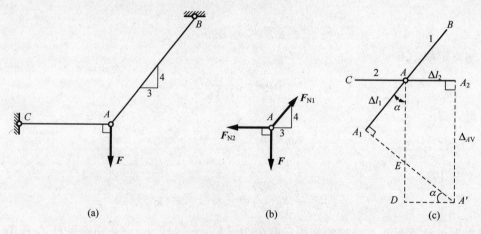

计算题 8.37 图

解 (1) 求两杆的轴力。取结点 A 为研究对象，受力如图 (b) 所示。列平衡方程

$$\sum Y = 0, \quad F_{N1} \times \frac{4}{5} - F = 0$$

得

$$F_{N1} = \frac{5}{4}F = 12.5\text{kN}$$

$$\sum X = 0, \quad F_{N1} \times \frac{3}{5} - F_{N2} = 0$$

得

$$F_{N2} = \frac{3}{5} F_{N1} = 7.5 \text{kN}$$

（2）校核 AB、AC 两杆的强度。杆 AB 的横截面面积为

$$A_1 = \frac{\pi d_1^2}{4} = \frac{\pi}{4} \times 10^2 \times 10^{-6} \text{m}^2 = 78.5 \times 10^{-6} \text{m}^2$$

两杆的应力分别为

$$\sigma_1 = \frac{F_{N1}}{A_1} = 159.2 \text{MPa} < [\sigma] = 160 \text{MPa}$$

$$\sigma_2 = \frac{F_{N2}}{A_2} = 150 \text{MPa} < [\sigma] = 160 \text{MPa}$$

由以上计算可知，AB、AC 两杆的强度足够。

（3）求 AB、AC 两杆的变形。两杆的变形分别为

$$\Delta l_1 = \frac{F_{N1} l_1}{E A_1} = 2 \times 10^{-3} \text{m} = 2 \text{mm}（伸长）$$

$$\Delta l_2 = \frac{F_{N2} l_2}{E A_2} = 1.125 \times 10^{-3} \text{m} = 1.125 \text{mm}（伸长）$$

（4）求 A 点的竖向位移 Δ_{AV}。绘出结点 A 的位移图 [图（c）]。由于杆 AB 伸长了 $\Delta l_1 = 2$mm，所以先延长 BA 至 A_1，使 $AA_1 = \Delta l_1$，过 A_1 点作 BA_1 的垂线；同样，由于杆 AC 伸长了 $\Delta l_2 = 1.125$mm，所以延长 CA 至 A_2，使 $AA_2 = \Delta l_2$，过 A_2 点作 CA_2 的垂线，两垂线的交点 A' 即为 A 点的新位置。由图可求得 A 点的竖向位移为

$$\Delta_{AV} = \frac{\Delta l_1}{\cos\alpha} + \Delta l_2 \tan\alpha = 2 \text{mm} \times \frac{5}{4} + 1.125 \text{mm} \times \frac{3}{4} = 3.34 \text{mm}$$

计算题 8.38　图（a）所示刚性梁 AB 由三根杆支承。已知三杆的横截面面积相等，均为 $A = 100 \text{mm}^2$，材料相同，$\sigma_s = 280 \text{MPa}$，$E = 200 \text{GPa}$，$F = 30 \text{kN}$，试求 C 点的总位移，并求此时结构的强度安全因数为多大？

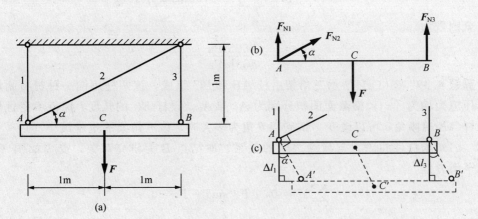

计算题 8.38 图

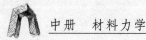
解 （1）求各杆内力。取梁 AB 为研究对象，受力如图（b）所示。列平衡方程

$$\sum X = 0, \quad F_{N2}\cos\alpha = 0$$

得

$$F_{N2} = 0$$

$$\sum M_A = 0, \quad F_{N3} \times 2\mathrm{m} - F \times 1\mathrm{m} = 0$$

得

$$F_{N3} = \frac{F}{2} = 15\mathrm{kN}$$

$$\sum M_B = 0, \quad F \times 1\mathrm{m} - F_{N1} \times 2\mathrm{m} = 0$$

得

$$F_{N1} = \frac{F}{2} = 15\mathrm{kN}$$

（2）求 C 点的总位移。先计算各杆的变形。由以上计算及胡克定律可得，$\Delta l_2 = 0$，$\Delta l_1 = \Delta l_3 = \dfrac{F_{N1}l}{EA} = 0.75\mathrm{mm}$。绘出刚性梁 AB 的位移图 [图（c）]，$A'B'$ 即为其新位置。刚性梁 AB 作平移，故其上各点的位移完全相同，故 $\Delta_C = \Delta_A$。

C 点的水平位移为

$$\Delta_{CH} = \Delta_{AH} = \Delta l_1 \tan\alpha = \frac{1}{2}\Delta l_1$$

C 点的竖向位移为

$$\Delta_{CV} = \Delta_{AV} = \Delta l_1$$

C 点的总位移为

$$\Delta_C = \Delta_A = \frac{\sqrt{5}}{2}\Delta l_1 = 1.68\mathrm{mm} \quad （方向过 C 点与 AA' 平行，即 CC' 方向）$$

（3）求结构的强度安全因数。此时杆 1、3 横截面上的应力为

$$\sigma_1 = \sigma_3 = \frac{F_{N1}}{A} = 150\mathrm{MPa}$$

强度安全因数为

$$n = \frac{\sigma_s}{\sigma} = \frac{280\mathrm{MPa}}{150\mathrm{MPa}} = 1.87$$

计算题 8.39 图（a）所示三角架由杆 AB 和 BC 组成，该两杆用同一种材料制成，许用拉、压应力均为 $[\sigma]$，横截面面积分别为 A_1 和 A_2。设杆 BC 的长度 l 保持不变且位于水平，而杆 AB 的倾角 θ 可以改变。试问当 θ 角为多大时，该三角架的重量最小。

解 （1）求杆件的内力与荷载之间的关系。取结点 B 为研究对象，受力如图（b）所示。列平衡方程

$$\sum Y = 0, \quad F_{N1}\sin\theta - F = 0$$

得

$$F_{N1} = \frac{F}{\sin\theta}$$

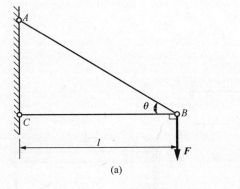

计算题 8.39 图

$$\sum X = 0, \quad F_{N2} - F_{N1}\cos\theta = 0$$

得

$$F_{N2} = F_{N1}\cos\theta = \frac{F\cos\theta}{\sin\theta}$$

（2）根据强度条件计算两杆所应选取的横截面面积 A_1 和 A_2 的最小值。

$$A_1 = \frac{F_{N1}}{[\sigma]} = \frac{F}{[\sigma]\sin\theta} \tag{a}$$

$$A_2 = \frac{F_{N2}}{[\sigma]} = \frac{F\cos\theta}{[\sigma]\sin\theta} \tag{b}$$

（3）求使三角架的重量为最小的 θ 角。设材料的容重为 γ，则该三角架重量为

$$W = A_1 l_1 \gamma + A_2 l\gamma$$

将式（a）、（b）及 $l_1 = \dfrac{l}{\cos\theta}$ 代入上式，整理得

$$W = \frac{2Fl\gamma(\cos 2\theta + 3)}{[\sigma]\sin 2\theta}$$

对上式求导数，整理得

$$\frac{dW}{d\theta} = \frac{Fl\gamma(-2 - 6\cos 2\theta)}{[\sigma]\sin^2 2\theta}$$

令 $\dfrac{dW}{d\theta} = 0$，即

$$-2 - 6\cos 2\theta = 0$$

得

$$\theta = 54°44'$$

计算题 8.40 图（a）所示结构中 BD 为刚性杆，AC 杆由两种材料制成，AB 部分为钢杆，弹性模量 $E_1 = 200\text{GPa}$，许用应力 $[\sigma_1] = 160\text{MPa}$；$BC$ 部分为铝杆，弹性模量 $E_2 = 70\text{GPa}$，许用应力 $[\sigma_2] = 40\text{MPa}$，$F = 40\text{kN}$。试求：（1）按强度条件设计 AC 杆的两部分所需的横截面面积；（2）在图示荷载作用下使两部分的变形相同，则两部分的横截面面积应为多少？

解 （1）按强度条件求 AC 杆的两部分所需的横截面面积。取 BD 杆为研究对象，受力

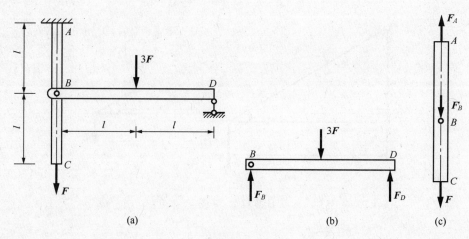

计算题 8.40 图

如图（b）所示。由 $\sum M_D = 0$ 得 $F_B = 1.5F$。绘出 AC 杆的受力图［图（c）］。由图可知，AB 段的轴力 $F_{N1} = 2.5F = 100\text{kN}$；$BC$ 段的轴力 $F_{N2} = F = 40\text{kN}$，均为拉力。

由强度条件，AC 杆的两部分所需的横截面面积分别为

$$A_1 \geqslant \frac{F_{N1}}{[\sigma_1]} = \frac{100 \times 10^3\,\text{N}}{160 \times 10^6\,\text{Pa}} = 6.25 \times 10^{-4}\,\text{m}^2 = 625\text{mm}^2$$

$$A_2 \geqslant \frac{F_{N2}}{[\sigma_2]} = \frac{40 \times 10^3\,\text{N}}{40 \times 10^6\,\text{Pa}} = 10 \times 10^{-4}\,\text{m}^2 = 1000\text{mm}^2$$

（2）求在图示荷载作用下两部分的变形相同时，两部分的横截面面积。由题意知，若在图示荷载作用下两部分的变形相同，则有

$$\Delta l_1 = \Delta l_2$$

由胡克定律及上式知

$$\Delta l_1 = \frac{F_{N1} l}{E_1 A_1} = \frac{F_{N2} l}{E_2 A_2} = \Delta l_2$$

代入数据，解得

$$A_1 : A_2 = 7 : 8$$

考虑到满足强度条件，BC 部分的面积 $A_2 = 1000\text{mm}^2$，AB 部分的面积 $A_1 = \frac{7}{8} A_2 = 875\text{mm}^2$。

计算题 8.41～计算题 8.57　拉、压超静定问题

计算题 8.41　一刚性杆 AB 用三根相同材料、面积均为 A、长度均为 l 的弹性杆悬挂，受力如图（a）所示（力 F 沿杆 3 方向）。已知材料的弹性模量为 E，试求三杆内力。若力 F 沿杆 2 方向，三杆内力又如何分配？

解　（1）列静力平衡方程。取刚性杆 AB 为研究对象，受力如图（b）所示。假设三根杆件都受拉力。列平衡方程

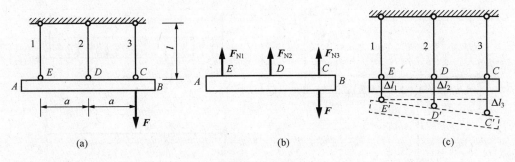

计算题 8.41 图

$$\sum Y = 0, \quad F_{N1} + F_{N2} + F_{N3} - F = 0 \tag{a}$$

$$\sum M_C = 0, \quad F_{N1} \times 2a + F_{N2} \times a = 0 \tag{b}$$

（2）列补充方程。绘出刚性杆 AB 的位移图 ［图（c）］，变形的几何关系为

$$(\Delta l_3 - \Delta l_1) = 2(\Delta l_2 - \Delta l_1)$$

即

$$\Delta l_3 + \Delta l_1 = 2\Delta l_2$$

将 $\Delta l_1 = \dfrac{F_{N1}l}{EA}$、$\Delta l_2 = \dfrac{F_{N2}l}{EA}$、$\Delta l_3 = \dfrac{F_{N3}l}{EA}$ 代入上式，整理得

$$F_{N1} - F_{N3} = 2F_{N2} \tag{c}$$

（3）求三杆的轴力。联立求解式（a）、（b）、（c），得

$$F_{N1} = -\frac{F}{6} \quad (\text{压力}), F_{N2} = \frac{F}{3} \quad (\text{拉力}), F_{N3} = \frac{5}{6}F \quad (\text{拉力})$$

若力 F 沿杆 2 方向，其他条件不变，同理可算得 $F_{N1} = F_{N2} = F_{N3} = \dfrac{F}{3}$（拉力）。

计算题 8.42 在图（a）所示结构中，AB 为刚性杆，BD 和 CE 为钢杆。已知杆 BD 和 CE 的横截面面积分别为 $A_1 = 300\text{mm}^2$，$A_2 = 200\text{mm}^2$，钢的许用应力 $[\sigma] = 170\text{MPa}$。若在 AB 上作用有均布荷载 $q = 30\text{kN/m}$，试校核杆 BD 和 CE 的强度。

解 （1）列静力平衡方程。取刚性杆 AB 为研究对象，受力如图（b）所示。列平衡方程

$$\sum M_A = 0, \quad F_{N2} \times 1\text{m} + F_{N1} \times 3\text{m} - \frac{1}{2}q \times 3\text{m} \times 3\text{m} = 0$$

即

$$F_{N2} + 3F_{N1} - 135 = 0 \tag{a}$$

（2）列补充方程。绘出刚性杆 AB 的位移图 ［图（c）］，变形的几何关系为

$$\Delta l_1 = 3\Delta l_2$$

将 $\Delta l_1 = \dfrac{F_{N1}l_1}{EA_1}$、$\Delta l_2 = \dfrac{F_{N2}l_2}{EA_2}$ 代入上式，整理得

$$F_{N1} = 3F_{N2} \tag{b}$$

（3）求杆 BD 和 CE 的轴力。联立求解式（a）、（b），得

$$F_{N1} = 40.5\text{kN}$$

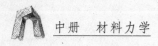

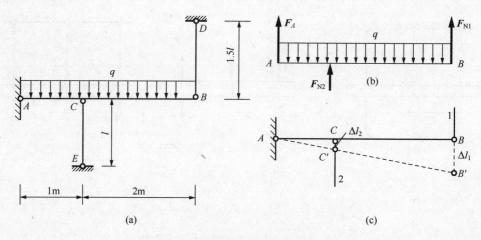

计算题 8.42 图

$$F_{N2} = 13.5\text{kN}$$

（4）校核 BD、CE 两杆的强度。两杆的应力分别为

$$\sigma_1 = \frac{F_{N1}}{A_1} = 135\text{MPa} < [\sigma] = 170\text{MPa}$$

$$\sigma_2 = \frac{F_{N2}}{A_2} = 67.5\text{MPa} < [\sigma] = 170\text{MPa}$$

可见，两杆的强度足够。

计算题 8.43 在图（a）所示的结构中，杆 1、2、3 由弹性模量为 E 的同一材料制成，各杆的横截面面积分别为 $A_1 = 400\text{mm}^2$，$A_2 = 300\text{mm}^2$，$A_3 = 200\text{mm}^2$。试求当荷载 $F = 40\text{kN}$ 时，各杆横截面上的应力。

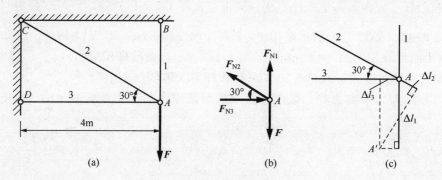

计算题 8.43 图

解 （1）列静力平衡方程。取结点 A 为研究对象，受力如图（b）所示。列平衡方程

$$\sum X = 0, \quad F_{N3} - F_{N2}\cos 30° = 0$$

即

$$F_{N3} = \frac{\sqrt{3}}{2}F_{N2} \tag{a}$$

$$\sum Y = 0, \quad F_{N2}\sin 30° + F_{N1} - F = 0$$

即

$$\frac{1}{2}F_{N2} + F_{N1} = F \tag{b}$$

（2）列补充方程。绘出结点 A 的位移图 [图（c）]。变形的几何关系为

$$\Delta l_1 = \frac{\Delta l_2}{\sin 30°} + \Delta l_3 \tan 60°$$

即

$$\Delta l_1 = 2\Delta l_2 + \sqrt{3}\Delta l_3$$

利用胡克定律，上式成为

$$\frac{F_{N1} l_1}{EA_1} = \frac{\sqrt{3}F_{N3} l_3}{EA_3} + \frac{2F_{N2} l_2}{EA_2}$$

代入数据整理，得

$$6F_{N1} = 9F_{N3} + 16F_{N2} \tag{c}$$

（3）求三杆的轴力。联立求解式（a）、（b）、（c），得

$F_{N1} = 35.51\text{kN}$ （拉力）， $F_{N2} = 8.96\text{kN}$ （拉力）， $F_{N3} = 7.76\text{kN}$ （压力）

（4）求三杆横截面上的应力。三杆的应力分别为

$$\sigma_1 = \frac{F_{N1}}{A_1} = 88.8\text{MPa} \quad （拉应力）$$

$$\sigma_2 = \frac{F_{N2}}{A_2} = 29.9\text{MPa} \quad （拉应力）$$

$$\sigma_3 = \frac{F_{N3}}{A_3} = 38.8\text{MPa} \quad （压应力）$$

计算题 8.44 图（a）所示结构中，横梁 AB 可视为刚性杆，杆 1、2 均为直径 $d = 30\text{mm}$ 的钢杆。已知 $F = 50\text{kN}$，钢的许用应力 $[\sigma] = 160\text{MPa}$，试校核杆 1、2 的强度。

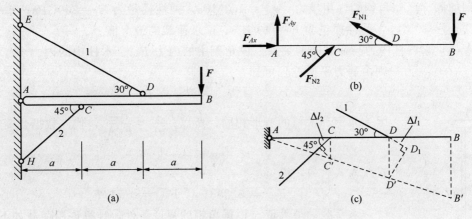

计算题 8.44 图

解 （1）列静力平衡方程。取横梁 AB 为研究对象，受力如图（b）所示。列平衡方程

$$\sum M_C = 0, \quad F_{N1}\sin 30° \times 2a + F_{N2}\sin 45° \times a - F \times 3a = 0$$

即

$$2F_{N1} + \sqrt{2}F_{N2} - 6F = 0 \tag{a}$$

（2）列补充方程。绘出横梁 AB 的位移图［图（c）］，变形的几何关系为

$$\frac{\Delta l_1}{\sin 30°} = \frac{2\Delta l_2}{\sin 45°}$$

将 $\Delta l_1 = \dfrac{F_{N1}l_1}{EA}$、$\Delta l_2 = \dfrac{F_{N2}l_2}{EA}$ 代入上式，整理得

$$F_{N1} = \frac{\sqrt{3}}{2}F_{N2} \tag{b}$$

（3）求杆 1、2 的轴力。联立求解式（a）、（b），得

$$F_{N1} = 82.58\text{kN}$$
$$F_{N2} = 95.36\text{kN}$$

（4）校核杆 1、2 的强度。杆 1、2 的横截面面积为

$$A = \frac{\pi d^2}{4} = 706.86 \times 10^{-6}\,\text{m}^2$$

两杆的应力分别为

$$\sigma_1 = \frac{F_{N1}}{A} = 116.83 \times 10^6\,\text{Pa}$$
$$= 116.83\text{MPa} < [\sigma] = 160\text{MPa}$$
$$\sigma_2 = \frac{F_{N2}}{A} = 134.91 \times 10^6\,\text{Pa}$$
$$= 134.91\text{MPa} < [\sigma] = 160\text{MPa}$$

由以上计算可知，杆 1、2 的强度足够。

计算题 8.45　图示为一横截面是正方形的木短柱，在其四角上用四个 $40 \times 40 \times 4$mm 的等边角钢加固。已知角钢的许用应力 $[\sigma_1] = 160$MPa，弹性模量为 $E_1 = 200$GPa；木材的许用应力 $[\sigma_2] = 10$MPa，弹性模量为 $E_2 = 10$GPa，试求荷载的最大值。

解　（1）求各杆内力与荷载间的关系。设角钢中的内力 F_{N1}、木柱中的内力 F_{N2} 均为压力。则由静力平衡方程可知

$$F_{N1} + F_{N2} = F \tag{a}$$

因为角钢和木材的变形相同，所以 $\dfrac{F_{N1}l}{E_1 A_1} = \dfrac{F_{N2}l}{E_2 A_2}$，代入数据化简得

$$F_{N2} = 2.53F_{N1}$$

将上式代入式（a），得

$$F_{N1} = 0.283F,\quad F_{N2} = 0.717F$$

（2）求荷载的最大值。根据角钢的强度条件，计算许用荷载如下：

$$[F_{N1}] = [\sigma_1]A_1 = 160 \times 10^6\,\text{Pa} \times 3.086 \times 4 \times 10^{-4}\,\text{m}^2$$
$$= 197.5 \times 10^3\,\text{N} = 197.5\text{kN}$$

$$[F] = \frac{[F_{N1}]}{0.283} = 698\text{kN}$$

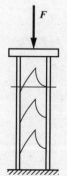

计算题 8.45 图　　根据木柱的强度条件，计算许用荷载如下：

$$[F_{N2}] = [\sigma_2]A_2 = 10 \times 10^6 \text{Pa} \times 250^2 \times 10^{-6} \text{m}^2$$
$$= 625 \times 10^3 \text{N} = 625\text{kN}$$
$$[F] = \frac{[F_{N2}]}{0.717} = 872\text{kN}$$

由以上计算结果可知，该结构荷载的最大值为 698kN，它是由角钢的强度条件所决定的。

计算题 8.46 图（a）所示为一预应力钢筋混凝土杆。该杆在未浇注混凝土前，把钢筋用力 F 拉伸，使之具有拉应力。然后保持力 F 不变，浇注混凝土，待混凝土与钢筋结成整体后，撤除力 F。这时，钢筋与混凝土一起发生压缩变形 [图（b）]。试求此时钢筋和混凝土内的应力 σ_1 和 σ_2。设钢筋的横截面面积为 A_1、弹性模量为 E_1、混凝土的横截面面积为 A_2、弹性模量为 E_2、力 F 及杆长 l 均为已知。

解 （1）求钢筋和混凝土横截面上的内力。设钢筋与混凝土一起发生压缩变形后，钢筋的内力为 F_{N1}（拉力），混凝土的内力为 F_{N2}（压力）。依题意知

$$F_{N1} = F_{N2} \qquad \text{(a)}$$

根据胡克定律和变形协调条件，有

$$\frac{Fl}{E_1A_1} = \frac{F_{N1}l}{E_1A_1} + \frac{F_{N2}l}{E_2A_2}$$

将式（a）代入上式，解得

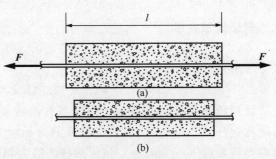

计算题 8.46 图

$$F_{N1} = F_{N2} = \frac{FE_2A_2}{E_1A_1 + E_2A_2}$$

（2）求钢筋和混凝土横截面上的应力。钢筋和混凝土内的应力分别为

$$\sigma_1 = \frac{F_{N1}}{A_1} = \frac{FE_2}{E_1A_1 + E_2A_2} \cdot \frac{A_2}{A_1}$$

$$\sigma_2 = \frac{F_{N2}}{A_2} = \frac{FE_2}{E_1A_1 + E_2A_2}$$

计算题 8.47 刚性板重 $W = 40\text{kN}$，由三根长均为 $l = 4\text{m}$ 的立柱支承，如图所示。其中左右两根为混凝土柱，弹性模量 $E_1 = 20\text{GPa}$，横截面面积 $A_1 = 0.08\text{m}^2$；中间一根为木柱，弹性模量 $E_2 = 12\text{GPa}$，横截面面积 $A_2 = 0.04\text{m}^2$。试求每根立柱承受的压力为多少？如果中间的木柱比左右两柱短 $\delta = 0.01\text{mm}$，则每根立柱承受的压力又为多少？

解 由题意知，两根混凝土柱的轴力相等，设为 F_{N1}，木柱的轴力设为 F_{N2}，则三柱轴力满足

$$2F_{N1} + F_{N2} = W = 40\text{kN} \qquad \text{(a)}$$

（1）求三杆等长时，每根立柱承受的压力。根据变形协调条件及胡克定律，有

$$\Delta l_1 = \frac{F_{N1}l}{E_1A_1} = \frac{F_{N2}l}{E_2A_2} = \Delta l_2$$

代入数据整理，得

$$F_{N2} = 0.3F_{N1} \qquad \text{(b)}$$

联立求解式（a）、（b），得

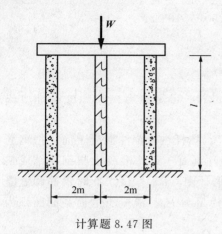

计算题 8.47 图

$$F_{N1} = 17.4\text{kN}, \quad F_{N2} = 5.2\text{kN}$$

（2）求中间的木柱比左右两柱短 $\delta = 0.01\text{mm}$ 时，每根立柱承受的压力。若混凝土柱承受刚性板全部重力，其轴力 $F_{N1} = 20\text{kN}$，其变形为

$$\Delta l_1 = \frac{F_{N1} l}{E_1 A_1} = \frac{20 \times 10^3 \text{N} \times 4\text{m}}{20 \times 10^9 \text{Pa} \times 0.08\text{m}^2}$$

$$= 0.05 \times 10^{-3}\text{m} = 0.05\text{mm} > \delta$$

$$= 0.01\text{mm}$$

故刚性板重力要由三杆共同承担。根据变形协调条件及胡克定律，有

$$\Delta l_1 = \Delta l_2 + \delta = \frac{F_{N1} l}{E_1 A_1} = \frac{F_{N2} l}{E_2 A_2} + \delta$$

代入数据整理，得

$$3F_{N1} = 10F_{N2} + 12\text{kN} \tag{c}$$

联立求解式（a）、（c），得

$$F_{N1} = 17.91\text{kN}, \quad F_{N2} = 4.17\text{kN}$$

计算题 8.48 如图所示，用两根杆吊着重 20kN 的物体，其中钢杆长为 $l = 3\text{m}$，铝杆实际比钢杆长 $\delta = 1\text{mm}$。两杆的横截面面积均为 $A = 120\text{mm}^2$，钢的弹性模量 $E_1 = 210\text{GPa}$，铝的弹性模量 $E_2 = 70\text{GPa}$。试求两杆的应力和钢杆的伸长。

解 （1）列静力平衡方程。设钢杆的轴力为 F_{N1}，铝杆的轴力为 F_{N2}，由题意得

$$F_{N1} + F_{N2} = 20\text{kN} \tag{a}$$

（2）列补充方程。变形协调条件为

$$\Delta l_1 = \Delta l_2 + \delta$$

利用胡克定律，上式成为

$$\frac{F_{N1} l}{E_1 A} = \frac{F_{N2} l}{E_2 A} + \delta$$

代入数据整理，得

$$F_{N1} = 3F_{N2} + 8.4\text{kN} \tag{b}$$

（3）求两杆的应力。联立求解式（a）、（c），得

$$F_{N1} = 17.1\text{kN}, \quad F_{N2} = 2.9\text{kN}$$

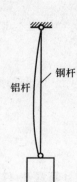

铝杆　钢杆

计算题 8.48 图

两杆的应力分别为

$$\sigma_1 = \frac{F_{N1}}{A} = 142.5\text{MPa}$$

$$\sigma_2 = \frac{F_{N2}}{A} = 24.2\text{MPa}$$

（4）计算钢杆的伸长。钢杆的伸长为

$$\Delta l_1 = \frac{F_{N1} l}{E_1 A} = 2.04 \times 10^{-3}\text{m} = 2.04\text{mm}$$

计算题 8.49 刚性梁 ABC 由三根材料相同的等截面立柱支承，其结构和受力如图（a）

所示。已知 $F=20\text{kN}$，欲使梁保持水平，试求：（1）加力点的位置 x；（2）此时各立柱中的内力。

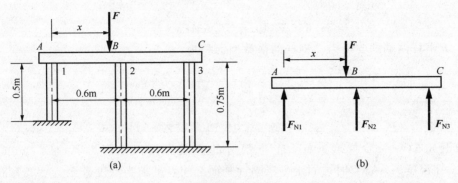

计算题 8.49 图

解　（1）列静力平衡方程。取刚性梁 ABC 为研究对象，受力如图（b）所示。列平衡方程

$$\sum M_A = 0, \quad F_{N2} \times 0.6\text{m} + F_{N3} \times 1.2\text{m} - Fx = 0 \tag{a}$$

$$\sum Y = 0, \quad F_{N1} + F_{N2} + F_{N3} - F = 0 \tag{b}$$

（2）列补充方程。由题意知，变形的几何关系为

$$\Delta l_1 = \Delta l_2 = \Delta l_3$$

利用胡克定律，上式成为

$$\frac{F_{N1} l_1}{EA} = \frac{F_{N2} l_2}{EA} = \frac{F_{N3} l_3}{EA}$$

代入数据整理，得

$$F_{N1} = 1.5F_{N2} = 1.5F_{N3} \tag{c}$$

（3）求各立柱的内力和加力点位置 x。联立求解式（b）、（c），得

$$F_{N1} = 8.58\text{kN}$$

$$F_{N2} = F_{N3} = 5.71\text{kN}$$

将以上两式代入式（a）得

$$x = 0.514\text{m}$$

计算题 8.50　图示为直径 $d=24\text{mm}$ 的钢杆在常温下加热到 $30℃$ 后将两端固定起来，然后再冷却到常温，试求这时钢杆横截面上的应力及两端支率的反力。已知钢的线膨胀系数 $\alpha_l=12 \times 10^{-6}/℃$，弹性模量 $E=210\text{GPa}$。

解　（1）求钢杆横截面上的应力。取钢杆 AB 为研究对象，受力如图所示。$F_A=F_B=F_N$。根据变形协调条件有

$$\Delta l_F = \Delta l_t$$

将 $\Delta l_F = \dfrac{F_N l}{EA}$、$\Delta l_t = \alpha_l \Delta t \cdot l$ 代入上式，得

$$\frac{F_N l}{EA} = \alpha_l \Delta t \cdot l$$

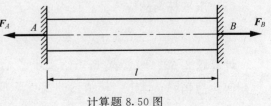

计算题 8.50 图

故

$$\sigma = \frac{F_N}{A} = \alpha_l E \Delta t = 12 \times 10^{-6}/\text{℃} \times 200 \times 10^9 \text{Pa} \times 30\text{℃}$$

$$= 75.6 \times 10^6 \text{Pa} = 75.6\text{MPa}$$

（2）求钢杆两端的支反力。钢杆的横截面面积为

$$A = \frac{\pi d^2}{4} = \frac{\pi}{4} \times 24^2 \times 10^{-6} \text{m}^2 = 452.4 \times 10^{-6} \text{m}^2$$

两端的支反力为

$$F_A = F_B = F_N = \sigma A = 75.6 \times 10^6 \text{Pa} \times 452.4 \times 10^{-6} \text{m}^2 = 34.2\text{kN}$$

计算题 8.51 一阶梯形钢杆，上下部分的横截面面积分别为 $A_1 = 400\text{mm}^2$，$A_2 = 800\text{mm}^2$。在温度 $t_1 = 15\text{℃}$ 时被固定于二刚性平面之间，试求当温度升至 $t_2 = 25\text{℃}$ 时，杆的两部分内的应力值。已知钢的线膨胀系数 $\alpha_l = 12 \times 10^{-6} 1/\text{℃}$，弹性模量 $E = 200\text{GPa}$。

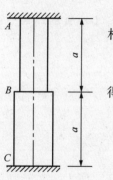

计算题 8.51 图

解 （1）求杆的两部分内的轴力。由题意知，杆内上下部分的轴力相等，且为压力，设均为 F_N。根据胡克定律和变形协调条件，有

$$\frac{F_N a}{EA_1} + \frac{F_N a}{EA_2} = \alpha_l \Delta t \times 2a$$

得

$$F_N = \frac{2\alpha_l \Delta t E A_1 A_2}{A_1 + A_2}$$

（2）求杆的两部分内的应力。两部分的应力分别为

$$\sigma_1 = \frac{F_N}{A_1} = \frac{2\alpha_l \Delta t E A_2}{A_1 + A_2} = 32\text{MPa}$$

$$\sigma_2 = \frac{F_N}{A_2} = \frac{2\alpha_l \Delta t E A_1}{A_1 + A_2} = 16\text{MPa}$$

计算题 8.52 图示结构由三根同材料、同截面、等长的杆组成。已知杆长 $l = 0.5\text{m}$，横截面面积 $A = 120\text{mm}^2$，弹性模量 $E = 200\text{GPa}$，线膨胀系数 $\alpha_l = 12 \times 10^{-6} 1/\text{℃}$，试求当温度降低 30℃时，三杆内的应力。

解 （1）求三杆内的轴力。由题意知，三杆内的轴力相等，设 $F_{N1} = F_{N2} = F_{N3} = F_N$，且均为拉力。根据胡克定律和变形协调条件，有

$$\frac{F_N l}{EA} = \alpha_l \Delta t l$$

得

$$F_N = \alpha_l \Delta t E A$$

（2）求三杆内的应力。三杆内的应力为

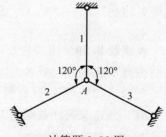

计算题 8.52 图

$$\sigma_1 = \sigma_2 = \sigma_3 = \frac{F_N}{A} = \alpha_l \Delta t E = 72\text{MPa}$$

计算题 8.53 图（a）所示结构中，AB 为刚性杆，BC 和 DE 为弹性杆，此二杆的材料和面积均相同。试求当该结构的温度降低 20℃时，两杆的内力。已知 $F = 100\text{kN}$，弹性

模量 $E = 200\text{GPa}$, $a = 0.5\text{m}$, $l = 1\text{m}$, 线膨胀系数 $\alpha_l = 12 \times 10^{-6}\ 1/℃$, 横截面面积 $A = 400\text{mm}^2$。

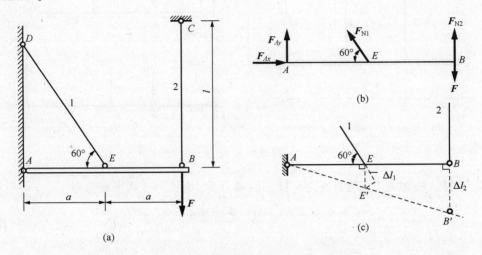

计算题 8.53 图

解 (1) 列静力平衡方程。取刚性杆 AB 为研究对象，受力如图（b）所示。列平衡方程

$$\sum M_A = 0, \quad F_{N1}\sin60° \times a + F_{N2} \times 2a - F \times 2a = 0$$

化简得

$$\sqrt{3}F_{N1} + 4F_{N2} = 4F \tag{a}$$

（2）列补充方程。绘出刚性杆 AB 的位移图［图（c）］，变形的几何关系为

$$\Delta l_2 = \frac{2\Delta l_1}{\sin60°}$$

即

$$\sqrt{3}\Delta l_2 = 4\Delta l_1 \tag{b}$$

又因为

$$\Delta l_1 = \alpha_l \Delta t \cdot l_1 + \frac{F_{N1}l_1}{EA}$$

$$\Delta l_2 = \alpha_l \Delta t \cdot l_2 + \frac{F_{N2}l_2}{EA}$$

将以上两式及有关数据代入式（b），整理后得

$$4F_{N1} - \sqrt{3}F_{N2} = 43.54\text{kN} \tag{c}$$

（3）求两杆的内力。联立求解式（a）、（c），得

$$F_{N1} = 45.65\text{kN}, \quad F_{N2} = 80.24\text{kN}$$

计算题 8.54 在图（a）所示结构中，AD 为刚性杆，杆1、2、3用弹性模量 $E = 200\text{GPa}$ 的材料制成，各杆的横截面面积均为 $A = 2000\text{mm}^2$。若杆2的长度制造误差 $\delta = 0.4\text{mm}$，试求此结构在强行装配后三杆横截面上的应力。

解 (1) 列静力平衡方程。取刚性杆 AD 为研究对象，受力如图（b）所示，设杆1的

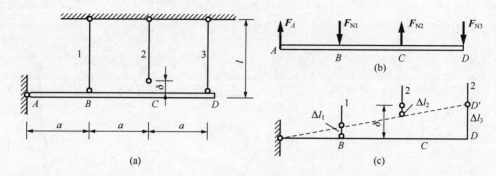

计算题 8.54 图

轴力 F_{N1} 和杆 3 的轴力 F_{N3} 均为压力，杆 2 的轴力 F_{N2} 为拉力。列平衡方程

$$\sum M_A = 0, \quad F_{N2} \times 2a - F_{N1} \times a - F_{N3} \times 3a = 0 \tag{a}$$

即

$$2F_{N2} - F_{N1} - 3F_{N3} = 0$$

（2）列补充方程。绘出刚性杆 AD 的位移图［图（c）］。变形的几何关系为

$$\Delta l_3 = 3\Delta l_1$$

$$\delta - \Delta l_2 = 2\Delta l_1$$

将 $\Delta l_1 = \dfrac{F_{N1}l}{EA}$、$\Delta l_2 = \dfrac{F_{N2}l}{EA}$、$\Delta l_3 = \dfrac{F_{N3}l}{EA}$ 和题中数据代入以上两式，化简得

$$F_{N3} = 3F_{N1} \tag{b}$$

$$F_{N2} + 2F_{N1} = 160\text{kN} \tag{c}$$

（3）求三杆的轴力。联立求解式（a）、（b）、（c），得

$F_{N1} = 22.9\text{kN}$ （压力），$F_{N2} = 114.2\text{kN}$ （拉力），$F_{N3} = 68.7\text{kN}$ （压力）

（4）求各杆横截面上的应力。三杆横截面上的应力分别为

$$\sigma_1 = \frac{F_{N1}}{A} = 11.45\text{MPa} \quad \text{（压应力）}$$

$$\sigma_2 = \frac{F_{N2}}{A} = 57.6\text{MPa} \quad \text{（拉应力）}$$

$$\sigma_3 = \frac{F_{N3}}{A} = 34.35\text{MPa} \quad \text{（压应力）}$$

计算题 8.55 图（a）所示一阶梯形杆，上端固定，下端与刚性支承面之间有空隙 $\delta = 0.2\text{mm}$。AB 段为铜杆，横截面面积为 $A_1 = 4000\text{mm}^2$，弹性模量 $E_1 = 100\text{GPa}$；BC 段为钢杆，横截面面积 $A_2 = 2000\text{mm}^2$，弹性模量 $E_1 = 100\text{GPa}$。若在两段交界处施加荷载 F，试问：（1）F 为多大时，下端空隙恰好消失？（2）当 $F = 500\text{kN}$ 时，各段横截面上的应力是多少？

解 （1）求使下端空隙刚好消失时力 F 的值。此时杆件 AB 段的变形刚好为 $\delta = 0.2\text{mm}$，即

$$\Delta l_1 = \frac{F_{N1}l_1}{E_1 A_1} = \frac{Fl_1}{E_1 A_1} = \delta$$

得

$$F = \frac{E_1 A_1 \delta}{l_1} = 80 \times 10^3 \, \text{N} = 80 \text{kN}$$

（2）求 $F=500$kN 时，杆内各段的内力。取整个杆件 ABC 为研究对象，受力如图（b）所示。AB 段内的轴力为

$$F_{N1} = F_A$$

BC 段内的轴力为

$$F_{N2} = F_A - F = F_{N1} - 500 \text{kN} \qquad \text{（a）}$$

杆件 ABC 的变形协调条件为

$$\Delta l_1 + \Delta l_2 = \delta$$

利用胡克定律，上式成为

$$\frac{F_{N1} l_1}{E_1 A_1} + \frac{F_{N2} l_2}{E_2 A_2} = \delta$$

代入数据整理，得

$$F_{N1} + 2F_{N2} = 80 \text{kN} \qquad \qquad \text{（b）}$$

联立求解式（a）、（b），得

$$F_{N1} = 360 \text{kN(拉力)}, \quad F_{N2} = -140 \text{kN(压力)}$$

（3）求杆内各段横截面上的应力。AB 段和 BC 段横截面上的应力分别为

$$\sigma_1 = \frac{F_{N1}}{A_1} = 90 \text{MPa} \quad \text{（拉应力）}$$

$$\sigma_2 = \frac{F_{N2}}{A_2} = -70 \text{MPa} \quad \text{（压应力）}$$

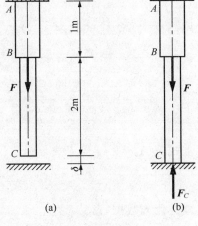

计算题 8.55 图

计算题 8.56 图（a）所示结构的梁 AB 可看作刚性杆，用两根长均为 $l=1$m 的钢杆吊住，其中杆 1 有制造误差 $\delta=0.1$mm。已知钢的许用应力 $[\sigma]=160$MPa，弹性模量 $E=200$GPa，$F=150$kN，如果 $A_1=2A_2$，试设计二杆的横截面面积。

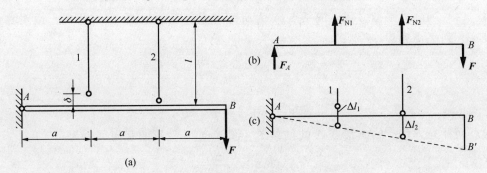

计算题 8.56 图

解　（1）列静力平衡方程。取梁 AB 为研究对象，受力如图（b）所示。列平衡方程

$$\sum M_A = 0, \quad F_{N1} \times a + F_{N2} \times 2a - F \times 3a = 0$$

即

$$F_{N1} = 3F - 2F_{N2} \tag{a}$$

（2）列补充方程。绘出梁 AB 的位移图 [图（c）]，变形的几何关系为

$$\Delta l_2 = 2(\Delta l_1 - \delta)$$

利用胡克定律，上式成为

$$\frac{F_{N2}l}{EA_2} = 2\left(\frac{F_{N1}l}{EA_1} + \delta\right) \tag{b}$$

（3）根据杆 2 的强度条件选择二杆的横截面面积。假设杆 2 的面积刚好满足强度条件，即 $F_{N2} = [\sigma]A_2$。代入式（a），得

$$F_{N1} = 3F - 2[\sigma]A_2$$

将上式及 $A_1 = 2A_2$ 代入式（b），得

$$\frac{[\sigma]A_2l}{EA_2} = \frac{(3F - 2[\sigma]A_2)l}{EA_2} + 2\delta$$

整理并代入数据，得

$$A_2 = \frac{3Fl}{3[\sigma]l + 2E\delta} = 0.865 \times 10^3 \, \text{m}^2 = 865 \, \text{mm}^2$$

$$A_1 = 2A_2 = 1730 \, \text{mm}^2$$

（4）校核杆 1 的强度。此时杆 1 的轴力为

$$F_{N1} = 3F - 2[\sigma]A_2 = 173.2 \, \text{kN}$$

其横截面上的应力为

$$\sigma_1 = \frac{F_{N1}}{A_1} = 100.1 \, \text{MPa} < [\sigma] = 160 \, \text{MPa}$$

可见，满足强度条件。

由以上计算可知，两杆的横截面面积分别为 $A_1 = 1730 \, \text{mm}^2$，$A_2 = 865 \, \text{mm}^2$。

计算题 8.57 在图（a）所示结构中，三杆 AB、AC、AD 欲在 A 点铰结，承受铅垂荷载。但 AC 杆有制造误差 $\delta = 0.2 \, \text{mm}$，试求强行安装后各杆的轴力。已知三杆材料相同，弹性模量 $E = 200 \, \text{GPa}$，横截面面积均为 $A = 120 \, \text{mm}^2$，$F = 40 \, \text{kN}$，$l = 1 \, \text{m}$。

解 （1）列静力平衡方程。取结点 A 为研究对象，受力如图（b）所示。由对称性知，$F_{N1} = F_{N3}$。列平衡方程

$$\sum Y = 0, \quad 2F_{N1}\cos30° + F_{N2} - F = 0$$

即

$$\sqrt{3}F_{N1} + F_{N2} - F = 0 \tag{a}$$

（2）列补充方程。绘出结点 A 的位移图 [图（c）]，变形的几何关系为

$$\Delta l_2 - \delta = \frac{\Delta l_1}{\cos30°}$$

利用胡克定律，上式成为

$$\frac{F_{N2}l}{EA} - \delta = \frac{F_{N1}l}{EA\cos^2 30°} = \frac{4F_{N1}l}{3EA}$$

代入数据整理，得

$$3F_{N2} - 4F_{N1} = 3EA\delta = 14.4 \, \text{kN} \tag{b}$$

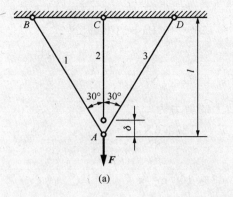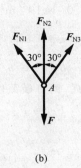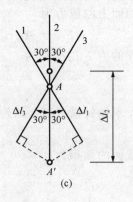

计算题 8.57 图

（3）求各杆的内力。联立求解式（a）、（b），得

$$F_{N1} = F_{N3} = 11.48 \text{kN}, \quad F_{N2} = 20.12 \text{kN}$$

计算题 8.58～计算题 8.65 剪切和挤压的实用计算

计算题 8.58 图（a）所示用夹剪剪断直径 $d_1 = 3$mm 的铜丝，若铜丝的剪切强度极限 $\tau_b = 150$MPa，试问需要多大的力 F？已知 $a = 3$mm，$b = 150$mm，销钉 C 的直径 $d_2 = 5$mm，求销钉横截面上的切应力。

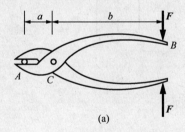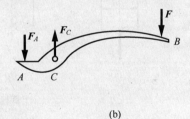

计算题 8.58 图

解 （1）取半个夹剪 ACB 为研究对象，受力如图（b）所示。列平衡方程

$$\sum M_C = 0, \quad F_A a - Fb = 0$$

得

$$F = \frac{a}{b} F_A$$

$$\sum Y = 0, \quad F_C - F_A - F = 0$$

得

$$F_C = F_A + F$$

（2）求剪断铜丝的力 F 的值。铜丝剪切面的面积为

$$A_{S1} = \frac{\pi d_1^2}{4} = 7.07 \times 10^{-6} \text{m}^2$$

铜丝剪切面上的剪力为

$$F_{S1} = A_{S1}\tau_b = 7.07 \times 10^{-6}\,\text{m}^2 \times 150 \times 10^6\,\text{Pa} = 1060.5\text{N}$$

剪断铜丝的力 F 的大小为

$$F = \frac{a}{b}F_A = \frac{a}{b}F_{S1} = 212.1\text{N}$$

（3）求销钉横截面上的切应力。销钉横截面上的剪力为

$$F_{S2} = F_C = F_A + F = 1272.6\text{N}$$

销钉横截面的面积为

$$A_{S2} = \frac{\pi d_2^2}{4} = 19.63 \times 10^{-6}\,\text{m}^2$$

销钉横截面上的切应力为

$$\tau = \frac{F_{S2}}{A_{S2}} = 64.8\text{MPa}$$

计算题 8.59 试校核图示拉杆头部的剪切强度和挤压强度。已知 $D = 32\text{mm}$，$d = 20\text{mm}$，$h = 12\text{mm}$，$F = 60\text{kN}$，拉杆材料的许用切应力 $[\tau] = 100\text{MPa}$，许用挤压应力 $[\sigma_{bs}] = 220\text{MPa}$。

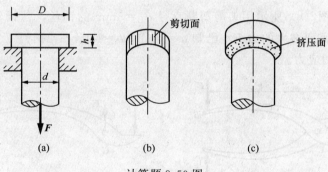

计算题 8.59 图

解 （1）校核拉杆头部的剪切强度。剪切面为直径 $d = 20\text{mm}$，高 $h = 12\text{mm}$ 的内圆柱面，面积为

$$A_S = \pi dh = 753.6 \times 10^{-6}\,\text{m}^2$$

剪切面上的切应力为

$$\tau = \frac{F_S}{A_S} = \frac{F}{A_S} = 79.6\text{MPa} < [\tau] = 100\text{MPa}$$

故剪切强度足够。

（2）校核拉杆头部的挤压强度。挤压面为外径 $D = 32\text{mm}$，内径 $d = 20\text{mm}$ 的圆环面，面积为

$$A_{bs} = \frac{\pi}{4}(D^2 - d^2) = 489.84 \times 10^{-6}\,\text{m}^2$$

挤压面上的挤压应力为

$$\sigma_{bs} = \frac{F_{bs}}{A_{bs}} = 122.5\text{MPa} < [\sigma_{bs}] = 220\text{MPa}$$

故挤压强度足够。

计算题 8.60 图 (a)、(b) 所示为一承受拉力的普通螺栓接头。钢板厚 $t=8$mm，宽 $b=100$mm，螺栓直径 $d=16$mm，螺栓材料的许用切应力 $[\tau]=140$MPa，许用挤压应力 $[\sigma_{bs}]=330$MPa，钢板的许用应力 $[\sigma]=170$MPa。已知 $F=100$kN，试校核该接头的强度。

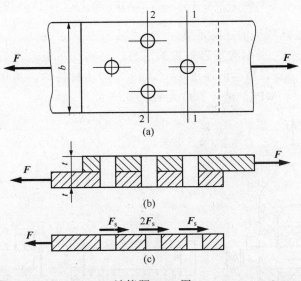

计算题 8.60 图

解 (1) 校核螺栓的剪切强度。用截面在两板之间沿螺杆的剪切面切开，取下部分为研究对象，受力如图 (c) 所示，假设每个螺栓所受的力相同，故每个剪切面上的剪力为

$$F_S = \frac{F}{4} = 25\text{kN}$$

剪切面的面积为

$$A_S = \frac{\pi d^2}{4} = 200.96\text{mm}^2$$

剪切面上的切应力为

$$\tau = \frac{F_S}{A_S} = 124 \times 10^6\text{Pa} = 124\text{MPa} < [\tau] = 140\text{MPa}$$

(2) 校核螺栓的挤压强度。每个螺栓所受到的挤压力 $F_{bs} = \dfrac{F}{4} = 25$kN，每个挤压面的面积为 $A_{bs} = dt$，挤压面上的挤压应力为

$$\sigma_{bs} = \frac{F_{bs}}{A_{bs}} = \frac{F}{4dt} = 195\text{MPa} < [\sigma_{bs}] = 330\text{MPa}$$

(3) 校核板的拉伸强度。由于圆孔对板的截面面积的削弱，所以对板还需进行拉伸强度校核。

1—1 截面上的内力为 $F_{N1} = F$，假设该截面上应力均匀分布，则应力为

$$\sigma_1 = \frac{F_{N1}}{A_1} = \frac{F}{t(b-d)} = 149\text{MPa} < [\sigma] = 170\text{MPa}$$

2—2 截面上有两个孔，截面被削弱得较多，所以还需校核该截面。该截面上的内力为

$$F_{N2} = \frac{3}{4}F = 75kN$$

应力为

$$\sigma_2 = \frac{F_{N2}}{A_2} = \frac{\frac{3}{4}F}{t(b-2d)} = 138MPa < [\sigma] = 170MPa$$

由以上计算可知，该接头的强度足够。

计算题 8.61 图（a）所示为某起重机的吊具，吊钩与吊板通过销轴连接，吊起重物。已知销轴的直径 $d=40mm$，吊钩的厚度 $t=20mm$，销轴材料的许用切应力 $[\tau]=80MPa$，许用挤压应力 $[\sigma_{bs}]=140MPa$，试计算最大的起重量 F。

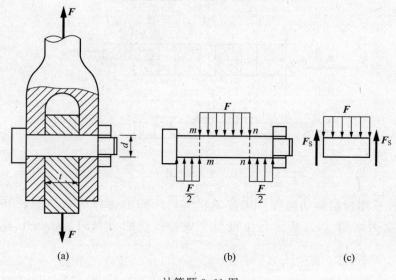

(a)   (b)   (c)

计算题 8.61 图

解 （1）根据销轴的剪切强度计算最大起重量。销轴的受力如图（b）所示，其中 $m\text{-}m$ 和 $n\text{-}n$ 两截面都是剪切面，为双剪。用截面法沿 $m\text{-}m$ 和 $n\text{-}n$ 将销轴截开取中间一段为研究对象［图（c）］，剪切面上的剪力为

$$F_S = \frac{F}{2}$$

根据剪切强度条件得

$$F = 2F_S \leqslant 2A_S[\tau] = 2 \times \frac{\pi d^2}{4} \times [\tau] = 201.1kN$$

（2）根据销轴的挤压强度计算最大起重量。挤压面上的挤压力 $F_{bs}=F$，根据挤压强度条件得

$$F = F_{bs} \leqslant [\sigma_{bs}]A_{bs} = [\sigma_{bs}]dt = 112kN$$

比较可见，此起重机的最大起重量为 112kN。

计算题 8.62 图示为冲床的冲头。冲床的最大冲力 $F=500kN$，冲床材料的许用应力 $[\sigma]=400MPa$，钢板的剪切强度极限 $\tau_b=360MPa$。试求在最大冲力作用下，所能冲剪圆

孔的最小直径 d 和钢板的最大厚度 t。

解　（1）求在最大冲力作用下，所能冲剪圆孔的最小直径 d。冲头的强度条件为

$$\sigma = \frac{F_N}{A} = \frac{F}{A} \leqslant [\sigma]$$

故

$$A = \frac{\pi d^2}{4} \geqslant \frac{F}{[\sigma]}$$

得

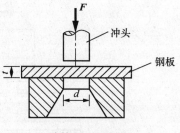

计算题 8.62 图

$$d \geqslant \sqrt{\frac{4F}{\pi[\sigma]}} = 3.8 \times 10^{-2}\text{m} = 38\text{mm}$$

（2）求钢板的最大厚度 t。钢板的剪切破坏条件为

$$\tau = \frac{F_S}{A_S} \geqslant \tau_b$$

故

$$A_S = \pi dt \leqslant \frac{F_S}{\tau_b}$$

得

$$t \leqslant \frac{F_S}{\pi d \tau_b} = 11.6\text{mm}$$

由以上计算可知，在最大冲力作用下，所能冲剪圆孔的最小直径 $d=38\text{mm}$，钢板的最大厚度 $t=11.6\text{mm}$。

计算题 8.63　图（a）所示为一正方形截面的混凝土柱，浇注在基础上。基础分两层，每层均为厚为 t 的正方形混凝土板。已知 $F=200\text{kN}$，假设地基对混凝土板的反力均匀分布 [图（b）]，混凝土的许用切应力 $[\tau]=1.5\text{MPa}$，试计算为使基础不发生剪切破坏，所需的最小厚度 t 应为多少？

解　（1）根据上层基础的剪切强度求基础的厚度 t。上层基础剪切面的面积为

$$A_{S1} = 4 \times 0.2 \times t = 0.8t$$

剪切面上的剪力为

$$F_{S1} = \frac{F}{(0.3\text{m})^2}[(0.3\text{m})^2 - (0.2\text{m})^2] = 111.1\text{kN}$$

根据剪切强度条件，有

$$A_{S1} = 0.8t \geqslant \frac{F_{S1}}{[\tau]}$$

得

$$t \geqslant \frac{F_{S1}}{0.8[\tau]} = 92.5 \times 10^{-3}\text{m} = 92.5\text{mm}$$

（2）根据下层基础的剪切强度求基础的厚度 t。下层基础剪切面的面积为

$$A_{S2} = 4 \times 0.3\text{m} \times t = 1.2t$$

剪切面上的剪力为

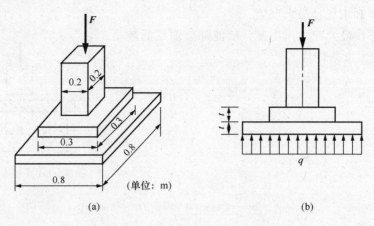

（单位：m）

(a)　　　　　　　　　　　　(b)

计算题 8.63 图

$$F_{S2} = \frac{F}{(0.8\text{m})^2}[(0.8\text{m})^2 - (0.3\text{m})^2] = 171.88\text{kN}$$

根据剪切强度条件，有

$$A_{S2} = 1.2t \geqslant \frac{F_{S2}}{[\tau]}$$

得

$$t \geqslant \frac{F_{S2}}{1.2[\tau]} = 95.5 \times 10^{-3}\text{m} = 95.5\text{mm}$$

由以上计算可知，混凝土板的最小厚度为 95.5mm。

计算题 8.64　齿轮用平键与传动轴连接如图（a）所示。已知轴的直径 $d = 70\text{mm}$，平键的尺寸 $b \times h \times l = 20 \times 12 \times 100\text{mm}^3$ [图（b）]，键材料的许用切应力 $[\tau] = 140\text{MPa}$，许用挤压应力 $[\sigma_{bs}] = 330\text{MPa}$，轴传递的最大转矩 $M = 1.8\text{kN·m}$。试校核键的强度。

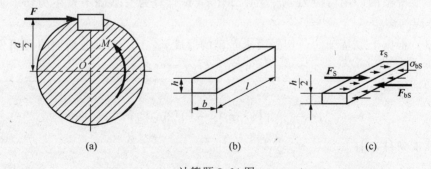

(a)　　　　　　　　(b)　　　　　　　　(c)

计算题 8.64 图

解　（1）求作用于键上的力 F。取齿轮和平键为研究对象，受力如图（a）所示。列平衡方程

$$\sum M_O = 0, \quad M - F \times \frac{d}{2} = 0$$

得

$$F = \frac{2M}{d} = 42.9 \times 10^3 \,\text{N} = 42.9 \,\text{kN}$$

（2）校核键的剪切强度。剪切面上的剪力［图（b）］为

$$F_S = F = 42.9 \,\text{kN}$$

剪切面上的切应力为

$$\tau = \frac{F_S}{A_S} = \frac{F_S}{bl} = 21.5 \times 10^6 \,\text{Pa} = 21.5 \,\text{MPa} < [\tau] = 140 \,\text{MPa}$$

（3）校核键的挤压强度。挤压面上的挤压力 $F_{bs} = F = 42.9 \,\text{kN}$，挤压面的面积为

$$A_{bs} = \frac{h}{2}l = \frac{1}{2} \times 12 \,\text{mm} \times 100 \,\text{mm} = 600 \,\text{mm}^2$$

挤压面上的挤压应力为

$$\sigma_{bs} = \frac{F_{bs}}{A_{bs}} = 71.5 \,\text{MPa} < [\sigma_{bs}] = 330 \,\text{MPa}$$

故键满足强度要求。

计算题 8.65 图示为一松木屋架端结点处的榫连接。其中的螺栓只起固定和保险作用，在正常情况下只承受拉力而不承受剪力。已知 $b \times h = 0.08 \times 0.1 \,\text{m}^2$，$F_1 = 15 \,\text{kN}$，$F_2 = 13 \,\text{kN}$；松木的顺纹许用切应力 $[\tau] = 1 \,\text{MPa}$，顺纹许用拉应力 $[\sigma_t] = 6.5 \,\text{MPa}$，顺纹许用挤压应力 $[\sigma_{bs}] = 10 \,\text{MPa}$，与木纹成 $30°$ 的斜纹许用挤压应力 $[\sigma_{bs}]_{30°} = 7.5 \,\text{MPa}$。试求 l 和 h_c 的尺寸。

解 （1）由剪切强度条件确定 l 的大小。在上弦杆的轴向压力 F_1 的水平分力 $F_1\cos\alpha$ 和下弦杆轴向拉力 F_2 的作用下，下弦杆将沿截面 $m\text{-}m$ 发生顺纹剪切。剪力 $F_S = F_2 = 13 \,\text{kN}$，剪切面的面积 $A_S = bl$。根据剪切强度条件有

$$A_S = bl \geqslant \frac{F_S}{[\tau]}$$

得

$$l \geqslant \frac{F_S}{b[\tau]} = 0.163 \,\text{m} = 163 \,\text{mm}$$

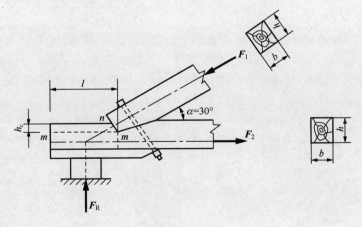

计算题 8.65 图

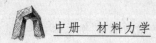

（2）由挤压强度条件确定 h_c 的大小。由图知，上弦杆顺纹挤压，下弦杆斜纹挤压，因木杆的斜纹许用挤压应力小于顺纹许用挤压应力，故应根据下弦杆挤压强度进行计算。挤压力 $F_{bs} = F_1 = 15\text{kN}$，挤压面 m-n 的面积为

$$A_{bs} = mn \times b = \frac{h_c \times b}{\cos 30°} = 0.092 h_c$$

根据挤压强度条件，有

$$A_{bs} = 0.092 h_c \geqslant \frac{F_{bs}}{[\sigma_{bs}]_{30°}}$$

得

$$h_c \geqslant \frac{F_{bs}}{0.092 [\sigma_{bs}]_{30°}} = 22 \times 10^{-3}\text{m} = 22\text{mm}$$

（3）校核下弦杆的拉伸强度。由于切槽，下弦杆的截面受到削弱，削弱后截面上的应力为

$$\sigma = \frac{F_{N1}}{A} = \frac{F_2}{b(h - h_c)} = 2.08 \times 10^6\text{Pa} = 2.08\text{MPa} \leqslant [\sigma_t] = 6.5\text{MPa}$$

可见，满足抗拉强度要求。

第九章
截面的几何性质

内容提要

1. 静矩和形心

（1）静矩和形心的概念。设有一代表任意截面的平面图形（图9.1），其面积为 A，则该平面图形对 x、y 轴的静矩分别为

$$\left.\begin{array}{l} S_x = \displaystyle\int_A y\,\mathrm{d}A \\[2mm] S_y = \displaystyle\int_A x\,\mathrm{d}A \end{array}\right\} \qquad (9.1)$$

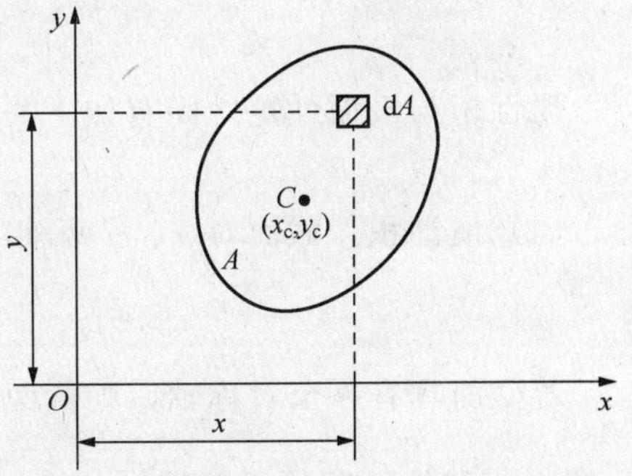

截面形心 C 坐标的计算公式为

$$\left.\begin{array}{l} x_C = \dfrac{\displaystyle\int_A x\,\mathrm{d}A}{A} = \dfrac{S_y}{A} \\[4mm] y_C = \dfrac{\displaystyle\int_A y\,\mathrm{d}A}{A} = \dfrac{S_x}{A} \end{array}\right\} \qquad (9.2)$$

图 9.1

若截面关于某轴对称，则形心必在该对称轴上；若截面有两个对称轴，则形心必为该两对称轴的交点。在确定形心位置时，利用这个性质，可减少工作量。

（2）组合截面的静矩和形心。由若干个简单截面（例如矩形、三角形、半圆形）组成的截面称为组合截面。组合截面对 x、y 轴的静矩分别为

$$\left.\begin{array}{l} S_x = \sum S_{xi} = \sum A_i y_{Ci} \\[2mm] S_y = \sum S_{yi} = \sum A_i x_{Ci} \end{array}\right\} \qquad (9.3)$$

组合截面形心 C 坐标的计算公式为

$$\left.\begin{array}{l} x_C = \dfrac{S_y}{A} = \dfrac{\sum A_i x_{Ci}}{\sum A_i} \\[3mm] y_C = \dfrac{S_x}{A} = \dfrac{\sum A_i y_{Ci}}{\sum A_i} \end{array}\right\} \qquad (9.4)$$

2. 惯性矩、惯性半径、极惯性矩和惯性积

（1）惯性矩。设有一代表任意截面的平面图形（图 9.2），其面积为 A，则该平面图形对 x、y 轴的惯性矩分别为

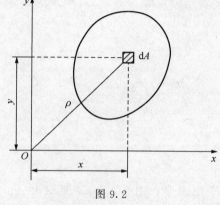

图 9.2

$$\left.\begin{array}{l} I_x = \displaystyle\int_A y^2\,\mathrm{d}A \\[3mm] I_y = \displaystyle\int_A x^2\,\mathrm{d}A \end{array}\right\} \qquad (9.5)$$

（2）惯性半径。截面对 x、y 轴的惯性半径分别为

$$\left.\begin{array}{l} i_x = \sqrt{\dfrac{I_x}{A}} \\[3mm] i_y = \sqrt{\dfrac{I_y}{A}} \end{array}\right\} \qquad (9.6)$$

（3）极惯性矩。截面对坐标原点 O 的极惯性矩为

$$I_{\mathrm{p}} = \int_A \rho^2\,\mathrm{d}A \qquad (9.7)$$

惯性矩与极惯性矩之间有如下关系：

$$I_{\mathrm{p}} = I_x + I_y \qquad (9.8)$$

（4）惯性积。截面对 x、y 两轴的惯性积为

$$I_{xy} = \int_A xy\,\mathrm{d}A \qquad (9.9)$$

若截面具有一个对称轴，则截面对包括该对称轴在内的一对正交轴的惯性积恒等于零。

3. 惯性矩和惯性积的平行移轴公式

图 9.3 所示截面的面积为 A，x_C、y_C 轴为形心轴，x、y 轴为一对与形心轴平行的正交坐标轴，截面形心 C 在 Oxy 坐标系中的坐标为 (b, a)，则截面对 x、y 轴的惯性矩、惯性积分别为

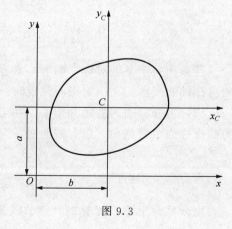

图 9.3

$$\left.\begin{array}{l} I_x = I_{x_C} + a^2 A \\[2mm] I_y = I_{y_C} + b^2 A \\[2mm] I_{xy} = I_{x_C y_C} + abA \end{array}\right\} \qquad (9.10)$$

式中：I_{x_C}、I_{y_C}、$I_{x_C y_C}$——截面对形心轴的惯性矩和惯性积。

应用平行移轴公式可以计算截面对与形心轴平行的轴之惯性矩和惯性积。

4. 惯性矩和惯性积的转轴公式

在图 9.4 中，截面面积为 A，截面对 x_1、y_1 轴的惯性矩、惯性积与截面对 x、y 轴的惯性矩、惯性积之间有如下关系：

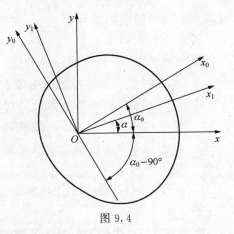

图 9.4

$$\left.\begin{array}{l} I_{x_1} = \dfrac{I_x + I_y}{2} + \dfrac{I_x - I_y}{2}\cos 2\alpha - I_{xy}\sin 2\alpha \\[2mm] I_{y_1} = \dfrac{I_x + I_y}{2} - \dfrac{I_x - I_y}{2}\cos 2\alpha + I_{xy}\sin 2\alpha \\[2mm] I_{x_1 y_1} = \dfrac{I_x - I_y}{2}\sin 2\alpha + I_{xy}\cos 2\alpha \end{array}\right\} \quad (9.11)$$

且有

$$I_{x_1} + I_{y_1} = I_x + I_y = I_{\mathrm{p}} \tag{9.12}$$

5. 形心主惯性轴和形心主惯性矩

截面对于一对坐标轴的惯性积为零，这一对坐标轴称为主惯性轴，简称主轴。通过截面形心的主惯性轴称为形心主惯性轴，简称形心主轴。

截面对主轴的惯性矩称为主惯性矩，简称主矩。截面对形心主惯性轴的惯性矩称为形心主惯性矩，简称形心主矩。

主惯性轴的位置由下式确定：

$$\tan 2\alpha_0 = -\frac{2I_{xy}}{I_x - I_y} \tag{9.13}$$

主惯性矩的计算公式为

$$\left.\begin{array}{l} I_{x_0} \\ I_{y_0} \end{array}\right. = \frac{I_x + I_y}{2} \pm \frac{1}{2}\sqrt{(I_x - I_y)^2 + 4I_{xy}^2} \tag{9.14}$$

6. 组合截面的形心主轴的确定和形心主矩的计算

计算组合截面的形心主惯性矩一般按下述步骤进行：

（1）将组合截面分成若干个简单图形，并确定组合截面的形心位置。

（2）选取与各个简单图形的形心主轴平行的坐标轴 x、y。计算各简单图形对 x、y 轴的惯性矩和惯性积，相加后便得整个截面对 x、y 轴的惯性矩和惯性积。

（3）由式（9.13）确定形心主轴位置。

（4）由式（9.14）计算形心主惯性矩。

概念题解

概念题 9.1～概念题 9.18　截面的几何性质

概念题 9.1　若截面对某一轴的静矩等于零，则该轴必通过截面的_____；截面对于通过其形心的轴的静矩恒等于_____。

答 形心；零。

概念题 9.2 下列论述正确的是（ ）。

A. 截面对形心轴的静矩一定等于零；截面对某轴的静矩为零，则该轴必为形心轴

B. 若一对轴中有一轴为截面的对称轴，则截面对这对轴的惯性积一定为零；若截面对某对轴的惯性积为零，则该对轴中必有一轴为截面的对称轴

C. 由于截面对坐标轴的惯性矩和惯性积的量纲为长度四次方，因此惯性矩和惯性积的数值恒为正值

D. 由于截面对坐标轴的惯性半径的量纲为长度一次方，因此其数值可为正、为负，或为零

答 A。

概念题 9.3 组合截面对于某轴的惯性矩和惯性积等于其各组成部分对于同一轴的惯性矩_____。

答 之和。

概念题 9.4 直径为 d 的圆形截面，形心轴为 y、z 轴，则图形对 y、z 轴的惯性半径为（ ）。

A. $I_y = I_z = \pm d/2$　　B. $I_y = I_z = \pm d/3$　　C. $I_y = I_z = -d/4$　　D. $I_y = I_z = d/4$

答 D。

概念题 9.5 空心正方形截面梁的截面尺寸如图所示，则横截面对中性轴的惯性矩 $I_z = $ _____。

答 $\dfrac{a_1^4 - a_2^4}{12}$。

概念题 9.6 空心矩形截面梁的截面尺寸如图所示，则横截面对中性轴的惯性矩 $I_z = $ _____。

答 $\dfrac{BH^3 - bh^3}{12}$。

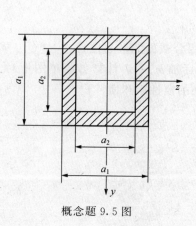

概念题 9.5 图

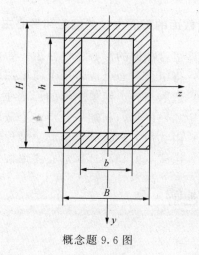

概念题 9.6 图

概念题 9.7 图示空心圆轴的内径为 d，外径为 D，$\alpha = \dfrac{d}{D}$，则其横截面的极惯性矩 $I_p = $ _____，横截面对中性轴的惯性矩 $I_z = $ _____。

答 $\dfrac{\pi D^4}{32}(1-\alpha^4)$；$\dfrac{\pi D^4}{64}(1-\alpha^4)$。

概念题 9.8 截面对于通过同一点的任意一对互相垂直的轴的两惯性矩之和为_____。

答 常数。

概念题 9.9 对于通过形心的轴而言，使截面的惯性矩为零的轴有_____个；使截面的惯性积为零的轴有_____对。

答 零；至少一对。

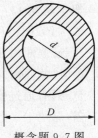

概念题 9.7 图

概念题 9.10 下列论述正确的是（ ）。

A. 在平行移轴定理 $I_y = I_{y'} + a^2 A$、$I_z = I_{z'} + b^2 A$ 中，a 和 b 分别为任意两平行轴 y' 与 y、z' 与 z 之间的距离

B. 由平行移轴定理可知，截面对形心轴的惯性矩和惯性积的数值，是截面对所有与形心轴平行的轴的惯性矩和惯性积中的最小值

C. 截面对通过同一原点的任意一对正交坐标轴的两个惯性矩之和为一常量

D. 若截面对某一对正交坐标轴的两个惯性矩相等，则截面对通过同一坐标原点的任一轴的惯性矩也必定相等

答 C。

概念题 9.11 如图所示三角形，已知 $I_y = \dfrac{1}{12}bh^3$，y_1 轴与 y 轴平行，则该三角形对 y_1 轴的惯性矩为 $I_{y_1} = \dfrac{1}{12}bh^3 + \dfrac{1}{2}bh \cdot h^2 = \dfrac{7}{12}bh^3$。上述结论是否正确？如不正确请说明原因，并求三角形对 y_1 轴的惯性矩。

答 该结论是错误的。因为 y 轴不是形心轴，所以三角形对 y_1 轴的惯性矩不等于 I_y 加三角形面积与两轴之间距离平方的乘积。正确的做法如下：

$$I_{y_1} = I_{y_C} + A\left(\frac{2h}{3}\right)^2 = I_y - A\left(\frac{h}{3}\right)^2 + A\left(\frac{2h}{3}\right)^2$$

$$= \frac{1}{12}bh^3 + \frac{1}{2}bh\left(\frac{4}{9}h^2 - \frac{1}{9}h^2\right) = \frac{1}{4}bh^3$$

概念题 9.12 图示半径为 r 的半圆形和三角形组成的组合截面，当_____时，其惯性积 I_{xy} 为零。

答 $b = 2r$。

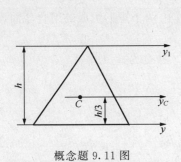

概念题 9.11 图

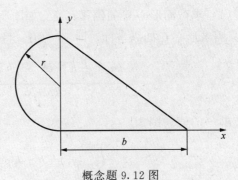

概念题 9.12 图

概念题 9.13 关于截面的主轴，下列说法中正确的是（　　）。

A. 过截面内任意点都有主轴

B. 过截面内任一点和截面外某些特殊点才有主轴

C. 过截面内外任意点都有主轴

D. 只有通过截面形心才有主轴

答　C。

概念题 9.14 截面的形心主惯性轴（　　）。

A. 至少有二对　　　　B. 至少有一对　　　　C. 只有一对　　　　D. 有无限多对

答　B。

概念题 9.15 如果截面对某一对正交轴的惯性积等于零，则该对轴称为_____；截面对于_____的惯性矩称为主惯性矩；若一对主惯性轴的交点与截面的形心重合时，则这对主惯性轴称为_____，截面对这一对轴的惯性矩称为_____。

答　主惯性轴；主惯性轴；形心主惯性轴；形心主惯性矩。

概念题 9.16 如果截面具有一个对称轴，则该对称轴是截面的_____轴，截面对该轴的惯性积等于_____。因此，截面对于对称轴以及与对称轴垂直的形心轴的惯性矩都是_____主惯性矩。

答　形心主惯性；零；形心。

概念题 9.17 通过圆形截面形心的任意一对直角坐标轴都是_____轴。

答　形心主惯性。

概念题 9.18 通过正方形截面形心的任意一对直角坐标轴都是形心主惯性轴。（　　）

答　对。

计算题解

计算题 9.1～计算题 9.5　静矩和形心

计算题 9.1 图示 T 形截面，已知 $\dfrac{h}{b}=6$，试求截面形心 C 的位置，并求 $\dfrac{y_2}{y_1}=$？

解　（1）求截面形心 C 的位置。建立如图所示坐标系 Oxy，因截面关于 y 轴对称，所以 $x_C=0$，只需求形心 C 的纵坐标，即 y_2 的值。将截面看作由两个矩形组成的组合截面，则有

$$y_2 = \frac{bh \times \dfrac{3}{2}h + bh \times \left(h+\dfrac{b}{2}\right)}{bh + bh} = \frac{3h+b}{4} = \frac{19}{4}b$$

（2）求 $\dfrac{y_2}{y_1}$ 的值。因为

$$y_1 = b+h-y_2 = \frac{9}{4}b$$

故

$$\frac{y_2}{y_1}=\frac{19}{9}$$

计算题 9.2　图示曲线 OB 为一抛物线，其方程为 $y=\dfrac{b}{a^2}x^2$，试求平面图形 OAB 的形心坐标 x_C 和 y_C。

解　取与 y 轴平行的狭条（图中阴影部分）为微面积，则 $\mathrm{d}A=y\mathrm{d}x$，微面积 $\mathrm{d}A$ 的形心坐标为 x 和 $\dfrac{y}{2}$。于是，平面图形 OAB 的形心坐标为

$$x_C=\frac{\displaystyle\int_A x\,\mathrm{d}A}{\displaystyle\int_A \mathrm{d}A}=\frac{\displaystyle\int_0^a xy\,\mathrm{d}x}{\displaystyle\int_0^a y\,\mathrm{d}x}=\frac{\displaystyle\int_0^a x\frac{b}{a^2}x^2\,\mathrm{d}x}{\displaystyle\int_0^a \frac{b}{a^2}x^2\,\mathrm{d}x}=\frac{\dfrac{a^2b}{4}}{\dfrac{ab}{3}}=\frac{3}{4}a$$

$$y_C=\frac{\displaystyle\int_A \frac{y}{2}\,\mathrm{d}A}{\displaystyle\int_A \mathrm{d}A}=\frac{\displaystyle\int_0^a \frac{1}{2}y^2\,\mathrm{d}x}{\displaystyle\int_0^a y\,\mathrm{d}x}=\frac{\dfrac{1}{2}\displaystyle\int_0^a \frac{b^2}{a^4}x^4\,\mathrm{d}x}{\displaystyle\int_0^a \frac{b}{a^2}x^2\,\mathrm{d}x}=\frac{\dfrac{ab^2}{10}}{\dfrac{ab}{3}}=\frac{3}{10}b$$

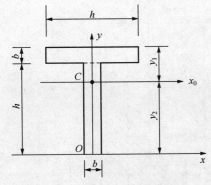

计算题 9.1 图

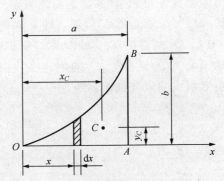

计算题 9.2 图

计算题 9.3　试求图示半径为 R 的半圆形对其直径 x 轴的静矩和形心坐标 y_C。

解　取距 x 轴为 y 处与 x 轴平行的狭长条作为微面积 $\mathrm{d}A$，由图知，$\mathrm{d}A=2\sqrt{R^2-y^2}\,\mathrm{d}y$，则半圆形对其直径 x 轴的静矩为

$$\begin{aligned}
S_x&=\int_A y\,\mathrm{d}A=\int_0^R y(2\sqrt{R^2-y^2})\,\mathrm{d}y\\
&=2\int_0^R y\sqrt{R^2-y^2}\,\mathrm{d}y\\
&=-\left[\frac{2}{3}(R^2-y^2)^{\frac{3}{2}}\right]_0^R=\frac{2}{3}R^3
\end{aligned}$$

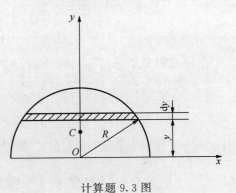

计算题 9.3 图

半圆形的形心坐标 y_C 为

$$y_C=\frac{S_x}{A}=\frac{\dfrac{2}{3}R^3}{\dfrac{1}{2}\pi R^2}=\frac{4R}{3\pi}$$

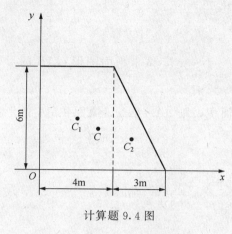

计算题 9.4 图

计算题 9.4 试求图示直角梯形截面的形心位置。

解 建立如图所示的坐标系 Oxy。将截面看作矩形和三角形组成的组合截面。由图知,它们的面积及形心的坐标分别为

矩形: $A_1 = 24\text{m}^2$,$x_1 = 2\text{m}$,$y_1 = 3\text{m}$

三角形: $A_2 = 9\text{m}^2$,$x_2 = 5\text{m}$,$y_2 = 2\text{m}$

则整个截面的形心坐标为

$$x_C = \frac{A_1 x_1 + A_2 x_2}{A_1 + A_2} = \frac{24\text{m}^2 \times 2\text{m} + 9\text{m}^2 \times 5\text{m}}{24\text{m}^2 + 9\text{m}^2} = 2.82\text{m}$$

$$y_C = \frac{A_1 y_1 + A_2 y_2}{A_1 + A_2} = \frac{24\text{m}^2 \times 3\text{m} + 9\text{m}^2 \times 2\text{m}}{24\text{m}^2 + 9\text{m}^2} = 2.73\text{m}$$

计算题 9.5 图示为对称倒 T 形截面。试求:(1) 形心 C 的位置;(2) 阴影部分对 x_C 轴的静矩;(3) x_C 轴以上部分的面积对 x_C 轴的静矩与阴影部分对 x_C 轴的静矩有何关系?

解 (1) 求形心 C 的位置。建立如图所示坐标系 Oxy,因截面关于 y 轴对称,所以 $x_C = 0$,只需求形心 C 的纵坐标 y_C 的值。将截面看作由两个矩形组成的组合截面,则有

矩形 I: $A_1 = 0.6\text{m} \times 0.2\text{m} = 0.12\text{m}^2$,$y_1 = 0.1\text{m}$

矩形 II: $A_2 = 0.8\text{m} \times 0.3\text{m} = 0.24\text{m}^2$,$y_2 = 0.6\text{m}$

形心 C 的坐标为

$$
\begin{aligned}
y_C &= \frac{A_1 y_1 + A_2 y_2}{A_1 + A_2} \\
&= \frac{0.12\text{m}^2 \times 0.1\text{m} + 0.24\text{m}^2 \times 0.6\text{m}}{0.12\text{m}^2 + 0.24\text{m}^2} \\
&= 0.433\text{m}
\end{aligned}
$$

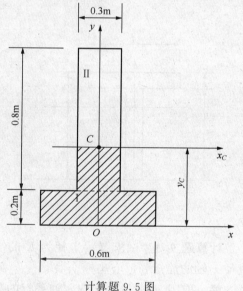

计算题 9.5 图

(2) 求阴影部分对 x_C 轴的静矩 S_x^*。由图知

$$
\begin{aligned}
S_{x_C}^* &= -\left[0.3\text{m} \times \frac{(0.433\text{m} - 0.2\text{m})^2}{2} + 0.6\text{m} \times 0.2\text{m} \times (0.433\text{m} - 0.1\text{m}) \right] \\
&= -4.81 \times 10^{-2}\text{m}^3
\end{aligned}
$$

(3) x_C 轴以上部分的面积对 x_C 轴的静矩与阴影部分对 x_C 轴的静矩大小相等,符号相反。

计算题 9.6 ~ 计算题 9.18 惯性矩和惯性积

计算题 9.6 图 (a) 所示为一等腰三角形,试求:(1) 该三角形对 x 轴的静矩;(2) 该三角形对 x 轴、x_C 轴 (过形心的水平轴)、y 轴的惯性矩 I_x、I_{x_C}、I_y 和惯性积 I_{xy}。

解 (1) 求静矩 S_x。取与 x 轴平行的狭长条 [图 (a) 中阴影部分] 为微面积,则 $\mathrm{d}A = b(y)\mathrm{d}y$。由相似三角形关系知,$b(y) = \dfrac{b}{h}(h - y)$,故有 $\mathrm{d}A = \dfrac{b}{h}(h - y)\mathrm{d}y$。因此三角形对 x 轴

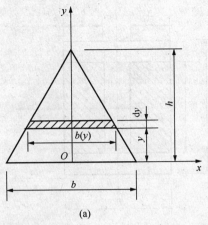

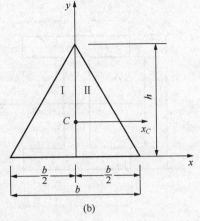

计算题 9.6 图

的静矩为

$$S_x = \int_A y\,\mathrm{d}A = \int_0^h y\,\frac{b}{h}(h-y)\,\mathrm{d}y = b\int_0^h y\,\mathrm{d}y - \frac{b}{h}\int_0^h y^2\,\mathrm{d}y = \frac{bh^2}{6}$$

（2）求惯性矩 I_x。取与 x 轴平行的狭长条［图（a）中阴影部分］为微面积，则

$$I_x = \int_A y^2\,\mathrm{d}A = \int_0^h y^2\,\frac{b}{h}(h-y)\,\mathrm{d}y = b\int_0^h y^2\,\mathrm{d}y - \frac{b}{h}\int_0^h y^3\,\mathrm{d}y = \frac{bh^3}{3} - \frac{bh^3}{4} = \frac{bh^3}{12} \tag{a}$$

（3）求惯性矩 I_{x_C}。根据惯性矩的平行移轴公式得

$$I_{x_C} = I_x - \left(\frac{h}{3}\right)^2 \times \frac{bh}{2} = \frac{bh^3}{12} - \frac{bh^3}{18} = \frac{bh^3}{36}$$

（4）求惯性矩 I_y。利用上面求得的式（a）来计算 I_y。如图（b）所示，整个等腰三角形对 y 轴的惯性矩 I_y 就等于两个相同的直角三角形 I 和 II 分别对 y 轴的惯性矩之和，故

$$I_y = 2 \times \frac{h\left(\dfrac{b}{2}\right)^3}{12} = \frac{hb^3}{48}$$

（5）求惯性积 I_{xy}。由于 y 轴为对称轴，故 $I_{xy}=0$。

计算题 9.7　试求图（a）所示的工字形截面对其形心轴 x、y 的惯性矩。

解　（1）求工字形截面对 x 轴的惯性矩。图（a）所示的工字形可看成是由图（b）所示面积为 $B \times H$ 的矩形，减去两个面积为 $\dfrac{b}{2} \times h$ 的小矩形（图中阴影部分）而得到的。故

$$I_x = \frac{BH^3}{12} - 2 \times \frac{\dfrac{b}{2}h^3}{12} = \frac{1}{12}(BH^3 - bh^3)$$

（2）求工字形截面对 y 轴的惯性矩。将工字形看作为由 I、II、III 三个矩形组成，且 y 轴为过此三个矩形形心的对称轴。工字形截面对 y 轴的惯性矩等于此三个矩形对 y 轴的惯性矩之和，故

$$I_y = 2 \times \frac{\dfrac{H-h}{2}B^3}{12} + \frac{h(B-b)^3}{12} = \frac{(H-h)B^3 + h(B-b)^3}{12}$$

中册　材料力学

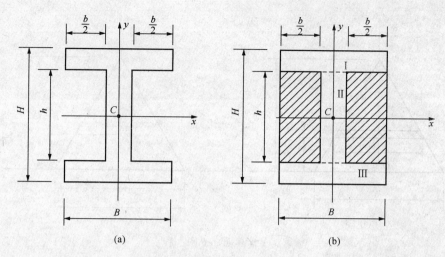

(a)　　　　　　　　　　(b)

计算题 9.7 图

计算题 9.8　试求图示截面对其形心轴 x 的惯性矩。

解　查型钢规格表，22a 号工字钢的几何参数为

$$I_x = 3400 \times 10^4\, \text{mm}^4$$

$$h = 220\text{mm}$$

则整个截面对形心轴 x 的惯性矩为

$$I_x = 3400 \times 10^4\, \text{mm}^4 + 2 \times \left[\frac{120\text{mm} \times (10\text{mm})^3}{12} + (110\text{mm} + 5\text{mm})^2 \times 120\text{mm} \times 10\text{mm} \right]$$

$$= 6576 \times 10^4\, \text{mm}^4$$

上述计算结果表明，在工字钢截面上下增加很小的面积却能使整个组合截面对形心轴的惯性矩增大将近一倍。工程中常常采用这样的组合截面，增大截面的惯性矩，达到提高构件的承载能力的目的。

计算题 9.9　试求图示截面对其形心轴 x_C 的惯性矩。

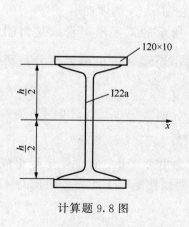

计算题 9.8 图

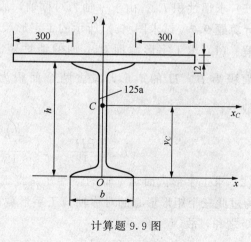

计算题 9.9 图

解　查型钢规格表，25a 号工字钢的几何参数为

$$I_x = 5020 \times 10^4\, \text{mm}^4, \quad A = 48.5 \times 10^2\, \text{mm}^2$$

$$h = 250mm, \quad b = 116mm$$

建立参考坐标系 Oxy，形心 C 的纵坐标为

$$y_C = \frac{48.5 \times 10^2 mm^2 \times 125mm + (300mm \times 2 + 116mm) \times 12mm \times (250mm + 6mm)}{48.5 \times 10^2 mm^2 + 716mm \times 12mm}$$

$$= 208.7mm$$

x_C 轴与工字钢形心轴以及短形心轴之间的距离分别为

$$a_1 = 208.7mm - 125mm = 83.7mm$$

$$a_2 = 250mm - 208.7mm + 6mm = 47.3mm$$

截面对形心轴 x_C 的惯性矩为

$$I_{x_C} = 5020 \times 10^4 mm^4 + 48.5 \times 10^2 mm^2 \times (83.7mm)^2 + \frac{716mm \times (12mm)^3}{12}$$

$$+ (47.3mm)^2 \times 716mm \times 12mm = 1.035 \times 10^8 mm^4$$

计算题 9.10 图示为由两个 25a 号槽钢组成的组合截面，如欲使此截面对两个对称轴的惯性矩相等，试问两根槽钢的间距 a 应为多少？

解 查型钢规表，25a 号槽钢的几何参数为

$$I_x = 3370 \times 10^4 mm^4, \quad I_{y1} = 175.53 \times 10^4 mm^4$$

$$z_0 = 20.7mm, \quad A = 34.91 \times 10^2 mm^2$$

组合截面对 y 轴的惯性矩为

$$I_y = 2 \times \left[175.53 \times 10^4 mm^4 + \left(20.7mm + \frac{a}{2} \right)^2 \times 34.91 \times 10^2 mm^2 \right]$$

由题意知 $2I_x = I_y$，即

$$3370 \times 10^4 mm^4 \times 2 = 2 \times \left[175.53 \times 10^4 mm^4 + \left(20.7mm + \frac{a}{2} \right)^2 \times 34.91 \times 10^2 mm^2 \right]$$

得

$$a = 150mm$$

计算题 9.11 试求图示槽形截面对水平形心轴 x 的惯性矩。

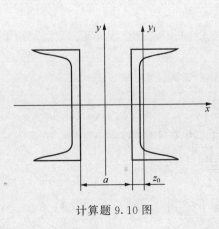

计算题 9.10 图

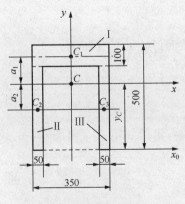

计算题 9.11 图

解 （1）求形心 C 的位置。取对称轴为 y 轴，截面的形心应在此轴上。为了确定形心的位置，取垂直于 y 轴的 x_0 轴为参考轴，将截面分为Ⅰ、Ⅱ、Ⅲ三个矩形，则有

矩形 Ⅰ： $A_1 = 35000\text{mm}^2$，$y_1 = 450\text{mm}$

矩形 Ⅱ 和矩形 Ⅲ： $A_2 = A_3 = 20000\text{mm}^2$，$y_2 = y_3 = 200\text{mm}$

形心 C 的坐标为

$$y_c = \frac{A_1 y_1 + 2A_2 y_2}{A_1 + 2A_2} = \frac{35000\text{mm}^2 \times 450\text{mm} + 2 \times 20000\text{mm}^2 \times 200\text{mm}}{35000\text{mm}^2 + 2 \times 20000\text{mm}^2} = 317\text{mm}$$

由此确定槽形截面的水平形心轴 x 如图所示。

（2）求惯性矩 I_x。整个槽形截面对 x 轴的惯性矩为

$$I_x = I_x^{\text{I}} + 2I_x^{\text{II}}$$

由图可知

$$a_1 = 450\text{mm} - 317\text{mm} = 133\text{mm}$$

$$a_2 = 200\text{mm} - 317\text{mm} = -117\text{mm}$$

由平行移轴公式，有

$$I_x^{\text{I}} = I_{x_1}^{\text{I}} + a_1^2 A_1 = \frac{350\text{mm} \times (100\text{mm})^3}{12} + (133\text{mm})^2 \times 350\text{mm} \times 100\text{mm}$$

$$= 648 \times 10^6 \text{mm}^4$$

$$I_x^{\text{II}} = I_{x_1}^{\text{II}} + a_2^2 A_2 = \frac{50\text{mm} \times (400\text{mm})^3}{12} + (-117\text{mm})^2 \times 50\text{mm} \times 400\text{mm}$$

$$= 541 \times 10^6 \text{mm}^4$$

故

$$I_x = I_x^{\text{I}} + 2I_x^{\text{II}} = 648 \times 10^6 \text{mm}^4 + 2 \times 541 \times 10^6 \text{mm}^4 = 1730 \times 10^6 \text{mm}^4$$

计算题 9.12 试求图示组合截面对其形心轴 x 的惯性矩 I_x。

解 （1）求形心 C 的位置。取对称轴为 y 轴，截面的形心应在此轴上。为了确定形心的位置，取垂直于 y 轴的 x_0 轴为参考轴，将截面分为 Ⅰ、Ⅱ、Ⅲ 三个圆形，则三个圆形的面积和形心坐标分别为

$$A_1 = A_2 = A_3 = A = \frac{\pi d^2}{4}$$

$$y_1 = \frac{\sqrt{3}}{2}d, \quad y_2 = y_3 = 0$$

组合截面形心 C 的坐标为

$$y_c = \frac{A_1 y_1 + 2A_2 y_2}{A_1 + 2A_2} = \frac{A \times \frac{\sqrt{3}}{2}d}{3A} = \frac{\sqrt{3}}{6}d$$

（2）求惯性矩 I_x。由图知，$a_1 = \frac{\sqrt{3}}{3}d$，$a_2 = \frac{\sqrt{3}}{6}d$。由平行移轴公式，有

$$I_x = I_x^{\text{I}} + 2I_x^{\text{II}} = \frac{\pi d^4}{64} + a_1^2 A_1 + 2\left(\frac{\pi d^4}{64} + a_2^2 A_2\right)$$

$$= \frac{\pi d^4}{64} + \left(\frac{\sqrt{3}}{3}d\right)^2 \times \frac{\pi d^2}{4} + 2\left[\frac{\pi d^4}{64} + \left(\frac{\sqrt{3}}{6}d\right)^2 \times \frac{\pi d^2}{4}\right] = \frac{11}{64}\pi d^4$$

计算题 9.13 图示截面由一个 25c 号的槽钢截面和两个 $90 \times 90 \times 12$ 的等边角钢截面组成。试求此组合截面对于形心轴 x、y 的惯性矩 I_x、I_y。

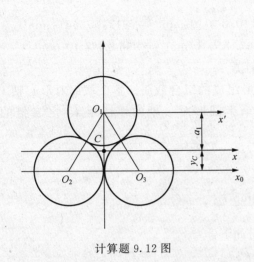

计算题 9.12 图

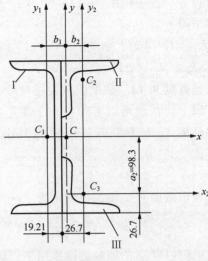

计算题 9.13 图

解　(1) 求形心 C 的位置。由型钢规格表查得，槽钢截面和角钢截面的形心位置 C_1、C_2、C_3 如图所示，其他几何参数如下：

25c 号槽钢：

$$I_x = 3690.45 \times 10^4\,\text{mm}^4$$
$$I_{y_1} = 218.415 \times 10^4\,\text{mm}^4$$
$$A_1 = 4491\,\text{mm}^2$$

$90 \times 90 \times 12$ 的等边角钢：

$$I_{x_2} = I_{y_2} = 149.22 \times 10^4\,\text{mm}^4$$
$$A_2 = 2030\,\text{mm}^2$$

因为 x 轴为截面的对称轴，故截面的形心应在此轴上。为了便于计算，以两角钢的形心连线即 y_2 轴为参考轴，将截面分成图示 I、II、III 三部分，则形心 C 的坐标为

$$b_2 = \frac{A_1 x_1 + 2A_2 x_2}{A_1 + 2A_2} = \frac{4491\,\text{mm}^2 \times [-(19.21\,\text{mm} + 26.7\,\text{mm})] + 2 \times 2030\,\text{mm}^2 \times 0}{4491\,\text{mm}^2 + 2 \times 2030\,\text{mm}^2}$$

$$= -\frac{4491\,\text{mm}^2 \times 45.91\,\text{mm}}{8551\,\text{mm}^2} = -24.1\,\text{mm}$$

由此确定组合截面的形心轴 y 如图所示。

(2) 求惯性矩 I_x 和 I_y。由平行移轴公式分别计算槽钢截面和角钢截面对于 x 轴、y 轴的惯性矩。

槽钢截面：

$I_x^{\mathrm{I}} = 3690.45 \times 10^4\,\text{mm}^4$

$I_y^{\mathrm{I}} = I_{y_1}^{\mathrm{I}} + b_1^2 A_1 = 218.415 \times 10^4\,\text{mm}^4 + (19.21\,\text{mm} + 26.7\,\text{mm} - 24.1\,\text{mm})^2 \times 4491\,\text{mm}$

$\qquad = 218.415 \times 10^4\,\text{mm}^4 + 213.626 \times 10^4\,\text{mm}^4 = 432.04 \times 10^4\,\text{mm}^4$

角钢截面：

$I_x^{\mathrm{II}} = I_{x_2}^{\mathrm{II}} + a_2^2 A_2 = 149.22 \times 10^4\,\text{mm}^4 + 98.3^2\,\text{mm}^2 \times 2030\,\text{mm}^2 = 2110.8 \times 10^4\,\text{mm}^4$

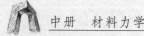

$$I_y^{\mathrm{II}} = I_{y_2}^{\mathrm{II}} + b_2^2 A_2 = 149.22 \times 10^4\,\mathrm{mm}^4 + 24.1^2\,\mathrm{mm}^2 \times 2030\,\mathrm{mm}^2 = 267.1 \times 10^4\,\mathrm{mm}^4$$

最后求得

$$I_x = I_x^{\mathrm{I}} + 2I_x^{\mathrm{II}} = 3690.45 \times 10^4\,\mathrm{mm}^4 + 2 \times 2110.8 \times 10^4\,\mathrm{mm}^4 = 7912.05 \times 10^4\,\mathrm{mm}^4$$

$$I_y = I_y^{\mathrm{I}} + 2I_y^{\mathrm{II}} = 432.04 \times 10^4\,\mathrm{mm}^4 + 2 \times 267.1 \times 10^4\,\mathrm{mm}^4 = 966.24 \times 10^4\,\mathrm{mm}^4$$

计算题 9.14 试求图示截面对形心轴 x 的惯性矩 I_x。

解 此截面可以看作由一个矩形和两个半圆形组成的组合截面。整个截面对形心轴 x 的惯性矩 I_x 等于矩形对 x 轴的惯性矩 I_x^{I} 与一个半圆形对 x 轴的惯性矩 I_x^{II} 之二倍的和，即

$$I_x = I_x^{\mathrm{I}} + 2I_x^{\mathrm{II}}$$

矩形截面对 x 轴的惯性矩为

$$I_x^{\mathrm{I}} = \frac{d \times (2a)^3}{12} = \frac{80\,\mathrm{mm} \times (200\,\mathrm{mm})^3}{12} = 5330 \times 10^4\,\mathrm{mm}^4$$

半圆形对于 x 轴的惯性矩用平行移轴公式求得如下：

$$I_x^{\mathrm{II}} = I_{x_0}^{\mathrm{II}} + \left(a + \frac{2d}{3\pi}\right)^2 A_2 = I_{x_1}^{\mathrm{II}} - \left(\frac{2d}{3\pi}\right)^2 A_2 + \left(a + \frac{2d}{3\pi}\right)^2 A_2$$

$$= \frac{\pi d^4}{128} - \left(\frac{2d}{3\pi}\right)^2 \times \frac{\pi d^2}{8} + \left(a + \frac{2d}{3\pi}\right)^2 \times \frac{\pi d^4}{8}$$

$$= \frac{\pi d^2}{4}\left(\frac{d^2}{32} + \frac{a^2}{2} + \frac{2ad}{3\pi}\right)$$

将 $d = 80\,\mathrm{mm}$，$a = 100\,\mathrm{mm}$ 代入上式，得

$$I_x^{\mathrm{II}} = 3460 \times 10^4\,\mathrm{mm}^4$$

则整个截面对形心轴 x 的惯性矩为

$$I_x = 5330 \times 10^4\,\mathrm{mm}^4 + 2 \times 3460 \times 10^4\,\mathrm{mm}^4 = 12\,250 \times 10^4\,\mathrm{mm}^4$$

计算题 9.15 图示截面为在矩形面积内挖去一个圆形面积。试求该截面对 x、y 轴的惯性矩 I_x、I_y，并求其对 x_1、y_1 轴的惯性积 $I_{x_1 y_1}$。

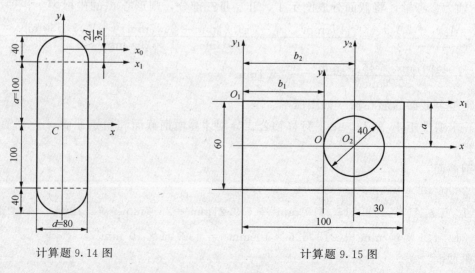

计算题 9.14 图　　　　　　　计算题 9.15 图

解 在计算组合截面的惯性矩和惯性积时可采用负面积法。此时，被挖去部分的惯性

矩和惯性积为负值。

（1）求截面对 x、y 轴的惯性矩 I_x、I_y。图示截面是在矩形面积内挖去圆形面积，故有

$$I_x = I_x^{\mathrm{I}} - I_x^{\mathrm{II}} = \frac{100\text{mm} \times (60\text{mm})^3}{12} - \frac{\pi \times (40\text{mm})^4}{64} = 167.4 \times 10^4 \text{mm}^4$$

$$I_y = I_y^{\mathrm{I}} - I_y^{\mathrm{II}} = I_y^{\mathrm{I}} - \left[I_{y_2}^{\mathrm{II}} + \left(\frac{d}{2}\right)^2 \times A_2 \right]$$

$$= \frac{60\text{mm} \times (100\text{mm})^3}{12} - \frac{\pi \times (40\text{mm})^4}{64} - (20\text{mm})^2 \times \frac{\pi \times (40\text{mm})^2}{4} = 437.2 \times 10^4 \text{mm}^4$$

（2）求截面对 x_1、y_1 轴的惯性积 $I_{x_1 y_1}$。矩形面积和圆形面积对各自的形心轴（图中 x、y 轴和 x、y_2 轴）的惯性积均为零。由图知，两部分的面积和形心在 $Ox_1 y_1$ 坐标系中的坐标分别为

矩形：$A_1 = 6000\text{mm}^2$，$b_1 = 50\text{mm}$，$a_1 = a = -30\text{mm}$

圆形：$A_2 = 1257\text{mm}^2$，$b_2 = 70\text{mm}$，$a_2 = a = -30\text{mm}$

由平行移轴公式，矩形和圆形对 x_1、y_1 轴的惯性积分别为

$$I_{x_1 y_1}^{\mathrm{I}} = I_{xy}^{\mathrm{I}} + a_1 b_1 A_1 = a b_1 A_1$$
$$I_{x_1 y_1}^{\mathrm{II}} = I_{xy_2}^{\mathrm{II}} + a_2 b_2 A_2 = a b_2 A_2$$

整个截面对 x_1、y_1 轴的惯性积为

$$I_{x_1 y_1} = I_{x_1 y_1}^{\mathrm{I}} + I_{x_1 y_1}^{\mathrm{II}} = a b_1 A_1 + a b_2 A_2$$

$$= (-30\text{mm})50\text{mm} \times 6000\text{mm}^2 + (-30\text{mm}) \times 70\text{mm} \times 1257\text{mm}^2$$

$$= -636 \times 10^4 \text{mm}^4$$

计算题 9.16 在图示半径 $R = 100\text{mm}$ 的圆形截面的上下位置对称地切去两个高为 $\delta = 20\text{mm}$ 的弓形，试求余下部分对其对称轴 x 的惯性矩。

解 取与 x 轴平行的狭长条（图中阴影部分）为微面积，由图知，$dA = 2\sqrt{R^2 - y^2}\,dy$，则截面对 x 轴的惯性矩为

$$I_x = \int_A y^2 \, dA = 2\int_0^{R-\delta} y^2 (2\sqrt{R^2 - y^2})\,dy = 4\int_0^{R-\delta} y \sqrt{R^2 - y^2}\,dy$$

$$= 4\left\{ -\frac{y}{4}\sqrt{(R^2 - y^2)^3} + \frac{R^2}{8}\left[y\sqrt{R^2 - y^2} + R^2 \sin^{-1}\frac{y}{R} \right] \right\}_0^{R-\delta}$$

将 $R = 100\text{mm}$，$\delta = 20\text{mm}$，$R - \delta = 80\text{mm}$ 代入上式得

$$I_x = 4\left\{ -\frac{80}{4}\sqrt{(100^2 - 80^2)^3} + \frac{100^2}{8}\left[80\sqrt{100^2 - 80^2} + 100^2 \sin^{-1}\frac{80}{100} \right] \right\}\text{mm}^4$$

$$= 531 \times 10^4 \text{mm}^4$$

计算题 9.17 试求图示的正方形截面对 x_1、y_1 轴的惯性矩 I_{x_1}、I_{y_1} 和惯性积 $I_{x_1 y_1}$。

解 （1）求 I_x、I_y 和 I_{xy}。由图知，x、y 轴为对称轴，故它们是一对形心主惯性轴。正方形截面对此二轴的惯性矩、惯性积分别为

$$I_x = I_y = \frac{a^4}{12}$$

$$I_{xy} = 0$$

中册 材料力学

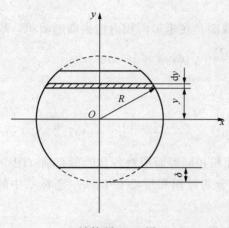

计算题 9.16 图

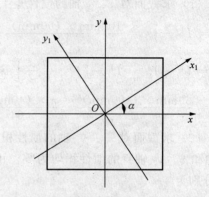

计算题 9.17 图

（2）求 I_{x_1}、I_{y_1} 和 $I_{x_1y_1}$。由转轴公式，有

$$I_{x_1} = \frac{I_x + I_y}{2} + \frac{I_x - I_y}{2}\cos 2\alpha - I_{xy}\sin 2\alpha$$

$$= \frac{1}{2}\left(\frac{a^4}{12} + \frac{a^4}{12}\right) + \frac{1}{2}\left(\frac{a^4}{12} - \frac{a^4}{12}\right)\cos 2\alpha - 0 \cdot \sin 2\alpha = \frac{a^4}{12}$$

$$I_{y_1} = \frac{I_x + I_y}{2} + \frac{I_x - I_y}{2}\cos 2(\alpha + 90°) - I_{xy}\sin 2(\alpha + 90°)$$

$$= \frac{1}{2}\left(\frac{a^4}{12} + \frac{a^4}{12}\right) + 0 + 0 = \frac{a^4}{12}$$

$$I_{x_1y_1} = \frac{I_x - I_y}{2}\sin 2\alpha + I_{xy}\cos 2\alpha = \frac{1}{2}\left(\frac{a^4}{12} - \frac{a^4}{12}\right)\sin 2\alpha + 0 = 0$$

（3）分析与讨论。由本题可得到如下的重要结论：因正方形截面对通过其形心的任意一对直角坐标轴 x_1、y_1 的惯性积 $I_{x_1y_1} = 0$，故通过正方形截面形心的任意一对直角坐标轴都是形心主惯性轴，而且形心主惯性矩都相等，即 $I_x = I_y = I_{x_1} = I_{y_1} = \frac{a^4}{12}$。这一结论对于正三角形等正多边形截面同样成立。

计算题 9.18 试求图示矩形截面对 x_0 轴的惯性矩 I_{x_0}。

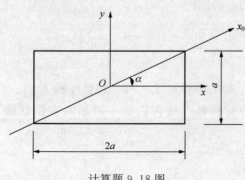

计算题 9.18 图

解 建立图示坐标系 Oxy。矩形截面对 x 轴、y 轴的惯性积、惯性矩分别为

$$I_{xy} = 0$$

$$I_x = \frac{2a \times a^3}{12} = \frac{a^4}{6}$$

$$I_y = \frac{a \times (2a)^3}{12} = \frac{2a^4}{3}$$

因 $\cos\alpha = \frac{2}{\sqrt{5}}$，故 $\cos 2\alpha = 2\cos^2\alpha - 1 = \frac{3}{5}$。由转轴公式，矩形截面对 x_0 轴的惯性矩为

$$I_{x_0} = \frac{I_x + I_y}{2} + \frac{I_x + I_y}{2}\cos 2\alpha + 0 = \frac{1}{2} \times \left(\frac{1}{6} + \frac{2}{3}\right)a^4\ \frac{1}{2} \times \left(\frac{1}{6} - \frac{2}{3}\right)a^4 \times \frac{3}{5}$$

$$= \frac{4}{15}a^4$$

计算题 9.19～计算题 9.21　形心主惯性轴和形心主惯性矩

计算题 9.19　图示为一对称的 T 形截面，试求该截面的形心主惯性矩。

解　(1) 求形心的位置。建立如图所示坐标系 Oxy，因截面关于 y 轴对称，所以 $x_C = 0$，只需求形心 C 的纵坐标 y_C 的值。将截面看作由两个矩形组成的组合截面，则有

矩形 Ⅰ：
$$A_1 = 120 \times 30 = 3600\text{mm}^2, \quad y_1 = 105\text{mm}$$

矩形 Ⅱ：
$$A_2 = 180 \times 40 = 7200\text{mm}^2, \quad y_2 = 90\text{mm}$$

形心 C 的坐标为

$$y_C = \frac{A_1 y_1 + A_2 y_2}{A_1 + A_2} = \frac{3600\text{mm}^2 \times 105\text{mm} + 7200\text{mm}^2 \times 90\text{mm}}{3600\text{mm}^2 + 7200\text{mm}^2}$$

$$= 95\text{mm}$$

(2) 求该截面的形心主惯性矩。因 y 轴为截面的对称轴，故截面对过形心 C 的 x_0 轴、y 轴的惯性积等于零，则 x_0 轴、y 轴为形心主轴，截面对 x_0 轴、y 轴的惯性矩 I_{x_0}、I_y 即为所求形心主惯性矩。由图知，$a_1 = 100\text{mm}$，$a_2 = 5\text{mm}$。由平行移轴公式，形心主惯性矩 I_{x_0}、I_y 的计算结果如下：

$$I_{x_0} = I_{x_1}^{\text{I}} + a_1^2 A_1 + I_{x_2}^{\text{II}} + a_2^2 A_2$$

$$= \left\{\frac{120 \times 30^3}{12} + 100^2 \times 120 \times 30 + \frac{40 \times 180^3}{12} + 5^2 \times 180 \times 40\right\}\text{mm}^4$$

$$= 5589 \times 10^4\text{mm}^4$$

$$I_y = I_y^{\text{I}} + I_y^{\text{II}} = \left\{\frac{30 \times 120^3}{12} + \frac{180 \times 40^3}{12}\right\}\text{mm}^4 = 528 \times 10^4\text{mm}^4$$

计算题 9.20　试求图示截面的形心主轴的位置和形心主惯性矩的数值。

解　(1) 求截面形心 C 的位置。将截面看作由 Ⅰ、Ⅱ 两个矩形组成的组合截面。建立图示坐标系 Oxy，则有

矩形 Ⅰ：$A_1 = 1200\text{mm}^2$，$x_1 = 5\text{mm}$，$y_1 = 60\text{mm}$

矩形 Ⅱ：$A_2 = 700\text{mm}^2$，$x_2 = 45\text{mm}$，$y_2 = 5\text{mm}$

形心 C 的坐标为

$$y_C = \frac{A_1 x_1 + A_2 x_2}{A_1 + A_2} = \frac{1200\text{mm}^2 \times 5\text{mm} + 700\text{mm}^2 \times 45\text{mm}}{1200\text{mm}^2 + 700\text{mm}^2} = \frac{37500\text{mm}^3}{1900\text{mm}^2} \approx 20\text{mm}$$

$$y_C = \frac{A_1 y_1 + A_2 y_2}{A_1 + A_2} = \frac{1200\text{mm}^2 \times 60\text{mm} + 700\text{mm}^2 \times 5\text{mm}}{1200\text{mm}^2 + 700\text{mm}^2} = \frac{75500\text{mm}^3}{1900\text{mm}^2} \approx 40\text{mm}$$

(2) 求截面对形心轴 x_1、y_1 的惯性矩和惯性积。由图知，$a_1 = 20\text{mm}$，$a_2 = -35\text{mm}$，$b_1 = -15\text{mm}$，$b_2 = 25\text{mm}$。由平行移轴公式，有

$$I_{x_1} = \left[\frac{1}{12} \times 10 \times 120^3 + 20^2 \times 120 \times 10 + \frac{1}{12} \times 70 \times 10^3 + (-35)^2 \times 70 \times 10 \right] \text{mm}^4$$

$$= 278.3 \times 10^4 \text{mm}^4$$

$$I_{y_1} = \left[\frac{1}{12} \times 120 \times 10^3 + (-15)^2 \times 120 \times 10 + \frac{1}{12} \times 10 \times 70^3 + 25^2 \times 70 \times 10 \right] \text{mm}^4$$

$$= 100.3 \times 10^4 \text{mm}^4$$

$$I_{x_1 y_1} = \left[20 \times (-15) \times 120 \times 10 + (-35) \times 25 \times 70 \times 10 \right] \text{mm}^4 = -97.3 \times 10^4 \text{mm}^4$$

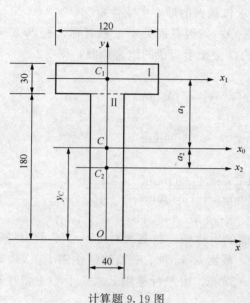

计算题 9.19 图

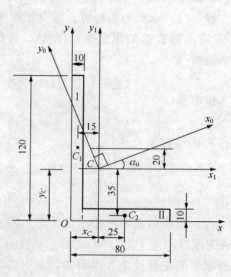

计算题 9.20 图

（3）求形心主惯性轴的位置和形心主惯性矩。由公式可求得形心主轴 x_0 的位置为

$$\tan 2\alpha_0 = -\frac{2 I_{x_1 y_1}}{I_{x_1} - I_{y_1}} = -\frac{2 \times (-97.3) \times 10^4}{(278.3 - 100.3) \times 10^4} = 1.093$$

故

$$2\alpha_0 = 47.6° \quad \text{或} \quad \alpha_0 = 23.8°$$

另一形心主轴 y_0 与 x_0 轴垂直，如图所示。

由图可知，截面对形心主轴 x_0 的形心主矩最大，对形心主轴 y_0 的形心主矩最小。由公式可求得

$$I_{\max} = I_{x_0} = \frac{I_{x_1} + I_{y_1}}{2} + \frac{1}{2} \sqrt{(I_{x_1} - I_{y_1})^2 + 4 I_{x_1 y_1}^2} = 321.3 \times 10^4 \text{mm}^4$$

$$I_{\min} = I_{y_0} = \frac{I_{x_1} + I_{y_1}}{2} - \frac{1}{2} \sqrt{(I_{x_1} - I_{y_1})^2 + 4 I_{x_1 y_1}^2} = 57.3 \times 10^4 \text{mm}^4$$

计算题 9.21 试求图示截面的形心主轴的位置和形心主惯性矩的数值。

解 （1）求截面形心 C 的位置。将截面看作由 I、II、III 三个矩形组成的组合截面，由图知，组合截面关于矩形 II 的形心 C 对称，故 C 点即为整个组合截面的形心。

（2）求截面对形心轴 x、y 的惯性矩和惯性积。由图知，$a_1 = 90$mm，$a_3 = -90$mm，$b_1 = -50$mm，$b_3 = 50$mm，。由平行移轴公式，有

$$I_x = \left[\frac{1}{12} \times 20 \times 200^3 + 2\left(\frac{80 \times 20^3}{12} + 90^2 \times 80 \times 20\right)\right]mm^4 = 3936 \times 10^4 \, mm^4$$

$$I_y = \left[\frac{1}{12} \times 200 \times 20^3 + 2\left(\frac{1}{12} \times 20 \times 80^3 + 50^2 \times 80 \times 20\right)\right]mm^4 = 984 \times 10^4 \, mm^4$$

$$I_{xy} = [90 \times (-50) \times 20 \times 80 + (-90) \times 50 \times 20 \times 80]mm^4 = -1440 \times 10^4 \, mm^4$$

（3）求形心主惯性轴的位置和形心主惯性矩。由公式可求得形心主轴 x_0 的位置为

$$\tan 2\alpha_0 = -\frac{2I_{xy}}{I_x - I_y} = -\frac{2 \times (-1440) \times 10^4 \, mm^4}{(3936 - 984) \times 10^4 \, mm^4} = 0.976$$

故 $\quad\quad\quad\quad\quad\quad 2\alpha_0 = 44.2° \quad$ 或 $\alpha_0 = 22.1°$

另一形心主轴 y_0 与 x_0 轴垂直，如图所示。

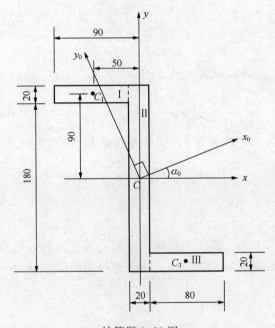

计算题 9.21 图

由图可知，截面对形心主轴 x_0 的形心主矩最大，对形心主轴 y_0 的形心主矩最小。由公式可求得

$$I_{max} = I_{x_0} = \frac{I_x + I_y}{2} + \frac{1}{2}\sqrt{(I_x - I_y)^2 + 4I_{xy}^2} = 4522 \times 10^4 \, mm^4$$

$$I_{min} = I_{y_0} = \frac{I_x + I_y}{2} - \frac{1}{2}\sqrt{(I_x - I_y)^2 + 4I_{xy}^2} = 398 \times 10^4 \, mm^4$$

第十章
扭　转

内容提要

1. 外力偶矩的计算

若轴所传递的功率为 P，转速为 n，则外力偶矩 M_e 的计算公式为

$$M_e = 9549 \frac{P(\text{kW})}{n(r/\text{min})}(\text{N} \cdot \text{m}) \tag{10.1}$$

2. 扭矩

受扭杆横截面上的内力为一作用于横截面内的力偶（力偶矢量与截面法线平行），称为扭矩。扭矩的正负号按右手螺旋法则判定：扭矩矢与截面法线方向一致时为正，反之为负。

3. 切应力互等定理

在单元体互相垂直的两个截面上同时存在着切应力，它们的大小相等，方向垂直于公共棱边，且共同指向或共同背离公共棱边。

4. 剪切胡克定律

当切应力不超过材料的剪切比例极限时，切应力与切应变成正比，即

$$\tau = G\gamma \tag{10.2}$$

5. 圆轴扭转时横截面上的切应力

圆轴扭转时，横截面上任一点处的切应力垂直于半径，方向与扭矩的转向一致，大小为

$$\tau_\rho = \frac{T\rho}{I_p} \tag{10.3}$$

式中：T——横截面上的扭矩；

ρ——横截面上任一点到圆心的距离；

I_p——横截面对圆心的极惯性矩。

横截面上的最大切应力为

$$\tau_{max} = \frac{T_{max}}{W_p} \tag{10.4}$$

式中：W_p——扭转截面系数。

6. 圆轴扭转时的扭转角

扭转角 φ 表示任意两横截面相对转动的角度。扭转角的计算公式为

$$\varphi = \int_0^l \frac{T}{GI_p} dx \tag{10.5}$$

式中：G——材料的切变模量。

若各横截面上扭矩 T 相同，且为同一材料制成的圆轴，则

$$\varphi = \frac{Tl}{GI_p}(\text{rad}) \tag{10.6}$$

式中：l——轴的长度。

单位长度的扭转角为

$$\theta = \frac{d\varphi}{dx} = \frac{T}{GI_p}(\text{rad/m}) \tag{10.7}$$

7. 圆轴扭转时的强度和刚度条件

强度条件：

$$\tau_{max} = \frac{T_{max}}{W_p} \leqslant [\tau] \tag{10.8}$$

刚度条件：

$$\theta_{max} = \frac{T_{max}}{GI_p} \times \frac{180}{\pi} \leqslant [\theta]^{(\circ)/m} \tag{10.9}$$

式中：$[\tau]$——材料的许用切应力。

$[\theta]$——轴的单位长度许用扭转角。

8. 矩形截面杆的自由扭转

矩形截面杆自由扭转时，其横截面不再保持为平面而发生翘曲，因此圆轴扭转时的平面假设不再成立，圆轴扭转时的应力、变形公式也不再适用。

矩形截面杆自由扭转时横截面上的最大切应力发生于长边的中点处，其值为

$$\tau_{max} = \frac{T}{W_p} = \frac{T}{\alpha h b^2} \tag{10.10}$$

式中：$W_p = \alpha h b^2$——矩形截面的扭转截面系数。α 为与矩形截面高宽比 h/b 有关的系数。

单位长度扭转角为

$$\theta = \frac{T}{GI_t} = \frac{T}{G\beta b h^3} \tag{10.11}$$

式中：$I_t = \beta b h^3$——矩形截面的相当极惯性矩。β 为与矩形截面高宽比 h/b 有关的系数。

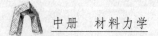

概念题解

概念题 10.1～概念题 10.11　内力和内力图

概念题 10.1　下列杆件中，不属于受扭杆的是（　　）。
A. 汽车方向盘操纵杆　　　B. 船舶推进轴　　　C. 车床的光杆　　　D. 发动机活塞
答　D。

概念题 10.2　圆轴扭转时的受力特点是：一对外力偶的作用面均垂直于轴的轴线，其转向_____。
答　相反。

概念题 10.3　圆轴扭转变形的特点是：轴的相邻横截面积绕其轴线发生_____。
答　相对转动。

概念题 10.4　对扭矩正负号的规定是：以左手拇指指向截面外法线方向，若扭矩转向与其他四指绕向相反，则此扭矩为负，反之为正。（　　）
答　错。

概念题 10.5　在受扭圆轴的横截面上，其扭矩的大小等于该截面一侧（左侧或右侧）轴段上所有外力偶矩的_____。
答　代数和。

概念题 10.6　有一受扭圆轴，若两端仅受一对外力偶矩 $1000N \cdot m$，则其截面上的扭矩应为 $1000N \cdot m$。（　　）
答　对。

概念题 10.7　简述绘制扭矩图的方法和步骤。
答　先用截面法求任意横截面上的扭矩。再取平行于轴线的横坐标表示横截面的位置，用纵坐标表示扭矩的代数值，绘出各横截面扭矩的变化图，即为扭矩图。

概念题 10.8　在受扭杆上作用有集中外力偶处，该处的扭矩图要发生_____，_____的值等于集中外力偶矩的大小。
答　突变；突变。

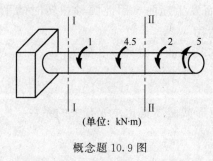

（单位：kN·m）

概念题 10.9 图

概念题 10.9　左端固定的直杆受扭转外力偶作用，如图所示（图中力偶矩的单位为 $kN \cdot m$）。在截面 1—1 和 2—2 处扭矩为（　　）。
A. $T_1 = 12.5kN \cdot m$，$T_2 = -3kN \cdot m$
B. $T_1 = -2.5kN \cdot m$，$T_2 = 3kN \cdot m$
C. $T_1 = -2.5kN \cdot m$，$T_2 = -3kN \cdot m$
D. $T_1 = 2.5kN \cdot m$，$T_2 = -3kN \cdot m$
答　D。

概念题 10.10　图示传动轴的转速 $n = 300r/min$，主动轮 A 的输入功率 $P_A = 500kW$，

从动轮 B、C、D 的输出功率分别为 $P_B=P_C=150\text{kW}$，$P_D=200\text{kW}$（不计轴承摩擦所耗的功率）。下列结论中正确的是（　　）。

A. 各轮转动的方向与作用于轮上的外力偶矩的转向一致

B. BC 段的扭矩为 $4.78\text{kN}\cdot\text{m}$

C. 轴内最大扭矩发生在 CA 段

D. 轴内最大扭矩为 $9.56\text{kN}\cdot\text{m}$

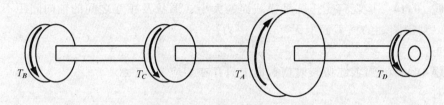

概念题 10.10 图

答　B、C、D。

概念题 10.11　图示传动轴的转速 $n=200\text{r/min}$，主动轮 A 的输入功率为 $P_A=40\text{kW}$，从动轮 B、C、D、E 的输出功率分别为 $P_B=20\text{kW}$，$P_C=5\text{kW}$，$P_D=10\text{kW}$，$P_E=5\text{kW}$。下列结论中正确的是（　　）。

A. 轴内最大扭矩发生在 BA 段

B. 轴内最大扭矩发生在 AC 段

C. 轴上 BA 段的扭矩与 AC 段的扭矩大小相等，符号相反

D. 轴内最大扭矩为 $0.955\text{kN}\cdot\text{m}$

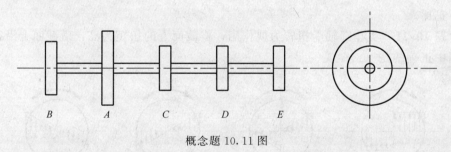

概念题 10.11 图

答　C、D。

概念题 10.12～概念题 10.41　应力和强度

概念题 10.12　关于圆轴扭转的平面假设，正确的说法是（　　）。

A. 横截面变形后仍为平面且形状和大小不变

B. 相邻两截面间的距离不变

C. 变形后半径还是为直线

D. 各横截面像刚性平面一样绕轴线作相对转动

答　A、D。

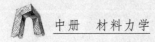

概念题 10.13 下列结论中正确的是（　　）。

A. 切应力互等定理是根据平衡条件导出的

B. 切应力互等定理是在考虑平衡、几何、物理三方面因素的基础上导出的

C. 切应力互等定理只适用于受扭杆件

D. 切应力互等定理适用于各种受力杆件

答　A、D。

概念题 10.14 从观察受扭圆轴横截面的大小、形状及相互之间的轴向间距不改变这一现象，可以判定圆轴的横截面上无_____应力。

答　正。

概念题 10.15 圆轴纯扭转时横截面上只存在切应力。（　　）

答　对。

概念题 10.16 受扭圆轴横截面上距圆心等距离的各点处的切应力大小是_____的。

答　相等。

概念题 10.17 受扭圆轴横截面上切应力的大小沿半径呈_____规律分布。

答　线性。

概念题 10.18 受扭圆轴横截面上各点处的切应力的方向垂直于_____。

答　半径。

概念题 10.19 受扭圆轴横截面上同一圆周上各点处的切应力的大小是_____的。

答　相等。

概念题 10.20 受扭圆轴横截面上任意点处的切应力的大小与该点到圆心的距离成_____。

答　正比。

概念题 10.21 实心圆轴受扭转力偶作用，横截面上的扭矩为 T，横截面上沿径向的应力分布图中正确的是（　　）。

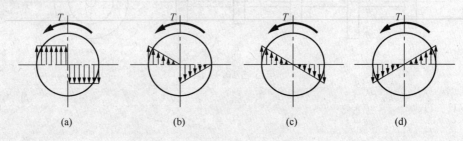

(a)　　(b)　　(c)　　(d)

概念题 10.21 图

答　图（d）。

概念题 10.22 空心圆轴受扭转力偶作用，横截面上的扭矩为 T，横截面上沿径向的应力分布图中正确的是（　　）。

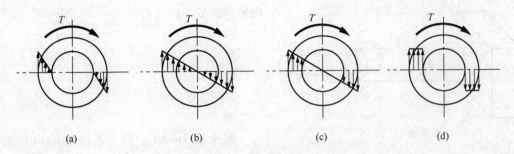

概念题 10.22 图

答 图（c）。

概念题 10.23 外径为 D、内径为 d 的空心圆轴，两端受扭转外力偶矩 M_e 作用，轴内的最大切应力为 τ。若轴的外径改为 $D/2$，内径改为 $d/2$，则轴内的最大切应力变为（　　）。

A. 2τ　　　　　　B. 4τ　　　　　　C. 8τ　　　　　　D. 16τ

答 C。

概念题 10.24 外径为 D、内径为 $d=0.5D$ 的空心圆轴，两端受扭转外力偶矩 M_e 作用，轴内的最大切应力为 τ。若轴的外径不变，内径改为 $d=0.8D$，则轴内的最大切应力变为（　　）。

A. 1.82τ　　　　B. 1.59τ　　　　C. 1.35τ　　　　D. 1.14τ

答 B。

概念题 10.25 有两根圆轴，一根是实心轴，直径为 D_1，另一根是空心轴，内径为 d_2，外径为 D_2，$d_2/D_2=0.8$。若两轴横截面上的扭矩相同，且轴内的最大切应力相等，则它们的外径之比 D_2/D_1 为（　　）。

A. 1.19　　　　　　B. 1.25　　　　　　C. 1.50　　　　　　D. 1.81

答 A。

概念题 10.26 直径为 D 的实心圆轴，两端受扭矩外力偶矩 M_e 作用，轴内的最大切应力为 τ。若轴的直径改为 $D/2$，则轴内的最大切应力 τ 为（　　）。

A. 2τ　　　　　　B. 4τ　　　　　　C. 8τ　　　　　　D. 16τ

答 C。

概念题 10.27 一根空心轴的内、外径分别为 d、D。当 $D=2d$ 时，其扭转截面模量为（　　）。

A. $7\pi d^3/16$　　B. $15\pi d^3/32$　　C. $15\pi d^4/32$　　D. $7\pi d^4/16$

答 B。

概念题 10.28 材料相同的两根圆轴，一根为实心抽，直径为 D_1，另一根为空心轴，内径为 d_2，外径为 D_2，$d_2/D_2=\alpha$。若两轴横截面上的扭矩 T 和最大切应力 $\tau_{\max}$ 均相同，则两轴横截面积之比 A_1/A_2 为（　　）。

A. $1-\alpha^2$

B. $(1-\alpha^4)^{2/3}$

C. $(1-\alpha^2)(1-\alpha^4)^{2/3}$

D. $(1-\alpha^4)^{2/3}/(1-\alpha^2)$

答 D。

概念题 10.29 图示阶梯圆轴，$d_1=60\text{mm}$，$d_2=40\text{mm}$。若 $T_1=2\text{kN}\cdot\text{m}$，$T_2=1\text{kN}\cdot\text{m}$，

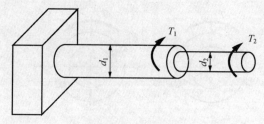

概念题 10.29 图

则轴内的最大切应力为（　　）MPa。

A. 79.6

B. 70.7

C. 64.5

D. 53.8

答　A。

概念题 10.30　设空心圆轴的内径为 d，外径为 D，$d/D=\alpha$，则其横截面的极惯性矩 I_p 和扭转截面模量 W_p 的表达式为（　　）。

A. $I_p=\dfrac{1}{64}\pi D^4(1-\alpha^4)$，$W_p=\dfrac{1}{32}\pi D^3(1-\alpha^3)$

B. $I_p=\dfrac{1}{32}\pi D^4(1-\alpha^4)$，$W_p=\dfrac{1}{16}\pi D^3(1-\alpha^3)$

C. $I_p=\dfrac{1}{32}\pi D^4(1-\alpha^4)$，$W_p=\dfrac{1}{16}\pi D^3(1-\alpha^4)$

D. $I_p=\dfrac{1}{32}\pi D^4(1-\alpha^4)$，$W_p=\dfrac{1}{16}\pi(D^3-d^3)$

答　C。

概念题 10.31　一空心钢轴和一实心铝轴的外径相同，比较两者的扭转截面模量，可知（　　）。

A. 空心钢轴的较大

B. 实心铝轴的较大

C. 其值一样大

D. 其大小与轴的剪切弹性模量有关

答　B。

概念题 10.32　为什么空心轴比实心轴能充分发挥材料的作用？

答　空心圆轴比实心轴能充分发挥材料的作用，其原因在于圆轴扭转时，横截面上应力呈线性分布，越接近截面中心，应力越小，那里的材料就没有充分发挥作用。做成空心轴，使得截面中心处的材料安置到轴的外缘，材料得到了充分利用。而且也减轻了构件的自重。

概念题 10.33　用相同数量材料制成的长度相等的空心圆轴和实心圆轴，空心圆轴的承载能力大。（　　）

答　对。

概念题 10.34　等截面的空心圆轴，两端受扭转力偶矩 $M_e=2$kN·m 作用。若圆轴内外径之比 $\alpha=d/D=0.9$，材料的许用切应力 $[\tau]=50$MPa，则根据强度条件，轴的外径 D 应为（　　）mm。

A. 106　　　　　　B. 95　　　　　　C. 84　　　　　　D. 76

答　C。

概念题 10.35　一级减速箱中的齿轮直径大小不等，在满足相同条件的强度条件下，高速齿轮轴的直径要比低速齿轮轴的直径_____。

答　小。

概念题 10.36　圆轴扭转时，轴内各点都处于纯剪切状态。（　　）

答　对。

概念题 10.37 下列单元体的应力状态中属于正确纯剪状态的是（　　）。

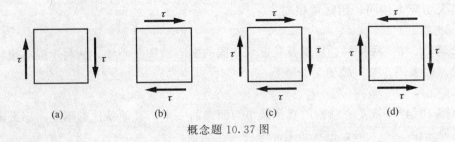

概念题 10.37 图

答 图(d)。

概念题 10.38 脆性材料扭转破坏的断口与轴线成的角度（　　）。

A. 30°　　　　　　B. 45°　　　　　　C. 60°　　　　　　D. 90°

答 B。

概念题 10.39 低碳钢材料和铸铁材料扭转破坏的形式有何不同？

答 由于低碳钢属塑性材料，其抗剪强度低于抗拉强度，所以，扭转圆轴首先因抗剪不足而沿横截面发生剪切破坏。而铸铁属脆性材料，其抗拉强度低于抗剪强度，所以，扭转圆轴会沿最大拉应力作用的斜截面发生拉断破坏。

概念题 10.40 下列关于矩形截面和圆截面杆扭转的说法，正确的是（　　）。

A. 变形后圆截面杆的横截面还是平面

B. 平面假设可以用于矩形截面杆扭转分析

C. 矩形截面杆变形后横截面还是平面

D. 平面假设对任何截面杆都适用

答 A。

概念题 10.41 扭转圆轴横截面上切应力公式能否推广到矩形截面扭转杆？为什么？

答 否。因为矩形截面杆扭转时横截面发生翘曲，平面假设不再成立。

概念题 10.42～概念题 10.52　变形和刚度

概念题 10.42 表示扭转变形程度的量是（　　）。

A. 是扭转角 φ，不是单位长度扭转角 θ

B. 是单位长度扭转角 θ，不是扭转角 φ

C. 是扭转角 φ 和单位长度扭转角 θ

D. 不是扭转角 φ 和单位长度扭转角 θ

答 C。

概念题 10.43 圆轴扭转时，同一横截面上任一点处的切应变与该点到圆心的距离成_____。

答 正比。

概念题 10.44 实心圆轴扭转时，若使直径增大一倍，而其他条件不改变，则扭转角将变为原来的_____。

答 1/8。

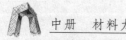

概念题 10.45　直径和长度均相等的两根轴，其横截面上扭矩也相等，而材料不同，则它们的最大切应力相同，扭转角相同。（　　）

答　错。

概念题 10.46　两材料、重量及长度均相同的实心轴和空心轴，从利于提高扭转刚度的角度考虑，以采用＿＿＿＿轴更为合理些。

答　空心。

概念题 10.47　若实心圆轴的直径减小为原来的一半，其他条件都不变。那么轴的最大切应力是原来的＿＿＿＿倍，扭转角是原来的＿＿＿＿倍。

答　8；16。

概念题 10.48　等截面圆轴，左段为钢，右段为铝，两端承受扭转力矩后，左、右两段（　　）。

A. 最大切应力 τ_{max} 不同，单位长度扭转角 θ 相同

B. 最大切应力 τ_{max} 相同，单位长度扭转角 θ 不同

C. 最大切应力 τ_{max} 和单位长度扭转角 θ 都不同

D. 最大切应力 τ_{max} 和单位长度扭转角 θ 都相同

答　B。

概念题 10.49　一圆轴用碳钢制作，校核其扭转角时，发现单位长度扭转角超过了许用值。为保证此轴的扭转刚度，采用（　　）措施最有效。

A. 改用合金钢材料　　　　　　　　　　B. 增加表面光洁度

C. 增加轴的直径　　　　　　　　　　　D. 减小轴的长度

答　C。

概念题 10.50　一实心圆轴受扭，当其直径减少到原来的一半时，则圆轴的单位长度扭转角为原来的（　　）倍。

A. 2　　　　　　　　B. 4　　　　　　　　C. 8　　　　　　　　D. 16

答　D。

概念题 10.51　当实心圆轴的直径增加 1 倍时，其扭转强度、扭转刚度分别增加到原来的（　　）倍。

A. 8 和 16　　　　　　B. 16 和 8　　　　　　C. 8 和 8　　　　　　D. 16 和 16

答　A。

概念题 10.52　为提高圆轴的扭转刚度，采用优质钢代替普通钢的做法并不合理，增大轴的直径，或采用空心轴代替实心轴的做法较为合理。（　　）

答　对。

计算题解

计算题 10.1～计算题 10.4　内力、应力和变形

计算题 10.1　一轴受外力偶作用，如图所示。试求各段内横截面上的扭矩并绘扭矩图。

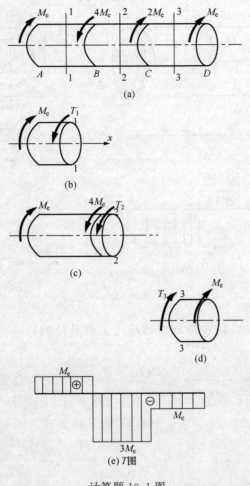

计算题 10.1 图

解　（1）计算各段内横截面上的扭矩。取 1—1 截面以左部分为研究对象［图（b）］，由平衡方程 $\sum M_x = 0$，得

$$T_1 = M_e$$

再取 2—2 截面以左部分为研究对象［图（c）］，由平衡方程 $\sum M_x = 0$，得

$$T_2 = -3M_e$$

最后取 3—3 截面以右部分为研究对象［图（d）］，由平衡方程 $\sum M_x = 0$，得

$$T_3 = -M_e$$

（2）绘扭矩图。由以上计算结果，绘出扭矩图如图（e）所示。

计算题 10.2　图（a）所示空心圆轴的外径 $D=100\text{mm}$，内径 $d=80\text{mm}$，$l=500\text{mm}$，$M_{e1}=6\text{kN·m}$，$M_{e2}=4\text{kN·m}$，材料的切变模量 $G=80\text{GPa}$。试求：（1）轴的扭矩图；（2）轴的最大切应力，并指出其位置；（3）C 截面对 A、B 截面的相对扭转角 φ_{CA}、φ_{CB}。

解　（1）绘扭矩图。分别计算 AB 段和 BC 段横截面上的扭矩，绘出扭矩图如图（b）所示。最大（绝对值）扭矩发生在 BC 段各横截面上，其值为 4kN·m。

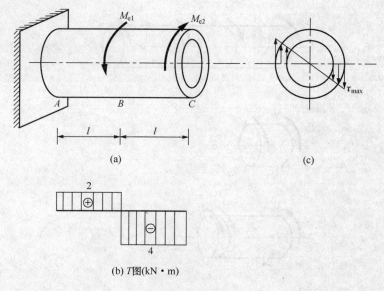

(a)

(c)

(b) T图(kN·m)

计算题 10.2 图

（2）求最大切应力。BC 段各横截面的周边上各点处的切应力为轴内最大切应力 ［图 （c）］，其值为

$$\tau_{max} = \frac{T_{max}}{W_p} = \frac{4 \times 10^3 \text{N·m}}{\frac{\pi}{16} \times 0.1^3 \times (1 - 0.8^4)\text{m}^3} = 34.5 \times 10^6 \text{Pa} = 34.5 \text{MPa}$$

（3）求相对扭转角 φ_{CA} 与 φ_{CB}。求 φ_{CA} 时应分段计算如下：

$$\varphi_{CA} = \frac{T_{AB}l}{GI_p} + \frac{T_{BC}l}{GI_p} = \frac{l}{GI_p}(T_{AB} + T_{BC})$$

$$= \frac{0.5 \times (2-4) \times 10^3}{80 \times 10^9 \times \frac{\pi}{32} \times 0.1^4 \times (1 - 0.8^4)} \text{rad} = -0.216 \times 10^{-2} \text{rad} = -0.124°$$

由于 BC 段横截面上的扭矩为常数，故

$$\varphi_{CB} = \frac{T_{BC}l}{GI_p} = \frac{-4 \times 10^3 \times 0.5}{80 \times 10^9 \times \frac{\pi}{32} \times 0.1^4 \times (1 - 0.8^4)} \text{rad}$$

$$= -0.431 \times 10^2 \text{rad} = -0.247°$$

负号表示顺时针转动。

计算题 10.3 图（a）所示实心圆轴的直径 $d = 70\text{mm}$，$l_1 = 0.4\text{m}$，$l_2 = 0.6\text{m}$，材料的切变模量 $G = 8 \times 10^4 \text{MPa}$。试求单位长度最大扭转角 θ_{max} 和全轴的扭转角 φ_{CA}。

解 （1）绘扭矩图。分别计算 AB 段和 BC 段横截面上的扭矩，绘出扭矩图如图（b）所示。

（2）求 θ_{max} 和 φ_{CA}。容易判断 θ_{max} 是在 T_{max} 所在的 AB 段内。截面的极惯性矩为

$$I_p = \frac{\pi d^4}{32} = \frac{3.14 \times (70 \times 10^{-3})^4}{32} \text{m}^4 = 236 \times 10^{-8} \text{m}^4$$

θ_{max} 和 φ_{CA} 计算如下：

$$\theta_{max} = \frac{T_1}{GI_p} = \frac{1.6 \times 10^3}{8 \times 10^4 \times 10^6 \times 236 \times 10^{-8}} \text{rad/m} = 0.0085 \text{rad/m}$$

$$\varphi_{CA} = \sum \frac{T_i l_i}{GI_p} = \frac{T_1 l_1}{GI_p} + \frac{T_2 l_2}{GI_p} = \frac{-1.6 \times 10^3 \times 0.4 + 0.8 \times 10^3 \times 0.6}{8 \times 10^4 \times 10^6 \times 236 \times 10^{-8}} \text{rad}$$

$$= -0.00085 \text{rad}$$

负号表示顺时针转动。

计算题 10.4 图示一实心锥形圆轴，小端半径为 a，大端半径为 $b=1.2a$。试求该轴的最大相对扭转角。若用轴的平均直径，按等截面轴计算时，将引起多大的误差。

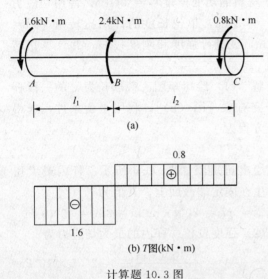

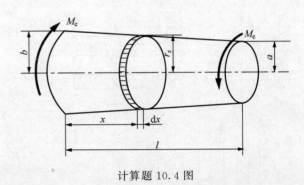

计算题 10.3 图　　　　　计算题 10.4 图

解 （1）求锥形轴的最大相对扭转角。设锥度很小，取微段 dx 考虑，dx 段的相对扭转角为

$$d\varphi = \frac{Tdx}{GI_p(x)} = \frac{2Tdx}{G\pi r_x^4}$$

将 $T=M_e$，$r_x = a + \frac{b-a}{l}x$，$b=1.2a$ 代入上式并积分，得该轴的最大相对扭转角为

$$\varphi = \int_l d\varphi = \frac{2M_e}{G\pi} \int_0^l \frac{dx}{\left[a + \frac{b-a}{l}x\right]^4} = 1.404 \frac{M_e l}{G\pi a^4}$$

（2）按等截面轴计算时的误差。轴的平均半径为

$$r = \frac{a+b}{2} = 1.1a$$

轴的最大相对扭转角为

$$\varphi' = \frac{M_e l}{G \frac{\pi}{2}(1.1a)^4} = 1.366 \frac{M_e l}{G\pi a^4}$$

相对误差为

$$\frac{\varphi - \varphi'}{\varphi} = \frac{1.404 - 1.366}{1.404} = 2.7\%$$

由此可见，当锥形杆的锥度不太大时，其相对扭转角以平均直径的等截面轴来计算，所得结果的误差较小，在工程上一般是容许的。

计算题 10.5～计算题 10.10   强度和刚度计算

计算题 10.5   图（a）所示圆截面杆 AB 左端固定，承受均布力偶作用，集度为 $q_t =$ 20N·m/m。已知直径 $D = 20$mm，杆长 $l =$ 2m，材料的切变模量 $G = 80$GPa，许用切应力 $[\tau] = 30$MPa，单位长度的许用扭转角 $[\theta] =$ $2^{(°)}$/m，试进行强度和刚度校核，并计算扭转角 φ_{BA}。

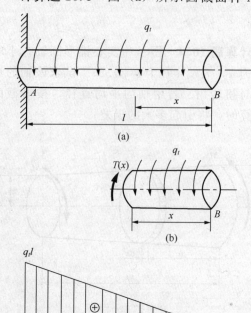

计算题 10.5 图

解   （1）绘扭矩图。截取长为 x 的一段杆为研究对象 [图（b）]，利用平衡条件，求得扭矩方程为

$$T(x) = q_t x \quad (0 \leqslant x \leqslant l)$$

绘出扭矩图如图（c）所示。杆内最大扭矩发生在固定端截面上，其值为

$$T_{max} = q_t l = 20\text{N·m/m} \times 2\text{m} = 40\text{N·m}$$

（2）强度校核。杆内的最大切应力为

$$\tau_{max} = \frac{T_{max}}{W_p} = \frac{40\text{N·m}}{\frac{\pi}{16} \times 0.02^3 \text{m}^3} = 25.5 \times 10^6\text{Pa}$$

$$= 25.5\text{MPa} < [\tau] = 30\text{MPa}$$

所以满足强度条件。

（3）刚度校核。单位长度最大扭转角为

$$\theta_{max} = \frac{T_{max}}{GI_p} = \frac{40\text{N·m}}{80 \times 10^9\text{Pa} \times \frac{\pi}{32} \times 0.02^4\text{m}^4} = 3.18 \times 10^{-2}\text{rad/m}$$

$$= 1.82^{(°)}/\text{m} < [\theta] = 2^{(°)}/\text{m}$$

所以也满足刚度条件。

（4）计算扭转角 φ_{BA}。因扭矩沿杆长是变化的，故 φ_{BA} 积分计算如下：

$$\varphi_{BA} = \int_0^l \frac{T(x)}{GI_p}\mathrm{d}x = \int_0^l \frac{q_t x}{GI_p}\mathrm{d}x = \frac{q_t l^2}{2GI_p}$$

$$= \frac{20 \times 2^2}{2 \times 80 \times 10^9 \times \frac{\pi}{32} \times 0.02^4}\text{rad} = 3.18 \times 10^{-2}\text{rad} = 1.82°$$

计算题 10.6   一闸门启闭机的传动圆轴，材料为 45 号钢，切变模量 $G = 79$GPa 许用切应力 $[\tau] = 88.2$MPa，单位长度许用扭转角 $[\theta] = 0.5^{(°)}$/m，使圆轴转动的电动机的功率为 $P = 16$kW，转速为 $n_0 = 375$r/min。经过减速之后，传动轴的转速降低为电动机转速的 $\frac{1}{97.14}$。试根据强度条件和刚度条件设计圆轴的直径。

解   （1）计算传动轴传递的扭矩。轴的转速为

$$n = \frac{375}{97.14} = 3.86\text{r/min}$$

扭矩为

$$T = M_\text{e} = 9.549\frac{P}{n} = 9.549 \times \frac{16\text{kW}}{3.86\text{r/min}} = 39.59\text{kN} \cdot \text{m}$$

（2）按强度条件设计圆轴的直径。由强度条件，得

$$d \geqslant \sqrt[3]{\frac{16T}{\pi[\tau]}} = \sqrt[3]{\frac{16 \times 35.59 \times 10^3}{3.14 \times 88.2 \times 10^6}}\text{m} = 0.131\text{m} = 131\text{mm}$$

（3）按刚度条件设计圆轴的直径。由刚度条件，有

$$\theta_\text{max} = \frac{T_\text{max}}{GI_\text{p}} \times \frac{180}{\pi} = \frac{32 \times 180T}{\pi^2 Gd^4} \leqslant [\theta]$$

得

$$d \geqslant \sqrt[4]{\frac{32 \times 180T}{\pi^2 G[\theta]}} = \sqrt[4]{\frac{32 \times 180 \times 39.59 \times 10^3}{\pi^2 \times 79 \times 10^9 \times 0.5}}\text{m} = 0.156\text{m} = 156\text{mm}$$

圆轴应同时满足强度条件和刚度条件，故取 $d = 160\text{mm}$。

计算题 10.7　图示受扭杆件 AB 段的直径 $d_1 = 50\text{mm}$，BC 段的直径 $d_2 = 38\text{mm}$，材料的切变模量 $G = 80\text{GPa}$。规定扭转角 φ_{CA} 不超过 0.01 弧度，试求许用扭矩 T。

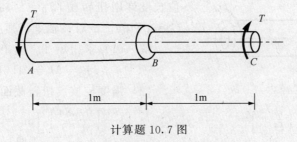

计算题 10.7 图

解　因为杆不是等截面的，所以扭转角 φ_{CA} 应分段计算。

$$\varphi_{CA} = \frac{Tl_1}{GI_\text{p}} + \frac{Tl_2}{GI_\text{p}} = \frac{T}{G}\left(\frac{l}{\pi d_1^4/32} + \frac{l}{\pi d_2^4/32}\right) = \frac{32Tl}{\pi G}\left(\frac{1}{d_1^4} + \frac{1}{d_2^4}\right)$$

因 $\varphi_{CA} \leqslant 0.01\text{rad}$，故许用扭矩应为

$$T = \frac{\varphi_{CA}\pi G}{32l\left(\frac{1}{d_1^4} + \frac{1}{d_2^4}\right)} = \frac{0.01 \times \pi \times 80 \times 10^9}{32 \times 1 \times \left[\frac{1}{(50 \times 10^{-2})^4} + \frac{1}{(38 \times 10^{-2})^4}\right]}\text{N} \cdot \text{m} = 123\text{N} \cdot \text{m}$$

计算题 10.8　相同材料的一根实心圆轴和一根空心圆轴，按传递相同的扭矩 T 和具有相同的最大切应力来进行设计。已知空心圆轴的内径是外径的 0.8 倍，试求：（1）空心圆轴的外径和实心圆轴的直径之比 $\dfrac{d_b}{d_a}$；（2）空心圆轴和实心圆轴的重量之比。

解　（1）求比值 $\dfrac{d_b}{d_a}$。空心圆轴和实心圆轴的最大切应力分别为

$$\tau_{\text{max}空} = \frac{T}{W_{\text{p}空}} = \frac{T}{\frac{\pi d_b^3}{16}(1 - 0.8^4)} = \frac{T}{\frac{\pi d_b^3}{16}0.59}$$

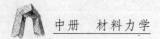

$$\tau_{\text{max实}} = \frac{T}{W_{\text{p实}}} = \frac{T}{\dfrac{\pi d_a^3}{16}}$$

由已知条件 $\tau_{\text{max空}} = \tau_{\text{max实}}$，得

$$\frac{T}{\dfrac{\pi d_b^3}{16} \times 0.59} = \frac{T}{\dfrac{\pi d_a^3}{16}}$$

故

$$\frac{d_b}{d_a} = 1.19$$

（2）求二轴的重量之比。因为两轴材料相同，长度相同，所以它们重量之比等于其横截面面积之比，比值为

$$\frac{A_{\text{空}}}{A_{\text{实}}} = \frac{\dfrac{\pi d_b^2}{4}(1 - 0.8^2 r^2)}{\dfrac{\pi}{4} d_a^2} = 1.19^2 \times 0.36 = 0.51$$

计算题 10.9　图示为一汽车传动轴简图，转动时输入的力偶矩 $M_e = 1.6$kN·m，轴由无缝钢管制成，外径 $D = 90$mm，内径 $d = 84$mm。已知材料的许用切应力 $[\tau] = 60$MPa，单

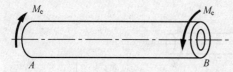

计算题 10.9 图

位长度许用扭转角 $[\theta] = 1.49°/$m，材料切变模量 $G = 80$MPa，试对该轴进行强度和刚度校核。

解　（1）求扭矩 T。扭矩 T 为
$$T = M_e = 1.6\text{kN·m}$$
（2）强度校核。扭转截面系数为

$$W_p = \frac{\pi}{16} D^3 \left[1 - \left(\frac{d}{D}\right)^4\right] = \frac{3.14}{16} \times 0.09^3 \times \left[1 - \left(\frac{0.084}{0.09}\right)^4\right]\text{m}^3 = 35.16 \times 10^{-6}\text{m}^3$$

轴的最大切应力为

$$\tau_{\text{max}} = \frac{T}{W_p} = \frac{1.6 \times 10^3\text{N·m}}{35.16 \times 10^{-6}\text{m}^3} = 45.5 \times 10^6\text{Pa} = 45.5\text{MPa} < [\tau] = 60\text{MPa}$$

可见强度满足要求。

（3）刚度校核。截面的极惯性矩为

$$I_p = \frac{\pi}{32}(D^4 - d^4) = \frac{3.14}{32} \times (0.09^4 - 0.084^4)\text{m}^4 = 158.2 \times 10^{-3}\text{m}^4$$

轴的单位长度最大扭转角

$$\theta_{\text{max}} = \frac{T}{GI_p} \times \frac{180}{\pi} = \frac{1.6 \times 10^3\text{N·m} \times 180}{8 \times 10^{10}\text{Pa} \times 158.2 \times 10^{-3}\text{m}^4 \times 3.14} = 0.72°/\text{m} < [\theta] = 1.49°/\text{m}$$

可见刚度也满足要求。

计算题 10.10　木制圆轴受扭如图所示，轴的直径为 $d = 150$mm，圆木顺纹许用切应力 $[\tau]_{\text{顺}} = 2$MPa，横纹许用切应力 $[\tau]_{\text{横}} = 8$MPa，试求轴的许用扭转力偶矩 M_e。

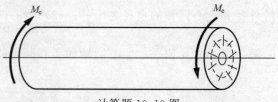

计算题 10.10 图

解　圆轴受扭后，根据切应力互等定理，不仅横截面上有切应力，而且过轴线的纵截面上也有切应力。横截面上的切应力沿径向线性分布，纵截面上的切应力亦沿径向线性分布，且两者有相同的最大值，即有 $\tau_{\text{max顺}}=\tau_{\text{max横}}=T/W_{\text{p}}$。木材许用切应力 $[\tau]_{\text{顺}} < [\tau]_{\text{横}}$，故圆轴将沿顺纹方向（纵截面内）发生剪切破坏。于是此轴的强度条件为

$$\tau = \frac{T}{W_{\text{p}}} \leqslant [\tau]_{\text{顺}}$$

式中：$T = M_{\text{e}}$。由此得许用外力偶矩为

$$M_{\text{e}} = W_{\text{p}}[\tau]_{\text{顺}} = \frac{\pi \times 150^3}{16} \times 2\text{N} \cdot \text{mm} = 1.33 \times 10^6\text{N} \cdot \text{mm} = 1.33\text{kN} \cdot \text{m}$$

计算题 10.11～计算题 10.16　扭转超静定问题

计算题 10.11　图示一根两端固定的杆 ABC，在截面 B 处作用一外力偶 M_{e}。杆的 AB 段为实心圆杆，直径为 d_1，BC 段为空心圆杆，外径为 d_2，内径为 d_1。试导出欲使 A、C 端的反力偶矩 T_A 和 T_C 在数值上相等的比值 $\dfrac{a}{l}$ 的表达式。

解　本题是一扭转超静定问题，由静力平衡方程，得

$$T_A + T_C = M_{\text{e}}$$

C 端相对于 A 端的扭转角为

$$\varphi_{CA} = \frac{T_C(l-a)}{GI_{\text{pC}}} - \frac{T_A a}{GI_{\text{pA}}}$$

因杆的两端固定，故 $\varphi_{CA}=0$，即

$$\frac{T_A a}{GI_{\text{pA}}} = \frac{T_C(l-a)}{GI_{\text{pC}}}$$

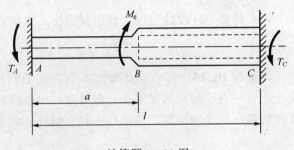

计算题 10.11 图

若 $T_A = T_C$，则有

$$aI_{\text{pC}} = (l-a)I_{\text{pA}}$$

或

$$a\frac{\pi}{32}(d_2^4 - d_1^4) = (l-a)\frac{\pi}{32}d_1^4$$

得

$$\frac{a}{l} = \left(\frac{d_1}{d_2}\right)^4$$

计算题 10.12　图（a）所示两端固定的圆杆，承受外力偶矩作用，$M_{\text{e1}}=2M_{\text{e2}}$，$a=c=l/4$，$b=l/2$，试求杆中间 CD 段内的扭矩。

解　（1）列静力平衡方程。取杆 AB 为研究对象［图（b）］，由平衡方程，得

$$T_A + T_B = M_{\text{e1}} + M_{\text{e2}} = 3M_{\text{e2}} \tag{a}$$

（2）列补充方程。B 端相对 A 端的扭转角 φ_{BA} 为

$$\varphi_{BA} = \frac{M_{\text{e1}}a}{GI_{\text{p}}} + \frac{M_{\text{e2}}(b+a)}{GI_{\text{p}}} - \frac{T_B(a+b+c)}{GI_{\text{p}}}$$

因杆的两端固定，故 $\varphi_{BA}=0$，即

$$\frac{M_{\text{e1}}a}{GI_{\text{p}}} + \frac{M_{\text{e2}}(a+b)}{GI_{\text{p}}} - \frac{T_B(a+b+c)}{GI_{\text{p}}} = 0 \tag{b}$$

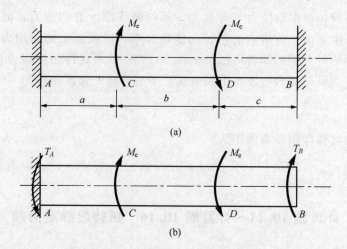

(a)

(b)

计算题 10.12 图

由式（a）、（b），得

$$T_B = \frac{5}{4}M_{e2}, \quad T_A = \frac{3}{4}M_{e2}$$

（3）计算 CD 段的扭矩。利用截面法，求得 CD 段的扭矩为

$$T = T_B - M_{e2} = \frac{1}{4}M_{e2}$$

计算题 10.13　有一空心圆管 A 套在实心圆杆 B 的一端，如图所示。两杆在同一横截面处各有一直径相同的贯穿孔，但两孔的中心线的夹角为 β。现在杆 B 上施加外力偶，使其扭转到两孔对准的位置，并在孔中装上销钉。试求在外力偶除去后两杆所受的扭矩。

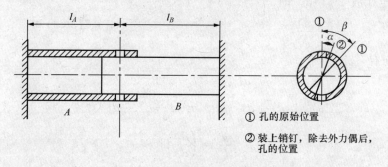

① 孔的原始位置

② 装上销钉，除去外力偶后，
孔的位置

计算题 10.13 图

解　（1）列静力平衡方程。由于内杆和外管通过销钉相互作用，因此它们所承受的扭矩 T_A 和 T_B 必然大小相同，方向相反，即 $T_A = T_B = T$。

（2）列补充方程。设除去外力偶后内杆带动外管转过 α 角，到达位置②，而外管孔的原始位置为①，如图所示。因而，内杆的扭转角为

$$\varphi_B = \beta - \alpha$$

外管的扭转角为

$$\varphi_A = \alpha$$

变形的几何关系为

$$\varphi_A + \varphi_B = \beta$$

利用变形与力的物理关系：

$$\varphi_A = \frac{T_A l_A}{GI_{pA}}, \quad \varphi_B = \frac{T_B l_B}{GI_{pB}}$$

得

$$\frac{T}{G}\left(\frac{l_A}{I_{pA}} + \frac{l_B}{I_{pB}}\right) = \beta$$

（3）求两杆所受的扭矩。由上式可得

$$T = \frac{\beta GI_{pA}I_{pB}}{l_A I_{pB} + l_B I_{pA}}$$

计算题 10.14　两端固定的圆杆承受 $M_e = 10\text{kN·m}$ 的作用，如图（a）所示，杆的许用切应力 $[\tau] = 60\text{MPa}$。试求固定端处的反力偶矩，并设计该杆的直径。

解　（1）求固定端处的反力偶矩。解除 B 端的约束［图（b）］，B 端相对于 A 端的扭转角为

$$\varphi_{BA} = \frac{M_e a}{GI_p} - \frac{M_e(2a)}{GI_p} + \frac{T_B(3a)}{GI_p} = 0$$

解得 B 端处的反力偶矩为

$$T_B = \frac{M_e}{3}$$

A 端处的反力偶矩可由静力平衡方程求得

$$T_A = T_B + M_e - M_e = \frac{M_e}{3}$$

（2）设计圆杆的直径。绘出杆的扭矩图如图（c）所示。由强度条件，得

$$d \geqslant \sqrt[3]{\frac{16T_{max}}{\pi[\tau]}} = \sqrt[3]{\frac{16(2M_e)}{3\pi[\tau]}} = \sqrt[3]{\frac{32 \times 10 \times 10^3}{3\pi \times 60 \times 10^6}}\text{m} = 82.7\text{mm}$$

取直径 $d = 83\text{mm}$。

计算题 10.15　一结构如图（a）所示。圆轴 AB 的扭转刚度为 GI_p，立杆 CD 和 FG 的抗拉刚度为 EA，尺寸 a 及外力偶 M_e 均为已知，M_e 作用于横梁上。圆轴与横梁牢固结合，垂直相交，立杆与横梁铰接，也垂直相交，横梁可视为刚体。试求立杆的轴力及圆轴的扭矩。

解　本题为超静定问题。取横梁为研究对象［图（b）］，由平衡方程 $\sum Y = 0$、$\sum M_F = 0$，得

$$F_{N1} = F_{N2} = F_N$$
$$F_N \times 2a + T - M_e = 0 \tag{a}$$

设横梁的转角为 φ，此角即 AB 杆的相对扭转角，于是变形的几何关系为

$$\varphi a = \Delta l$$

将 $\varphi = \frac{Ta}{GI_p}$，$\Delta l = \frac{F_N a}{EA}$ 代入上式，得补充方程为

$$\frac{Ta}{GI_p}a = \frac{F_N a}{EA}$$

得

$$F_N = \frac{TaEA}{GI_p} \tag{b}$$

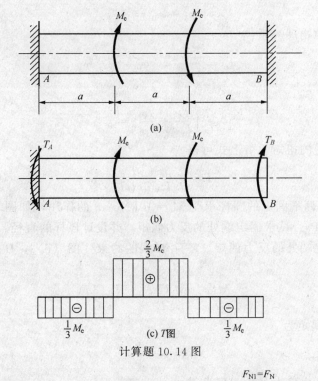

(a)

(b)

$$\frac{2}{3}M_e$$

$$\frac{1}{3}M_e \qquad \frac{1}{3}M_e$$

(c) T图

计算题 10.14 图

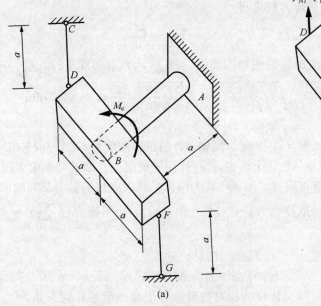

(a)

(b)

计算题 10.15 图

联立求解式（a）、（b），得立杆的轴力和圆轴的扭矩分别为

$$F_N = \frac{M_e aEA}{GI_p + 2a^2 EA}$$

$$T = \frac{M_e GI_p}{GI_p + 2a^2 EA}$$

计算题 10.16 如图（a）所示为两种材料构成的组合轴，外筒与内轴固结在一起，无相对滑动。此组合轴受外力偶 M_e 作用，外筒与内轴的剪切弹性模量分别为 G_1 和 G_2，且 $G_1 > G_2$。截面的极惯性矩分别为 I_{p1} 和 I_{p2}，设 $\dfrac{G_2 I_{p2}}{G_1 I_{p1}}=\beta$，试绘出横截面上的应力分布图，并分别计算外筒和内轴中的最大切应力 τ_1 和 τ_2。

解 本题为超静定问题。由平衡方程得

$$T_1 + T_2 = M_e \tag{a}$$

因平面假设成立，故外筒与内轴的相对扭转角相同，变形的几何关系为

$$\varphi_1 = \varphi_2$$

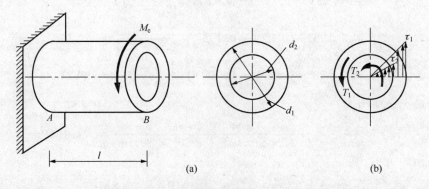

计算题 10.16 图

将 $\varphi_1 = \dfrac{T_1 l}{G_1 I_{p1}}$，$\varphi_2 = \dfrac{T_2 L}{G_2 I_{p2}}$ 代入上式，得补充方程为

$$\frac{T_1 l}{G_1 I_{p1}} = \frac{T_2 l}{G_2 I_{p2}}$$

得

$$T_2 = \frac{G_2 I_{p2}}{G_1 I_{p1}} T_1 = \beta T_1$$

将上式代入式（a），得

$$T_1 = \frac{M_e}{1+\beta}, \quad T_2 = \frac{\beta M_e}{1+\beta}$$

外筒中的最大切应力为

$$\tau_1 = \frac{T_1 \frac{d_1}{2}}{I_{p1}} = \frac{M_e d_1}{2(1+\beta) I_{p1}}$$

内轴中的最大切应力为

$$\tau_2 = \frac{T_2 \frac{d_2}{2}}{I_{p2}} = \frac{\beta M_e d_2}{2(1+\beta) I_{p2}}$$

轴横截面上的应力分布如图（b）所示。

计算题 10.17 和计算题 10.18　矩形截面杆自由扭转时的应力和变形

计算题 10.17　扭转轴的横截面如图（a）所示。其上的扭矩 $T=4kN$，截面尺寸 $b=50mm$，$h=90mm$，材料的切变模量 $G=80GPa$。试求：（1）横截面上的最大切应力；（2）短边中点的切应力 τ_1；（3）单位长度扭转角 θ。

解　由 $\dfrac{h}{b}=\dfrac{90}{50}=1.8$，查表（用插值法）得到

$$\alpha = 0.231 + (0.246 - 0.231) \times \frac{1.8 - 1.5}{2.0 - 1.5} = 0.24$$

$$\beta = 0.196 + (0.229 - 0.196) \times \frac{1.8 - 1.5}{2.0 - 1.5} = 0.216$$

$$\gamma = 0.858 - (0.858 - 0.796) \times \frac{1.8 - 1.5}{2.0 - 1.5} = 0.821$$

横截面上的最大切应力为

$$\tau_{\max} = \frac{T}{\alpha h b^2} = \frac{4 \times 10^3 N \cdot m}{0.24 \times 90 \times 10^{-3} \times 50^2 \times 10^{-6} m^3} = 74.1MPa$$

短边中点的切应力为

$$\tau_1 = \gamma \tau_{\max} = 0.821 \times 74.1MPa = 60.8MPa$$

单位长度扭转角为

$$\theta = \frac{T}{G\beta h b^3} \times \frac{180}{\pi} = \frac{4 \times 10^3 N \cdot m}{80 \times 10^9 Pa \times 0.216 \times 9 \times 10^{-2} \times 5^3 \times 10^{-6} m^4} \times \frac{180}{\pi} = 1.18(°)/m$$

计算题 10.18　某柴油机曲轴的曲柄截面 Ⅰ—Ⅰ 可以认为是矩形截面，如图所示。在实用计算中，其扭转切应力近似地按矩形截面杆受扭进行计算。已知 $b=22mm$，$h=102mm$，曲柄所受扭矩为 $T=281N \cdot m$，试求这一矩形截面上的最大切应力。

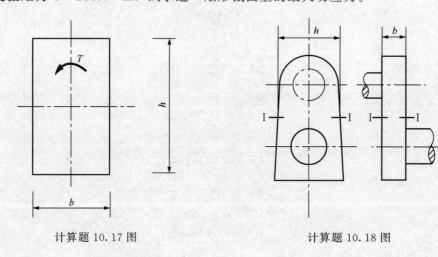

计算题 10.17 图　　　　　　　　计算题 10.18 图

解　由截面 Ⅰ—Ⅰ 的尺寸求得

$$\frac{h}{b} = \frac{102}{22} = 4.64$$

查表（用插值法）得到

$$\alpha = 0.282 + (0.299 - 0.282) \times \frac{4.64 - 4.0}{6.0 - 4.0} = 0.287$$

于是，矩形截面上的最大切应力为

$$\tau_{max} = \frac{T}{\alpha h b^2} = \frac{281 \text{N} \cdot \text{m}}{0.287 \times 102 \times 22^2 \times 10^{-9} \text{m}^3} = 19.8 \text{MPa}$$

第十一章
弯 曲

内容提要

1. 平面弯曲的概念

如果梁的外力都作用于梁的纵向对称平面内，那么梁的轴线将在此对称面内弯成一条曲线，这种弯曲变形称为平面弯曲。

2. 剪力和弯矩

梁横截面上存在两种内力：剪力和弯矩。

梁横截面上的剪力对所取微段梁内任一点之矩是顺时针转向时为正，反之为负；梁横截面上的弯矩对所取微段梁产生上部受压、下部受拉时为正，反之为负。

3. 求梁指定横截面上的剪力和弯矩的方法

（1）截面法。

（2）简便方法。

1）梁任一横截面上的剪力等于该截面一侧梁上横向外力的代数和。横向外力与该截面上正号剪力的方向相反时为正，相同时为负。

2）梁任一横截面上的弯矩等于该截面一侧梁上所有外力对该截面形心之矩的代数和。力矩与该截面上正号弯矩的转向相反时为正，相同时为负。

4. 绘制梁的剪力图和弯矩图的方法

（1）内力方程法。列出剪力方程和弯矩方程，在坐标系中绘出方程的图线，即得剪力图和弯矩图。

（2）微分关系法。

1）弯矩 $M(x)$、剪力 $F_S(x)$ 与分布荷载集度 $q(x)$ 之间的微分关系。

$$\left.\begin{array}{l} \dfrac{\mathrm{d}M(x)}{\mathrm{d}x} = F_{\mathrm{s}}(x) \\[2mm] \dfrac{\mathrm{d}F_{\mathrm{s}}(x)}{\mathrm{d}x} = q(x) \\[2mm] \dfrac{\mathrm{d}^2 M(x)}{\mathrm{d}x^2} = q(x) \end{array}\right\} \tag{11.1}$$

规定向上的分布荷载集度 $q(x)$ 为正。

2) 绘图步骤。根据梁所受外力将梁分为若干段，由微分关系判断各段梁剪力图和弯矩图的形状；计算特殊截面上的剪力值和弯矩值，逐段绘制剪力图和弯矩图。

（3）区段叠加法。

1) 叠加原理。在小变形线弹性范围内，由几个外力所引起的某一参数（内力、应力、位移等）值，等于每个外力单独作用时所引起的该参数值之总和。

2) 绘弯矩图的步骤。在梁上选取外力的不连续点作为控制截面，并求出各控制截面上的弯矩值，从而确定弯矩图的控制点；若控制截面间无荷载作用，则用直线连接两控制点就绘出了该段梁的弯矩图。若控制截面间有均布荷载作用，则先用虚线连接两控制点，然后以此虚直线为基线，叠加上该段在均布荷载单独作用下的相应简支梁的弯矩图，从而绘出该段梁的弯矩图。

5. 梁横截面上的正应力

梁横截面上的正应力为

$$\sigma = \frac{My}{I_z} \tag{11.2}$$

式中：M——横截面上的弯矩；

　　　y——横截面上待求应力点至中性轴的距离；

　　　I_z——横截面对中性轴的惯性矩。

最大正应力发生在横截面的上、下边缘处，其值为

$$\sigma_{\max} = \frac{M}{W_z} \tag{11.3}$$

式中：W_z——横截面对中性轴的弯曲截面系数。

6. 梁横截面上的切应力

（1）矩形截面梁。横截面上的切应力为

$$\tau = \frac{F_{\mathrm{s}} S_z^*}{I_z b} \tag{11.4}$$

最大切应力发生在中性轴上，其值为

$$\tau_{\max} = \frac{3}{2} \times \frac{F_{\mathrm{s}}}{bh} \tag{11.5}$$

式中：F_{s}——横截面上的剪力；

　　　S_z^*——横截面上欲求切应力处横线以外部分面积对中性轴的静矩；

　　　I_z——横截面对中性轴的惯性矩；

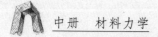

b、h——横截面的宽度和高度。

（2）工字形截面梁。腹板上的切应力可按式（11.4）计算。横截面上的最大切应力发生在中性轴上，其值为

$$\tau_{\max} \approx \frac{F_S}{bh} \tag{11.6}$$

式中：b、h——腹板的宽度和高度。

对于工字钢截面，最大切应力的值为

$$\tau_{\max} = \frac{F_S}{\dfrac{I_z}{S_z}d} \tag{11.7}$$

式中：$\dfrac{I_z}{S_z}$——由型钢规格表查得；

d——腹板的厚度。

（3）圆形截面梁。横截面上的最大切应力发生在中性轴上，其值为

$$\tau_{\max} = \frac{4}{3} \times \frac{F_S}{A} \tag{11.8}$$

式中：A——横截面面积。

（4）薄壁圆环形截面梁。横截面上的最大切应力发生在中性轴上，其值为

$$\tau_{\max} = 2\frac{F_S}{A} \tag{11.9}$$

式中：A——横截面面积。

7. 梁的强度条件

（1）正应力强度条件

$$\sigma_{\max} = \frac{M_{\max}}{W_z} \leqslant [\sigma] \tag{11.10}$$

$$\left.\begin{array}{l} \sigma_{t\max} \leqslant [\sigma_t] \\ \sigma_{c\max} \leqslant [\sigma_c] \end{array}\right\} \tag{11.11}$$

式中：$[\sigma]$、$[\sigma_t]$、$[\sigma_c]$——分别为材料的许用正应力、许用拉应力和许用压应力。

（2）切应力强度条件

$$\tau_{\max} = \frac{F_{S\max}S_{z\max}^*}{I_z b} \leqslant [\tau] \tag{11.12}$$

式中：$[\tau]$——材料的许用切应力。

8. 挠度和转角

梁的变形用挠度 w 和转角 φ 两个位移量表示。

梁任一横截面的形心在垂直于轴线方向的线位移，称为该横截面的挠度。规定挠度向下时为正。

梁任一横截面绕其中性轴转过的角度，称为该横截面的转角。规定转角顺时针转向为正。

9. 求梁变形的积分法

（1）梁的挠曲线近似微分方程

$$\frac{d^2 w}{dx^2} = -\frac{M(x)}{EI} \tag{11.13}$$

式中：$M(x)$ ——梁的弯矩方程；

EI ——梁的弯曲刚度。

（2）积分法。将式（11.13）积分两次，从而求得梁的挠度和转角。

10. 求梁变形的叠加法

在小变形线弹性范围内，几个荷载共同作用下梁的变形，可由每个荷载单独作用下梁的变形进行叠加（求代数和）而得到。

11. 梁的刚度条件

梁的刚度条件为

$$\left.\begin{array}{l} \dfrac{w_{max}}{l} \leqslant \left[\dfrac{w}{l}\right] \\[2mm] \varphi_{max} \leqslant [\varphi] \end{array}\right\} \tag{11.14}$$

式中：$\dfrac{w_{max}}{l}$ ——梁的最大挠跨比；

$\left[\dfrac{w}{l}\right]$ ——梁的许用挠跨比；

φ_{max} ——梁的最大转角；

$[\varphi]$ ——梁的许用转角。

概念题解

概念题 11.1～概念题 11.11 内力和内力图

概念题 11.1 梁的某一段上作用有均布荷载时，则该段的内力图为（ ）。

A. F_S 图为水平线，M 图为斜直线

B. F_S 图为斜直线，M 图为抛物线

C. F_S 图为抛物线，M 图为抛物线

D. F_S 图为斜直线，M 图为带拐点的抛物线

答 B。

概念题 11.2 梁在集中力偶作用的截面处，它的内力图为（ ）。

A. F_S 图有突变，M 图无变化　　　　　　　　B. F_S 图有突变，M 图有尖角

C. F_S 图无变化，M 图有突变　　　　　　　　D. F_S 图有尖角，M 图有突变

答　C。

概念题 11.3　梁在集中力作用的截面处，它的内力图为（　　）。

A. F_S 图有突变，M 图光滑连续

B. F_S 图有突变，M 图有尖角

C. F_S 图光滑连续，M 图有突变

D. F_S 图有尖角，M 图有突变

答　B。

概念题 11.4　梁的荷载及支承情况关于梁中央 C 截面对称，则下列结论中正确的是（　　）。

A. F_S 图对称，M 图对称，且 $F_{SC}=0$

B. F_S 图对称，M 图反对称，且 $M_C=0$

C. F_S 图反对称，M 图对称，且 $F_{SC}=0$

D. F_S 图反对称，M 图反对称，且 $M_C=0$

答　C。

概念题 11.5　梁的弯矩图如图所示，则梁上的最大剪力为（　　）。

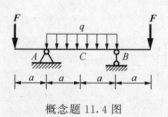

概念题 11.4 图　　　概念题 11.5 图

A. F　　　　B. $5F/2$　　　　C. $3F/2$　　　　D. $7F/2$

答　D。

概念题 11.6　图示梁剪力等于零的截面位置 x 距 C 点之值为（　　）。

A. $5a/6$　　　B. $6a/5$

C. $6a/7$　　　D. $7a/6$

答　D。

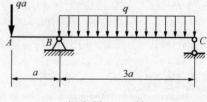

概念题 11.6 图

概念题 11.7　悬臂梁受力如图所示，弯矩图有三种答案：图（a）、图（b）和图（c）。其中正确的为（　　）。

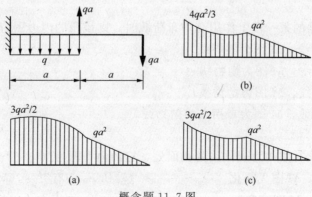

概念题 11.7 图

答　图（c）。

概念题 11.8　图（a）、（b）所示两根梁，它们的（　　）。

A. F_S 图、M 图都相同

B. F_S 图、M 图都不相同

C. F_S 图相同，M 图不同

D. M 图相同，F_S 图不同

答　A。

概念题 11.9　梁的剪力图和弯矩图如图所示，则梁上的荷载为（　　）。

A. AB 段无荷载，B 截面有集中力

B. AB 段有集中力，BC 段有均布力

C. AB 段有均布力，B 截面有集中力偶

D. AB 段有均布力，A 截面有集中力偶

答　D。

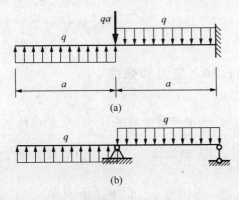

概念题 11.8 图

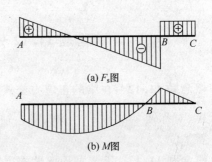

概念题 11.9 图

概念题 11.10　下列剪力图和弯矩图中的错误为（　　）。

A. 图（a）梁 C 截面处剪力应连续，C 截面处弯矩应有突变；图（b）梁 C 截面处弯矩应连续

B. 图（a）梁 B 截面处剪力不应为零，A 截面处弯矩不应为零；图（b）梁 C 截面处剪力应有突变，C 截面处弯矩应光滑连续

C. 图（a）梁 B 截面处剪力应为零，弯矩不为零；图（b）AC 段剪力应为曲线，弯矩图在 AC 段有极值点

D. 图（a）梁剪力在 C 截面处应连续，AC 段与 BC 段的凹凸方向应一致，图（b）梁弯矩在 C 截面处应连续

答　A。

概念题 11.11　连续梁的两种受力情况如图所示，力 F 非常靠近中间铰链。则下面四项中正确结论为（　　）。

A. 两者的 F_S 图和 M 图完全相同

B. 两者的 F_S 图相同，M 图不同

C. 两者的 F_S 图不同，M 图相同

D. 两者的 F_S 图和 M 图均不相同

答　A。

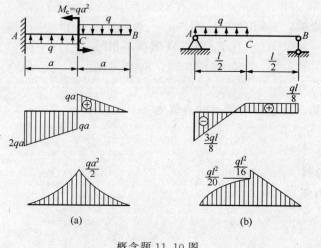

概念题 11.10 图

概念题 11.11 图

概念题 11.12～概念题 11.36 应力和强度

概念题 11.12 在梁的正应力公式 $\sigma=\dfrac{My}{I_z}$ 中，I_z 为梁横截面对于（ ）的惯性矩。

A. 对称轴 　　　　B. 形心轴 　　　　C. 中性轴 　　　　D. 梁轴线

答 C。

概念题 11.13 T 形截面梁两端受力偶 M_e 作用，如图所示。以下结论中（ ）是错误的。

A. 梁的最大压应力出现在截面的上边缘

B. 梁横截面的中性轴通过截面形心

C. 梁的最大拉应力与最大压应力数值不等

D. 梁内最大压应力的值（绝对值）小于最大拉应力的值

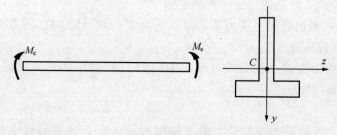

概念题 11.13 图

答 D。

概念题 11.14 T 形截面梁两端受力偶 M_e 作用，如图所示。若材料的许用压应力 $[\sigma_c]$ 大于许用拉应力 $[\sigma_t]$，则梁截面的最合理放置方法为（ ）。

A. 图（a） 　　　　B. 图（b） 　　　　C. 图（c） 　　　　D. 图（d）

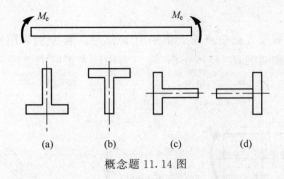

概念题 11.14 图

答 A。

概念题 11.15 对于等截面梁，以下结论中（   ）是错误的。

A. 最大正应力 $|\sigma|_{max}$ 一定出现在弯矩值 $|M|$ 最大的截面上

B. 最大切应力 $|\tau|_{max}$ 一定出现在剪力值 $|F_S|$ 最大的截面上

C. 最大切应力 $|\tau|_{max}$ 的方向一定与最大剪力 $|F_S|_{max}$ 的方向一致

D. 最大拉应力与最大压应力在数值上必定相等

答 D。

概念题 11.16 矩形截面的简支梁受均布荷载作用，如图所示。σ、τ 分别表示横截面上的正应力和切应力，以下结论中（   ）是错误的。

A. 在点 a 处，$\sigma=0$，$\tau=0$ B. 在点 b 处，$\sigma=0$，$\tau=0$

C. 在点 c 处，$\sigma=0$，$\tau=0$ D. 在点 d 处，$\sigma=0$，$\tau=0$

答 D。

概念题 11.17 矩形截面的悬臂梁在自由端受一集中荷载 F 和力偶 $M_e=Fl$ 的作用，如图所示。σ、τ 分别表示横截面上的正应力和切应力，以下结论中（   ）是错误的。

A. 在点 a 处，$\sigma=0$，$\tau=0$ B. 在点 b 处，$\sigma=0$，$\tau=\dfrac{3F}{2bh}$

C. 在点 c 处，$\sigma=0$，$\tau=0$ D. 在点 d 处，$\sigma=0$，$\tau=\dfrac{3F}{4bh}$

答 D。

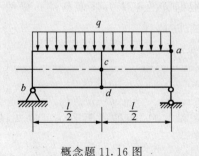

概念题 11.16 图

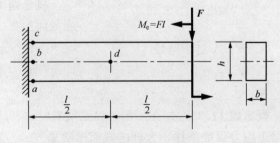

概念题 11.17 图

概念题 11.18 矩形截面的简支梁在右支座处受力偶 M_e 作用，如图所示。σ、τ 分别表示横截面上的正应力和切应力，以下结论中（   ）是错误的。

A. $\sigma_a=\sigma_b=\sigma_c$ B. $\sigma_d=\sigma_e=\sigma_f$ C. $\tau_a=\tau_b=\tau_c$ D. $\tau_d=\tau_e=\tau_f$

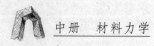

答　B。

概念题 11.19　图示简支梁中点承受集中力 F 作用，若分别采用图示面积相等的实心和空心圆截面，且空心圆截面的 $d_2/D_2=0.6$，则二者中最大正应力之比 $\sigma_{1max}/\sigma_{2max}$ 为（　　）。

A. 1.53　　　　　　　B. 1.70　　　　　　　C. 2.12　　　　　　　D. 0.59

答　B。

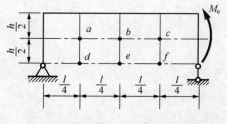

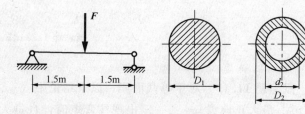

概念题 11.18 图　　　　　　　　　　　　　概念题 11.19 图

概念题 11.20　矩形截面纯弯曲梁，材料的拉伸弹性模量 E_t 大于材料的压缩弹性模量 E_c，则正应力在截面上的分布图为以下四种答案中的（　　）。

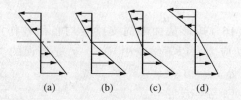

（a）　　　（b）　　　（c）　　　（d）

概念题 11.20 图

答　图（c）。

概念题 11.21 图

A. W_z/A 越小越好

C. $W_z/A=1$

答　B。

概念题 11.21　图示工字形悬臂梁在自由端受力偶 M_e 的作用，梁中性层上正应力 σ 和切应力 τ 为（　　）。

A. $\sigma=0$，$\tau\neq0$　　　　B. $\sigma\neq0$，$\tau=0$

C. $\sigma\neq0$，$\tau\neq0$　　　　D. $\sigma=0$，$\tau=0$

答　D。

概念题 11.22　根据梁的正应力强度条件，梁的合理截面形状应满足的条件是（　　）。

B. W_z/A 越大越好

D. $W_z/A=2$

概念题 11.23　如图所示，铸铁梁有（a）、（b）、（c）和（d）四种截面形状可供选择，根据正应力强度条件，合理的截面形状是（　　）。

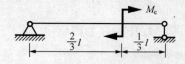

（a）　　　　（b）　　　　（c）　　　　（d）

概念题 11.23 图

答　图（c）。

概念题 11.24　梁的截面形状如图所示，圆截面上半部分有一圆孔。在 xOz 平面内作用有正弯矩 M，绝对值最大的正应力位置在图上的（　　）点。

　A. a　　　　　　　　B. b　　　　　　　　C. c　　　　　　　　D. d

答　A。

概念题 11.25　图示梁受移动荷载 F 作用，当 F 移到哪个截面处梁内的压应力最大？（　　）。

　A. 截面 A　　　　　B. 截面 B　　　　　C. 截面 E　　　　　D. 截面 D

答　D。

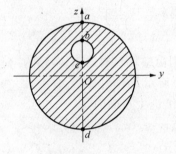
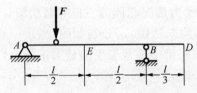

概念题 11.24 图　　　　　　　　　　　概念题 11.25 图

概念题 11.26　受力情况相同的三根等截面梁，横截面如图（a）、（b）、（c）所示。若用 $(\sigma_{max})_1$、$(\sigma_{max})_2$、$(\sigma_{max})_3$ 分别表示这三根梁内横截面上的最大正应力，则下列结论中正确的是（　　）。

　A. $(\sigma_{max})_1 = (\sigma_{max})_2 = (\sigma_{max})_3$　　　　　B. $(\sigma_{max})_1 < (\sigma_{max})_2 = (\sigma_{max})_3$

　C. $(\sigma_{max})_1 = (\sigma_{max})_2 < (\sigma_{max})_3$　　　　　D. $(\sigma_{max})_1 < (\sigma_{max})_2 < (\sigma_{max})_3$

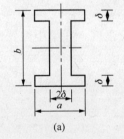
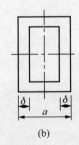
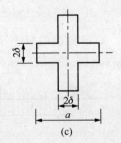

(a)　　　　　　　　(b)　　　　　　　　(c)

概念题 11.26 图

答　C。

概念题 11.27　一梁拟用图示两种方式搁置，则两种情况下的最大正应力之比 $(\sigma_{max})_a / (\sigma_{max})_b$ 为（　　）。

　A. 1/4　　　　　　　B. 1/16　　　　　　　C. 1/64　　　　　　　D. 1/6

答　A。

概念题 11.28　图示矩形截面采用两种放置方式，从弯曲正应力强度观点，方式（b）的承载能力是（a）的（　　）倍。

A. 4　　　　　　　B. 2　　　　　　　C. 6　　　　　　　D. 8

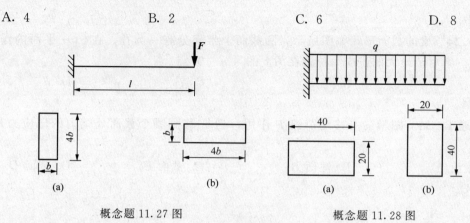

概念题 11.27 图　　　　　　　　　　　概念题 11.28 图

答 B。

概念题 11.29 受力情况相同的三根等截面梁，它们分别由整块材料、两块材料并列及两块材料叠合组成（均未粘接），分别如图（a）、（b）、（c）所示。若用 $(\sigma_{max})_1$、$(\sigma_{max})_2$、$(\sigma_{max})_3$ 分别表示这三根梁中横截面上的最大正应力，则下列结论中正确的是（　　）。

A. $(\sigma_{max})_1 < (\sigma_{max})_2 = (\sigma_{max})_3$　　　　B. $(\sigma_{max})_1 = (\sigma_{max})_2 > (\sigma_{max})_3$

C. $(\sigma_{max})_1 > (\sigma_{max})_2 = (\sigma_{max})_3$　　　　D. $(\sigma_{max})_1 = (\sigma_{max})_2 < (\sigma_{max})_3$

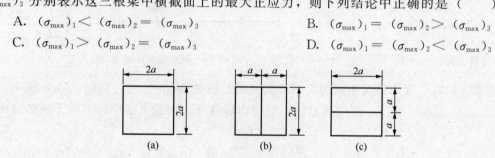

概念题 11.29 图

答 D。

概念题 11.30 矩形截面混凝土梁，为提高其抗拉强度，在梁中配置钢筋。若梁的弯矩图如图所示，则梁内钢筋（虚线所示）的合理配置是（　　）。

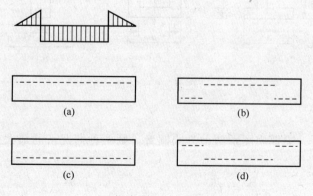

概念题 11.30 图

答 图（d）。

概念题 11.31 铸铁梁的荷载、结构及截面尺寸如图所示。设材料的许用拉应力 $[\sigma_t] = 40\text{MPa}$，许用压应力 $[\sigma_c] = 160\text{MPa}$，梁的许用荷载 $[F]$ 为（　　）。

A. 50kN　　　B. 133.3kN　　　C. 44.4kN　　　D. 26.7kN

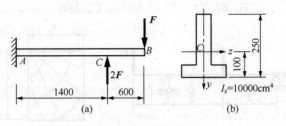

概念题 11.31 图

答　C。

概念题 11.32 如图所示的两根铸铁梁，材料相同，承受相同的荷载 F。则当 F 增大时，破坏的情况是（　　）。

A. 同时破坏　　　B.（a）梁先坏　　　C.（b）梁先坏　　　D. 不能确定

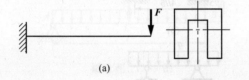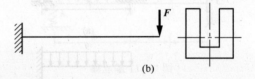

概念题 11.32 图

答　C。

概念题 11.33 横力弯曲时，横截面上最大切应力的发生位置是（　　）。

A. 中性轴上　　　B. 不能确定　　　C. 截面最宽处　　　D. 截面最窄处

答　B。

概念题 11.34 梁的四种截面形状如图所示，假定剪力沿铅垂方向。横截面上最大切应力（或切应力铅垂分量的最大值）的位置是（　　）。

A. 全部在中性轴处

B. 全部不在中性轴处

C.（a）和（b）在中性轴处，（c）和（d）不在中性轴处

D.（a）和（b）不在中性轴处，（c）和（d）在中性轴处

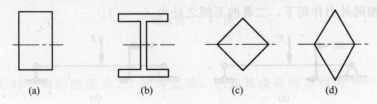

概念题 11.34 图

答　C。

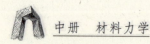

答 B。

概念题 11.43 等截面梁如图所示。若用积分法求梁的挠度和转角，则以下结论中（ ）是错误的。

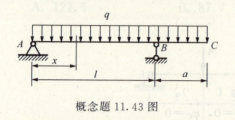

概念题 11.43 图

A. 梁应分为 AB 段和 BC 段来积分

B. 挠度的积分表达式中会出现 4 个积分常数

C. 积分常数由边界条件和连续条件来确定

D. 边界条件和连续条件的表达式：$x=0$，$w=0$；$x=l$，$w_左=w_右=0$，$\varphi=0$

答 D。

概念题 11.44 等截面直梁弯曲变形时，挠曲线的最大曲率发生在（ ）。

A. 挠度最大截面   B. 转角最大截面

C. 剪力最大截面   D. 弯矩最大截面

答 D。

概念题 11.45 材料相同的悬臂梁 Ⅰ、Ⅱ，所受荷载及截面尺寸如图所示。则两梁最大挠度之比 $w_{Ⅰmax}/w_{Ⅱmax}$ 为（ ）。

A. 1/2   B. 1/4   C. 2   D. 4

答 B。

概念题 11.46 材料相同的两矩形截面梁如图所示。其中（b）梁是用两根高为 $0.5h$，宽为 b 的矩形截面梁叠合而成，且相互间摩擦不计，则下面结论中正确的是（ ）。

A. 强度和刚度均不相同   B. 强度和刚度均相同

C. 强度相同，刚度不同   D. 强度不同，刚度相同

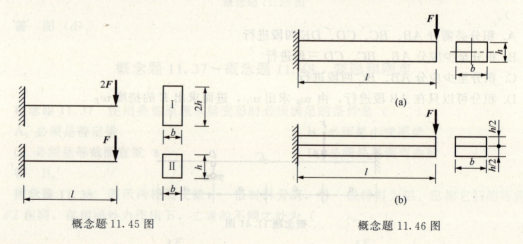

概念题 11.45 图   概念题 11.46 图

答 A。

概念题 11.47 用叠加法计算图示梁的 w_C 为（ ）。

A. $\dfrac{5ql^4}{384EI}$ B. $\dfrac{11ql^4}{384EI}$ C. $\dfrac{5ql^4}{768EI}$ D. $\dfrac{11ql^4}{768EI}$

答 C。

概念题 11.48 梁 AB 因强度不足，用与其材料相同、截面相同的短梁 CD 加固，如图

所示。梁 AB 在 D 处受到的支座反力为（　　）。

A. $5F/4$　　　　　　B. F　　　　　　C. $3F/4$　　　　　　D. $F/2$

答　A。

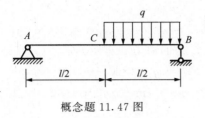

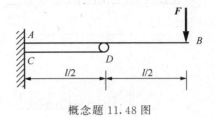

概念题 11.47 图　　　　　　　　　　　　概念题 11.48 图

计算题解

计算题 11.1～计算题 11.35　内力和内力图

计算题 11.1　简支梁如图（a）所示。试求横截面 $1-1$、$2-2$、$3-3$、$4-4$ 上的剪力和弯矩。

解　（1）求支座反力。由梁的平衡方程 $\sum M_B = 0$、$\sum M_A = 0$，得

$$F_A = qa \,, \quad F_B = 2qa$$

（2）求内力。取截面 $1-1$ 左边部分梁为研究对象 [图（b）]，由平衡方程 $\sum Y = 0$、$\sum M_{O1} = 0$，得

$$F_{S1} = qa \,, \quad M_1 = 2qa^2$$

分别取图（c）、（d）、（e）所示部分梁为研究对象，由平衡方程可得

$$F_{S2} = qa \,, \quad M_2 = qa^2$$

$$F_{S3} = 0 \,, \quad M_3 = \frac{3}{2}qa^2$$

$$F_{S4} = -qa \,, \quad M_4 = \frac{3}{2}qa^2$$

计算题 11.2　悬臂梁如图（a）所示。试求横截面 $1-1$、$2-2$ 上的剪力和弯矩。

解　分别取图（b）、（c）所示部分梁为研究对象，由平衡方程可得

$$F_{S1} = \frac{1}{2}q_0 a \,, \quad M_1 = -\frac{1}{6}q_0 a^2$$

$$F_{S2} = q_0 a \,, \quad M_2 = -q_0 a^2$$

计算题 11.3　图示 AD 受集度为 q_1 和 q_2 的

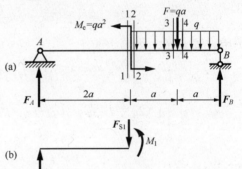

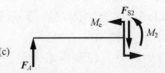

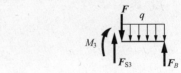

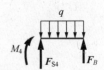

计算题 11.1 图

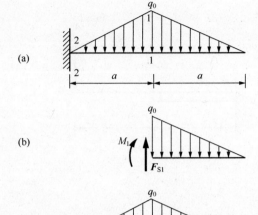

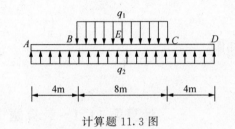

均布荷载作用。已知 $q_1 = 2\text{kN/m}$，$q_2 = 1\text{kN/m}$，试求截面 B 及中央截面 E 上的剪力和弯矩。

解　截面 B 上的剪力和弯矩分别为

$$F_{SB} = q_2 \times 4\text{m} = 4\text{kN}$$

$$M_B = q_2 \times 4\text{m} \times 2\text{m} = 8\text{kN} \cdot \text{m}$$

截面 E 上的剪力和弯矩分别为

$$F_{SE} = q_2 \times 8\text{m} - q_1 \times 4\text{m} = 0$$

$$M_E = q_2 \times 8\text{m} \times 4\text{m} - q_1 \times 4\text{m} \times 2\text{m} = 16\text{kN} \cdot \text{m}$$

计算题 11.2 图　　　　　　　　计算题 11.3 图

计算题 11.4　图示外伸梁受按直线变化的分布荷载作用，试问比值 a/l 为多少时梁中点 E 截面上的剪力总为零？

解　由梁的平衡方程 $\sum M_C = 0$，得

$$F_B = \left[q_1(2a+l)\frac{l}{2} + (q_2-q_1)(2a+l)\frac{l-a}{6} \right]/l$$

梁中点 E 截面上的剪力为

$$F_{SE} = F_B - \left(q_1 + \frac{q_1+q_2}{2} \right)(a+l/2)/2$$

$$= \left[q_1(2a+l)\frac{l}{2} + (q_2-q_1)(2a+l)\frac{l-a}{6} \right]/l - \left(q_1 + \frac{q_1+q_2}{2} \right)(a+l/2)/2$$

$$= 0$$

得

$$\frac{a}{l} = \frac{1}{4}$$

计算题 11.5　试列出图（a）所示悬臂梁的剪力方程和弯矩方程，绘制梁的剪力图和弯矩图，并求 $|F_S|_{\max}$ 和 $|M|_{\max}$。

解　（1）列剪力方程和弯矩方程。两段的内力方程分别为

BC 段：

$$F_S(x) = -qx \quad (0 \leqslant x \leqslant a)$$

$$M(x) = \frac{1}{2}qx^2 \quad (0 \leqslant x \leqslant a)$$

AB 段：

$$F_S(x) = q(x-a) - qa \quad (a \leqslant x < 2a)$$

$$M(x) = qa\left(x - \frac{a}{2}\right) - \frac{1}{2}q(x-a)^2 \quad (a \leqslant x < 2a)$$

（2）绘剪力图和弯矩图。剪力图和弯矩图分别如图（b）、（c）所示。由图可见，

$|F_S|_{max}$ 发生在 B 截面上，其值为

$$|F_S|_{max} = qa$$

$|M|_{max}$ 也发生在 B 截面上，其值为

$$|M|_{max} = qa^2$$

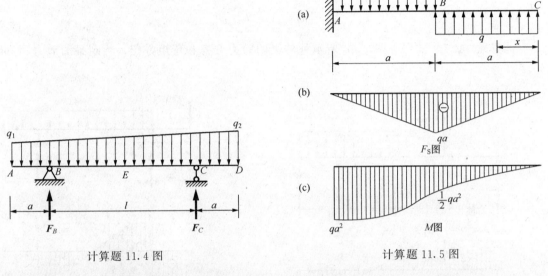

计算题 11.4 图 计算题 11.5 图

计算题 11.6 试列出图（a）所示简支梁的剪力方程和弯矩方程，绘制梁的剪力图和弯矩图，并求 $|F_S|_{max}$ 和 $|M|_{max}$。

解 （1）求支座反力。由梁的平衡方程 $\sum M_B = 0$、$\sum M_A = 0$，得

$$F_A = \frac{5}{4}qa, \quad F_B = \frac{7}{4}qa$$

（2）列剪力方程和弯矩方程。三段的内力方程分别为

AC 段：

$$F_S(x) = \frac{5}{4}qa \quad (0 < x < a)$$

$$M(x) = \frac{5}{4}qax \quad (0 \leqslant x \leqslant a)$$

CD 段：

$$F_S(x) = \frac{1}{4}qa \quad (a < x \leqslant 2a)$$

$$M(x) = \frac{1}{4}qax + qa^2 \quad (a \leqslant x \leqslant 2a)$$

DB 段：

$$F_S(x) = \frac{9}{4}qa - qx \quad (2a \leqslant x < 4a)$$

$$M(x) = -\frac{1}{2}qx^2 + \frac{9}{4}qax - qa^2 \quad (2a \leqslant x \leqslant 4a)$$

（3）绘剪力图和弯矩图。剪力图和弯矩图分别如图（b）、（c）所示。由图可见，$|F_\mathrm{S}|_{\max}$发生在B截面上，其值为

$$|F_\mathrm{S}|_{\max}=\frac{7}{4}qa$$

$|M|_{\max}$发生在$x=\frac{9}{4}a$截面上，其值为

$$|M|_{\max}=\frac{49}{32}qa^2$$

计算题 11.7　试列出图（a）所示外伸梁的剪力方程和弯矩方程，绘制梁的剪力图和弯矩图，并求$|F_\mathrm{S}|_{\max}$和$|M|_{\max}$。

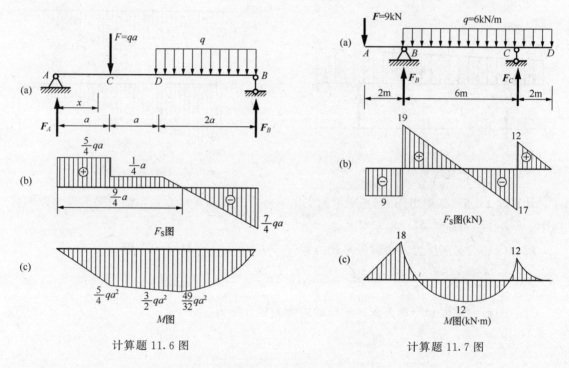

计算题 11.6 图　　　　计算题 11.7 图

解　（1）求支座反力。由梁的平衡方程$\sum M_B=0$、$\sum M_C=0$，得

$$F_C=29\mathrm{kN},\quad F_B=28\mathrm{kN}$$

（2）列剪力方程和弯矩方程。三段的内力方程分别为

AB段：

$$F_\mathrm{S}(x)=-9\mathrm{kN}\quad(0<x<2)$$
$$M(x)=-9x\quad(0\leqslant x\leqslant2)$$

BC段：

$$F_\mathrm{S}(x)=31-6x\quad(2<x<8)$$
$$M(x)=-3x^2+31x-68\quad(2\leqslant x\leqslant8)$$

CD段：

$$F_\mathrm{S}(x)=60-6x\quad(8<x\leqslant10)$$

$$M(x) = 3(10 - x)^2 \quad (8 \leqslant x \leqslant 10)$$

（3）绘剪力图和弯矩图。剪力图和弯矩图分别如图（b）、（c）所示。由图可见，$|F_\mathrm{S}|_{\max}$发生在 B 的右侧面上，其值为

$$|F_\mathrm{S}|_{\max} = 19\mathrm{kN}$$

$|M|_{\max}$发生在 B 截面上，其值为

$$|M|_{\max} = 18\mathrm{kN \cdot m}$$

计算题 11.8 长度为 $2l$ 的梁［图（a）］承受荷载 F 和 $2F$ 作用，该梁安置在弹性基础上。假设基础所产生的反力为自 A 点的集度 q_a 直线变化到 B 点的集度 q_b 的连续分布反力，试求分布反力集度 q_a、q_b 和梁内最大弯矩的位置及大小。

解 （1）求分布荷载集度 q_a 和 q_b。取梁为研究对象，列平衡方程

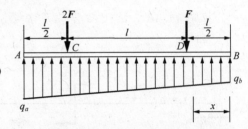

$$\sum Y = 0, \quad \frac{(q_a + q_b)2l}{2} - 3F = 0$$

$$\sum M_C = 0,$$

$$(q_a - q_b)\left(\frac{2}{3} - \frac{1}{2}\right)l^2 + q_b l^2 - Fl = 0$$

或

$$q_a l + q_b l = 3F$$

$$q_a l + 5q_b l = 6F$$

联立解得

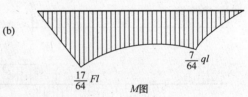

$$q_a = \frac{9F}{4l}, \quad q_b = \frac{3F}{4l}$$

计算题 11.8 图

（2）列弯矩方程绘弯矩图。三段的弯矩方程分别为

BD 段：

$$M = \frac{3F}{8l}x^2 + \frac{F}{8l^2}x^3 \quad \left(0 \leqslant x \leqslant \frac{l}{2}\right)$$

DC 段：

$$M = \frac{F}{8l^2}x^3 + \frac{3F}{8l}x^2 - F\left(x - \frac{l}{2}\right) \quad \left(\frac{l}{2} \leqslant x \leqslant \frac{3l}{2}\right)$$

CA 段：

$$M = \frac{F}{8l^2}x^3 + \frac{3F}{8l}x^2 - 3Fx + \frac{7}{2}Fl \quad \left(\frac{3l}{2} \leqslant x \leqslant 2l\right)$$

利用描点绘图的方法绘制弯矩图如图（b）所示。由图可见，$M_{\max}$的位置在 C 截面上，其值为

$$M_{\max} = \frac{17}{64}Fl$$

计算题 11.9 试用微分关系法绘制图（a）所示外伸梁的剪力图和弯矩图，并求 $|F_\mathrm{S}|_{\max}$和$|M|_{\max}$。

解 （1）求支座反力。由梁的平衡方程 $\sum M_A = 0$、$\sum Y = 0$，得

$$F_D = 24\text{kN}, \quad F_A = 31\text{kN}$$

（2）求特征点的内力值。将梁分为 AB、BC、CD、DE 四段，每一段上特征点的内力值计算如下：

$$F_{SA}^R = 31\text{kN}, \quad F_{SB}^L = F_{SB}^R = -9\text{kN}, \quad F_{SD}^R = 15\text{kN}$$

$$M_A^R = 0, \quad M_B = 44\text{kN} \cdot \text{m}, \quad M_C^L = 17\text{kN} \cdot \text{m}（下侧受拉）$$

$$M_C^R = -3\text{kN} \cdot \text{m}（上侧受拉）, \quad M_D = -30\text{kN} \cdot \text{m}（上侧受拉）, \quad M_E = 0$$

（3）绘剪力图和弯矩图。绘出梁的剪力图和弯矩图分别如图（b）、（c）所示。由图可知

$$|F_S|_{max} = 31\text{kN}, \quad |M|_{max} = 48.05\text{kN} \cdot \text{m}$$

计算题 11.10 试用微分关系法绘制图（a）所示悬臂梁的剪力图和弯矩图，并求 $|F_S|_{max}$ 和 $|M|_{max}$。

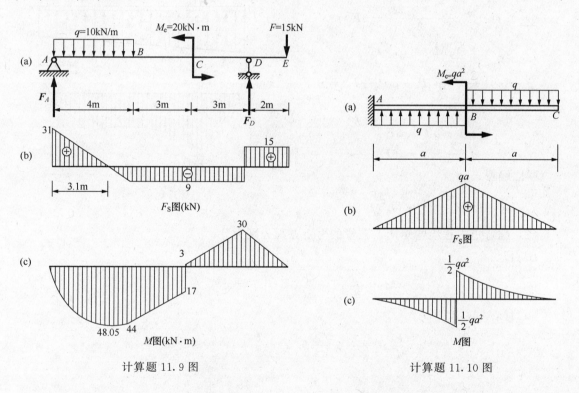

计算题 11.9 图　　　　　　　　　　计算题 11.10 图

解　（1）求特征点的内力值。将梁分为 BC、AB 两段，每一段上特征点的内力值计算如下：

$$F_{SC} = 0, \quad F_{SB} = qa, \quad F_{SA} = 0$$

$$M_C = 0, \quad M_B^R = \frac{1}{2}qa^2（下侧受拉）$$

$$M_B^L = -\frac{1}{2}qa^2（上侧受拉）, \quad M_A = 0$$

（2）绘剪力图和弯矩图。绘出梁的剪力图和弯矩图分别如图（b）、（c）所示。由图可知

$$|F_S|_{max} = qa, \quad |M|_{max} = \frac{1}{2}qa^2$$

计算题 11.11 试用微分关系法绘制图（a）所示简支梁的剪力图和弯矩图，并求 $|F_S|_{max}$ 和 $|M|_{max}$。

解 （1）求支座反力。由梁的平衡方程得 $\sum M_B = 0$、$\sum M_A = 0$，得

$$F_A = \frac{1}{6}qa, \quad F_B = \frac{5}{6}qa$$

（2）求特征点的内力值。将梁分为 AC、CD、DB 三段，每一段上特征点的内力值计算如下：

$$F_{SA} = \frac{1}{6}qa, \quad F_{SD} = -\frac{5}{6}qa$$

$$M_A = 0, \quad M_C = \frac{1}{6}qa^2, \quad M_D^L = -\frac{1}{6}qa^2$$

$$M_D^R = \frac{5}{6}qa^2, \quad M_B = 0, \quad M_E = \frac{13}{72}qa^2$$

（3）绘剪力图和弯矩图。绘出梁的剪力图和弯矩图分别如图（b）、（c）所示。由图可知

$$|F_S|_{max} = \frac{5}{6}qa, \quad M_{max} = \frac{5}{6}qa^2$$

计算题 11.12 活塞销如图（a）所示，试选取活塞销的计算简图，试绘制剪力图和弯矩图，并求 $|F_S|_{max}$ 和 $|M|_{max}$。

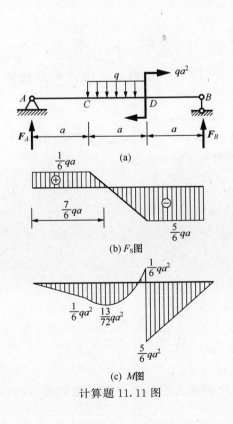

计算题 11.11 图

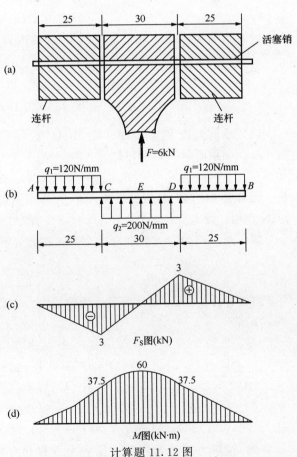

计算题 11.12 图

解 （1）选取计算简图。假设连杆与活塞销之间的压力均匀分布，计算简图如图（b）所示。分布荷载集度为

$$q_1 = \frac{F}{50} = 120\text{N/mm}$$

$$q_2 = \frac{F}{30} = 200\text{N/mm}$$

（2）绘剪力图和弯矩图。用微分关系法绘出剪力图和弯矩图分别如图（c）、（d）所示。由图可知，最大剪力发生在 C、D 截面上其值为

$$|F_S|_{\max} = 3\text{kN}$$

最大弯矩发生在 E 截面上，其值为

$$|M|_{\max} = 60\text{N} \cdot \text{m}$$

计算题 11.13 大门上的钢筋混凝土过梁承受从两端作斜线所组成的三角形之墙重的作用 [图（a）]。已知砖墙的厚度为 0.24m，容重 $=18\text{kN/m}^3$，试选取梁的计算简图，绘制剪力图和弯矩图，并求 $|F_S|_{\max}$ 和 $|M|_{\max}$（不计梁的自重）。

解 （1）选取梁的计算简图。过梁的计算简图如图（b）所示。分布荷载集度为

$$q_0 = 0.24\text{m} \times 18\text{kN/m}^3 \times 1\text{m} = 4.32\text{kN/m}$$

（2）求支座反力。由梁的平衡方程 $\sum M_B = 0$、$\sum M_A = 0$，得

$$F_A = 2.16\text{kN}, \quad F_B = 2.16\text{kN}$$

（3）列剪力方程和弯矩方程。AC 段的内力方程分别为

$$F_S(x) = F_A - \frac{2q_0}{2l}x \cdot x = 2.16 - 2.16x^2 \quad \left(0 < x \leqslant \frac{l}{2}\right)$$

$$M(x) = F_A x - \frac{2q_0}{6l}x^3 = 2.16x - 0.72x^3 \quad \left(0 \leqslant x \leqslant \frac{l}{2}\right)$$

（4）绘剪力图和弯矩图。绘出 AC 段的内力图，利用对称性得梁的内力图分别如图（c）、（d）所示。由图可知

$$|F_S|_{\max} = 2.16\text{kN}, \quad M_{\max} = 1.44\text{kN} \cdot \text{m}$$

计算题 11.14 等截面折杆 ABC 的 A 端固定在墙上 [图（a）]，自由端承受集中荷载 $F = 20\text{kN}$ 作用。设 $l_1 = 2\text{m}$，$l_2 = 1\text{m}$，$\varphi = 45°$，试绘制折杆的剪力图和弯矩图。

解 （1）列剪力方程和弯矩方程。将力分解为

$$F_1 = F_2 = \frac{\sqrt{2}}{2}F = 14.14\text{kN}$$

将折杆分为 BC、AB 两段，两段的内力方程分别为
BC 段：

$$F_S = -F_1 = -14.14\text{kN} \quad (0 < x \leqslant 1)$$

$$M = F_1 x = 14.14x \quad (0 \leqslant x \leqslant 1)$$

AB 段：

$$F_S = F_2 = 14.14\text{kN} \quad (0 \leqslant x < 2)$$

$$M = F_1 l_2 - F_2 x = 14.14(l_2 - x) \quad (0 \leqslant x < 2)$$

（2）绘剪力图和弯矩图。据剪力方程和弯矩方程绘制剪力图和弯矩图分别如图（c）、

(d) 所示。

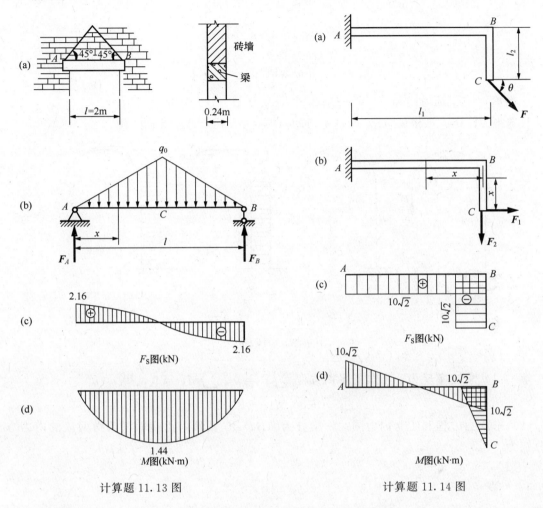

计算题 11.13 图

计算题 11.14 图

计算题 11.15 四分之一圆周长的曲杆承受集中荷载 F 作用,如图(a)所示。试求曲杆的剪力方程、轴力方程和弯矩方程,并绘制剪力图、轴力图和弯矩图。

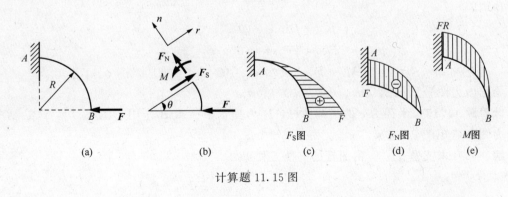

计算题 11.15 图

解 利用截面法 [图(b)],求得曲杆的内力方程分别为

$$F_S = F\cos\varphi \quad \left(0 < \varphi \leqslant \frac{\pi}{2}\right)$$

$$F_N = -F\sin\varphi \quad \left(0 \leqslant \varphi < \frac{\pi}{2}\right)$$

$$M = FR\sin\varphi \quad \left(0 \leqslant \varphi < \frac{\pi}{2}\right)$$

绘出剪力图、轴力图和弯矩图分别如图（c）、（d）、（e）所示。

计算题 11.16 试求图（a）所示梁 ABC 的内力方程，并绘制内力图。

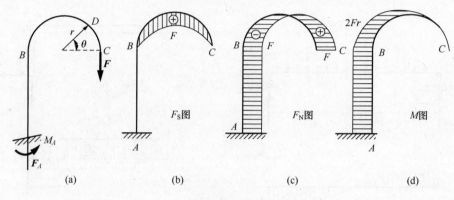

计算题 11.16 图

解 （1）求支座反力。由梁的平衡方程 $\sum Y = 0$、$\sum M_A = 0$，得

$$F_A = F, \quad M_A = F \cdot 2r$$

（2）求内力方程和绘制内力图。将梁分为 AB、BC 两段，由截面法求得两段的内力方程分别为

AB 段：

$$F_S = 0$$
$$F_N = -F$$
$$M = 2Fr \quad （外侧受拉）$$

BC 段：

$$F_S = F\sin\varphi \quad (0 \leqslant \varphi \leqslant \pi)$$
$$F_N = F\cos\varphi \quad (0 < \varphi \leqslant \pi)$$
$$M = Fr(1 - \cos\varphi) \quad (0 \leqslant \varphi \leqslant \pi)$$

绘出内力图分别如图（b）、（c）、（d）所示。

计算题 11.17 半径为 r 的半圆曲杆 AB 承受集中荷载 F 作用［图（a）］，试绘制曲杆的剪力图和弯矩图。

解 （1）求支座反力。由曲杆的平衡方程得

$$F_A = \frac{l_2}{2r}F, \quad F_B = \frac{l_1}{2r}F$$

（2）列剪力方程和弯矩方程。将曲杆分为 AC、BC 两段，两段的内力方程分别为

AC 段：

$$F_S = F_A \sin\varphi = \frac{Fl_2}{2r}\sin\varphi \quad (0 < \varphi < \varphi_1)$$

$$M = F_A r(1 - \cos\varphi) = \frac{Fl_2}{2}(1 - \cos\varphi) \quad (0 \leqslant \varphi \leqslant \varphi_1)$$

BC 段：

$$F_S = -F_B \sin\varphi = -\frac{Fl_1}{2r}\sin\varphi \quad (0 < \varphi < \varphi_1)$$

$$M = -F_B r(1 - \cos\varphi) = -\frac{Fl_1}{2}(1 - \cos\varphi) \quad (0 \leqslant \varphi \leqslant \varphi_1)$$

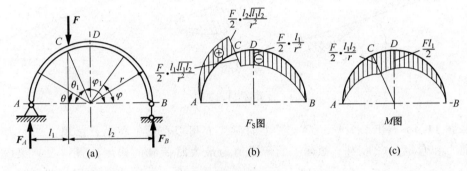

计算题 11.17 图

（3）绘制剪力图和弯矩图。由内力方程并注意到

$$\cos\varphi_1 = \frac{l_2 - r}{r}$$

$$\sin\varphi_1 = \sqrt{1 - \left(\frac{l_2 - r}{r}\right)^2} = \frac{\sqrt{l_1 l_2}}{r}$$

$$\cos\varphi_1 = -\cos\varphi_1 = -\frac{l_2 - r}{r}$$

$$\sin\varphi_1 = \sin\varphi_1 = \frac{\sqrt{l_1 l_2}}{r}$$

绘出剪力图和弯矩图分别如图（b）、（c）所示。

计算题 11.18　试绘制图（a）所示楼梯梁的内力图。

解　（1）求支座反力。由平衡方程得

$$F_A = 0.9\sqrt{5}q, \quad F_{By} = 0.9\sqrt{5}q, \quad F_{Bx} = 0$$

（2）列内力方程和绘内力图。由截面法［图（b）］，梁的内力方程分别为

$$F_S(x) = q\frac{\sqrt{5}}{2}x \cdot \frac{2}{\sqrt{5}} - F_{By} \cdot \frac{2}{\sqrt{5}} = qx - 1.8q \quad (0 < x < 3.6)$$

$$M(x) = F_{By}x - q\frac{\sqrt{5}}{2}x \cdot \frac{x}{2} = -\frac{\sqrt{5}}{4}qx^2 + 0.9\sqrt{5}qx \quad (0 \leqslant x \leqslant 3.6)$$

$$F_N(x) = q\frac{\sqrt{5}}{2}x \cdot \frac{1}{\sqrt{5}} - F_{By}\frac{1}{\sqrt{5}} = \frac{q}{2}x - 0.9q \quad (0 < x < 3.6)$$

绘出剪力图、弯矩图和轴力图分别如图（c）、（d）、（e）所示。

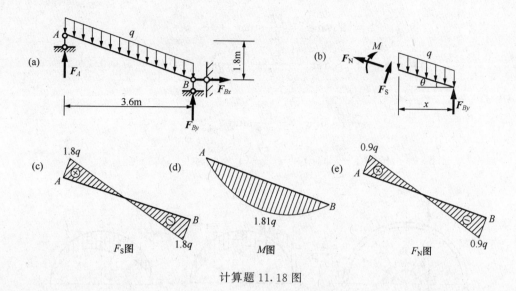

计算题 11.18 图

计算题 11.19　图（a）所示简支梁上的荷载 F 可以在梁上移动，试求：（1）梁上 x 截面上的剪力和弯矩；（2）当 x 截面上的弯矩值为最大时荷载的作用位置；（3）梁内最大弯矩为最大时，荷载 F 的作用位置和该最大弯矩的值。

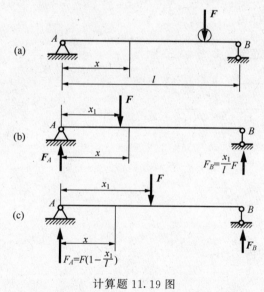

计算题 11.19 图

解　（1）求 x 截面上的剪力和弯矩。当荷载在 x 截面以左 $x_1 \leqslant x$ 时［图（b）］，x 截面上的剪力和弯矩分别为

$$F_{Sx} = -F \frac{x_1}{l}$$

$$M_x = F x_1 \left(1 - \frac{x}{l}\right)$$

当荷载在 x 截面以右 $x_1 \geqslant x$ 时［图（c）］，x 截面上的剪力和弯矩分别为

$$F_{Sx} = F \left(1 - \frac{x_1}{l}\right)$$

$$M_x = F x \left(1 - \frac{x_1}{l}\right)$$

（2）求 M_x 为最大时，荷载 F 的位置。由以上两种情况 M_x 的表达式可知，$x_1 = x$ 时 M_x 取最大值，其值为

$$(M_x)_{max} = F x \left(1 - \frac{x}{l}\right)$$

（3）求最大弯矩为最大时，荷载 F 的位置和最大弯矩值。由 $\dfrac{\mathrm{d}(M_x)_{max}}{\mathrm{d}x} = F\left(1 - \dfrac{2x}{l}\right) = 0$，得最大弯矩值为最大时荷载 F 的位置为

$$x = \frac{l}{2}$$

最大弯矩为

$$M_{max} = \frac{Fl}{4}$$

计算题 11.20　桥式起重机大梁 AB [图（a）] 的跨度为 l，梁上小车轮子的轮距为 d，每个轮子的压力为 F。试问当车行驶到什么位置时，梁内的最大弯矩为最大？其值等于多少？

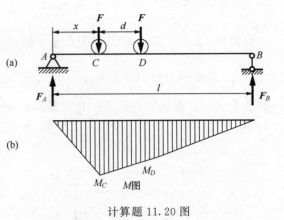

计算题 11.20 图

解　简支梁承受两个集中荷载作用，梁的弯矩图如图（b）所示。最大弯矩必发生在集中荷载作用截面上，设左轮处截面 C 上的最大弯矩达最大值。

由梁的平衡方程得支座反力为

$$F_A = \frac{F(l-x) + F(l-d-x)}{l} = \frac{2Fl - 2Fx - Fd}{l}$$

C 截面上的弯矩为

$$M_C = F_A x = \frac{F(2l-d)}{l}x - \frac{2F}{l}x^2$$

由 $\dfrac{dM_C}{dx} = \dfrac{F(2l-d)}{l} - \dfrac{4F}{l}x = 0$，得 M_C 为最大值时轮 C 的位置为

$$x = \frac{l}{2} - \frac{d}{4}$$

最大弯矩为

$$(M_C)_{max} = \frac{F(2l-d)}{l}\left(\frac{2l-d}{4}\right) - \frac{2F}{l}\left(\frac{2l-d}{4}\right)^2 = \frac{F}{8l}(2l-d)^2$$

即在中点截面左侧距中点 $d/4$ 时，M_C 最大。

同理设右轮所处截面上的最大弯矩达最大值，可得右轮在中点截面右侧距中点 $d/4$ 时，M_D 最大。且最大弯矩为

$$(M_D)_{max} = (M_C)_{max} = \frac{F}{8l}(2l-d)^2$$

计算题 11.21　有三个轮子在简支梁上通过 [图（a）]，已知 $F_1 = 4kN$，$F_2 = F_3 = 16kN$，试确定使梁中产生最大弯矩时以距离 x 所定义的轮子的位置，并确定梁的最大弯矩。

解　由梁的平衡方程得支座反力为

$$F_A = 27 - 4.5x$$

梁的弯矩图如图（b）所示由图可见，轮 2 所在截面上的弯矩 M_2 最大，M_2 为

$$M_2 = F_A(x+1.2) - F_1 \times 1.2 = -4.5x^2 + 21.6x + 27.6$$

由 $\dfrac{dM_2}{dx} = -9x + 21.6 = 0$，得

$$x = 2.4m$$

即当 $x = 2.4\text{m}$ 时，M_2 有最大值，其值为

$$(M_2)_{\max} = 53.52\text{kN} \cdot \text{m}$$

计算题 11.22 简支梁上作用有 n 个间距相等的集中力，每个集中力的大小为 $\dfrac{F}{n}$，梁的跨度为 l，各集中力间的距离为 $\dfrac{l}{n+1}$，如图（a）所示。试求：（1）试导出梁中最大弯矩的一般公式；（2）将结果与承受均布荷载的简支梁的最大弯矩相比较。

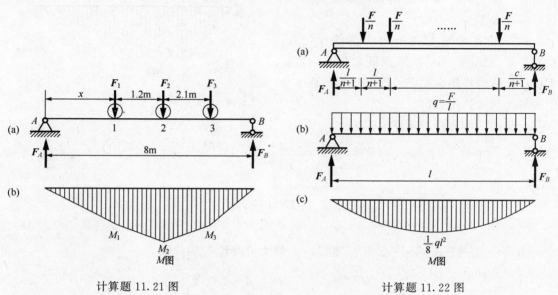

计算题 11.21 图   计算题 11.22 图

解 （1）最大弯矩的公式。由梁和荷载的对称性，最大弯矩将发生在跨中截面上。当 n 为奇数时，最大弯矩为

$$
\begin{aligned}
M_{\max} &= \frac{F}{2} \times \frac{l}{2} - \frac{F}{n}\left(\frac{l}{2} - \frac{l}{n+1}\right) - \frac{F}{n}\left(\frac{l}{2} - \frac{2l}{n+1}\right) - \cdots - \frac{F}{n}\left(\frac{l}{2} - \frac{\frac{n-1}{2}l}{n+1}\right) \\
&= \frac{Fl}{4} - \frac{F}{n} \times \frac{l}{2} \times \frac{n-1}{2} + \frac{F}{n} \times \frac{l}{n+1}\left(1 + 2 + \cdots + \frac{n-1}{2}\right) \\
&= \frac{Fl}{4} - \frac{(n-1)Fl}{4n} + \frac{(n-1)Fl}{8n} = \frac{Fl}{4} - \frac{(n-1)Fl}{8n} \\
&= \frac{(n+1)Fl}{8n}
\end{aligned}
\tag{a}
$$

当 n 为偶数时，最大弯矩为

$$
\begin{aligned}
M_{\max} &= \frac{Fl}{4} - \frac{F}{n}\left(\frac{l}{2} - \frac{l}{n+1}\right) - \frac{F}{n}\left(\frac{l}{2} - \frac{2l}{n+1}\right) - \cdots - \frac{F}{n}\left(\frac{l}{2} - \frac{\frac{n}{2}l}{n+1}\right) \\
&= \frac{Fl}{4} - \frac{Fl}{4} + \frac{(n+2)Fl}{8(n+1)} \\
&= \frac{(n+2)Fl}{8(n+1)}
\end{aligned}
\tag{b}
$$

（2）与等效均布荷载 $q=\dfrac{F}{l}$ ［图（b）］时最大弯矩的比较。承受均布荷载时，梁内最大弯矩发生在跨中截面上，其值为［图（c）］

$$M_{max}=\frac{ql^2}{8}=\frac{Fl}{8}$$

令式（a）、（b）中 $n\to\infty$，有

$$M_{max}=\lim_{n\to\infty}\frac{n+1}{n}\times\frac{Fl}{8}=\frac{Fl}{8}$$

与

$$M_{max}=\lim_{n\to\infty}\frac{n+2}{n+1}\times\frac{Fl}{8}=\frac{Fl}{8}$$

由上可见，随着集中力个数的增加，最大弯矩逐渐趋近于均布荷载作用下的最大弯矩。例如，当 $n=7$ 时，有

$$M_{max}=\frac{8}{7}\times\frac{Fl}{8}=1.14\frac{Fl}{8}$$

当 $n=8$ 时，有

$$M_{max}=\frac{10}{9}\times\frac{Fl}{8}=1.11\frac{Fl}{8}$$

计算题 11.23　试用区段叠加法绘制图（a）所示梁的弯矩图。

解　（1）计算控制截面上的弯矩值。将梁分为 EA、AB、BC 三段，各控制截面上的弯矩值计算如下：

$$M_E=M_C=0$$

$$M_A=M_B=-q\times1.2m\times0.6m=-4.32kN\cdot m$$

（2）绘弯矩图。绘出弯矩图如图（b）所示。D 截面上的弯矩为

$$M_D=-4.32kN\cdot m+\frac{1}{4}\times F\times3m=-0.57kN\cdot m$$

计算题 11.24　试用区段叠加法绘制图（a）所示梁的弯矩图。

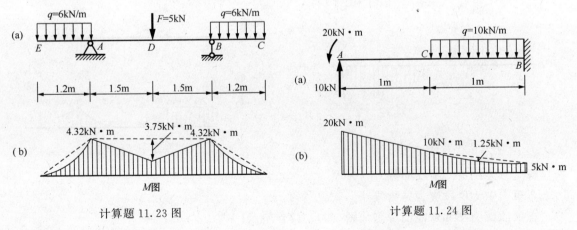

计算题 11.23 图　　　　计算题 11.24 图

解　（1）计算控制截面上的弯矩值。将梁分为 AB、BC 两段，各控制截面上的弯矩值计算如下：

$$M_A = 0$$

$$M_B = 10\text{kN} \times 1\text{m} - 20\text{kN} \cdot \text{m} = -10\text{kN} \cdot \text{m}$$

$$M_C = 10\text{kN} \cdot \text{m} \times 2\text{m} - 20\text{kN} \cdot \text{m} - q \times 1\text{m} \times 0.5\text{m} = -5\text{kN} \cdot \text{m}$$

（2）绘弯矩图。绘出弯矩图如图（b）所示。

计算题 11.25 试根据荷载集度、剪力、弯矩之间的微分关系，指出图（a）所示梁的剪力图和弯矩图［图（b，c）］的错误，并加以改正。

解 剪力图中 CA 段应为向右下倾斜的直线。

弯矩图中 BD 段应为向下凸的抛物线。

正确的剪力图和弯矩图分别如图（d）、（e）所示。

计算题 11.26 试根据荷载集度、剪力、弯矩之间的微分关系，指出图（a）所示梁的剪力图和弯矩图［图（b，c）］的错误，并加以改正。

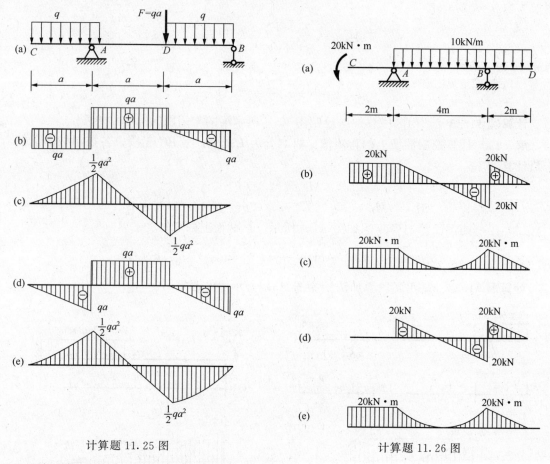

计算题 11.25 图

计算题 11.26 图

解 剪力图中 CA 段的剪力应为零。

弯矩图中 BD 段应为抛物线

正确的剪力图和弯矩图分别如图（d）、（e）所示。

计算题 11.27 一简支梁的剪力图如图（a）所示，试确定梁上的荷载及弯矩图。

解 由剪力图可以看出，A 处的支座反力 $F_A = 9\text{kN}$，B 处的支座反力 $F_B = 13\text{kN}$。C 处

剪力图有突变且从左到右减小，所以 C 处有一向下大小 $F=10\text{kN}$ 的集中力。AC 段剪力图为一水平直线，说明此段无分布荷载；CB 段剪力图为一向下倾斜直线，所以此段有均布荷载，集度 $q=4\text{kN/m}$。

从平衡方面考虑，作用于梁上的力虽满足 $\sum Y=0$，但

$$\sum M_B = 9\text{kN}\times 6\text{m}-10\text{kN}\times 3\text{m}-4\text{kN/m}\times 3\text{m}\times\frac{3\text{m}}{2}=6\text{kN}\cdot\text{m}\neq 0$$

所以梁上还有一逆时针转向的力偶，其力偶矩的大小为 $M_\text{e}=6\text{kN}\cdot\text{m}$，作用于梁上任何位置都可以，现设作用于 C 处。梁的荷载及弯矩图分别如图（b）、（c）所示。

计算题 11.28　一简支梁的剪力图如图（a）所示，试确定梁上的荷载及弯矩图。

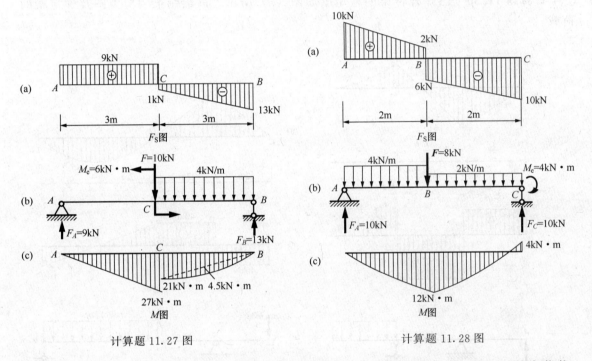

计算题 11.27 图　　　　　计算题 11.28 图

解　剪力图中 AB 段为一向下倾斜直线，斜率为 -4，所以 AB 段有一向下的均布荷载，集度为 4kN/m。B 处剪力有突变，且从左到右减少了 8kN，所以此处有一向下的集中力，大小 $F=8\text{kN}$。BC 段为向下倾斜直线，斜率为 -2，所以 BC 段有向下的均布荷载，集度为 2kN/m。

从平衡方面考虑，因

$$\sum M_A = 10\text{kN}\times 4\text{m}-4\text{kN/m}\times 2\text{m}\times 1\text{m}-8\text{kN}\times 2\text{m}-2\text{kN/m}\times 2\text{m}\times 3\text{m}$$
$$=4\text{kN}\cdot\text{m}\neq 0$$

所以梁上还有一顺时转向的力偶，其力偶矩的大小 $M_\text{e}-4\text{kN}\cdot\text{m}$，作用于梁上任何位置都可以，现设作用于 B 处。梁的荷载及弯矩图分别如图（b）、（c）所示。

计算题 11.29　已知外伸梁的弯矩图如图（a）所示，试绘制梁的剪力图及确定梁的荷载。

解　AC 段弯矩图为斜直线，斜率为 $\frac{3}{8}ql$，所以此段的剪力图为水平直线。CB 段弯矩

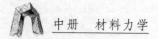

图为斜直线，斜率为 $-\dfrac{5}{8}ql$，所以此段的剪力图为水平直线。BD 段弯矩图为抛物线，切线斜率为 x 的一次函数，设为 kx，由积分关系

$$\int_0^{\frac{l}{2}} kx\,\mathrm{d}x = \frac{1}{8}ql^2$$

得

$$k = q$$

所以此段的剪力图为斜直线。梁的剪力图如图（b）所示。

由剪力图得到梁的荷载如图（c）所示。

计算题 11.30 已知外伸梁的弯矩图如图（a）所示，试绘制梁的剪力图及确定梁的荷载。

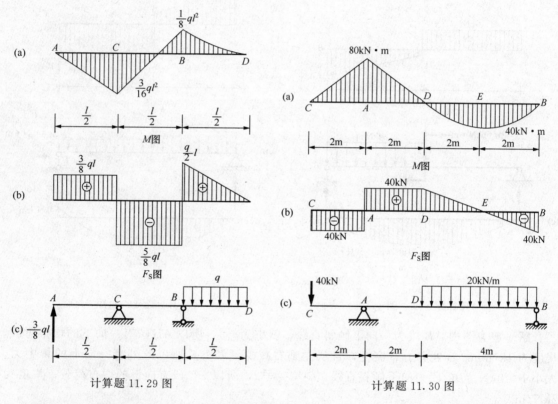

计算题 11.29 图 计算题 11.30 图

解 AC 段弯矩图为斜直线，斜率为 -40kN，所以此段的剪力图为水平直线。AD 段弯矩图为斜直线，斜率为 40kN，所以此段的剪力图为水平直线。BD 段弯矩图为二次抛物线，E 点处的弯矩最大，该点处的剪力为零，所以此段的剪力图为一向下倾斜直线。梁的剪力图如图（b）所示。

由剪力图得到梁的荷载如图（c）所示。

计算题 11.31 已知静定组合梁的弯矩图如图（a）所示，试绘制梁的剪力图及确定梁的荷载。

解 AC 段弯矩图为斜直线，且其切线无突变，故该段梁上无均布荷载和集中力的作用。全梁仅 B 点处弯矩为零，故 B 点处为中间铰。梁 A 端和 D 端的弯矩图有突变，但 A

端弯矩图斜率不为零，说明 A 端有集中力作用；而 D 端弯矩图的斜率为零，说明 D 端无集中力作用。可见 A 端为固定端支座，D 端将有集中力偶（$M_e = qa^2$）作用。

C 点处弯矩图的切线斜率有突变，说明剪力图有突变，即 C 点处有集中力作用，故 C 点处为一活动铰支座。

CD 段为下凸二次抛物线，故此段承受向下的均布荷载作用，因 $M_C - M_D = \dfrac{1}{2}qa^2$，故均布荷载集度为 q。

综合以上，梁的荷载如图（b）所示，由此绘出剪力图如图（c）所示。

计算题 11.32 起吊一根自重为 q（kN/m）的等截面钢筋混凝土梁 [图（a）]，若是用一个吊点起吊，试问吊点位置 x 应为多少才最为合理？

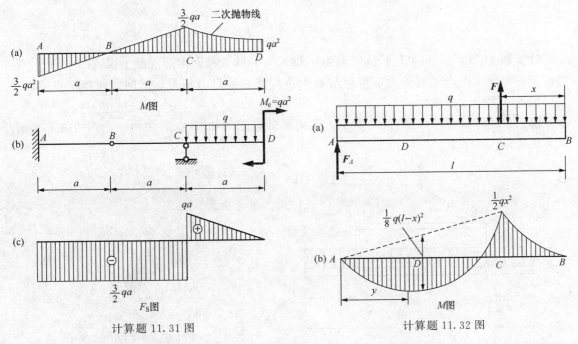

计算题 11.31 图　　　　计算题 11.32 图

解 吊点的合理位置 x 应使梁内最大正弯矩与最大负弯矩的绝对值相等。绘出梁的弯矩图 [图（b）]，由图知最大负弯矩为

$$M_C = -\frac{1}{2}qx^2$$

设 D 截面上的正弯矩最大，则有

$$F_{SD} = F_A - qy = 0 \tag{a}$$

由平衡方程 $\sum M_C = 0$，得

$$F_A = \frac{ql\left(\dfrac{l}{2} - x\right)}{l - x}$$

代入（a），得

$$y = \frac{l\left(\dfrac{l}{2} - x\right)}{l - x}$$

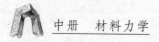

因此，最大正弯矩为

$$M_D = F_A y - \frac{q}{2} y^2 = \frac{q l^2 \left(\frac{l}{2} - x \right)^2}{2 \left(l - x \right)^2}$$

令

$$|M_C| = M_D$$

即

$$\frac{q l^2 \left(\frac{l}{2} - x \right)^2}{2 \left(l - x \right)^2} = \frac{1}{2} q x^2$$

得

$$x = \left(1 - \frac{\sqrt{2}}{2} \right) l$$

计算题 11.33 一根单位长度重量为 q（kN/m）的等截面钢筋混凝土梁［图（a）］，要想在起吊中使梁内产生的最大正弯矩与最大负弯矩的绝对值相等，试问：应将吊点 B、C 放在何处（即求 a 的值）？

解 梁的计算简图如图（b）所示。绘出梁的弯矩图如图（c）所示。由图可知，梁的最大正弯矩为

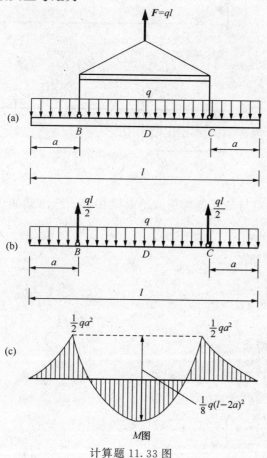

计算题 11.33 图

$$M_D = \frac{1}{2} q a^2 - \frac{1}{8} q (l - 2a)^2$$

最大负弯矩为

$$M_B = M_C = -\frac{1}{2} q a^2$$

令

$$|M_B| = |M_D|$$

即

$$\frac{1}{2} q a^2 = -\frac{1}{2} q a^2 + \frac{1}{8} q (l - 2a)^2$$

得

$$a = \frac{(\sqrt{2} - 1) l}{2}$$

计算题 11.34 图示长为 2m 的均质木料，欲锯下 $a = 0.6$m 长的一段。为使在锯开处两端面的开裂最小，应使锯口处的弯矩为零。木料放置在两只锯木架上，一只锯木架放置在木料的 A 端，试问另一只锯木架应放在何处才能使距木料 B 端 $a = 0.6$m 处的弯矩为零。

解 木料可看成外伸梁承受均布荷载 q 作用。由梁的平衡方程 $\sum M_A = 0$，得

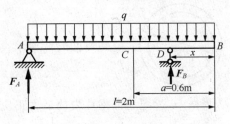

$$F_D = \frac{ql^2}{2(l-x)}$$

C 截面（$a=0.6\text{m}$）上的弯矩为

$$M_C = F_D(a-x) - \frac{qa^2}{2} = \frac{ql^2}{2(l-x)}(a-x) - \frac{qa^2}{2}$$

令 $M_C=0$，得

$$x = \frac{a}{1+\dfrac{a}{l}} = \frac{al}{a+l} = \frac{0.6 \times 2}{0.6+2} = 0.462\text{m}$$

计算题 11.34 图

计算题 11.35　AD 轴以匀角速度 ω 转动。在轴的纵向对称面内，于轴线的两侧装有两个重为 W 的小球，如图（a）所示。试绘制轴 AD 的弯矩图，并求最大弯矩。

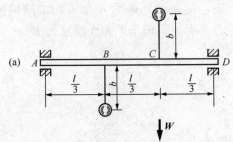

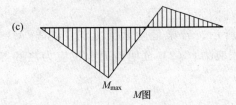

计算题 11.35 图

解　轴作匀角速度转动时，小球的惯性力为

$$F_I = \frac{W}{g}b\omega^2$$

考虑小球的自重及惯性力，轴 AD 的计算简图如图（b）所示。

列轴 AD 的平衡方程

$$\sum M_D = 0,$$

$$(W-F_I)\frac{l}{3} + (W+F_I)\frac{2l}{3} - F_A l = 0$$

得

$$F_A = W\left(1 + \frac{b\omega^2}{3g}\right)$$

$$\sum M_A = 0,$$

$$F_D l - (W+F_I)\frac{l}{3} - (W-F_I)\frac{2l}{3} = 0$$

得

$$F_D = W\left(1 - \frac{b\omega^2}{3g}\right)$$

轴 AD 的弯矩图如图（c）所示$\left(\text{假定}\dfrac{b\omega^2}{3g}>1\right)$，其最大弯矩为

$$M_{\text{max}} = \frac{Wl}{3}\left(1 + \frac{b\omega^2}{3g}\right)$$

计算题 11.36～计算题 11.77　应力和强度计算

计算题 11.36　将厚度 $d=2\text{mm}$ 的弹簧钢片卷成为直径 $D=800\text{mm}$ 的圆形，若此时弹簧钢片内的应力仍保持在弹性范围内，已知材料的弹性模量 $E=210\text{GPa}$，试求钢片内的最大正应力。

解　中性轴的曲率半径为

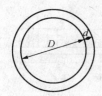

计算题 11.36 图

$$\rho = \frac{d + D}{2}$$

由纯弯曲时曲率半径的计算公式

$$\frac{1}{\rho} = \frac{M}{EI_z}$$

得钢片内的最大正应力为

$$\sigma_{max} = \frac{My_{max}}{I_z} = E\frac{y_{max}}{\rho} = E\frac{d}{D + d}$$

$$= 210 \times 10^9\,\text{Pa} \times \frac{0.2}{80 + 0.2} = 523.7\text{MPa}$$

计算题 11.37 一厚度为 t，宽度为 b 的直薄钢条，夹在半径为 R 的刚性座上，钢条伸出夹子的长度为 $4a$，如图所示。假定 $a \ll R$ 和 $t \ll R$，现在钢条的外伸端 A 加力，试问钢条 $BC(BC = a)$ 段与刚性座接触时，加在 A 端的力 F 应为多大。设钢条的弹性模量为 E。

解 因 $a \ll R$，故钢条属于小变形，因而有

$$\frac{1}{\rho} = \frac{M}{EI_z} \tag{a}$$

由 $t \ll R$，钢条 BC 段的曲率半径为

$$\rho = R + \frac{t}{2} \approx R$$

C 截面上的弯矩为

$$M = F \times 3a$$

代入式（a），求得力 F 为

$$F = \frac{Ebt^3}{36aR}$$

计算题 11.38 T 字形截面梁的截面尺寸如图所示。若梁危险截面上的正弯矩 $M = 30\text{kN} \cdot \text{m}$，试求：（1）截面上的最大拉应力和最大压应力；（2）证明截面上拉应力之和等于压应力之和，而其组成的合力矩等于截面上的弯矩。

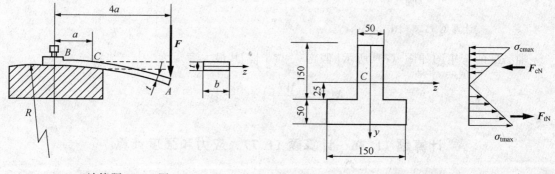

计算题 11.37 图 　　　　　　　　　　计算题 11.38 图

解 （1）求最大拉应力和最大压应力。截面对中性轴的惯性矩为

$$I_z = \left[\frac{150 \times 50^3}{12} + 50 \times 150 \times (25 + 25)^2 + \frac{50 \times 150^3}{12} + 50 \times 150 \times 50^2 \right] \times 10^{-12}\,\text{m}^4$$

$$= 53.13 \times 10^{-6}\,\text{m}^4$$

最大拉应力发生在截面下边缘处，其值为

$$\sigma_{tmax} = \frac{My_2}{I_z} = \frac{30 \times 10^3 \times 0.075}{53.13 \times 10^{-6}} \text{Pa} = 42.35 \text{MPa}$$

最大压应力发生在截面上边缘处，其值为

$$\sigma_{cmax} = \frac{My_1}{I_z} = \frac{30 \times 10^3 \times 0.125}{53.13 \times 10^{-6}} \text{Pa} = 70.58 \text{MPa}$$

（2）应力合成。拉应力和压应力的合力分别为

$$F_{tN} = \left\{ \frac{30 \times 10^3}{53.13 \times 10^{-6}} \times \left[\int_0^{0.025} 0.05 y \mathrm{d}y + \int_{0.025}^{0.075} 0.15 y \mathrm{d}y \right] \right\} \text{N} = 220.6 \text{kN}$$

$$F_{cN} = \frac{1}{2} \times 70.58 \times 50 \times 125 \text{N} = 220.6 \text{kN} = F_{tN}$$

合力矩为

$$M_z = \left\{ \frac{30 \times 10^3}{53.13 \times 10^{-6}} \times \left[\int_{0.025}^{0.075} 0.15 y^2 \mathrm{d}y + \int_{-0.125}^{0.025} 0.05 y^2 \mathrm{d}y \right] \right\} \text{N} \cdot \text{m} = 30 \text{kN} \cdot \text{m} = M$$

计算题 11.39　图示铸铁梁，已知 $h=100$mm，$t=25$mm，如若使最大拉应力为最大压应力的 $1/3$，试求 x 的值。

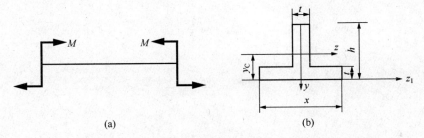

(a)　　　　　　　　　　(b)

计算题 11.39 图

解　（1）确定截面的形心。以 z_1 轴为参考轴，截面形心的坐标为

$$y_C = \frac{25x \times \frac{25}{2} + 25 \times 75 \times 62.5}{25x + 25 \times 75} \text{mm} = \frac{12.5x + 4687.5}{x + 75} \text{mm}$$

（2）求 x 值。最大拉、压应力分别为

$$\sigma_{tmax} = \frac{My_C}{I_z} = \frac{M}{I_z} \cdot \left(\frac{12.5x + 4687.5}{x + 75} \right) \text{mm}$$

$$\sigma_{cmax} = \frac{M(h - y_C)}{I_z} = \frac{M}{I_z} \cdot \left(\frac{87.5x + 2812.5}{x + 75} \right) \text{mm}$$

令

$$\sigma_{tmax} = \frac{1}{3} \sigma_{cmax}$$

即

$$3(12.5x + 4687.5) = 87.5x + 2812.5$$

得

$$x = 225 \text{mm}$$

计算题 11.40 槽形截面梁如图所示，承受绕 z 轴的弯矩作用。如果 $b=30\text{mm}$，$h=80\text{mm}$，试问为使该截面上边缘和下边缘处的正应力比为 $3:1$ 时，所需的厚度 t 是多少？

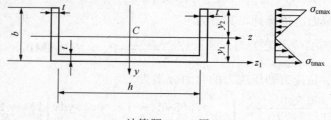

计算题 11.40 图

解 （1）确定截面的形心。截面形心 C 的坐标为

$$y_1 = \frac{A_1 y_{1C} + A_2 y_{2C} + A_3 y_{3C}}{A_1 + A_2 + A_3} = \frac{bt \times \frac{b}{2} + bt \times \frac{b}{2} + ht \times \frac{t}{2}}{bt \times 2 + ht} = \frac{9+4t}{14}\text{cm}$$

（2）求厚度 t。上边缘和下边缘处的正应力分别为

$$\sigma_{\text{cmax}} = \frac{M y_2}{I_z}$$

$$\sigma_{\text{tmax}} = \frac{M y_1}{I_z}$$

因此有

$$\frac{\sigma_{\text{cmax}}}{\sigma_{\text{tmax}}} = \frac{y_2}{y_1} = \frac{3}{1}$$

即

$$\frac{33-4t}{14} = 3 \times \frac{9+4t}{14}$$

得

$$t = \frac{3}{8}\text{cm} = 0.375\text{cm}$$

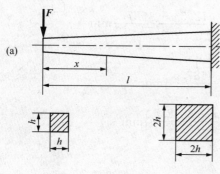

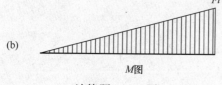

M图

计算题 11.41 图

计算题 11.41 有一正方形截面锥形悬臂梁，在自由端点处受集中荷载 F 的作用，该梁的高度和宽度按直线从自由端的 h 变化到固定端的 $2h$ [图（a）]。已知梁的长度为 l，试求梁内的最大正应力。

解 （1）求 x 截面上的最大正应力。截面尺寸随 x 的变化规律为

$$h(x) = \frac{(x+l)h}{l}$$

弯曲截面系数 W_z 随 x 的变化规律为

$$W_z(x) = \frac{h^3(x)}{6} = \frac{h^3(x+l)^3}{6}$$

弯矩 M [图（b）] 随 x 的变化规律为

$$M(x) = Fx$$

x 截面上的最大正应力为

$$\sigma(x) = \frac{M(x)}{W_z(x)} = \frac{6Fx}{h^3(x+l)^3}$$

（2）求梁内的最大正应力。令 $\dfrac{\mathrm{d}\sigma(x)}{\mathrm{d}x} = 0$，即

$$\frac{\mathrm{d}\sigma(x)}{\mathrm{d}x} = \frac{6Fh^3(x+l)^3 - 6Fxh^3 3(x+l)^2}{h^3(x+l)^3} = \frac{6F[(x+l)-3x]}{x+l} = 0$$

得

$$x = \frac{l}{2}$$

当 $x = \dfrac{l}{2}$ 时 $\sigma(x)$ 取最大值，最大值为

$$\sigma_{\max} = \frac{6F \times \dfrac{l}{2}}{h^3\left(\dfrac{l}{2}+l\right)^3} = \frac{8F}{9h^3 l^2}$$

计算题 11.42　有一矩形截面悬臂梁，其截面高度 h 不变，而宽度 b 改变，该梁的自由端处受集中荷载 F 的作用［图（a）］。试问为了使该梁成为等强度梁，其宽度 b 作为 x 的函数应如何变化（x 自梁的自由端度量）？只考虑由于弯曲所产生的正应力，并设材料的许用正应力为 $[\sigma]$。

解　弯矩 M［图（b）］随 x 的变化规律为

$$M(x) = Fx$$

弯曲截面系数 W_z 随 x 的变化规律为

$$W_z(x) = \frac{h^2 b(x)}{6}$$

x 截面上的最大应力为

$$\sigma = \frac{M(x)}{W_z(x)} = \frac{6Fx}{h^2 b(x)}$$

令 $\sigma = [\sigma]$，解得截面的宽度 b 为

$$b(x) = \frac{6Fx}{[\sigma]h^2}$$

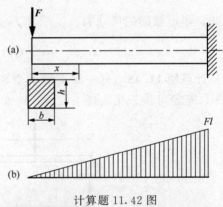

计算题 11.42 图

计算题 11.43　欲从图示直径为 d 的圆木中截取一矩形截面梁，试从强度角度求出矩形截面最合理的高、宽尺寸。

解　若能使 $\sigma_{\max} = \dfrac{M}{W_z}$ 取最小值，即弯曲截面系数 W_z 取最大值，则尺寸最合理。由于

$$W_z = \frac{bh^2}{6} = \frac{b(d^2 - b^2)}{6}$$

令 $\dfrac{\mathrm{d}W_z}{\mathrm{d}b} = 0$，得

$$\frac{d^2 - 3b^2}{6} = 0$$

因此，合理的截面尺寸为

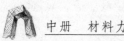

$$b = \frac{\sqrt{3}d}{3}, \quad h = \frac{\sqrt{6}d}{3}$$

计算题 11.44 高度为 h，宽度为 b（$h > b$）的等腰三角形截面如图所示。若从中截取一矩形截面，为使其弯曲截面系数最大，试确定矩形截面的尺寸。

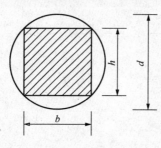

计算题 11.43 图

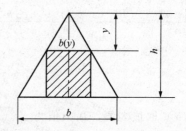

计算题 11.44 图

解 矩形截面的弯曲截面系数为

$$W_z = \frac{b(y)(h-y)^2}{6} = \frac{bh}{6}y(h-y)^2$$

令 $\dfrac{\mathrm{d}W_z}{\mathrm{d}y} = 0$，得

$$y = \frac{h}{3}$$

因此，矩形截面的尺寸为

$$b(y) = \frac{b}{3}, \quad h(y) = \frac{2h}{3}$$

计算题 11.45 有一简支梁承受两个相距 $d = 6\mathrm{m}$ 的轮载作用。每一轮传递荷载 $F = 3\mathrm{kN}$，车轮可位于梁上任一位置，跨度 $l = 24\mathrm{m}$，截面尺寸如图所示。试求梁内最大正应力。

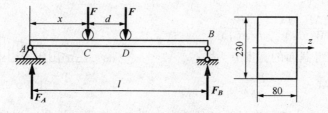

计算题 11.45 图

解 （1）求支座反力。由梁的平衡方程得

$$F_A = \frac{F(2l - 2x - d)}{l}$$

$$F_B = \frac{F(2x + d)}{l}$$

（2）求梁的最大弯矩。C、D 两截面上的弯矩分别为

$$M_C = F_A x = \frac{F(2l - d - 2x)}{l}x$$

$$M_D = \frac{F(2x+d)(l-x-d)}{l}$$

由 $\dfrac{dM_C}{dx}=0$，得 $x=\dfrac{2l-d}{4}$，故

$$M_{C\max} = \frac{F\left(l-\dfrac{d}{2}\right)^2}{2l} = \frac{441}{16}kN \cdot m$$

由 $\dfrac{dM_D}{dx}=0$，得 $x=\dfrac{2l-3d}{4}$，故

$$M_{D\max} = \frac{F\left(l-\dfrac{d}{2}\right)^2}{2l} = M_{C\max} = \frac{441}{16}kN \cdot m$$

因此，梁的最大弯矩为

$$M_{\max} = \frac{441}{16}kN \cdot m$$

（3）求梁内最大正应力。最大正应力为

$$\sigma_{\max} = \frac{M_{\max}}{W_z} = \frac{\dfrac{441}{16} \times 10^3 N \cdot m}{\dfrac{80}{6} \times 230^2 \times 10^{-9} m^3} = 39 \times 10^6 Pa = 39MPa$$

计算题 11.46 图示外径为 250mm，壁厚为 5mm 的铸铁管简支梁，其跨度 $l=12m$，铸铁的容重 $\gamma_1 = 78kN/m^3$。若管中充满水，试求管内的最大正应力。

解 （1）确定梁的计算简图。铸铁梁的自重为

$$W_1 = \pi(R^2 - r^2)l\gamma_1$$

$$= \left\{\pi\left[\left(\frac{0.25}{2}\right)^2 - \left(\frac{0.24}{2}\right)^2\right] \times 12 \times 78\right\}kN$$

$$= 3.6kN$$

管中水重为

$$W_2 = g\pi r^2 l\gamma_2$$

$$= \left[10\pi \times \left(\frac{0.24}{2}\right)^2 \times 12 \times 10^3\right]N$$

$$= 5.4 \times 10^3 N$$

$$= 5.4kN$$

梁的计算简图如图（b）所示，其分布荷载集度为

$$q = \frac{W_1 + W_2}{l} = 0.75kN/m$$

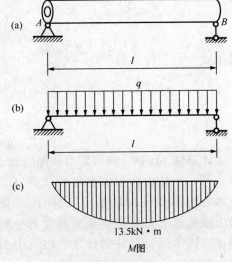

计算题 11.46 图

（2）绘梁的弯矩图。梁的弯矩图如图（c）所示。由图可知，梁的最大弯矩为

$$M_{\max} = \frac{1}{8}ql^2 = 13.5kN \cdot m$$

（3）求管内最大正应力。最大正应力为

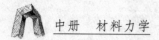

$$\sigma_{\max} = \frac{M_{\max}}{W_z} = \frac{\frac{1}{8}ql^2}{\frac{\pi D^3(1-\alpha^4)}{32}} = 58.45\text{MPa}$$

计算题 11.47　图示外伸梁由 30a 号工字钢制成，其跨度 $l=6$m。如欲使支座 A、B 处和跨中截面 C 上的最大正应力均等于 140MPa，试求均布荷载集度 q 和外伸臂的长度 a。

计算题 11.47 图

解　（1）求支座 A、B 处及跨中截面 C 上的弯矩。由正应力计算公式

$$\sigma_{\max} = \frac{M_{\max}}{W_z}$$

A、B、C 三截面上的弯矩为

$$M_{\max} = \sigma_{\max}W_z = 140\times10^6\,\text{Pa}\times579\times10^{-6}\,\text{m}^3 = 83.58\text{kN}\cdot\text{m} \qquad (a)$$

（2）求均布荷载集度 q 和外伸臂的长度 a。截面 A、C 上的弯矩分别为

$$|M_A| = \frac{1}{2}qa^2 \qquad (b)$$

$$M_C = q\left(\frac{l}{2}+a\right)\frac{l}{2} - \frac{1}{2}q\left(\frac{l}{2}+a\right)^2 = \frac{1}{2}q\left(\frac{l}{2}+a\right)\left(\frac{l}{2}-a\right) = \frac{1}{2}q\left(\frac{l^2}{4}-a^2\right)$$

由 $|M_A|=M_C$，得

$$a^2 = \frac{l^2}{4} - a^2$$

故

$$a = \frac{l}{\sqrt{8}} = \frac{6}{2\sqrt{2}}\text{m} = 2.12\text{m}$$

再由式（a）、（b）得

$$83.58\times10^3\text{N}\cdot\text{m} = \frac{1}{2}\times q\times2.12^2\text{m}^2$$

故

$$q = 37.19\text{kN/m}$$

计算题 11.48　两根矩形截面的简支木梁，其跨度、荷载及截面面积都相同，一个是整体，另一个是由两根方木叠置而成（二方木之间不加任何联系）。试问此二根梁中横截面上正应力沿截面高度的分布规律有何不同？并分别计算二根梁中的最大正应力。

解　整体时正应力分布规律如图（b）所示。叠放时两方木单独承载，其正应力分布规律如图（c）所示。

梁中最大弯矩为

$$M_{\max} = \frac{1}{8}ql^2$$

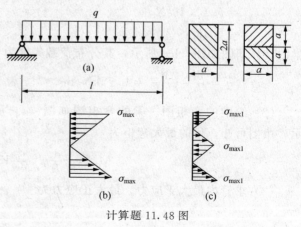

计算题 11.48 图

弯曲截面系数为

整体时：
$$W_z = \frac{a}{6}(2a)^2 = \frac{2}{3}a^3$$

叠放时,每一部分：
$$W_{z1} = \frac{a^3}{6}$$

最大正应力为

整体时：
$$\sigma_{max} = \frac{M_{max}}{W_z} = \frac{\frac{1}{8}ql^2}{\frac{2}{3}a^3} = \frac{3ql^2}{16a^3}$$

叠放时：
$$\sigma_{max1} = \frac{\frac{M_{max}}{2}}{W_{z1}} = \frac{\frac{1}{16}ql^2}{\frac{a^3}{16}} = \frac{3ql^2}{8a^3}$$

计算题 11.49 图示实心圆截面梁由实心圆杆 A 和空心圆管 B 所组成。设两种材料的弹性模量间的关系为 $E_B = 2E_A$，在纵向对称面内发生平面弯曲，且变形时圆杆与圆管的接触面之间无相对滑动。试求圆杆和圆管内的最大正应力之比。

解 因圆杆和圆管变形时的曲率相同,故有
$$\frac{M_A}{E_A I_{zA}} = \frac{M_B}{E_B I_{zB}}$$

圆杆和圆管内的最大正应力之比为
$$\frac{\sigma_{Amax}}{\sigma_{Bmax}} = \frac{M_A W_{zB}}{W_{zA} M_B} = \frac{E_A I_{zA}}{W_{zA}} \times \frac{W_{zB}}{E_B I_{zB}} = \frac{1}{2} \times \frac{d}{4} \times \frac{2}{d} = \frac{1}{4}$$

计算题 11.50 图示工字形截面梁由两种材料组成,上下翼缘为一种材料,其弹性模量为 E_1,对中性轴的惯性矩为 I_{z1};腹板为另一种材料,弹性模量为 E_2,对中性轴的惯性矩为 I_{z2}。试推导在弹性范围内,纯弯曲时横截面上的正应力计算公式。

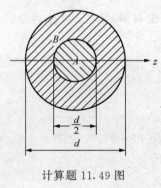

计算题 11.49 图

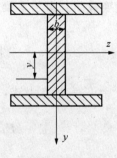

计算题 11.50 图

解 变形的几何关系为
$$\varepsilon = \frac{y}{\rho}$$

物理关系为
$$\sigma_1 = E_1 \varepsilon = \frac{E_1}{\rho}y \tag{a}$$

$$\sigma_2 = E_2\,\varepsilon = \frac{E_2}{\rho}y \qquad\qquad (b)$$

静力学关系为

$$M = \int_{A_1} \sigma_1 y\,dA + \int_{A_2} \sigma_2 y\,dA = \frac{1}{\rho}(E_1 I_{z1} + E_2 I_{z2})$$

因此，梁弯曲时中性层的曲率为

$$\frac{1}{\rho} = \frac{M}{E_1 I_{z1} + E_2 I_{z2}}$$

代入式（a）、（b），得

$$\sigma_1 = \frac{M E_1 y}{E_1 I_{z1} + E_2 I_{z2}}$$

$$\sigma_2 = \frac{M E_2 y}{E_1 I_{z1} + E_2 I_{z2}}$$

计算题 11.51 用钢板加固的木梁两端铰支，截面如图（a）所示。跨度 $l=3\text{m}$，梁的中点作用集中力 $F=1000\text{kN}$。若木梁与钢板之间不能相对滑动，木材和钢材的弹性模量分别为 $E_1=1\times10^4\text{MPa}$，$E_2=2.1\times10^5\text{MPa}$。试求木材及钢材中的最大正应力。

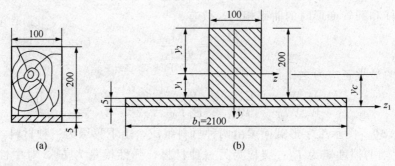

计算题 11.51 图

解 （1）变换截面。由于木梁与钢板之间不能相对滑动，故可视为整体梁。因横截面上无轴力，故有

$$\int_{A_1} \sigma_1\,dA + \int_{A_2} \sigma_2\,dA = 0$$

将 $\sigma_1 = \dfrac{E_1 y}{\rho}$，$\sigma_2 = \dfrac{E_2 y}{\rho}$ 代入上式，得

$$E_1 \int_{A_1} y\,dA + E_2 \int_{A_2} y\,dA = 0$$

设

$$\frac{E_2}{E_1} = n$$

则有

$$\int_{A_1} y\,dA + \int_{A_2} yn\,dA = 0$$

因此，变换为同一种材料后，木材截面面积处于原状态，钢材截面的宽度增大 n 倍，即为

$$b_1 = \frac{E_2}{E_1}b = 21 \times 100 = 2100\text{mm}$$

截面形状变为如图（b）所示。

（2）求最大正应力。以 z_1 轴为参考轴，截面形心 C 的坐标为

$$y_C = \frac{200 \times 100 \times 105 + 2100 \times 5 \times 2.5}{2100 \times 5 + 200 \times 100}\text{mm} = 68.9\text{mm}$$

截面对 z 轴的惯性矩为

$$I_z = \left(\frac{2100 \times 5^3}{12} + 2100 \times 5 \times 66.4^2 + \frac{100 \times 200^3}{12} + 200 \times 100 \times 36.1^2\right)\text{mm}^4$$
$$= 1.39 \times 10^8 \text{mm}^4$$

梁的最大弯矩为

$$M_{max} = \frac{Fl}{4} = 7.5\text{kN} \cdot \text{m}$$

木材中的最大正应力发生在截面的上边缘处，其值为

$$\sigma_{1max} = \frac{M_{max}y_1}{I_z} = \frac{7.5 \times 10^3 \times (205 - 68.9) \times 10^{-3}}{1.39 \times 10^8 \times 10^{-12}}\text{Pa} = 7.34 \times 10^6 \text{Pa} = 7.34\text{MPa}$$

截面下边缘处的正应力为

$$\sigma_{\text{下}} = \frac{M_{max}y_2}{I_z} = \frac{7.5 \times 10^3 \times 68.9 \times 10^{-3}}{1.39 \times 10^8 \times 10^{-12}}\text{Pa} = 3.7 \times 10^6 \text{Pa} = 3.7\text{MPa}$$

钢材中的最大正应力为

$$\sigma_{2max} = E_2 \varepsilon = \frac{E_2}{E_1}\sigma_{\text{下}} = 21 \times 3.7\text{MPa} = 77.7\text{MPa}$$

计算题 11.52 有一由下端嵌固的竖直梁 B 及其所支承的水平板 A 组成的木坝如图（a）、（b）所示。如果水深 $h=6$m，梁的间距 $s=1.5$m，梁的许用正应力 $[\sigma]=50$MPa，试设计竖直梁方形截面的尺寸 b。

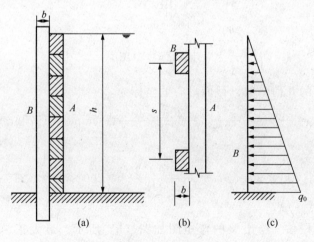

计算题 11.52 图

解 竖直梁 B 的计算简图如图（c）所示，分布荷载集度为

$$q_0 = h\gamma sg = (6 \times 1 \times 1.5 \times 10)\text{kN/m} = 90\text{kN/m}$$

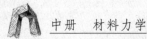

梁下端截面上的弯矩最大，其值为

$$M_{max} = \frac{1}{2} \times q_0 \times h \times \frac{h}{3} = 540 \text{kN} \cdot \text{m}$$

由正应力强度条件

$$\sigma_{max} = \frac{M_{max}}{W_z} \leqslant [\sigma]$$

即

$$\frac{540 \times 10^3}{\frac{b^3}{6}} \leqslant 50 \times 10^6$$

得截面尺寸为

$$b \geqslant \sqrt[3]{\frac{540 \times 6}{50 \times 10^3}} \text{m} = 0.402 \text{m}$$

计算题 11.53 铸铁梁的荷载及截面尺寸如图（a）所示。材料的许用拉应力 $[\sigma_t] = 40\text{MPa}$，许用压应力 $[\sigma_c] = 100\text{MPa}$，试校核梁的正应力强度。若荷载不变，将 T 形截面倒置是否合理？

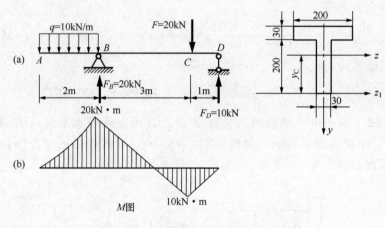

计算题 11.53 图

解 （1）求截面的几何参数。截面形心的坐标为

$$y_C = \frac{200 \times 30 \times 215 + 200 \times 30 \times 100}{2 \times 200 \times 30} \text{mm} = 157.5 \text{mm}$$

截面的惯性矩为

$$I_z = \left[\frac{30 \times 200^3}{12} + 200 \times 30 \times 57.5^2 + \frac{200 \times 30^3}{12} + 200 \times 30 \times (215 - 157.5)^2 \right] \text{mm}^4$$

$$= 6 \times 10^7 \text{mm}^4$$

（2）正应力强度校核。绘出梁的弯矩图如图（b）所示。最大正、负弯矩分别发生在 C、B 截面上。分别校核如下：

B 截面：

$$\sigma_{tmax} = \frac{20 \times 10^3 \times (230 - 157.5) \times 10^{-3}}{6 \times 10^7 \times 10^{-12}} \text{Pa} = 24.1 \text{MPa} < [\sigma_t] = 40 \text{MPa}$$

$$\sigma_{cmax} = \frac{20 \times 10^3 \times 157.5 \times 10^{-3}}{6 \times 10^7 \times 10^{-12}} \text{Pa} = 52.4 \text{MPa} < [\sigma_c] = 100 \text{MPa}$$

C 截面：

$$\sigma_{tmax} = \frac{10 \times 10^3 \times 157.5 \times 10^{-3}}{6 \times 10^7 \times 10^{-12}} \text{Pa} = 26.2 \text{MPa} < [\sigma_t] = 40 \text{MPa}$$

$$\sigma_{cmax} = \frac{10 \times 10^3 \times (230 - 157.5) \times 10^{-3}}{6 \times 10^7 \times 10^{-12}} \text{Pa} = 12.06 \text{MPa} < [\sigma_c] = 100 \text{MPa}$$

可见梁的强度是足够的。

（3）若将截面倒置，则 B 截面上的最大拉应力为

$$\sigma_{tmax} = \frac{20 \times 10^3 \times 157.5 \times 10^{-3}}{6 \times 10^7 \times 10^{-12}} \text{Pa} = 52.4 \text{MPa} > [\sigma_t] = 40 \text{MPa}$$

可见梁的强度不够，因此将截面倒置是不合理的。

计算题 11.54 起重机及梁如图（a）所示，起重机自重 $W = 50 \text{kN}$，最大起重量 $F = 10 \text{kN}$。梁由两根工字钢组成，其许用正应力 $[\sigma] = 160 \text{MPa}$，试按正应力强度条件设计工字钢的型号（梁的自重不计）。

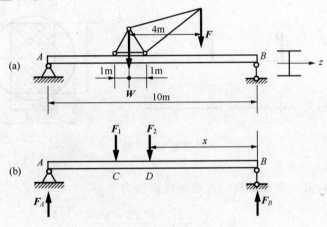

计算题 11.54 图

解　（1）确定梁的计算简图。取起重机为研究对象，由平衡方程求得起重机对梁的作用力为

$$F_1 = 10 \text{kN}, \quad F_2 = 50 \text{kN}$$

梁的计算简图如图（b）所示。

（2）求梁的最大弯矩。梁内最大弯矩可能发生在截面 C 或 D 上。由于 $F_2 > F_1$，因此，当起重机在梁上行走时，梁内可能产生的最大弯矩的最大值将发生在 F_2 作用处的 D 截面上。由梁的平衡方程 $\sum M_A = 0$，得支座反力为

$$F_B = \frac{F_2(10 - x) + F_1(8 - x)}{10} = 58 - 6x$$

D 截面上的弯矩为

$$M_D = F_B x = 58x - 6x^2$$

由 $\dfrac{\mathrm{d}M_D}{\mathrm{d}x} = 0$，得

$$x = \frac{29}{6}\text{m}$$

梁内最大弯矩为

$$M_{D\max} = \left[58 \times \left(\frac{29}{6}\right) - 6 \times \left(\frac{29}{6}\right)^2\right]\text{kN} \cdot \text{m} = 140.2\text{kN} \cdot \text{m}$$

（3）设计工字钢的型号。由正应力强度条件

$$\sigma_{\max} = \frac{M_{D\max}}{2W_z} \leqslant [\sigma]$$

得

$$W_z \geqslant \frac{140.2 \times 10^3}{2(160 \times 10^6)}\text{m}^3 = 438\text{cm}^3$$

查型钢规格表，应选取两根 28a 号工字钢，其 $W_z = 508.15\text{cm}^3$。

计算题 11.55 图示矩形截面简支梁由圆形木料制成，已知 $F = 5\text{kN}$，$a = 1.5\text{m}$，$[\sigma] = 10\text{MPa}$。若要求截面的弯曲截面系数具有最大值，试确定此矩形截面 h/b 的值及所需木料的最小直径 d。

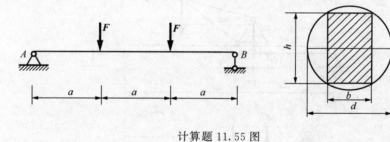

计算题 11.55 图

解 （1）求 $\frac{h}{b}$ 的值。矩形截面的弯曲截面系数为

$$W_z = \frac{bh^2}{6} = \frac{b(d^2 - b^2)}{6}$$

由 $\dfrac{\mathrm{d}W_z}{\mathrm{d}b} = 0$，得

$$\frac{h}{b} = \sqrt{2}$$

（2）求最小直径 d。梁的最大弯矩为

$$M_{\max} = Fa = (5 \times 10^3 \times 1.5)\text{N} \cdot \text{m} = 7.5 \times 10^3\text{N} \cdot \text{m}$$

由梁的强度条件

$$\sigma = \frac{M_{\max}}{W_z} \leqslant [\sigma]$$

得

$$W_z \geqslant \frac{M_{\max}}{[\sigma]} = \frac{7.5 \times 10^3}{10 \times 10^6}\text{m}^3 = 7.5 \times 10^{-4}\text{m}^3$$

矩形截面的弯曲截面系数为

$$W_z = \frac{1}{6}b(\sqrt{2}b)^2 = \frac{1}{3}b^3 \geqslant 7.5 \times 10^{-4}\text{m}^3$$

因此

$$b \geqslant 13.1 \times 10^{-2} \, \text{m}$$

木料的最小直径 d 为

$$d = \sqrt{h^2 + b^2} = \sqrt{3b^2} = 227 \, \text{mm}$$

计算题 11.56　一正方形截面的悬臂木梁，其尺寸及所受荷载如图所示。木材的许用正应力 $[\sigma] = 10\text{MPa}$，现需在截面 C 中性轴处钻一直径为 d 的圆孔，试求在保证梁的正应力强度条件下圆孔的最大直径（不考虑圆孔处应力集中的影响）。

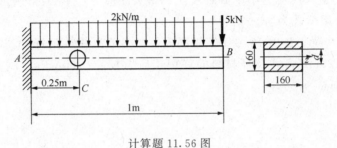

计算题 11.56 图

解　截面 C 上的弯矩为

$$M_C = 5\text{kN} \times 0.75\text{m} + \frac{1}{2} \times 2\text{kN/m} \times 0.75^2\,\text{m}^2 = 4.31\text{kN} \cdot \text{m}$$

截面 C 对中性轴的惯性矩为

$$I_z = \frac{1}{12}(0.16^4 - 0.16d^3)$$

由正应力强度条件

$$\sigma_{\max} = \frac{M_C y_{\max}}{I_z} \leqslant [\sigma]$$

即

$$\sigma_{\max} = \frac{12(4.31 \times 10^3)}{0.16^4 - 0.16d^3} \times 0.08\text{Pa} \leqslant [\sigma] = 10 \times 10^6 \, \text{Pa}$$

得

$$d \leqslant 114.7 \, \text{mm}$$

计算题 11.57　⊥形截面悬臂梁其尺寸及荷载如图（a）所示。梁材料为铸铁，其许用拉应力 $[\sigma_t] = 40\text{MPa}$，许用压应力 $[\sigma_c] = 80\text{MPa}$，截面对中性轴的惯性矩 $I_z = 10180 \times 10^4 \, \text{mm}^4$，$y_1 = 96.4\text{mm}$，试求该梁的许用荷载 F。

解　（1）绘制梁的弯矩图。绘出弯矩图如图（b）所示。由图可知，梁的最大正、负弯矩发生在截面 A、C 上，其值为

$$M_A = 0.8F, \quad M_C = 0.6F$$

（2）计算许用荷载 F。用正应力强度条件

$$\sigma_{\max} = \frac{M}{I_z} y_{\max} \leqslant [\sigma]$$

分别对截面 A、C 计算如下：

截面 A：

$$F \leqslant \frac{1}{0.8} \times \frac{[\sigma_t] I_z}{y_1} = \frac{1}{0.8} \times \frac{40 \times 10^6 \times 10180 \times 10^{-8}}{96.4 \times 10^{-3}} \mathrm{N} = 52.8 \mathrm{kN}$$

$$F \leqslant \frac{1}{0.8} \times \frac{[\sigma_c] I_z}{y_2} = \frac{1}{0.8} \times \frac{80 \times 10^6 \times 10180 \times 10^{-8}}{153.6 \times 10^{-3}} \mathrm{N} = 66.3 \mathrm{kN}$$

截面 C：

$$F \leqslant \frac{1}{0.6} \times \frac{[\sigma_t] I_z}{y_2} = \frac{1}{0.6} \times \frac{40 \times 10^6 \times 10180 \times 10^{-8}}{153.6 \times 10^{-3}} \mathrm{N} = 44.2 \mathrm{kN}$$

显然，截面 C 上的最大压应力小于截面 A 上的最大压应力，不必再进行计算。

因此，梁的许用荷载为 44.2kN。

计算题 11.58 梁 AB 由 10 号工字钢制成，在 B 点处由圆钢杆 BC 支承 [图 (a)]。已知圆杆的直径 $d = 20\mathrm{mm}$，梁及杆材料的许用正应力 $[\sigma] = 160\mathrm{MPa}$，试求许用均布荷载集度 q。

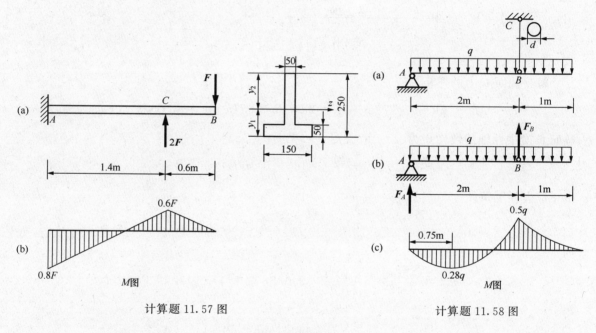

计算题 11.57 图   计算题 11.58 图

解 （1）由梁的强度条件确定许用均布荷载集度。由梁的平衡方程 $\sum M_B = 0$，得支座反力为

$$F_A = \frac{q \times 3 \times 0.5}{2} = 0.75q$$

绘出梁的弯矩图如图 (c) 所示。由图可知，最大弯矩为

$$M_{max} = 0.5q$$

由梁的正应力强度条件

$$\sigma_{max} = \frac{M_{max}}{W_z} = \frac{0.5q}{49 \times 10^{-6}} \mathrm{Pa} \leqslant [\sigma] = 160 \times 10^6 \mathrm{Pa}$$

得

$$q \leqslant 15.68 \mathrm{kN/m}$$

（2）校核圆杆 BC 的强度。由梁 ［图（b）］的平衡方程 $\sum Y = 0$，得

$$F_B = 3q - 0.75q = 2.25q = 2.25\text{m} \times 15.68\text{kN/m}$$
$$= 35.28\text{kN}$$

圆杆 BC 的应力为

$$\sigma = \frac{F_B}{A} = \frac{35280}{\dfrac{\pi \times 20^2 \times 10^{-6}}{4}}\text{Pa} = 112.36\text{MPa} < [\sigma] = 160\text{MPa}$$

可见圆杆 BC 的强度也能满足。

计算题 11.59 起重吊车 AB 行走于 CD 梁之间，CD 梁是由两个同型号的工字钢组成。已知吊车的自重 $W = 5\text{kN}$，最大起重量 $F = 10\text{kN}$，钢材的许用应力 $[\sigma] = 170\text{MPa}$，$[\tau] = 100\text{MPa}$，CD 梁长 $l = 12\text{m}$，试按正应力强度条件设计工字钢的型号（设荷载平均分配在两个工字梁上）。

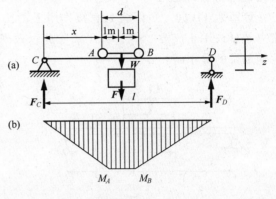

计算题 11.59 图

解 （1）求支座反力。由梁的平衡方程得

$$F_C = \frac{(W+F)\left(l - x - \dfrac{d}{2}\right)}{l} = \frac{55 - 5x}{4}$$

$$F_D = \frac{(W+F)\left(x + \dfrac{d}{2}\right)}{l} = \frac{5x + 5}{4}$$

（2）求梁的 $M_{\max}$。当吊车行至图（a）所示位置时，梁的弯矩图如图（b）所示，截面 A、B 上的弯矩分别为

$$M_A = F_C x = \frac{(W+F)\left(l - x - \dfrac{d}{2}\right)x}{l} = \frac{55x - 5x^2}{4}$$

$$M_B = F_D(l - x - d) = \frac{5(9x - x^2 + 10)}{4}$$

令 $\dfrac{\mathrm{d}M_A}{\mathrm{d}x} = 0$，得

$$x = 5.5\text{m}$$

故

$$M_{A\max} = 37.8\text{kN} \cdot \text{m}$$

令 $\dfrac{\mathrm{d}M_B}{\mathrm{d}x} = 0$，得

$$x = 4.5\text{m}$$

故

$$M_{B\max} = 37.8\text{kN} \cdot \text{m}$$

因此，梁的最大弯矩为

$$M_{\max} = 37.8\text{kN} \cdot \text{m}$$

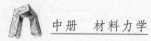

（3）设计工字钢的型号。由正应力强度条件

$$\sigma_{max} = \frac{M_{max}}{W_z} \leqslant [\sigma]$$

得

$$W_z \geqslant \frac{M_{max}}{[\sigma]} = \frac{37.8 \times 10^3}{170 \times 10^6} m^3 = 2.22 \times 10^{-4} m^3$$

一个工字钢截面的弯曲截面系数为

$$W'_z = \frac{W_z}{2} \geqslant 1.11 \times 10^{-4} m^3 = 111 cm^3$$

查型钢规格表，应选 16 号工字钢，其 $W'_z = 141 cm^3$

计算题 11.60 当荷载 F 直接作用于跨长 $l = 6m$ 的简支梁 AB 的中点时，梁内最大正应力超过许用正应力 30%。为了消除此过载现象，配置了如图（a）所示辅助梁 CD，试求此辅助梁的最小跨长 a。

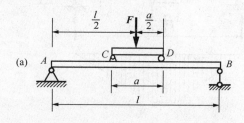

（a）

（b）

过载时的 M 图

$M_{1max} = \frac{Fl}{4}$

（c）

$M_{2max} = \frac{1}{4}F(l-a)$

加辅助梁时的 M 图

计算题 11.60 图

解 （1）绘弯矩图。绘出梁在过载时和加辅梁时的弯矩图分别如图（b）、（c）所示。

（2）求最小跨长 a。过载时有

$$\sigma = \frac{M_{1max}}{W_z} = [1 + 30\%][\sigma]$$

得

$$[\sigma]W_z = \frac{Fl}{4 \times 1.3} \qquad (a)$$

加辅梁后有

$$\sigma = \frac{M_{2max}}{W_z} = [\sigma]$$

得

$$[\sigma]W_z = \frac{1}{4}F(l-a) \qquad (b)$$

令式（a）等于式（b），即

$$\frac{Fl}{4 \times 1.3} = \frac{1}{4}F(l-a)$$

得

$$a = l - \frac{l}{1.3} = 1.385m$$

计算题 11.61 简支梁的荷载情况及尺寸如图所示，材料的弹性模量为 E，试求梁下表面的纵向总伸长。

解 x 截面上的弯矩为

$$M(x) = \frac{1}{2}qlx - \frac{1}{2}qx^2$$

x 截面下边缘处的拉应力为

$$\sigma = \frac{M(x)}{W_z} = \frac{3q(lx - x^2)}{bh^2}$$

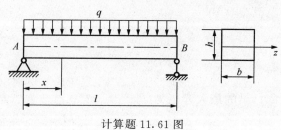

计算题 11.61 图

梁下表面任一点处的纵向线应变为

$$\varepsilon = \frac{\sigma}{E} = \frac{3q(lx - x^2)}{Ebh^2}$$

下表面的总伸长为

$$\Delta l = \int_0^l \varepsilon \mathrm{d}x = \int_0^l \frac{3q(lx - x^2)}{Ebh^2}\mathrm{d}x = \frac{ql^3}{2Ebh^2}$$

计算题 11.62 矩形截面悬臂梁如图所示，在梁上表面相距 $a = 100\mathrm{mm}$ 处贴有两电阻应变片，测得 AB 两点纵向线应变之差 $\varepsilon_B - \varepsilon_A = 150 \times 10^{-6}$，梁材料的弹性模量 $E = 200\mathrm{GPa}$，试求荷载 F 的值。

解 B 截面与 A 截面最大拉应力之差为

$$\sigma_B - \sigma_A = \frac{M_B - M_A}{W_z} = \frac{6Fa}{bh^2} = E(\varepsilon_B - \varepsilon_A)$$

解得悬臂梁的荷载为

$$F = \frac{E(\varepsilon_B - \varepsilon_A)bh^2}{6a} = 900\mathrm{N}$$

计算题 11.63 在图示工字钢梁截面 I—I 的底层装置一变形仪，其放大倍数 $k = 1000$，标距 $s = 20\mathrm{mm}$，梁受力后，由变形仪读得 $\Delta s = 8\mathrm{mm}$。若 $l = 1.5\mathrm{m}$，$a = 1\mathrm{m}$，试求荷载 F 的值。

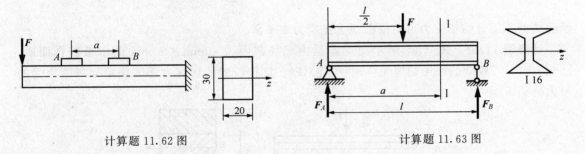

计算题 11.62 图　　　　　　　　　　计算题 11.63 图

解 由对称性，支座反力为

$$F_A = F_B = \frac{F}{2}$$

截面 I—I 上的弯矩为

$$M_1 = F_B \times 0.5 = 0.25F$$

由型钢规格表查得

$$W_z = 141\mathrm{cm}^3$$

故截面 I—I 上的最大拉应力为

$$\sigma = \frac{M}{W_z} = \frac{0.25F}{141 \times 10^{-6}} \qquad\qquad (a)$$

由胡克定律，有

$$\sigma = E\varepsilon = 210 \times 10^9 \times \frac{8}{20} \times \frac{1}{1000} \qquad\qquad (b)$$

由式（a）、（b），得

$$F = 47.4\mathrm{kN}$$

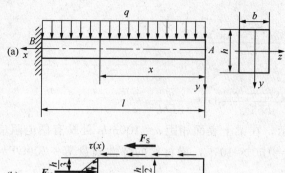

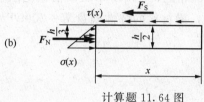

计算题 11.64 图

计算题 11.64　悬臂梁受力如图（a）所示，若假想把梁沿中性层分开为上下两部分，试求：（1）中性层截面上切应力沿 x 轴的变化规律；（2）说明梁被截下部分的切应力由什么力来平衡？

解　x 截面［图（a，b）］上中性轴处的切应力为

$$\tau(x) = \frac{3}{2} \times \frac{qx}{bh}$$

图（b）所示部分上切应力的合力为

$$F_{\mathrm{S}} = \int_0^x \tau(x)b\,\mathrm{d}x = \int_0^x \frac{3}{2} \cdot \frac{qx}{bh}b\,\mathrm{d}x$$

$$= \frac{3qx^2}{4h}$$

正应力合力为

$$F_{\mathrm{N}} = \int_0^{\frac{h}{2}} \sigma(x)b\,\mathrm{d}y = \int_0^{\frac{h}{2}} \frac{M(x)y}{I_z}b\,\mathrm{d}y = \frac{\frac{1}{2}qx^2 b}{\frac{bh^3}{12}} \cdot \frac{\left(\frac{h}{2}\right)^2}{2} = \frac{3qx^2}{4h}$$

说明被截下部分的切应力可由横截面上正应力来平衡。

计算题 11.65　图（a）所示简支梁是由三块截面为 $40\mathrm{mm} \times 90\mathrm{mm}$ 的木板胶合而成。已知 $l = 3\mathrm{m}$，胶缝的许用切应力 $[\tau] = 0.5\mathrm{MPa}$，试按胶缝的切应力强度确定梁所能承受的最大荷载 F。

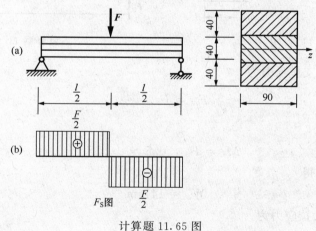

计算题 11.65 图

解　（1）绘剪力图。梁的剪力图如图（b）所示，由图可知

$$F_{\mathrm{Smax}} = \frac{F}{2}$$

（2）求许用荷载。由胶缝的切应力强度条件

$$\tau = \frac{F_{\mathrm{S}}S_z^*}{bI_z} \leqslant [\tau]$$

即

$$\frac{\dfrac{F}{2} \times 40 \times 90 \times 40 \times 10^{-9}}{90 \times 90 \times \dfrac{120^3}{12} \times 10^{-15}} \mathrm{Pa} \leqslant 0.5 \times 10^6 \mathrm{Pa}$$

得

$$F \leqslant 8100 \mathrm{N} = 8.1 \mathrm{kN}$$

计算题 11.66 焊接梁截面尺寸如图所示。若截面上的剪力 $F_\mathrm{s}=36\mathrm{kN}$，试求每单位长度的焊缝所必须传递的力。

解 翼缘与腹板交界面上的切应力为

$$\tau = \frac{F_\mathrm{s} S_z^*}{I_z b} = \frac{36 \times 10^3 (0.12 \times 0.02)(0.15 + 0.01)}{0.01 \times \dfrac{1}{12}(0.12 \times 0.34^3 - 0.11 \times 0.3^3)} \mathrm{Pa} = 9.5 \mathrm{MPa}$$

翼缘与腹板间的剪力由两条焊缝传递，故每条焊缝每单位长度所传递的剪力 F_S1 为

$$F_\mathrm{S1} = \frac{\tau(b \times 1)}{2} = \frac{(9.5 \times 10^6)(0.01)}{2} \mathrm{N/m} = 47.5 \mathrm{kN/m}$$

计算题 11.67 一箱形截面的简支梁，在跨中受集中荷载 F 作用，其截面尺寸如图所示。若焊缝材料的许用切应力 $[\tau]=10\mathrm{MPa}$，试由焊缝的强度条件确定梁的许用荷载。

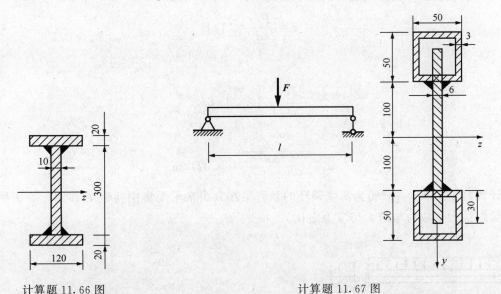

计算题 11.66 图 　　　　　　　　　　　计算题 11.67 图

解 截面的几何参数计算如下：

$$I_z = \left\{ \frac{(0.6)(26)^3}{12} + 2 \left[\frac{5^4 - 4.4^4}{12} + (5^2 - 4.4^2)\left(10 + \frac{5}{2}\right)^2 \right] \right\} \mathrm{cm}^4 = 2683 \mathrm{cm}^4$$

$$S_z^* = \left[(5^2 - 4.4^2)(10 + 2.5) + 3 \times 0.6 \times 11.5 \right] \mathrm{cm}^3 = 91.2 \mathrm{cm}^3$$

翼缘与腹板间的剪力由两条焊缝传递，每条焊缝内的切应力为

$$\tau = \frac{1}{2} \times \frac{F_\mathrm{s} S_z^*}{b I_z} = \frac{(F/2)(91.2 \times 10^{-6})}{2(6 \times 10^{-3})(2683 \times 10^{-8})} \mathrm{Pa} = 141.6 F \mathrm{Pa}$$

由焊缝的强度条件 $\tau \leqslant [\tau]$，得梁的许用荷载为

$$F \leqslant \frac{[\tau]}{141.6} = \frac{10 \times 10^6}{141.6}\text{N} = 70.62\text{kN}$$

计算题 11.68 图（a）为左端嵌固、右端用螺栓连接的悬臂梁（加螺栓后，上下两梁可近似地视为一整体），梁上作用有均布荷载。已知 $l=2\text{m}$，$a=80\text{mm}$，$b=100\text{mm}$，$q=2\text{kN/m}$，螺栓的许用切应力 $[\tau]=80\text{MPa}$，试求螺栓的直径 d（不考虑两梁间的摩擦）。

解 两梁叠放不加螺栓时，在荷载作用下上下两梁要发生错动。加螺栓后，两梁作为一整体发生变形，螺栓限制了两梁的相对错动，两梁的接触面为中性层，中性层上要承受剪力作用，中性层上切应力的合力即为螺栓的受力。

（1）求中性层上切应力的合力。梁任一横截面上的剪力为

$$F_{\text{S}}(x) = qx$$

任一横截面上的最大切应力为

$$\tau(x) = \frac{3}{2} \times \frac{F_{\text{S}}(x)}{A} = \frac{3}{2} \times \frac{qx}{2ab} = \frac{3q}{4ab}x$$

由图（b），中性层上切应力的合力为

$$F_{\text{SR}} = \int_0^l \tau(x)b\,\mathrm{d}x = \int_0^l \frac{3qb}{4ab}x\,\mathrm{d}x = \frac{3ql^2}{8a}$$

（2）求螺栓的直径。由螺栓的剪切强度条件

$$\tau = \frac{F_{\text{SR}}}{\dfrac{\pi d^2}{4}} \leqslant [\tau]$$

即

$$\frac{3ql^2}{8a} \times \frac{4}{\pi} \leqslant [\tau]d^2$$

得

$$d \geqslant \sqrt{\frac{3ql^2}{2a\pi[\tau]}} = 0.0244\text{m}$$

计算题 11.69 一截面为薄壁圆环的悬臂梁在自由端承受集中荷载 F 作用，如图所示。试求梁内最大正应力与最大切应力之比。

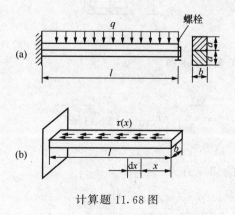

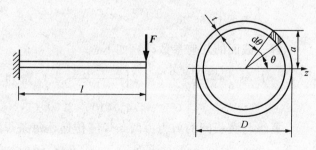

计算题 11.68 图　　　　　　　计算题 11.69 图

解 截面的几何参数计算如下：

$$I_z = \int_A a^2 \mathrm{d}A = \int_0^{2\pi} \left(\frac{D}{2}\sin\varphi\right)^2 \left(t\,\frac{D}{2}\mathrm{d}\varphi\right) = \frac{\pi t D^3}{8}$$

$$S_{z\max}^* = \int_{\frac{A}{2}} a\,\mathrm{d}A = \int_0^{\pi} \left(\frac{D}{2}\sin\varphi\right)\left(t\,\frac{D}{2}\mathrm{d}\varphi\right) = \frac{t D^2}{2}$$

最大切应力为

$$\tau_{\max} = \frac{F S_{z\max}^*}{b I_z} = \frac{F\left(\dfrac{t D^2}{2}\right)}{2t \times \dfrac{\pi t D^3}{8}} = \frac{2F}{\pi t D}$$

最大正应力为

$$\sigma_{\max} = \frac{M_{\max} y_{\max}}{I_z} = \frac{Fl \times \dfrac{D}{2}}{\dfrac{1}{8}\pi t D^3} = \frac{4Fl}{\pi t D^3}$$

两者之比为

$$\frac{\tau_{\max}}{\sigma_{\max}} = \frac{D}{2l}$$

计算题 11.70　已知悬臂梁承受均布荷载 q 作用［图（a）］，截面为矩形，宽度为 b，高度为 h，梁的长度为 l，试证明：

$$\frac{\tau_{\max}}{\sigma_{\max}} = 0.5\left(\frac{h}{l}\right)$$

若限制梁的最大切应力不超过最大正应力的 5%，则 $\dfrac{h}{l}$ 应取多少？

解　绘出剪力图和弯矩图分别如图（b）、（c）所示。由图可知

$$F_{S\max} = ql, \qquad M_{\max} = \frac{1}{2}ql^2$$

梁内最大正应力与最大切应力之比为

$$\frac{\tau_{\max}}{\sigma_{\max}} = \frac{F_{S\max} S_{z\max}}{M_{\max} y_{\max} b} = \frac{ql\,\dfrac{bh^2}{8}}{\dfrac{ql^2}{2}\times\dfrac{h}{2}b} = 0.5\left(\frac{h}{l}\right)$$

若限制 $\tau_{\max}$ 不超过 $\sigma_{\max}$ 的 5%，则有

$$\frac{\tau_{\max}}{\sigma_{\max}} = 5\% = 0.5\left(\frac{h}{l}\right)$$

得

$$\frac{h}{l} = \frac{1}{10}$$

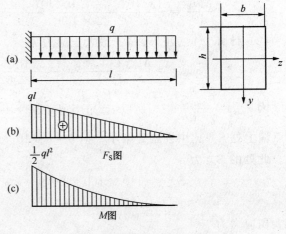

计算题 11.70 图

计算题 11.71　已知直梁的横截面如图（a）所示，该截面上的弯矩 $M = 12\mathrm{kN\cdot m}$，剪力 $F_s = 12\mathrm{kN}$。试求该截面上：（1）A、B 两点处的正应力；（2）$|\sigma|_{\max}$ 和 $|\tau|_{\max}$；（3）沿 $a-a$ 的正应力和切应力分布图。

解　（1）求 A、B 点处正应力。截面形心 C 到下底边的距离为

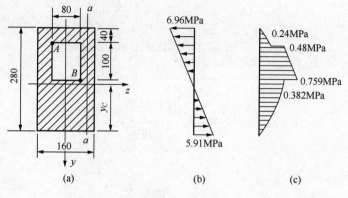

计算题 11.71 图

$$y_C = \frac{280 \times 160 \times 140 - 80 \times 100 \times \left(40 + \dfrac{100}{2}\right)}{280 \times 160 - 80 \times 100} = 129\text{mm}$$

截面对中性轴 z 的惯性矩为

$$I_z = \left[\frac{160 \times 280^3}{12} + 160 \times 280(140 - 129)^2 - \frac{80 \times 100^3}{12} - 80 \times 100(190 - 129)^2\right] \times 10^{-12}\text{mm}^4$$
$$= 2.62 \times 10^{-4}\text{m}^4$$

A、B 两点处的正应力分别为

$$\sigma_A = \frac{My_A}{I_z} = \frac{12 \times 10^3(-1.11 \times 10^{-1})}{2.62 \times 10^{-4}}\text{Pa} = -5.08 \times 10^6\text{Pa} = -5.08\text{MPa}$$

$$\sigma_B = \frac{My_B}{I_z} = \frac{12 \times 10^3(-1.10 \times 10^{-2})}{2.62 \times 10^{-4}}\text{Pa} = -4.99 \times 10^5\text{Pa} = -0.449\text{MPa}$$

（2）计算 $|\sigma|_{\max}$ 和 $|\tau|_{\max}$。最大正应力为

$$|\sigma|_{\max} = \frac{M_{\max}|y|_{\max}}{I_z} = \frac{12 \times 10^3 \times 1.51 \times 10^{-1}}{2.62 \times 10^{-4}}\text{Pa} = 6.96\text{MPa}$$

因 $\tau_{\max} = \dfrac{F_{\text{Smax}}S_{z\max}^*}{I_z b}$，所以 $\tau_{\max}$ 正比于 $\dfrac{S_{z\max}^*}{b}$。中性轴处 S_z^* 最大，但 $b = 1.6 \times 10^{-1}\text{m}$，在 B 点偏上处 S_z^* 比中性轴处略小，但 $b = 8 \times 10^{-2}\text{m}$，故可断定最大切应力发生在 B 点偏上处。此处的 S_z^* 为

$$S_z^* = (140 \times 160 \times 80.9 - 80 \times 100 \times 60.9) \times 10^{-9}\text{m}^3$$
$$= 1.326 \times 10^{-3}\text{m}^3$$

最大切应力为

$$|\tau|_{\max} = \frac{12 \times 10^3 \times 1.326 \times 10^{-3}}{8 \times 10^{-2} \times 2.62 \times 10^{-4}}\text{Pa} = 7.59 \times 10^5\text{Pa} = 0.759\text{MPa}$$

（3）沿 a—a 的正应力和切应力的分布规律分别如图（b）、（c）所示。

计算题 11.72　图（a）所示矩形截面简支梁，$h = 200\text{mm}$，$b = 100\text{mm}$，$l = 3\text{m}$，$F = 6.0\text{kN}$。试求在下面两种情况下，在集中力稍左截面上 A、B 两点处的 σ 和 τ，（1）F 沿 y 方向；（2）F 沿 z 方向。

解　（1）绘制剪力图和弯矩图。梁的剪力图和弯矩图分别如图（b）、（c）所示。由图

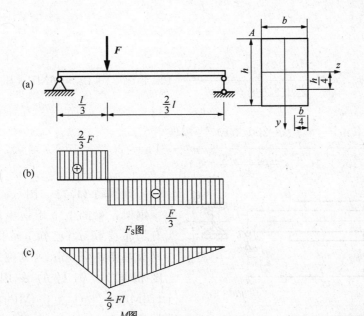

计算题 11.72 图

知，在集中力稍左截面上有最大剪力和最大弯矩，其值分别为

$$F_{Smax} = \frac{2}{3}F = 4kN$$

$$M_{max} = \frac{2}{9}Fl = 4kN \cdot m$$

（2）求 F 沿 y 方向作用时的应力。A 点处的应力为

$$\sigma_A = \frac{My_A}{I_z} = \frac{4 \times 10^3 \times \frac{1}{2} \times 200 \times 10^{-3}}{\frac{100 \times 200^3}{12} \times 10^{-12}} Pa = 6 \times 10^6 Pa = 6MPa（压）$$

$$\tau_A = 0$$

B 点处的应力为

$$\sigma_B = \frac{My_B}{I_z} = \frac{4 \times 10^3 \times \frac{1}{4} \times 200 \times 10^{-3}}{\frac{100 \times 200^3}{12} \times 10^{-12}} Pa = 3 \times 10^6 Pa = 3MPa（拉）$$

$$\tau_B = \frac{F_S S_z^*}{b I_z} = \frac{4 \times 10^3 \times \frac{3}{32} \times 100 \times 200^2 \times 10^{-9}}{100 \times 10^{-3} \times \frac{100 \times 200^3}{12} \times 10^{-12}} Pa = 2.25 \times 10^5 Pa = 0.225MPa$$

（3）求 F 沿 z 方向作用时的应力。A 点处的应力为

$$\sigma_A = \frac{Mz_A}{I_z} = \frac{4 \times 10^3 \times \frac{1}{2} \times 100 \times 10^{-3}}{\frac{200 \times 100^3}{12} \times 10^{-12}} Pa = 12 \times 10^6 Pa = 12MPa（压）$$

$$\tau_A = 0$$

B 点处的应力为

$$\sigma_B = \frac{4\times10^3\times\frac{1}{4}\times100\times10^{-3}}{\frac{200\times100^3}{12}\times10^{-12}}\text{Pa} = 6\times10^6\text{Pa} = 6\text{MPa}(\text{压})$$

$$\tau_B = \frac{4\times10^3\times\frac{3}{32}\times200\times100^2\times10^{-9}}{200\times10^{-3}\times\frac{200\times100^3}{12}\times10^{-12}}\text{Pa} = 2.25\times10^5\text{Pa} = 0.225\text{MPa}$$

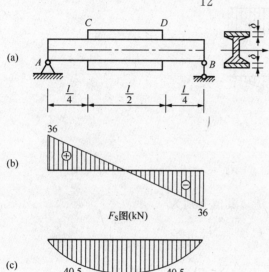

计算题 11.73 图

计算题 11.73 图（a）所示 20a 号工字钢梁，梁的上下用钢板加强，全梁作用有均布荷载 q。已知 $q = 1\text{kN/m}$，$l = 6\text{m}$，钢板厚度 $\delta = 10\text{mm}$（宽度与工字钢翼缘宽度相同），钢材的许用应力 $[\sigma] = 170\text{MPa}$，$[\tau] = 100\text{MPa}$，试校核该梁的强度。

解 （1）绘制剪力图和弯矩图。梁的剪力图和弯矩图分别如图（b）、（c）所示。由图可知

$$M_{\max} = 54\text{kN}\cdot\text{m}$$
$$M_C = M_D = 40.5\text{kN}\cdot\text{m}$$
$$F_{S\max} = 36\text{kN}$$

（2）求截面的几何参数。查型钢规格表，得 20a 号工字钢的下列数据：

$$W_z = 237\text{cm}^3, \quad I_z = 2370\text{cm}^4$$

CD 段梁截面的惯性矩为

$$I_{z1} = I_z + \left\{\left[\frac{10\times1^3}{12}+10\times1\times10.5^2\right]\times2\right\}\text{cm}^4 = 4576.7\text{cm}^4$$

（3）校核正应力强度。CD 段梁内最大正应力为

$$\sigma_{\max} = \frac{M_{\max}y_{\max}}{I_{z1}} = \frac{54\times10^3\times0.11}{4576.7\times10^{-8}}\text{Pa} = 129.8\text{MPa} < [\sigma] = 170\text{MPa}$$

C、D 截面上的最大正应力为

$$\sigma_D = \sigma_C = \frac{M_C}{W_z} = \frac{40.5\times10^3}{237\times10^{-6}}\text{Pa} = 170.8\text{MPa} > [\sigma] = 170\text{MPa}$$

超出许用应力的百分比为

$$\frac{\sigma_D - [\sigma]}{[\sigma]}\times100\% = 0.4\% < 5\%$$

可见梁满足正应力强度条件。

（4）校核切应力强度。梁内最大切应力为

$$\tau_{max} = \frac{F_{Smax}S_{zmax}^{*}}{bI_z} = \frac{36 \times 10^3 \text{N}}{0.1\text{m} \times \dfrac{I_z}{S_{zmax}^{*}}} = \frac{36 \times 10^3}{0.1 \times 17.2 \times 10^{-3}}\text{Pa}$$

$$= 20.9\text{MPa} < [\tau] = 100\text{MPa}$$

可见梁也满足切应力强度条件。

计算题 11.74　图（a）所示结构，AB 梁与 CD 梁所用材料相同，二根梁的高度与宽度分别为 h、b 和 h_1、b。已知 $l = 3.6\text{m}$，$a = 1.3\text{m}$，$h = 150\text{mm}$，$h_1 = 100\text{mm}$，$b = 100\text{mm}$，材料的许用应力 $[\sigma] = 10\text{MPa}$，$[\tau] = 2.2\text{MPa}$，试求该结构所能承受的最大荷载 F_{max}。

解　（1）绘制剪力图和弯矩图。CD 梁和 AB 梁的剪力图和弯矩图分别如图（b）、（c）所示。由图可知，最大弯矩和最大剪力分别为

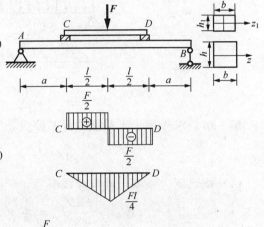

$$M_{max1} = \frac{Fl}{4}, \quad M_{max2} = \frac{Fa}{2}$$

$$F_{Smax1} = F_{Smax2} = \frac{F}{2}$$

（2）按 CD 梁的正应力强度条件确定许用荷载。由强度条件

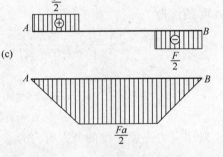

$$\sigma_{max1} = \frac{M_{max1}}{W_{z1}} = \frac{\dfrac{Fl}{4}}{\dfrac{bh_1^2}{6}} \leqslant [\sigma]$$

得

$$F \leqslant \frac{2}{3}bh_1^2\frac{[\sigma]}{l}$$

$$= \frac{2}{3} \times 0.1 \times 0.1^2 \times \frac{10 \times 10^6}{3.6}\text{N}$$

$$= 1850\text{N} = 1.85\text{kN}$$

（3）校核 AB 梁的正应力强度。AB 梁的最大正应力为

计算题 11.74 图

$$\sigma_{max2} = \frac{M_{max2}}{W_{z2}} = \frac{\dfrac{Fa}{2}}{\dfrac{bh^2}{6}} = 32 \times 10^5\text{Pa} = 3.2\text{MPa} < [\sigma]$$

可见 AB 梁满足正应力强度条件。

（4）校核 CD 梁切应力强度。CD 梁的最大切应力为

$$\tau_{max} = \frac{3}{2} \times \frac{F_{Smax1}}{A_1} = \frac{3}{2} \times \frac{F}{2bh_1} = 1.39 \times 10^5\text{Pa} = 0.139\text{MPa} < [\tau]$$

可见 CD 梁满足切应力强度条件。

因 AB 梁的最大剪力与 CD 梁的相等，而截面面积较 CD 梁大，故 AB 梁也满足切应力强度条件。

计算题 11.75　如图所示支承楼板的木梁，其两端支承可视为简支，跨度 $l = 6\mathrm{m}$，两木梁的间距 $a = 1\mathrm{m}$，楼板受均布荷载 $q_1 = 3.5\mathrm{kN/m^2}$ 的作用。若木材的许用应力 $[\sigma] = 10\mathrm{MPa}$，$[\tau] = 3\mathrm{MPa}$，木梁截面为矩形，宽高比 $\dfrac{b}{h} = \dfrac{2}{3}$，试设计截面尺寸。

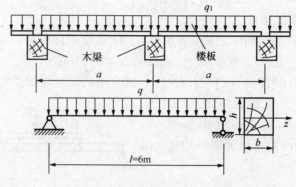

计算题 11.75 图

解　（1）求作用于木梁上的分布荷载 q。木梁上分布荷载集度为

$$q = \frac{F}{l} = q_1 a = 3.5\mathrm{kN/m}$$

（2）按正应力强度条件设计截面尺寸。梁的最大弯矩为

$$M_{\max} = \frac{1}{8}ql^2 = \frac{1}{8} \times 3.5 \times 6^2 = 15.75\mathrm{kN \cdot m}$$

由正应力强度条件得

$$W_z \geqslant \frac{M_{\max}}{[\sigma]} = \frac{15\ 750}{10 \times 10^6}\mathrm{m^3} = 1.575 \times 10^{-3}\mathrm{m^3} = \frac{h^3}{9}$$

因此

$$h = 24.2 \times 10^{-2}\mathrm{m} = 242\mathrm{mm}$$

$$b = 161\mathrm{mm}$$

（3）校核切应力强度。梁的最大剪力为

$$F_{\mathrm{Smax}} = \frac{1}{2}ql = 10.5\mathrm{kN}$$

梁内最大切应力为

$$\tau_{\max} = \frac{3}{2} \times \frac{F_{\mathrm{Smax}}}{bh} = 0.4\mathrm{MPa} < [\tau] = 3\mathrm{MPa}$$

可见梁也满足切应力强度条件。

计算题 11.76　图（a）所示起重量为 50kN 的单梁吊车，跨度 $l = 10.5\mathrm{m}$，由 45a 号工字钢制成，许用应力 $[\sigma] = 140\mathrm{MPa}$，$[\tau] = 75\mathrm{MPa}$。为发挥其潜力，试计算能否起重 $F = 70\mathrm{kN}$。若不能，则在上下翼缘各加焊一块 $100\mathrm{mm} \times 10\mathrm{mm}$ 的钢板，试校核其强度，并决定钢板的最小长度。已知电葫芦重 $F_1 = 15\mathrm{kN}$（梁的自重暂不考虑）。

解　（1）计算原梁起重量。小车行至梁中点时，跨中截面为危险截面［图（b）］，其上弯矩为

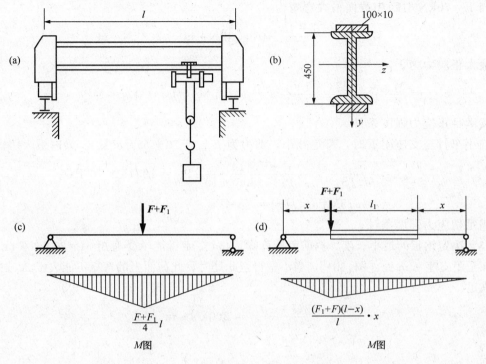

计算题 11.76 图

$$M_{\max} = \frac{F_1 + F}{4}l$$

从型钢规格表查得 $W_z = 1430 \times 10^{-6}\,\mathrm{m^3}$。由正应力强度条件

$$\sigma_{\max} = \frac{M_{\max}}{W_z} \leqslant [\sigma]$$

得

$$M_{\max} = \frac{F_1 + F}{4}l \leqslant [\sigma]W_z = (140 \times 10^6 \times 1430 \times 10^{-6})\,\mathrm{N \cdot m} = 2 \times 10^5\,\mathrm{N \cdot m}$$

即

$$\frac{F_1 + F}{4}l \leqslant 2 \times 10^5\,\mathrm{N \cdot m}$$

得

$$F = \left(\frac{4 \times 200}{10.5} - 15\right)\mathrm{kN} = 61.2\,\mathrm{kN} < 70\,\mathrm{kN}$$

故梁不能直接起重 70kN，需要加固。

（2）加焊盖板后的强度校核。加焊盖板后［图（c）］，截面的惯性矩为

$$I_z = \left[32240 + 2\left(\frac{10 \times 1^3}{12} + 23^2 \times 10 \times 1\right)\right]\mathrm{cm^4} = 4.282 \times 10^4\,\mathrm{cm^4}$$

弯曲截面系数为

$$W_z = \frac{I_z}{y_{\max}} = 1.822 \times 10^3\,\mathrm{cm^3}$$

当 $F = 70\text{kN}$ 时跨中截面最大弯矩为

$$M_{\max} = \left(\frac{70+15}{4} \times 10.5\right)\text{kN} \cdot \text{m} = 223\text{kN} \cdot \text{m}$$

梁内最大正应力为

$$\sigma_{\max} = \frac{M_{\max}}{W_z} = \frac{223 \times 10^3}{1822 \times 10^{-6}}\text{Pa} = 122.4 \times 10^6\text{Pa} = 122.4\text{MPa} < [\sigma]$$

所以梁满足正应力强度条件。

当小车行至支座附近时，弯矩减小，剪力为 $F_{\text{Smax}} = 70 + 15 = 85\text{kN}$。梁内最大切应力为

$$\tau_{\max} = \frac{F_{\text{Smax}}}{bI_z/S_z^*} = \frac{85 \times 10^3}{1.15 \times 38.6 \times 10^{-4}}\text{Pa} = 19.15 \times 10^6\text{Pa}$$

$$= 19.15\text{MPa} < [\tau] = 75\text{MPa}$$

梁也满足切应力强度条件。

（3）决定钢板的最小长度。据前面计算知，45a 工字钢能承受弯矩 $M = 200\text{kN} \cdot \text{m}$。设钢板只加至距支座 x m 处［图（d）］，当小车行至此处时，此截面上的弯矩不能大于 $200\text{kN} \cdot \text{m}$，即应满足

$$\frac{85(l-x)}{l}x = 200\text{kN} \cdot \text{m}$$

或

$$x^2 - 10.5x + 24.7 = 0$$

得

$$x = 3.56\text{m}$$

所以钢板最小长度为

$$l_1 = l - 2x = (10.5 - 2 \times 3.56)\text{m} = 3.38\text{m} \approx 3.4\text{m}$$

计算题 11.77　图（a）所示钢轴 AB 的直径为 80mm，轴上装有一直径为 80mm 的钢圆杆 CD，杆 CD 垂直于轴 AB。若 AB 以匀角速度 $\omega = 40\text{r/min}$ 转动，材料的许用正应力 $[\sigma] = 70\text{MPa}$，密度 $\rho = 7.8 \times 10^3\text{kg/m}^3$，试校核轴 AB 和杆 CD 的强度。

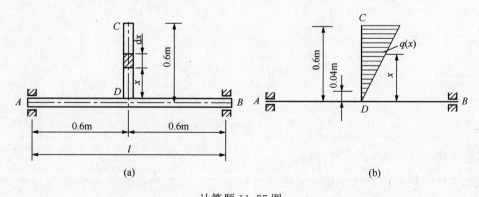

计算题 11.77 图

解　轴 AB 以匀角速度 ω 转动时，杆 CD 的轴向惯性力集度为

$$q(x) = ma = \rho A x \omega^2 = \left(7800 \times \frac{\pi}{4} \times 0.08^2 \times x \times 40^2\right)\text{N/m} = 62.7x \text{ kN/m}$$

惯性力沿 CD 杆成线性分布，如图（b）所示。

CD 杆的危险截面为 D 截面，其上的轴力为

$$F_{ND} = \int_{CD} q(x)\mathrm{d}x = \int_{0.04}^{0.6} 62700x\,\mathrm{d}x = 11240\mathrm{N}$$

应力为

$$\sigma_D = \frac{F_{ND}}{A} = \frac{11240}{\frac{\pi}{4} \times 0.08^2}\mathrm{Pa} = 2.24\mathrm{MPa} < [\sigma] = 70\mathrm{MPa}$$

AB 轴的危险截面为 D 截面，其上的弯矩为

$$M_D = \frac{F_{ND}l}{4}$$

轴内最大弯曲正应力为

$$\sigma_{\max} = \frac{M_D}{W_z} = \frac{\frac{1}{4} \times 11240 \times 1.2}{\frac{\pi}{32} \times 0.08^3}\mathrm{Pa} = 67.1\mathrm{MPa} < [\sigma] = 70\mathrm{MPa}$$

可见杆和轴的强度都是足够的。

计算题 11.78～计算题 11.95　变形和刚度计算

计算题 11.78　一梁由两根截面为 $30\mathrm{mm} \times 120\mathrm{mm}$ 的钢杆粘合而成，杆两端承受力偶 $M_e = 4800\mathrm{N \cdot m}$ 作用，如图所示。若钢的弹性模量 $E = 200\mathrm{GPa}$，试求梁变形后的曲率半径 ρ，两端面间的夹角 φ_{AB} 及梁内最大正应力。

解　截面的惯性矩为

$$I_z = \frac{bh^3}{12} = \frac{(60 \times 10^{-3})(120 \times 10^{-3})^3}{12}\mathrm{m}^4$$
$$= 8.64 \times 10^{-6}\mathrm{m}^4$$

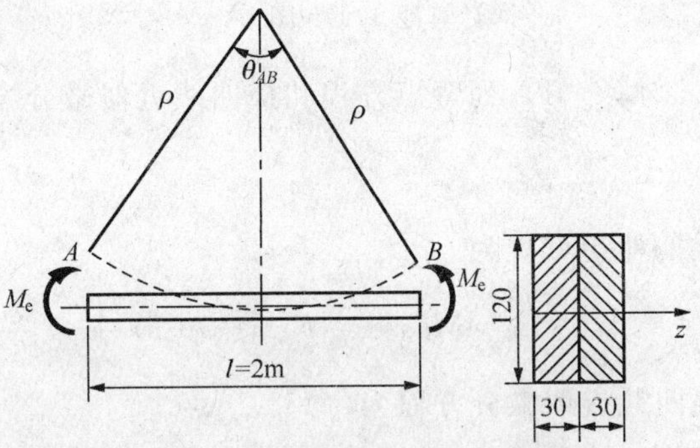

梁变形后的曲率半径 ρ 为

$$\rho = \frac{EI_z}{M_e} = \frac{(200 \times 10^9)(8.64 \times 10^{-6})}{4800}\mathrm{m}$$
$$= 360\mathrm{m}$$

因此，两端面间夹角 φ_{AB} 为

$$\varphi_{AB} = \frac{l}{\rho} = \frac{2\mathrm{m}}{360\mathrm{m}} = \frac{1}{180}\mathrm{rad} = 0.318°$$

计算题 11.78 图

梁内最大正应力为

$$\sigma_{\max} = \frac{M_e}{W_z} = \frac{4800 \times 0.06}{8.64 \times 10^{-6}}\mathrm{Pa} = 33.3\mathrm{MPa}$$

计算题 11.79　一长为 $l = 250\mathrm{mm}$，截面为 $0.8\mathrm{mm} \times 25\mathrm{mm}$ 的钢片，一端固定，一端受力偶 M_e 作用，如图所示。钢的弹性模量 $E = 200\mathrm{GPa}$，欲使自由端的挠度 $w = 25\mathrm{mm}$，试求力偶 M_e 的大小及钢片内的最大正应力。

解　（1）求 M_e。查梁的变形表，有

$$w = \frac{M_e l^2}{2EI_z}$$

因此

$$M_e = \frac{2wEI_z}{l^2} = \frac{2 \times 0.025 \times (200 \times 10^9) \left(\frac{25}{12} \times 0.8^3 \times 10^{-12} \right)}{0.25^2} \mathrm{N \cdot m}$$

$$= 0.1707 \mathrm{N \cdot m}$$

（2）求最大正应力。钢片内的最大正应力为

$$\sigma_{max} = \frac{M}{W_z} = \frac{M_e}{W_z} = \frac{2EI_z w}{W_z l^2} = \frac{Ewh}{l^2}$$

$$= \frac{(200 \times 10^9)(0.025)(0.8 \times 10^{-3})}{0.25^2} \mathrm{Pa} = 64 \mathrm{MPa}$$

计算题 11.80 试用积分法求图示梁的挠曲线方程，φ_A、φ_B 及最大挠度 w_{max}。已知 EI 为常数。

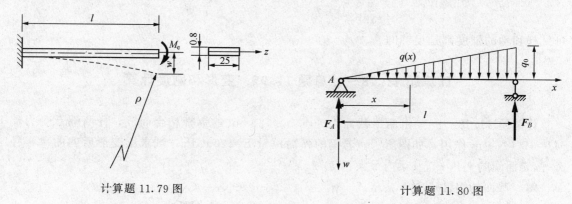

计算题 11.79 图　　　　　　　　　　　　计算题 11.80 图

解　（1）列弯矩方程和挠曲线近似微分方程。分布荷载的集度为

$$q(x) = \frac{q_0}{l} x$$

梁的弯矩方程为

$$M(x) = F_A x - q(x) \frac{x}{2} \times \frac{x}{3} = \frac{q_0 l}{6} x - \frac{q_0}{6l} x^3 \quad (0 \leqslant x \leqslant l)$$

挠曲线近似微分方程为

$$EIw''(x) = -\frac{q_0 l}{6} x + \frac{q_0}{6l} x^3$$

（2）求转角方程和挠曲线方程。将挠曲线近似微分方程积分两次后得

$$\varphi(x) = w'(x) = -\frac{q_0 l}{12EI} x^2 + \frac{q_0}{24lEI} x^4 + C$$

$$w(x) = -\frac{q_0 l}{36EI} x^3 + \frac{q_0}{120lEI} x^5 + Cx + D$$

利用支座 A、B 处的边界条件，确定积分常数为

$$D = 0, \quad C = \frac{7q_0 l^3}{360EI}$$

因此转角方程和挠曲线方程分别为

$$\varphi(x) = -\frac{q_0 l}{12EI}x^2 + \frac{q_0}{24lEI}x^4 + \frac{7q_0 l^3}{360EI} \tag{a}$$

$$w(x) = -\frac{q_0 l}{36EI}x^3 + \frac{q_0}{120lEI}x^5 + \frac{7q_0 l^3}{360EI}x \tag{b}$$

（3）求 φ_A、φ_B 及 w_{max}。由式（a）得

$$\varphi_A = \varphi(0) = \frac{7q_0 l^3}{360EI} \quad (\circlearrowright)$$

$$\varphi_B = \varphi(l) = -\frac{q_0 l^3}{12EI} + \frac{q_0 l^3}{24EI} + \frac{7q_0 l^3}{360EI} = -\frac{q_0 l^3}{45EI} \quad (\circlearrowleft)$$

利用式（b），令 $\dfrac{dw(x)}{dx}=0$，得

$$-\frac{q_0 l^3}{12} + \frac{q_0 l^3}{24l} + \frac{7l^3}{360} = 0$$

解方程得

$$x = \begin{matrix} 1.33l \\ 0.52l \end{matrix}$$

显然 $x=1.33l$ 不成立，所以当 $x=0.52l$ 时挠度取最大值，其值为

$$w_{max} = -\frac{q_0 l(0.52l)^3}{36EI} + \frac{q_0(0.52l)^5}{120lEI} + \frac{7q_0 l^3(0.52l)}{360EI} = \frac{0.0065q_0 l^4}{EI}$$

计算题 11.81 试用叠加法求图（a）所示悬臂梁 B 截面的挠度和转角。已知 EI 为常数。

解 图（a）可以看作为图（b）～（d）三种情况的叠加。

在图（b）情况中，有

$$\varphi_{B1} = \varphi_{C1} = \frac{qa^3}{6EI} \quad (\circlearrowright)$$

$$w_{B1} = w_{C1} + a\varphi_{C1} = \frac{qa^4}{8EI} + \frac{qa^4}{6EI} = \frac{7qa^4}{24EI} \quad (\downarrow)$$

在图（c）情况中，有

$$\varphi_{B2} = \varphi_{C2} = \frac{Fa^2}{2EI} = \frac{qa^3}{2EI} \quad (\circlearrowright)$$

$$w_{B2} = w_{C2} + a\varphi_{B2} = \frac{Fa^3}{3EI} + \frac{Fa^3}{2EI} = \frac{5Fa^3}{6EI} = \frac{5qa^4}{6EI} \quad (\downarrow)$$

在图（d）情况中，有

$$w_{B3} = \frac{M_e(2a)^2}{2EI} = -\frac{2qa^4}{EI} \quad (\uparrow)$$

$$\varphi_{B3} = -\frac{M_e 2a}{EI} = -\frac{2qa^3}{EI} \quad (\circlearrowleft)$$

B 截面的挠度和转角分别为

$$w_B = w_{B1} + w_{B2} + w_{B3} = \frac{7qa^4}{24EI} + \frac{5qa^4}{6EI} - \frac{2qa^4}{EI} = -\frac{7qa^4}{8EI} \quad (\uparrow)$$

$$\varphi_B = \varphi_{B1} + \varphi_{B2} + \varphi_{B3} = \frac{qa^3}{6EI} + \frac{qa^3}{2EI} - \frac{2qa^3}{EI} = -\frac{4qa^3}{3EI} \quad (\curvearrowright)$$

计算题 11.82 试用叠加法求图（a）所示悬臂梁 C 截面的挠度，已知 $EI =$ 常数。

解 图（a）可看作图（b）、（c）两种情况的叠加。

在图（b）情况中，有

$$w_{C1} = \frac{ql^4}{8EI} \quad (\downarrow)$$

在图（c）情况中，有

$$w_{C2} = -\left[\frac{q(l/2)^4}{8EI} + \frac{l}{2} \cdot \frac{q(l/2)^3}{6EI}\right] = -\frac{7ql^4}{384EI} \quad (\uparrow)$$

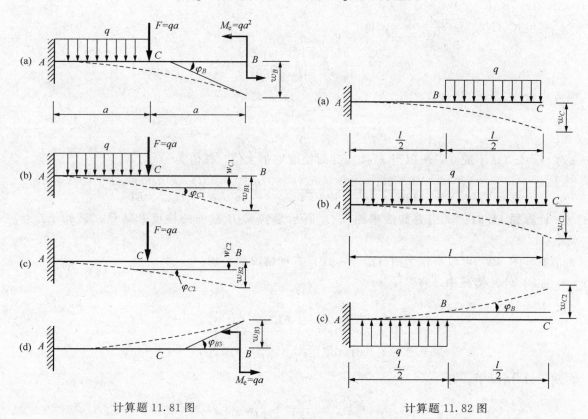

计算题 11.81 图 　　　　　　　　　计算题 11.82 图

C 截面的挠度为

$$w_C = w_{C1} + w_{C2} = \frac{ql^4}{8EI} - \frac{7ql^4}{384EI} = \frac{41ql^4}{384EI} \quad (\downarrow)$$

计算题 11.83 试求图（a）所示外伸梁 C 截面的挠度和转角，已知 EI 为常数。

解 图（a）可看作图（b）、（c）两种荷载情况的叠加。

在图（b）情况中，有

$$w_{C1} = a\varphi_{B1} = -a\frac{F(2a)^2}{16EI} = -\frac{Fa^3}{4EI} \quad (\uparrow)$$

$$\varphi_{C1} = \varphi_{B1} = -\frac{Fa^2}{4EI} \quad (\curvearrowright)$$

在图（c）情况中，有

$$w_{C2} = \frac{Fa^2}{3EI}(2a+a) = \frac{Fa^3}{EI} \quad (\downarrow)$$

$$\varphi_{C2} = \frac{Fa}{6EI}(2 \times 2a + 3a) = \frac{7a^2}{6EI} \quad (\curvearrowright)$$

C 截面的挠度和转角分别为

$$w_C = w_{C1} + w_{C2} = -\frac{Fa^3}{4EI} + \frac{Fa^3}{EI} = \frac{3Fa^3}{4EI} \quad (\downarrow)$$

$$\varphi_C = \varphi_{C1} + \varphi_{C2} = -\frac{Fa^2}{4EI} + \frac{7a^2}{6EI} = \frac{11Fa^2}{12EI} \quad (\curvearrowright)$$

计算题 11.84　图（a）所示变截面悬臂梁受集中荷载 F 作用，试求自由端截面 A 的挠度和转角。

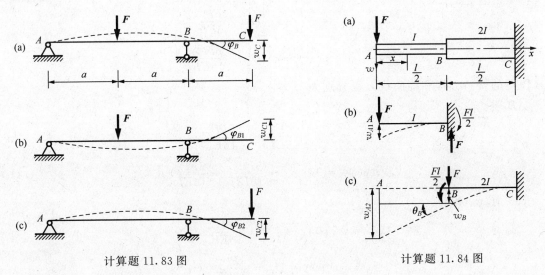

计算题 11.83 图　　　　　计算题 11.84 图

解　解法一：积分法

（1）列弯矩方程和挠曲线近似微分方程。梁的弯矩方程为

AB 段：

$$M_1(x) = -Fx \quad \left(0 \leqslant x \leqslant \frac{l}{2}\right)$$

BC 段：

$$M_2(x) = -Fx \quad \left(\frac{l}{2} \leqslant x < l\right)$$

梁的挠曲线近似微分方程为

AB 段：

$$EIw_1''(x) = Fx$$

BC 段：

$$2EIw_2''(x) = Fx$$

（2）求转角方程和挠曲线方程。将挠曲线近似微分方程积分二次后得

AB 段：

$$\varphi_1(x) = w'_1(x) = \frac{F}{2EI}x^2 + C_1$$

$$w_1(x) = \frac{F}{6EI}x^3 + C_1 x + D_1$$

BC 段：

$$\varphi_2(x) = w'_2(x) = \frac{Fx^2}{4EI_z} + C_2$$

$$w_2(x) = \frac{Fx^3}{12EI} + C_2 x + D_2$$

利用 C 处的边界条件和 B 处连续条件，确定积分常数为

$$C_2 = -\frac{Fl^2}{4EI}, \quad D_2 = \frac{Fl^3}{6EI}$$

$$C_1 = -\frac{5Fl^2}{16EI}, \quad D_1 = \frac{3Fl^3}{16EI}$$

AB 段梁的转角方程和挠曲线方程分别为

AB 段：

$$\varphi_1(x) = \frac{F}{2EI}x^2 - \frac{5Fl^2}{16EI} \tag{a}$$

$$w_1(x) = \frac{F}{6EI}x^3 - \frac{5Fl^2}{16EI}x + \frac{3Fl^3}{16EI} \tag{b}$$

（3）求 φ_A 和 w_A。

$$\varphi_A = w'_1(0) = C_1 = -\frac{5Fl^2}{16EI} \quad (\circlearrowright)$$

$$w_A = w_1(0) = D_1 = \frac{3Fl^3}{16EI} \quad (\downarrow)$$

解法二：叠加法

由于全梁的刚度不同，所以将梁分成 AB 段［图（b）］和 BC 段［图（c）］，分别求变形，再叠加。

在图（b）情况中，A 截面的转角和挠度分别为

$$\varphi_{A1} = -\frac{F(l/2)^2}{2EI} = -\frac{Fl^2}{8EI} \quad (\circlearrowright)$$

$$w_{A1} = \frac{F(l/2)^3}{3EI} = \frac{Fl^3}{24EI} \quad (\downarrow)$$

在图（c）情况中，有

$$\varphi_B = -\frac{F(l/2)^2}{2E(2I)} - \frac{(Fl/2)(l/2)}{2EI} = -\frac{Fl^2}{16EI} - \frac{Fl^2}{8EI} = -\frac{3Fl^2}{16EI} \quad (\circlearrowright)$$

$$w_B = \frac{F(l/2)^3}{3E(2I)} + \frac{(Fl/2)(l/2)}{2E(2I)} = \frac{Fl^3}{48EI} + \frac{Fl^3}{32EI} = \frac{5Fl^3}{96EI} \quad (\downarrow)$$

由图（c）可见，因 AB 为直线，故 A 截面的转角和挠度分别为

$$\varphi_{A2} = \varphi_B$$

$$w_{A2} = w_B + |\varphi_B| \cdot \frac{l}{2} = \frac{5Fl^3}{96EI} - \frac{3Fl^2}{16EI} \times \frac{l}{2} = \frac{14Fl^3}{32EI} \quad (\downarrow)$$

叠加后 A 截面的转角和挠度分别为

$$\varphi_A = \varphi_{A1} + \varphi_{A2} = -\frac{Fl^2}{EI}\left(\frac{1}{8} + \frac{3}{16}\right) = -\frac{5Fl^2}{16EI} \quad (\curvearrowright)$$

$$w_A = w_{A1} + w_{A2} = \frac{Fl^3}{EI}\left(\frac{1}{24} + \frac{14}{96}\right) = \frac{3Fl^3}{16EI} \quad (\downarrow)$$

计算题 11.85 简支梁在半个跨度上作用均布荷载 q，如图（a）所示。试求梁中点 C 的挠度。已知 EI 为常数。

解 解法一：叠加法

在梁中 x 处取 dx 微段 ［图（b）］，微段上的合力为 $dF = qdx$，它引起的梁中点 C 的挠度为

$$\mathrm{d}w_C = \frac{(qdx)x}{48EI}(3l^2 - 4x^2)$$

在半跨均布荷载作用下梁中点 C 的挠度为

$$w_C = \int_0^{l/2} \frac{q}{48EI}x(3l^2 - 4x^2)\mathrm{d}x$$

$$= \frac{q}{48EI}\int_0^{l/2}(3l^2x - 4x^3)\mathrm{d}x$$

$$= \frac{5ql^4}{768EI} \quad (\downarrow)$$

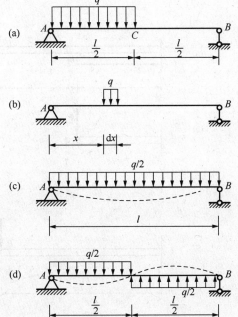

解法二：利用对称性求解

图（a）可看作图（c）、（d）两种荷载情况的叠加。在图（d）情况中，简支梁在反对称荷载 $\frac{q}{2}$ 的作用下，梁中点 C 的挠度为零。所以原题就相当于求梁在对称荷载 $\frac{q}{2}$ 作用下所引起的梁中点 C 的挠度，即

计算题 11.85 图

$$w_C = \frac{5(q/2)l^4}{384EI} = \frac{5ql^4}{768EI} \quad (\downarrow)$$

计算题 11.86 图（a）所示 AB 梁的 A 端固定，B 端有一竖直拉杆 BC，梁的弯曲刚度为 EI，竖杆的拉压刚度为 EA，试求竖杆 BC 的内力。

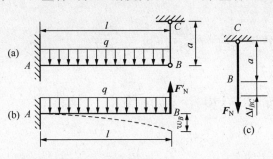

计算题 11.86 图

解 此结构为一次超静定结构。设竖杆 BC 的拉力为 $\boldsymbol{F}_N$ ［图（c）］，发生竖向位移 Δl_{BC}；AB 梁受力如图（b）所示，B 端发生竖向位移 w_B。由变形协调条件，有

$$w_B = \Delta l_{BC}$$

因

$$\Delta l_{BC} = \frac{F_N a}{EA}$$

$$w_B = \frac{ql^4}{8EI} - \frac{F'_{N}l^3}{3EI} = \frac{ql^4}{8EI} - \frac{F_{N}l^3}{3EI}$$

故

$$\frac{F_{N}a}{EA} = \frac{ql^4}{8EI} - \frac{F_{N}l^3}{3EI}$$

得

$$F_{N} = \frac{3Al^4q}{8(3Ia + Al^3)}$$

计算题 11.87 试求图（a）所示结构中 AB 梁 B 截面的挠度。已知梁 AB、CD 的弯曲刚度均为 EI。

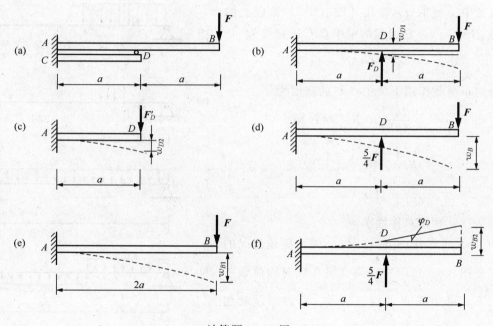

计算题 11.87 图

解 此结构为一次超静定结构。设 CD 梁对 AB 梁的作用力为 $\boldsymbol{F}_D$ [图（b）]，先求 F_D。

设 AB 梁在 D 点发生竖向位移 w_{D1}，CD 梁由于 AB 梁的反作用力 F'_D 在 D 点引起的竖向位移为 w_{D2} [图（c）]，由变形协调条件，有

$$w_{D1} = w_{D2}$$

因

$$w_{D1} = \frac{Fa^2}{6EI}(3 \times 2a - a) - \frac{F_Da^3}{3EI} = \frac{5Fa^3}{6EI} - \frac{F_Da^3}{3EI} \qquad w_{D2} = \frac{F_Da^3}{3EI}$$

故

$$\frac{5Fa^3}{6EI} - \frac{F_Da^3}{3EI} = \frac{F_Da^3}{3EI}$$

得

$$F_D = \frac{5}{4}F$$

再求 AB 梁 B 截面的挠度。AB 梁的受力如图（d）所示，其可看作图（e）、（f）两种情况的叠加。即

$$w_B = w_{B1} + w_{B2}$$

因

$$w_{B1} = \frac{F(2a)^3}{3EI} = \frac{8Fa^3}{3EI}$$

$$w_{B2} = -\frac{\frac{5}{4}Fa^3}{3EI} - a\varphi_D = -\frac{5Fa^3}{12EI} - \frac{\frac{5}{4}Fa^2}{2EI}a = -\frac{25Fa^3}{24EI}$$

故

$$w_B = w_{B1} + w_{B2} = \frac{8Fa^3}{3EI} - \frac{25Fa^3}{24EI} = \frac{13Fa^3}{8EI} \quad (\downarrow)$$

计算题 11.88　轮距为 $l/4$ 的小车在弯曲刚度为 EI 的简支梁上缓慢行走，如图（a）所示。试求梁中点 C 的挠度的最大值。

解　梁中点挠度为最大时小车的两轮必在中点的两侧。利用叠加法，中点 C 的挠度为

$$w_C = \frac{F}{48EI}\left\{x(3l^2 - 4x^2) + \left(\frac{3}{4}l - x\right)\left[3l^2 - 4\left(\frac{3}{4}l - x\right)^2\right]\right\}$$

$$= \frac{F}{48EI}\left[3l^2x - 4x^3 + 3l^2\left(\frac{3l}{4} - x\right) - 4\left(\frac{3l}{4} - x\right)^3\right]$$

令 $\dfrac{\mathrm{d}w_C}{\mathrm{d}x} = 0$，得

$$3l^2 - 12x^2 - 3l^2 + 12\left(\frac{3}{4}l - x\right)^2 = 0$$

故

$$x = \frac{3}{8}l$$

即小车两轮在梁中点对称位置时中点挠度最大。

中点 C 的挠度的最大值为

$$w_{C\max} = 2 \times \frac{F\left(\frac{3}{8}l\right)}{48EI}\left[3l^2 - 4\left(\frac{3}{8}l\right)^2\right] = \frac{39Fl^3}{1024EI} \quad (\downarrow)$$

计算题 11.89　悬臂梁如图所示。已知 $l = 2\,\mathrm{m}$，截面为 14 号工字钢，若变形后，测得挠曲线在自由端的切线与水平轴的夹角 $\varphi_A = 0.35°$，试求分布荷载集度 q。已知弹性模量 $E = 200\,\mathrm{GPa}$。

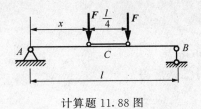

计算题 11.88 图

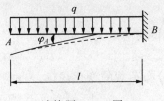

计算题 11.89 图

解　因为

$$\varphi_A = \frac{ql^3}{6EI} \times \frac{180°}{\pi} = 0.35°$$

所以

$$q = \frac{6EI\pi \times 0.35}{180l^3} = \frac{6 \times 200 \times 10^9 \times 712 \times 10^{-8}\pi \times 0.35}{180 \times 2^3}\,\text{N/m} = 0.625\text{kN/m}$$

计算题 11.90　两根梁的形状、尺寸完全相同，受力和支承情况也相同，其一为钢梁，另一为木梁。已知 $E_{钢} = 7E_{木}$，试求：(1) 两梁中最大应力之比 (2) 两梁中最大挠度之比。

解　因为两梁的形状尺寸完全相同，受力和支承情况也相同，所以两梁中最大应力之比为

$$\frac{\sigma_{钢\max}}{\sigma_{木\max}} = \frac{\dfrac{M_{钢\max}}{W_{钢}}}{\dfrac{M_{木\max}}{W_{木}}} = 1$$

两梁中最大挠度之比为

$$\frac{w_{钢\max}}{w_{木\max}} = \frac{E_{木}}{E_{钢}} = \frac{1}{7}$$

计算题 11.91　已知直梁的挠曲线方程 $w(x) = \dfrac{q_0 x}{360EIl}(3x^4 - 10l^2 x^2 + 7l^4)$，试求：(1) 梁跨中截面上的弯矩；(2) 最大弯矩；(3) 分布荷载的变化规律；(4) 梁的支承情况。

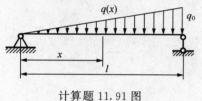

计算题 11.91 图

解　(1) 求梁跨中截面上的弯矩。将挠曲线方程微分二次后得

$$EIw'(x) = EI\varphi(x) = \frac{15q_0 x^4}{360l} - \frac{30q_0 lx^2}{360} + \frac{7q_0 l^3}{360}$$

$$EIw''(x) = \frac{q_0 x^3}{6l} - \frac{q_0 lx}{6}$$

因此梁的弯矩方程为

$$M(x) = -EIw''(x) = -\frac{q_0 x^3}{6l} + \frac{q_0 lx}{6} \tag{a}$$

将 $x = \dfrac{l}{2}$ 代入上式，得梁跨中截面上的弯矩为

$$M_{l/2} = -\frac{q_0}{6}\left[\frac{(l/2)^3}{l} - l \times \frac{l}{2}\right] = \frac{q_0 l^2}{16}$$

(2) 求 $M_{\max}$。令 $\dfrac{\mathrm{d}M(x)}{\mathrm{d}x} = -\dfrac{q_0 x^2}{2l} + \dfrac{q_0 l}{6} = 0$，得

$$x = \frac{l}{\sqrt{3}} = 0.577l$$

代入式 (a) 得梁的最大弯矩为

$$M_{\max} = 0.064q_0 l^2$$

(3) 求分布荷载的变化规律。将式 (a) 微分二次后得

$$\frac{\mathrm{d}^2 M(x)}{\mathrm{d}x^2} = q(x) = -\frac{q_0 x}{l}$$

可知荷载按直线规律变化，如图所示。

（4）确定梁的支承情况。由梁的挠曲线方程和转角方程，有

$$x = 0 \text{ 时}: \quad w = 0, \quad \varphi \neq 0$$
$$x = 1 \text{ 时}: \quad w = 0, \quad \varphi \neq 0$$

可知梁的支承情况如图所示。

计算题 11.92　如图所示等强度悬臂梁，材料的弹性模量为 E，试用积分法求其最大挠度，并与相同材料矩形截面 $b \times h_0$ 的等截面悬臂梁的最大挠度比较。

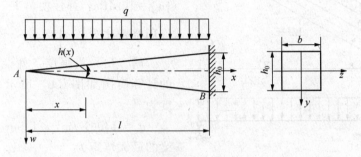

计算题 11.92 图

解　由相似关系有

$$h(x) = \frac{h_0}{l} x$$

截面的惯性矩为

$$I(x) = \frac{bh^3(x)}{12} = \frac{bh_0^3}{12} \times \frac{x^3}{l^3} = I_z \frac{x^3}{l^3}$$

梁的弯矩方程为

$$M(x) = -\frac{qx^2}{2} \quad (0 \leqslant x < l)$$

梁的挠曲线近似微分方程为

$$\frac{\mathrm{d}^2 w(x)}{\mathrm{d}x^2} = -\frac{M(x)}{EI(x)} = \frac{ql^3}{2EI_z} \times \frac{1}{x}$$

积分二次后得

$$\varphi(x) = \frac{\mathrm{d}w(x)}{\mathrm{d}x} = \frac{ql^3}{2EI_z} \ln x + C$$

$$w(x) = \frac{ql^3}{2EI_z}(x\ln x - x) + Cx + D$$

利用 B 处的边界条件，确定积分常数为

$$C = -\frac{ql^3}{2EI_z} \ln l, \quad D = \frac{ql^4}{2EI_z}$$

梁的最大挠度为

$$w_{\max} = |w_A| = \frac{ql^4}{2EI_z}$$

相同材料矩形等截面悬臂梁的最大挠度为

$$w'_{\max} = |w'_A| = \frac{ql^4}{8EI_z}$$

可知等强度梁的挠度增大。

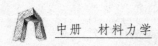

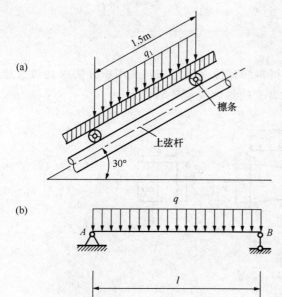

计算题 11.93 图

计算题 11.93 屋面板下的松木檩条两端搁置在两个屋架上，如图（a）所示。檩条两端在屋架上的支承可视为简支，跨度 $l=4\text{m}$，截面为圆形。若屋面荷载 $q_1=1400\text{N}/\text{m}^2$，檩条间距为 1.5m，松木的许用应力 $[\sigma]=10\text{MPa}$，弹性模量 $E=10\text{GPa}$，檩条的许用挠跨比为 $\left[\dfrac{w}{l}\right]=\dfrac{1}{200}$，试设计檩条直径。

解 （1）由强度条件设计截面。檩条梁的计算简图如图（b）所示。均布荷载的集度为

$$q = 1400\text{N/m}^2 \times 1.5\text{m} = 2.1\text{kN/m}$$

梁的最大弯矩为

$$M_{\max} = \frac{1}{8}ql^2 = 4.2\text{kN} \cdot \text{m}$$

由强度条件 $W_z \geqslant \dfrac{M_{\max}}{[\sigma]}$，得

$$\frac{\pi d^3}{32} \geqslant \frac{4.2 \times 10^3}{10 \times 10^6}$$

得

$$d \geqslant 0.16\text{m}$$

取 $d=0.17\text{m}$。

（2）刚度校核。查梁的变形表得檩条梁的最大挠度 $w_{\max} = \dfrac{5ql^4}{384EI_z}$，因为

$$\frac{w_{\max}}{l} = \frac{5ql^3}{384EI_z} = \frac{5 \times 2.1 \times 10^3 \times 4^3}{384 \times 10^{10} \times \dfrac{\pi \times 0.17^4}{64}}$$

$$= 0.0042 < \left[\frac{w}{l}\right] = \frac{1}{200}$$

所以满足刚度条件，故檩条的直径取 $d=0.17\text{m}$。

计算题 11.94 一机床主轴的计算简图如图（a）所示。已知空心主轴外径 $D=80\text{mm}$，内径 $d=40\text{mm}$，$l=400\text{mm}$，$a=100\text{mm}$，切削力 $F_1=2\text{kN}$，齿轮传动力 $F_2=1\text{kN}$，材料的弹性模量 $E=200\text{GPa}$。主轴的许用变形为：卡盘 C 处的许用挠跨比为 $\dfrac{1}{10^4}$，

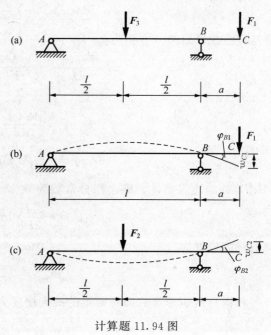

计算题 11.94 图

轴承 B 处的许用转角为 $\dfrac{1}{10^3}\mathrm{rad}$，试校核主轴的刚度。

解 （1）用叠加法求 w_C 及 φ_B。空心圆截面的惯性矩为

$$I = \frac{\pi}{64}(D^4 - d^4) = \frac{\pi}{64}(80^4 - 40^4)\,\mathrm{mm}^4 = 188.5 \times 10^{-8}\,\mathrm{m}^4$$

查梁的变形表得由 F_1 引起的变形为［图（b）］

$$w_{C1} = \frac{F_1 a^2(l+a)}{3EI} = \frac{2 \times 10^3 \times 0.1^2(0.4 + 0.1)}{3 \times 200 \times 10^9 \times 188.5 \times 10^{-8}}\,\mathrm{m} = 8.84 \times 10^{-6}\,\mathrm{m}$$

$$\varphi_{B1} = \frac{F_1 la}{3EI} = \frac{2 \times 10^3 \times 0.4 \times 0.1}{3 \times 200 \times 10^9 \times 188.5 \times 10^{-8}}\,\mathrm{rad} = 0.707 \times 10^{-4}\,\mathrm{rad}$$

由 F_2 引起的变形为［图（c）］

$$\varphi_{B2} = -\frac{F_2 l^2}{16EI} = -\frac{1 \times 10^3 \times 0.4^2}{16 \times 200 \times 10^9 \times 188.5 \times 10^{-8}}\,\mathrm{rad} = -0.265 \times 10^{-4}\,\mathrm{rad}$$

$$w_{C2} = \varphi_{B2}a = -0.265 \times 10^{-4} \times 0.1\,\mathrm{m} = -2.65 \times 10^{-6}\,\mathrm{m}$$

由 F_1 和 F_2 引起的总变形为

$$w_C = w_{C1} + w_{C2} = 8.84 \times 10^{-6}\,\mathrm{m} - 2.65 \times 10^{-6}\,\mathrm{m} = 6.19 \times 10^{-6}\,\mathrm{m}$$

$$\varphi_B = \varphi_{B1} + \varphi_{B2} = 0.707 \times 10^{-4}\,\mathrm{rad} - 0.265 \times 10^{-4}\,\mathrm{rad} = 0.442 \times 10^{-4}\,\mathrm{rad} < \frac{1}{10^3}\,\mathrm{rad}$$

（2）刚度校核。因为

$$\frac{w_C}{l} = \frac{6.19 \times 10^{-6}}{0.4} = \frac{1.548}{10^5} < \frac{1}{10^{-4}}$$

$$\varphi_B = 0.442 \times 10^{-4}\,\mathrm{rad} < \frac{1}{10^3}\,\mathrm{rad}$$

故主轴满足刚度条件。

计算题 11.95 悬臂梁如图所示。已知 $q = 10\mathrm{kN/m}$，$l = 3\mathrm{m}$，材料的许用应力 $[\sigma] = 120\mathrm{MPa}$，弹性模量 $E = 200\mathrm{GPa}$，$h = 2b$，若许用挠跨比 $\left[\dfrac{w}{l}\right] = \dfrac{1}{250}$，试设计截面的尺寸。

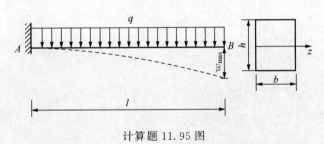

计算题 11.95 图

解 （1）由强度条件设计截面尺寸。截面对 z 轴的惯性矩为

$$I_z = \frac{bh^3}{12} = \frac{b(2b)^3}{12} = \frac{2}{3}b^4$$

截面对 z 轴的弯曲截面系数为

$$W_z = \frac{bh^2}{6} = \frac{2}{3}b^3$$

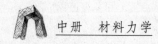

梁上的最大弯矩为

$$M_{\max} = \frac{q}{2}l^2 = 5 \times 10^3 \times 3^2 = 45 \times 10^3 \,\text{N} \cdot \text{m}$$

利用正应力强度条件

$$\sigma_{\max} = \frac{M_{\max}}{W_z} = \frac{45 \times 10^3}{\dfrac{2}{3}b^3} \leqslant [\sigma] = 120 \times 10^6$$

得

$$b \geqslant 0.083\text{m}, \quad h \geqslant 0.166\text{m}$$

（2）刚度校核。查梁的变形表得 $w_{\max} = \dfrac{ql^4}{8EI_z} = \dfrac{3ql^4}{16Eb^4}$，因为

$$\frac{w_{\max}}{l} = \frac{3ql^3}{16Eb^4} = \frac{3 \times 10 \times 10^3 \times 3^3}{16 \times 200 \times 10^9 \times 0.12^4} = 0.0012 \leqslant \left[\frac{w}{l}\right] = \frac{1}{250}$$

所以满足刚度条件。故截面尺寸选为

$$b \geqslant 0.083\text{m}, \quad h \geqslant 0.166\text{m}$$

第十二章
应力状态与强度理论

内容提要

1. 应力状态的概念

（1）受力构件内一点处不同方位的截面上应力的集合，称为一点处的应力状态。

（2）应力状态的分类。

1）单向应力状态：单元体的三个主应力中只有一个不等于零。

2）两向（平面）应力状态：单元体的三个主应力中两个不等于零。

3）三向（空间）应力状态：单元体的三个主应力全不为零。

2. 平面应力状态分析

（1）分析方法：解析法和图解法。

（2）主要结论。

1）任意斜截面上的应力。

$$\sigma_\alpha = \frac{\sigma_x + \sigma_y}{2} + \frac{\sigma_x - \sigma_y}{2}\cos 2\alpha - \tau_x \sin 2\alpha \qquad (12.1)$$

$$\tau_\alpha = \frac{\sigma_x - \sigma_y}{2}\sin 2\alpha + \tau_x \cos 2\alpha \qquad (12.2)$$

2）应力圆。单元体上一截面对应于应力圆上一点；应力圆的横坐标表示正应力、纵坐标表示切应力；应力圆上的点沿圆周转动的转向与单元体上斜截面的转向相同，圆上对应点处半径转过的角度为单元体上两截面间夹角的两倍。

3）主应力的数值。

$$\begin{matrix} \sigma_{\max} \\ \sigma_{\min} \end{matrix} = \frac{\sigma_x + \sigma_y}{2} \pm \sqrt{\left(\frac{\sigma_x - \sigma_y}{2}\right)^2 + \tau_x^2} \qquad (12.3)$$

对于平面应力状态必有一个等于零的主应力。主应力按代数值排列，即 $\sigma_1 \geqslant \sigma_2 \geqslant \sigma_3$。

4）主平面的方位。

$$\tan 2\alpha_0 = \frac{-2\tau_x}{\sigma_x - \sigma_y} \qquad (12.4)$$

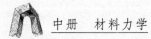

5) 主应力与主平面之间对应关系的 τ 判别法。

由单元体上 τ_x（或 τ_y）所在平面，顺 τ_x（或 τ_y）方向转动而得到的那个主平面上的主应力为 σ_{max}；逆 τ_x（或 τ_y）方向转动而得到的那个主平面上的主应力为 σ_{min}。简述为：顺 τ 转最大，逆 τ 转最小。

3. 空间应力状态的最大正应力和最大切应力

（1）最大正应力。

$$\sigma_{max} = \sigma_1, \sigma_{min} = \sigma_3$$

（2）最大切应力。

$$\tau_{max} = \frac{\sigma_1 - \sigma_3}{2} \tag{12.5}$$

最大切应力的作用平面与主应力 σ_1、主应力 σ_3 的作用平面分别成 $45°$ 角，且与主应力 σ_2 的作用平面垂直。

4. 广义胡克定律

$$
\left.
\begin{aligned}
\varepsilon_1 &= \frac{1}{E}\left[\sigma_1 - \upsilon(\sigma_2 + \sigma_3)\right] \\
\varepsilon_2 &= \frac{1}{E}\left[\sigma_2 - \upsilon(\sigma_3 + \sigma_1)\right] \\
\varepsilon_3 &= \frac{1}{E}\left[\sigma_3 - \upsilon(\sigma_1 + \sigma_2)\right]
\end{aligned}
\right\} \tag{12.6}
$$

求任意三个互相垂直方向线应变 ε_x、ε_y、ε_z 时，只需将上式各量的下标 1、2、3 依次换成 x、y、z 即可。

5. 强度理论

（1）人们根据对材料破坏现象的分析提出的各种各样的假说，认为材料的某一类型的破坏是由某种因素所引起的，这种假说通常称为强度理论。

（2）四个基本的强度理论的强度条件。

1) 最大拉应力理论（第一强度理论）

$$\sigma_1 \leqslant [\sigma] \tag{12.7}$$

2) 最大拉应变理论（第二强度理论）

$$\sigma_1 - \upsilon(\sigma_2 + \sigma_3) \leqslant [\sigma] \tag{12.8}$$

3) 最大切应力理论（第三强度理论）

$$\sigma_1 - \sigma_3 \leqslant [\sigma] \tag{12.9}$$

4) 形状改变比能理论（第四强度理论）

$$\sqrt{\frac{1}{2}\left[(\sigma_1 - \sigma_2)^2 + (\sigma_2 - \sigma_3)^2 + (\sigma_3 - \sigma_1)^2\right]} \leqslant [\sigma] \tag{12.10}$$

（3）莫尔强度理论的强度条件。

$$\sigma_1 - \frac{[\sigma_t]}{[\sigma_c]}\sigma_3 \leqslant [\sigma_t] \tag{12.11}$$

6. 薄壁圆筒纵向和横向截面上的应力

$$\left.\begin{array}{l} \sigma_t = pD/(2t) \\ \sigma_x = pD/(4t) \end{array}\right\} \tag{12.12}$$

概念题解

概念题 12.1~概念题 12.17　应力状态

概念题 12.1　研究一点应力状态的目的是（　　）。

A. 建立应力与内力的关系　　　　　　B. 找出同一截面上应力的变化规律

C. 了解一点在不同方向截面上应力的变化　　D. 了解不同横截面上应力的情况

答　C。

概念题 12.2　在单元体上，可以认为（　　）。

A. 每个面上的应力是均匀分布的，一对平行面上的应力相等

B. 每个面上的应力是非均匀分布的，一对平行面上的应力相等

C. 每个面上的应力是均匀分布的，一对平行面上的应力不等

D. 每个面上的应是非均匀分布的，一对平行面上的应力不等

答　A。

概念题 12.3　圆轴受扭时，轴表面各点处于（　　）。

A. 单向应力状态　　　　　　　　　　B. 二向应力状态

C. 三向应力状态　　　　　　　　　　D. 各向等应力状态

答　B。

概念题 12.4　在偏心拉伸（或压缩）情况下，受力杆件中各点的应力状态为（　　）。

A. 单向应力状态或零应力状态　　　　B. 单向应力状态

C. 二向应力状态　　　　　　　　　　D. 单向或二向应力状态

答　A。

概念题 12.5　绘出图示构件固定端截面上 A 点处单元体各个面上的应力。

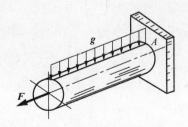

概念题 12.5 图

答

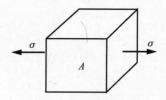

概念题 12.5 题解图

概念题 12.6 图示平面应力状态，用解析法求得指定截面上的应力为 $\sigma_{60^\circ} =$ _____，
$\tau_{60^\circ} =$ _____。

答 -84.64MPa；-37.32MPa。

概念题 12.7 图示纯剪切应力状态，其主应力 $\sigma_1 = ($)。

A. 100MPa B. 50MPa C. 25MPa D. 0

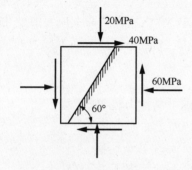

概念题 12.6 图

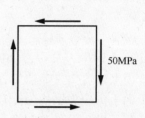

概念题 12.7 图

答 B。

概念题 12.8 二向应力状态如图所示，其最大主力应力 $\sigma_1 = ($)。

A. σ B. 2σ

C. 3σ D. 4σ

答 C。

概念题 12.9 已知平面应力状态的单元件中，$\sigma_x = 30\text{MPa}$，$\sigma_y = -30\text{MPa}$，$\tau_x = 30\text{MPa}$。求主应力 σ_1 和 σ_3 以及 σ_1 的方位角 α_o（α_o 为 σ_1 与 x 轴的夹角）。以下结论中（ ）是正确的。

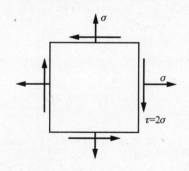

概念题 12.8 图

A. $\sigma_1 = 50\text{MPa}$，$\sigma_3 = -50\text{MPa}$，$\tan 2\alpha_o = \dfrac{4}{3}$

B. $\sigma_1 = 50\text{MPa}$，$\sigma_3 = -50\text{MPa}$，$\tan 2\alpha_o = -\dfrac{4}{3}$

C. $\sigma_1 = 50\text{MPa}$，$\sigma_3 = -50\text{MPa}$，$\tan 2\alpha_o = \dfrac{3}{4}$

D. $\sigma_1 = 50\text{MPa}$，$\sigma_3 = -50\text{MPa}$，$\tan 2\alpha_o = -\dfrac{3}{4}$

答 B。

概念题 12.10 已知平面应力状态的单元体中，$\sigma_x = 90\text{MPa}$，$\sigma_y = 10\text{MPa}$，$\tau_x = 30\text{MPa}$。

求主应力 σ_1、σ_3 以及 σ_1 的方位角 α_o（α_o 为 σ_1 与 x 轴的夹角）。以下结论中（　　）是正确的。

A. $\sigma_1 = 0$，$\sigma_3 = -100\text{MPa}$，$\tan2\alpha_o = \dfrac{3}{4}$

B. $\sigma_1 = 0$，$\sigma_3 = -100\text{MPa}$，$\tan2\alpha_o = -\dfrac{3}{4}$

C. $\sigma_1 = -100\text{MPa}$，$\sigma_3 = 0$，$\tan2\alpha_o = -\dfrac{3}{4}$

D. $\sigma_1 = -100\text{MPa}$，$\sigma_3 = 0$，$\tan2\alpha_o = \dfrac{3}{4}$

答　C。

概念题 12.11　图示平面应力状态，用解析法求得指定截面上的应力为 $\sigma_{30°} = $ _____，$\tau_{30°} = $ _____。

答　34.83MPa；0.83MPa。

概念题 12.12　应力状态如图所示，其主应力的大小分别为 $\sigma_1 = $ _____，$\sigma_2 = $ _____，$\sigma_3 = $ _____；主应力 σ_1 的方向 $\alpha_o = $ _____。

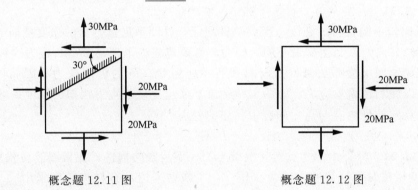

概念题 12.11 图　　　　　　　概念题 12.12 图

答　37MPa；0；−27MPa；−70.67°。

概念题 12.13　应力状态如图所示，其主应力的大小分别为 $\sigma_1 = $ _____，$\sigma_2 = $ _____，$\sigma_3 = $ _____；主应力 σ_1 的方向 $\alpha_o = $ _____。

答　4.72MPa；0；−84.72MPa；58.3°。

概念题 12.14　若构件内一点处在任何方向截面上的正应力都相等，则该点在任何方向截面上的切应力全都等于零。（　　）

答　对。

概念题 12.15　构件内任一点处，至少存在一对互相垂直的截面，其上的正应力相等。（　　）

答　对。

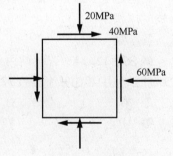

概念题 12.13 图

概念题 12.16　构件内任一点处，若有两对互相垂直的截面上的正应力都相等，则该点在任何方向的截面上，切应力必等于零。（　　）

答　对。

概念题 12.17　梁内的主应力迹线有两组：一组称为_____迹线，其上各点的切线方向为该点处_____的方向；另一组称为_____迹线，其上各点的切线方向为该点处_____的方向。

答　主拉应力；主拉应力 σ_1；主压应力；主压应力 σ_3。

概念题 12.18～概念题 12.24　强度理论

概念题 12.18　铸铁试件在轴向压缩时沿与轴线大约_____的斜截面破坏。铸铁试件在扭转时沿与轴线大约_____的螺旋面破坏。

答　$45°\sim55°$；$45°$。

概念题 12.19　材料的破坏形式大体可分为两种类型：_____和_____。

答　脆性断裂；塑性屈服。

概念题 12.20　铸铁水管冬天结冰时会因冰膨胀而被胀裂，而管内的冰却不会破坏。这是因为（　　）。

A. 冰的强度较铸铁高　　　　　　　　　B. 冰处于三向受压应力状态

C. 冰的温度较铸铁高　　　　　　　　　D. 冰的应力等于零

答　B。

概念题 12.21　在复杂应力状态下提出强度理论，是因为（　　）。

A. 为了比较不同材料的强度，需要一种理论，以便确定新材料的强度指标

B. 在不同方向的截面上应力不同，因而，需要建立一个理论来分析应力这种变化

C. 难以完全用实验方法来确定材料在各种应力状态下的极限应力，因而提出强度理论，以便利用简单应力状态的实验结果，来建立复杂应力状态的强度条件

D. 为了比较构件内点与点之间应力状态的差别

答　C。

概念题 12.22　分别由钢、石料、混凝土、黄铜制成的构件，在常温静荷载复杂应力状态下进行强度校核时，则钢制构件应采用_____强度理论；石料构件应采用_____强度理论；混凝土构件应采用_____强度理论；黄铜构件应采用_____强度理论。

答　第三或第四；第一或第二，或莫尔；第一或第二；第三或第四。

概念题 12.23　钢制杆件，若危险点的应力状态接近于三向等拉应力状态。在进行强度校核时应采用_____强度理论。

答　第一。

概念题 12.24　若构件内危险点的应力状态为二向等拉应力状态，则除（　　）强度理论以外，利用其他三个强度理论得到的相当应力是相等的。

A. 第一　　　　　B. 第二　　　　　C. 第三　　　　　D. 第四

答　B。

计算题解

计算题 12.1～计算题 12.3　斜截面上的应力

计算题 12.1　试求图（a）所示简支梁在点 k 处，$\alpha=-30°$ 的斜截面上的应力。

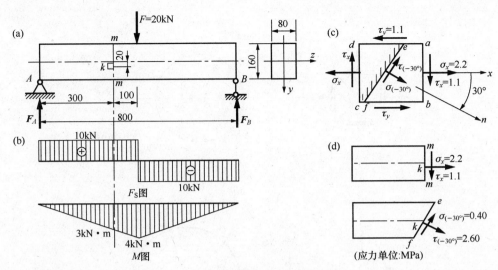

计算题 12.1 图

解　(1) 求横截面 $m—m$ 上的内力。梁的支座反力 $F_A = F_B = 10\mathrm{kN}$，绘出内力图 [图 (b)]。截面 $m—m$ 上的内力为

$$M = 10\mathrm{kN} \times 0.3\mathrm{m} = 3\mathrm{kN \cdot m}$$

$$F_s = 10\mathrm{kN}$$

(2) 求横截面 $m—m$ 上点 k 处的应力。截面的惯性矩为

$$I_z = \frac{bh^3}{12} = \frac{0.08\mathrm{m} \times (0.16\mathrm{m})^3}{12} = 27.3 \times 10^{-6}\mathrm{m}^4$$

正应力为

$$\sigma_x = \frac{My}{I_z} = \frac{3 \times 10^3\mathrm{N} \times 0.02\mathrm{m}}{27.3 \times 10^{-6}\mathrm{m}^4} = 2.2 \times 10^6\mathrm{Pa} = 2.2\mathrm{MPa}$$

$$\sigma_y = 0$$

切应力为

$$\tau_x = \frac{F_s S_{zk}}{I_z b} = \frac{10 \times 10^3\mathrm{N}(0.06\mathrm{m} \times 0.08\mathrm{m} \times 0.050\mathrm{m})}{27.3 \times 10^{-6}\mathrm{m}^4 \times 0.08\mathrm{m}} = 1.1 \times 10^6\mathrm{Pa} = 1.1\mathrm{MPa}$$

$$\tau_y = -\tau_x = -1.1\mathrm{MPa}$$

点 k 处单元体的应力状态如图 (c) 所示。

(3) 求点 k 处 $\alpha = -30°$ 斜截面上的应力。由斜截面上的应力计算公式，得

$$\sigma_{(-30°)} = \frac{2.2}{2}\mathrm{MPa} + \frac{2.2}{2}\mathrm{MPa}\cos2(-30°) - 1.1\mathrm{MPa}\sin2(-30°)$$

$$= 2.60\mathrm{MPa}$$

$$\tau_{(-30°)} = \frac{2.2}{2}\mathrm{MPa}\sin2(-30°) + 1.1\mathrm{MPa}\cos2(-30°) = -0.40\mathrm{MPa}$$

将已求得的 $\sigma_{(-30°)}$ 和 $\tau_{(-30°)}$ 表示在单元体上，如图 (c) 所示。

(4) 将所示单元体上的应力情况反映到梁 AB 上去，如图 (d) 所示。

计算题 12.2　单元体各面的应力分别如图 (a)、(c)、(e)、(g) 所示，试分别用解析法和图解法求指定斜截面上的应力。

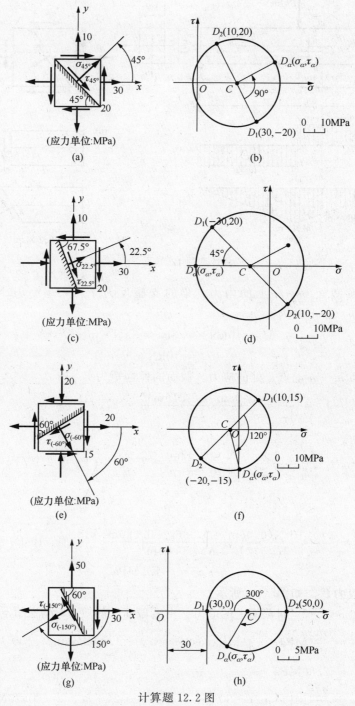

(应力单位:MPa)
(a)

$D_2(10,20)$
$D_\alpha(\sigma_\alpha,\tau_\alpha)$
O　C　90°　σ
$D_1(30,-20)$
0　10MPa
(b)

(应力单位:MPa)
(c)

$D_1(-30,20)$
45°
$D_\alpha(\sigma_\alpha,\tau_\alpha)$　C　O　σ
$D_2(10,-20)$
0　10MPa
(d)

(应力单位:MPa)
(e)

$D_1(10,15)$
C　O　120°
D_2
$(-20,-15)$　$D_\alpha(\sigma_\alpha,\tau_\alpha)$
0　10MPa
(f)

(应力单位:MPa)
(g)

$D_1(30,0)$　300°　$D_2(50,0)$
O　C　σ
30
$D_\alpha(\sigma_\alpha,\tau_\alpha)$
0　5MPa
(h)

计算题 12.2 图

　　解　（1）将图（a）中各应力值 $\sigma_x=30\mathrm{MPa}$、$\sigma_y=10\mathrm{MPa}$、$\tau_x=-20\mathrm{MPa}$ 以及 $\alpha=45°$ 代入斜截面上的应力计算公式，得

$$\sigma_{45°}=\frac{30+10}{2}\mathrm{MPa}+\frac{30-10}{2}\mathrm{MPa}\cos90°+20\mathrm{MPa}\sin90°=40\mathrm{MPa}$$

$$\tau_{45°} = \frac{30-10}{2}\text{MPa}\sin90° - 20\text{MPa}\cos90° = 10\text{MPa}$$

应力圆如图（b）所示，从图中量得

$$\sigma_{45°} = 40\text{MPa}, \tau_{45°} = 10\text{MPa}$$

（2）将图（c）中各应力值 $\sigma_x = -30\text{MPa}$、$\sigma_y = 10\text{MPa}$、$\tau_x = 20\text{MPa}$ 以及 $\alpha = 22.5°$，代入斜截面上的应力计算公式，得

$$\sigma_{22.5°} = \frac{-30+10}{2}\text{MPa} + \frac{-30-10}{2}\text{MPa}\cos45° - 20\text{MPa}\sin45°$$

$$= -38.2\text{MPa}$$

$$\tau_{22.5°} = \frac{-30-10}{2}\text{MPa}\sin45° + 20\text{MPa}\cos45° = 0$$

应力圆如图（d）所示，从图中量得

$$\sigma_{22.5°} = 38\text{MPa}, \tau_{22.5°} = 0$$

（3）将图（e）中各应力值 $\sigma_x = 10\text{MPa}$、$\sigma_y = -20\text{MPa}$、$\tau_x = 15\text{MPa}$ 以及 $\alpha = -60°$，代入斜截面上的应力计算公式，得

$$\sigma_{(-60°)} = \frac{10-20}{2}\text{MPa} + \frac{10+20}{2}\text{MPa}\cos(-120°) - 15\text{MPa}\sin(-120°)$$

$$= 0.49\text{MPa}$$

$$\tau_{(-60°)} = \frac{10+20}{2}\text{MPa}\sin(-120°) + 15\text{MPa}\cos(-120°) = -20.49\text{MPa}$$

应力圆如图（f）所示，从图中量得

$$\sigma_{(-60°)} = 0, \tau_{(-60°)} = -20\text{MPa}$$

（4）将图（g）中各应力值 $\sigma_x = 30\text{MPa}$、$\sigma_y = 50\text{MPa}$、$\tau_x = 0$ 以及 $\alpha = -150°$，代入斜截面上的应力计算公式，得

$$\sigma_{(-150°)} = \frac{30+50}{2}\text{MPa} + \frac{30-50}{2}\text{MPa}\cos(-300°) = 35\text{MPa}$$

$$\tau_{(-150°)} = \frac{30-50}{2}\text{MPa}\sin(-300°) = -8.66\text{MPa}$$

应力圆如图（h）所示，从图中量得

$$\sigma_{(-150°)} = 35\text{MPa}, \tau_{(-150°)} = -9\text{MPa}$$

计算题 12.3 从某建筑物地基［图（a）］中取出的单元体如图（b）所示。已知 $\sigma_x = -0.05\text{MPa}$，$\sigma_y = -0.2\text{MPa}$，试用应力圆求法线与 x 轴成 $60°$ 角的斜截面上的应力，并利用斜截面上应力计算公式进行核对。

解 绘出应力圆［图（c）］，由图量得

$$\sigma_{(-60°)} = -0.162\text{MPa}, \tau_{(-60°)} = -0.065\text{MPa}$$

用斜截面上应力计算公式计算得

$$\sigma_{(-60°)} = \frac{\sigma_x+\sigma_y}{2} + \frac{\sigma_x-\sigma_y}{2}\cos2\alpha$$

$$= \frac{-0.05-0.2}{2}\text{MPa} + \frac{-0.05+0.2}{2}\text{MPa}\cos(-120°)$$

$$= -0.1625\text{MPa}$$

$$\tau_{(-60°)} = \frac{\sigma_x - \sigma_y}{2}\text{MPa}\sin 2\alpha = \frac{-0.05 - (-0.2)}{2}\text{MPa}\sin(-120°)$$

$$= -0.065\text{MPa}$$

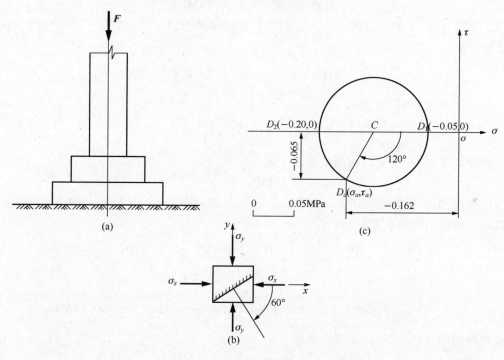

计算题 12.3 图

计算题 12.4～计算题 12.13 主应力和主平面

计算题 12.4 试用应力圆求图（a）所示悬臂梁离自由端 0.72m 的截面上 A 点处的最大及最小主应力，并求最大主应力与 x 轴之间的夹角。

解 离自由端为 0.72m 截面上的弯矩为

$$M = 10\text{kN} \times 0.72\text{m} = 7.2\text{kN} \cdot \text{m}$$

截面的几何参数为

$$I_z = \frac{bh^3}{12} = \frac{0.08\text{m} \times (0.16\text{m})^3}{12} = 27.3 \times 10^{-6}\text{m}^4$$

$$S_z^* = 0.08\text{m} \times 0.04\text{m} \times 0.06\text{m} = 192 \times 10^{-6}\text{m}^3$$

A 点处的正应力和切应力分别为

$$\sigma_A = \frac{My_A}{I_z} = \frac{7.2 \times 10^3\text{N} \cdot \text{m} \times 0.04\text{m}}{27.3 \times 10^{-6}\text{m}^4} = 10.55 \times 10^6\text{Pa} = 10.55\text{MPa}$$

$$\tau_A = \frac{F_s S_z^*}{bI_z} = \frac{10 \times 10^3\text{N} \times 192 \times 10^{-6}\text{m}^3}{0.08\text{m} \times 27.3 \times 10^{-6}\text{m}^4} = 0.88 \times 10^6\text{Pa} = 0.88\text{MPa}$$

据此绘出的单元体及应力圆分别如图（b）、（c）所示。由应力圆量得

$$\sigma_1 = 10.66\text{MPa}, \sigma_3 = -0.06\text{MPa}, \alpha = 4.75°。$$

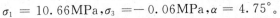

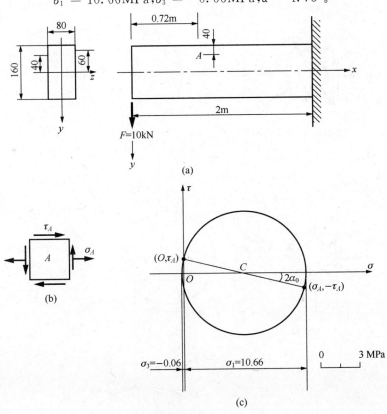

计算题 12.4 图

计算题 12.5 单元体各面上的应力分别如图（a）、（c）、（e）所示，试分别用解析法和图解法计算主应力的大小及其所在截面的方位，并在单元体中绘出。

解 （1）将图（a）中的 $\sigma_x = 40\text{MPa}$、$\sigma_y = 20\text{MPa}$、$\tau_x = 20\text{MPa}$ 代入主应力计算公式，得

$$\begin{matrix}\sigma_1 \\ \sigma_2\end{matrix} = \frac{40+20}{2}\text{MPa} \pm \sqrt{\left(\frac{40-20}{2}\right)^2 + 20^2}\text{MPa} = \begin{matrix}52.4 \\ 7.64\end{matrix}\text{MPa}$$

$$\sigma_3 = 0$$

主应力 σ_1 所在截面的方位为

$$\tan 2\alpha_0 = -\frac{2\tau_x}{\sigma_x - \sigma_y} = -2$$

$$2\alpha_0 = -63.5°,\ \alpha_0 = -31.75°$$

如图（a）所示。

应力圆如图（b）所示，从应力圆量得主应力数值为

$$\sigma_1 = 52\text{MPa},\ \sigma_2 = 8\text{MPa}$$

从应力圆量得 $2\alpha_0 = \angle D_1 CA_1 = 63°$，自半径 CD_1 至 CA_1 的转向为顺时针方向，故主应力 σ_1 所在截面的方位角为

$$\alpha_0 = -31.5°$$

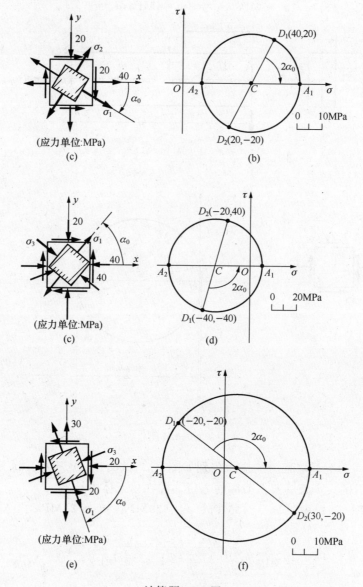

计算题 12.5 图

（2）将图（c）中的 $\sigma_x = -40\text{MPa}$、$\sigma_y = -20\text{MPa}$、$\tau_x = -40\text{MPa}$ 代入主应力计算公式，得

$$\left.\begin{array}{c}\sigma_1\\\sigma_3\end{array}\right\} = \frac{-40-20}{2}\text{MPa} \pm \sqrt{\left(\frac{-40+20}{2}\right)^2 + (-40)^2}\text{MPa} = \left.\begin{array}{c}11.23\\-71.2\end{array}\right\}\text{MPa}$$

$$\sigma_2 = 0$$

主应力 σ_1 所在截面的方位角为

$$\tan 2\alpha_0 = -\frac{2\tau_x}{\sigma_x - \sigma_y} = -4$$

$$2\alpha_0 = 104°, \quad \alpha_0 = 50.2°$$

如图（c）所示。

应力圆如图（d）所示，从应力圆量得主应力数值为

$$\sigma_1 = 11\text{MPa}, \ \sigma_3 = -71\text{MPa}$$

从应力圆量得 $2\alpha_0 = \angle D_1 C A_1 = 104°$，自半径 CD_1 至 CA_1 的转向为逆时针方向，故主应力 σ_1 所在截面的方位角为

$$\alpha_0 = 50.2°$$

（3）将图（e）中的 $\sigma_x = -20\text{MPa}$、$\sigma_y = 30\text{MPa}$、$\tau_x = 20\text{MPa}$ 代入主应力计算公式，得

$$\begin{matrix}\sigma_1\\\sigma_3\end{matrix} = \frac{-20+30}{2}\text{MPa} \pm \sqrt{\left(\frac{-20-30}{2}\right)^2 + 20^2}\text{MPa} = \begin{matrix}37\\-27\end{matrix}\text{MPa}$$

$$\sigma_2 = 0$$

主应力 σ_1 所在截面的方位角为

$$\tan 2\alpha_0 = -\frac{2\tau_x}{\sigma_x - \sigma_y} = 0.8$$

$$2\alpha_0 = -141°, \ \alpha_0 = 70.5°$$

如图（e）所示。

应力圆如图（f）所示，从应力圆量得主应力数值为

$$\sigma_1 = 37\text{MPa}, \ \sigma_3 = -27\text{MPa}$$

从应力圆量得 $2\alpha_0 = \angle D_1 C A_1 = 140°$，自半径 CD_1 至 CA_1 的转向为顺时针方向，故主应力 σ_1 所在截面的方位角为

$$\alpha_0 = -70°$$

计算题 12.6　图（a）所示简支梁为 36a 号工字钢，$F = 140\text{kN}$，$l = 4\text{m}$，A 点所在截面在力 F 的左侧，且无限接近力 F 作用的截面。试求：（1）A 点在指定斜截面［图（b）］上的应力；（2）A 点的主应力和主平面（用单元体表示）。

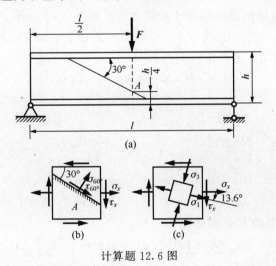

计算题 12.6 图

解　A 点所在截面上的弯矩及剪力为

$$M = \frac{Fl}{4} = \frac{1}{4} \times 140\text{kN} \times 4\text{m} = 140\text{kN} \cdot \text{m}$$

$$F_s = \frac{F}{2} = \frac{140}{2}\text{kN} = 70\text{kN}$$

根据 36a 号工字钢的截面尺寸，求得 A 点以下部分截面对中性轴的静矩为

$$S_z^* = 0.136\text{m} \times 0.0158\text{m} \times 0.172\text{m} + 0.01\text{m} \times 0.0742\text{m} \times 0.127\text{m} = 464 \times 10^{-6}\text{m}^3$$

由型钢规格表查得

$$I_z = 15760\text{cm}^4 = 15760 \times 10^{-8}\text{m}^4$$

A 点的正应力和切应力分别为

$$\sigma_A = \frac{My_A}{I_z} = \frac{140 \times 10^3 \text{N} \cdot \text{m} \times 0.09\text{m}}{15760 \times 10^{-8}\text{m}^4} = 79.9 \times 10^6 \text{Pa} = 79.9\text{MPa}$$

$$\tau_B = \frac{F_s S_{zA}}{I_z b} = \frac{70 \times 10^3 \text{N} \times 464 \times 10^{-6}\text{m}^3}{15760 \times 10^{-8}\text{m}^4 \times 0.01\text{m}} = 20.6 \times 10^6 \text{Pa} = 20.6\text{MPa}$$

A 点在指定的 $\alpha = 60°$ 的斜截面上的正应力和切应力分别为

$$\sigma_{60°} = \frac{\sigma_x}{2} + \frac{\sigma_x}{2}\cos 2\alpha - \tau_x \sin 2\alpha = 2.13\text{MPa}$$

$$\tau_{60°} = \frac{\sigma_x}{2}\sin 2\alpha + \tau_x \cos 2\alpha = 24.3\text{MPa}$$

A 点的主应力为

$$\begin{matrix}\sigma_1\\\sigma_3\end{matrix} = \frac{\sigma_x}{2} \pm \sqrt{\left(\frac{\sigma_x}{2}\right)^2 + \tau_x^2} = 39.95\text{MPa} \pm 44.9\text{MPa} = \begin{matrix}84.9\\-5\end{matrix}\text{MPa}$$

$$\sigma_2 = 0$$

主平面的方位为

$$\tan 2\alpha_0 = -\frac{2\tau_x}{\sigma_x} = -0.516, \quad \alpha_0 = -13.6°$$

如图（c）所示。

计算题 12.7 一焊接钢板梁的尺寸及受力情况如图（a）所示，梁的自重忽略不计，试求 $m-m$ 截面上 a、b、c 三点 [图（b）] 处的主应力和主平面（用单元体表示）。

解 在 $m-m$ 横截面上的弯矩和剪力为

$$M = 160\text{kN} \times 0.4\text{m} = 64\text{kN} \cdot \text{m}$$

$$F_s = 160\text{kN}$$

截面的几何参数为

$$I_z = \frac{0.12\text{m} \times (0.22\text{m})^3}{12} - 2 \times \frac{0.055\text{m} \times (0.2\text{m})^3}{12} = 33.2 \times 10^{-6}\text{m}^4$$

$$S_{z\text{max}}^* = 0.12\text{m} \times 0.01\text{m} \times 0.105\text{m} + 0.1\text{m} \times 0.01\text{m} \times 0.05\text{m} = 1.76 \times 10^{-4}\text{m}^3$$

$$S_z^* = 0.12\text{m} \times 0.01\text{m} \times 0.105\text{m} = 1.26 \times 10^{-4}\text{m}^3$$

a 点处的主应力的数值和方向分别为

$$\sigma_1 = \sigma_{\text{max}} = \frac{My_{\text{max}}}{I_z} = \frac{64 \times 10^3 \text{N} \cdot \text{m} \times 0.11\text{m}}{33.2 \times 10^{-6}\text{m}^4} = 212 \times 10^6 \text{Pa} = 212\text{MPa}$$

$$\sigma_2 = \sigma_3 = 0$$

$$\alpha_0 = 0$$

如图（c）所示。

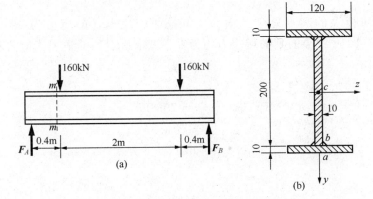

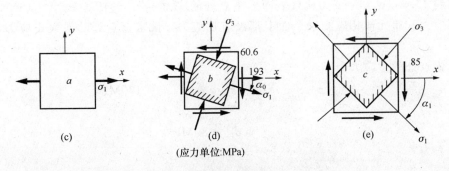

计算题 12.7 图

b 点处的应力为

$$\sigma_b = \frac{My}{I_z} = \frac{64 \times 10^3 \text{N} \cdot \text{m} \times 0.1\text{m}}{33.2 \times 10^{-6} \text{m}^4} = 193 \times 10^6 \text{Pa} = 193\text{MPa}$$

$$\tau_b = \frac{F_S S_z^*}{I_z b} = \frac{160 \times 10^3 \text{N} \times 1.26 \times 10^{-4} \text{m}^3}{33.2 \times 10^{-6} \text{m}^4 \times 0.01\text{m}} = 60.6 \times 10^6 \text{Pa} = 60.6\text{MPa}$$

由主应力计算公式，得主应力的数值和方向分别为

$$\left.\begin{array}{c}\sigma_1 \\ \sigma_3\end{array}\right\} = \frac{\sigma_x}{2} \pm \sqrt{\left(\frac{\sigma_x}{2}\right)^2 + \tau_x^2} = 96.5\text{MPa} \pm 113.95\text{MPa} = \left.\begin{array}{c}210.45 \\ -17.45\end{array}\right\} \text{MPa}$$

$$\sigma_2 = 0$$

$$\tan 2\alpha_0 - \frac{2\tau_x}{\sigma_x} = -0.618$$

$$2\alpha_0 = -31.72°, \quad \alpha_0 = -15.86°$$

如图 (d) 所示。

c 点处的应力为

$$\tau_c = \tau_{\text{max}} = \frac{F_S S_{z\text{max}}^*}{I_z b} = \frac{160 \times 10^3 \text{N} \times 1.76 \times 10^{-4} \text{m}^3}{33.2 \times 10^{-6} \text{m}^4 \times 0.01\text{m}} = 85 \times 10^6 \text{Pa} = 85\text{MPa}$$

由主应力计算公式，得主应力的数值和方向分别为

$$\sigma_1 = \tau_c = 85\text{MPa}, \quad \sigma_2 = 0, \quad \sigma_3 = -\tau_c = -85\text{MPa}$$

$$\alpha_0 = -45°$$

如图（e）所示。

计算题 12.8 一薄板上的某点处于二向应力状态下，该点处的应力为 $\sigma_x = 70\text{MPa}$，$\sigma_y = 140\text{MPa}$，σ_z 及 x、y、z 三个面上的切应力均为零。试求该点处的最大正应力和最大切应力。

解 该点处的主应力为

$$\sigma_1 = \sigma_y = 140\text{MPa}, \quad \sigma_2 = \sigma_x = 70\text{MPa}, \quad \sigma_3 = 0$$

最大正应力为

$$\sigma_{\max} = \sigma_1 = 140\text{MPa}$$

最大切应力为

$$\tau_{\max} = \frac{\sigma_1 - \sigma_3}{2} = \frac{140 - 0}{2}\text{MPa} = 70\text{MPa}$$

计算题 12.9 已知一受力构件表面上某点处的应力 $\sigma_x = 80\text{MPa}$，$\sigma_y = -160\text{MPa}$，$z$ 方向没有正应力，单元体相应的三个面上都没有切应力。试求该点处的最大正应力和最大切应力。

解 该点处的主应力为

$$\sigma_1 = \sigma_x = 80\text{MPa}, \quad \sigma_2 = 0, \quad \sigma_3 = -160\text{MPa}$$

最大正应力为

$$\sigma_{\max} = \sigma_1 = 80\text{MPa}$$

最大切应力为

$$\tau_{\max} = \frac{\sigma_1 - \sigma_3}{2} = \frac{80 + 160}{2}\text{MPa} = 120\text{MPa}$$

计算题 12.10 单元体各面上的应力分别如图（a）、（b）所示。试求主应力、最大正应力和最大切应力。

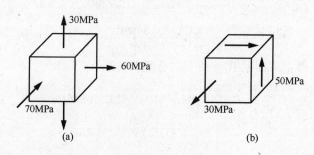

计算题 12.10 图

解 （1）图（a）所示单元体的主应力为

$$\sigma_1 = 60\text{MPa}, \quad \sigma_2 = 30\text{MPa}, \quad \sigma_3 = -70\text{MPa}$$

最大正应力为

$$\sigma_{\max} = \sigma_1 = 60\text{MPa}$$

最大切应力为

$$\tau_{\max} = \frac{\sigma_1 - \sigma_3}{2} = \frac{60 + 70}{2}\text{MPa} = 65\text{MPa}$$

（2）图（b）所示单元体的主应力为

$$\begin{matrix} \sigma_1 \\ \sigma_3 \end{matrix} = 0 \pm \sqrt{0 + 50^2}\,\mathrm{MPa} = \pm 50\,\mathrm{MPa}$$

$$\sigma_2 = 30\,\mathrm{MPa}$$

最大正应力为

$$\sigma_{\max} = \sigma_1 = 50\,\mathrm{MPa}$$

最大切应力为

$$\tau_{\max} = \frac{\sigma_1 - \sigma_3}{2} = \frac{50 + 50}{2}\,\mathrm{MPa} = 50\,\mathrm{MPa}$$

计算题 12.11　某点处的应力状态如图（a）所示，设 σ_α、τ_α 及 σ_y 值为已知，试考虑如何根据已知数据直接绘出应力圆。

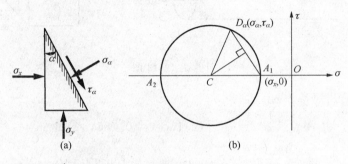

计算题 12.11 图

解　在 $\sigma - \tau$ 平面内，按选定比例尺由坐标（σ_y，0）和（σ_α，τ_α）分别定出 A_1 和 D_α 两点 [图（b）]，连接 $A_1 D_\alpha$，并作线段 $A_1 D_\alpha$ 的中垂线，中垂线与 σ 轴之交点 C 就是应力圆的圆心。以 C 为圆心，以 CA_1（或 CD_α）为半径作圆即得所求之应力圆 [图（b）]。

计算题 12.12　已知 A 点处截面 AB、AC 上的应力如图（a）所示，试用图解法确定该点处的主应力及其所在截面的方位。

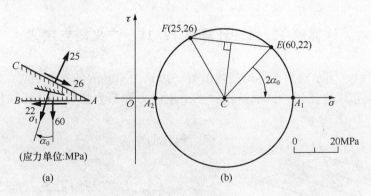

计算题 12.12 图

解　在 $\sigma - \tau$ 平面内，按选定比例尺由坐标（60，22）和（25，26）分别定出 E 和 F 两点 [图（b）]，连接 EF，并作线段 EF 的中垂线，中垂线与 σ 轴之交点 C 就是应力圆的圆心。以 C 为圆心，以 CE（或 CF）为半径作圆即得所求之应力圆，该圆与 σ 轴交点的坐标值即为主应力值，按比例量得

$$\sigma_1 = 70\text{MPa}, \quad \sigma_2 = 10\text{MPa}$$

主应力 σ_1 所在截面的方位角为

$$2\alpha_0 = 47°, \quad \alpha_0 = 23.5°$$

如图（b）所示。

计算题 12.13　一根等直圆杆 [图（a）] 的直径 $d=100$mm，承受扭矩 $T=7$kN·m 及轴向拉力 $F=50$kN 作用。如在杆的表面上 A 点处截取单元体 [图（b）]，试求此单元体各面上的应力，并将这些应力绘在单元体上。

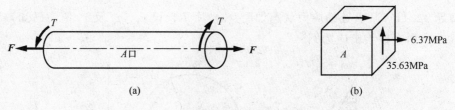

(a)　　　　　　　(b)

计算题 12.13 图

解　横截面的几何参数为

$$A = \frac{\pi}{4}d^2 = \frac{\pi}{4} \times (0.1\text{m})^2 = 0.7854 \times 10^{-2}\text{m}^2$$

$$W_p = \frac{\pi}{16}d^3 = \frac{\pi}{16}(0.1\text{m})^3 = 0.196\ 35 \times 10^{-3}\text{m}^3$$

A 点处横截面上的正应力和切应力分别为

$$\sigma = \frac{F}{A} = \frac{50 \times 10^3\text{N}}{0.7854 \times 10^{-2}\text{m}^2} = 6.37\text{MPa}$$

$$\tau = \frac{T}{W_p} = \frac{7 \times 10^3\text{N}}{0.196\ 35 \times 10^{-3}\text{m}^3} = 35.65\text{MPa}$$

如图（b）所示。

计算题 12.14～计算题 12.21　广义胡克定律

计算题 12.14　图示槽形刚体的槽内放置一边长为 10mm 的立方钢块，钢块顶面受到合力 $F=8$kN 的均布压力作用，试求钢块的三个主应力和最大切应力。已知材料的弹性模量 $E=200$GPa，泊松比 $\nu=0.3$。

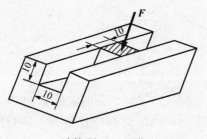

计算题 12.14 图

解　钢块的主应力为

$$\sigma_1 = 0$$

$$\sigma_3 = \frac{F}{A} = -\frac{8 \times 10^3\text{N}}{0.01\text{m} \times 0.01\text{m}} = -80\text{MPa}$$

由广义胡克定律

$$\varepsilon_2 = \frac{1}{E}(\sigma_2 - \upsilon\sigma_3) = 0$$

得

$$\sigma_2 = \nu\sigma_3 = 0.3 \times (-80)\text{MPa} = -24\text{MPa}$$

钢块的最大切应力为

$$\tau_{\max} = \frac{\sigma_1 - \sigma_3}{2} = \frac{80}{2} \text{MPa} = 40 \text{MPa}$$

计算题 12.15　由电测实验得知钢梁表面上某点处的线应变 $\varepsilon_x = 500 \times 10^{-6}$，$\varepsilon_y = -465 \times 10^{-6}$，已知材料的弹性模量 $E = 2.1 \times 10^5 \text{MPa}$，泊松比 $\nu = 0.33$，试求 σ_x 及 σ_y 值。

解　由广义胡克定律，有

$$\varepsilon_x = \frac{1}{E}(\sigma_x - \nu\sigma_y)$$

$$\varepsilon_y = \frac{1}{E}(\sigma_y - \nu\sigma_x)$$

联立求解以上两式，得

$$\sigma_x = \frac{E}{1 - \nu^2}(\varepsilon_x + \nu\varepsilon_y)$$

$$\sigma_y = \frac{E}{1 - \nu^2}(\varepsilon_y + \nu\varepsilon_x)$$

将已知数据代入，得

$$\sigma_x = 81.7 \text{MPa}$$

$$\sigma_y = -70.7 \text{MPa}$$

计算题 12.16　图（a）所示直径为 d 的圆轴，其两端承受 M_e 的扭转外力偶矩作用。设由实验测得轴表面与轴线成 45°方向的线应变 $\varepsilon_{45°}$，试求 M_e 的值。材料的 E、ν 均为已知。

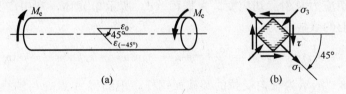

计算题 12.16 图

解　在圆轴的表层截取一单元体 [图（b）]，该单元体处于纯剪应力状态，沿着 45°方向上的拉应力为

$$\sigma_1 = \tau$$

其他两个主应力分别为

$$\sigma_3 = -\tau, \quad \sigma_2 = 0$$

代入广义胡克定律，得

$$\varepsilon_{(-45°)} = \varepsilon_1 = \frac{1}{E}[\sigma_1 - \nu(0 + \sigma_3)] = \frac{1 + \nu}{E}\tau$$

故

$$\tau = \frac{E}{1 + \nu}\varepsilon_{(-45°)}$$

又因为 $\tau = \dfrac{M_e}{W_p}$，其中 $W_p = \dfrac{\pi d^3}{16}$，故得

$$M_e = \frac{\pi d^3}{16} \cdot \frac{E}{1 + \nu}\varepsilon_{(-45°)}$$

计算题 12.17 图（a）所示等直杆承受轴向拉力 F 的作用，若杆的轴向线应变为 ε_x，材料的弹性模量为 E、泊松比为 ν，试证明与轴线成 α 角方向上的线应变为

$$\varepsilon_\alpha = \varepsilon_x(\cos^2\alpha - \nu\sin^2\alpha)$$

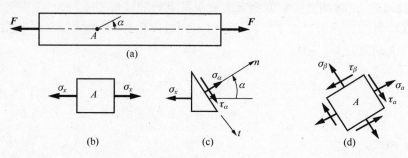

计算题 12.17 图

解 （1）求任意斜截面上的应力。拉杆任一点 A 处的应力状态如图（b）所示，由斜截面上的应力计算公式，任意 α 斜截面 [图（c）] 上的应力为

$$\sigma_\alpha = \sigma_x\cos^2\alpha, \quad \tau_\alpha = \sigma_x\sin\alpha\cos\alpha$$

同理，与 α 斜截面垂直的 β 斜截面上的应力 [图（d）] 为

$$\sigma_\beta = \sigma_x\cos^2\beta = \sigma_x\cos^2(\alpha + 90°) = \sigma_x\sin^2\alpha$$

$$\tau_\beta = \sigma_x\sin\beta\cos\beta = \sigma_x\sin(\alpha + 90°)\cos(\alpha + 90°) = -\sigma_x\sin\alpha\cos\alpha$$

（2）求与轴线成 α 角方向上的线应变。对于各向同性材料，在小变形情况下，正应力仅引起线应变，切应力只引起切应变。根据图（d）所示单元体，利用广义胡克定律，得与轴线成 α 角方向上的线应变为

$$\varepsilon_\alpha = \frac{1}{E}(\sigma_\alpha - \nu\sigma_\beta) = \frac{\sigma_x}{E}(\cos^2\alpha - \nu\sin^2\alpha) = \varepsilon_x(\cos^2\alpha - \nu\sin^2\alpha)$$

计算题 12.18 图示为轴向受拉的圆截面钢杆，现测得 A 点处与轴线成 $30°$ 方向上的线应变 $\varepsilon_{(-30°)} = 4.1 \times 10^{-4}$。已知材料的 $E = 200\text{GPa}$，$\upsilon = 0.3$，钢杆直径 $d = 20\text{mm}$，试求荷载 F。

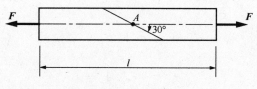

计算题 12.18 图

解 由斜截面上的应力计算公式，得

$$\sigma_{(-30°)} = \frac{\sigma_x}{2} + \frac{\sigma_x}{2}\cos(-60°) = \frac{3}{4}\sigma_x \tag{a}$$

$$\sigma_{60°} = \frac{\sigma_x}{2} + \frac{\sigma_x}{2}\cos120° = \frac{1}{4}\sigma_x \tag{b}$$

由广义胡克定律，得

$$\varepsilon_{(-30°)} = \frac{1}{E}(\sigma_{(-30°)} - \nu\sigma_{60°}) \tag{c}$$

代入有关数据，联立求解式（a）、（b）和（c），得

$$\sigma_x = 121.48\text{MPa}$$

因

$$\sigma_x = \frac{F}{A}$$

故

$$F = \sigma_x A = 121.48 \times 10^6 \text{Pa} \times \frac{\pi}{4} \times (0.02\text{m})^2 = 38.2\text{kN}$$

计算题 12.19 25a 号工字钢梁受力如图（a）所示，现测得中性层上某点 A 处与轴线成 45°方向上的线应变 $\varepsilon_{45°} = -2.6 \times 10^{-5}$。已知材料的 $E=210\text{GPa}$，$\nu=0.3$，试求荷载 F。

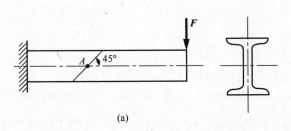 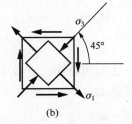

(a)   (b)

计算题 12.19 图

解 A 点所在横截面上的剪力为

$$F_\text{S} = F$$

A 点单元体处于纯剪切应力状态 [图（b）]，其主应力为

$$\sigma_1 = \sigma_{(-45°)} = \tau_x, \quad \sigma_2 = 0, \quad \sigma_3 = \sigma_{45°} = -\tau_x$$

代入广义胡克定律，得

$$\varepsilon_3 = \varepsilon_{45°} = \frac{1}{E}[\sigma_3 - \nu(\sigma_1 + \sigma_2)] = -\frac{1+\nu}{E}\tau_x$$

故

$$\tau_x = -\frac{E}{1+\nu}\varepsilon_{45°}$$

又

$$\tau_x = \tau_\text{max} = \frac{F_\text{S}S_{z\text{max}}^*}{I_z b}$$

式中：由型钢规格表知 $\dfrac{I_z}{S_{z\text{max}}^*} = 21.58\text{cm} = 0.2158\text{m}$，$b=8\text{mm}$。联立求解以上两式，得

$$F = F_\text{S} = -\frac{E}{1+\nu}\varepsilon_{45°} \times \frac{I_z b}{S_{z\text{max}}^*}$$

$$= -\frac{210 \times 10^9 \text{Pa}}{1+0.3} \times (-2.6 \times 10^{-5}) \times 0.2158\text{m} \times 0.008\text{m}$$

$$= 7250\text{N} = 7.25\text{kN}$$

计算题 12.20 已知构件表面某点处应变 $\varepsilon_x = 400 \times 10^{-6}$、$\varepsilon_y = -300 \times 10^{-6}$、$\gamma_{xy} = 200 \times 10^{-6}$，试求该点处的主应变的数值和方向。

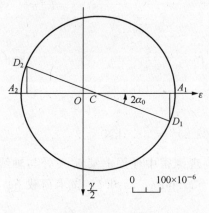

计算题 12.20 图

解 （1）求该点处主应变的数值。

$$\left.\begin{array}{c}\varepsilon_1\\\varepsilon_3\end{array}\right\} = \frac{\varepsilon_x + \varepsilon_y}{2} \pm \sqrt{\left(\frac{\varepsilon_x - \varepsilon_y}{2}\right)^2 + \left(\frac{\gamma_{xy}}{2}\right)^2}$$

$$= 50 \times 10^{-6} \pm 364 \times 10^{-6} = \begin{array}{c}4.14 \times 10^{-4}\\-3.14 \times 10^{-4}\end{array}$$

（2）求该点处主应变的方向。

$$\tan 2\alpha_0 = \frac{\gamma_{xy}}{\varepsilon_x - \varepsilon_y} = 0.2857$$

$$2\alpha_0 = 15°56', \quad \alpha_0 = 7°58°$$

本题也可用图解法求解。由图示的应变圆量得

$$\varepsilon_1 = OA_1 = 4.1 \times 10^{-4}$$

$$\varepsilon_3 = OA_2 = -3.1 \times 10^{-4}$$

$$2\alpha_0 = \angle D_1 CA_1 = 16°, \quad \alpha_0 = 8°$$

其与解析法的结果相比有微小误差，这是由作图所引起的，是可以容许的。

计算题 12.21 如图所示一边长 $a=200\text{mm}$ 的正立方混凝土块，无空隙地放在绝对刚硬的凹座里，承受压力 $F=300\text{kN}$ 的作用。已知混凝土的泊松比 $\nu=\frac{1}{6}$，试求凹座壁上所受的压力。

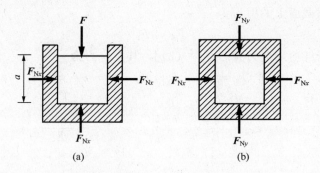

计算题 12.21 图

解 混凝土块在 z 方向受压力 F 作用后，将在 x、y 方向发生伸长。但由于 x、y 方向受到座壁的阻碍，因而在 x、y 方向受到座壁的反力 F_{Nx} 和 F_{Ny}（因对称 $F_{Nx}=F_{Ny}$）的作用，变形条件为

$$\varepsilon_x = \varepsilon_y = 0$$

由广义胡克定律，得

$$\varepsilon_x = \frac{1}{E}[\sigma_x - \nu(\sigma_y + \sigma_z)] = 0$$

$$\varepsilon_y = \frac{1}{E}[\sigma_y - \nu(\sigma_z + \sigma_x)] = 0$$

式中：$\sigma_x = -\frac{F_{Nx}}{a^2}$，$\sigma_y = -\frac{F_{Ny}}{a^2}$，$\sigma_z = -\frac{F}{a^2}$。联立求解以上各式，得

$$\sigma_x = \sigma_y = \frac{\nu}{1-\nu}\sigma_z$$

将有关数据代入，得

$$\sigma_x = \sigma_y = -1.5\text{MPa}$$

$$F_{Nx} = F_{Ny} = \sigma_x a^2 = -60\text{kN}$$

$$\sigma_z = -\frac{F}{a^2} = -7.5\text{MPa}$$

计算题 12.22～计算题 12.33　强度理论

计算题 12.22　在钢管内灌注混凝土成为有套管的混凝土柱 [图 (a)]。试分析当混凝土柱受压时混凝土和钢管内一点处的应力状态，并判别在此应力状态下混凝土的强度与它在单向受压时的强度相比有无不同。

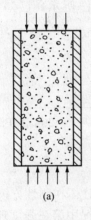 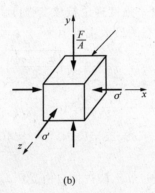

(a)　　　　　　　(b)

计算题 12.22 图

解　混凝土柱受压时其横向伸长由于钢套管的存在而受到阻碍，因而混凝土处于三向压缩应力状态 [图 (b)]。同时，钢管受到混凝土柱给予的径向压力而发生环向张力；对于薄壁钢管，此时处于单向（切向）拉伸的应力状态。

由广义胡克定律，混凝土在三向压缩应力状态下，其横向伸长线应变亦即最大伸长线应变为

$$\varepsilon_1 = \frac{1}{E}[\sigma_x - \nu(\sigma_y + \sigma_z)] = \frac{1}{E}\left[-\sigma' - \nu\left(-\frac{F}{A} - \sigma'\right)\right] = \nu\frac{\sigma}{E} - (1 - \nu)\frac{\sigma'}{E}$$

显然，此 ε_1 小于混凝土在 $\sigma = -\dfrac{F}{A}$ 作用下单向压缩时的最大伸长线应变 $\varepsilon_1 = \nu\dfrac{\sigma}{E}$，从而根据最大伸长线应变理论可知，在三向压缩时混凝土的强度高于单向压缩时的强度。

计算题 12.23　设脆性材料的许用拉应力 $[\sigma]$ 和泊松比 ν 均为已知，试分别用第一和第二强度理论确定其纯剪切时的许用切应力 $[\tau]$。

解　第一强度理论的强度条件为

$$\sigma_1 \leqslant [\sigma]$$

因在纯剪切时，有

$$\sigma_1 = \tau \leqslant [\tau]$$

故

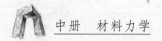

$$[\tau] = [\sigma]$$

第二强度理论的强度条件为

$$\sigma_1 - \nu(\sigma_2 + \sigma_3) \leqslant [\sigma]$$

因在纯剪切时，主应力为

$$\sigma_1 = \tau, \quad \sigma_2 = 0, \quad \sigma_3 = -\tau$$

代入强度条件，得

$$\tau \leqslant \frac{[\sigma]}{1 + \nu}$$

故

$$[\tau] = \frac{[\sigma]}{1 + \nu}$$

计算题 12.24 某铸铁构件危险点处的应力状态如图所示。已知铸铁的许用拉应力 $[\sigma] = 40\mathrm{MPa}$，试用第一强度理论校核其强度。

解 图示应力状态的最大主应力为

$$\sigma_1 = \frac{\sigma_x + \sigma_y}{2} + \sqrt{\left(\frac{\sigma_x - \sigma_y}{2}\right)^2 + \tau_x^2}$$

$$= \frac{-10 + 30}{2}\mathrm{MPa} + \sqrt{\left(\frac{-10 - 30}{2}\right)^2 + (-20)^2}\mathrm{MPa}$$

$$= 38.28\mathrm{MPa} < [\sigma] = 40\mathrm{MPa}$$

故满足强度要求。

计算题 12.25 图（a）棱柱体自由受压，图（b）棱柱体在刚性方模内受压。若弹性模量 E、泊松比 ν 均为已知，试比较正方形棱柱体在两种情况中第三强度理论的相当应力 σ_{r3}。

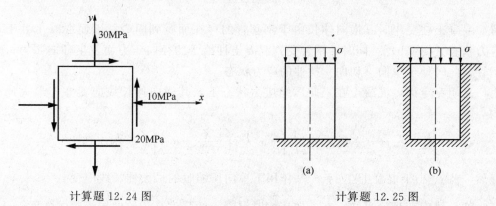

计算题 12.24 图　　　　　　　　计算题 12.25 图

解 图（a）棱柱体自由受压，主应力为

$$\sigma_1 = \sigma_2 = 0, \quad \sigma_3 = -\sigma$$

故相当应力为

$$\sigma_{r3a} = \sigma_1 - \sigma_3 = \sigma$$

图（b）棱柱体在刚性方模内受压，有

$$\sigma_3 = -\sigma$$

利用对称性条件，得

$$\sigma_1 = \sigma_2$$

利用胡克定律，其横向线应变为

$$\varepsilon_1 = \varepsilon_2 = \frac{1}{E}[\sigma_1 - \nu(\sigma_2 + \sigma_3)] = 0$$

将 $\sigma_3 = -\sigma$ 代入上式，得

$$\sigma_1 = \sigma_2 = -\frac{\nu}{1-\nu}\sigma$$

故相当应力为

$$\sigma_{r3b} = \sigma_1 - \sigma_3 = -\frac{\nu}{1-\nu}\sigma + \sigma = \frac{1-2\nu}{1-\nu}\sigma$$

两种情况中相当应力之比为

$$\frac{\sigma_{r3a}}{\sigma_{r3b}} = \frac{1-\nu}{1-2\nu}$$

计算题 12.26　一简支钢板梁承受荷载及截面尺寸分别如图（a）、（b）所示。已知钢材的许用应力 $[\sigma] = 170\text{MPa}$，$[\tau] = 100\text{MPa}$，试校核该梁的正应力强度和切应力强度，并用第四强度理论对截面上的 a 点作强度校核。

解　截面的几何参数为

$$I_z = \frac{0.24\text{m} \times (0.84\text{m})^3}{12} - 2 \times \frac{0.115\text{m} \times (0.8\text{m})^3}{12} = -2.04 \times 10^{-3}\text{m}^4$$

$$S_{z\max}^* = 0.24\text{m} \times 0.02\text{m} \times 0.41\text{m} + 0.01\text{m} \times 0.4\text{m} \times 0.2\text{m} = 2.77 \times 10^{-3}\text{m}^3$$

$$S_z^* = 0.24\text{m} \times 0.02\text{m} \times 0.41\text{m} = 1.97 \times 10^{-3}\text{m}^3$$

（1）校核正应力强度。梁内最大正应力发生在跨中截面的上、下边缘处，其值为

$$\sigma_{\max} = \frac{M_{\max} y_{\max}}{I_z} = \frac{830 \times 10^3 \text{N} \cdot \text{m} \times 0.42\text{m}}{2.04 \times 10^{-3}\text{m}^4}$$

$$= 170.88 \times 10^6 \text{Pa} = 170.88\text{MPa} > [\sigma] = 170\text{MPa}$$

超出许用应力的百分比为

$$\frac{\sigma_{\max} - [\sigma]}{[\sigma]} \times 100\% = 0.5\%$$

在工程上是容许的。故强度满足要求。

（2）校核切应力强度。梁内最大切应力发生在支座截面的中性轴上，其值为

$$\tau_{\max} = \frac{F_{S\max} S_{z\max}^*}{I_z b} = \frac{690 \times 10^3 \text{N} \times 2.77 \times 10^{-3}\text{m}^3}{2.04 \times 10^{-3}\text{m}^4 \times 0.01\text{m}}$$

$$= 93.69 \times 10^6 \text{Pa} = 93.69\text{MPa} < [\tau] = 100\text{MPa}$$

可见梁的切应力强度足够。

（3）校核 a 点处的强度。在集中荷载作用处偏外横截面上的弯矩和剪力［图（c）］为

$$M_C = M_D = 672.5\text{kN} \cdot \text{m}, \quad F_{SC}^L = F_{SC}^R = 655\text{kN}$$

a 点处单元体上的应力［图（d）］为

$$\sigma = \frac{M_C y_a}{I_z} = \frac{672.5 \times 10^3 \text{N} \cdot \text{m} \times 0.4\text{m}}{2.04 \times 10^{-3}\text{m}^4} = 131.86 \times 10^6 \text{Pa} = 131.86\text{MPa}$$

$$\tau = \frac{F_{SC}^L S_z^*}{I_z b} = \frac{655 \times 10^3 \text{N} \times 1.97 \times 10^{-3}\text{m}^3}{2.04 \times 10^{-3}\text{m}^4 \times 0.01\text{m}} = 63.25 \times 10^6 \text{Pa} = 63.25\text{MPa}$$

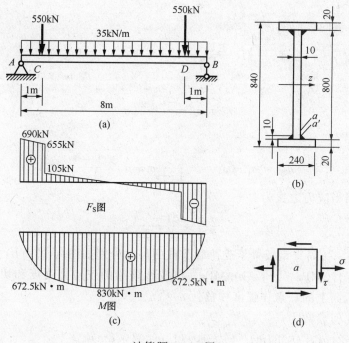

计算题 12.26 图

第四强度理论的相当应力为

$$\sigma_{r4} = \sqrt{\sigma^2 + 3\tau^2} = 171.43\text{MPa}$$

超出许用应力的百分比为

$$\frac{\sigma_{r4} - [\sigma]}{[\sigma]} \times 100\% = 0.8\%$$

在工程上是容许的。故强度满足要求。

计算题 12.27 图示钢轨与火车车轮接触点处的正应力 $\sigma_1 = -650\text{MPa}$、$\sigma_2 = -700\text{MPa}$、$\sigma_3 = -900\text{MPa}$。如果钢轨的许用应力 $[\sigma] = 250\text{MPa}$，试分别用第三强度理论和第四强度理论校核其强度。

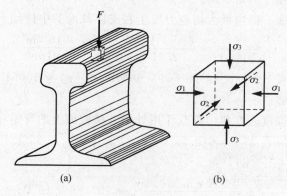

计算题 12.27 图

解 用第三强度理论校核如下：

$$\sigma_{r3} = \sigma_1 - \sigma_3 = -650\text{MPa} - (-900\text{MPa}) = 250\text{MPa} = [\sigma]$$

故满足强度条件。

用第四强度理论校核如下：

$$\sigma_{r4} = \sqrt{\frac{1}{2}\left[(\sigma_1 - \sigma_2)^2 + (\sigma_2 - \sigma_3)^2 + (\sigma_3 - \sigma_1)^2\right]} = 229\text{MPa} < [\sigma]$$

故满足强度条件。

计算题 12.28 受内压力作用的一容器 [图 (a)]，其圆筒部分任意一点 A 的应力状态如图 (b) 所示。当容器承受最大的内压力时，用应变计测得 $\varepsilon_x = 1.88 \times 10^{-4}$，$\varepsilon_y = 7.37 \times 10^{-4}$。已知钢材的弹性模量 $E = 2.1 \times 10^5$MPa，泊松比 $\nu = 0.3$，许用应力 $[\sigma] = 170$MPa，试用第三强度理论对 A 点作强度校核。

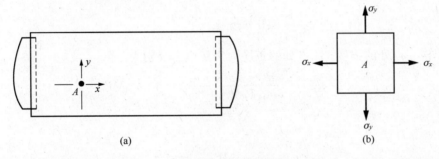

计算题 12.28 图

解 由广义胡克定律，得

$$\sigma_x = \frac{E}{1 - \nu^2}(\varepsilon_x + \nu\varepsilon_y) = \frac{2.1 \times 10^5}{1 - 0.3^2}\text{MPa}(1.88 \times 10^{-4} + 0.3 \times 7.37 \times 10^{-4}) = 62.8\text{MPa}$$

$$\sigma_y = \frac{E}{1 - \nu^2}(\varepsilon_y + \nu\varepsilon_x) = \frac{2.1 \times 10^5}{1 - 0.3^2}\text{MPa}(7.37 \times 10^{-4} + 0.3 \times 1.88 \times 10^{-4}) = 183\text{MPa}$$

A 点处的主应力为

$$\sigma_1 = \sigma_y = 183\text{MPa}, \quad \sigma_2 = \sigma_x = 62.8\text{MPa}, \quad \sigma_3 = 0$$

用第三强度理论校核如下：

$$\sigma_{r3} = \sigma_1 - \sigma_3 = 183\text{MPa} > [\sigma] = 170\text{MPa}$$

超出许用应力的百分比为

$$\frac{\sigma_{r3} - [\sigma]}{\sigma} \times 100\% = 7.64\%$$

故不满足强度条件。

计算题 12.29 图 (a) 所示外伸梁的自由端受荷载 F 作用，梁用 28a 号工字钢制成，其截面尺寸如图 (b) 所示。已知 $F = 130$kN，$[\sigma] = 170$MPa，试求 B 右侧截面上 a、b、c 三点处的主应力，并用第三强度理论校核其强度。

解 B 右侧截面上的弯矩和剪力分别为

$$M_B = F \times 0.6\text{m} = 130\text{kN} \times 0.6\text{m} = 78\text{kN} \cdot \text{m}$$

$$F_{SB}^{R} = F = 130\text{kN}$$

由型钢规格表查得 28a 号工字钢的几何参数为

$$W_z = 508.15 \text{cm}^3 = 508.15 \times 10^{-6} \text{m}^3$$

$$I_z = 7114.14 \text{cm}^4 = 7114.14 \times 10^{-8} \text{m}^4$$

$$\frac{I_z}{S_{z\max}^*} = 24.62 \text{cm} = 24.62 \times 10^{-2} \text{m}$$

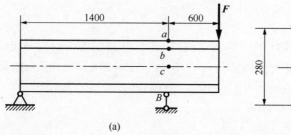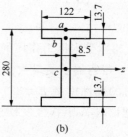

计算题 12.29 图

（1）校核 a 点处的强度。a 点处的正应力和切应力分别为

$$\sigma = \frac{M_B}{W_z} = \frac{78 \times 10^3 \text{N} \cdot \text{m}}{508.15 \times 10^{-6} \text{m}^3} = 153.5 \text{MPa}$$

$$\tau = 0$$

a 点处的主应力为

$$\sigma_1 = \sigma = 153.5 \text{MPa}, \quad \sigma = \sigma_3 = 0$$

用第三强度理论校核如下：

$$\sigma_{r3} = \sigma_1 - \sigma_3 = 153.5 \text{MPa} < [\sigma] = 170 \text{MPa}$$

故该点满足强度条件。

（2）校核 b 点处的强度。b 点处的正应力为

$$\sigma = \frac{M_B y_b}{I_z} = \frac{78 \times 10^3 \text{N} \cdot \text{m} \times 126.3 \times 10^{-3} \text{m}}{7114.14 \times 10^{-8} \text{m}^4} = 138.48 \text{MPa}$$

因

$$S_z^* = 0.122 \text{m} \times 0.0137 \text{m} \left(\frac{0.28 \text{m} - 0.0137 \text{m}}{2} \right) = 222.5 \times 10^{-6} \text{m}^3$$

故 b 点处的切应力为

$$\tau = \frac{F_{SB}^R S_z^*}{I_z b} = \frac{130 \times 10^3 \text{N} \times 222.5 \times 10^{-6} \text{m}^3}{7114.14 \times 10^{-8} \text{m}^4 \times 8.5 \times 10^{-3} \text{m}} = 47.8 \text{MPa}$$

用第三强度理论校核如下：

$$\sigma_{r3} = \sqrt{\sigma^2 + 4\tau^2} = 168.2 \text{MPa} < [\sigma] = 170 \text{MPa}$$

故该点满足强度条件。

（3）校核 c 点处的强度。c 点处的正应力和切应力分别为

$$\sigma = 0$$

$$\tau = \frac{F_{SB}^R S_{z\max}^*}{I_z b} = \frac{130 \times 10^3 \text{N}}{24.62 \times 10^{-2} \text{m} \times 8.5 \times 10^{-3} \text{m}} = 62.12 \text{MPa}$$

c 点处的主应力为

$$\sigma_1 = \tau = 62.12 \text{MPa}, \quad \sigma_2 = 0, \quad \sigma_3 = -\tau = -62.12 \text{MPa}$$

用第三强度理论校核如下：

$$\sigma_{r3} = \sigma_1 - \sigma_3 = 2\tau = 124.14\text{MPa} < [\sigma] = 170\text{MPa}$$

故该点满足强度条件。

计算题 12.30 图（a）所示为一锅炉汽包，汽包总重 500kN，自重可作为均布荷载 q。已知气体压强 $p=4\text{MPa}$，试分别计算第三和第四强度理论的相当应力值。

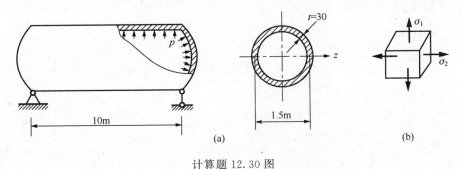

计算题 12.30 图

解 （1）计算最大弯矩。均布荷载的集度 q 为

$$q = \frac{500\text{kN}}{10\text{m}} = 50\text{kN/m}$$

最大弯矩为

$$M_{max} = \frac{1}{8}ql^2 = 625\text{kN} \cdot \text{m}$$

（2）计算弯曲产生的最大正应力（轴向）。截面的惯性矩为

$$I_z = \frac{\pi}{8}D^3t = \frac{\pi}{8} \times 1.5^3\text{m}^3 \times 0.03\text{m} = 3.976 \times 10^{-2}\text{m}^4$$

最大正应力为

$$\sigma_{max} = \frac{M_{max}y_{max}}{I_z} = \frac{625 \times 10^3\text{N} \cdot \text{m} \times 0.765\text{m}}{3.976 \times 10^{-2}\text{m}^4} = 12.03\text{MPa}$$

（3）计算内压产生的切向应力和轴向应力。由薄壁圆筒应力的计算公式，得

$$\sigma_t = \frac{pD}{2t} = \frac{4\text{MPa} \times 1.5\text{m}}{2 \times 0.03\text{m}} = 100\text{MPa}$$

$$\sigma_x = \frac{pD}{4t} = \frac{4\text{MPa} \times 1.5\text{m}}{4 \times 0.03\text{m}} = 50\text{MPa}$$

（4）计算危险点处的主应力。危险点发生在跨中截面的下边缘，其应力状态如图（b）所示。主应力之值为

$$\sigma_1 = \sigma_t = 100\text{MPa}, \quad \sigma_3 = 0$$

$$\sigma_2 = \sigma_{max} + \sigma_x = 12.03\text{MPa} + 50\text{MPa} = 62.03\text{MPa}$$

（5）计算相当应力

$$\sigma_{r3} = \sigma_1 - \sigma_3 = 100\text{MPa}$$

$$\sigma_{r4} = \sqrt{\frac{1}{2}[(\sigma_1 - \sigma_2)^2 + (\sigma_2 - \sigma_3)^2 + (\sigma_3 - \sigma_1)^2]} = 87.5\text{MPa}$$

计算题 12.31 图示一圆柱形容器，受外压 $p=15\text{MPa}$ 作用。已知许用应力 $[\sigma]=$

160MPa，试用第四强度理论设计其壁厚 t。

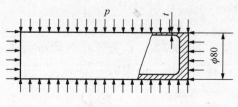

计算题 12.31 图

解 主应力为

$$\sigma_1 = 0$$

$$\sigma_2 = \sigma_x = -\frac{pD}{4t}$$

$$\sigma_3 = \sigma_t = -\frac{pD}{2t}$$

由第四强度理论，得

$$\sigma_{r4} = \frac{\sqrt{3}\,pD}{4t} = \frac{\sqrt{3} \times 15\text{MPa} \times 80\text{mm}}{4t} \leqslant 160\text{MPa}$$

故

$$t = 3.25\text{mm}$$

取 $t = 3.3\text{mm}$。

计算题 12.32 图示铸铁构件的中段为一内径 $D = 200\text{mm}$、壁厚 $t = 10\text{mm}$ 的圆筒，圆筒内的压力 $p = 20\text{MPa}$，两端的轴向压力 $F = 100\text{kN}$。已知材料的许用拉应力 $[\sigma] = 30\text{MPa}$，试用第一强度理论校核其强度。

解 由薄壁圆筒应力的计算公式，得

$$\sigma_t = \frac{pD}{2t} = \frac{20\text{MPa} \times 200\text{mm}}{2 \times 10\text{mm}} = 200\text{MPa}$$

$$\sigma_x = \frac{pD}{4t} = \frac{20\text{MPa} \times 200\text{mm}}{4 \times 10\text{mm}} = 100\text{MPa}$$

计算题 12.32 图

由轴向压力引起的正应力为

$$\sigma = \frac{F}{\pi D\delta} = -\frac{100 \times 10^3\,\text{N}}{\pi \times 200\text{mm} \times 10\text{mm}} = -15.9\text{MPa}$$

主应力为

$$\sigma_1 = 200\text{MPa}$$

$$\sigma_2 = \sigma_x - \sigma = 100\text{MPa} - 15.9\text{MPa} = 84.1\text{MPa}$$

$$\sigma_3 = 0$$

用第一强度理论校核如下：

$$\sigma_{r1} = \sigma_1 = 200\text{MPa} > [\sigma] = 160\text{MPa}$$

故不满足强度要求。

计算题 12.33 水库岸边为花岗岩体。已知花岗岩的许用拉应力 $[\sigma_t] = 2\text{MPa}$，许用压应力 $[\sigma_c] = 16\text{MPa}$，库岸岩体内危险点处的主应力 $\sigma_1 = -4\text{MPa}$、$\sigma_3 = -26\text{MPa}$，试用莫尔强度理论对岸边岩体进行强度校核。

解 用莫尔强度理论校核如下：

$$\sigma_{rM} = \sigma_1 - \frac{[\sigma_t]}{[\sigma_c]}\sigma_3 = -4\text{MPa} - \frac{2\text{MPa}}{16\text{MPa}}(-26)\text{MPa}$$

$$= -0.75\text{MPa} < [\sigma_t] = 2\text{MPa}$$

故满足强度要求。

第十三章 组合变形

内容提要

1. 组合变形的概念

构件受载后产生两种或两种以上的基本变形，称为组合变形。

2. 组合变形杆件强度计算的一般步骤

（1）外力的简化和分解。首先将作用于杆件上的任意力系进行简化。横向力向弯曲中心简化，并沿截面的形心主轴分解；而纵向力则向截面形心简化。使简化后的各外力（力偶）分量只产生一种基本变形。

（2）内力分析。分析杆件内力，必要时要画内力图，从而确定危险截面，并求出危险截面上的各内力值。一般来说，弯矩是控制因素，因此要特别注意最大弯矩所在的截面。

（3）应力分析。分析危险截面上的应力分布规律，确定危险点所在的位置。一般正应力为控制因素，因此要特别注意最大（最小）正应力所在的点。应当注意：在分析应力时，最好根据变形情况直接确定应力的正负号，然后再进行叠加，这样作比较简便，要避免硬套公式的作法。

（4）分析危险点处单元体的应力状态，求出主应力值。

（5）选择适当的强度理论，进行强度计算。

3. 斜弯曲

（1）变形特点。斜弯曲是两个互相垂直的平面弯曲的组合，变形后杆件轴线不再位于外力作用平面内。

（2）应力计算。任意横截面上任意点 $k(y, z)$ 处（图 13.1）的应力为

$$\sigma = \mp M\left(\frac{y\cos\varphi}{I_z} - \frac{z\sin\varphi}{I_y}\right) \tag{13.1}$$

（3）中性轴位置。设中性轴与 z 轴之间的夹角为 α，则

$$\tan\alpha = \frac{I_z}{I_y}\tan\varphi \quad \left(\text{或 } \tan\alpha = \frac{I_z}{I_y} \cdot \frac{M_y}{M_z}\right) \tag{13.2}$$

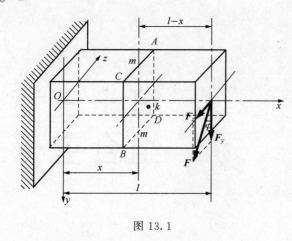

图 13.1

（4）强度条件。

$$\sigma_{max} = \frac{M_{zmax}}{W_z} + \frac{M_{ymax}}{W_y} \leqslant [\sigma] \quad (13.3)$$

若材料的 $[\sigma_t]=[\sigma_c]$，σ_{max} 应取绝对值最大的，若材料的 $[\sigma_t]\neq[\sigma_c]$，则应分别验算拉、压强度，两者均应满足。

（5）变形计算。总挠度的大小为

$$w = \sqrt{w_y^2 + w_z^2} \quad (13.4)$$

设总挠度方向与 y 轴之间的夹角为 β，则

$$\tan\alpha = \frac{I_z}{I_y} = \tan\varphi \quad (13.5)$$

4. 拉伸（压缩）与弯曲的组合变形

（1）应力计算。

$$\sigma = \frac{F_N}{A} \pm \frac{M}{I_z}y \quad (13.6)$$

式中：F_N 以拉为正，压为负；"±"号以拉应力取"+"号，压应力取"-"号。

（2）强度条件。

$$\sigma_{max} = \left| \frac{F_N}{A} \pm \frac{M_{max}}{W_z} \right|_{max} \leqslant [\sigma] \quad (13.7)$$

若材料的 $[\sigma_t]\neq[\sigma_c]$，则应分别验算拉、压强度，两者均应满足。

5. 偏心压缩（拉伸）

（1）应力计算。横截面上任意点 k (y, z) 处的正应力为

$$\sigma = \frac{F_N}{A} \pm \frac{M_y}{I_y}z \pm \frac{M_z}{I_z}y \quad (13.8)$$

或

$$\sigma = -\frac{F}{A}\left(1 + \frac{e_z z}{i_y^2} + \frac{e_y y}{i_z^2}\right) \quad (13.9)$$

对于偏心拉伸以上两式中第一项应取正号，第二、三项仍以拉应力为正，压应力为负。

（2）中性轴位置。中性轴方程为

$$1 + \frac{e_z z_0}{i_y^2} + \frac{e_y y_0}{i_z^2} = 0 \quad (13.10)$$

中性轴在坐标轴 y 和 z 上的截距为

$$a_y = -\frac{i_z^2}{e_y}, \quad a_z = -\frac{i_y^2}{e_z} \quad (13.11)$$

（3）强度条件

$$\sigma_{max} = \left| \frac{F_N}{A} - \frac{M_y}{I_y}z_{max} - \frac{M_z}{I_z}y_{max} \right| \leqslant [\sigma] \quad (13.12)$$

或

$$\sigma_{\max} = \frac{F}{A}\left(1 + \frac{e_z z_{\max}}{i_y^2} + \frac{e_y y_{\max}}{i_z^2}\right) \leqslant [\sigma] \tag{13.13}$$

若材料的 $[\sigma_t] \neq [\sigma_c]$，则应分别验算拉、压强度，两者均应满足。

（4）截面核心。使横截面上只产生压应力时压力作用的范围，称为截面核心。截面核心边界上点的坐标为

$$e_y = \frac{i_z^2}{a_y}, \quad e_z = \frac{i_y^2}{a_z} \tag{13.14}$$

6. 扭转与弯曲的组合变形

（1）应力计算。危险点为平面应力状态，其应力计算公式为

$$\tau = \frac{T}{W_p}, \quad \sigma = \frac{M}{W_z} \tag{13.15}$$

（2）强度条件。采用第三、第四强度理论，强度条件分别为

$$\sigma_{r3} = \sqrt{\sigma^2 + 4\tau^2} \leqslant [\sigma] \tag{13.16}$$

$$\sigma_{r4} = \sqrt{\sigma^2 + 3\tau^2} \leqslant [\sigma] \tag{13.17}$$

或

$$\sigma_{r3} = \frac{\sqrt{M^2 + T^2}}{W_z} \leqslant [\sigma] \tag{13.18}$$

$$\sigma_{r4} = \frac{\sqrt{M^2 + 0.75T^2}}{W_z} \leqslant [\sigma] \tag{13.19}$$

应当注意：公式（13.18）、式（13.19）只适用于塑性材料制成的弯扭组合变形的圆轴。对于其他形状的弯扭组合杆只能用式（13.16）、式（13.17）进行强度计算；若圆轴的弯曲在相互垂直的 xy 和 xz 两个平面内发生，则 $M = \sqrt{M_y^2 + M_z^2}$。

概念题解

概念题 13.1～概念题 13.16 组合变形

概念题 13.1 在组合变形中可以用叠加原理，这是因为在小变形条件下应力与荷载之间为_____关系；而各基本变形之间是_____。

答 线性；相互独立的。

概念题 13.2 图示曲杆在力 F 作用下，杆段 AB、BC、CD 将发生变形，其中 AB 段的变形，以下结论中（   ）是正确的。

A. 图（a）弯曲变形，图（b）拉伸变形

B. 图（a）弯曲变形，图（b）拉伸与弯曲的组合形

C. 图（a）扭转变形，图（b）扭转变形

D. 图（a）拉伸与弯曲的组合变形，图（b）弯曲与扭转变形

答 B。

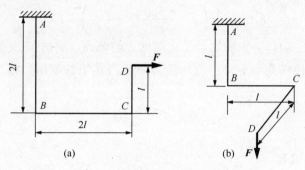

概念题 13.2 图

概念题 13.3 在图示刚架中，杆件为组合变形的是（   ）。

A. 杆①　　　　　B. 杆②　　　　　C. 杆①、杆②　　　　　D. 无

答　D。

概念题 13.4 在图示刚架中，杆件为组合变形的是（   ）。

A. 杆①、杆③　　　　　　　　　　B. 杆②

C. 杆①、杆②　　　　　　　　　　D. 杆①、杆②、杆③

答　B。

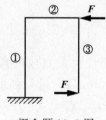

概念题 13.3 图

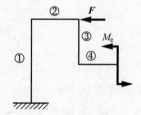

概念题 13.4 图

概念题 13.5 斜弯曲梁的特点是变形后的挠曲线平面与外力作用平面_____。

答　不重合。

概念题 13.6 斜弯曲梁的挠度与中性轴的夹角为_____。

答　$90°$。

概念题 13.7 下面关于斜弯曲梁的中性轴的叙述错误的是（   ）。

A. 中性轴的位置与荷载的大小有关

B. 中性轴的位置与荷载和梁横截面对称轴之间的夹角有关

C. 中性轴的位置与截面形状有关

D. 中性轴的位置与截面尺寸有关

答　A。

概念题 13.8 下列关于斜弯曲梁的中性轴的说法，正确的是（   ）。

A. 中性轴必定通过横截面的形心

B. 若荷载作用线通过截面第一、第三象限，则中性轴必通过第二、四象限，反之亦然

C. 中性轴的位置由荷载作用方向及截面形状决定

D. 挠度方向总是垂直于中性轴

答 A；B；C；D。

概念题 13.9 拉伸（压缩）与弯曲组合变形的中性轴是一条_____截面形心的直线。

答 不通过。

概念题 13.10 在偏心压缩柱中，偏心力作用点与中性轴分别处于_____的两侧。

答 截面形心。

概念题 13.11 柱体受偏心压缩时，以下结论中（ ）是错误的。

A. 若集中力 F 的作用点位于截面核心内部，则柱体内不会产生拉应力

B. 若集中力 F 的作用点位于截面核心边缘上，则柱体内不会产生拉应力

C. 若集中力 F 的作用点位于截面核心的外部，则柱体内可能产生拉应力

D. 若集中力 F 的作用点位于截面核心的外部，则柱体内必产生拉应力

答 C。

概念题 13.12 图示矩形截面受压杆件，其固定截面上 A 点处的应力为 $\sigma =$ _____。

答 $-\dfrac{F}{bh}+\dfrac{6Fe}{bh^2}$。

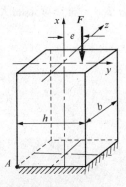

概念题 13.13 直径为 D 的圆截面柱的截面核心为直径 $d =$ _____的圆。

答 $D/4$。

概念题 13.14 尺寸为 $b\times h$ 的矩形截面柱的截面核心为菱形，其两个对角线的长度分别为_____和_____。

答 $h/3$；$b/3$。

概念题 13.12 图

概念题 13.15 塑性材料制成的弯扭组合变形圆杆，弯曲截面系数为 W_z，危险截面上的弯矩为 M、扭矩为 T，第三强度理论的相当应力 $\sigma_{r3} =$ _____。

答 $\dfrac{\sqrt{M^2+T^2}}{W_z}$。

概念题 13.16 塑性材料制成的弯扭组合变形圆杆，弯曲截面系数为 W_z，危险截面上的弯矩为 M 扭矩为 T，第四强度理论的相当应力 $\sigma_{r4} =$ _____。

答 $\dfrac{\sqrt{M^2+0.75T^2}}{W_z}$。

计算题解

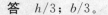

计算题 13.1～计算题 13.7 斜弯曲

计算题 13.1 图示简支梁用 16a 号槽钢制成，跨长 $l=4.2\text{m}$，受集度为 $q=2\text{kN/m}$ 的均布荷载作用。梁放在 $\varphi=20°$ 的斜面上，试求梁危险截面上点 A 和点 B 处的弯曲正应力。

解 （1）求梁的最大弯矩。梁跨中截面上的弯矩最大，其值为

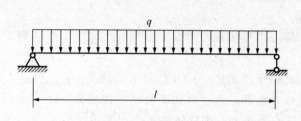 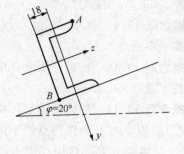

计算题 13.1 图

$$M_{max} = \frac{ql^2}{8} = 4.42 \text{kN} \cdot \text{m}$$

沿 z、y 轴分弯矩的大小为

$$M_{zmax} = M_{max}\cos\varphi = 4.15 \text{kN} \cdot \text{m}$$

$$M_{ymax} = M_{max}\sin\varphi = 1.51 \text{kN} \cdot \text{m}$$

(2) 求 16a 号槽钢的几何参数。由型钢规格表查得

$$I_y = 73.3 \times 10^{-8} \text{m}^4$$

$$W_z = 108.3 \times 10^{-6} \text{m}^3, \quad W_y = 16.3 \times 10^{-6} \text{m}^3$$

(3) 计算危险截面上点 A 和点 B 处的弯曲正应力。点 A 处的应力为

$$\sigma_A = -\frac{M_{zmax}}{W_z} - \frac{M_{ymax}}{W_y}$$

$$= -\frac{4.15 \times 10^3 \text{N} \cdot \text{m}}{108.3 \times 10^{-6} \text{m}^3} - \frac{1.51 \times 10^3 \text{N} \cdot \text{m}}{16.3 \times 10^{-6} \text{m}^3}$$

$$= -131 \text{MPa}$$

点 B 处的应力为

$$\sigma_B = \frac{M_{zmax}}{W_z} + \frac{M_{ymax} \times 18 \times 10^{-3} \text{m}}{I_y}$$

$$= \frac{4.15 \times 10^3 \text{N} \cdot \text{m}}{108.3 \times 10^{-6} \text{m}^3} + \frac{1.51 \times 10^3 \text{N} \cdot \text{m} \times 18 \times 10^{-3} \text{m}}{73.3 \times 10^{-8} \text{m}^4}$$

$$= 75.5 \text{MPa}$$

计算题 13.2 图(a)所示矩形截面悬臂梁,在梁的水平对称面内受到 $F_1 = 1.6 \text{kN}$ 的作用,在铅垂对称面内受到 $F_2 = 0.8 \text{kN}$ 的作用。已知 $l = 1\text{m}$,$b = 90\text{mm}$,$h = 180\text{mm}$,$E = 1.0 \times 10^4 \text{MPa}$,试求梁的横截面上的最大正应力及其作用点的位置,并求梁的最大挠度。如果梁的横截面为圆形,$d = 130\text{mm}$,再求梁的横截面上的最大正应力。

解 固定端截面上的弯矩最大,最大弯矩沿 z、y 轴的分弯矩的大小为

$$M_{zmax} = F_2 \times 1\text{m} = 0.8 \text{kN} \cdot \text{m}$$

$$M_{ymax} = F_1 \times 2\text{m} = 3.2 \text{kN} \cdot \text{m}$$

(1) 矩形截面。截面的几何参数如下:

$$I_z = \frac{bh^3}{12} = 4.37 \times 10^{-5} \text{m}^4, \quad I_y = \frac{hb^3}{12} = 1.09 \times 10^{-5} \text{m}^4$$

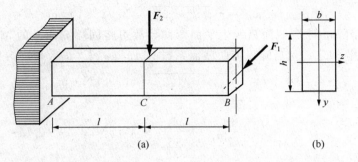

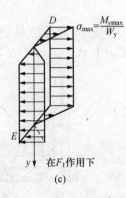
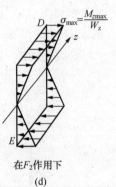

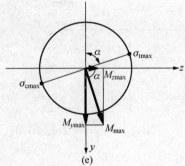

计算题 13.2 图

$$W_z = \frac{bh^2}{6} = 4.86 \times 10^{-4}\,\text{m}^3, \quad W_y = \frac{hb^2}{6} = 2.43 \times 10^{-4}\,\text{m}^3$$

在固定端截面上，F_1、F_2 分别作用下的正应力分布如图（c）、（d）所示。最大拉应力发生在固定端截面上点 D 处，最大压应力发生在该截面上点 E 处，两者的大小为

$$\sigma_{\max} = \frac{M_{z\max}}{W_z} + \frac{M_{y\max}}{W_y} = \frac{0.8 \times 10^3\,\text{N} \cdot \text{m}}{4.86 \times 10^{-4}\,\text{m}^3} + \frac{3.2 \times 10^3\,\text{N} \cdot \text{m}}{2.43 \times 10^{-4}\,\text{m}^3} = 14.8\text{MPa}$$

沿 z、y 方向的最大挠度分别为

$$w_{zB} = \frac{F_1 l_{AB}^3}{3EI_y} = 3.91 \times 10^{-2}\,\text{m}$$

$$w_{yB} = w_{yC} + \varphi_{yC} l_{CB} = \frac{F_2 l_{AC}^3}{3EI_z} + \frac{F_2 l_{AC}^2}{2EI_z} \cdot l_{CB} = 0.152 \times 10^{-2}\,\text{m}$$

最大挠度为

$$w_{max} = w_B = \sqrt{w_{zB}^2 + w_{yB}^2} = 3.92 \times 10^{-2}\,\text{m}$$

（2）圆形截面。由于圆截面只发生平面弯曲，故可将固端截面上的 $M_{z\,max}$ 和 $M_{y\,max}$ 取矢量和求得最大弯矩 M_{max}，然后除以弯曲截面系数 W 而得 σ_{max}。最大弯矩为

$$M_{max} = \sqrt{M_{z\,max}^2 + M_{y\,max}^2} = 3.298\,\text{kN}\cdot\text{m}$$

最大正应力为

$$\sigma_{max} = \frac{M_{max}}{W} = \frac{M_{max}}{\dfrac{\pi d^3}{32}} = 15.3\,\text{MPa}$$

最大正应力作用点的位置如图（e）所示。

计算题 13.3　图示简支梁由 $200\text{mm}\times200\text{mm}\times20\text{mm}$ 的等边角钢制成。跨长 $l=4\text{m}$，在梁跨中点受力 $F=25\text{kN}$ 的作用，试求最大弯矩截面上 A、B 和 C 点处的正应力。

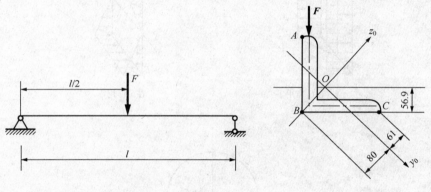

计算题 13.3 图

解　跨中截面上的弯矩最大，其值为

$$M_{max} = \frac{Fl}{4} = 25\,\text{kN}\cdot\text{m}$$

其沿 z_0、y_0 轴分弯矩的大小为

$$M_{z_0\,max} = M_{y_0\,max} = M_{max}\cos45° = 17.7\,\text{kN}\cdot\text{m}$$

截面的几何参数为

$$I_{z_0} = 4554.55\times10^{-8}\,\text{m}^4, \quad I_{y_0} = 1180.04\times10^{-8}\,\text{m}^4$$

$$W_{z_0} = 322.06\times10^{-6}\,\text{m}^3, \quad W_{y_0} = 146.55\times10^{-6}\,\text{m}^3$$

最大弯矩截面上 A、B、C 点处的正应力分别为

$$\sigma_A = -\frac{M_{z_0\,max}}{W_{z_0}} - \frac{M_{y_0\,max}\times61\times10^{-3}\,\text{m}}{I_{y_0}} = -55\,\text{MPa} - 91.3\,\text{MPa} = -146.3\,\text{MPa}$$

$$\sigma_B = \frac{M_{y_0\,max}}{W_{y_0}} = 121.3\,\text{MPa}$$

$$\sigma_C = \frac{M_{z_0\,max}}{W_{z_0}} - \frac{M_{y_0\,max}\times61\times10^{-3}\,\text{m}}{I_{y_0}} = 55\,\text{MPa} - 91.3\,\text{MPa} = -36.3\,\text{MPa}$$

计算题 13.4　矩形截面为 $b\times h = 0.11\text{m}\times0.16\text{m}$ 的木檩条，跨长 $l=4\text{m}$，承受 $q=1.5\text{kN/m}$ 的均布荷载作用。木材为杉木，许用应力 $[\sigma]=12\text{MPa}$，弹性模量 $E=9\times$

10^3 MPa，许用挠度为$\dfrac{l}{200}$，试校核檩条的强度和刚度。

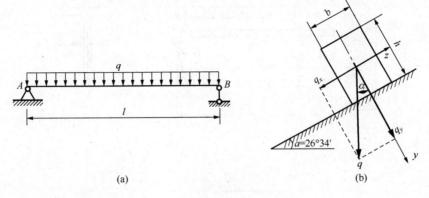

计算题 13.4 图

解　（1）将荷载 q 沿 z、y 轴分解 ［图（b）］，得
$$q_z = q \cdot \sin26°34' = 0.671\,\text{kN/m}$$
$$q_y = q \cdot \cos26°34' = 1.34\,\text{kN/m}$$

（2）截面的几何参数为
$$I_z = \frac{bh^3}{12} = 3.75\times10^{-5}\,\text{m}^4,\quad I_y = \frac{hb^3}{12} = 1.77\times10^{-5}\,\text{m}^4$$

（3）校核檩条的强度。最大正应力为
$$\sigma_{\max} = \frac{\frac{q_z l^2}{8}}{I_y}\times\frac{b}{2} + \frac{\frac{q_y l^2}{8}}{I_z}\times\frac{h}{2} = 4.17\,\text{MPa} + 5.72\,\text{MPa} = 9.89\,\text{MPa} < [\sigma] = 12\,\text{MPa}$$

故满足强度要求。

（4）校核檩条的刚度。沿 z、y 方向的最大挠度分别为
$$w_z = \frac{5q_z l^4}{384EI_y},\quad w_y = \frac{5q_y l^4}{384EI_z}$$

最大挠度为
$$w_{\max} = \sqrt{w_z^2 + w_y^2} = \frac{5l^4}{384E}\sqrt{\left(\frac{q_z}{I_y}\right)^2 + \left(\frac{q_y}{I_z}\right)^2} = 1.925\times10^{-2}\,\text{m}$$

许用挠度为
$$[w] = \frac{l}{200} = 2.00\times10^{-2}\,\text{m}$$

由于 $w_{\max} < [w]$，故满足刚度要求。

计算题 13.5　图（a）所示悬臂梁长 $l=3$m，由 24b 号工字钢制成，作用于梁上的均布荷载 $q=5$kN/m，集中荷载 $F=2$kN，力 F 与轴的夹角 $\varphi=30°$。试求：（1）梁内的最大拉应力和最大压应力；（2）固定端截面和 $\dfrac{l}{2}$ 处截面上的中性轴位置；（3）自由端的总挠度。

解　（1）外力分解。将力 F 沿 y、z 轴方向分解为
$$F_y = F\cos\varphi = 1.73\,\text{kN}$$

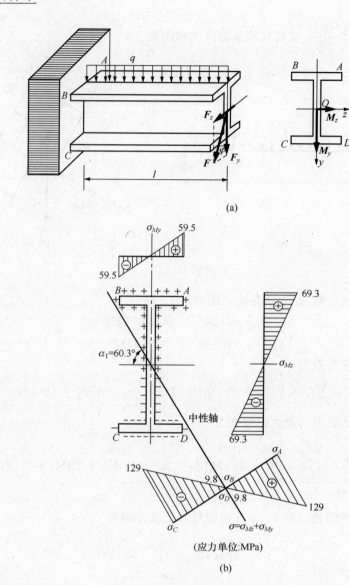

计算题 13.5 图

$$F_z = F\sin\varphi = 1\text{kN}$$

（2）内力计算。该梁固定端截面上的最大弯矩分别为

$$M_{z\max} = F_y l + \frac{1}{2}ql^2 = 27.7\text{kN}\cdot\text{m}$$

$$M_{y\max} = F_z l = 3\text{kN}\cdot\text{m}$$

（3）应力计算。由型钢规格表查得 24b 工字钢的几何参数为

$$W_z = 400\times10^{-6}\text{m}^3, \quad W_y = 50.4\times10^{-6}\text{m}^3$$

固定端截面上 A、C、B、D 四点处的正应力分别为

$$\begin{matrix}\sigma_A\\\sigma_C\end{matrix} = \pm\frac{M_{z\max}}{W_z}\pm\frac{M_{y\max}}{W_y} = \pm69.3\text{MPa}\pm59.5\text{MPa} = \pm129\text{MPa}$$

$$\sigma_B = \frac{M_{zmax}}{W_z} - \frac{M_{ymax}}{W_y} = 69.3\text{MPa} - 59.5\text{MPa} = 9.8\text{MPa}$$

$$\sigma_D = -\frac{M_{zmax}}{W_z} + \frac{M_{ymax}}{W_y} = -69.3\text{MPa} + 59.5\text{MPa} = -9.8\text{MPa}$$

正应力分布如图（b）所示。

（4）中性轴位置。因为梁内各横截面上 $\frac{M_y}{M_z}$ 的比值不是常数，所以各个截面的中性轴位置（角 α）也不相同，因而计算 α 角的值，就不能应用式 $\tan\alpha = \frac{I_z}{I_y}\tan\varphi$，只能用下式计算，即

$$\tan\alpha = \frac{I_z}{I_y} \cdot \frac{M_y}{M_z}$$

由型钢规格表查得 24b 工字钢的几何参数为

$$I_z = 48 \times 10^{-6}\,\text{m}^4, \quad I_y = 2.97 \times 10^{-6}\,\text{m}^4$$

固定端截面和 $\frac{l}{2}$ 处截面的中性轴位置确定如下：

固定端截面：

$$\tan\alpha_1 = \frac{I_z}{I_y} \cdot \frac{M_{ymax}}{M_{zmax}} = 1.75, \quad \alpha_1 = 60.3°$$

如图（b）所示。

$\frac{l}{2}$ 处截面：

$$M_y = F_z \cdot \frac{l}{2} = 1.5\text{kN} \cdot \text{m}, \quad M_z = F_y \cdot \frac{l}{2} + \frac{q}{2}\left(\frac{l}{2}\right)^2 = 8.22\text{kN} \cdot \text{m}$$

$$\tan\alpha_2 = \frac{I_z}{I_y} \cdot \frac{M_y}{M_z} = 2.95, \quad \alpha_2 = 71.2°$$

（5）自由端的总挠度计算。自由端的挠度的分量为

$$w_z = \frac{F_z l^3}{3EI_y} = 1.52 \times 10^{-2}\,\text{m}$$

$$w_y = \frac{F_y l^3}{3EI_z} + \frac{q l^4}{8EI_z} = 0.162 \times 10^{-2}\,\text{m} + 0.527 \times 10^{-2}\,\text{m} = 0.689 \times 10^{-2}\,\text{m}$$

自由端的总挠度为

$$w_{max} = \sqrt{w_z^2 + w_y^2} = 1.66 \times 10^{-2}\,\text{m} = 16.6\text{mm}$$

计算题 13.6 图（a）所示跨长 $l=4$m 的简支梁，用工字钢制成，作用于梁跨中点的集中力 $F=7$kN，其与横截面铅垂对称轴的夹角 $\varphi=20°$［图（b）］。已知钢的许用应力 $[\sigma]=160$MPa，试设计工字钢的型号（提示：可先假定 W_z/W_y 的比值，试设计工字钢型号，然后再校核其强度）。

解 梁的强度条件为

$$\sigma_{max} = \frac{M_{zmax}}{W_z} + \frac{M_{ymax}}{W_y} = M_{max}\left(\frac{\cos\varphi}{W_z} + \frac{\sin\varphi}{W_y}\right)$$

$$= \frac{Fl}{4W_z}\left(\cos\varphi + \frac{W_z}{W_y}\sin\varphi\right) \leqslant [\sigma]$$

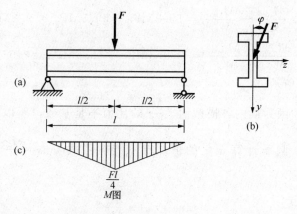

计算题 13.6 图

假定 $W_z/W_y=6$，并将有关数据代入上式，得

$$W_z \geqslant \frac{7 \times 10^3\,\text{N} \times 4\,\text{m}}{4 \times 160 \times 10^6\,\text{Pa}}(\cos 20° + 6\sin 20°) = 131 \times 10^{-6}\,\text{m}^3 = 131\,\text{cm}^3$$

试选 16 号工字钢，并由型钢规格表查得几何参数为

$$W_z = 141\,\text{cm}^3 = 141 \times 10^{-6}\,\text{m}^3, \quad W_y = 21.2\,\text{cm}^3 = 21.2 \times 10^{-6}\,\text{m}^3$$

校核其强度如下：

$$\sigma_{\max} = \frac{7 \times 10^3\,\text{N} \times 4\,\text{m}}{4 \times 141 \times 10^{-6}\,\text{m}^3}\left(\cos 20° + \frac{141}{21.2}\sin 20°\right)$$

$$= 159.5\,\text{MPa} < [\sigma] = 160\,\text{MPa}$$

由此可见，选用 16 号工字钢满足强度要求。

计算题 13.7　图示矩形截面木檩条，跨长 $l=3\,\text{m}$，承受 $q=800\,\text{N/m}$ 的均布荷载作用。木材为杉木，许用应力 $[\sigma]=12\,\text{MPa}$，弹性模量 $E=9 \times 10^3\,\text{MPa}$，许用挠度为 $[w]=\dfrac{l}{200}$，试设计其截面尺寸，并校核其刚度。设 $h/b=1.5$。

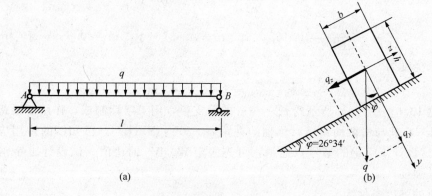

计算题 13.7 图

解　(1) 求最大弯矩。将 q 沿 z、y 轴方向分解成两个分量

$$q_z = q\sin\varphi = 358\,\text{N/m}$$

$$q_y = q\cos\varphi = 715\text{N/m}$$

求出 q_z、q_y 相应的最大弯矩，它们都发生在檩条跨中截面上，其值分别为

$$M_{y\max} = q_z l^2/8 = 403\text{N}\cdot\text{m}$$
$$M_{z\max} = q_y l^2/8 = 804\text{N}\cdot\text{m}$$

（2）按强度条件设计截面。梁的强度条件为

$$\sigma_{\max} = \frac{M_{z\max}}{W_z} + \frac{M_{y\max}}{W_y} \leqslant [\sigma]$$

将 $W_z/W_y = h/b = 1.5$，以及有关数据代入上式，得

$$\frac{804\text{N}\cdot\text{m}}{1.5W_y} + \frac{403\text{N}\cdot\text{m}}{W_y} \leqslant 12\times10^6\text{Pa}$$

故

$$W_y = 78.3\times10^{-6}\text{m}^3$$

因

$$W_y = \frac{hb^2}{6} = \frac{1.5b^3}{6} = 78.3\times10^{-6}\text{m}^3$$

得

$$b = 6.79\times10^{-2}\text{m}, \quad h = 1.5\times6.79\times10^{-2}\text{m} = 10.2\times10^{-2}\text{m}$$

故可选用 70mm×110mm 的矩形截面。

（3）按选定的截面校核刚度。截面的惯性矩为

$$I_y = \frac{hb^3}{12} = 314\times10^{-8}\text{m}^4, \quad I_z = \frac{bh^3}{12} = 778\times10^{-8}\text{m}^4$$

与 q_z、q_y 相应的跨中截面的挠度分别为

$$w_z = \frac{5q_z l^4}{384EI_y} = 1.366\times10^{-2}\text{m} = 13.6\text{mm}$$

$$w_y = \frac{5q_y l^4}{384EI_z} = 1.08\times10^{-2}\text{m} = 10.8\text{mm}$$

梁的最大挠度为

$$w_{\max} = \sqrt{w_z^2 + w_y^2} = 1.72\times10^{-2}\text{m} = 17.2\text{mm}$$

许用挠度为

$$[w] = \frac{l}{200} = 15\text{mm}$$

由此可见，$w_{\max} > [w]$，且超过 $[w]$ 约 13%，故不满足刚度要求。因此，应将截面尺寸增大，然后再校核刚度。建议读者完成这一计算。

计算题 13.8～计算题 13.21 拉（压）与弯曲的组合变形

计算题 13.8 图（a）所示起吊装置中，滑轮 B 安装在槽钢组合梁的端部。已知 $F = 40\text{kN}$，$[\sigma] = 140\text{MPa}$，试设计槽钢型号。

解 （1）外力分析。将作用于滑轮 B 上的两个拉力 F 向组合梁的端部的形心 C 简化，

得轴向力 F 和横向力 F［图（b）］。可知，AC 梁发生压弯组合变形。

（2）内力分析。在轴向力 F 和横向力 F 作用下梁的内力图如图（c）、（d）所示。横截面 A 为危险截面。

（3）应力分析。最大正应力（压应力）发生在截面 A 的底部边缘处，其值为

$$\sigma_{max} = \frac{F_N}{2A} + \frac{M_A}{2W_z} \tag{a}$$

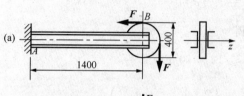

（4）设计截面。强度条件为

$$\sigma_{max} \leqslant [\sigma] \tag{b}$$

在设计槽钢型号时，先满足弯曲正应力强度条件

$$\frac{M_A}{2W_z} \leqslant [\sigma]$$

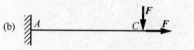

得

$$W_z \geqslant \frac{M_A}{2[\sigma]} = 200 \times 10^3 \, mm^3 = 200 \, cm^3$$

查型钢规格表，22a 号槽钢的横截面面积 $A = 31.84 \, cm^2$、弯曲截面系数 $W_z = 217.6 \, cm^3$，可初步选用该号槽钢并校核强度。将有关数据代入式（a），得

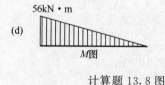

$$\sigma_{max} = \frac{40 \times 10^3 \, N}{2 \times 31.84 \times 10^{-4} \, m^2} + \frac{56 \times 10^3 \, N \cdot m}{2 \times 217.6 \times 10^{-6} \, m^3}$$
$$= 135 \, MPa < [\sigma] = 140 \, MPa$$

满足强度要求，故选用 22a 号槽钢。

计算题 13.8 图

计算题 13.9 图（a）所示吊环的横梁 BC 用锻钢制成，已知 $F = 150 \, kN$，$\alpha = 20°$，$R = 500 \, mm$，$[\sigma] = 120 \, MPa$，试设计横梁 BC 的横截面尺寸 h 和 b（$h/b = 2$）。

解 （1）外力分析。横梁受力情况如图（b）所示。由对称性知

$$F_{N1} = F_{N2} = F_N$$

由平衡方程 $\sum Y = 0$，得

$$F_N = \frac{F}{2\cos\alpha} = \frac{150 \, kN}{2\cos 20°} = 79.8 \, kN$$

（2）内力分析。在力 F_N 作用下，横梁处于压弯组合变形状态，横截面 D 为危险截面［图（c）］，其上的内力（略去剪力）为

$$F_{ND} = F_N \sin 20° = 27.3 \, kN$$
$$M_D = F_N R \sin 20° = 79.8 \, kN \times 0.5 \, m \times \sin 20° = 13.65 \, kN \cdot m$$

（3）应力分析和设计截面。最大正应力（压应力）发生在截面 D 的上边缘处，其值为

$$\sigma_{max} = \frac{F_{ND}}{A} + \frac{M_D}{W_z}$$

式中：$A = 2b^2$，$W_z = \frac{1}{6}b(2b)^2 = \frac{2}{3}b^3$。由强度条件 $\sigma_{max} \leqslant [\sigma]$，得

$$\frac{27.3 \times 10^3 \, N}{2b^2} + \frac{13.65 \times 10^3 \, N \cdot m}{\frac{2}{3}b^3} = 120 \times 10^6 \, Pa$$

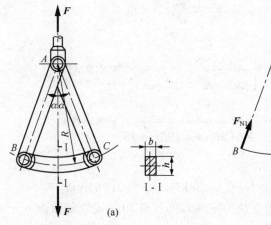

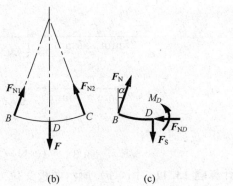

计算题 13.9 图

得

$$b = 5.55 \times 10^{-2} \text{m} = 55.5 \text{mm}, \quad h = 2b = 111 \text{mm}$$

计算题 13.10　在图（a）所示的矩形截面钢杆上，用应变片测得杆件上、下表面的轴向线应变分别为 $\varepsilon_a = 1 \times 10^{-3}$、$\varepsilon_b = 0.4 \times 10^{-3}$，材料的弹性模量 $E = 210 \times 10^3 \text{MPa}$。试求：（1）绘制横截面上的正应力分布图；（2）拉力 F 及其偏心距 e 的数值。

解　（1）绘制横截面上的正应力分布图。根据胡克定律，得

$$\sigma_a = E\varepsilon_a = 210 \times 10^3 \text{MPa} \times 1 \times 10^{-3} = 210 \text{MPa}$$

$$\sigma_b = E\varepsilon_b = 210 \times 10^3 \text{MPa} \times 0.4 \times 10^{-3} = 84 \text{MPa}$$

横截面上的正应力分布如图（b）所示。

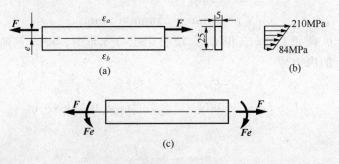

计算题 13.10 图

（2）求拉力 F 和偏心距 e。将力 F 平移到梁的轴线上，得轴向拉力 F 和力偶矩 Fe〔图（c）〕。故钢杆横截面上的内力为

$$F_N = F$$

$$M = Fe$$

由拉弯组合变形下的应力公式，得

$$\sigma_a = \frac{F}{A} + \frac{Fe}{W_z}$$

$$\sigma_b = \frac{F}{A} - \frac{Fe}{W_z}$$

即

$$\frac{F}{25\text{mm} \times 5\text{mm}} + \frac{Fe}{\frac{1}{6} \times 5\text{mm} \times (25\text{mm})^2} = 210\text{MPa}$$

$$\frac{F}{25\text{mm} \times 5\text{mm}} - \frac{Fe}{\frac{1}{6} \times 5\text{mm} \times (25\text{mm})^2} = 84\text{MPa}$$

得

$$F = 18.38 \times 10^3\text{N} = 18.38\text{kN}, \quad e = 1.785\text{mm}$$

计算题 13.11 图（a）所示薄板受拉力 $F = 150\text{kN}$ 作用，试绘制截面 $m-m$ 上的正应力分布图，并计算最大和最小正应力。

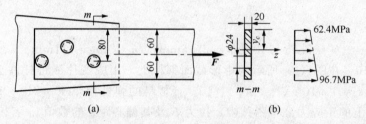

计算题 13.11 图

解 （1）求 $m-m$ 截面的形心位置 y_C 及偏心距 e。由组合截面形心计算公式，得

$$y_C = \frac{20 \times 120 \times 60 - 20 \times 24 \times 80}{20 \times 120 - 20 \times 24}\text{mm} = 55\text{mm}$$

$$e = 60\text{mm} - 55\text{mm} = 5\text{mm}$$

（2）计算 $m-m$ 截面上的 σ_{max} 和 σ_{min}，绘制正应力分布图。将力 F 向截面形心简化后，可知 $m-m$ 截面上的内力为

$$F_N = F = 150\text{kN}$$

$$M = Fe = 150\text{kN} \times 5 \times 10^{-3}\text{m} = 0.75\text{kN} \cdot \text{m}$$

正应力为

$$\sigma = \frac{F_N}{A} + \frac{M}{I_z}y \tag{a}$$

将

$$A = 0.02\text{m} \times 0.12\text{m} - 0.02\text{m} \times 0.024\text{m} = 1.92 \times 10^{-3}\text{m}^3$$

$$I_z = \frac{1}{12} \times 0.02\text{m} \times 0.12^3\text{m}^3 + 0.02\text{m} \times 0.12\text{m} \times (0.06-0.055)^2\text{m}^2$$

$$-\frac{1}{12} \times 0.02\text{m} \times 0.024^2\text{m}^2 - 0.02\text{m} \times 0.024\text{m} \times (0.08-0.055)^2\text{m}^2 = 2.617 \times 10^{-6}\text{m}^4$$

以及有关数据代入式（a），得

$$\sigma_{max} = \frac{150 \times 10\text{N}}{1.92 \times 10^{-3}\text{m}^2} + \frac{0.75 \times 10^3\text{N} \cdot \text{m} \times (-0.065)\text{m}}{2.617 \times 10^{-6}\text{m}^4} = 96.75\text{MPa}$$

$$\sigma_{min} = \frac{150 \times 10N}{1.92 \times 10^{-3}m^2} + \frac{0.75 \times 10^3 N \cdot m \times (-0.055)m}{2.617 \times 10^{-6}m^4} = 62.36MPa$$

截面 $m-m$ 的正应力分布如图（b）所示。

计算题 13.12　图（a）所示为一受拉构件，截面为 40mm×5mm 的矩形，轴向拉力 F =12kN。现拉杆开有切口，若不计应力集中的影响，当材料的许用应力 $[\sigma]$=100MPa 时，试求切口的最大容许深度 x。

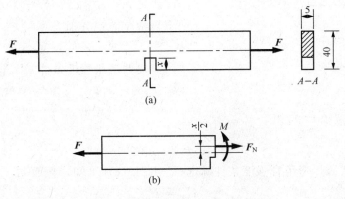

计算题 13.12 图

解　切口处截面为偏心拉伸，其偏心距为 $\frac{x}{2}$ ［图（b）］，故该截面上的内力为

$$F_N = F, \quad M = F \cdot \frac{x}{2}$$

最大正应力发生在横截面上部边缘处，根据强度条件

$$\sigma_{max} = \frac{F_N}{A} + \frac{M}{W_z} \leqslant [\sigma] = 100MPa$$

得

$$\frac{12 \times 10^3 N}{5 \times (40-x) \times 10^{-6}m^2} + \frac{12 \times 10^3 N \times \frac{x}{2} \times 10^{-3}m}{\frac{5 \times (40-x)^2}{6}10^{-9}m^3} \leqslant 100 \times 10^6 Pa$$

上式取等号，整理后得

$$x^2 - 128x + 640 = 0$$

得

$$x = 64mm \pm \sqrt{64^2 - 640}\,mm$$

上式中根号前应取负号，故得 x=5.2mm。

计算题 13.13　矩形截面木杆接头如图（a）所示。已知轴向拉力 $\boldsymbol{F}$=50kN，在顺纹方向，木材的许用挤压应力 $[\sigma_{bs}]$=10MPa，许用切应力 $[\sigma]$=1MPa，许用拉应力 $[\sigma_t]$=6MPa，许用压应力 $[\sigma_c]$=10MPa。试求接头尺寸 a、l 和 c。

解　（1）根据接头剪切强度条件确定 l。取接头左半部为研究对象，其受力如图（b）所示。截面 $k-k$ 为剪切面，其上的剪力和剪切面面积分别为

$$F_S = F, \quad A_S = 250l\,mm^2$$

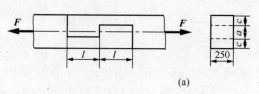

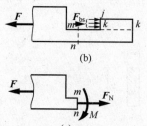

计算题 13.13 图

根据剪切强度条件 $\tau \leqslant [\tau]$，即

$$\tau = \frac{F_S}{A_S} = \frac{50 \times 10^3\,\text{N}}{250l\,\text{mm}^2} \leqslant 1\text{MPa}$$

得

$$l = 200\text{mm}$$

（2）根据接头挤压强度条件确定 a。由图（b）可知，截面 $k-j$ 为挤压面，其上的挤压力和挤压面积分别为

$$F_{bs} = F, \quad A_{bs} = 250a\,\text{mm}^2$$

根据挤压强度条件 $\sigma_{bs} \leqslant [\sigma_{bs}]$，即

$$\sigma_{bs} = \frac{F_{bs}}{A_{bs}} = \frac{50 \times 10^3\,\text{N}}{250a\,\text{mm}^2} \leqslant 10\text{MPa}$$

得

$$a = 20\text{mm}$$

（3）根据拉（压）弯组合强度条件确定 c。由图（c）可知，截面 $m-n$ 上的内力为

$$F_N = F$$

$$M = F\left(\frac{a}{2} + \frac{c}{2}\right)$$

最大拉应力发生在截面内侧边缘 m 处，最大压应力发生在截面外侧边缘 n 处，其值分别为

$$\sigma_{tmax} = \sigma_m = \frac{F_N}{A} + \frac{M}{W_z}$$

$$\sigma_{cmax} = \sigma_n = -\frac{F_N}{A} + \frac{M}{W_z}$$

利用拉（压）弯组合变形的强度条件

$$\sigma_{tmax} \leqslant [\sigma_t] \tag{a}$$

$$\sigma_{cmax} \leqslant [\sigma_c] \tag{b}$$

由式（a）得

$$\frac{50 \times 10^3\,\text{N}}{250c\,\text{mm}^2} + \frac{50 \times 10^3\,\text{N} \times \dfrac{20+c}{2}\,\text{mm}}{\dfrac{1}{6} \times 250c^2\,\text{mm}^3} = 6\text{MPa}$$

或

$$6c^2 - 800c - 12000 = 0$$

解方程得

$$c = \frac{400 \pm \sqrt{400^2 + 6 \times 12000}}{6}\,\text{mm}$$

上式应取正号，即

$$c = 146.9\text{mm}$$

由式（b）得

$$-\frac{50\times10^3\,\text{N}}{250c\,\text{mm}^2}+\frac{50\times10^3\,\text{N}\times\dfrac{20+c}{2}\,\text{mm}}{\dfrac{1}{6}\times250c^2\,\text{mm}^3}=10\text{MPa}$$

或

$$c^2-40c-1200=0$$

解方程得

$$c=20\text{mm}\pm\sqrt{20^2+1200}\,\text{mm}$$

上式应取正号，即

$$c=60\text{mm}$$

经比较后，取 $c=147\text{mm}$。

计算题 13.14 一楼梯木斜梁［图（a）］与水平线成角 $\alpha=30°$，其长度 $l=4\text{m}$，截面为 $b\times h=0.1\text{m}\times0.2\text{m}$ 的矩形，$q=2\text{kN/m}$。试绘制此梁的轴力图和弯矩图，并求横截面上的最大拉应力和最大压应力。

解 梁的受力情况如图（b）所示。由平衡方程求得支座 A、B 的反力分别为

$$F_{Ar}=q\sin30°l=4\text{kN}$$

$$F_{Ay}=F_B=\frac{q\cos30°l}{2}=3.464\text{kN}$$

绘出此梁的轴力图和弯矩图分别如图（c）、（d）所示。

该梁发生压弯组合变形，其最大拉应力和最大压应力分别发生在跨中截面的底部边缘和顶部边缘处，其值分别为

$$\sigma_{\text{tmax}}=-\frac{F_N}{A}+\frac{M_{\max}}{W}=\frac{2\times10^3\,\text{N}}{0.1\text{m}\times0.2\text{m}}+\frac{3.464\times10^3\,\text{N}\cdot\text{m}}{\dfrac{0.1\text{m}\times(0.2\text{m})^2}{6}}$$

$$=-0.1\text{MPa}+5.19\text{MPa}=5.09\text{MPa}$$

$$\sigma_{\text{cmax}}=\frac{F_N}{A}+\frac{M_{\max}}{W}=0.1\text{MPa}+5.19\text{MPa}=5.29\text{MPa}$$

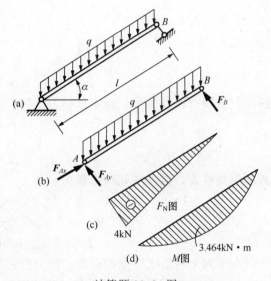

计算题 13.14 图

计算题 13.15 图（a）所示为一悬臂式吊车架，横梁 AB 由两根 10 号槽钢制成，电葫芦可在梁 AB 上来回移动。设电葫芦连同重物共重 $F=9.5\text{kN}$，材料的 $E=200\text{GPa}$，试求当电葫芦移到梁的中点时，在下列三种情况下，横梁的最大正应力值。

（1）只考虑由重力 F 所引起的弯矩影响；

（2）考虑弯矩和轴力的共同影响；

（3）考虑弯矩、轴力以及由轴力引起的附加弯矩（其值等于轴力乘以 F 所引起的最大挠度）的共同影响。

解 横梁 AB 的受力如图（b）所示。由平衡方程求得支座反力为

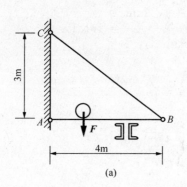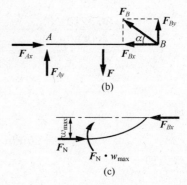

计算题 13.15 图

$$F_{Ay} = F_{By} = \frac{F}{2} = 4.75\text{kN}$$

$$F_{Ar} = F_{Br} = \frac{\frac{F}{2}}{\tan\alpha} = \frac{F}{2} \times \frac{4}{3} = 6.33\text{kN}$$

横梁发生压弯组合变形，跨中截面为危险截面，其上的轴力和弯矩分别为

$$F_N = F_{Ar} = 6.33\text{kN}$$

$$M_{max} = \frac{Fl}{4} = 9.5\text{kN} \cdot \text{m}$$

查型钢规格表，截面的几何参数为

$$A = 2 \times 12.748\text{cm}^2 = 25.496 \times 10^{-4}\text{m}^2$$

$$W_z = 2 \times 39.7\text{cm}^3 = 79.4 \times 10^{-6}\text{m}^3$$

$$I_z = 2 \times 198\text{cm}^4 = 396 \times 10^{-8}\text{m}^4$$

在下列三种情况下梁的最大正应力分别发生在跨中截面的上、下边缘处，计算如下：

（1）只考虑由重力 F 所引起的弯矩影响。最大正应力为

$$\sigma_{max} = \frac{M_{max}}{W_z} = \frac{9.5 \times 10^3\text{N} \cdot \text{m}}{79.4 \times 10^{-6}\text{m}^3} = 119.6\text{MPa}$$

（2）考虑弯矩和轴力的共同影响。最大正应力为

$$\sigma_{max} = \frac{M_{max}}{W_z} + \frac{F_N}{A} = 119.6\text{MPa} + \frac{6.33 \times 10^3\text{N}}{25.496 \times 10^{-4}\text{m}^2}$$

$$= 119.6\text{MPa} + 2.48\text{MPa} = 122.1\text{MPa}$$

（3）考虑弯矩、轴力以及由轴力引起的附加弯矩［图（c）］的共同影响。由 F 所引起的最大挠度为

$$w_{max} = \frac{Fl^3}{48EI} = 0.016\text{m}$$

最大正应力为

$$\sigma_{max} = \frac{M_{max}}{W_z} + \frac{F_N}{A} + \frac{F_N w_{max}}{W_z} = 119.6\text{MP} + 2.48\text{MPa} + \frac{6.33 \times 10^3\text{N} \times 0.016\text{m}}{79.4 \times 10^{-6}\text{m}^3}$$

$$= 122.1\text{MPa} + 1.28\text{MPa} = 123.4\text{MPa}$$

计算题 13.16 一正方形截面短柱如图所示，边长为 a，压力 F 与柱轴线重合，后因使

用上的需要，在右侧中部挖一个槽，槽深 $a/4$。试求：（1）开槽前后柱内最大压应力值及所在点的位置；（2）若在槽的对称位置再挖一个相同的槽，则最大压应力值是开槽前压应力值的几倍？

解　（1）开槽前最大压应力为

$$\sigma_{max} = \frac{F}{A} = \frac{F}{a^2}$$

最大压应力发生在整个截面上。

开槽后最大压应力为

$$\sigma_{max} = \frac{F}{A} + \frac{M}{W_z} = \frac{F}{a\frac{3a}{4}} + \frac{F \times \frac{a}{8}}{\frac{1}{6}a\left(\frac{3}{4}a\right)^2} = \frac{8}{3} \times \frac{F}{a^2}$$

最大压应力分别发生在截面的右边界上各点处。

（2）若在槽的对称位置再挖一个相同的槽，则最大压应力为

$$\sigma_{max} = \frac{F}{a\frac{a}{2}} = 2\frac{F}{a^2}$$

此值是开槽前压应力值的 2 倍。

计算题 13.17　图示矩形截面柱承受压力 $F_1 = 100$kN 和 $F_2 = 45$kN 的作用，F_2 与轴线的偏心距 $e = 200$mm。已知截面尺寸 $b = 180$mm，$h = 300$mm，求 σ_{max} 和 σ_{min}。欲使柱截面内不出现拉应力，试问截面高度 h 应为多少？此时的 σ_{min} 为多大？

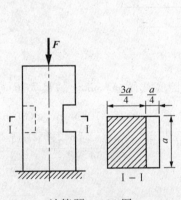

计算题 13.16 图

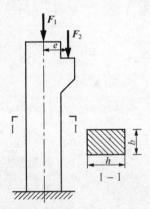

计算题 13.17 图

解　（1）求 σ_{max} 和 σ_{min}。将 F_2 向截面形心简化后，横截面上的轴力和弯矩分别为

$$F_N = F_1 + F_2 = 145\text{kN}$$

$$M = F_2 e = 9\text{kN} \cdot \text{m}$$

σ_{max} 和 σ_{min} 分别为

$$\sigma_{max} = -\frac{(F_1 + F_2)}{bh} + \frac{M}{\frac{bh^2}{6}} = -\frac{145 \times 10^3 \text{N}}{0.18\text{m} \times 0.3\text{m}} + \frac{6 \times 9 \times 10^3 \text{N} \cdot \text{m}}{0.18\text{m} \times 0.3^2 \text{m}^2}$$

$$= -2.685 \times 10^6 \text{Pa} + 3.33 \times 10^6 \text{Pa} = -2.685\text{MPa} + 3.33\text{MPa} = 0.648\text{MPa}$$

$$\sigma_{\min} = -\frac{(F_1 + F_2)}{bh} - \frac{M}{\dfrac{bh^2}{6}} = -2.685\text{MPa} - 3.33\text{MPa} = -6.02\text{MPa}$$

（2）求不出现拉应力时的 h 和 $\sigma_{\min}$。若使柱截面内不出现拉应力，则 $\sigma_{\max} = 0$，即

$$\sigma_{\max} = -\frac{(F_1 + F_2)}{bh} + \frac{M}{\dfrac{bh^2}{6}} = 0$$

得

$$h = 0.372\text{m} = 372\text{mm}$$

此时 $\sigma_{\min}$ 为

$$\sigma_{\min} = -4.33\text{MPa}$$

计算题 13.18　图示一砖砌烟囱，高 $h = 30\text{m}$，自重 $F_1 = 2000\text{kN}$，受水平风力 $q = 1\text{kN/m}$ 的作用。烟囱底截面为外径 $d_1 = 3\text{m}$，内径 $d_2 = 2\text{m}$ 的圆环形。基础埋深 $h_1 = 4\text{m}$，基础和填土总重 $F_2 = 1000\text{kN}$，土壤的许用压应力 $[\sigma] = 0.3\text{MPa}$。试求：（1）烟囱底截面 $m-m$ 上的最大压应力；（2）圆形基础的直径 D（提示：计算风力时不必考虑烟囱截面的变化）。

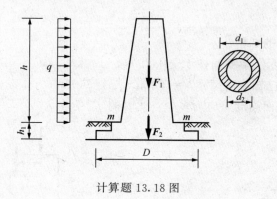

计算题 13.18 图

解　（1）求截面 $m-m$ 上的最大压应力。烟囱底截面 $m-m$ 上的最大压应力为

$$\sigma_{\max} = \frac{F_1}{A} + \frac{qh^2}{W_z} = \frac{2000 \times 10^3\,\text{N}}{\dfrac{\pi[(3\text{m})^2 - (2\text{m})^2]}{4}} + \frac{\dfrac{1}{2} \times 1 \times 10^3\,\text{N/m} \times (30\text{m})^2}{\dfrac{\pi[(3\text{m})^4 - (2\text{m})^4]}{64} \times \dfrac{1}{\dfrac{3}{2}}\text{m}}$$

$$= 0.508\text{MPa} + 0.212\text{MPa} = 0.72\text{MPa}$$

（2）求圆形基础的直径 D。土壤上的最大压应力不超过许用应力的强度条件为

$$\sigma_{\max} = \frac{F_1 + F_2}{\dfrac{\pi D^2}{4}} + \frac{qh\left(\dfrac{h}{2} + h_1\right)}{\dfrac{\pi D^3}{32}} \leqslant [\sigma]$$

即

$$\frac{(2000 + 1000) \times 10^3\,\text{N}}{\dfrac{\pi D^2}{4}\text{m}^2} + \frac{1 \times 10^3\,\text{N/m} \times 30\text{m} \times \left(\dfrac{30}{2} + 4\right)\text{m}}{\dfrac{\pi D^3}{32}\text{m}^3} \leqslant 0.3 \times 10^6\,\text{Pa}$$

上式取等号，整理后得

$$0.3D^3 - 3.82D - 5.81 = 0$$

解方程得

$$D = 4.16\text{m}$$

计算题 13.19 图示为一座挡水用的素混凝土墙，截面为矩形，高 $h=1.2\text{m}$，厚 $b=0.3\text{m}$，混凝土容重 $\gamma=24\text{kN/m}^3$，取 1m 长坝段作为计算对象。试求：（1）当水位达到坝顶时，坝底处的最大拉应力和最大压应力。（2）若要求混凝土中没有拉应力，最大容许水深 h_1 为多少？

解 （1）求最大拉应力和最大压应力。当水位达到坝顶时，坝底处水压力集度为

$$q_0 = 1\text{m} \times \gamma_0 \times h = 1\text{m} \times 9.8\text{kN/m}^3 \times 1.2\text{m}$$
$$= 11.76\text{kN/m}$$

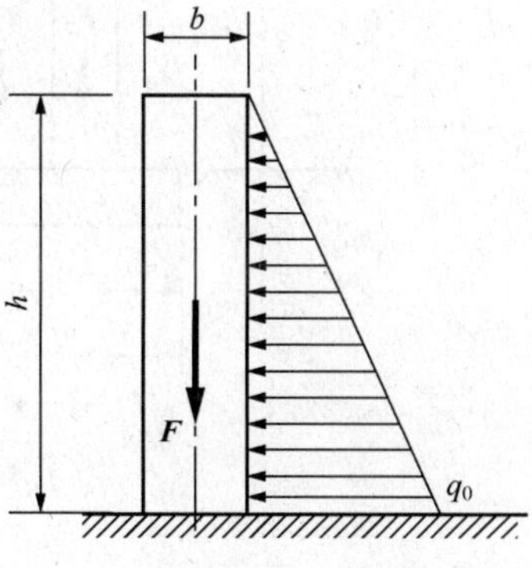

混凝土坝段的重力为

$$F = 1\text{m} \times \gamma \times h \times b = 1\text{m} \times 24\text{kN/m}^3 \times 1.2\text{m} \times 0.3\text{m}$$
$$= 8.64\text{kN}$$

坝段的弯曲截面系数及截面面积分别为

$$W_z = \frac{1}{6} \times 1\text{m} \times (0.3\text{m})^2 = 1.5 \times 10^{-2}\text{m}^3$$

$$A = 0.3\text{m} \times 1\text{m} = 0.3\text{m}^2$$

坝段底处的最大拉、压应力分别为

$$\sigma_{tmax} = -\frac{F}{A} + \frac{\frac{1}{2}q_0 h \cdot \frac{h}{3}}{W_z}$$

$$= -\frac{8.64 \times 10^3\text{N}}{0.3\text{m}^2} + \frac{11.76 \times 10^3\text{N/m} \times 1.2^2\text{m}^2}{6 \times 1.5 \times 10^{-2}\text{m}^3}$$

$$= -0.0288\text{MPa} + 0.188\text{MPa} = 0.159\text{MPa}$$

$$\sigma_{cmax} = 0.0288\text{MPa} + 0.188\text{MPa} = 0.217\text{MPa}$$

（2）求容许水深 h_1。若混凝土中没有拉应力，则

$$\sigma_{tmax} = -\frac{F}{A} + \frac{\frac{1}{2}q_0 h_1 \cdot \frac{h_1}{3}}{W_z} = 0$$

即

$$-0.0288 \times 10^6\text{Pa} + \frac{\frac{1}{2} \times 1\text{m} \cdot \gamma_0 h_1 h_1 \cdot \frac{h_1}{3}}{W_z} = 0$$

得

$$h_1^3 = 265 \times 10^{-3}\text{m}^3$$
$$h_1 = 0.642\text{m}$$

计算题 13.20 图（a）所示一浆砌块石挡土墙，墙高 4m，已知浆砌块石的容重 $\gamma=23\text{kN/m}^3$，许用压应力 $[\sigma_c]=0.25\text{MPa}$，许用拉应力 $[\sigma_t]=0.14\text{MPa}$，墙背承受的土压力

$F_1 = 137$kN，并与铅垂线成角 $\alpha = 45.7°$，其他尺寸如图所示。试取 1m 长的墙体作为研究对象，计算截面 AB 上 A 点和 B 点处的正应力，并校核其强度。

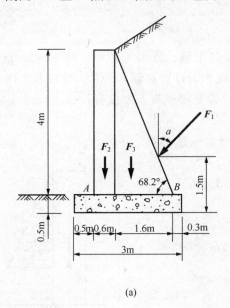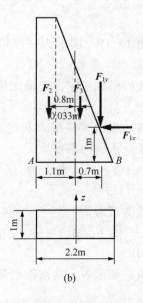

计算题 13.20 图

解 1m 长的挡土墙上承受的外力［图（b）］为

$$F_{1x} = F_1 \sin 45.7° = 137\text{kN} \times 0.716 = 98\text{kN}$$
$$F_{1y} = F_1 \cos 45.7° = 137\text{kN} \times 0.698 = 95.5\text{kN}$$
$$F_2 = 1\text{m} \times 4\text{m} \times 0.6\text{m} \times 23\text{kN/m}^3 = 55.2\text{kN}$$
$$F_3 = 1\text{m} \times \frac{1}{2} \times 4\text{m} \times 1.6\text{m} \times 23\text{kN/m}^3 = 73.6\text{kN}$$

AB 截面上的轴力和弯矩分别为

$$F_N = F_{1y} + F_2 + F_3 = 224.3\text{kN}$$
$$M = F_{1x} \times 1\text{m} + F_2 \times 0.8\text{m} - F_3 \times 0.033\text{m} - F_{1y} \times 0.7\text{m} = 72.9\text{kN} \cdot \text{m}$$

故 AB 截面上 A 点和 B 点处的正应力分别为

$$\sigma_A = -\frac{F_N}{A} - \frac{M}{W_z} = -\frac{224.3 \times 10^3 \text{N}}{1\text{m} \times 2.2\text{m}} - \frac{72.9 \times 10^3 \text{N} \cdot \text{m}}{\frac{1}{6} \times 1\text{m} \times (2.2\text{m})^2}$$
$$= -0.102\text{MPa} - 0.0905\text{MPa} = -0.193\text{MPa}$$
$$\sigma_B = -\frac{F_N}{A} + \frac{M}{W_z} = -0.102\text{MPa} + 0.0905\text{MPa} = -0.0116\text{MPa}$$

因 $|\sigma_A|$、$|\sigma_B|$ 均小于 $|\sigma_c|$，故满足强度要求。

计算题 13.21 一直径为 $d = 70$mm 的圆截面直杆，承受偏心拉力 F 的作用，其偏心距 $e = 20$mm。若材料的许用拉应力 $[\sigma_t] = 120$MPa，试求此杆容许承受的偏心拉力 F 的值。

解 截面的几何参数为

$$A = \frac{\pi \times (0.07\text{m})^2}{4} = 38.5 \times 10^{-4} \text{m}^2$$

$$W_z = \frac{\pi \times (0.07\text{m})^3}{32} = 33.7 \times 10^{-6}\,\text{m}^3$$

偏心拉力 F 应满足如下强度条件：

$$\sigma_{\text{tmax}} = \frac{F}{A} + \frac{Fe}{W_z} \leqslant [\sigma_\text{t}]$$

即

$$\frac{F}{38.5 \times 10^{-4}\,\text{m}^2} + \frac{F \times 20 \times 10^{-3}\,\text{m}}{33.7 \times 10^{-6}\,\text{m}^3} \leqslant 120 \times 10^6\,\text{Pa}$$

得

$$[F] = 141\text{kN}$$

计算题 13.22 和计算题 13.23　截面核心

计算题 13.22　试求图示各截面的截面核心。

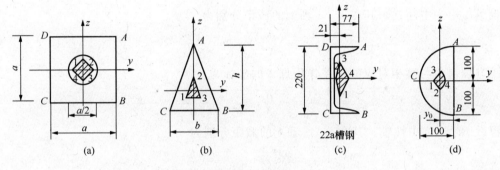

计算题 13.22 图

解　(1) 求图 (a) 所示截面的截面核心。截面的几何参数为

$$A = a^2 - \frac{\pi(a/2)^2}{4}$$

$$I_y = I_z = \frac{a^4}{12} - \frac{\pi(a/2)^4}{64}$$

$$i_y^2 = i_z^2 = \frac{I_y}{A} = 0.1a^2$$

设 AB 边为中性轴，其在 y、z 轴上的截距分别为

$$a_{y1} = \frac{a}{2}, \quad a_{z1} = \infty$$

由截距方程得出与其相对应的荷载作用点 1 的坐标为

$$e_{y1} = -\frac{i_z^2}{a_{y1}} = -\frac{0.1a^2}{a/2} = -\frac{1}{5}a$$

$$e_{z1} = -\frac{i_y^2}{a_{z1}} = -\frac{0.1a^2}{\infty} = 0$$

再设 BC 边为中性轴，其在 y、z 轴上的截距分别为

447

$$a_{y2} = \infty, \quad a_{z2} = -\frac{a}{2}$$

由截距方程得出与其相对应的荷载作用点 2 的坐标为

$$e_{y2} = 0, \quad e_{z2} = \frac{1}{5}a$$

中性轴由 AB 边绕角点 B 转到 BC 边，相应的荷载作用点的轨迹为点 1 和 2 间连线。
同理，可分别设 CD、DA 边为中性轴，可得相应的荷载作用点 3、4 的坐标分别为

$$e_{y3} = \frac{1}{5}a, \quad e_{z3} = 0; \quad e_{y4} = 0, \quad e_{z4} = -\frac{1}{5}a$$

连接点 1、2、3、4 所围的区域，即为截面核心，如图（a）中阴影区域所示。

（2）求图（b）所示截面的截面核心。截面的几何参数为

$$A = \frac{bh}{2}, \quad I_y = \frac{bh^3}{36}, \quad I_z = 2 \times \frac{h(b/2)^3}{12} = \frac{hb^3}{48}$$

$$i_y^2 = \frac{I_y}{A} = \frac{h^2}{18}, \quad i_z^2 = \frac{I_z}{A} = \frac{b^2}{24}$$

设 AB 边为中性轴，其在 y、z 轴上的截距分别为

$$a_{y1} = \frac{b}{3}, \quad a_{z1} = \frac{2}{3}h$$

由截距方程得出与其相对应的荷载作用点 1 的坐标为

$$e_{y1} = -\frac{i_z^2}{a_{y1}} = -\frac{b}{8}, \quad e_{z1} = -\frac{i_y^2}{a_{z1}} = -\frac{h}{12}$$

再设 BC 边为中性轴，其在 y、z 轴上的截距分别为

$$a_{y2} = \infty, \quad a_{z2} = -\frac{h}{3}$$

由截距方程得出与其相对应的荷载作用点 2 的坐标为

$$e_{y2} = 0, \quad e_{z2} = \frac{h}{6}$$

中性轴由 AB 边绕角点 B 转到 BC 边，相应的荷载作用点的轨迹为点 1 和点 2 间连线。
同理，设 AC 边为中性轴，得

$$a_{y3} = -\frac{b}{3}, \quad a_{z3} = \frac{2h}{3}$$

故相应的荷载作用点 3 的坐标为

$$e_{y3} = \frac{b}{8}, \quad e_{z3} = -\frac{h}{12}$$

三角形截面的截面核心如图（b）中阴影区域所示。

（3）求图（c）所示截面的截面核心。由型钢规格表，查得 22a 号槽钢的惯性半径为

$$i_y = 8.67\text{cm} = 86.7\text{mm}, \quad i_z = 2.23\text{cm} = 22.3\text{mm}$$

故

$$i_y^2 = 7516.9\text{mm}^2, \quad i_z^2 = 497.29\text{mm}^2$$

先设 AD 边为中性轴，则有

$$a_{y1} = \infty, \quad a_{z1} = 110\text{mm}$$

故荷载作用点 1 的坐标为

$$e_{y1} = -\frac{i_z^2}{a_{y1}} = 0$$

$$e_{z1} = -\frac{i_y^2}{a_{z1}} = -\frac{7516.9\text{mm}^2}{110\text{mm}} = -68.34\text{mm}$$

再设 BC 边为中性轴，由于 BC 边和 AD 边均对称于 y 轴，故荷载作用点 3 也必与点 1 对称于 y 轴。

为使中性轴不与截面相交，因此，不能设槽钢的凹口各边为中性轴，对于凹口部分，设 AB 的连线为中性轴，则有

$$a_{y2} = 56\text{mm}, \quad a_{z2} = \infty$$

故相应的荷载作用点 2 的坐标为

$$e_{y2} = -8.88\text{mm}, \quad e_{z2} = 0$$

最后，设 CD 边为中性轴，得

$$a_{y4} = 21\text{mm}, \quad a_{z4} = \infty$$

则荷载作用点 4 的坐标为

$$e_{y4} = 23.68\text{mm}, \quad e_{z4} = 0$$

22a 号槽钢的截面核心如图（c）中阴影区域所示。

（4）求图（d）所示截面的截面核心。截面的几何参数为

$$A = \frac{1}{2} \times \frac{\pi d^2}{4} = 157.1 \times 10^2\text{mm}^2, \quad y_0 = \frac{2d}{3\pi} = 42.44\text{mm}$$

$$I_y = \frac{1}{2} \times \frac{\pi d^4}{64} = 3927 \times 10^4\text{mm}^4$$

$$I_z = 3927 \times 10^4\text{mm}^4 - 157.1 \times 10^2\text{mm}^2 \times (42.44)^2\text{mm}^2 = 1097 \times 10^4\text{mm}^4$$

$$i_y^2 = \frac{I_y}{A} = 2500\text{mm}^2, \quad i_z^2 = \frac{I_z}{A} = 698.28\text{mm}^2$$

设 AB 边为中性轴，其在 y、z 轴上的截距分别为

$$a_{y1} = 42.44\text{mm}, \quad a_{z1} = \infty$$

故相对应的荷载作用点 1 的坐标为

$$e_{y1} = -\frac{i_z^2}{a_{y1}} = -16.5\text{mm}, \quad e_{z1} = -\frac{i_y^2}{a_{z1}} = 0$$

分别设与 A、B、C 相切的直线为中性轴，则其截距以及相对应的荷载作用点 2、3、4 的坐标分别为

$$a_{y2} = \infty, \quad a_{z2} = 100\text{mm}; \quad e_{y2} = 0, \quad e_{z2} = -25\text{mm}$$

$$a_{y3} = \infty, \quad a_{z3} = -100\text{mm}; \quad e_{y3} = 0, \quad e_{z3} = 25\text{mm}$$

$$a_{y4} = 57.56\text{mm}, \quad a_{z4} = \infty; \quad e_{y4} = 12.1\text{mm}, \quad e_{z4} = 0$$

中性轴由点 A 的切线绕角点 A 转到 AB 边和由 AB 边绕角点 B 转到点 B 的切线，相应的荷载作用点的轨迹为直线，故分别以直线连接点 1、2 及点 1、3。中性轴由点 A 的切线沿半圆弧过渡（始终与圆周相切）到点 B 的切线，则相应的荷载作用点的轨迹为一曲线，故以曲线连接点 2、4、3。即得半圆截面的截面核心，如图（d）中阴影区域所示。

计算题 13.23　试求图（a）所示十字形截面的截面核心。

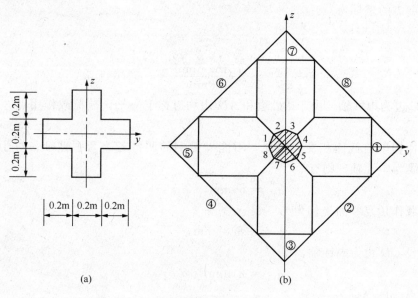

计算题 13.23 图

解　截面的几何参数为

$$A = 0.2\text{m} \times 0.6\text{m} + 2 \times 0.2\text{m} \times 0.2\text{m} = 0.2\text{m}^2$$

$$I_z = I_y = \frac{1}{12} \times 0.2\text{m} \times (0.6\text{m})^3 + 2 \times \frac{1}{12} \times 0.2\text{m} \times (0.2\text{m})^3 = 38.67 \times 10^{-4}\text{m}^4$$

设直线①［图（b）］为中性轴，则相应的截距及荷载作用点 1 的坐标分别为

$$a_{y1} = 0.3\text{m}, \quad a_{z1} = \infty$$

$$e_{y1} = -\frac{i_z^2}{a_{y1}} = -\frac{I_z}{Aa_{y1}} = -\frac{38.67 \times 10^{-4}\text{m}^4}{0.2\text{m}^2 \times 0.3\text{m}} = -0.064\text{m}$$

$$e_{z1} = -\frac{i_y^2}{a_{z1}} = 0$$

再设直线②为中性轴，则相应的截距及荷载作用点 2 的坐标分别为

$$a_{y2} = 0.4\text{m}, \quad a_{z2} = -0.4\text{m}$$

$$e_{y2} = -\frac{I_z}{Aa_{y2}} = -\frac{38.67 \times 10^{-4}\text{m}^4}{0.2\text{m}^2 \times 0.4\text{m}} = -0.048\text{m}$$

$$e_{z2} = -\frac{I_y}{Aa_{z2}} = -\frac{38.67 \times 10^{-4}\text{m}^4}{0.2\text{m}^2 \times (-0.4)\text{m}} = 0.048\text{m}$$

由于图形对称于 y 轴及 z 轴，利用对称关系可求得截面核心边界上其他点。核心边界为一个八边形，其中点 1、3、5、7 在 y 轴及 z 轴上，点 2、4、6、8 在 45°斜线上，如图（b）中阴影区域所示。

计算题 13.24～计算题 13.29　扭转与弯曲的组合变形

计算题 13.24　试根据第三强度理论确定图示手摇卷扬机能起吊的许用荷载 F 的数值。

已知机轴的直径 $d=30$mm，机轴材料的许用应力 $[\sigma]=160$MPa。

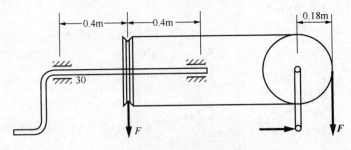

计算题 13.24 图

解 （1）内力分析。在力 F 的作用下，该轴将发生弯曲与扭转的组合变形。跨中截面为危险截面，其上的内力为

$$M_z = \frac{Fl}{4} = \frac{F \times 0.8\text{m}}{4} = 0.2F\text{N} \cdot \text{m}$$

$$F_S = \frac{F}{2} = 0.5F\text{N}$$

$$T = F \times 0.18\text{m} = 0.18F\text{N} \cdot \text{m}$$

（2）应力计算。截面的几何参数为

$$W_z = \frac{\pi d^3}{32} = \frac{\pi \times (30\text{mm})^3}{32} = 2650\text{mm}^3$$

$$W_p = 2W_z = 5300\text{mm}^3$$

$$A = \frac{\pi d^2}{4} = \frac{\pi \times (30\text{mm})^2}{4} = 707\text{mm}^2$$

危险点处的应力为

$$\sigma = \frac{M_z}{W_z} = \frac{0.2F\text{N} \cdot \text{m}}{2650 \times 10^{-9}\text{m}^3} = 0.076F \times 10^6\text{Pa} = 0.076F\text{MPa}$$

$$\tau_{F_S} = \frac{4}{3} \times \frac{F_S}{A} = \frac{4}{3}\frac{0.5F\text{N}}{707 \times 10^{-6}\text{m}^2} = 0.001F \times 10^6\text{Pa} = 0.001F\text{MPa}$$

$$\tau_T = \frac{T}{W_p} = \frac{0.18F\text{N} \cdot \text{m}}{5300 \times 10^{-9}\text{m}^3} = 0.034F \times 10^6\text{Pa} = 0.034F\text{MPa}$$

在实心轴中由剪力 F_S 产生的切应力 τ_{FS} 一般很小，可以忽略。故主应力为

$$\begin{matrix}\sigma_1\\\sigma_3\end{matrix} = \frac{\sigma}{2}\tau\sqrt{\left(\frac{\sigma}{2}\right)^2 + \tau_T^2} = \frac{0.076F}{2}\text{MPa} \pm \sqrt{\left(\frac{0.076F}{2}\right)^2 + (0.034F)^2}\text{MPa}$$

$$= 0.038F\text{MPa} \pm 0.051F\text{MPa} = \begin{matrix}0.089F\\-0.013F\end{matrix}\text{MPa}$$

（3）求许用荷载。根据第三强度理论的强度条件，有

$$\sigma_1 - \sigma_3 = 0.089F\text{MPa} + 0.013F\text{MPa} = 0.102F\text{MPa} \leqslant [\sigma] = 160\text{MPa}$$

故

$$F \leqslant \frac{160}{0.102} = 1570\text{N} = 1.57\text{kN}$$

计算题 13.25 曲拐受力如图（a）所示，其圆杆部分的直径 $d=50$mm。试绘出根部截

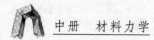

面上 A 点处单元体的应力状态，并求其主应力及最大切应力。

解　根部横截面上的内力为

$$M = 3.2\text{kN} \times 90 \times 10^{-3}\text{m} = 0.288\text{kN} \cdot \text{m}$$

$$F_\text{s} = 3.2\text{kN}$$

$$T = 3.2\text{kN} \times 140 \times 10^{-3}\text{m} = 0.448\text{kN} \cdot \text{m}$$

该横截面上点 A 处的应力为

$$\sigma = \frac{M}{W} = \frac{0.288 \times 10^3 \text{N} \cdot \text{m}}{\dfrac{\pi \times (0.05\text{m})^3}{32}} = 23.5 \times 10^6 \text{Pa} = 23.5\text{MPa}$$

$$\tau = \frac{T}{W_\text{p}} = \frac{0.448 \times 10^3 \text{N} \cdot \text{m}}{\dfrac{\pi \times (0.05\text{m})^3}{16}} = 18.3 \times 10^6 \text{Pa} = 18.3\text{MPa}$$

点 A 处的应力状态如图（b）所示。用应力圆［图（c）］可求得主应力和最大切应力分别为

$$\sigma_1 = 33.5\text{MPa}, \quad \sigma_2 = 0, \quad \sigma_3 = -9.95\text{MPa}$$

$$\tau_{\max} = \frac{\sigma_1 - \sigma_3}{2} = 21.72\text{MPa}$$

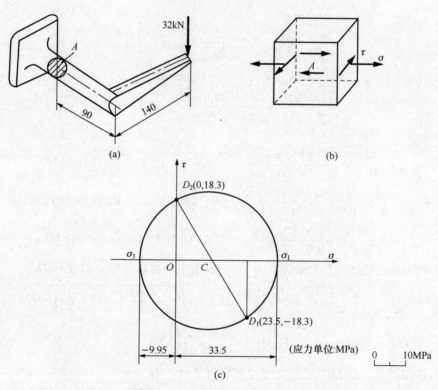

计算题 13.25 图

计算题 13.26　图（a）所示杆件在自由端同时受横向力 F 和偏心压力 $10F$ 的作用，试确定 F 的许用值。已知材料的许用应力 $[\sigma_t] = 30\text{MPa}$，$[\sigma_c] = 90\text{MPa}$。

解　（1）外力分析。将力 $10F$ 平移到梁的轴线上，得轴向压力 $10F$ 和作用于截面 A 上

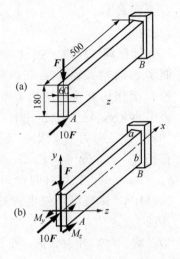

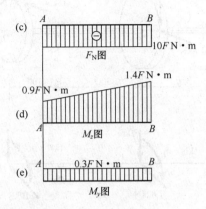

计算题 13.26 图

的力偶矩 M_z、M_y，使梁产生轴向压缩及非对称弯曲 [图 (b)]。图中力偶矩为

$$M_z = 10F \times 0.09\text{m} = 0.9F\,\text{N} \cdot \text{m}$$

$$M_y = 10F \times 0.03\text{m} = 0.3F\,\text{N} \cdot \text{m}$$

（2）内力分析。在轴向压力 $10F$ 的作用下，梁产生轴向压缩；在横向力 F 和力偶矩 M_z 作用下，梁在 xy 平面内弯曲；在力偶矩 M_y 作用下，梁在 xz 平面内弯曲。其轴力图、弯矩图分别如图 (c)、(d)、(e) 所示。

（3）应力分析并确定 F 的许用值。由内力图可知，横截面 B 为危险截面，最大拉应力 σ_{tmax} 发生在点 a 处，最大压应力 σ_{cmax} 发生在点 b 处 [图 (b)]。

由强度条件

$$\sigma_{\text{tmax}} = \sigma_a = -\frac{10F}{A} + \frac{1.4F}{W_z} + \frac{0.3F}{W_y} \leqslant [\sigma_\text{t}]$$

即

$$-\frac{10F}{0.18\text{m} \times 0.06\text{m}} + \frac{1.4F\,\text{N} \cdot \text{m}}{\frac{1}{6} \times 0.06\text{m} \times (0.18\text{m})^2} + \frac{0.3F\,\text{N} \cdot \text{m}}{\frac{1}{6} \times 0.18\text{m} \times (0.06\text{m})^2} = 30 \times 10^6\,\text{Pa}$$

得

$$F = 4.85 \times 10^3\,\text{N}$$

由强度条件

$$\sigma_{\text{cmax}} = \sigma_b = \frac{10F}{A} + \frac{1.4F}{W_z} + \frac{0.3F}{W_y} \leqslant [\sigma_\text{c}]$$

即

$$\frac{10F}{0.18\text{m} \times 0.06\text{m}} + \frac{1.4F\,\text{N} \cdot \text{m}}{\frac{1}{6} \times 0.06\text{m} \times (0.18\text{m})^2} + \frac{0.3F\,\text{N} \cdot \text{m}}{\frac{1}{6} \times 0.18\text{m} \times (0.06\text{m})^2} = 90 \times 10^6\,\text{Pa}$$

得

$$F = 11.22 \times 10^3\,\text{N}$$

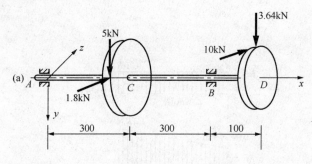

(a)

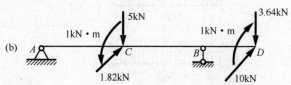

(b)

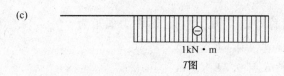

(c)

1kN·m

T图

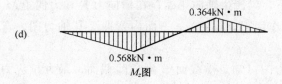

(d)

0.364kN·m

0.568kN·m

M_z图

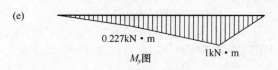

(e)

0.227kN·m

1kN·m

M_y图

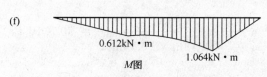

(f)

0.612kN·m

1.064kN·m

M图

计算题 13.27 图

比较后，取 $[F]=4.85\times10^3\mathrm{N}=4.85\mathrm{kN}$。

计算题 13.27 图（a）所示一钢制实心圆轴，轴上装有齿轮 C 和 D。轮 C 上作用有铅垂切向力 5kN 和径向力 1.82kN，轮 D 上作用有水平切向力 10kN 和径向力 3.64kN。轮 C 的节圆直径 $d_C=400\mathrm{mm}$，轮 D 的节圆直径 $d_D=200\mathrm{mm}$。若材料的许用应力 $[\sigma]=100\mathrm{MPa}$，试按第四强度理论设计轴的直径。

解 （1）外力分析。将两个轮上的切向外力分别向该轴的截面形心简化，得 AD 轴的受力图 [图（b）]。由图可知，轴的变形为两个相互垂直平面内的弯曲与扭转的组合。

（2）内力分析。分别绘出 AD 轴的扭矩图 [图（c）] 和两个正交平面内的弯矩 M_z 和 M_y 图 [图（d）、（e）]。M_z 和 M_y 合成后的弯矩为

$$M=\sqrt{M_z^2+M_y^2}$$

合成弯矩 M 图如图（f）所示。

由扭矩图和合成弯矩图可知，B 截面为危险截面，其上的扭矩和弯矩分别为

$$T=-1\mathrm{kN\cdot m}=-1000\mathrm{N\cdot m}$$
$$M_B=1.064\mathrm{kN\cdot m}=1064\mathrm{N\cdot m}$$

（3）应力分析。危险截面上的危险点处既有正应力又有切应力，处于二向应力状态。

（4）设计轴的直径。按第四强度理论建立的强度条件，有

$$W_z\geqslant\frac{\sqrt{M^2+0.75T^2}}{[\sigma]}$$

$$=\frac{\sqrt{(1064\mathrm{N\cdot m})^2+0.75(-1000\mathrm{N\cdot m})^2}}{100\times10^6\mathrm{Pa}}\mathrm{m}^3=13.72\times10^{-6}\mathrm{m}^3$$

因

$$W_z=\frac{\pi d^3}{32}$$

·得

$$d \geqslant \sqrt[3]{\frac{32 \times 13.72 \times 10^{-6} \mathrm{m}^3}{\pi}} = 5.19 \times 10^{-2} \mathrm{m} = 51.9 \mathrm{mm}$$

故取

$$d = 52 \mathrm{mm}$$

计算题 13.28 图（a）所示传动轴，已知转速 $n = 110 \mathrm{r/min}$，传递功率 $P = 11.75 \mathrm{kW}$，胶带的紧边张力为其松边张力的三倍。若材料的许用应力 $[\sigma] = 70 \mathrm{MPa}$，试按第三强度理论计算该轴外伸段的许用长度 l。

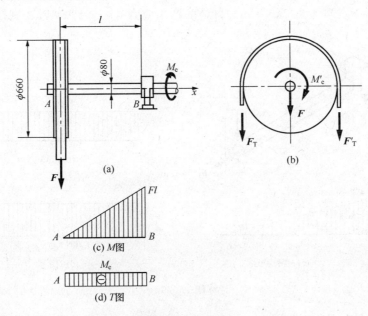

计算题 13.28 图

解 （1）外力分析。传动轴上承受的外力偶矩为

$$M_{\mathrm{e}} = 9549 \frac{P}{n} = 1.02 \mathrm{kN \cdot m}$$

设胶带松边和紧边的张力分别为 $\boldsymbol{F}_{\mathrm{T}}$ 和 $\boldsymbol{F}_{\mathrm{T}}'$，将 $\boldsymbol{F}_{\mathrm{T}}$ 和 $\boldsymbol{F}_{\mathrm{T}}'$ 向轴 AB 的轴心简化，得到作用于截面 A 上的横向力 $\boldsymbol{F}$ 和力偶 M_{e}'[图（b）]，其值分别为

$$F = F_{\mathrm{T}} + F_{\mathrm{T}}' = F_{\mathrm{T}} + 3F_{\mathrm{T}} = 4F_{\mathrm{T}}$$

$$M_{\mathrm{e}}' = F_{\mathrm{T}}' \times \frac{D}{2} - F_{\mathrm{T}} \times \frac{D}{2} = F_{\mathrm{T}} D$$

由平衡方程

$$\sum M_x = 0 \quad M_{\mathrm{e}} - M_{\mathrm{e}}' = 0$$

得

$$F_{\mathrm{T}} = \frac{M_{\mathrm{e}}}{D} = \frac{1.02 \mathrm{kN \cdot m}}{0.66 \mathrm{m}} = 1.545 \mathrm{kN}$$

（2）内力分析。横向力 $\boldsymbol{F}$ 使轴弯曲，力偶 M_{e} 和 M_{e}' 使轴扭转，其弯矩图和扭矩图分别如图（c）、（d）所示。可见 B 处横截面为危险截面，该截面上的弯矩和扭矩分别为

$$M = Fl = 4F_{\mathrm{T}}l = 6.18l \mathrm{kN \cdot m}$$

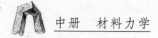

$$T = M_e = 1.02\text{kN} \cdot \text{m}$$

（3）计算外伸段的长度 l。按第三强度理论建立的强度条件，有

$$\frac{32\sqrt{(6.18 \times 10^3 l)^2 + (1.02 \times 10^3)^2}\,\text{N} \cdot \text{m}}{\pi(0.08\text{m})^3} \leqslant 70 \times 10^6\,\text{Pa}$$

得

$$l = 0.545\text{m} = 545\text{mm}$$

计算题 13.29　图（a）所示圆截面杆承受荷载 F_1、F_2 和 M_e 的作用。已知 $F_1 = 0.5\text{kN}$，$F_2 = 15\text{kN}$，$M_e = 1.2\text{kN} \cdot \text{m}$，材料的许用应力 $[\sigma] = 160\text{MPa}$，试按第三强度理论校核杆的强度。

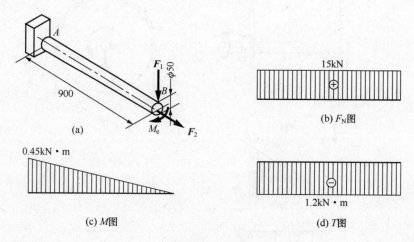

计算题 13.29 图

解　绘杆的内力图分别如图（b）、（c）和（d）所示。可见横截面 A 为危险截面，其上的轴力、弯矩和扭矩分别为

$$F_N = F_2 = 15\text{kN}$$
$$M = F_1 \times 0.9\text{m} = 0.45\text{kN} \cdot \text{m}$$
$$T = M_e = 1.2\text{kN} \cdot \text{m}$$

该截面上危险点处的正应力和切应力分别为

$$\sigma = \frac{F_N}{A} + \frac{M}{W_z} = \frac{15 \times 10^3\,\text{N}}{\frac{\pi}{4} \times (0.05\text{m})^2} + \frac{0.45 \times 10^3\,\text{N} \cdot \text{m}}{\frac{\pi}{32} \times (0.05\text{m})^3}$$

$$= 44.3 \times 10^6\,\text{Pa} = 44.3\text{MPa}$$

$$\tau = \frac{T}{W_p} = \frac{1.2 \times 10^3\,\text{N} \cdot \text{m}}{\frac{\pi}{16} \times (0.05\text{m})^3} = 48.9 \times 10^6\,\text{Pa} = 48.9\text{MPa}$$

根据第三强度理论的强度条件，得

$$\sigma_{r3} = \sqrt{\sigma^2 + 4\tau^2} = 107.4\text{MPa} < [\sigma] = 160\text{MPa}$$

故该杆符合强度要求。

第十四章
压杆稳定

内容提要

1. 压杆稳定的概念

（1）稳定平衡状态。杆件在轴向压力作用下，若给杆一微小的横向干扰，使杆发生微小的弯曲变形，在干扰撤去后，杆经若干次振动后仍会回到它原来的直线形状的平衡状态，我们把杆件原来处于的直线形状的平衡状态称为稳定平衡状态。

（2）不稳定平衡状态。杆件在轴向压力作用下，如果在经微小的横向干扰后杆件不能回到它原来的直线形状平衡状态，而是停留在一个新的位置上维持微弯形状下的平衡或者突然屈曲发生破坏，我们把杆件原来的直线形状平衡状态称为不稳定平衡状态。

（3）失稳。压杆丧失其直线形状平衡状态的现象，称为失稳。

（4）临界平衡状态和临界力。若压杆由直线形状平衡状态经干扰后变为微弯形状平衡状态，则把受干扰前杆的直线形状平衡状态称为临界平衡状态。压杆的临界力就是使压杆处于微弯形状平衡状态所需的最小压力。

2. 压杆的分类和临界力、临界应力计算公式

（1）细长压杆（$\lambda \geqslant \lambda_p$）临界力、临界应力的欧拉公式分别为

$$F_{cr} = \frac{\pi^2 EI}{(\mu l)^2} \tag{14.1}$$

$$\sigma_{cr} = \frac{\pi^2 E}{\lambda^2} \tag{14.2}$$

式中：$\lambda = \dfrac{\mu l}{i}$——压杆的柔度或长细比。

（2）中长压杆（$\lambda_s < \lambda < \lambda_p$）临界应力的抛物线经验公式

$$\sigma_{cr} = \sigma_s - a\lambda^2 \tag{14.3}$$

式中：a——与材料有关的常数（可查有关手册），单位为 MPa。

（3）短粗压杆（$\lambda \leqslant \lambda_s$）临界应力为

$$\sigma_{cr} = \sigma_s \quad \text{或} \quad \sigma_{cr} = \sigma_b$$

3. 压杆的临界力、临界应力的计算步骤

（1）判断压杆的失稳平面。如果压杆在各个纵向平面内的杆端约束情况相同，则弯曲刚度最小的形心主惯性平面为失稳平面；如果压杆在各个纵向平面内的弯曲刚度相同，则杆端约束弱的纵向平面为失稳平面；如果压杆在各个纵向平面内的杆端约束和弯曲刚度均各不相同，则在两个形心主惯性平面中柔度较大的为失稳平面。

（2）根据柔度值，采用相应公式计算临界力、临界应力。如果是大柔度杆，采用欧拉公式计算；如果是中柔度杆，则根据经验公式计算。

4. 压杆的稳定计算

（1）稳定条件。

1）安全因数法。

$$F \leqslant \frac{F_{cr}}{n_{st}} = [F]_{st} \tag{14.4}$$

或

$$\sigma = \frac{F}{A} \leqslant \frac{\sigma_{cr}}{n_{st}} = [\sigma]_{st} \tag{14.5}$$

式中：n_{st}——稳定安全因数。可在有关的设计手册中查到。

2）折减因数法。

$$\sigma = \frac{F}{A} \leqslant \varphi[\sigma] \tag{14.6}$$

式中：φ——折减因数。可在有关的设计规范中查到[①]。对于 Q235 钢制成的压杆的折减因数 φ，给出了计算用表 14.1。对于木压杆则可用下式计算：

$$当 \lambda \leqslant 80 时， \quad \varphi = 1.02 - 0.55\left(\frac{\lambda + 20}{100}\right)^2 \tag{14.7}$$

$$当 \lambda > 80 时， \quad \varphi = \frac{3000}{\lambda^2} \tag{14.8}$$

（2）三类稳定计算问题。

1）稳定校核。

2）设计截面。

3）确定许用荷载。

表 14.1　Q235 钢中心受压直杆的折减因数 φ

λ	0	1	2	3	4	5	6	7	8	9
0	1.000	1.000	1.000	1.000	0.999	0.999	0.998	0.998	0.997	0.996
10	0.995	0.994	0.993	0.992	0.991	0.989	0.988	0.987	0.985	0.983

---

① 本章在用折减因数法进行压杆的强度计算时，仍沿用钢结构设计规范（TJ 17—74）和木结构设计规范（GBJ 5—73）。

λ	0	1	2	3	4	5	6	7	8	9
20	0.981	0.979	0.977	0.975	0.973	0.971	0.969	0.966	0.963	0.961
30	0.958	0.956	0.953	0.950	0.947	0.944	0.941	0.937	0.934	0.931
40	0.927	0.923	0.920	0.916	0.912	0.908	0.904	0.900	0.896	0.892
50	0.888	0.884	0.879	0.875	0.870	0.866	0.861	0.856	0.851	0.847
60	0.842	0.837	0.832	0.826	0.821	0.816	0.811	0.805	0.800	0.795
70	0.789	0.784	0.778	0.772	0.767	0.761	0.755	0.749	0.743	0.737
80	0.731	0.725	0.719	0.713	0.707	0.701	0.695	0.688	0.682	0.676
90	0.669	0.663	0.657	0.650	0.644	0.637	0.631	0.624	0.617	0.611
100	0.604	0.597	0.591	0.584	0.577	0.570	0.563	0.557	0.550	0.543
110	0.536	0.529	0.522	0.515	0.508	0.501	0.494	0.487	0.480	0.473
120	0.466	0.459	0.452	0.445	0.439	0.432	0.426	0.420	0.413	0.407
130	0.401	0.396	0.390	0.384	0.379	0.374	0.369	0.364	0.359	0.354
140	0.349	0.344	0.340	0.335	0.331	0.327	0.322	0.318	0.314	0.310
150	0.306	0.303	0.299	0.295	0.292	0.288	0.285	0.281	0.278	0.275
160	0.272	0.268	0.265	0.262	0.259	0.256	0.254	0.251	0.248	0.245
170	0.243	0.240	0.237	0.235	0.232	0.230	0.227	0.225	0.223	0.220
180	0.218	0.216	0.214	0.212	0.210	0.207	0.205	0.203	0.201	0.199
190	0.197	0.196	0.194	0.192	0.190	0.188	0.187	0.185	0.183	0.181
200	0.180	0.178	0.176	0.175	0.173	0.172	0.170	0.169	0.167	0.166
210	0.164	0.163	0.162	0.160	0.159	0.158	0.156	0.155	0.154	0.152
220	0.151	0.150	0.149	0.147	0.146	0.145	0.144	0.143	0.142	0.141
230	0.139	0.138	0.137	0.136	0.135	0.134	0.133	0.132	0.131	0.130
240	0.129	0.128	0.127	0.126	0.125	0.125	0.124	0.123	0.122	0.121
250	0.120									

概念题解

概念题 14.1~概念题 14.23　压杆稳定

概念题 14.1　直杆受轴向压力作用，给该杆施加一横向干扰，干扰撤去后，如（　　），则压杆原有直线形状的平衡状态称为稳定的平衡状态。

A. 杆回到原来的平衡状态

B. 杆的横向变形继续增大到某一状态时静止

C. 杆的横向变形继续增大，直到压杆破坏

D. 杆保持干扰撤去前时的状态不变

答　A。

概念题 14.2　直杆受轴向压力作用，当压力增大到某一极限值时，若再给杆一横向干扰，使杆发生微小的弯曲变形，在干扰撤去后，杆不再恢复到原来直线形状的平衡状态，而是仍处于微弯的平衡状态，则把受干扰前杆的直线形状的平衡状态称为_____，此时的压力称为压杆的_____。

答　临界平衡状态；临界力 F_{cr}。

概念题 14.3　直杆受轴向压力作用，给压杆施加一横向干扰，干扰撤去后，如（　　），则杆初始的平衡状态称为不稳定平衡状态。

A. 杆回到原来的平衡状态

B. 杆的横向变形继续增大到某一状态时静止

C. 杆的横向变形继续增大，直到压杆破坏

D. 杆保持干扰撤去前时的状态不变

答　D。

概念题 14.4　临界平衡状态实质上是一种_____的平衡状态，因为此时杆一经干扰后就不能维持原有直线形状的平衡状态了。

答　不稳定。

概念题 14.5　压杆从稳定的平衡状态转变为不稳定的平衡状态，这种现象称为_____。

答　丧失稳定性或失稳。

概念题 14.6　临界力 F_{cr} 是压杆保持直线形状平衡状态所能承受的最大压力。（　　）

答　对。

概念题 14.7　临界力 F_{cr} 是压杆处于微弯形状平衡状态所需的最小压力。（　　）

答　对。

概念题 14.8　下列关于压杆临界力 F_{cr} 的说法中错误的是（　　）。

A. F_{cr} 与压杆的弯曲刚度 EI 成正比　　　　　　B. 与杆件长度 l 的平方成反比

C. 与杆件两端约束情况有关　　　　　　　　　　　D. 与杆件的相当长度 μl 的平方成反比

答　B。

概念题 14.9　两端铰支、横截面边长为 a 的正方形、材料弹性模量为 E、长为 l 的细长压杆的临界力为_____。

答　$F_{cr}=\dfrac{\pi^2 E a^4}{12 l^2}$。

概念题 14.10　两端铰支、横截面直径为 D、材料弹性模量为 E、长为 l 的细长压杆的临界为_____。

答　$F_{cr}=\dfrac{\pi^3 E D^4}{64 l^2}$。

概念题 14.11　横截面面积相等，长度、材料、约束情况均相同，横截面分别为边长为 a 的正方形和直径为 D 的圆截面的两细长压杆的临界力之比为_____。

答　$\pi/3$。

概念题 14.12　一端自由、一端固定的压杆的长度因数为_____，一端铰支、一端固定的压杆的长度因数为_____，两端固定的压杆的长度因数为_____，两端铰支的压杆的长

度因数为_____。

答 $\mu=2$；$\mu=0.7$；$\mu=0.5$；$\mu=1$。

概念题 14.13 横截面形状分别为正方形和圆形的 a、b 两根细长压杆，长度、截面面积、材料、约束情况均相同，则两压杆的临界力 $F_{a,cr}$ 和 $F_{b,cr}$ 的关系为（　　）。

A. $F_{a,cr}=F_{b,cr}$ 　　　　　　　　　B. $F_{a,cr}<F_{b,cr}$

C. $F_{a,cr}>F_{b,cr}$ 　　　　　　　　　D. 不确定

答 C。

概念题 14.14 压杆的柔度 λ 与压杆的_____有关，与_____无关；而 λ_p 仅与_____有关。

答 横截面形状和面积、杆件长度、约束情况；杆件的材料和承受的压力；压杆的材料。

概念题 14.15 当压杆的柔度 $\lambda\geqslant\lambda_p$ 时为大柔度杆，杆件发生_____破坏，用_____计算其临界力；当 $\lambda_s<\lambda<\lambda_p$ 时为中柔度杆，杆件发生_____破坏，用_____计算其临界力；当 $\lambda\leqslant\lambda_s$ 时为小柔度杆，杆件发生_____破坏。

答 失稳；欧拉公式；失稳；经验公式；强度。

概念题 14.16 对相同材料的压杆，下列说法中正确的是（　　）。

A. 柔度 λ 越大，临界应力 σ_{cr} 越大，越不容易失稳

B. 柔度 λ 越大，临界应力 σ_{cr} 越小，越不容易失稳

C. 柔度 λ 越大，临界应力 σ_{cr} 越大，越容易失稳

D. 柔度 λ 越大，临界应力 σ_{cr} 越小，越容易失稳

答 D。

概念题 14.17 对相同材料的压杆，下列说法中正确的是（　　）。

A. 柔度 λ 越小，临界应力 σ_{cr} 越大，越不容易失稳

B. 柔度 λ 越小，临界应力 σ_{cr} 越小，越不容易失稳

C. 柔度 λ 越小，临界应力 σ_{cr} 越大，越容易失稳

D. 柔度 λ 越小，临界应力 σ_{cr} 越小，越容易失稳

答 A。

概念题 14.18 关于压杆的柔度 λ，下列说法中错误的是（　　）。

A. 压杆的柔度 λ 与压杆的相当长度有关　　B. 压杆的柔度 λ 与压杆的材料有关

C. 压杆的柔度 λ 与压杆的约束情况有关　　D. 压杆的柔度 λ 与压杆的截面形状有关

答 B。

概念题 14.19 对材料和柔度都相同的两根压杆，下列说法中正确的是（　　）。

A. 临界应力一定相等，临界压力不一定相等

B. 临界应力不一定相等，临界压力一定相等

C. 临界应力和压力都一定相等

D. 临界应力和压力都不一定相等

答 A。

概念题 14.20 若在压杆上钻一横向小孔，则该杆与原来相比（　　）。

A. 稳定性降低，强度不变　　　　　　　B. 稳定性和强度都降低

C. 稳定性不变，强度降低　　　　　　　　D. 稳定性和强度都不变

答　C。

概念题 14. 21　压杆稳定计算的折减因数法中的折减因数 φ 值取决于_____，柔度 λ 值越大，φ 值越_____，φ 值在_____之间变化。

答　柔度 λ 的值；小；0～1。

概念题 14. 22　柔度 λ 越大，临界应力 σ_{cr} 越_____，压杆越_____失稳；柔度 λ 越小，临界应力 σ_{cr} 越_____，压杆越_____失稳。

答　小；容易；大；不容易。

概念题 14. 23　可以采取_____、_____、_____、_____四项措施提高压杆的稳定性。

答　合理地选择材料；选择合理的截面；减小杆的长度；加强杆端约束。

计算题解

计算题 14. 1～计算题 14. 13　临界力和临界应力

计算题 14. 1　一两端铰支的压杆，由 22a 号工字钢制成，截面如图所示。压杆长 $l=$ 5m，材料的弹性模量 $E=200\text{GPa}$，试求其临界力。

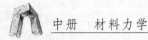

计算题 14. 1 图

解　由于两端铰支，各方向的约束相同，因此失稳将发生在最小刚度平面内。由型钢规格表查得

$$I_{\min} = I_y = 225 \times 10^{-8}\,\text{m}^4$$

$$i_{\min} = i_y = 2.31 \times 10^{-2}\,\text{m}$$

由于 $\mu=1$，故该压杆的柔度为

$$\lambda = \frac{\mu l}{i_y} = \frac{1 \times 5\text{m}}{2.31 \times 10^{-2}\text{m}} = 216$$

此压杆属细长杆，采用欧拉公式计算临界力，其值为

$$F_{cr} = \frac{\pi^2 E I_{\min}}{(\mu l)^2} = \frac{\pi^2 \times 200 \times 10^9\,\text{Pa} \times 225 \times 10^{-8}\,\text{m}^4}{(1 \times 5\text{m})^2} = 177.5\text{kN}$$

计算题 14. 2　图示为用 20a 号工字钢制成的悬臂式压杆。已知杆长 $l=1.5\text{m}$，材料的比例极限 $\sigma_p = 200\text{MPa}$，弹性模量 $E=200\text{GPa}$，试求其临界力。

解　首先判定该压杆属于哪一类柔度的压杆，为此先计算柔度值。

压杆失稳将发生在最小刚度平面内，由型钢规格表查得 $i_{\min} = i_z = 2.12\text{cm} = 0.0212\text{m}$，故压杆的柔度为

$$\lambda = \frac{\mu l}{i_z} = \frac{2 \times 1.5\text{m}}{0.0212\text{m}} = 142$$

而

$$\lambda_p = \pi \sqrt{\frac{E}{\sigma_p}} = \pi \sqrt{\frac{200 \times 10^9\,\text{Pa}}{200 \times 10^6\,\text{Pa}}} \approx 100$$

因 $\lambda > \lambda_p$，所以欧拉公式适用，临界力为

$$F_{cr} = \frac{\pi^2 E I_z}{(\mu l)^2} = \frac{\pi^2 \times 206 \times 10^9 \, Pa \times 0.158 \times 10^{-5} \, m^4}{(2 \times 1.5 \, m)^2} = 357 \times 10^3 \, N = 357 kN$$

计算题 14.3 图示为一细长压杆（$\lambda > \lambda_p$），其下端为固定，上端在纸平面内相当于固定端；在垂直于纸平面内相当于自由端。已知 $l = 4m$，$b = 0.12m$，$h = 0.2m$，材料的弹性模量 $E = 10GPa$，试求此压杆的临界力。

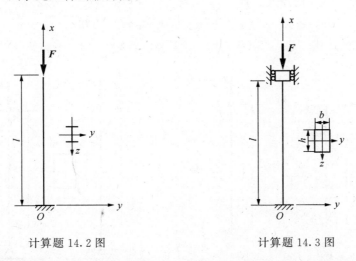

计算题 14.2 图   计算题 14.3 图

解 由于杆的上端在两个平面内的支承情况不同，所以压杆在两个平面内的柔度也不同，两个平面内的柔度值分别为

$$\lambda_y = \frac{\mu_y l}{i_y} = \frac{\mu_y l}{\sqrt{\dfrac{I_y}{A}}} = \frac{\mu_y l}{\sqrt{\dfrac{bh^3}{12}}} = \frac{\mu_y l}{h\sqrt{\dfrac{1}{12}}} = \frac{2 \times 4m}{0.2m\sqrt{\dfrac{1}{12}}} = 138$$

$$\lambda_z = \frac{\mu_z l}{i_z} = \frac{\mu_z l}{\sqrt{\dfrac{I_z}{A}}} = \frac{\mu_z l}{\sqrt{\dfrac{hb^3}{12}}} = \frac{\mu_z l}{b\sqrt{\dfrac{1}{12}}} = \frac{0.5 \times 4m}{0.12m\sqrt{\dfrac{1}{12}}} = 57.8$$

因 $\lambda_y > \lambda_z$，所以此杆失稳时，杆将绕 y 轴弯曲，其临界力为

$$F_{cr} = \frac{\pi^2 E I_y}{(\mu_y l)^2} = \frac{\pi^2 \times 10 \times 10^9 \, Pa \times \dfrac{0.12m \times 0.2m^3}{12}}{(2 \times 4m)^2} = 123 \times 10^3 \, N = 123 kN$$

计算题 14.4 图示各杆均为圆形截面的细长压杆，各杆所用的材料及直径 d 均相同，各杆的长度如图所示。当压力 F 从零开始以相同的速率增加时，试问哪个杆首先失稳（只考虑在纸平面内失稳）？

解 临界力小的杆将首先失稳。因各杆均为细长杆，故均可用欧拉公式

$$F_{cr} = \sigma_{cr} A = \frac{\pi^2 E}{\lambda^2} A$$

计算临界力。对各杆来说，上式中的 E、A 均相同，因而 λ 值最大者其临界力 F_{cr} 最小。而

$$\lambda = \frac{\mu l}{i}$$

因各杆的直径 d 均相同，i 值亦相同，所以比较 λ 的大小只需比较各杆的 μl 值。杆 A、B、C 的 μl 值分别为

$$杆 A: \quad \mu l = 2 \times a = 2a$$
$$杆 B: \quad \mu l = 1 \times 1.3a = 1.3a$$
$$杆 C: \quad \mu l = 0.7 \times 1.6a = 1.12a$$

杆 A 的 μl 值最大，即 μ 值最大，所以杆 A 将首先失稳。

计算题 14.5　试求图示三种情况下压杆的临界力。已知 $l = 300\text{mm}$，$h = 20\text{mm}$，$b = 12\text{mm}$，材料为 Q235 钢，$E = 200\text{GPa}$，$\sigma_s = 235\text{MPa}$，$\lambda_c = 123$。

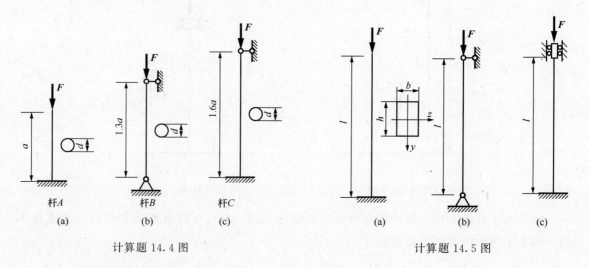

计算题 14.4 图　　　　　　　　　　计算题 14.5 图

解　截面的最小惯性半径为

$$i = \sqrt{\frac{I_{\min}}{A}} = \frac{b}{\sqrt{12}} = \frac{12}{\sqrt{12}}\text{mm} = 3.46\text{mm}$$

（1）求图（a）所示压杆的临界力。压杆为一端固定、一端自由，其柔度为

$$\lambda = \frac{\mu l}{i} = \frac{2 \times 300\text{mm}}{3.46\text{mm}} = 173.2$$

因 $\lambda > \lambda_c$，故用欧拉公式计算临界力，其值为

$$F_{\text{cr}} = \frac{\pi^2 EI}{(\mu l)^2} = \frac{\pi^2 \times 200 \times 10^9 \text{Pa} \times (0.012\text{m})^3 \times 0.02\text{m}}{12 \times (2 \times 0.3\text{m})^2}$$
$$= 15.79 \times 10^3 \text{N} = 15.79\text{kN}$$

（2）求图（b）所示压杆的临界力。压杆为两端铰支，其柔度为

$$\lambda = \frac{\mu l}{i} = \frac{1 \times 300\text{mm}}{3.46\text{mm}} = 86.6$$

因 $\lambda < \lambda_c$，故用抛物线公式计算临界力，其值为

$$F_{\text{cr}} = \sigma_{\text{cr}} A = (235 - 0.006\,68\lambda^2)A$$
$$= (235 - 0.006\,68 \times 86.6^2) \times 10^6 \text{Pa} \times 0.02\text{m} \times 0.012\text{m}$$
$$= 46 \times 10^3 \text{N} = 46\text{kN}$$

（3）求图（c）所示压杆的临界力。压杆为两端固定，其柔度为

$$\lambda = \frac{\mu l}{i} = \frac{0.5 \times 300}{3.46} = 43.3$$

因 $\lambda < \lambda_c$，故用抛物线公式计算临界力，其值为

$$F_{cr} = \sigma_{cr}A = (235 - 0.006\ 68 \times 43.3^2) \times 10^6\,\text{Pa} \times 0.02\,\text{m} \times 0.012 \times \text{m}$$
$$= 53.4 \times 10^3\,\text{N} = 53.4\,\text{kN}$$

计算题 14.6 图示立柱长 $l = 6\text{m}$，由两根 10 号槽钢制成，立柱的上端为铰支，下端为固定端。已知材料的弹性模量 $E = 200\text{GPa}$，比例极限 $\sigma_p = 200\text{MPa}$，试问当 a 多大时立柱的临界荷载 F_{cr} 最大，并求其值。

解 查型钢规格表，10 号槽钢截面的几何参数为

$$I_{z_0} = 198.3\text{cm}^4, \quad I_{y_0} = 25.6\text{cm}^4$$
$$A = 12.74\text{cm}^2, \quad z_c = 1.52\text{cm}, \quad i_z = 3.95\text{cm}$$

整个截面的惯性矩为

$$I_z = 2I_{z_0}$$
$$I_y = 2\left[I_{y_0} + A\left(z_c + \frac{a}{2}\right)^2\right]$$

若使立柱的临界荷载最大，压杆在 xy 平面和 xz 平面内应有相同的稳定性。即应有

$$I_y = I_z$$

或

$$2I_{z_0} = 2\left[I_{y_0} + A\left(z_c + \frac{a}{2}\right)^2\right]$$

代入有关数据后，解得

$$a = 44\text{mm}$$

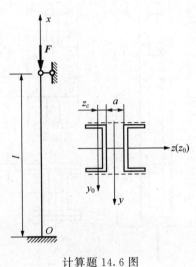

计算题 14.6 图

为计算临界荷载 F_{cr}，需判断立柱属于哪一类柔度的压杆。由题设数据计算 λ_p 为

$$\lambda_p = \pi\sqrt{\frac{E}{\sigma_p}} = \pi\sqrt{\frac{200 \times 10^9\,\text{Pa}}{200 \times 10^6\,\text{Pa}}} = 99.3$$

压杆的柔度为

$$\lambda = \frac{\mu l}{i} = \frac{0.7 \times 6\text{m}}{0.0395\text{m}} = 106.3$$

因 $\lambda > \lambda_p$，故用欧拉公式计算临界荷载，其值为

$$F_{cr} = \frac{\pi^2 EI}{(\mu l)^2} = \frac{\pi^2 \times 200 \times 10^9\,\text{Pa} \times 2 \times 198.3 \times 10^{-8}\,\text{m}^4}{(0.7 \times 6\text{m})^2}$$
$$= 443.8 \times 10^3\,\text{N} = 443.8\,\text{kN}$$

计算题 14.7 有一根两端为铰支，截面为 $30 \times 50\text{mm}^2$ 的矩形截面压杆。已知材料的弹性模量 $E = 200\text{GPa}$，比例极限 $\sigma_p = 200\text{MPa}$，试求压杆的最短长度为何值时，可用欧拉公式计算临界力。

解 当 $\lambda = \lambda_p$ 时，即

$$\frac{\mu l}{i} = \pi\sqrt{\frac{E}{\sigma_p}}$$

可用欧拉公式计算临界力。将 $i = \sqrt{\dfrac{I_{\min}}{A}} = \sqrt{\dfrac{50\text{mm} \times (30\text{mm})^3}{30\text{mm} \times 50\text{mm} \times 12}} = \dfrac{30}{\sqrt{12}}\text{mm}$ 和 $\mu = 1$ 代入，

解得

$$l_{\min} = \dfrac{30}{\sqrt{12}}\pi\sqrt{\dfrac{200 \times 10^3\,\text{Pa}}{200\,\text{Pa}}}\text{mm} = 860\text{mm}$$

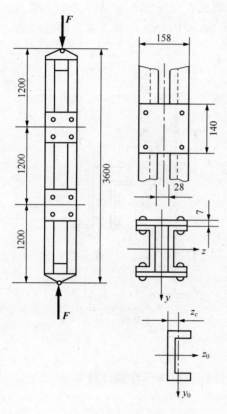

计算题 14.8 图

计算题 14.8 一大型建筑物中的某压杆是由两根 16 号槽钢用缀板连接起来的组合杆，如图所示。杆长 $l = 3.6$m，缀板轴线间的距离 $a = 1.2$m，槽钢间的净距为 28mm，缀板由厚度 $t = 7$mm，宽度 $b = 140$mm 的扁钢制成。槽钢和缀板材料的弹性模量 $E = 200$GPa，比例极限 $\sigma_{\text{p}} = 265$MPa，试求此杆的临界力。

解 查型钢规格表，单根 16 号槽钢的截面几何参数为

$$A_1 = 25.15 \times 10^{-4}\,\text{m}^2$$
$$I_{z_0} = 934.5 \times 10^{-8}\,\text{m}^4$$
$$I_{y_0} = 83.4 \times 10^{-8}\,\text{m}^4$$
$$i_{y_0} = 1.82 \times 10^{-2}\,\text{m}$$
$$z_c = 1.75 \times 10^{-2}\,\text{m}$$

由两个槽钢组成的组合截面的惯性矩为

$$I_z = 2I_{z_0} = 2 \times 934.5 \times 10^{-8}\,\text{m}^4 = 1869 \times 10^{-8}\,\text{m}^4$$

$$I_y = 2\left[I_{y_0} + A_1\left(\dfrac{2.8 \times 10^{-2}}{2} + z_c\right)^2\right]$$

$$= 2[83.4 \times 10^{-8}\,\text{m}^4 + 25.15 \times 10^{-4}\,\text{m}^2 (3.15)^2 \times 10^{-4}\,\text{m}^2]$$

$$= 670 \times 10^{-8}\,\text{m}^4$$

因 $I_y < I_z$，故组合杆的失稳将发生在 xz 平面内。组合杆在该平面内的惯性半径为

$$i_y = \sqrt{\dfrac{I_y}{A}} = \sqrt{\dfrac{670 \times 10^{-8}\,\text{m}^4}{2 \times 25.15 \times 10^{-4}\,\text{m}^2}} = 0.0365\text{m}$$

组合杆的柔度为

$$\lambda_y = \dfrac{\mu l}{i_y} = \dfrac{3.6\text{m}}{0.0365\text{m}} = 98.63$$

在一节间中单个槽钢的柔度为

$$\lambda_1 = \dfrac{\mu l}{i_{y_0}} = \dfrac{1.2\text{m}}{0.0182\text{m}} = 65.93$$

因 $\lambda_y > \lambda_1$，故组合杆的失稳将是整体的失稳。

由题设数据计算 λ_{p} 为

$$\lambda_{\text{p}} = \pi\sqrt{\dfrac{E}{\sigma_{\text{p}}}} = 86.26$$

因 $\lambda_y > \lambda_{\text{p}}$，故按欧拉公式计算临界力，其值为

$$F_{cr} = \frac{\pi^2 E I_y}{(\mu l)^2} = \frac{\pi^2 \times 200 \times 10^9 \, \text{Pa} \times 670 \times 10^{-8} \, \text{m}^4}{(1 \times 3.6 \, \text{m})^2} = 1020.5 \times 10^3 \, \text{N} = 1020.5 \, \text{kN}$$

计算题 14.9 图（a）所示桁架是由两根弯曲刚度 EI 相同的细长杆组成。设荷载 F 与杆 AB 轴线的夹角为 θ，且 $0° \leqslant \theta \leqslant \dfrac{\pi}{2}$。试求荷载 F 小于何值时，结构不致失稳。

解 解法一：由结点 B〔图（b）〕的平衡方程，得

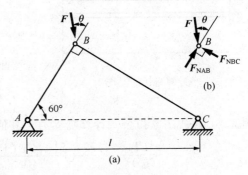

计算题 14.9 图

$$F_{NBC} = F \sin\theta, \quad F_{NAC} = F \cos\theta$$

当杆 BC 失稳时，其临界力为

$$[F_{NBC}]_{cr} = \frac{\pi^2 EI}{l_{BC}^2} = F \sin\theta$$

得

$$F = \frac{\pi^2 EI}{l_{BC}^2 \sin\theta}$$

显然，当 $\theta = \dfrac{\pi}{2}$ 时，F 值最小，即

$$[F] = \frac{\pi^2 EI}{l_{BC}^2} = \frac{\pi^2 EI}{\left(\dfrac{\sqrt{3}}{2} l\right)^2} = \frac{4\pi^2 EI}{3l^2}$$

同理，当杆 AC 失稳时，其临界力为

$$[F_{NAC}]_{cr} = \frac{\pi^2 EI}{l_{AC}^2} = F \cos\theta$$

得

$$F = \frac{\pi^2 EI}{l_{AC}^2 \cos\theta}$$

显然，当 $\theta = 0°$ 时，F 值最小，即

$$[F] = \frac{\pi^2 EI}{l_{AC}^2} = \frac{\pi^2 EI}{\left(\dfrac{1}{\sqrt{2}} l\right)^2} = \frac{4\pi^2 EI}{l^2}$$

比较后，取 $[F] = \dfrac{4\pi^2 EI}{3l^2}$。

解法二：由于二杆的 EI 相同，杆端约束相同，而 $l_{BC} > l_{AC}$，故二杆的临界力 $[F_{NBC}]_{cr} < [F_{NAC}]_{cr}$，又 $\angle ABC$ 为直角，当 $\theta = \pi/2$ 时，F 沿杆 BC 作用，这时，所有荷载均加在杆 BC 上，所以结构的许用荷载应按杆 BC 的临界力确定。

由平衡方程，得

$$F_{NBC} = F \sin\theta \mid_{\theta = \pi/2} = F$$

则

$$[F] = [F_{NBC}]_{cr} = \frac{\pi^2 EI}{l_{BC}^2}$$

故

$$[F] = \frac{4\pi^2 EI}{3l^2}$$

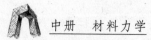

计算题 14.10　图示长 $l=5\mathrm{m}$ 的 10 号工字钢，在温度 $0℃$ 时安装在两个固定支座之间，这时杆不受力。已知钢的线膨胀系数 $\alpha_l=12.5\times10^{-6}1/℃$，$E=210\mathrm{GPa}$，$\lambda_\mathrm{p}=100$，试问当温度升高至多少度时杆将丧失稳定？

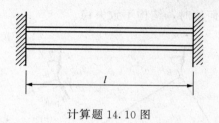

计算题 14.10 图

解　由型钢规格表查得

$$I_{\min}=I_y=33\times10^{-8}\mathrm{m}^4$$
$$A=14.3\times10^{-4}\mathrm{m}^2$$
$$i_{\min}=i_y=1.52\times10^{-2}\mathrm{m}$$

此杆的柔度为

$$\lambda=\frac{\mu_l}{i_{\min}}=\frac{0.5\times5\mathrm{m}}{1.52\times10^{-2}\mathrm{m}}=164$$

因 $\lambda>\lambda_\mathrm{p}$，故用欧拉公式计算临界力，其值为

$$F_{\mathrm{cr}}=\frac{\pi^2EI_{\min}}{(\mu l)^2}=\frac{\pi^2\times210\times10^9\mathrm{Pa}\times33\times10^{-8}\mathrm{m}^4}{(0.5\times5\mathrm{m})^2}=109\times10^3\mathrm{N}=109\mathrm{kN}$$

此杆由于温度升高 $\Delta T℃$ 所受的压力 F 可由下式计算：

$$\Delta l_t=\alpha_l\Delta Tl=\frac{Fl}{EA}$$

由上式得

$$\Delta T=\frac{F}{\alpha_lEA}$$

将 α_l、E、A 值代入，并令 $F=F_{\mathrm{cr}}$，得

$$\Delta T=\frac{109\times10^3\mathrm{N}}{125\times10^{-7}/℃\times210\times10^9\mathrm{Pa}\times14.3\times10^{-4}\mathrm{m}^2}=29.1℃$$

计算题 14.11　两根直径为 d 的立柱，上、下端分别与强劲的顶、底块刚性连接，如图 (a) 所示。试根据杆端的约束条件，分析在总压力 F 作用下立柱微弯时可能的几种挠曲线形状，分别写出对应的总压力 F 之临界值的算式（按细长杆考虑），并确定最小临界力 F_{cr} 的算式。

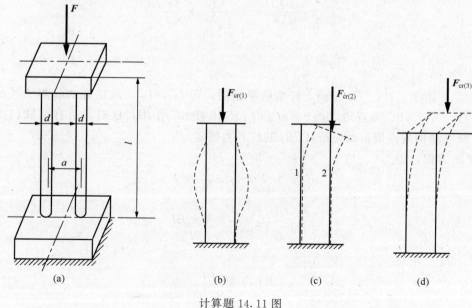

计算题 14.11 图

解　在总压力 **F** 作用下，立柱微弯时可能有下列三种情况：

(1) 每根立柱作为两端固定的压杆分别失稳 [图 (b)]。此时 $\mu=0.5$，临界力为

$$F_{\text{cr}(1)} = 2 \times \frac{\pi^2 EI}{(0.5l)^2} = 2 \times \frac{\pi^2 E \times \dfrac{\pi d^4}{64}}{(0.5l)^2} = \frac{\pi^3 Ed^4}{8l^2}$$

(2) 两根立柱一起作为下端固定、上端自由的体系在纸平面内失稳 [图 (c)]。此时 $\mu=2$。失稳时整体在面内弯曲，杆 1、2 构成一组合截面杆。临界力为

$$F_{\text{cr}(2)} = \frac{\pi^2 EI}{(2l)^2} = \frac{\pi^2 E}{(2l)^2} \times 2\left[\frac{\pi d^4}{64} + \frac{\pi d^2}{4} \times \left(\frac{a}{2}\right)^2\right] = \frac{\pi^3 Ed^2}{128l^2}(d^2 + 4a^2)$$

(3) 两根立柱一起作为下端固定、上端自由的体系在纸平面外（垂直于纸平面）失稳 [图 (d)]。此时 $\mu=2$，临界力为

$$F_{\text{cr}(3)} = \frac{\pi^2 EI}{(2l)^2} = \frac{\pi^2 E \times 2 \times \dfrac{\pi d^4}{64}}{(2l)^2} = \frac{\pi^3 Ed^4}{128l^2}$$

由此可见，面外失稳时临界力 F_{cr} 最小，最小临界力为

$$F_{\text{cr}} = \frac{\pi^3 Ed^4}{128l^2}$$

计算题 14.12　图示结构 ABCD 由三根直径均为 d 的圆截面钢杆组成，$l/d=10\pi$，D 点为铰结点，B 点为铰支，而在 A 点和 C 点固定。若此结构由于杆件在 ABCD 平面内失稳而丧失承载能力，试确定作用于结点 D 处的荷载 **F** 的临界值。

解　DB 杆为两端铰支压杆，$\mu=1$；DA 杆及 DC 杆均为一端铰支、另一端固定的压杆，$\mu=0.7$。

该结构为超静定结构，当 DB 杆失稳时结构仍能继续承载，直到 DA 及 DC 杆亦失稳时整个结构才丧失承载能力。故 D 处荷载 **F** 的临界值应为

$$F_{\text{cr}} = F_{\text{cr}(1)} + 2F_{\text{cr}(2)}\cos 30°$$

式中：

$$F_{\text{cr}(1)} = \frac{\pi^2 EI}{l^2}$$

$$F_{\text{cr}(2)} = \frac{\pi^2 EI}{\left(0.7 \times \dfrac{l}{\cos 30°}\right)^2} = \frac{1.53EI\pi^2}{l^2}$$

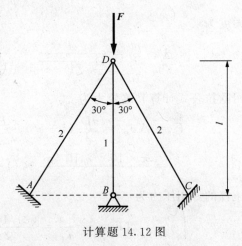

计算题 14.12 图

从而得

$$F_{\text{cr}} = \frac{\pi^2 EI}{l^2} + 2 \times \frac{1.53EI\pi^2}{l^2} \times \frac{\sqrt{3}}{2} = \frac{36.1EI}{l^2}$$

计算题 14.13　图示铰接杆系 ABC 是由两根具有相同截面和相同材料的细长杆组成。若由于杆件在 ABC 平面内失稳而破坏，试求荷载 F 为最大时的 θ 角（假设 $0<\theta<\pi/2$）。

解　BA 杆和 BC 杆均为两端铰支压杆，$\mu=1$。当两杆的轴力同时达到临界值时 F 为最大，故

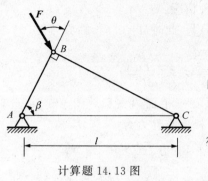

计算题 14.13 图

$$(F_{NBC})_{cr} = \frac{\pi^2 EI}{(1 \times l\sin\beta)^2} = F\sin\theta$$

$$(F_{NBA})_{cr} = \frac{\pi^2 EI}{(1 \times l\cos\beta)^2} = F\cos\theta$$

由以上二式，有

$$\frac{\pi^2 EI}{l^2 \sin^2\beta\sin\theta} = \frac{\pi^2 EI}{l^2 \cos^2\beta\cos\theta}$$

得

$$\theta = \arctan(\cot^2\beta)$$

计算题 14.14～计算题 14.38　稳定性计算

计算题 14.14　一端固定、一端铰支的钢管柱，长 $l=5\text{mm}$，截面外径 $D=100\text{mm}$，内径 $d=70\text{mm}$。承受 $F=300\text{kN}$ 的压力，材料为 Q235 钢，$\lambda_p=100$，$E=210\text{GPa}$，$n_{st}=2.5$，试用安全因数法核其稳定性。

解　压杆的一端固定、一端铰支，长度因数 $\mu=0.7$。截面为圆形，惯性半径为

$$i = \sqrt{\frac{I}{A}} = \sqrt{\frac{\frac{\pi^2 D^4}{64}(1-\alpha^4)}{\frac{\pi D^2}{4}(1-\alpha^2)}} = \frac{D}{4}\sqrt{1+\alpha^2}$$

柔度为

$$\lambda = \frac{\mu l}{i} = \frac{\mu l}{\frac{D}{4}\sqrt{1+\alpha^2}} = \frac{0.7 \times 5000\text{mm}}{\frac{100\text{mm}}{4}\sqrt{1+0.7^2}} = 114.69 > \lambda_p = 100$$

用欧拉公式计算其临界力为

$$F_{cr} = A\sigma_{cr} = \frac{\pi D^2}{4}(1-\alpha^2)\frac{\pi^2 E}{\lambda^2}$$

$$= \frac{\pi \times 100^2 \times 10^{-6}\text{m}^2}{4} \times (1-0.7^2) \times \frac{\pi^2 \times 210 \times 10^9\text{Pa}}{114.69^2} = 631.14\text{kN}$$

压杆的许用压力为

$$[F]_{st} = \frac{F_{cr}}{n_{st}} = \frac{631.14\text{kN}}{2} = 315.57\text{kN} > F = 300\text{kN}$$

所以该压杆满足稳定要求。

计算题 14.15　一端固定、一端铰支的正方形截面钢压杆，长 $l=1.5\text{m}$，承受 $F=30\text{kN}$ 的压力。已知横截面边长 $a=45\text{mm}$，$\lambda_p=100$，$E=210\text{GPa}$，$n_{st}=2$，试用安全因数法校核其稳定性。

解　压杆的一端固定、一端铰支，长度因数 $\mu=2$。截面为正方形，惯性半径为

$$i = \sqrt{\frac{I}{A}} = \frac{a}{2\sqrt{3}}$$

柔度为

$$\lambda = \frac{\mu l}{i} = \frac{\mu l}{\dfrac{a}{2\sqrt{3}}} = \frac{2 \times 1500\text{mm}}{\dfrac{45}{2\sqrt{3}}\text{mm}} = 231.01 > \lambda_p = 100$$

用欧拉公式计算其临界力为

$$F_{cr} = A\sigma_{cr} = a^2 \frac{\pi^2 E}{\lambda^2} = \frac{45^2 \times 10^{-6}\text{m}^2 \times \pi^2 \times 210 \times 10^9\text{Pa}}{231.1} = 78.6\text{kN}$$

压杆的许用压力为

$$[F]_{st} = \frac{F_{cr}}{n_{st}} = 39.3\text{kN} > F = 30\text{kN}$$

所以该压杆满足稳定性要求。

计算题 14.16 两端铰支的实心圆截面钢压杆，长 $l = 2\text{m}$，直径 $d = 50\text{mm}$。已知材料为 Q235 钢，$\lambda_p = 100$，线温度膨胀系数 $\alpha_l = 12.5 \times 10^{-6} 1/℃$，试问当温度升高多少度时该压杆失稳。

解 圆截面的惯性半径为

$$i = \frac{d}{4} = \frac{50}{4}\text{mm} = 12.5\text{mm}$$

由于压杆两端为铰支，故 $\mu = 1$。柔度为

$$\lambda = \frac{\mu l}{i} = \frac{1 \times 2000\text{mm}}{12.5\text{mm}} = 160 > \lambda_p = 100$$

用欧拉公式计算压杆的临界应力为

$$\sigma_{cr} = \frac{\pi^2 E}{\lambda^2}$$

失稳时压杆升高的温度为

$$\Delta t = \frac{\sigma_{cr}}{\alpha_l E} = \frac{\pi^2}{\alpha_l \lambda^2} = \frac{\pi^2}{12.5 \times 10^{-6} \times 160^2}℃ = 30.8℃$$

计算题 14.17 两端铰支的木压杆，截面为边长 $a = 110\text{mm}$ 的正方形，长 $l = 3.6\text{mm}$，承受的轴向压力 $F = 25\text{kN}$。材料为松木，许用应力 $[\sigma] = 10\text{MPa}$，试校核压杆的稳定性。

解 正方形截面的惯性半径为

$$i = \frac{a}{\sqrt{12}} = \frac{110}{\sqrt{12}}\text{mm} = 31.75\text{mm}$$

由于压杆两端为铰支，故 $\mu = 1$。柔度为

$$\lambda = \frac{\mu l}{i} = \frac{1 \times 3.6 \times 10^3\text{mm}}{31.75\text{mm}} = 113.4 > 80$$

折减因数 φ 为

$$\varphi = \frac{3000}{\lambda^2} = \frac{3000}{113.4} = 0.233$$

压杆的应力为

$$\sigma = \frac{F}{A} = \frac{25 \times 10^3\text{N}}{110^2 \times 10^{-6}\text{m}^2} = 2.066\text{MPa} < \varphi[\sigma] = 2.33\text{MPa}$$

故满足稳定条件，压杆是稳定的。

计算题 14.18 图示两端固定立柱由两根 14a 号槽钢焊接而成，在其中点截面 I—I 处

471

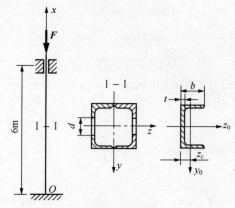

计算题 14.18 图

开有直径 $d=60\text{mm}$ 的圆孔。立柱用 Q235 钢制成，许用压应力 $[\sigma]=170\text{MPa}$，$F=400\text{kN}$，试校核立柱的稳定性和强度。

解 查型钢规格表，单个 14a 号槽钢的几何参数为

$$I_{z_0}=563.7\times10^{-8}\text{m}^4$$
$$I_{y_0}=53.2\times10^{-8}\text{m}^4$$
$$A=18.51\times10^{-4}\text{m}^2$$
$$b=58\times10^{-3}\text{m}$$
$$t=6\times10^{-3}\text{m}$$
$$z_c=17.1\times10^{-3}\text{m}$$

（1）校核立柱的稳定性。立柱整个截面的惯性矩为

$$I_z=2I_{z_0}=1127\times10^{-8}\text{m}^4$$
$$I_y=2[I_{y_0}+A(b-z_c)^2]=725\times10^{-8}\text{m}^4$$

因 $I_y<I_z$，故应校核 xz 平面内的稳定性。柔度为

$$\lambda_y=\frac{\mu l}{i}=\frac{0.5\times6\text{m}}{\sqrt{\dfrac{725\times10^{-8}\text{m}^4}{2\times18.51\times10^{-4}\text{m}^2}}}=67.7$$

查折减因数表，并利用内插法得与 λ_y 相对应的 φ 值为

$$\varphi=0.805+(0.800-0.805)\times\frac{7}{10}=0.802$$

立柱的许用压力为

$$[F]_{\text{st}}=2A\varphi[\sigma]=2\times18.51\times10^{-4}\text{m}^2\times0.802\times170\times10^6\text{Pa}$$
$$=504.7\times10^3\text{N}=504.7\text{kN}$$

因 $F<[F]_{\text{st}}$，故满足稳定条件。

（2）校核立柱的强度。立柱内应力为

$$\sigma=\frac{F}{A}=\frac{400\times10^3\text{N}}{2(18.51\times10^{-4}\text{m}^2-0.06\text{m}\times0.006\text{m})}$$
$$=134.1\times10^6\text{Pa}=134.1\text{MPa}<[\sigma]=170\text{MPa}$$

故满足强度条件。

计算题 14.19 图（a）所示结构是由两根直径相同的圆杆组成，材料为 Q235 钢。已知 $h=0.4\text{m}$，直径 $d=20\text{mm}$，材料的许用应力 $[\sigma]=170\text{MPa}$，荷载 $F=15\text{kN}$，试校核二杆的稳定性（只考虑纸平面内）。

解 取结点 A 研究对象，受力如图（b）所示。列出平衡方程

$$\sum X=0,\quad F_{NAB}\cos45°-F_{NAC}\cos30°=0$$
$$\sum Y=0,\quad F_{NAB}\sin45°+F_{NAC}\sin30°-F=0$$

联立求解以上二式，得二杆承受的压力分别为

$$F_{AB}=F_{NAB}=0.896F$$

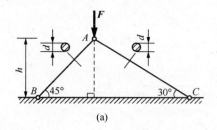
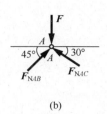

计算题 14.19 图

$$F_{AC} = F_{NAC} = 0.732F$$

二杆的长度分别为

$$l_{AB} = 0.566\text{m}, \quad l_{AC} = 0.8\text{m}$$

二杆的柔度分别为

$$\lambda_1 = \frac{\mu l_{AB}}{i} = \frac{\mu l_{AB}}{d/4} = 113$$

$$\lambda_2 = \frac{\mu l_{AC}}{i} = \frac{\mu l_{AC}}{d/4} = 160$$

由 λ_1 和 λ_2 查得折减因数分别为

$$\varphi_1 = 0.515, \quad \varphi_2 = 0.272$$

按稳定条件分别校核二杆：

$$\sigma_{AB} = \frac{F_{AB}}{A} = \frac{0.896F}{A} = \frac{0.896 \times 15 \times 10^3\text{N}}{\pi \dfrac{(0.02\text{m})^2}{4}} = 42.78 \times 10^6\text{Pa} = 42.78\text{MPa}$$

$$< \varphi_1[\sigma] = 0.515 \times 170\text{MPa} = 87.55\text{MPa}$$

$$\sigma_{AC} = \frac{F_{AC}}{A} = \frac{0.732F}{A} = \frac{0.732 \times 15 \times 10^3\text{N}}{\pi \dfrac{(0.02\text{m})^2}{4}} = 34.95 \times 10^6\text{Pa} = 34.95\text{MPa}$$

$$< \varphi_2[\sigma] = 0.272 \times 170\text{MPa} = 46.24\text{MPa}$$

二杆均满足稳定条件。

计算题 14.20 三角形木屋架的尺寸及所受荷载如图所示，$F = 9.7$kN。斜腹杆 CD 按构造要求最小截面尺寸为 $100\text{mm} \times 100\text{mm}$，材料为松木，其顺纹许用压应力 $[\sigma] = 10$MPa，若按两端铰支考虑，试校核压杆的稳定性。

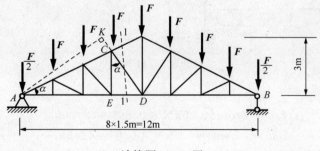

计算题 14.20 图

解　因

$$CE = \frac{3}{4} \times 3\text{m} = 2.25\text{m}, \quad ED = 1.5\text{m}$$

故

$$CD = \sqrt{(2.25\text{m})^2 + (1.5\text{m})^2}\text{m} = 2.7\text{m}$$

$$AK = AD\cos\alpha = 4 \times 1.5\text{m} \times \frac{2.25\text{m}}{2.7\text{m}} = 5\text{m}$$

取 1—1 截面以左部分为研究对象，列出平衡方程

$$\sum M_A = 0, \quad F_{NCD} \cdot AK - F \times 3 \times 1.5\text{m} - F \times 2 \times 1.5\text{m} - F \times 1.5\text{m} = 0$$

得

$$F_{NCD} = \frac{F \times 9\text{m}}{AK} = \frac{9.7\text{kN} \times 9\text{m}}{5\text{m}} = 17.5\text{kN}$$

故压杆的应力为

$$\sigma_{CD} = \frac{F_{NCD}}{A} = \frac{17.5 \times 10^3\text{N}}{100 \times 10^{-3}\text{m} \times 100 \times 10^{-3}\text{m}} = 1.75 \times 10^6\text{Pa} = 1.75\text{MPa}$$

压杆 CD 的柔度为

$$\lambda = \frac{\mu l}{i} = \frac{1 \times 2.7\text{m}}{\dfrac{100 \times 10^{-3}\text{m}}{\sqrt{12}}} = 93.9$$

因 $\lambda > 80$，故按式 $\varphi = 3000/\lambda^2$ 计算折减因数，得

$$\varphi = 3000/\lambda^2 = 3000/(93.9)^2 = 0.34$$

稳定许用应力为

$$[\sigma_{st}] = \varphi[\sigma] = 0.34 \times 10\text{MPa} = 3.4\text{MPa}$$

可见，$\sigma_{CD} < [\sigma_{st}]$，故该压杆满足稳定条件。

计算题 14.21　结构如图所示。已知 $F = 25\text{kN}$，$\alpha = 30°$，$a = 1.25\text{m}$，$l = 0.55\text{m}$，$d = 20\text{mm}$，材料均为 Q235 钢，$[\sigma] = 160\text{MPa}$，试问此结构是否安全？

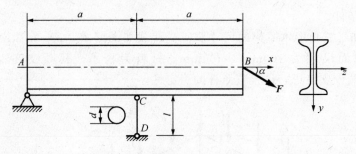

计算题 14.21 图

解　将力 F 分解为

$$F_x = F\cos\alpha = 25\text{kN} \times 0.866 = 21.65\text{kN}$$

$$F_y = F\sin\alpha = 25\text{kN} \times 0.5 = 12.5\text{kN}$$

（1）校核横梁 AB 的强度。横梁 AB 受拉弯组合作用，其轴力为

$$F_{NAB} = F_x = 21.65\text{kN}$$

最大弯矩发生在横梁中点 C 截面上，其值为

$$|M_C|_{max} = F\sin\alpha \cdot a = 12.5\text{kN} \times 1.25\text{m} = 15.625\text{kN} \cdot \text{m}$$

因此横梁的最大正应力为

$$\sigma_{max} = \frac{F_{NAB}}{A_{AB}} + \frac{|M_C|_{max}}{W_z}$$

由型钢规格表查得 14 号工字钢的 $A = 21.5 \times 10^{-4}\text{m}^2$、$W_z = 102 \times 10^{-6}\text{m}^3$，代入上式，得

$$\sigma_{max} = \frac{21.65 \times 10^3 \text{N}}{21.5 \times 10^{-4}\text{m}^2} + \frac{15.625 \times 10^3 \text{N} \cdot \text{m}}{102 \times 10^{-6}\text{m}^3}$$

$$= 163.26 \times 10^6 \text{Pa} = 163.26\text{MPa}$$

可见，$\sigma_{max} > [\sigma]$，但未超过 $[\sigma]$ 的 5%，故认为强度满足要求。

(2) 校核 CD 杆的稳定性。设 CD 杆受力为 F_N，取横梁 AB 为研究对象，由平衡方程 $\sum M_A = 0$，得 CD 杆所受压力为

$$F_N = 2F\sin\alpha = 25\text{kN}$$

截面的几何参数为

$$A = \frac{\pi}{4} \times (20)^2 \times 10^{-6}\text{m}^2 = 100\pi \times 10^{-6}\text{m}^2$$

$$i = \frac{d}{4} = 5 \times 10^{-3}\text{m}$$

CD 杆的柔度为

$$\lambda = \frac{\mu l}{i} = \frac{1 \times 0.55\text{m}}{0.005\text{m}} = 110$$

查折减因数表得

$$\varphi = 0.536$$

因此 CD 杆的应力为

$$\sigma_{CD} = \frac{F_N}{A} = \frac{25 \times 10^3 \text{N}}{100\pi \times 10^{-6}\text{m}^2}$$

$$= 79.58 \times 10^6 \text{Pa} = 79.58\text{MPa} < \varphi[\sigma] = 85.76\text{MPa}$$

故 CD 杆是稳定的。因此，结构是安全的。

计算题 14.22 图示压杆用工字钢制成。已知 $l = 4.2\text{m}$，$F = 300\text{kN}$，材料为 Q235 钢，许用应力 $[\sigma] = 170\text{MPa}$，试设计工字钢的型号。

解 设计截面需用试算法。

(1) 第一次试算。取 $\varphi_1 = 0.5$，由稳定条件 $\dfrac{F}{\varphi A} \leqslant [\sigma]$ 算出压杆的横截面面积为

$$A_1 = \frac{F}{\varphi_1[\sigma]} = \frac{300 \times 10^3 \text{N}}{0.5 \times 170 \times 10^6 \text{Pa}} = 0.00353\text{m}^2 = 35.3\text{cm}^2$$

查型钢规格表初选 20a 号工字钢。其截面积和最小惯性半径分别为 $A_1' = 35.5\text{cm}^2$ 和 $i_{min} = i_y = 2.12\text{cm}$。于是，压杆的柔度为

$$\lambda_1 = \frac{\mu l}{i_y} = \frac{0.7 \times 4.2\text{m}}{0.0212\text{m}} = 139$$

查折减因数表得相应的 $\varphi_1' = 0.354$。由于 φ_1' 值与假定的 φ_1 相差较大，必须再进行试算。

（2）第二次试算。取 $\varphi_2=\dfrac{1}{2}(\varphi_1+\varphi_1')=\dfrac{0.5+0.354}{2}=0.427$，由稳定条件得

$$A_2=\frac{F}{\varphi_2[\sigma]}=\frac{300\times10^3\text{N}}{0.427\times170\times10^6\text{Pa}}=0.004\,13\text{m}^2=41.3\text{cm}^2$$

查型钢规格表选取 22a 号工字钢。其截面积和最小惯性半径分别为 $A_2'=42\text{cm}^2$ 和 $i_{\min}=i_y=2.31\text{cm}$。压杆的柔度为

$$\lambda_2=\frac{\mu l}{i_y}=\frac{0.7\times4.2\text{m}}{0.0231\text{m}}=127$$

查得相应的 $\varphi_2'=0.416$，这与假定的 $\varphi_2=0.427$ 非常接近。

对选取的压杆再验算其是否满足稳定条件：

$$\frac{F}{\varphi_2'A_2'}=\frac{300\times10^3\text{N}}{0.416\times42\times10^{-4}\text{m}^2}=172\times10^6\text{Pa}=172\text{MPa}$$

由于该值超过 $[\sigma]$ 不足 5%，压杆满足稳定条件，所以选取 22a 号工字钢。

计算题 14.23 图示一简单托架，其撑杆 AB 为圆截面木杆。若架上受集度为 $q=50\text{kN/m}$ 的均布荷载作用，AB 两端为柱形铰，材料的许用应力 $[\sigma]=11\text{MPa}$，试设计撑杆的直径 d。

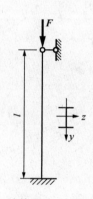

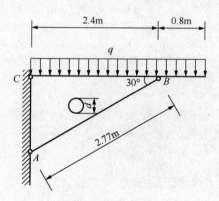

计算题 14.22 图　　　　　　计算题 14.23 图

解 设 AB 杆所受压力为 F_{NAB}。考虑横梁 CB 的平衡，可得

$$F_{NAB}=214\text{kN}$$

假定 $\varphi=0.68$，由稳定条件 $\sigma=\dfrac{F}{A}\leqslant\varphi[\sigma]$，有

$$\frac{214\times10^3\text{N}}{\dfrac{\pi d^2}{4}\text{m}^2}\leqslant0.68\times11\times10^6\text{Pa}$$

得

$$d\geqslant0.191\text{m}$$

检验 $d=0.191\text{m}$ 时 φ 是否与假定的值相符：

$$\lambda=\frac{\mu l}{i}=\frac{1\times2.77\text{m}}{\dfrac{0.191\text{m}}{4}}=58$$

由公式 $\varphi=1.02-0.55\left(\dfrac{\lambda+20}{100}\right)^2$，有

$$\varphi' = 1.02 - 0.55\left(\frac{58 + 20}{100}\right)^2 = 0.685$$

这与假定的 $\varphi = 0.68$ 非常接近。

校核 $d = 0.191\text{m}$ 时，压杆的稳定性：

$$\frac{214 \times 10^3\,\text{N}}{\frac{\pi(0.191\text{m})^2}{4}} = 7.47 \times 10^6\,\text{Pa} = 7.47\,\text{MPa} < 0.685 \times 11\,\text{MPa} = 7.535\,\text{MPa}$$

满足稳定条件，故取 $d = 0.191\text{m} = 191\text{mm}$。

计算题 14.24　由 Q235 钢制成的一圆截面钢杆。已知长 $l = 0.8\text{m}$，其下端固定、上端自由，承受轴向压力 100kN，材料的许用应力 $[\sigma] = 170\text{MPa}$，试设计杆的直径 d。

解　假定 $\varphi = 0.35$，由稳定条件 $\sigma = \dfrac{F}{A} \leqslant \varphi[\sigma]$，有

$$\frac{100 \times 10^3\,\text{N}}{\frac{\pi d^2}{4}\,\text{m}^2} \leqslant 0.35 \times 170 \times 10^6\,\text{Pa}$$

得

$$d \geqslant 0.046\text{m}$$

检验 $d = 0.046\text{m}$ 时 φ 是否与假定的值相符：

$$\lambda = \frac{\mu l}{i} = \frac{2 \times 0.8\text{m}}{\frac{0.046\text{m}}{4}} = 139$$

由折减因数表查得相应的 $\varphi' = 0.354$，这与假定的 $\varphi = 0.35$ 非常接近。

校核 $d = 0.046\text{m}$ 时，压杆的稳定性：

$$\frac{100 \times 10^3\,\text{N}}{\frac{\pi(0.046\text{m})^2}{4}} = 60.17 \times 10^6\,\text{Pa} = 60.17\,\text{MPa} < 0.354 \times 170\,\text{MPa} = 60.18\,\text{MPa}$$

满足稳定条件，故取 $d = 0.046\text{m} = 46\text{mm}$。

计算题 14.25　图示柱的两端为铰支，$l = 1.5\text{m}$，$F = 200\text{kN}$，材料为铸铁，许用压应力 $[\sigma_c] = 90\text{MPa}$。试设计在下列两种情况下柱的截面尺寸，并比较它们的重量：(1) 截面为圆形；(2) 截面为圆环形，$\alpha = d_2/D_2 = 0.6$。

解　(1) 设计实心圆截面直径 d_1。假定 $\varphi_1 = 0.5$，由稳定条件得到

$$A = \frac{F}{\varphi_1[\sigma]} = \frac{20 \times 10^3\,\text{N}}{0.5 \times 90 \times 10^6\,\text{Pa}} = 44.4 \times 10^{-4}\,\text{m}^2$$

$$d_1 = \sqrt{\frac{4A}{\pi}} = \sqrt{\frac{4 \times 44.4 \times 10^{-4}\,\text{m}^2}{\pi}} = 7.5 \times 10^{-2}\,\text{m} = 75\text{mm}$$

柔度为

$$\lambda = \frac{\mu l}{i} = \frac{1 \times 1.5\text{m} \times 4}{7.5 \times 10^{-2}\,\text{m}} = 80$$

查得相应的 $\varphi_1' = 0.26$ 与假定的 φ_1 相差甚多，故再进行试算。

重新假定 $\varphi_2 = (0.5 + 0.26)/2 = 0.38$，则有

$$A = \frac{20 \times 10^3\,\text{N}}{0.38 \times 90 \times 10^6\,\text{Pa}} = 58.5 \times 10^{-4}\,\text{m}^2$$

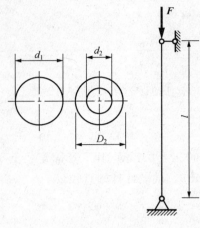

计算题 14.25 图

$$d_1 = \sqrt{\frac{4A}{\pi}} = \sqrt{\frac{4 \times 58.5 \times 10^{-4}\,\text{m}^2}{\pi}}$$

$$= 8.63 \times 10^{-2}\,\text{m} = 86.3\,\text{mm}$$

$$\lambda = \frac{1 \times 1.5\,\text{m} \times 4}{8.63 \times 10^{-2}\,\text{m}} = 69.5$$

查得相应的 $\varphi_2' = 0.345$，这与假定的 φ_2 较接近，稳定校核如下：

$$[\sigma]_{st} = \varphi_2'[\sigma] = 0.345 \times 90\,\text{MPa} = 31.1\,\text{MPa}$$

$$\sigma = \frac{F}{A} = \frac{20 \times 10^3\,\text{N}}{58.5 \times 10^{-4}\,\text{m}^2} = 34.2 \times 10^6\,\text{Pa}$$

$$= 34.2\,\text{MPa} > [\sigma]_{st} = 31.1\,\text{MPa}$$

可见截面积小了。取 $d_1 = 88\,\text{mm}$，再进行稳定校核：

$$\lambda = \frac{1 \times 1.5 \times 4}{88 \times 10^{-3}} = 68.2, \quad \varphi = 0.358$$

$$[\sigma]_{st} = \varphi[\sigma] = 0.358 \times 90\,\text{MPa} = 32.2\,\text{MPa}$$

$$\sigma = \frac{F}{A} = \frac{20 \times 10^3\,\text{N} \times 4}{\pi \times 88^2 \times 10^{-6}\,\text{m}^2} = 32.9 \times 10^6\,\text{Pa} = 32.9\,\text{MPa}$$

该值未超过 $[\sigma]_{st}$ 的 5%，该压杆满足稳定条件，故取 $d_1 = 88\,\text{mm}$。

(2) 设计空心圆截面直径 D_2 和 d_2。假定 $\varphi = 0.5$，则有

$$A = \frac{F}{\varphi[\sigma]} = \frac{20 \times 10^3\,\text{N}}{0.5 \times 90 \times 10^6\,\text{Pa}} = 44.4 \times 10^{-4}\,\text{m}^2$$

因

$$A = \frac{\pi}{4}(D_2^2 - d_2^2) = \frac{\pi}{4}D_2^2(1 - 0.6^2) = 0.16\pi D_2^2$$

故

$$D_2 = \sqrt{\frac{A}{0.16\pi}} = \sqrt{\frac{44.4 \times 10^{-4}\,\text{m}^2}{0.16\pi}} = 9.4 \times 10^{-2}\,\text{m} = 94\,\text{mm}$$

$$d_2 = 0.6 \times 94\,\text{mm} = 56.4\,\text{mm}$$

柔度为

$$\lambda = \frac{\mu l}{i} = \frac{1 \times 1.5 \times 4}{\sqrt{(94^2 + 56.4^2) \times 10^{-6}}} = 54.7$$

查得相应的 $\varphi' = 0.509$，与假定的 φ 较接近，进行稳定校核如下：

$$[\sigma]_{st} = \varphi'[\sigma] = 0.509 \times 90\,\text{MPa} = 45.8\,\text{MPa}$$

$$\sigma = \frac{F}{A} = \frac{20 \times 10^3\,\text{N} \times 4}{\pi(94^2 - 56.4^2) \times 10^{-6}\,\text{m}^2} = 45 \times 10^6\,\text{Pa} = 45\,\text{MPa} < [\sigma]_{st} = 45.8\,\text{MPa}$$

故取 $D_2 = 94\,\text{mm}$，$d_2 = 56.4\,\text{mm}$。

(3) 比较两者的重量。重量之比即为面积之比：

$$\frac{A_{空}}{A_{实}} = \frac{(D_2^2 - d_2^2)}{d_1^2} = \frac{94^2 - 56.4^2}{88^2} = 0.73$$

可见，圆环形截面柱重为圆形截面柱重的 73%。

计算题 14.26 图示钢屋架，其中 CD 杆由两个等边角钢组成（两角钢组成一整体）。截面上有铆钉孔，直径 $d=23\text{mm}$，$[\sigma]=160\text{MPa}$，$F=30\text{kN}$，试设计等边角钢的型号。

解 由几何关系知

$$\angle CDE = \arctan \frac{3}{1.5} = 63.43°$$

$$\sin 63.43° = 0.894, \quad \cos 63.43° = 0.447$$

CD 杆的长度为

$$l = \sqrt{(3\text{m})^2 + (1.5\text{m})^2} = 3.35\text{m}$$

利用截面法，可求得 CD 杆的内力为

$$F_N = \frac{45\text{kN} \times 6\text{m} - 30 \times 3\text{m}}{3\text{m} \times 0.894}$$

$$= 67.1\text{kN}（压）$$

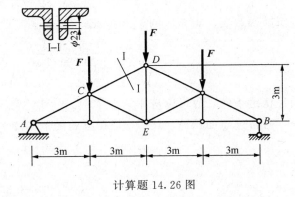

计算题 14.26 图

（1）按强度条件设计截面。由强度条件

$$\sigma = \frac{F_N}{A_1} \leqslant [\sigma]$$

式中：A_1 为净面积。得

$$A_1 \geqslant \frac{F_N}{[\sigma]} = \frac{67.1 \times 10^3 \text{N}}{160 \times 10^6 \text{Pa}} = 4.19 \times 10^{-4}\text{m}^2 = 4.19\text{cm}^2$$

查型钢规格表，选两个 $36 \times 36 \times 5$ 的角钢，其截面积为

$$A = 2 \times 3.382\text{cm}^2 = 6.764\text{cm}^2$$

$$A_1 = (6.764\text{cm}^2 - 2 \times 2.3\text{cm} \times 0.5\text{cm}) = 4.464\text{cm}^2$$

（2）校核稳定性。由于

$$\lambda = \frac{\mu l}{i_{\min}} = \frac{1 \times 3.35\text{m}}{0.0108\text{m}} = 310.2$$

柔度过大，表明杆易失稳，故应按稳定条件设计截面。

（3）按稳定条件设计截面。假定 $\varphi_1 = 0.3$，则有

$$A \geqslant \frac{F_N}{\varphi_1 [\sigma]} = \frac{67.1 \times 10^3 \text{N}}{0.3 \times 160 \times 10^6 \text{Pa}} = 14 \times 10^{-4}\text{m}^2 = 14\text{cm}^2$$

选两个 $63 \times 63 \times 6$ 的角钢，其截面积为

$$A = 2 \times 7.288\text{cm}^2 = 14.576\text{cm}^2$$

柔度为

$$\lambda = \frac{\mu l}{i_{\min}} = \frac{1 \times 3.35}{0.0193} = 173.6$$

查折减因数表，用内插法得相应的 $\varphi_1' = 0.233$，与假定值相差较大，故需再进行试算。

重新假定 $\varphi_2 = (0.3 + 0.233)/2 = 0.267$，则有

$$A \geqslant \frac{F_N}{\varphi_2 [\sigma]} = \frac{67.1 \times 10^3 \text{N}}{0.267 \times 160 \times 10^6 \text{Pa}} = 15.7 \times 10^{-4}\text{m}^2 = 15.7\text{cm}^2$$

选两个 $70 \times 70 \times 6$ 的角钢，其截面积为

$$A = 2 \times 8.16\text{cm}^2 = 16.36\text{cm}^2$$

柔度为

$$\lambda = \frac{\mu l}{i_{min}} = \frac{1 \times 3.35 \mathrm{m}}{0.0215 \mathrm{m}} = 155.8$$

查折减因数表，得相应的 $\varphi'_2 = 0.286$，这与假定值比较接近。校核其稳定性：

$$\sigma = \frac{F_N}{A} = \frac{67.1 \times 10^3 \mathrm{N}}{16.36 \times 10^{-4} \mathrm{m}^2} = 41.01 \times 10^6 \mathrm{Pa}$$

$$= 41.01 \mathrm{MPa} < \varphi'_2 [\sigma] = 45.76 \mathrm{MPa}$$

满足稳定条件，故可以选用两个 $70 \times 70 \times 6$ 的角钢。

若再选与面积 $A = 15.7 \mathrm{cm}^2$ 相近的两个 $75 \times 75 \times 5$ 的角钢，其截面积为

$$A = 2 \times 7.367 \mathrm{cm}^2 = 14.734 \mathrm{cm}^2$$

柔度为

$$\lambda = \frac{\mu l}{i_{min}} = \frac{1 \times 3.35 \mathrm{m}}{0.0233 \mathrm{m}} = 143.8$$

得相应的 $\varphi = 0.338$，则有

$$\sigma = \frac{F_N}{A} = \frac{67.1 \times 10^3 \mathrm{N}}{14.734 \times 10^{-4} \mathrm{m}^2} = 45.54 \mathrm{MPa} < \varphi [\sigma] = 53.09 \mathrm{MPa}$$

由上可知，两个 $70 \times 70 \times 6$ 的角钢虽能满足稳定要求，但它的重量为 $2 \times 6.406 \mathrm{kg/m}$，而两个 $75 \times 75 \times 5$ 的角钢重量为 $2 \times 5.818 \mathrm{kg/m}$，故宜采用后者。

计算题 14.27 一立柱由四根 $80 \times 80 \times 6$ 的角钢组成如图所示。立柱两端为铰支，柱长 $l = 6 \mathrm{m}$，受到 $F = 450 \mathrm{kN}$ 的轴向压力作用。若材料为 Q235 钢，许用应力 $[\sigma] = 160 \mathrm{MPa}$，试设计立柱横截面边宽 a 的尺寸。

解 由型钢规格表，单个 $80 \times 80 \times 6$ 角钢的几何参数为

$$I_{z_0} = I_{y_0} = 57.35 \times 10^{-8} \mathrm{m}^4$$

$$A_0 = 9.397 \times 10^{-4} \mathrm{m}, \quad z_0 = 2.19 \times 10^{-2} \mathrm{m}$$

整个截面的面积和惯性矩分别为

$$A = 4 \times 9.397 \times 10^{-4} \mathrm{m}^2 = 37.588 \times 10^{-4} \mathrm{m}^2$$

$$I_z = I_y = 4 \times (57.35 \times 10^{-8} \mathrm{m}^4 + 9.397 \times 10^{-4} \mathrm{m}^2 h^2)$$

根据稳定条件 $\sigma = \dfrac{F}{A} \leqslant \varphi [\sigma]$，则有

$$\varphi = \frac{F}{A[\sigma]} = \frac{450 \times 10^3 \mathrm{N}}{37.588 \times 10^{-4} \mathrm{m}^2 \times 160 \times 10^6 \mathrm{Pa}} = 0.748$$

查折减因数表，相应于 $\varphi = 0.748$ 的 λ 值为

$$\lambda = 77.2$$

因

$$\lambda = \frac{\mu l}{\sqrt{\dfrac{I_z}{A}}}$$

故

$$\mu l = \lambda \sqrt{\frac{I_z}{A}}$$

即

$$1 \times 6\text{m} = 77.2 \sqrt{\dfrac{4(57.35 \times 10^{-8}\,\text{m}^4 + 9.397 \times 10^{-4} \times h^2\,\text{m}^2)}{4 \times 9.397 \times 10^{-4}\,\text{m}^2}}$$

得

$$h = 0.0737\text{m} = 73.7\text{mm}$$

所以

$$a = 2h + 2z_0 = 191\text{mm}$$

计算题 14.28 图（a）所示桁架，$F = 100\text{kN}$，二杆均为用 Q235 钢制成的圆截面杆，许用应力 $[\sigma] = 180\text{MPa}$，试设计它们的直径。

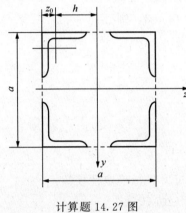

计算题 14.27 图

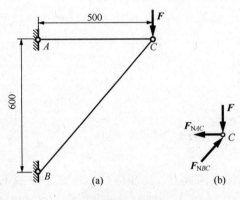

计算题 14.28 图

解 由结点 C 的平衡 [图（b）] 得

$$F_{\text{N}BC} = 1.3F(\text{压}), \quad F_{\text{N}AC} = 0.83F(\text{拉})$$

（1）设计 AC 杆的直径。因 AC 杆受拉，故应按强度条件确定直径 d_{AC}。由强度条件

$$A \geqslant \frac{F_{\text{N}AC}}{[\sigma]}$$

即

$$\frac{\pi d_{AC}^2}{4} = \frac{0.83 \times 100 \times 10^3\,\text{N}}{180 \times 10^6\,\text{Pa}}$$

得

$$d_{AC} = 0.0242\text{m} = 24.2\text{mm}$$

（2）设计 BC 杆的直径。因 BC 杆为受压杆，故应按稳定条件确定直径 d_{BC}。

第一次试算：假定 $\varphi_1 = 0.5$，由稳定条件得

$$\frac{\pi d_{BC}^2}{4} \geqslant \frac{F_{\text{N}BC}}{\varphi[\sigma]} = \frac{1.3 \times 100 \times 10^3\,\text{N}}{0.5 \times 180 \times 10^6\,\text{Pa}}$$

得

$$d_{BC} \geqslant 0.0428\text{m} = 42.8\text{mm}$$

柔度为

$$\lambda = \frac{\mu l}{i} = \frac{4 \times 1 \times 781\text{mm}}{42.8\text{mm}} = 72.9$$

481

查折减因数表，得相应的 $\varphi_1' = 0.75$，这与假定 φ 值相差较大，再进行试算。

第二次试算：假定 $\varphi_2 = (\varphi_1 + \varphi_1')/2 = (0.5 + 0.75)/2 = 0.625$，则有

$$\frac{\pi d_{BC}^2}{4} \geqslant \frac{1.3 \times 100 \times 10^3 \text{N}}{0.625 \times 180 \times 10^6 \text{Pa}}$$

得

$$d_{BC} \geqslant 0.038\ 35\text{m} = 38.35\text{mm}$$

柔度为

$$\lambda = \frac{\mu l}{i} = \frac{4 \times 1 \times 781\text{mm}}{38.35\text{mm}} = 81.4$$

查折减因数表，得相应的 $\varphi_2' = 0.7$，与假定 φ 值仍相差较大，再进行试算。

第三次试算：假定 $\varphi_3 = (\varphi_2 + \varphi_2')/2 = (0.625 + 0.7)/2 = 0.663$，则有

$$\frac{\pi d_{BC}^2}{4} \geqslant \frac{1.3 \times 100 \times 10^3 \text{N}}{0.663 \times 180 \times 10^6 \text{Pa}}$$

得

$$d_{BC} \geqslant 0.0372\text{m} = 37.2\text{mm}$$

柔度为

$$\lambda = \frac{\mu l}{i} = \frac{4 \times 1 \times 781\text{mm}}{37.2\text{mm}} = 83.9$$

查折减因数表，得相应的 $\varphi_3' = 0.67$，这与假定的 φ_3 值较接近。进行稳定性校核：

$$[\sigma]_{\text{st}} = \varphi_3'[\sigma] = 0.67 \times 180\text{MPa} = 120\text{MPa}$$

$$\sigma = \frac{F_{NBC}}{A} = \frac{4 \times 1.3 \times 100 \times 10^3 \text{N}}{\pi \times 37.2^2 \times 10^{-6} \text{m}^2} = 119.6 \times 10^6 \text{Pa} = 119.6\text{MPa}$$

由于 $\sigma < [\sigma]_{\text{st}}$，故压杆 BC 的直径为 $d_{BC} = 37.2\text{mm}$。

计算题 14.29　两端铰支的实心圆截面细长钢压杆，长 $l = 1.8\text{m}$，承受 $F = 60\text{kN}$ 的压力。已知 $\lambda_p = 100$，$E = 210\text{GPa}$，$d = 45\text{mm}$，$n_{\text{st}} = 2$，试用安全因数法确定此柱的许用荷载。

解　压杆两端铰支，$\mu = 1$。截面为圆形，$i = \sqrt{\dfrac{I}{A}} = \dfrac{d}{4}$。柔度为

$$\lambda = \frac{\mu l}{i} = \frac{\mu l}{\dfrac{d}{4}} = \frac{1 \times 1800\text{mm}}{\dfrac{45}{4}\text{mm}} = 160 > \lambda_p = 100$$

用欧拉公式计算其临界力为

$$F_{\text{cr}} = A\sigma_{\text{cr}} = \frac{\pi D^2}{4} \frac{\pi^2 E}{\lambda^2} = 128.8 \times 10^3 \text{N} = 128.8\text{kN}$$

压杆的许用压力为

$$[F]_{\text{st}} = \frac{F_{\text{cr}}}{n_{\text{st}}} = 64.4\text{kN}$$

计算题 14.30　一两端铰支的钢管柱，长 $l = 3.5\text{m}$，截面外径 $D = 100\text{min}$，内径 $d = 70\text{mm}$。材料为 Q235 钢，$\lambda_p = 100$，$E = 210\text{GPa}$，$n_{\text{st}} = 2.5$，试用安全因数法确定此柱的许用荷载。

解　两端铰支，$\mu=1$。截面为圆形，$i=\sqrt{\dfrac{I}{A}}=\sqrt{\dfrac{\dfrac{\pi^2 D^4}{64}(1-\alpha^4)}{\dfrac{\pi D^2}{4}(1-\alpha^2)}}=\dfrac{D}{4}\sqrt{1+\alpha^2}$。柔度为

$$\lambda=\frac{\mu l}{i}=\frac{\mu l}{\dfrac{D}{4}\sqrt{1+\alpha^2}}=\frac{1\times 3500\text{mm}}{\dfrac{100\text{mm}}{4}\sqrt{1+0.7^2}}=114.69>\lambda_\text{p}=100$$

用欧拉公式计算其临界力为

$$F_\text{cr}=A\sigma_\text{cr}=\frac{\pi D^2}{4}(1-\alpha^2)\frac{\pi^2 E}{\lambda^2}$$

$$=\frac{\pi\times 100^2\times 10^{-6}\text{m}^2}{4}\times(1-0.7^2)\times\frac{\pi^2\times 210\times 10^9\text{Pa}}{114.69^2}=631.14\text{kN}$$

压杆的许用压力为

$$[F]_\text{st}=\frac{F_\text{cr}}{n_\text{st}}=\frac{631.14\text{kN}}{2}=315.57\text{kN}$$

计算题 14.31　某塔架的横撑杆长 6m，截面由四个 $75\times 75\times 8$ 的角钢组成，如图所示。材料为 Q235 钢，$E=210\text{GPa}$，$\lambda_c=123$，稳定安全因数 $n_\text{st}=1.75$，若两端按铰支考虑，试确定此杆的许用荷载。

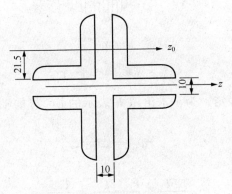

计算题 14.31 图

解　单个 $75\times 75\times 8$ 角钢的截面几何参数为

$$A=11.503\times 10^{-4}\text{m}^2$$

$$I_{z_0}=59.69\times 10^{-8}\text{m}^4$$

$$I_z=I_{z_0}+A(21.5+5)^2\times 10^{-6}\text{m}^2$$

$$=59.69\times 10^{-8}\text{m}^4+11.503\times 10^{-4}\text{m}^2\times 26.5^2\times 10^{-6}\text{m}^2$$

$$=140.49\times 10^{-8}\text{m}^4$$

整个压杆的柔度为

$$\lambda=\frac{\mu l}{\sqrt{\dfrac{4I_z}{4A}}}=\frac{1\times 6\text{m}}{\sqrt{\dfrac{140.49\times 10^{-8}\text{m}^4}{11.503\times 10^{-4}\text{m}^2}}}=172$$

因 $\lambda>\lambda_c$，故用欧拉公式计算临界力为

$$F_{cr} = \frac{\pi^2 E I_{min}}{(\mu l)^2} = \frac{\pi^2 \times 210 \times 10^9 \text{Pa} \times 4 \times 140.49 \times 10^{-8} \text{m}^4}{(1 \times 6\text{m})^2}\text{N} = 323 \times 10^3 \text{N} = 323\text{kN}$$

于是得此杆的许用荷载为

$$[F]_{st} = \frac{F_{cr}}{n_{st}} = \frac{323}{1.75} = 185\text{kN}$$

计算题 14.32 图（a）所示结构用 Q235 钢制成，其中 AB 为 16 号工字钢梁，BC 为直径 60mm 的圆杆。已知 $l = 1\text{m}$，$E = 205\text{GPa}$，$\sigma_s = 235\text{MPa}$，$\sigma_{cr} = 235 - 0.006\,68\lambda^2$，$\lambda_c = 123$，$n = 2$，$n_{st} = 3$，试确定此结构的许用荷载 F。

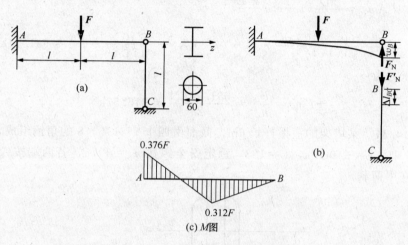

计算题 14.32 图

解 该结构为一次超静定。为了求出用 F 表示的 BC 杆的轴力 F_{NBC}，必须建立变形补充方程 [图（b）]，即

$$w_B = \Delta l_{BC}$$

或

$$\frac{5Fl^3}{6EI} - \frac{F_N(2l)^3}{3EI} = \frac{F_N l}{EI}$$

得

$$F_N = 0.312F(\text{压})$$

（1）根据 BC 杆的稳定条件确定许用荷载 F。BC 杆的柔度为

$$\lambda = \frac{\mu l}{i} = \frac{\mu l}{\dfrac{d}{4}} = \frac{4 \times 1 \times 1\text{m}}{0.06\text{m}} = 66.6$$

因 $\lambda < \lambda_c$，应当用抛物线公式计算临界应力，即

$$\sigma_{cr} = 235 - 0.00668\lambda^2 = 235\text{MPa} - 0.00668\text{MPa} \times 66.6^2 = 205.37\text{MPa}$$

BC 杆的临界力为

$$F_{Ncr} = \sigma_{cr}A = 205.37 \times 10^6 \text{Pa} \times \frac{\pi(0.06\text{m})^2}{4} = 580.7 \times 10^3 \text{N} = 580.7\text{kN}$$

BC 杆的稳定许用压力为

$$[F_N]_{st} = \frac{F_{Ncr}}{n_{st}} = \frac{580.7}{3}\text{kN} = 193.56\text{kN}$$

故结构的许用荷载为

$$F = \frac{[F_N]_{st}}{0.312} = \frac{193.56}{0.312} kN = 620.38 kN$$

（2）根据梁的弯曲强度确定许用荷载 F。梁的弯矩图如图（c）所示，$M_{max} = 0.376F$。由强度条件

$$\sigma = \frac{M_{max}}{W_z} \leqslant [\sigma]$$

式中：$[\sigma] = \frac{\sigma_s}{2} MPa = 117.5 MPa$，$W_z = 141 \times 10^{-6} m^3$。得

$$\frac{0.376F}{141 \times 10^{-6} m^2} \leqslant 117.5 \times 10^6 Pa$$

故

$$F = 44.06 \times 10^3 N = 44.06 kN$$

比较后，取 $[F] = 44.06 kN$。它是由梁的弯曲强度控制的。

计算题 14.33 两端铰支的木柱长 $l = 3.5m$，截面为 $150mm \times 150mm$ 的正方形，许用应力 $[\sigma] = 11 MPa$，试确定木柱的许用荷载。

解 木柱的柔度为

$$\lambda = \frac{\mu l}{i} = \frac{1 \times 3.5 m}{\frac{150 \times 10^{-3} m}{\sqrt{12}}} = 80.2$$

对于木压杆，当 $\lambda > 80$ 时，$\varphi = \frac{3000}{\lambda^2} = \frac{3000}{80.8^2} = 0.46$。故压杆的许用荷载为

$$[F]_{st} = A\varphi[\sigma] = 150 \times 10^{-6} m^2 \times 0.46 \times 11 \times 10^6 Pa = 114 \times 10^3 N = 114 kN$$

计算题 14.34 图（a）所示结构中，BD 杆为正方形截面的木杆。已知 $l = 2m$，$a = 0.1m$，木材的许用应力 $[\sigma] = 10 MPa$，试从 BD 杆的稳定考虑，试确定该结构的许用荷载 F。

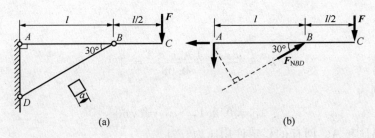

计算题 14.34 图

解 首先求出荷载 F 与 BD 杆所受压力间的关系。由 AC 杆的平衡 [图（b）]，得

$$F = \frac{1}{3} F_{NBD} \tag{a}$$

算得压杆 BD 的长度 $l_{BD} = 2.31m$，故 BD 杆的柔度为

$$\lambda = \frac{\mu l_{BD}}{\sqrt{\frac{I}{A}}} = \frac{\mu l_{BD}}{a\sqrt{\frac{1}{12}}} = \frac{1 \times 2.31 m}{0.1 m \times \sqrt{\frac{1}{12}}} = 80$$

对于木压杆，当 $\lambda \leqslant 80$ 时，由 $\varphi = 1.02 - 0.55\left(\dfrac{\lambda + 20}{100}\right)^2$，得

$$\varphi = 0.47$$

根据稳定条件，压杆 BD 的许用压力为

$$[F_{NBD}]_{st} = A\varphi[\sigma]$$

由式（a）得该结构的许用荷载为

$$[F] = \frac{1}{3}[F_{NBD}]_{st} = \frac{1}{3}A\varphi[\sigma]$$

$$= \frac{1}{3} \times 0.1^2\,m^2 \times 0.47 \times 10 \times 10^6\,Pa = 15.7 \times 10^3\,N = 15.7\,kN$$

计算题 14.35　图（a）所示结构中，AB 及 BC 两杆均为圆截面，直径 $d = 80\text{mm}$，材料为 Q235 钢，$[\sigma] = 160\text{MPa}$，试确定结构的许用荷载 F。

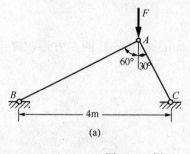

题 14.35 图

解　（1）用荷载 F 表示 AB 和 AC 两杆的轴力。由结点 A［图（b）］的平衡，得

$$F_{N1} = F/2 \qquad\qquad\qquad (a)$$

$$F_{N2} = 0.866F \qquad\qquad (b)$$

（2）计算 AB 和 AC 两杆的柔度。设 AB 杆的长度为 l_1，AC 杆的长度为 l_2，则

$$l_1 = 4\cos30° = 3.46\text{m}, \quad l_2 = 4\sin30° = 2\text{m}$$

截面面积为

$$A = \frac{\pi}{4}d^2 = \frac{\pi}{4} \times 0.08^2\,m^2 = 50.3 \times 10^{-4}\,m^2$$

两杆的柔度分别为

AB 杆：

$$\lambda_1 = \frac{\mu l_1}{i} = \frac{\mu l}{\dfrac{d}{4}} = \frac{4 \times 1 \times 3.46}{0.08} = 173$$

AC 杆：

$$\lambda_2 = \frac{\mu l_2}{i} = \frac{4 \times 1 \times 2}{0.08} = 100$$

相应的 φ 值分别为

$$\lambda_1 = 0.251, \quad \varphi_2 = 0.60$$

（3）计算 AB 和 AC 两杆的稳定许用压力。

$$[F_{N1}]_{st} = A\varphi_1[\sigma] = 50.3 \times 10^{-4}\,m^2 \times 0.251 \times 160 \times 10^6\,Pa$$

$$= 202 \times 10^3\,N = 202\text{kN} \qquad\qquad (c)$$

$$[F_{N2}]_{st} = A\varphi_2[\sigma] = 50.3 \times 10^{-4}\,m^2 \times 0.6 \times 160 \times 10^6\,Pa$$

$$= 482.88 \times 10^3\,N = 482.88\text{kN} \qquad\qquad (d)$$

由式（a）与（c），式（b）与（d）所得 F 值比较后可知，结构的许用荷载为 AB 杆所控制，其值为

$$[F] = 2[F_{N1}]_{st} = 2 \times 202\text{kN} = 404\text{kN}$$

计算题 14.36　图示结构由 AD 杆和 BC 杆决定许用荷载。其中 AD 杆为铸铁圆杆，直径 $d_1=60\text{mm}$，许用压应力 $[\sigma_c]=120\text{MPa}$；BC 杆为钢圆杆，直径 $d_2=10\text{mm}$，材料为 Q235 钢，许用应力 $[\sigma]=160\text{MPa}$。各支承处均为铰链，试确定此结构的许用分布荷载集度 q。

解　设 AD 和 BC 两杆的内力分别为 F_{N1}（压）和 F_{N2}（拉），由静力平衡关系得

$$F_{N1}=6.75q \tag{a}$$

$$F_{N2}=2.25q \tag{b}$$

压杆 AD 的柔度为

$$\lambda=\frac{\mu l}{i}=\frac{\mu l}{\dfrac{d}{4}}=\frac{4\times1\times1.5\text{m}}{0.06\text{m}}=100$$

查折减因数表，得相应的 $\varphi=0.16$，故压杆 AD 的许用压力为

$$[F_{N1}]_{st}=A_1\varphi[\sigma_c]=\frac{\pi}{4}\times0.06^2\text{m}^2\times0.16\times120\times10^6\text{Pa}=54.3\times10^3\text{N}=54.3\text{kN}$$

由式（a）得许用分布荷载集度为

$$[q]=0.148[F_{N1}]_{st}=8.04\text{kN/m} \tag{c}$$

拉杆 BC 的许用拉力为

$$[F_{N2}]=A_2[\sigma]=\frac{\pi}{4}\times0.01^2\text{m}^2\times160\times10^6\text{Pa}=12.57\times10^3\text{N}=12.57\text{kN}$$

由式（b）得许用分布荷载集度为

$$[q]=0.444[F_{N2}]=5.59\text{kN/m} \tag{d}$$

比较式（c）和（d），可知许用分布荷载集度 $[q]=5.59\text{kN/m}$。它是由 BC 杆的强度控制的。

计算题 14.37　图示为由五根圆形钢杆组成的正方形结构，连接处均为铰链，杆的直径均为 $d=40\text{mm}$。已知 $a=1\text{m}$，材料为 Q235 钢，$[\sigma]=160\text{MPa}$，试确定此结构的许用荷载 F。又若力的方向改为向外，试问许用荷载是否改变？若有改变应为多少？

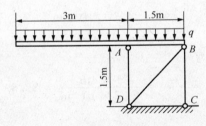

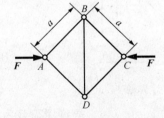

计算题 14.36 图　　　　　　　　　计算题 14.37 图

解　(1) F 方向向内时的许用值。设 AB、BC、CD 及 DA 各杆所受的力为 F_{N1}（压），BD 杆所受的力为 F_{N2}（拉）。根据静力平衡关系得

$$F_{N1}=\frac{\sqrt{2}}{2}F,\quad F_{N2}=F$$

由拉杆 BD 的强度条件计算结构的许用荷载为

$$[F]=F_{N2}=A[\sigma]=\frac{\pi}{4}\times0.04^2\text{m}^2\times160\times10^6\text{Pa}=201\times10^3\text{N}=201\text{kN}$$

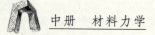

压杆 AB、BC、CD 及 DA 的柔度和折减因数分别为

$$\lambda = \frac{\mu l}{i} = \frac{\mu l}{\frac{d}{4}} = \frac{1 \times 1\mathrm{m} \times 4}{0.04\mathrm{m}} = 100$$

$$\varphi = 0.6$$

各杆的许用压力为

$$[F_{\mathrm{N1}}]_{\mathrm{st}} = A\varphi[\sigma] = \frac{\pi}{4} \times 0.04^2\mathrm{m}^2 \times 0.6 \times 160 \times 10^6\mathrm{Pa} = 120.6 \times 10^3\mathrm{N} = 120.6\mathrm{kN}$$

结构的许用荷载为

$$[F] = \sqrt{2}[F_{\mathrm{N1}}]_{\mathrm{st}} = \sqrt{2} \times 120.6\mathrm{kN} = 170.6\mathrm{kN}$$

比较后，许用荷载取 $[F] = 170.6\mathrm{kN}$，它是由稳定条件控制的。

（2）$\boldsymbol{F}$ 的方向向外时的许用值。此时 $\boldsymbol{F}_{\mathrm{N1}}$ 和 $\boldsymbol{F}_{\mathrm{N2}}$ 的方向均要改变，亦即 BD 杆受压，其余各杆受拉。由以上计算看出 $|F_{\mathrm{N1}}| < |F_{\mathrm{N2}}|$ 且 AB、BC、CD 和 DA 较 BD 杆均短，显然，许用荷载为压杆 BD 所控制。对于 BD 杆，有

$$\lambda = \frac{\mu l}{i} = \frac{1 \times \sqrt{2} \times 1\mathrm{m} \times 4}{0.04\mathrm{m}} = 141, \quad \varphi = 0.356$$

故许用荷载为

$$[F] = F_{\mathrm{N2}} = A\varphi[\sigma] = \frac{\pi}{4} \times 0.04^2\mathrm{m}^2 \times 0.356 \times 160 \times 10^6\mathrm{Pa}$$
$$= 71.6 \times 10^3\mathrm{N} = 71.6\mathrm{kN}$$

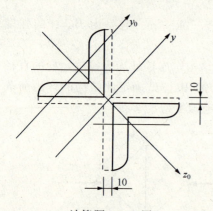

计算题 14.38 图

计算题 14.38 某桁架的受压弦杆长 4m，截面由两个 $125 \times 125 \times 10$ 的角钢组成，如图所示。材料为 Q235 钢，许用应力 $[\sigma] = 170\mathrm{MPa}$，若两端按铰支考虑，试确定此杆的许用荷载。

解 单个 $125 \times 125 \times 10$ 角钢的截面面积和最小惯性矩分别为

$$A = 24.37 \times 10^{-4}\mathrm{m}^2$$
$$i_{z_0} = 4.85 \times 10^{-2}\mathrm{m}$$

压杆的柔度为

$$\lambda = \frac{\mu l}{i_{\mathrm{min}}} = \frac{1 \times 4\mathrm{m}}{4.85 \times 10^{-2}\mathrm{m}} = 82.5$$

查得相应的 $\varphi = 0.716$，故许用荷载为

$$[F] = A\varphi[\sigma] = 2 \times 24.37 \times 10^{-4}\mathrm{m}^2 \times 0.716 \times 170 \times 10^6\mathrm{Pa}$$
$$= 593 \times 10^3\mathrm{N} = 593\mathrm{kN}$$

主要参考文献

重庆建筑大学.1999.建筑力学第一分册：理论力学.3版.北京：高等教育出版社.

干光瑜，秦惠民.1999.建筑力学第二分册：材料力学.3版.北京：高等教育出版社.

华东水利学院工程力学教研室《理论力学》编写组.1985.理论力学（上、下册）.北京：高等教育出版社.

哈尔滨工业大学理论力学教研室.1998.理论力学（上、下册）.北京：高等教育出版社.

哈尔滨工业大学理论力学教研室.1984.理论力学学习指导书.北京：高等教育出版社.

胡增强.1994.材料力学800题.徐州：中国矿业大学出版社.

刘鸿文.1992.材料力学（上、下册）.北京：高等教育出版社.

李廉锟.1984.结构力学.北京：高等教育出版社.

李家宝.1999.建筑力学第三分册：结构力学.3版.北京：高等教育出版社.

龙驭球，包世华.1994.结构力学.北京：高等教育出版社.

罗远祥，官飞，关翼华，李苹.1981.理论力学（上、中、下册）.北京：高等教育出版社.

清华大学材料力学教研室.1988.材料力学解题指导及习题集.北京：高等教育出版社.

丘益元，周次青.1983.材料力学习题解答.北京：科学出版社.

粟一凡.1983.材料力学（上、下册）.北京：高等教育出版社.

沈养中.2009.建筑力学（上、下册）.3版.北京：科学出版社.

沈养中.2010.建筑力学.北京：中国建筑工业出版社.

沈养中，董平.2001.材料力学.北京：科学出版社.

沈养中，石静.2001.结构力学.北京：科学出版社.

沈养中，李永年.2001.理论力学.北京：科学出版社.

沈养中，李桐栋.2001.工程结构有限元计算.北京：科学出版社.

孙训方，方孝淑，关来泰.1987.材料力学（上、下册）.北京：高等教育出版社.

王兰生，罗汉泉.1989.结构力学难题分析.北京：高等教育出版社.

汪梦甫.2001.结构力学学习指导.武汉：武汉工业大学出版社.

邢静中.2001.ANSYS应用实例与分析.北京：科学出版社.

薛光瑾，李世昌，陈国杰.1994.结构力学.北京：高等教育出版社.

杨天祥.1989.结构力学.北京：高等教育出版社.

杨星.2009.PKPM结构软件从入门到精通.2版.北京：中国建筑工业出版社.

阳日，郑瞳灼.1988.结构力学习题指导.北京：中国建筑工业出版社.

郑念国，戴仁杰.1993.应用结构力学——典型例题剖析.上海：同济大学出版社.

钟朋.1987.结构力学解题指导及习题集.北京：高等教育出版社.

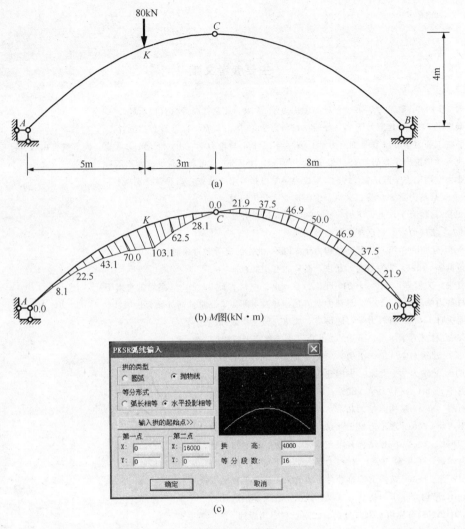

计算题 22.19 图

（3）铰接构件。点击［铰接构件/布节点铰］，依次捕捉"A"、"B"、"C"结点；点击［铰接构件/布置柱铰］，将4个支座柱杆件均设置为两端铰接。

（4）荷载布置。点击［恒载输入/节点恒载］，输入"垂直力"为"80"kN，点击＜确定＞按钮，用光标拾取"K"结点。

（5）结构计算。校核计算简图后，点击［结构计算］，执行［6.恒载内力图］命令，选择"弯矩图"，三铰拱 M 图如图（b）所示。

因为建立模型时是以16道直线段的连接来近似模拟抛物线的，且这些直线段上并未作用荷载，所以最终的内力图只给出这些直线段连接点处的内力，例如 K 截面上的弯矩 $M_K=103.1$kN，结点之间的内力图用直线相连。

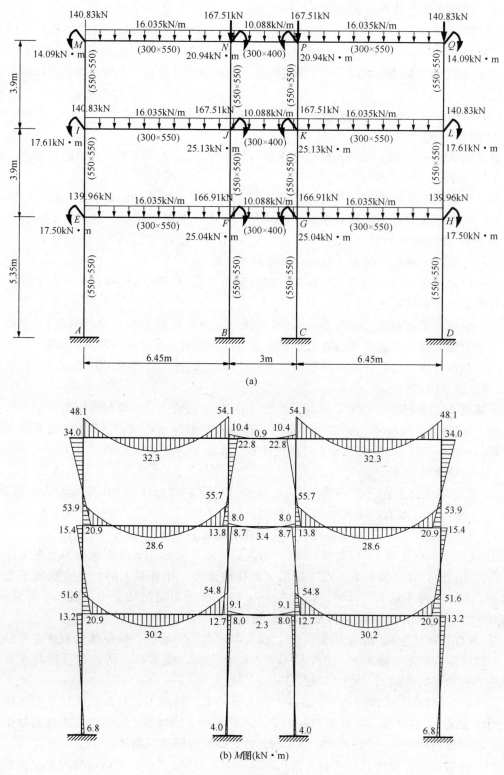

(b) M图(kN・m)

计算题 22.18 图

（4）荷载布置。执行［恒载输入/梁间恒载］。

① 选择梯形荷载（KL=6），按图（c）所示输入参数后，点击<确定>按钮，用光标拾取"FG"段和"GH"段；

② 选择三角形荷载（KL=10），按图（d）所示输入参数后，点击<确定>按钮，用光标拾取"DE"段。

（5）结构计算。校核计算简图后，点击［计算］。执行［恒载弯矩］命令，可得到复式刚架 M 图如图（b）所示。

计算题 22.18　试用 PKPM 软件计算图（a）所示三层三跨刚架，并绘制弯矩图。已知各杆 E 为常数。

解　启动 PK 主菜单［1. PK 数据交互输入和计算］，进入"PK 数据交互输入"界面。

（1）网格生成。点击［网格生成/框架网格］，在"框架网线输入导向"对话框中：选择"跨度"，依次输入"6450"、"3000"、"6450"；选择"层高"，依次输入"5350"、"3900"、"3900"，单击<确定>按钮，形成刚架网格线。

（2）杆件布置。依次执行［柱布置］和［梁布置］，按图（a）所示分别定义柱、梁截面并布置在相应的网格线上。

（3）荷载布置。点击［恒载输入］，依次执行［节点恒载］和［梁间恒载］，按图（a）所示荷载数值，在各结点布置结点弯矩和垂直力，在各梁上布置满跨均布线荷载。

（4）结构计算。校核计算简图后，点击［计算］。执行［恒载弯矩］命令，可得到刚架的 M 图如图（b）所示。

计算题 22.19　试用 PKPM 软件计算图（a）所示三铰拱，并绘制弯矩图。

解　在 PKPM 总菜单<钢结构>页中，选择<框架>项，双击［B. PK 交互输入与优化计算］，进入"STS-PK 交互输入与优化计算"界面。

（1）网格生成。

1）弧线生成：点击［网格生成/快速建模/弧线］，弹出"PKSR 弧线输入"对话框。按图（c）所示输入参数，单击<确定>按钮；

2）支座生成，按「F4」功能键打开角度距离捕捉方式：

① 执行［网格生成/平行直线］，在"输入第一点"提示下，捕捉弧线网格左下端结点（即"A"结点），在"输入下一点"提示下，移动光标，使屏幕上的红色直线向下处于垂直状态，在命令行中输入"800"，按「Enter」键；在弹出的对话框中，输入"复制间距"为"16000"，按「Enter」键，再按「Esc」键退出；

② 执行［网格生成/两点直线］，在"输入第一点"提示下，捕捉弧线网格左下端结点（即"A"结点），在"输入下一点"提示下，移动光标，使屏幕上的红色直线向左处于水平状态，在命令行中输入"800"，按「Enter」键；

③ 执行［网格生成/两点直线］，在"输入第一点"提示下，捕捉弧线网格右下端结点（即"B"结点），在"输入下一点"提示下，移动光标，使屏幕上的红色直线向右处于水平状态，在命令行中输入"800"，按「Enter」键；即形成刚架网格线。

（2）杆件布置。依次执行［柱布置］和［梁布置］，定义柱、梁截面均为箱型钢截面柱"500×500×10×10"，将柱布置在 4 道支座网格线上，梁布置在所有弧形网格线上。

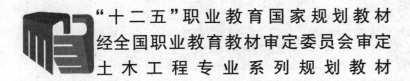

"十二五"职业教育国家规划教材

经全国职业教育教材审定委员会审定

土木工程专业系列规划教材

建筑力学题解（第二版）

下册　结构力学

沈养中　李桐栋　主　编

高淑荣　石　静　孟胜国　副主编

科学出版社

北　京

内 容 简 介

本书是与"十二五"职业教育国家规划教材《建筑力学（第四版）》与《结构力学（第四版）》、普通高等教育"十一五"国家级规划教材《理论力学（第四版）》、《材料力学（第三版）》配套的教学辅导教材。本书涵盖建筑力学的知识要点，对精选773道概念题和730道计算题全部做了解答。本书内容丰富、突出应用、深入浅出、通俗易懂，注重培养分析问题和解决问题的能力。全书共分上、中、下三册。上册为理论力学（第一章至第七章），包括静力学基础、平面力系、空间力系、点与刚体的运动、质点与刚体的运动微分方程、动能定理、达朗贝尔原理与虚位移原理；中册为材料力学（第八章至第十四章），包括轴向拉伸与压缩、截面的几何性质、扭转、弯曲、应力状态与强度理论、组合变形、压杆稳定；下册为结构力学（第十五章至第二十二章），包括平面杆件体系的几何组成分析、静定结构的内力计算、静定结构的位移计算、力法、位移法、力矩分配法和无剪力分配法、影响线、工程结构有限元计算初步。

本书可作为高等职业学校、高等专科学校、成人高校及本科院校所属二级职业技术学院和民办高校土建大类专业，以及道桥、市政、水利等专业的力学课程的学习辅导教材，专升本考试用书。也可作为本科院校相关专业学生学习辅导用书，以及教师和有关工程技术人员的参考用书。

图书在版编目(CIP) 数据

建筑力学题解（下册 结构力学）/沈养中，李桐栋主编. —2 版. 北京：科学出版社，2016

("十二五"职业教育国家规划教材·经全国职业教育教材审定委员会审定·木土工程专业系列规划教材)

ISBN 978 - 7 - 03 - 047244 - 1

Ⅰ.①建… Ⅱ.①沈…②李… Ⅲ.①建筑科学－力学－高等职业教育－题解 Ⅳ.①TU311—44

中国版本图书馆 CIP 数据核字(2016)第 021906 号

责任编辑：李 欣/责任校对：马英菊
责任印制：吕春珉/封面设计：曹 来

科学出版社 出版

北京东黄城根北街 16 号
邮政编码：100717
http://www.sciencep.com

铭浩彩色印装有限公司印刷
科学出版社发行 各地新华书店经销

*

2002 年 10 月第 一 版 　开本：787×1092 1/16
2016 年 2 月第 二 版 　印张：13 3/4＋18 1/2＋17
2016 年 2 月第一次印刷 　字数：1 120 000

定价：96.00 元（上、中、下册合定价）
（如有印装质量问题，我社负责调换〈骏杰〉）
销售部电话 010-62136230 编辑部电话 010-62138017-2025（VA03）

第二版前言

    本书是在第一版的基础上，根据高职高专的特点和高等教育大众化的特点进行修订的。本次修订除继续保持第一版中的涵盖面广、内容丰富、突出应用、深入浅出、通俗易懂，注重培养分析问题和解决问题能力的特色外，增加了第二十二章：工程结构有限元计算初步，突出了建筑力学的实用性；增加了概念题 773 道，题型有：选择题、填空题、判断题和简答题；并对原有的计算题进行了修改和调整，题量达 730 道。对所有的概念题和计算题都做了解答。

    本书分为上、中、下册，上册为理论力学（第一章至第七章），中册为材料力学（第八章至第十四章），下册为结构力学（第十五章至第二十二章），参加本书修订工作的有：江苏建筑职业技术学院沈养中（第一、二、三章）、李桐栋（第四、五、六、七、二十二章）、河北工程技术高等专科学校高淑荣（第十二、十三、十四章）、石静（第十七、十八章）、闫礼平（第十五、二十章）、王国菊（第十九、二十一章）、张翠英（第八、九章）、骆素培（第十一章）、山西阳泉职业技术学院孟胜国（第十六章）、刘少泷（第十章）、李达（第二十二章）。全书由沈养中统稿。

    本书由北京大学于年才教授、河北科技大学陈健教授和宁波职业技术学院程桂胜教授担任主审，在此致以衷心的感谢。

    在本书的编写过程中，许多同行提出了很好的意见和建议，在此深表感谢。

    鉴于编者水平有限，书中难免有不妥之处，敬请同行和广大读者批评指正。

第一版前言

本书是与《理论力学》、《材料力学》以及《结构力学》配套的教学用辅导教材。本书涵盖建筑力学的知识要点，对696道题全部做了解答。内容丰富、突出应用、深入浅出、通俗易懂，注重培养分析问题和解决问题的能力。

参加本书编写工作的有：沈养中（第一、二、三章）、石静（第十七、十八章）、李桐栋（第四、五、六、七章）、高淑荣（第十二、十三、十四章）、孟胜国（第十六章）、闫礼平（第十五、二十章）、王国菊（第十九、二十一章）、张翠英（第八、九章）、骆素培（第十一章）、刘少泷（第十章）。全书由沈养中统稿。

本书由北京大学于年才教授和河北建筑工程学院程桂胜教授主审，在此致以衷心的感谢。

在本书的编写过程中，许多同行提出了很好的意见和建议，在此深表感谢。

鉴于编者水平有限，书中难免有不妥之处，敬请同行和广大读者批评指正。

编　者
2002 年 6 月

目　录

中册　材料力学

目录

下册　结构力学

第十五章
平面杆件体系的几何组成分析

内容提要

1. 几个基本概念

（1）几何不变体系。指在任意荷载作用下能保持其原有的几何形状和位置的体系。

（2）几何可变体系。指在任意荷载作用下其原有的几何形状和位置发生变化的体系。

（3）瞬变体系。如果一个几何可变体系在发生微小的位移后，即成为几何不变体系，称为瞬变体系。

（4）刚片。在几何组成分析中，由于不考虑材料的变形，故可以把每一杆件或体系中已被肯定为几何不变的某个部分看作刚体，刚体在平面体系中称为刚片。

（5）自由度。一个体系的自由度，是指该体系在运动时确定其位置所需的独立坐标的数目。

（6）约束。指减少物体或体系自由度的装置。

（7）多余约束。如果在体系中增加一个约束，体系的自由度并不因此而减少，则该约束称为多余约束。

2. 自由度计算公式

（1）平面刚片体系。

$$W = 3m - 2h - r \tag{15.1}$$

式中：W——体系的计算自由度；

m——体系中的刚片数；

h——单铰数；

r——支座链杆数。

（2）平面链杆体系。

$$W = 2j - b - r \tag{15.2}$$

式中：W——体系的计算自由度；

j——体系中的结点数；

b——链杆数；

r——支座链杆数。

若 $W>0$（对于不和基础相连的独立体系为 $W>3$），则体系为几何可变；若 $W\leqslant0$（对于不和基础相连的独立体系为 $W\leqslant3$），说明体系满足几何不变的必要条件，还要应用几何不变体系的基本组成规则作进一步分析。

3. 几何不变体系的简单组成规则

（1）两刚片规则。两刚片用一个铰及一根不通过铰心的链杆相连接，组成无多余约束的几何不变体系。

两刚片用不全交于一点也不全平行的三根链杆相连接，也组成无多余约束的几何不变体系。

（2）三刚片规则。三刚片用不在同一直线上的三个铰两两相连，组成无多余约束的几何不变体系。

（3）加减二元体规则。在一个体系上增加或撤去二元体，不改变原体系的几何可变或不变性。

4. 解题技巧

（1）应用基本组成规则进行分析的关键是恰当地选取基础、体系中的杆件或可判别为几何不变的部分作为刚片，应用规则扩大其范围，如能扩大至整个体系，则体系为几何不变的；如不能的话，则应把体系简化成二至三个刚片，再应用规则进行分析。体系中如有二元体，则先将其逐一撤去，以使分析简化。

（2）当体系与基础是按两刚片规则连接时，可先撤去支座链杆，只分析体系内部杆件的几何组成性质。

（3）当两个刚片用两根链杆相连时，相当于在两杆轴线的交点处用一虚铰相连，其作用与一个单铰相同。当两杆轴线相互平行时，可认为两杆轴线在无穷远处相交，交点在无穷远处。

（4）对体系作几何组成分析时，每一根杆件都要考虑，不能遗漏，但也不能重复使用。分析结果要说明整个体系是什么性质的体系，有无多余约束，如有多余约束，有几个。

概念题解

概念题 15.1～概念题 15.16　几何组成分析

概念题 15.1　当不考虑材料应变所引起的变形时，在任意荷载作用下，其原有的_____保持不变，这样的体系称为几何不变体系。

答　几何形状和位置。

概念题 15.2　工程结构必须是_____体系，决不能采用_____体系。

分析题解

分析题 15.1～分析题 15.40　几何组成分析

分析题 15.1　试对图示体系进行几何组成分析。

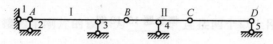

分析题 15.1 图

解　(1) 计算自由度。体系的自由度为

$$W = 3m - 2h = 3 \times 3 - 2 \times 2 - 5 = 0$$

(2) 几何组成分析。首先，刚片 AB 由三根不共点的链杆与基础相连，组成一个大的刚片 Ⅰ。其次，刚片 BC 由不共线的铰 B 和链杆 4 与刚片 Ⅰ 相连，组成一个更大的刚片 Ⅱ。用同样方法分析刚片 CD。最后得知整个体系为几何不变体系，且无多余约束。

分析题 15.2　试对图示体系进行几何组成分析。

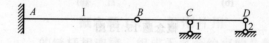

分析题 15.2 图

解　(1) 计算自由度。体系的自由度为

$$W = 3m - 2h - r = 3 \times 1 - 4 = -1$$

(2) 几何组成分析。由于支座 A 为固定端支座，可把杆 AB 和基础作为刚片 Ⅰ，刚片 BC 由不共线的铰 B 和链杆 1 与刚片 Ⅰ 相连，链杆 2 为多余约束。因而整个体系为几何不变体系，有一个多余约束。

分析题 15.3　试对图示体系进行几何组成分析。

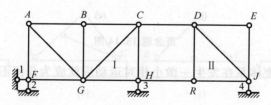

分析题 15.3 图

解　(1) 计算自由度。由式 (15.2) 有

$$W = 2j - b - r = 2 \times 10 - 16 - 4 = 0$$

(2) 几何组成分析。将 AFG 部分作为一刚片，然后依次增加二元体 ABG、BCG、CHG，则 $ACFH$ 部分为一扩大了的刚片。这个刚片与基础用不共点的三根链杆 1、2、3 相

连，组成一个更大的刚片Ⅰ。

同理，可把 $DERJ$ 部分作为刚片Ⅱ，它由不共点的三根链杆 CD、HR、4 与刚片Ⅰ相连。因而整个体系为几何不变体系，且无多余约束。

分析题 15.4　试对图示体系进行几何组成分析。

解　体系的自由度为

$$W = 3m - 2h - r = 3 \times 5 - 2 \times 4 - 5 = 2$$

体系缺少足够的约束，为几何可变体系体系。

分析题 15.5　试对图示体系进行几何组成分析。

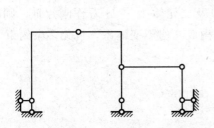
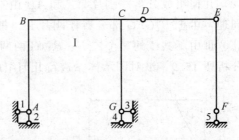

分析题 15.4 图　　　　　　分析题 15.5 图

解　(1) 计算自由度。体系的自由度为

$$W = 3m - 2h - r = 3 \times 3 - 2 \times 3 - 5 = 0$$

(2) 几何组成分析。首先，刚片 $ABCG$ 由四根不共点的链杆与基础相连，组成一个大的刚片Ⅰ（但有一个多余约束）。其次，刚片 EF 由两根链杆 DE 和 5 与刚片Ⅰ相连，缺少一个约束。最后得知整个体系为几何可变体系。

分析题 15.6　试对图示体系进行几何组成分析。

解　(1) 计算自由度。体系的自由度为

$$W = 3m - 2h - r = 3 \times 4 - 2 \times 3 - 6 = 0$$

(2) 几何组成分析。首先，从体系中撤除二元体 DAB、$1D2$。其次，将链杆 3、4 作为二元体加到基础上，刚片 BC 由不共点的三根链杆 BE、5、6 与扩大了的基础相连。因而整个体系为几何不变体系，且无多余约束。

分析题 15.7　试对图示体系进行几何组成分析。

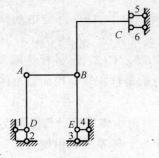
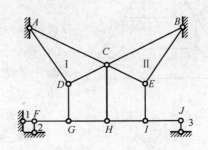

分析题 15.6 图　　　　　　分析题 15.7 图

解　(1) 计算自由度。体系的自由度为

$$W = 2j - b - r = 2 \times 8 - 9 - 7 = 0$$

（2）几何组成分析。把三角形 ACD 和 BCE 分别看作刚片Ⅰ和刚片Ⅱ，把基础看作刚片Ⅲ，则三个刚片用不共线的三个铰 A、B、C 分别两两相连，组成一个大的刚片。在这个大的刚片上依次增加二元体 12、DGF、CHG、EIH、$IJ3$。最后得知整个体系为几何不变体系，且无多余约束。

分析题 15.8 试对图示体系进行几何组成分析。

解 （1）计算自由度。体系的自由度为

$$W = 3m - 2h - r = 3 \times 6 - 2 \times 7 - 4 = 0$$

（2）几何组成分析。刚片 AF 和 AB 由不共线的单铰 A 以及链杆 DH 相连，构成刚片Ⅰ。同理，可把 $BICEG$ 部分看作刚片Ⅱ。把基础以及二元体 12、34 看作刚片Ⅲ，则刚片Ⅰ、Ⅱ、Ⅲ由不共线的三个铰 F、B、G 两两相连，构成几何不变体系，且无多余约束。

分析题 15.9 试对图示体系进行几何组成分析。

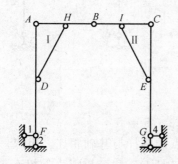 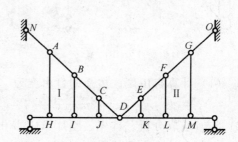

分析题 15.8 图　　　　分析题 15.9 图

解 （1）计算自由度。体系的自由度为

$$W = 3m - 2h - r = 3 \times 14 - 2 \times 19 - 4 = 0$$

（2）几何组成分析。在刚片 HD 上依次增加二元体 DCJ、CBI、BAH 构成刚片Ⅰ。同理，可把 DMG 部分看作刚片Ⅱ。把基础看作刚片Ⅲ，则刚片Ⅰ、Ⅱ、Ⅲ由不共线的单铰 D，虚铰 N、O 相连，构成几何不变体系，且无多余约束。

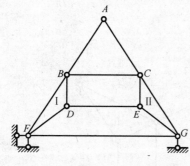

分析题 15.10 图

分析题 15.10 试对图示体系进行几何组成分析。

解 （1）计算自由度。体系的自由度为

$$W = 2j - b - r = 2 \times 7 - 11 - 3 = 0$$

（2）几何组成分析。由于 AFG 部分由基础简支，所以可只分析 AFG 部分。再去掉二元体 BAC，只分析 $BFGC$ 部分。把三角形 BDF、CEG 分别看作刚片Ⅰ和Ⅱ，刚片Ⅰ和Ⅱ由三根平行的链杆相连，因而整个体系为瞬变体系。

分析题 15.11 试对图示体系进行几何组成分析。

解 （1）计算自由度。体系的自由度为

$$W = 2j - b - r = 2 \times 9 - 13 - 5 = 0$$

（2）几何组成分析。在基础上依次增加二元体 12、$AE3$、AFE、ABF、$FI4$，成一个

大的刚片Ⅰ。同理，把 $CDHG$ 部分看作刚片Ⅱ。刚片Ⅰ、Ⅱ由三根共点的链杆 BC、IG、5 相连，因而整个体系为瞬变体系。

分析题 15.12　试对图示体系进行几何组成分析。

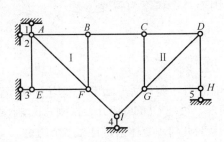

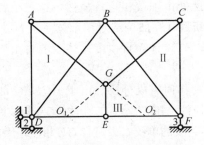

分析题 15.11 图　　　　　　　　分析题 15.12 图

解　(1) 计算自由度。体系的自由度为
$$W = 2j - b - r = 2 \times 7 - 11 - 3 = 0$$

(2) 几何组成分析。由于 $ABCDEF$ 部分由基础简支，所以可只分析 $ABCDEF$ 部分。

把三角形 ABD 看作刚片Ⅰ，BCF 看作刚片Ⅱ，杆件 GE 看作刚片Ⅲ，则三个刚片由不共线的单铰 B，虚铰 O_1、O_2 分别两两相连，构成几何不变体系，且无多余约束。

分析题 15.13　试对图示体系进行几何组成分析。

解　(1) 计算自由度。体系的自由度为
$$W = 2j - b - r = 2 \times 6 - 8 - 4 = 0$$

(2) 几何组成分析。把三角形 CDF 看作刚片Ⅰ，杆件 AB 看作刚片Ⅱ，基础和二元体 23 看作刚片Ⅲ。刚片Ⅰ和刚片Ⅱ由链杆 BC、AD 相连，相当于虚铰 D；刚片Ⅰ和刚片Ⅲ由链杆 CE、4 相连，相当于虚铰 O_1；刚片Ⅱ和Ⅲ由链杆 EB、1 相连，相当于一个虚铰，当这三个虚铰不共线时整个体系为几何不变体系，当这三个虚铰共线时整个体系为瞬变体系。

分析题 15.14　试对图示体系进行几何组成分析。

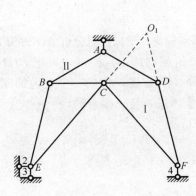

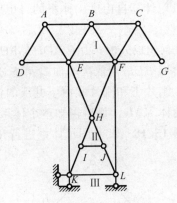

分析题 15.13 图　　　　　　　　分析题 15.14 图

解　(1) 计算自由度。体系的自由度为
$$W = 2j - b - r = 2 \times 12 - 21 - 3 = 0$$

(2) 几何组成分析。由于 $ABCGLKD$ 部分由基础简支，所以可只分析 $ABCGLKD$ 部分。

在三角形 ADE 上依次增加二元体 ABE、BFE、BCF、CGF、FHE 组成刚片Ⅰ。将三角形 HJI 看作刚片Ⅱ，杆件 KL 看作刚片Ⅲ。刚片Ⅰ和刚片Ⅱ由单铰 H 相连；刚片Ⅱ和Ⅲ由链杆 KI 和 JL 相连，即在 H 点由虚铰相连；刚片Ⅰ和刚片Ⅲ由链杆 EK、FL 相连，即在无穷远处由虚铰相连；显然，这三个铰共线，因而整个体系为瞬变体系。

分析题 15.15 试对图示体系进行几何组成分析。

解 （1）计算自由度。体系的自由度为
$$W = 3m - 2h - r = 3 \times 7 - 2 \times 9 - 3 = 0$$

（2）几何组成分析。由于 $ACEFG$ 部分由基础简支，所以可只分析 $ACEFG$ 部分。

在杆件 ABC 上增加二元体 BGA 构成刚片Ⅰ。同理，可把 $CDEF$ 部分看作刚片Ⅱ。刚片Ⅰ和刚片Ⅱ由不共线的单铰 C 及链杆 GF 相连，因而整个体系为几何不变体系，且无多余约束。

分析题 15.16 试对图示体系进行几何组成分析。

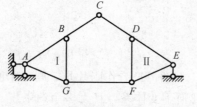
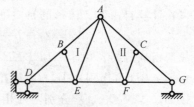

分析题 15.15 图　　　　　分析题 15.16 图

解 （1）计算自由度。体系的自由度为
$$W = 3m - 2h - r = 3 \times 9 - 2 \times 13 - 3 = -2$$

（2）几何组成分析。由于 $ADEFG$ 部分由基础简支，所以可只分析 $ADEFG$ 部分。

把三角形 AED 看作刚片Ⅰ，杆 BE 看作多余约束；把三角形 AFG 看作刚片Ⅱ，杆 CF 看作多余约束。刚片Ⅰ和刚片Ⅱ由不共线的铰 A 及链杆 EF 相连，因而整个体系为几何不变体系，且有两个多余约束。

分析题 15.17 试对图示体系进行几何组成分析。

解 （1）计算自由度。体系的自由度为
$$W = 2j - b - r = 2 \times 9 - 15 - 3 = 0$$

（2）几何组成分析。由于 $ADIHGFEB$ 部分由基础简支，所以可只分析 $ADIHGFEB$ 部分。

在三角形 BEF 上依次增加二元体 BCE、CGF 组成刚片Ⅰ。同理，可把 $CDIH$ 部分看作刚片Ⅱ。刚片Ⅰ和刚片Ⅱ由不共线的铰 C 及链杆 GH 相连，构成一个更大的刚片，然后再增加二元体 BAD。最后得知整个体系为几何不变体系，且无多余约束。

分析题 15.18 试对图示体系进行几何组成分析。

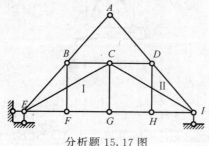
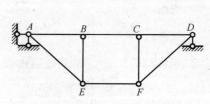

分析题 15.17 图　　　　　分析题 15.18 图

解　（1）计算自由度。体系的自由度为

$$W = 3m - 2h - r = 3\times 6 - 2\times 8 - 3 = -1$$

（2）几何组成分析。由于 $ABCDFE$ 部分由基础简支，所以可只分析 $ABCDFE$ 部分。

在杆件 $ABCD$ 上依次增加二元体 AEB、CFD 构成几何不变体系，链杆 EF 可看作多余约束。因而整个体系为几何不变体系，且有一个多余约束。

分析题 15.19　试对图示体系进行几何组成分析。

解　（1）计算自由度。体系的自由度为

$$W = 2j - b - r = 2\times 6 - 8 - 4 = 0$$

（2）几何组成分析。把三角形 BCE 看作刚片Ⅰ，杆件 DF 看作刚片Ⅱ，基础上增加二元体 12 看作刚片Ⅲ。刚片Ⅱ和刚片Ⅲ由链杆 AD、3 相连，即由虚铰 F 相连；刚片Ⅰ和刚片Ⅱ由链杆 BD、EF 相连，交点在无穷远处；刚片Ⅰ和刚片Ⅲ由链杆 AB、4 相连，即由虚铰 C 相连。显然，三铰在一条直线上，因而整个体系为瞬变体系。

分析题 15.20　试对图示体系进行几何组成分析。

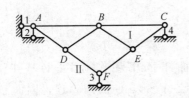
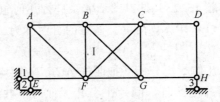

分析题 15.19 图　　　　　分析题 15.20 图

解　（1）计算自由度。体系的自由度为

$$W = 2j - b - r = 2\times 8 - 13 - 3 = 0$$

（2）几何组成分析。首先在三角形 AEF 上依次增加二元体 ABF、BCF、CGF 组成刚片Ⅰ，而杆件 BG 可看作一个多余约束。其次，去掉二元体 CDH、$GH3$。把基础上增加二元体 12 看作刚片Ⅱ，则刚片Ⅰ和刚片Ⅱ只用铰 E 相连，因而整个体系为几何可变体系，但在 $BCGF$ 部分有一个多余约束。

分析题 15.21　试对图示体系进行几何组成分析。

解　（1）计算自由度。体系的自由度为

$$W = 2j - b - r = 2\times 9 - 14 - 4 = 0$$

（2）几何组成分析。由于在体系上依次去掉二元体 DAB、BCF、DBF 不改变原体系的几何组成性质，所以下面只分析 DEF 以下部分即可。

把三角形 EFI 看作刚片Ⅰ，把杆件 DH 看作刚片Ⅱ，把基础上增加二元体 12 看作刚片Ⅲ。刚片Ⅰ和刚片Ⅱ由虚铰 F 相连；刚片Ⅰ和刚片Ⅲ由链杆 GE 及链杆 4 相连，交点在 CI 直线上；刚片Ⅱ和刚片Ⅲ由平行链杆 DG 及链杆 3 相连，由于链杆 DG、3 和直线 CI 平行，且三直线将在无穷远处相交，所以三个虚铰在同一直线上，因而整个体系为瞬变体系。

分析题 15.22　试对图示体系进行几何组成分析。

解　（1）计算自由度。体系的自由度为

$$W = 3m - 2h - r = 3\times 10 - 2\times 14 = 2$$

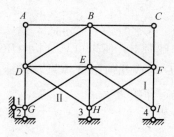
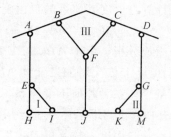

分析题 15.21 图　　　　　　　分析题 15.22 图

（2）几何组成分析。该体系没有和基础相连，只需要分析其内部的几何组成性质。

杆件 AH 和杆件 HJ 由不共线单铰 H 和链杆相连构成刚片 I。同理，可把 DMJ 部分看作刚片 II，再把折杆 $ABCD$ 和二元体 BFC 看作刚片 III。刚片 I、II、III 由三个不共线的单铰 A、J、D 两两相连，构成几何不变体系，链杆 FJ 可看作多余约束。因而整个体系内部为几何不变体系，且有一个多余约束。

分析题 15.23　试对图示体系进行几何组成分析。

解　（1）计算自由度。体系的自由度为
$$W = 3m - 2h - r = 3 \times 4 - 2 \times 4 - 4 = 0$$

（2）几何组成分析。把曲杆 ACF 看作刚片 I，曲杆 BDE 看作刚片 II，基础和二元体 12、34 看作刚片 III。刚片 I、II、III 由不共线的三铰 A、B、G 两两相连，因而整个体系为几何不变体系，且无多余约束。

分析题 15.24　试对图示体系进行几何组成分析。

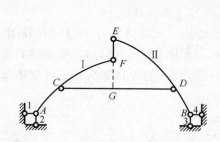
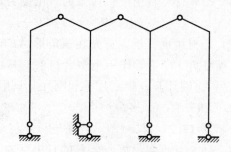

分析题 15.23 图　　　　　　　分析题 15.24 图

解　体系的自由度为
$$W = 3m - 2h - r = 3 \times 4 - 2 \times 3 - 5 = 1$$
体系缺少足够的约束，为几何可变体系。

分析题 15.25　试对图示体系进行几何组成分析。

解　（1）计算自由度。体系的自由度为
$$W = 3m - 2h - r = 3 \times 2 - 2 \times 1 - 4 = 0$$

（2）几何组成分析。把 ABD 部分看作刚片 I，BCE 部分看作刚片 II，基础看作刚片 III。刚片 I、II 由单铰 B 相连，刚片 II 和 III 由链杆 3、4 相连（即在两杆轴线的交点处用一虚铰相连），刚片 I 和刚片 III 由链杆 1、2 相连（即在两杆轴线的交点处用一虚铰相连）。显然，这三个铰不在一条直线上，因而整个体系为几何不变体系，且无多余约束。

分析题 15.26 试对图示体系进行几何组成分析。

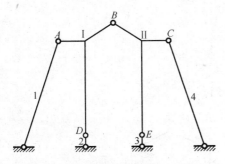

分析题 15.25 图

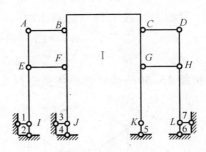

分析题 15.26 图

解 （1）计算自由度。体系的自由度为
$$W = 3m - 2h - r = 3 \times 9 - 2 \times 10 - 7 = 0$$

（2）几何组成分析。由于在体系上依次去掉二元体 EAB、CDH、IEF、GHL、$1I2$、$6L7$ 不改变原体系的几何组成性质，所以下面只分析 $JBCK$ 和基础部分即可。

把折杆 $JBCK$ 看作刚片 Ⅰ，把基础看作刚片 Ⅱ。刚片 Ⅰ 和刚片 Ⅱ 由不共点的三根链杆 3、4、5 相连，因而整个体系为几何不变体系，且无多余约束。

分析题 15.27 试对图示体系进行几何组成分析。

解 （1）计算自由度。体系的自由度为
$$W = 2j - b - r = 2 \times 9 - 14 - 4 = 0$$

（2）几何组成分析。在三角形 GHE 上依次增加二元体 GKH、KLH，把 $EGKLH$ 部分看作刚片 Ⅰ。同理，把 $LMJFI$ 部分看作刚片 Ⅱ。把基础看作刚片 Ⅲ，则三个刚片用不共线的三个铰 G、L、J 分别两两相连，因而整个体系为几何不变体系，且无多余约束。

分析题 15.28 试对图示体系进行几何组成分析。

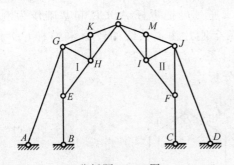

分析题 15.27 图

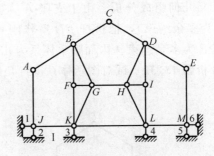

分析题 15.28 图

解 （1）计算自由度。体系的自由度为
$$W = 2j - b - r = 2 \times 13 - 20 - 6 = 0$$

（2）几何组成分析。由于在体系上依次去掉二元体 JAB、BCD、DEM、FBG、KFG、KGH、HDI、LHI 不改变原体系的几何组成性质，所以下面只分析余下部分即可。

杆件 JK 由三个不共点的链杆 1、2、3 与基础相连，组成刚片 Ⅰ。杆件 LM 由三个不共点的链杆 4、5 和 KL 与刚片 Ⅰ 相连，组成更大的刚片，但链杆 6 为一多余约束。杆件 IL

与更大的刚片只由一个单铰相连，缺少足够的约束，因而整个体系为几何可变体系。

分析题 15.29　试对图示体系进行几何组成分析。

解　计算自由度。体系的自由度为

$$W = 2j - b - r = 2 \times 5 - 6 - 3 = 1$$

体系缺少足够的约束，为几何可变体系。

分析题 15.30　试对图示体系进行几何组成分析。

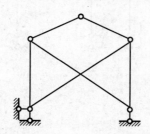
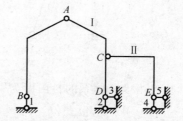

分析题 15.29 图　　　　　　分析题 15.30 图

解　(1) 计算自由度。体系的自由度为

$$W = 3m - 2h - r = 3 \times 3 - 2 \times 2 - 5 = 0$$

(2) 几何组成分析。把折杆 ACD 看作刚片 I，折杆 CE 看作刚片 II，基础看作刚片 III。刚片 I、II 由单铰 C 相连，刚片 II 和 III 由链杆 4、5 相连（即用铰 E 相连），刚片 I 和刚片 III 由链杆 2、3 相连（即用铰 D 相连）。显然，这三个铰不在一条直线上，刚片 I、II、III构成一个大的刚片。刚片 BA 由不共线的铰 A 和链杆 1 与上述大的刚片相连，因而整个体系为几何不变体系，且无多余约束。

分析题 15.31　试对图示体系进行几何组成分析。

解　(1) 计算自由度。体系的自由度为

$$W = 3m - 2h - r = 3 \times 3 - 2 \times 3 - 6 = -3$$

(2) 几何组成分析。由于支座 A 为固定端支座，可把折杆 $ABCE$ 和基础作为刚片 I（铰 E 为多余约束），把折杆 BD 看作刚片 II，两个刚片由不共线的铰 B 和链杆 CD 相连，链杆 DF 为多余约束。因而整个体系为几何不变体系，有三个多余约束。

分析题 15.32　试对图示体系进行几何组成分析。

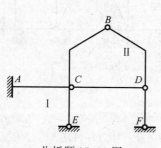
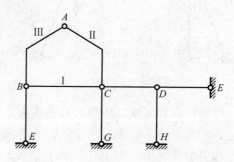

分析题 15.31 图　　　　　　分析题 15.32 图

解　(1) 计算自由度。体系的自由度为

$$W = 3m - 2h - r = 3 \times 4 - 2 \times 4 - 4 = 0$$

（2）几何组成分析。在基础上依次增加二元体 HDE、DCG、CBF 构成刚片 I，把折杆 AC 看作刚片 II，折杆 AB 看作刚片 III。刚片 I 和 II 由铰 C 相连，刚片 II 和 III 由铰 A 相连，刚片 I 和刚片 III 由铰 B 相连。显然，这三个铰不在一条直线上，因而整个体系为几何不变体系，且无多余约束。

分析题 15.33　试对图示体系进行几何组成分析。

解　（1）计算自由度。体系的自由度为

$$W = 2j - b - r = 2 \times 10 - 18 - 4 = -2$$

（2）几何组成分析。在三角形 EJI 上依次增加二元体 EDI、DCI、CHI、CBH、CGH、BAG、BFG，组成刚片 I（链杆 AF 为多余约束），把基础看作刚片 II，则两个刚片用三根不共点的链杆 1、3、4 相连（链杆 2 为多余约束）。因而整个体系为几何不变体系，有两个多余约束。

分析题 15.34　试对图示体系进行几何组成分析。

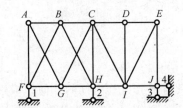
分析题 15.33 图

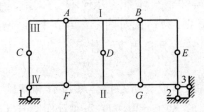
分析题 15.34 图

解　（1）计算自由度。体系的自由度为

$$W = 3m - 2h - r = 3 \times 8 - 2 \times 11 - 3 = -1$$

（2）几何组成分析。由于上部体系由基础简支，所以可只分析上部体系。

把 ABD 部分看作刚片 I，FDG 部分看作刚片 II，刚片 I 和 II 由不共线的铰 D 及链杆 AF 相连，构成一个大的刚片。把折杆 AC 看作刚片 III，再把折杆 CF 看作刚片 IV，则刚片 III、IV 和刚片 I、II 组成的大刚片由三个不在一条直线上的铰 A、C、F 相连，构成几何不变体系。同理，折杆 BE、EG 和刚片 I、II、III、IV 组成的几何不变部分构成几何不变体系（链杆 BG 可看作多余约束）。最后得知整个体系为几何不变体系，且有一个多余约束。

分析题 15.35　试对图示体系进行几何组成分析。

解　（1）计算自由度。体系的自由度为

$$W = 2j - b - r = 2 \times 18 - 33 - 3 = 0$$

（2）几何组成分析。由于 $ACELRFOMF$ 部分由基础简支，所以可只分析 $ACELRFOMF$ 部分。

首先，在三角形 KLR 上依次增加二元体 LEK、KQR、KJQ、EDJ、JPQ、JIP、DCI，把 $CELRPI$ 部分看作刚片 I。再在三角形 FGM 上依次增加二元体 FAG、MNG、NHG、ABH、HON、HIO，把 $BAFMOIH$ 部分看作刚片 II。刚片 I 和 II 由不共线的铰 I 及链杆 BC 相连，因而整个体系为几何不变体系，且无多余约束。

分析题 15.36　试对图示体系进行几何组成分析。

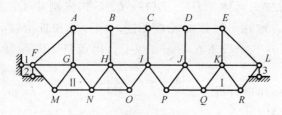

分析题 15.35 图

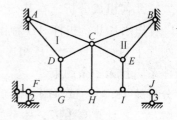

分析题 15.36 图

解 （1）计算自由度。体系的自由度为

$$W = 3m - 2h - r = 3 \times 7 - 2 \times 8 - 7 = -1$$

（2）几何组成分析。把三角形 ACD 和 BCE 分别看作刚片 Ⅰ 和刚片 Ⅱ，把基础看作刚片 Ⅲ，则三个刚片用不共线的三个铰 A、B、C 两两相连，构成一个大的刚片。在这个大刚片上依次增加二元体 12、FHC（链杆 DG 可看作多余约束）、$HJ3$（链杆 EI 可看作多余约束）。最后得知整个体系为几何不变体系，有两个多余约束。

分析题 15.37 试对图示体系进行几何组成分析。

解 （1）计算自由度。体系的自由度为

$$W = 2j - b - r = 2 \times 6 - 9 = 3$$

（2）几何组成分析。该体系没有和基础相连，只需要分析其内部的几何组成性质。

把三角形 AEC 和 BFD 分别看作刚片 Ⅰ 和刚片 Ⅱ，刚片 Ⅰ 和刚片 Ⅱ 由不共点的三根链杆 AB、EF、CD 相连，因而整个体系为内部几何不变体系，且无多余约束。

分析题 15.38 试对图示体系进行几何组成分析。

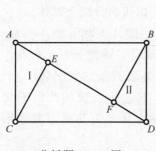

分析题 15.37 图

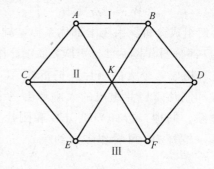

分析题 15.38 图

解 （1）计算自由度。体系的自由度为

$$W = 2j - b - r = 2 \times 6 - 9 = 3$$

（2）几何组成分析。该体系没有和基础相连，只需要分析其内部的几何组成性质。

把杆件 AB 看作刚片 Ⅰ，把杆件 CD 看作刚片 Ⅱ，把杆件 EF 看作刚片 Ⅲ。刚片 Ⅰ 和刚片 Ⅱ 由链杆 AC、BD 相连（相当于在两杆轴线的交点上用一虚铰相连），刚片 Ⅱ 和刚片 Ⅲ 由链杆 CE、FD 相连（相当于在两杆轴线的交点上用一虚铰相连），刚片 Ⅰ 和刚片 Ⅲ 由链杆 AF、EB 相连（相当于在两杆轴线的交点上用一虚铰相连），且三个虚铰在一条直线上。因而整个体系为瞬变体系。

分析题 15.39 试对图示体系进行几何组成分析。

解　（1）计算自由度。体系的自由度为
$$W = 2j - b - r = 2 \times 8 - 15 - 3 = -2$$

（2）几何组成分析。由于 $ABFHGC$ 部分由基础简支，所以可只分析 $ABFHGC$ 部分。

在三角形 ACD 上依次增加二元体 ABD、AED、BFE（链杆 BE 可看作多余约束）、FHD、EGC（链杆 GH 可看作多余约束），构成几何不变体系。最后得知整个体系为几何不变体系，有两个多余约束。

分析题 15.40　试对图示体系进行几何组成分析。

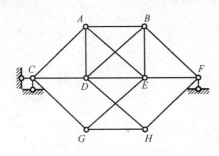

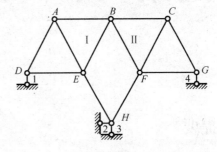

分析题 15.39 图　　　　　　　　　分析题 15.40 图

解　（1）计算自由度。体系的自由度为
$$W = 2j - b - r = 2 \times 8 - 12 - 4 = 0$$

（2）几何组成分析。在三角形 ADE 上增加二元体 ABE 构成刚片 Ⅰ。同理，可把 $BCGF$ 部分看作刚片 Ⅱ，再把基础以及二元体 23 看作刚片 Ⅲ。刚片 Ⅰ 和刚片 Ⅱ 由单铰 B 相连，刚片 Ⅱ 和刚片 Ⅲ 由链杆 HF、4 相连（相当于在两杆轴线的交点上用一虚铰相连），刚片 Ⅰ 和刚片 Ⅲ 由链杆 HE、1 相连（相当于在两杆轴线的交点上用一虚铰相连），且三铰不在一条直线上。因而整个体系为几何不变体系，且无多余约束。

第十六章
静定结构的内力计算

内容提要

1. 静定梁

（1）内力。静定梁在任意荷载作用下，其截面上一般有三个内力分量，即轴力 F_N、剪力 F_S 和弯矩 M。内力符号规定如下：轴力以拉力为正，剪力以绕隔离体内部任一点顺时针转动为正，弯矩以使梁的下边纤维受拉为正。

（2）内力图。内力图是反映结构中各个截面上内力变化规律的图形，其绘制方法可归纳如下：

1）内力方程法。

2）微分关系法。

3）区段叠加法。

（3）多跨静定梁是主从结构，由附属部分和基本部分组成。其受力特点是：外力作用于基本部分时，附属部分不受力；外力作用于附属部分时，附属部分和基本部分都受力。多跨静定梁的约束力的计算方法是：先计算附属部分，将附属部分上的反力反方向加在基本部分上，再计算基本部分。所以多跨静定梁可以拆成若干个单跨梁分别进行内力计算，然后将各单跨梁的内力图连在一起即可得多跨静定梁的内力图。上述多跨静定梁的计算方法，同样适用于其他型式的主从结构。

2. 静定平面刚架

静定平面刚架的内力计算方法，原则上与静定梁相同。通常先由平衡条件求出支座反力，然后按静定梁计算内力的方法逐杆绘制内力图。在绘制刚架的弯矩图时，可自行规定弯矩的正负号，而将弯矩图绘在杆件的受拉侧；剪力、轴力的正负号规定与静定梁相同。

3. 三铰拱

（1）水平推力。在竖向荷载作用下，三铰拱将产生水平推力。由于水平推力的存在，拱中各截面上的弯矩、剪力较具有相同跨度的相应简支梁对应截面上的弯矩、剪力要小得多，即拱中主要承受轴向压力。三铰拱的竖向反力与相应简支梁相同，它的水平推力为

$$F_x = \frac{M_C^0}{f} \tag{16.1}$$

（2）内力。三铰拱中某截面 K 上的弯矩 M_K、剪力 F_{SK}、和轴力 F_{NK} 与相应简支梁对应截面上的弯矩 M_K^0、剪力 F_{SK}^0、和轴力 F_{NK}^0 存在以下关系：

$$\left.\begin{array}{l} M_K = M_K^0 - F_x y_K \\ F_{SK} = F_{SK}^0 \cos\varphi_K - F_x \sin\varphi_K \\ F_{NK} = F_{NK}^0 \sin\varphi_K + F_x \cos\varphi_K \end{array}\right\} \tag{16.2}$$

式中：M_K、F_{SK}、F_{NK}——三铰拱中某截面上的三个内力分量。弯矩以使拱内侧纤维受拉为正，剪力以使隔离体顺时针转动为正，轴力以使拱截面受压为正。

M_K^0、F_{SK}^0、F_{NK}^0——同跨度、同荷载简支梁中对应截面上的弯矩、剪力和轴力。

y_K——三铰拱中某截面距离通过支座的水平坐标轴的高度。

φ_K——三铰拱中某截面的切线与水平坐标轴的夹角。

（3）合理拱轴。当拱在荷载作用下，各截面上没有弯矩（剪力也很小），只有轴力时，该拱轴就称为在该荷载作用下的合理拱轴。

在竖向荷载作用下，三铰拱的合理拱轴方程由为

$$y_K = \frac{M_K^0}{F_x} \tag{16.3}$$

4. 静定平面桁架

桁架中的各杆只承受轴力，计算时均设为拉力。求解桁架内力的基本公式是平面汇交力系、平面一般力系的平衡方程。求解内力的方法是：结点法、截面法、联合法。

结点法是取桁架结点为研究对象，由平面汇交力系的平衡方程 $\sum X = 0$，$\sum Y = 0$，求杆件的轴力；截面法是截取桁架一部分为研究对象，由平面一般力系的平衡方程 $\sum X = 0$，$\sum Y = 0$，$\sum M_O = 0$，求杆件的轴力；联合应用结点法和截面法求桁架的轴力，称为联合法，适用于联合桁架和复杂桁架的内力计算。

5. 静定平面组合结构

静定平面组合结构是由只承受轴力的链杆和承受弯矩、剪力、轴力的梁式杆所组成。链杆是两端铰接而且中间无荷载作用的直杆；梁式杆是承受横向荷载的直杆，或虽为两端铰接的直杆，但其上还有组合结点的杆件。分析组合结构的内力时，要正确区分这两类杆件，分别计算其内力。

概念题解

概念题 16.1～概念题 16.11　静定梁

概念题 16.1　如何根据 $q(x)$、F_S、M 之间的微分关系对内力图进行校核？试分别就无荷载作用区段、均布荷载作用区段、集中力作用处、集中力偶作用处等四种情况说明。

答　(1) 在无荷载作用区段内。由于 $q(x)=0$，因此，F_S 图是一条平行于杆轴的直线，M 图为一条斜直线。

当 $F_S(x)=$ 常数 >0 时，M 图为一条下斜直线；

当 $F_S(x)=$ 常数 <0 时，M 图为一条上斜直线；

当 $F_S(x)=$ 常数 $=0$ 时，M 图为一条水平直线。

(2) 在均布荷载作用区段内。由于 $q(x)=$ 常数，因此，F_S 图是一条斜直线，M 图为二次抛物线。

当 $q(x)=$ 常数 >0 时，F_S 图是一条上斜直线，M 图为上凸抛物线；

当 $q(x)=$ 常数 <0 时，F_S 图是一条下斜直线，M 图为下凸抛物线。

(3) 在集中力作用处。F_S 图发生突变，突变值等于该集中力的值；M 图有转折，转折的尖点与集中力的指向一致。

(4) 在集中力偶作用处。F_S 图不受影响；M 图有突变，突变值等于该集中力偶的值。

概念题 16.2　图示结构 B 支座反力等于 $F/2$（↑）。（　　）

答　错。

概念题 16.3　图示结构 M 图的形状是正确的。（　　）

答　错。

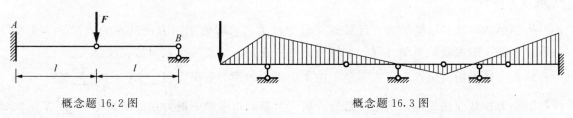

概念题 16.2 图　　　　　　　　　　　　概念题 16.3 图

概念题 16.4　荷载作用于静定多跨梁的附属部分时，基本部分一般内力不为零。（　　）

答　对。

概念题 16.5　图示静定结构，在竖向荷载作用下，AB 是基本部分，BC 是附属部分。（　　）

答　错。

概念题 16.6　当荷载作用于多跨静定梁的基本部分上时，对附属部分是否引起内力？当荷载作用于多跨静定梁的附属部分时，对基本部分是否引起内力？为什么？

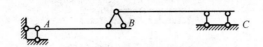

概念题 16.5 图

答　当荷载作用于多跨静定梁的基本部分时，对附属部分不引起内力；当荷载作用于多跨静定梁的附属部分时，在附属部分引起内力，同时也在基本部分引起内力。因为基本部分是几何不变体系，能独立承受荷载并维持平衡，而附属部分则须依靠基本部分的支承才能承受荷载并保持平衡。

概念题 16.7　仅仅已知静定梁的弯矩图，是否可唯一确定与其相应的荷载？（　　）

答　否。

概念题 16.8　对图示的 AB 段，（　　）采用叠加法绘制弯矩图。

A. 可以

B. 在一定条件下可以

C. 不可以

D. 在一定条件下不可以

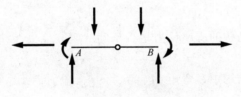

概念题 16.8 图

答　A。

概念题 16.9　图示梁支座 B 处左侧截面上的剪力 $F_{SB}^{l}=$ _____。已知 $l=2\mathrm{m}$。

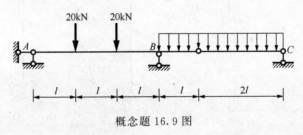

概念题 16.9 图

答　$-30\mathrm{kN}$。

概念题 16.10　斜梁在竖向荷载作用下的弯矩图与相应的水平梁（荷载相同，水平跨度相同）的弯矩图是否相同？（　　）

答　是。

概念题 16.11　图示结构中，当改变 B 点处链杆的方向（不通过 A 铰）时，对该梁的影响是（　　）有变化。

A. 轴力　　　　　　B. 剪力　　　　　　C. 弯矩　　　　　　D. 剪力和弯矩

答　A。

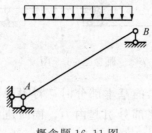

概念题 16.11 图

概念题 16.12～概念题 16.24 静定平面刚架

概念题 16.12 在刚架弯矩图中，刚结点处的弯矩应满足力矩_____，铰结点处（在无外力偶作用的情况下）的弯矩必为_____。

答 平衡条件；零。

概念题 16.13 在静定刚架中，只要已知杆件两端弯矩和该杆所受外力，则该杆内力分布就可完全确定。（ ）

答 错。

概念题 16.14 图示结构的支座反力是否正确？（ ）

答 否。

概念题 16.15 图示结构中，弯矩 M_{CD} =_____。

答 0。

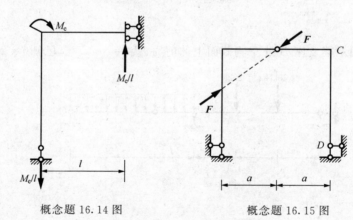

概念题 16.14 图   概念题 16.15 图

概念题 16.16 图示两相同的对称三铰刚架，承受的荷载不同，但二者的支座反力是相同的。（ ）

答 错。

概念题 16.17 图示结构的弯矩图是正确的。（ ）

答 错。

概念题 16.18 两结构及其受力如图所示，它们的（ ）。

A. 弯矩相同，剪力不同   B. 弯矩相同，轴力不同

C. 弯矩不同，剪力相同 　　　　　　　　D. 弯矩不同，轴力不同

答　B。

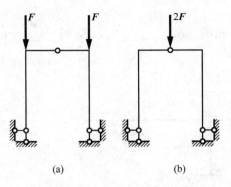

(a) 　　　　　　(b)

概念题 16.16 图

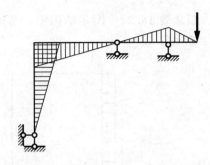

概念题 16.17 图

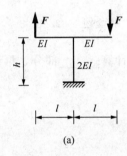

(a)

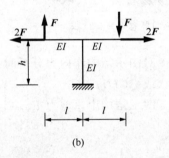

(b)

概念题 16.18 图

概念题 16.19　图示结构中，K 截面上的弯矩（设下面受拉为正）M_K 等于（　　）。

A. $\dfrac{qa^2}{2}$　　　　　B. $-\dfrac{qa^2}{2}$　　　　　C. $\dfrac{3qa^2}{2}$　　　　　D. $2qa^2$

答　C。

概念题 16.20　图示结构中，弯矩（设下侧受拉为正）M_{DC} 等于（　　）。

A. $-Fa$　　　　　B. Fa　　　　　C. $-\dfrac{Fa}{2}$　　　　　D. $\dfrac{Fa}{2}$

答　C。

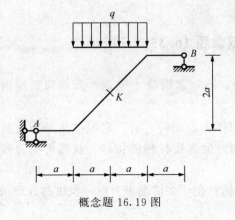

概念题 16.19 图

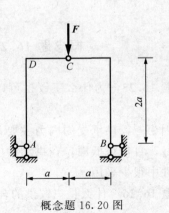

概念题 16.20 图

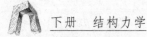

概念题 16.21　在图示结构中，无论跨度，高度如何变化，M_{CB} 永远等于 M_{BC} 的_____倍，使刚架_____侧受拉。

　　答　2；外。

概念题 16.22　图示结构中，当支座 A 转动 φ 角时，$M_{AB}=$_____，$F_{Cy}=$_____。

　　答　0；0。

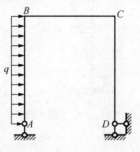

概念题 16.21 图

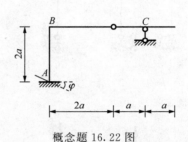

概念题 16.22 图

概念题 16.23　对图示结构作内力分析时，应先计算_____部分，再计算_____部分。

　　答　CB；CD（或 ACD）。

概念题 16.24　图示结构中，剪力 $F_{SDB}=$_____。

　　答　$-8kN$。

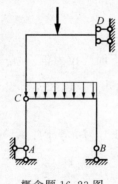

概念题 16.23 图

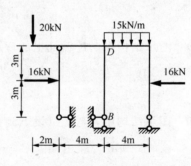

概念题 16.24 图

概念题 16.25～概念题 16.35　三铰拱

概念题 16.25　为什么三铰拱可以用砖、石、素混凝土建造？而梁却很少用这类材料建造？

　　答　因为三铰拱承受的内力主要是轴向压力，而砖、石、素混凝土是脆性材料，其抗压性能较好，且价格低廉，在拱结构中常用。但这些材料的抗拉、抗弯剪能力较差，所以在受弯构件中很少采用。

概念题 16.26　什么是三铰拱的合理拱轴？在什么情况下对称三铰拱的合理拱轴为二次抛物线？

答 在三个铰的位置及荷载确定的情况下，若拱的所有截面上的弯矩全部等于零，则该拱轴就称为合理拱轴；在满跨均布荷载作用下，对称三铰拱的合理拱轴为二次抛物线。

概念题 16.27 在相同跨度及竖向荷载下，拱脚等高的三铰拱，水平推力随拱高减小而减小。（   ）

答 错。

概念题 16.28 三铰拱在竖向荷载作用下，其支座反力与三个铰的位置_____关，与拱轴形状_____关。

答 有；无。

概念题 16.29 图示拱结构中，杆 DE 的轴力 F_{NDE} 等于 30kN。（   ）

答 错。

概念题 16.30 图示拱结构中，杆 DE 的轴力 F_{NDE} 为（   ）。

A. 70kN   B. 80kN   C. 75kN   D. 64kN

答 B。

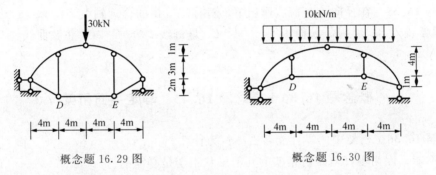

概念题 16.29 图   概念题 16.30 图

概念题 16.31 图示拉杆拱中，拉杆的轴力 $F_{Na}=$ _____。

答 30kN。

概念题 16.32 图示抛物线三铰拱中，拱高为 4m，在 D 点作用力偶 $M_e=80$kN·m，$M_{DC}=$_____，$M_{DB}=$_____。

答 -30kN·m；50kN·m。

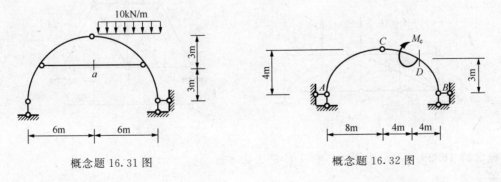

概念题 16.31 图   概念题 16.32 图

概念题 16.33 图示圆弧三铰拱中，α 为 30°，$F_{Ay}=qa$（↑），$F_{Ax}=qa/2$（→），K 截面的 $\varphi_K=$_____，$F_{SK}=$_____，F_{SK} 的计算式为_____。

513

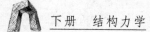

答 $-30°$；$-\dfrac{qa}{2}\left(\dfrac{\sqrt{3}}{2}-\dfrac{1}{2}\right)$；$-\dfrac{qa}{2}\cos(-30°)-\dfrac{qa}{2}\sin(-30°)$。

概念题 16.34 图示三铰拱的水平推力 $F_x=$ _____。

答 20kN。

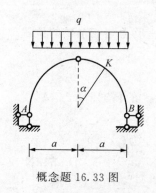

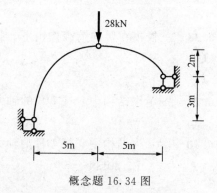

概念题 16.33 图　　　　　　　　　概念题 16.34 图

概念题 16.35 在径向均布荷载作用下，对称三铰拱的合理轴线为(　　)。

A. 圆弧线　　　　　B. 抛物线　　　　　C. 悬链线　　　　　D. 正弦曲线

答 A。

概念题 16.36～概念题 16.43　静定平面桁架

概念题 16.36 桁架中的零杆能否去掉？为什么？

答 不能。因为零杆对维持桁架的几何形状不变是必需的。

概念题 16.37 图示桁架有_____根零杆。

答 9。

概念题 16.38 图示桁架中，杆 1、2、3 均为零杆。(　　)

答 对。

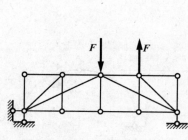

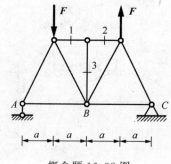

概念题 16.37 图　　　　　　　　　概念题 16.38 图

概念题 16.39 图示桁架中，杆 DE 是否为零杆？(　　)

答 是。

概念题 16.40 图示对称桁架在对称荷载作用下，其零杆共有三根。(　　)

答 错。

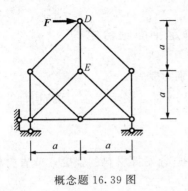

概念题 16.39 图

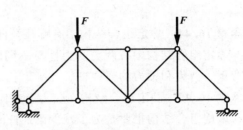

概念题 16.40 图

概念题 16.41　图示桁架共有三根零杆。（　　）

答　错。

概念题 16.42　图示桁架中，杆 c 的轴力为（　　）。

A. F　　　　　　　　B. $-F/2$　　　　　　　C. $F/2$　　　　　　　D. 0

答　A。

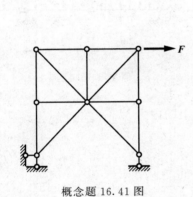

概念题 16.41 图

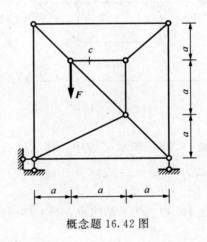

概念题 16.42 图

概念题 16.43　图示桁架中，杆 1 的轴力为（　　）。

A. $\sqrt{2}F$　　　　　　　B. $-\sqrt{2}F$　　　　　　　C. $\sqrt{2}F/2$　　　　　　　D. $-\sqrt{2}F/2$

答　B。

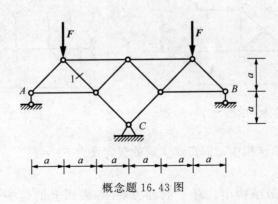

概念题 16.43 图

概念题 16.44～概念题 16.52　静定平面组合结构

概念题 16.44　静定组合结构中有哪几类杆件？分别承受什么内力？

答　静定组合结构中有两类受力性质不同的杆件，一类是仅承受轴力的链杆，另一类是承受弯矩、剪力和轴力的梁式杆。

概念题 16.45　静定组合结构在受力上有何优点？

答　采用组合结构主要是为了减少梁式杆的弯矩，充分发挥材料的强度，节省材料。

概念题 16.46　图示结构中，杆 CD 的内力为 F。（　　）

答　错。

概念题 16.47　图示结构中，链杆的轴力为 2kN（拉）。（　　）

答　错。

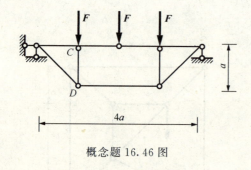

概念题 16.46 图

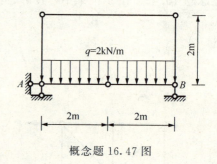

概念题 16.47 图

概念题 16.48　图示结构中，杆 AD 的 B 截面上的内力 $M_B =$ _____，_____面受拉。$F_{SB}^R =$ _____，$F_{NB}^R =$ _____。

答　Fd；下；$-F$；0。

概念题 16.49　图示结构中，杆 CD 的内力为_____。

答　F。

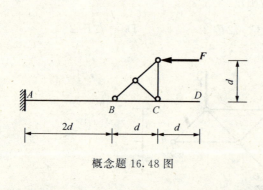

概念题 16.48 图

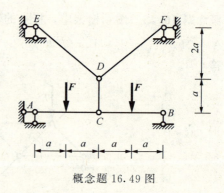

概念题 16.49 图

概念题 16.50　图示结构中，固定端支座的竖向反力 $F_{Ay} =$ _____。

答　30kN（↑）。

概念题 16.51　图示结构中，杆 1 的轴力和 K 截面上的弯矩分别为 $F_{N1} =$ _____，

$M_K =$ _____（内侧受拉为正）。

答 $-10\sqrt{2}$kN；20kN·m。

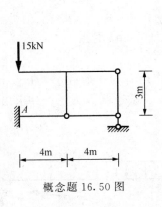

概念题 16.50 图

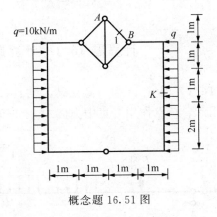

概念题 16.51 图

概念题 16.52 图示结构中，杆 EF 和杆 CD 的轴力分别为 $F_{NFE} =$ _____， $F_{NCD} =$ _____。

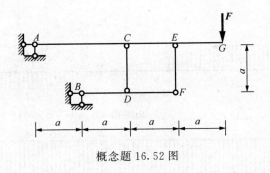

概念题 16.52 图

答 $-8F$；$4F$。

概念题 16.53～概念题 16.56 静定结构的特性

概念题 16.53 静定结构的全部内力及反力，只根据平衡条件求得，且解答是唯一的。（ ）

答 对。

概念题 16.54 静定结构受外界因素影响均产生内力，内力大小与杆件截面尺寸无关。（ ）

答 错。

概念题 16.55 静定结构在荷载作用下产生的内力与杆件弹性常数、截面尺寸无关。（ ）

答 对。

概念题 16.56 静定结构的几何特征是几何不变且无多余约束。（ ）

答 对。

计算题解

计算题 16.1～计算题 16.10　静定梁

计算题 16.1　图（a）为一简支梁，梁上 CE 段作用有均布荷载 $q=4\text{kN/m}$，B 点作用集中力 $F=8\text{kN}$，F 点作用有集中力偶 $M_e=16\text{kN}\cdot\text{m}$。试绘制内力图，并求出该梁的最大弯矩值 $M_{\max}$。

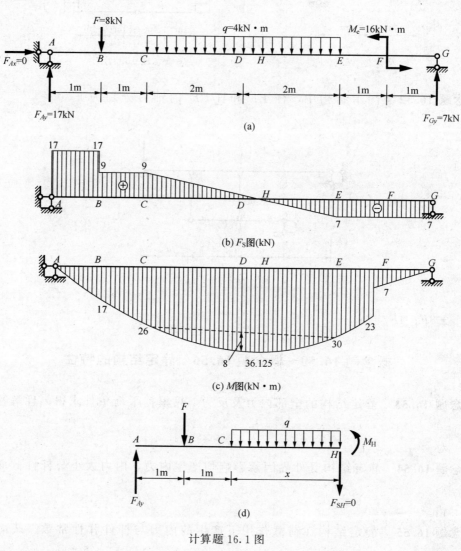

计算题 16.1 图

解　（1）计算支座反力。取整个梁为研究对象，由平衡方程 $\sum M_G=0$，$\sum M_A=0$ 求得支座反力为

$$F_{Ay}=17\text{kN}, \quad F_{Gy}=7\text{kN}$$

（2）绘剪力图。剪力图在无荷载区段是一条水平线段，在均布荷载区段为一条斜直线。计算各分段点处的剪力值如下：

AB 段：$F_{SAB}=F_{Ay}=17\text{kN}$

$F_{SBA}=17\text{kN}$

BC 段：$F_{SBC}=F_{Ay}-F=17-8=9\text{kN}$

$F_{SCB}=9\text{kN}$

CE 段：$F_{SCE}=F_{SCB}=9\text{kN}$

$F_{SEC}=F_{Ay}-F-q\times4\text{m}=（17-8-16）\text{kN}=-7\text{kN}$

EG 段：$F_{SEG}=F_{SGE}=F_{SEC}=-7\text{kN}$

绘出剪力图如图（b）所示。

（3）绘弯矩图。弯矩图在无荷载区段为一斜直线，在均布荷载区段为抛物线。各分段点处的弯矩值计算如下：

AB 段：$M_{AB}=0$

$M_{BA}=F_{Ay}\times1\text{m}=17\text{kN}\cdot\text{m}$

BC 段：$M_{BC}=M_{BA}=17\text{kN}\cdot\text{m}$

$M_{CB}=F_{Ay}\times2\text{m}-F\times1\text{m}=26\text{kN}\cdot\text{m}$

CE 段：$M_{CE}=M_{CB}=26\text{kN}\cdot\text{m}$

$M_{EC}=F_{Gy}\times2\text{m}+M_{e}=30\text{kN}\cdot\text{m}$

EF 段：$M_{EF}=M_{EC}=30\text{kN}\cdot\text{m}$

$M_{FE}=F_{Gy}\times1\text{m}+M_{e}=23\text{kN}\cdot\text{m}$

FG 段：$M_{FG}=F_{Gy}\times1=7\text{kN}\cdot\text{m}$

$M_{GF}=0$

绘出弯矩图，如图（c）所示。其中 CE 段用区段叠加法绘制。

（4）求最大弯矩 $M_{\max}$。为了求出最大弯矩，首先要确定发生最大弯矩的截面位置。由微分关系 $\dfrac{\mathrm{d}M}{\mathrm{d}x}=F_{S}$ 可知，在 $F_{S}=0$ 处，M 有极值。在图（b）中，取剪力为零的 H 截面的左边部分为研究对象，其受力图如图（d）所示。设 $CH=x$，由 $\sum Y=0$ 得

$$F_{Ay}-F-qx-F_{SH}=0$$

当 $F_{SH}=0$ 时，有

$$x=\frac{F_{Ay}-F}{q}=2.25\text{m}$$

由图（d）可得

$$M_{H}=M_{\max}=F_{Ay}(2+x)-F(1+x)-\frac{qx^{2}}{2}$$

$$=\left[17\times(2+2.25)-8\times(1+2.25)-\frac{1}{2}\times4\times2.25^{2}\right]\text{kN}\cdot\text{m}$$

$$=36.125\text{kN}\cdot\text{m}$$

计算题 16.2　图（a）为一外伸梁，梁上 CE 段作用有均布荷载 $q=2\text{kN/m}$，D 点作用有集中力偶 $M_{e}=3\text{kN}\cdot\text{m}$，$F$ 点作用有集中力 $F=3\text{kN}$，试绘制其内力图。

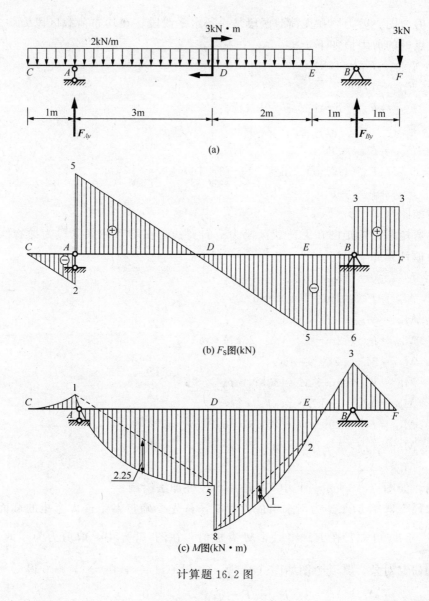

(a)

(b) F_S图(kN)

(c) M图(kN·m)

计算题 16.2 图

解 （1）求支座反力。取整个梁为研究对象，由平衡方程 $\sum M_B = 0$、$\sum M_A = 0$，求得支座反力为

$$F_{Ay} = 7\text{kN}, \quad F_{By} = 8\text{kN}$$

（2）绘剪力图。计算各点分段点处的剪力值如下：

CA 段：$F_{SCA} = 0$

$\qquad F_{SAC} = -2\text{kN/m} \times 1\text{m} = -2\text{kN}$

AE 段：$F_{SAE} = -2\text{kN/m} \times 1\text{m} + 7\text{kN} = 5\text{kN}$

$\qquad F_{SEA} = F_{SEF} = 3\text{kN} - 8\text{kN} = -5\text{kN}$

EB 段：$F_{SEF} = F_{SBE} = -5\text{kN}$

BF 段：$F_{SBF} = F_{SFB} = 3\text{kN}$

绘出剪力图如图（b）所示。

（3）绘弯矩图。计算各分段点处的弯矩值如下：

CA 段：$M_{CA}=0$

$\qquad M_{AC}=-2\text{kN/m}\times1\text{m}\times0.5\text{m}=-1\text{kN}\cdot\text{m}$

AD 段：$M_{AE}=M_{AC}=-1\text{kN}\cdot\text{m}$

$\qquad M_{DA}=7\text{kN}\times3\text{m}-2\text{kN/m}\times4\text{m}\times2\text{m}=5\text{kN}\cdot\text{m}$

DE 段：$M_{DE}=M_{DA}+3\text{kN}\cdot\text{m}=(5+3)\text{kN}\cdot\text{m}=8\text{kN}\cdot\text{m}$

$\qquad M_{ED}=-3\text{kN}\times2\text{m}+8\text{kN}\times1\text{m}=2\text{kN}\cdot\text{m}$

EF 段：$M_{EF}=M_{ED}=2\text{kN}\cdot\text{m}$

$\qquad M_{BE}=M_{BF}=-3\text{kN}\times1\text{m}=-3\text{kN}\cdot\text{m}$

$\qquad\qquad M_{FB}=0$

绘出弯矩图如图（c）所示。

计算题 16.3　试绘制图示外伸梁的内力图。

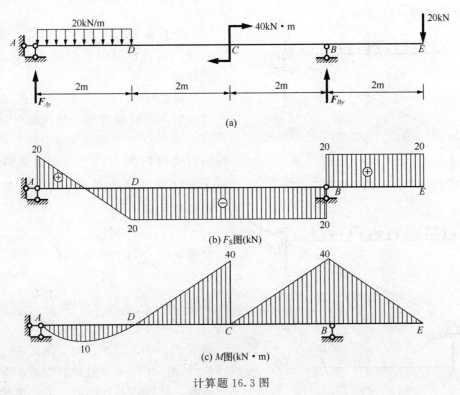

计算题 16.3 图

解　（1）求支座反力。取整个梁为研究对象，由平衡方程 $\sum M_B=0$、$\sum M_A=0$，求得支座反力为

$$F_{Ay}=20\text{kN},\quad F_{By}=40\text{kN}$$

（2）绘剪力图。计算各分段点处的剪力值如下：

AD 段：$F_{SAD}=F_{Ay}=20\text{kN}$

$\qquad F_{SDA}=(20-20\times2)\text{kN}=-20\text{kN}$

DB 段：$F_{SDB}=F_{SBD}=20\mathrm{kN}-F_{By}=-20\mathrm{kN}$

BE 段：$F_{SBE}=F_{SEB}=20\mathrm{kN}$

绘出剪力图如图（b）所示。

（3）绘弯矩图。计算各分段点处的弯矩值如下：

AD 段：$M_{AD}=0$

$$M_{DA}=F_{Ay}\times2\mathrm{m}-(20\times2\times1)\mathrm{kN\cdot m}$$
$$=(20\times2-40)\mathrm{kN\cdot m}=0$$

DC 段：$M_{DC}=0$

$$M_{CD}=F_{Ay}\times4\mathrm{m}-(20\times2\times3)\mathrm{kN\cdot m}=-40\mathrm{kN\cdot m}$$

CB 段：$M_{CB}=F_{By}\times2\mathrm{m}-(20\times4)\mathrm{kN\cdot m}=0$

$$M_{BC}=-(20\times2)\mathrm{kN\cdot m}=-40\mathrm{kN\cdot m}$$

BE 段：$M_{BE}=M_{BC}=-40\mathrm{kN\cdot m}$

$$M_{EB}=0$$

绘出弯矩图如图（c）所示。

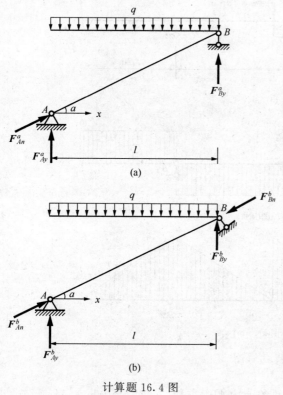

计算题 16.4 图

计算题 16.4　图（a）、（b）所示两根斜梁，试简要说明它们的 M、F_S、F_N 是否相同。

解　将图（a）、（b）中支座 A 处的反力分解为沿杆轴方向与竖向两个分力，同时将图（b）中支座反力也分解为沿杆轴方向与竖向的两个分力。分别取两根斜梁为研究对象，由平衡方程 $\sum M_B=0$，可得

$$F_{Ay}^a=F_{Ay}^b$$

同理，由 $\sum M_A=0$ 可得

$$F_{By}^a=F_{By}^b$$

另外，由 $\sum X=0$ 可得

$$F_{An}^a=0, \quad F_{An}^b=F_{Bn}^b$$

由于 $F_{By}^b\neq0$，故 $F_{Bn}^b\neq0$，因此 $F_{An}^b\neq0$。而 F_{Bn}^b 对图（b）所示斜梁的弯矩、剪力并无影响，对其轴力有影响。由此可知：两根斜梁的 M、F_S 相同，而 F_N 则不相同。

计算题 16.5　图（a）所示为一斜梁，作用有水平均布荷载 $q=8\mathrm{kN/m}$，试绘制其内力图。

解　（1）求支座反力。取整个梁为研究对象，由平衡方程 $\sum M_A=0$、$\sum Y'=0$、$\sum X'=0$，求得支座反力为

$$F_{By'}=16\sqrt{2}\mathrm{kN}, \quad F_{Ay'}=16\sqrt{2}\mathrm{kN}, \quad F_{Ar'}=32\sqrt{2}\mathrm{kN}$$

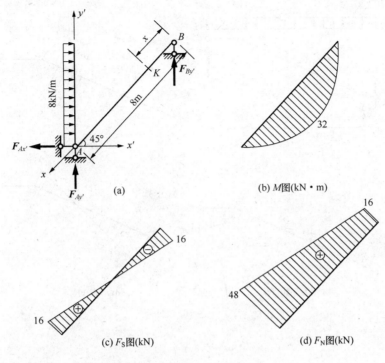

计算题 16.5 图

（2）求内力方程。为便于计算，以 B 为坐标原点，以 BA 为 x 轴。取任意截面 K 的上侧为研究对象，由平衡方程可得

$$M_K = 16x - 2x^2 \quad (0 \leqslant x \leqslant 8)$$

$$F_{SK} = 4x - 16 \quad (0 < x < 8)$$

$$F_{NK} = 4x + 16 \quad (0 < x < 8)$$

（3）绘内力图。由上述各内力方程绘制弯矩图、剪力图和轴力图，分别如图（b）、（c）、（d）所示。

计算题 16.6 试绘制图（a）所示斜梁的内力图。

解 （1）求支座反力。取整个梁为研究对象，由平衡方程求得支座反力为

$$F_{Ax} = 0, \quad F_{Ay} = 10\text{kN}, \quad F_{By} = 10\text{kN}$$

（2）绘弯矩图。计算各分段点处的弯矩值如下：

$$M_{AC} = 0$$

$$M_{CA} = M_{CB} = F_{Ay} \times 1\text{m} - \left(4 \times 1 \times \frac{1}{2}\right)\text{kN} \cdot \text{m} = 8\text{kN} \cdot \text{m}$$

$$M_{BC} = 0$$

据以上各分段点处的弯矩值绘出弯矩图，如图（b）所示。

（3）绘剪力图和轴力图。对于水平杆 CB 的 C、B 两截面上的剪力值和轴力值计算如下：

$$F_{SBC} = -F_{By} = -10\text{kN}$$

$$F_{SCB} = (-10 + 4 \times 1)\text{kN} = -6\text{kN}$$

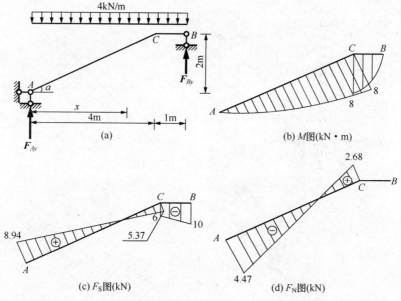

(a)

(b) M图(kN·m)

(c) F_S图(kN)

(d) F_N图(kN)

计算题 16.6 图

$$F_{NBC} = F_{NCB} = 0$$

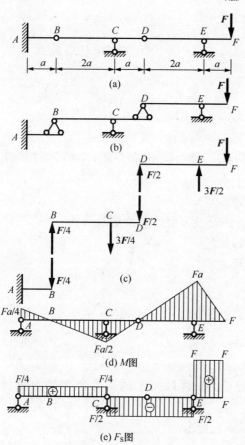

(a)

(b)

(c)

(d) M图

(e) F_S图

计算题 16.7 图

对于斜杆 AC 部分，取任意截面 K 的左侧为研究对象，由平衡方程可得剪力方程和轴力方程为

$$F_{SK} = F_{Ay}\cos\alpha - qx\cos\alpha \quad (0 < x \leqslant 4)$$

$$F_{NK} = -F_{Ay}\sin\alpha + qx\sin\alpha \quad (0 < x \leqslant 4)$$

绘出剪力图与轴力图分别如图（c）、（d）所示。

计算题 16.7　试绘制图（a）所示两跨静定梁的内力图。

解　（1）绘层次图。其中 AB 为基本部分，BD 及 DF 为附属部分，其层次图如图（b）所示。

（2）求支座反力。由层次图可以看出，整个结构由三个层次构成，计算时应该从层次的最上一层开始，依次求出支座反力，并把支座反力反向作用于下一层上，作为该梁的荷载，连同该梁原有荷载一起求解。

先取 DF 为研究对象，由平衡方程 $\sum M_D = 0$、$\sum Y = 0$，得支座反力为

$$F_{Ey} = \frac{3}{2}F, \quad F_{Dy} = \frac{1}{2}F$$

将 F_{Dy} 的反作用力加在 BD 段的 D 处，取 BD 为研究对象，由平衡方程 $\sum M_B = 0$、$\sum Y = 0$，

得支座反力为

$$F_{Cy} = \frac{3}{4}F, \quad F_{By} = \frac{1}{4}F$$

再将 F_{By} 的反作用力加在基本部分 AB 段的 B 处，取 AB 段为研究对象，由平衡方程 $\sum Y = 0$、$\sum M_B = 0$，得支座反力为

$$F_{Ay} = \frac{F}{4}, \quad M_A = \frac{Fa}{4}$$

（3）绘内力图。各段梁上分段点处的弯矩值及剪力值计算如下：

DF 段：$M_{FE} = 0$，$M_{EF} = -Fa$，$M_{DE} = 0$

$$F_{SFE} = F, \quad F_{SEF} = F$$

$$F_{SED} = F - \frac{3}{2}F = -\frac{F}{2}$$

$$F_{SDE} = -\frac{F}{2}$$

BD 段：$M_{DC} = 0$，$M_{CD} = \frac{Fa}{2}$，$M_{BC} = 0$

$$F_{SDC} = \frac{F}{2}, \quad F_{SCD} = -\frac{F}{2}$$

$$F_{SCB} = F_{SBC} = \frac{F}{4}$$

AB 段：$M_{BA} = 0$，$M_{AB} = -\frac{Fa}{4}$

$$F_{SBA} = \frac{F}{4}, \quad F_{SAB} = \frac{F}{4}$$

据以上各分段点处的内力值，绘出内力图分别如图（d）、（e）所示。

计算题 16.8 试绘制图（a）所示多跨静定梁的内力图。

解 （1）绘层次图。本题的几何组成关系如图（b）所示，梁 ABC 以固定支座与基础相连接，是基本部分，CE 部分在 E 端原本是一个铰，有水平约束，可以阻止梁 EFG 的水平运动。但在竖向荷载作用下，此处水平约束力为零；将铰 E 处的水平约束改移到 G 处，并不改变此结构的受力状态，故层次图如图（c）所示。在此层次图中，EFG 也是基本部分，CDE 支承在 ABC 和 EFG 上，是附属部分。

（2）求支座反力。先计算 CDE 的支座反力。铰 C 上作用的集中力可以认为是加在梁 CDE 上（也可认为是加在梁 ABC 上，对多跨梁的支座反力和内力没有影响），由 CDE 的平衡条件，求得支座反力后，将 C 和 E 处的约束力反向作用于梁 ABC 和 EFG 上，再计算梁 ABC 和 EFG 的支座反力。其计算结果示于图（d）中。

（3）绘内力图。分别绘出单跨梁 ABC、CDE 和 EFG 的弯矩图与剪力图，连在一起，即得多跨静定梁的弯矩图与剪力图，分别如图（e）、（f）所示。

计算题 16.9 试计算图（a）所示多跨静定梁，并绘制其内力图。

解 （1）绘层次图。层次如图（b）所示。分析时应先从附属部分 FH 部分开始，然后再分析 CF 梁和 HN 梁，最后再分析 AC 梁。

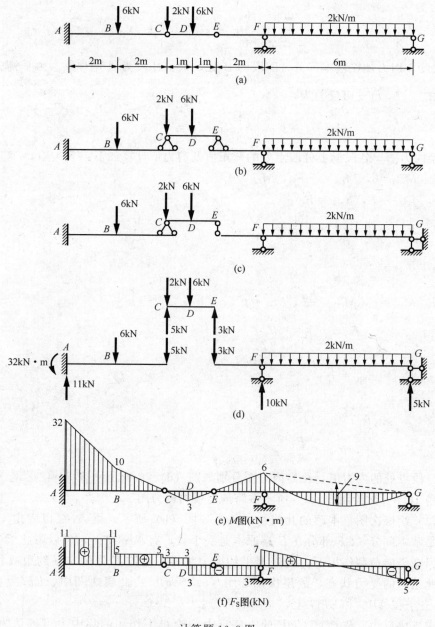

计算题 16.8 图

（2）求支座反力。计算结果示于图（c）中。CF 梁在铰 F 处，除了直接受有向下的集中力 80kN 外，还受到由 FH 梁传来的向上的约束力 10kN，故二者叠加为一个方向向下的力：80−10＝70kN。

（3）绘内力图。逐一绘出各单跨梁的内力图，连在一起即为整个多跨梁的内力图，分别如图（d）、（e）所示。

计算题 16.10 图（a）所示为三跨静定梁，试调整铰 C、D 的位置，使 AB 跨及 EF 跨的跨中截面上的正弯矩与支座 B、E 处的负弯矩的绝对值相等，并将其弯矩图与相应的三

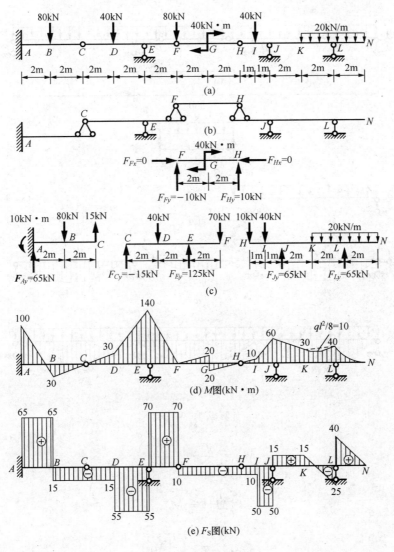

计算题 16.9 图

跨简支梁的弯矩图进行比较。

解 图（a）所示多跨静定梁的 DEF 部分，在竖向荷载作用下能独立维持平衡，分析时可将其视为基本部分。CD 部分支承在基本部分 ABC 和 DEF 上面，是附属部分。分析时先从 CD 部分开始，其受力分析图如图（b）所示。

由 CD 梁的平衡条件，可求得其竖向约束力为 $\frac{q(l-2x)}{2}$。将其反向作用于基本部分上，然后分析基本部分 ABC 梁（DEF 部分受力情况与 ABC 部分相同），可得支座 B 处的弯矩为

$$M_B = -\left[\frac{q(l-2x)}{2}\cdot x + \frac{1}{2}qx^2\right] \tag{a}$$

AB 跨中截面 G 处的弯矩值，可用叠加法求得。由图（c），有

527

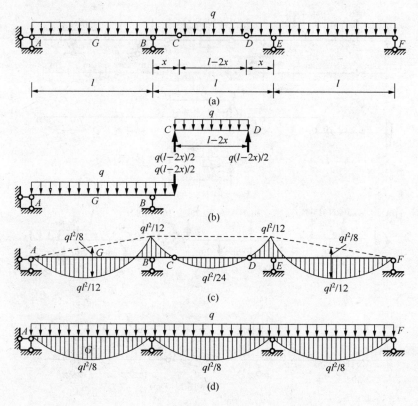

计算题 16.10 图

$$M_G = \frac{ql^2}{8} - \frac{|M_B|}{2}$$

令

$$|M_B| = M_G$$

故

$$|M_B| = \frac{ql^2}{8} - \frac{|M_B|}{2}$$

或

$$|M_B| = \frac{ql^2}{12}$$

将上式代入式（a）得

$$\frac{q(l-2x)x}{2} + \frac{qx^2}{2} = \frac{ql^2}{12}$$

得

$$x = 0.2113l$$

C、D 铰的位置确定后，即可绘出弯矩图，如图（c）所示。

　　将该弯矩图与相应简支梁弯矩图［图（d）］比较后，可以看出：在多跨静定梁中，弯矩分布要均匀些，且弯矩峰值较小。这是由于多跨静定梁中设置了带伸臂的基本部分，这样，一方面减少了附属部分 CD 的跨度，另一方面，在基本部分 AC 和 DF 上，因支座 B、

E 处产生了负弯矩，它将使跨中正弯矩值减小。因此，多跨静定梁较相应的简支梁节省材料，但构造要复杂一些。

计算题 16.11～计算题 16.22 静定平面刚架

计算题 16.11 试求图（a）所示静定悬臂刚架的内力，并绘制内力图。

解 （1）求杆端内力。悬臂刚架的内力计算可以不先求支座反力，一般先从自由端开始，利用截面法逐段计算各杆端内力如下：

$$F_{NBC}=-2kN, \quad F_{SBC}=0, \quad M_{BC}=0$$
$$F_{NCB}=-2kN, \quad F_{SCB}=-2kN, M_{CB}=2kN\cdot m \quad （上侧受拉）$$
$$F_{NDC}=0, \quad F_{SDC}=3kN, \quad M_{DC}=0$$
$$F_{NCD}=0, \quad F_{SCD}=3kN, \quad M_{CD}=-6kN\cdot m \quad （上侧受拉）$$
$$F_{SCA}=2kN, \quad F_{NCA}=-5kN, \quad M_{CA}=-4kN\cdot m \quad （左侧受拉）$$
$$F_{SAC}=2kN, \quad F_{NAC}=5kN, \quad M_{AC}=-12kN\cdot m \quad （左侧受拉）$$

（2）绘内力图。各杆端内力值求得后，根据荷载与内力间的微分关系，即可绘出刚架的内力图分别如图（b）、（c）、（d）所示。

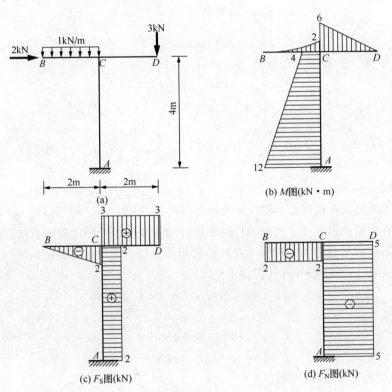

计算题 16.11 图

计算题 16.12 试绘制图（a）所示刚架的内力图。

解 （1）求支座反力。取刚架整体为研究对象，由平衡方程求得支座反力为

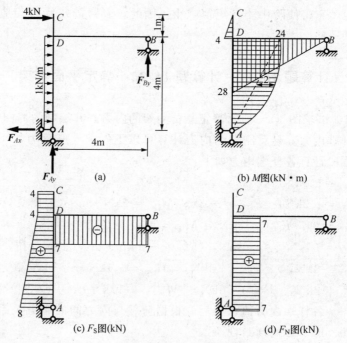

计算题 16.12 图

$$F_{By} = 7\text{kN}, \quad F_{Ax} = 8\text{kN}, \quad F_{Ay} = -7\text{kN}$$

（2）绘弯矩图。各杆端弯矩计算如下：

$$M_{CD} = 0$$
$$M_{DC} = (4 \times 1)\text{kN} \cdot \text{m} = 4\text{kN} \cdot \text{m} \quad (\text{左侧受拉})$$
$$M_{BD} = 0$$
$$M_{DB} = F_{By} \times 4\text{m} = (7 \times 4)\text{kN} \cdot \text{m} = 28\text{kN} \cdot \text{m} \quad (\text{下侧受拉})$$
$$M_{AD} = 0$$
$$M_{DA} = F_{Ax} \times 4\text{m} - (1 \times 4 \times 2)\text{kN} \cdot \text{m} = 24\text{kN} \cdot \text{m} \quad (\text{右侧受拉})$$

杆 CD 和 BD 属无荷载区段，将杆端弯矩的纵坐标连以直线，即可得杆 CD 和 BD 的弯矩图。杆 AD 上有均布荷载作用，将杆 AD 两端的杆端弯矩的纵坐标连以虚直线，以此虚线为基线，叠加相应简支梁的弯矩图，即得 AD 杆的弯矩图。绘出刚架的弯矩图如图（b）所示。

（3）绘剪力图。各杆端剪力计算如下：

$$F_{SCD} = F_{SDC} = 4\text{kN}$$
$$F_{SDB} = F_{SBD} = -7\text{kN}$$
$$F_{SAD} = 8\text{kN}$$
$$F_{SDA} = (8 - 1 \times 4)\text{kN} = 4\text{kN}$$

绘出刚架的剪力图如图（c）所示。

（4）绘轴力图。各杆端轴力计算如下：

$$F_{NCD} = F_{NDC} = 0$$
$$F_{NDB} = F_{NBD} = 0$$
$$F_{NAD} = F_{NDA} = 7\text{kN}$$

绘出刚架的轴力图如图（d）所示。

计算题 16. 13　试用较简捷的方法绘制图（a）所示刚架的弯矩图。

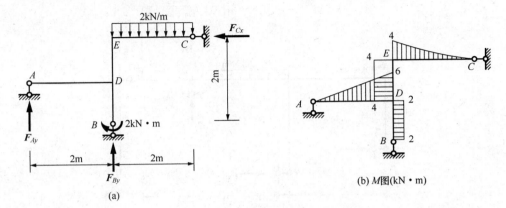

计算题 16.13 图

解　由整体平衡条件 $\sum X = 0$，得 $F_{Cx} = 0$，于是 DEC 部分相当于悬臂刚架。可得

$$\sum M_{CE} = 0$$

$$M_{EC} = -\frac{ql^2}{2} = -4\mathrm{kN \cdot m}　（上侧受拉）$$

$$M_{ED} = M_{DE} = -4\mathrm{kN \cdot m}　（左侧受拉）$$

在 BD 段，由于 B 支座链杆与 BD 杆轴线重合，反力 F_{By} 在 BD 杆上不产生弯矩，故有

$$M_{BD} = M_{DB} = 2\mathrm{kN \cdot m}　（右侧受拉）$$

考虑 D 结点的平衡，由 $\sum M_D = 0$ 得

$$M_{DA} = -2\mathrm{kN \cdot m} - 4\mathrm{kN \cdot m} = -6\mathrm{kN \cdot m}　（上侧受拉）$$

绘出刚架的弯矩图如图（b）所示。

计算题 16. 14　试绘制图（a）所示刚架的弯矩图。

解　（1）求支座反力。取刚架整体为研究对象，由平衡方程求得支座反力为

$$F_{Ax} = 120\mathrm{kN}, \quad F_{Bx} = -80\mathrm{kN}, \quad F_{Cy} = 80\mathrm{kN}$$

（2）求各杆端弯矩。各杆端弯矩计算如下：

$$M_{AD} = 0$$

$$M_{DA} = (120 \times 3)\mathrm{kN \cdot m} = 360\mathrm{kN \cdot m}　（右侧受拉）$$

$$M_{DE} = (120 \times 3)\mathrm{kN \cdot m} + 40\mathrm{kN \cdot m} = 400\mathrm{kN \cdot m}　（下侧受拉）$$

$$M_{ED} = (120 \times 3)\mathrm{kN \cdot m} + 40\mathrm{kN \cdot m} = 400\mathrm{kN \cdot m}　（下侧受拉）$$

$$M_{BE} = 0$$

$$M_{EB} = (80 \times 4)\mathrm{kN \cdot m} = 320\mathrm{kN \cdot m}　（左侧受拉）$$

$$M_{EC} = (120 \times 3)\mathrm{kN \cdot m} + 40\mathrm{kN \cdot m} - (80 \times 4)\mathrm{kN \cdot m}$$

$$= 80\mathrm{kN \cdot m}　（下侧受拉）$$

$$M_{CE} = (40 \times 2)\mathrm{kN \cdot m} = 80\mathrm{kN \cdot m}　（上侧受拉）$$

$$M_{CF} = M_{CE} = 80\mathrm{kN \cdot m}　（上侧受拉）$$

$$M_{FC} = (40 \times 2)\text{kN} \cdot \text{m} = 80\text{kN} \cdot \text{m} \quad (上侧受拉)$$

$$M_{GF} = 0$$

$$M_{FG} = M_{FC} = 80\text{kN} \cdot \text{m} \quad (左侧受拉)$$

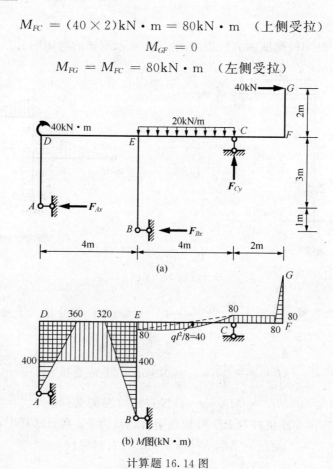

计算题 16.14 图

（3）绘弯矩图。绘出刚架的弯矩图如图（b）所示。其中 EC 段为抛物线，按区段叠加法绘制。

计算题 16.15 试绘制图（a）所示刚架的内力图。

解 （1）求支座反力。取刚架整体为研究对象，由平衡方程求得

$$F_{By} = 15\text{kN}, \quad F_{Ay} = 45\text{kN}, \quad F_{Ax} = F_{Bx}$$

再取铰 C 右边部分为研究对象，由 $\sum M_C = 0$ 得

$$F_{Bx} = 13.8\text{kN}$$

故

$$F_{Ax} = F_{Bx} = 13.8\text{kN}$$

（2）绘弯矩图。各杆端弯矩计算如下：

$$M_{AD} = 0$$

$$M_{DA} = F_{Ax} \times 4.5\text{m} = -62.1\text{kN} \cdot \text{m} \quad (左侧受拉)$$

$$M_{DC} = M_{DA} = -62.1\text{kN} \cdot \text{m} \quad (上侧受拉)$$

$$M_{CD} = 0$$

$$M_{BE} = 0$$

$$M_{EB} = F_{Bx} \times 4.5\text{m} = -62.1\text{kN} \cdot \text{m} \quad (右侧受拉)$$

$$M_{CE} = 0$$

$$M_{EC} = M_{EB} = -62.1 \text{kN} \cdot \text{m} \quad \text{(上侧受拉)}$$

绘出刚架的弯矩图如图（b）所示。其中 CD 段的弯矩图按区段叠加法绘制。

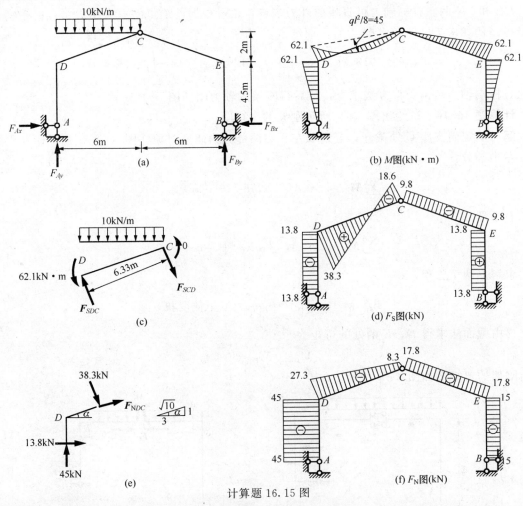

计算题 16.15 图

（3）绘剪力图。AD、BE 两杆的杆端剪力值显然就等于 A、B 两支座的水平反力，即

$$F_{SAD} = F_{SDA} = -13.8 \text{kN}$$

$$F_{SBE} = F_{SEB} = 13.8 \text{kN}$$

DC、CE 两杆是斜杆，如按通常方法由截面一边的荷载和反力来求其剪力，则投影关系较复杂。此时，可采用另一方法求剪力，即根据已绘出的弯矩图来绘制剪力图。现以 DC 杆为例，取该杆为研究对象〔图（c）〕，因杆端弯矩已求得，故利用力矩平衡条件，可求得杆端剪力为

$$F_{SDC} = \frac{62.1 + 10 \times 6 \times 3}{6.33} \text{kN} = 38.3 \text{kN}$$

$$F_{SCD} = \frac{62.1 - 10 \times 6 \times 3}{6.33} \text{kN} = -18.6 \text{kN}$$

因均布荷载区段剪力图为一直线，故将上述两纵标连以直线即可。同理，可绘出 CE 杆的

剪力图。刚架的剪力图如图（d）所示。

（4）绘轴力图。AD、BE 两杆的轴力值可直接由 A、B 两支座的竖向反力求得

$$F_{NAD} = -45 \text{kN}, \quad F_{NBE} = -15 \text{kN}$$

DC 和 CE 两斜杆的轴力可直接由外力求得，也可根据已绘出的剪力图由结点的平衡条件求得。例如求 DC 杆 D 端轴力时，取结点 D 为研究对象 ［图（e）］，可得

$$F_{NDC} = -13.8 \text{kN} \times \frac{3}{\sqrt{10}} - 45 \text{kN} \times \frac{1}{\sqrt{10}} = -27.3 \text{kN}$$

其他各杆端轴力可由类似方法求得，最后得刚架的轴力图如图（f）所示。

计算题 16.16 试绘出图（a）所示刚架的弯矩图。

解 从定向支座 C 处截开，分别取左、右两部分为研究对象 ［图（b）］，列平衡方程

左半部分：

$$\sum M_A = 0 \quad M_C - 2aF_{Cx} - \frac{1}{2}qa^2 = 0$$

右半部分：

$$\sum M_B = 0 \quad M_C + aF_{Cx} + \frac{1}{2}qa^2 = 0$$

联立求解上两个方程，得

$$F_{Cx} = 0, \quad M_C = \frac{1}{2}qa^2 \quad （下侧受拉）$$

再由截面法求得 D、E 两处的弯矩为

$$M_D = M_E = 0$$

绘出刚架的弯矩图如图（c）所示。

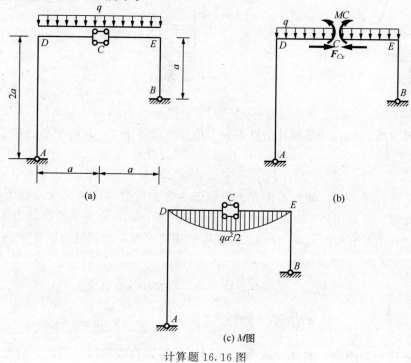

计算题 16.16 图

计算题 16.17 试绘制图（a）所示刚架的内力图。

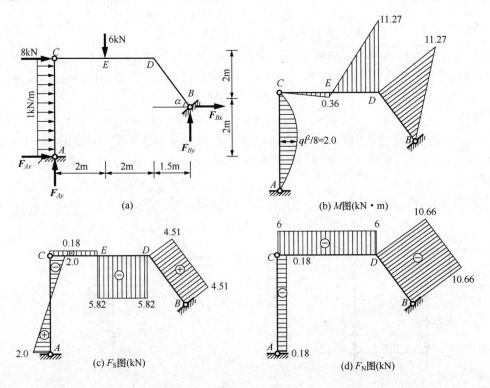

计算题 16.17 图

解 （1）求支座反力。取 AC 杆为研究对象，由平衡方程 $\sum M_C = 0$，得

$$F_{Ax} = -2\text{kN}$$

再取右半部分 CDB 为研究对象，由平衡方程 $\sum M_C = 0$，得

$$F_{By} = 5.82\text{kN}$$

最后取刚架整体为研究对象，由平衡方程 $\sum X = 0$、$\sum Y = 0$，得

$$F_{Ax} + F_{Bx} + 8\text{kN} + (4 \times 1)\text{kN} = 0$$

$$F_{Ay} + F_{By} - 6 = 0$$

将 F_{Ax}、F_{By} 的值代入上两式，得

$$F_{Ay} = 0.18\text{kN}, \quad F_{Bx} = -10\text{kN}$$

（2）求各杆端内力。各杆端的内力计算如下：

$$M_{AC} = M_{CA} = M_{CE} = 0$$

$$M_{EC} = 2F_{Ay} - 4F_{Ax} - (1 \times 4 \times 2)\text{kN} \cdot \text{m} = 0.36\text{kN} \cdot \text{m} \quad （下侧受拉）$$

$$M_{ED} = 0.36\text{kN} \cdot \text{m} \quad （下侧受拉）$$

$$M_{DE} = 2F_{Bx} + 1.5F_{By} = (-2 \times 10)\text{kN} \cdot \text{m} + (1.5 \times 5.82)\text{kN} \cdot \text{m}$$

$$= -11.27\text{kN} \cdot \text{m} \quad （上侧受拉）$$

$$M_{DB} = -11.27\text{kN} \cdot \text{m} \quad （右侧受拉）$$

$$M_{BD} = 0$$

535

$$F_{SAC} = -F_{Ar} = 2\text{kN}$$

$$F_{SCA} = -F_{Ar} - (1 \times 4)\text{kN} = -2\text{kN}$$

$$F_{SCE} = F_{Ay} = 0.18\text{kN} = F_{SEC}$$

$$F_{SED} = F_{Ay} - 6\text{kN} = -5.82\text{kN} = F_{SDE}$$

$$F_{SDB} = F_{SBD} = F_{Br}\sin\alpha - F_{By}\cos\alpha = (10 \times 0.8 - 5.82 \times 0.6)\text{kN} = 4.51\text{kN}$$

$$F_{NAC} = -F_{Ay} = -0.18\text{kN} = F_{NCA}$$

$$F_{NCD} = -F_{Ar} - 8\text{kN} = -6\text{kN} = F_{NDC}$$

$$F_{NDB} = F_{Br}\cos\alpha - F_{By}\sin\alpha = (-10 \times 0.6 - 5.82 \times 0.8)\text{kN} = -10.66\text{kN} = F_{NBD}$$

（3）绘内力图。各杆内力求得后，绘制弯矩图、剪力图、轴力图分别如图（b）、（c）、（d）所示。

计算题 16.18 试绘制图（a）所示刚架的内力图。

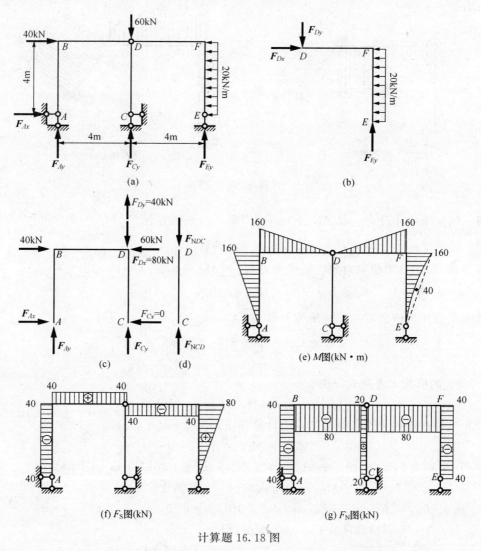

计算题 16.18 图

解 （1）求支座反力。该刚架的几何组成较复杂，首先 $ABDC$ 与基础组成几何不变体系，是该结构的基本部分；DFE 通过铰 D 和竖向支杆 E 与基本部分相连，为附属部分。分析时，应先从附属部分着手，然后再考虑基本部分。

取附属部分 DFE 为研究对象［图（b）］，由平衡方程求得

$$F_{Ey} = 40\text{kN}, \quad F_{Dy} = 40\text{kN}, \quad F_{Dr} = 80\text{kN}$$

取基本部分 $ABDC$ 为研究对象［图（c）］，分析时应尽可能先判明那些是为零的未知力，以简化计算量。例如 CD 杆上无荷载，且两端为铰接，由平衡方程 $\sum M_C = 0$ 和 $\sum M_D = 0$ 可知，杆 CD 两端剪力都为零，只有沿杆轴方向的轴力 F_{NCD} 和 F_{NDC}，如图（d）所示。因此 CD 杆的 C 支座处只有竖向反力，而水平反力 $F_{Cr} = 0$。取 $ABDC$ 为研究对象，利用平衡条件可求得

$$F_{Ar} = 40\text{kN}, \quad F_{Ay} = 40\text{kN}, \quad F_{Cy} = -20\text{kN}$$

（2）绘弯矩图。各杆端弯矩计算如下

$$M_{AB} = 0$$
$$M_{BA} = (40 \times 4)\text{kN} \cdot \text{m} = 160\text{kN} \cdot \text{m} \quad （左侧受拉）$$
$$M_{BD} = M_{BA} = 160\text{kN} \cdot \text{m} \quad （上侧受拉）$$
$$M_{DB} = 0$$
$$M_{CD} = M_{DC} = 0$$
$$M_{EF} = 0$$
$$M_{FE} = \left(\frac{1}{2} \times 20 \times 4^2\right)\text{kN} \cdot \text{m} = 160\text{kN} \cdot \text{m} \quad （右侧受拉）$$
$$M_{DF} = 0$$
$$M_{FD} = M_{FE} = 160\text{kN} \cdot \text{m} \quad （上侧受拉）$$

绘出刚架的弯矩图如图（e）所示。

（3）绘剪力图。各杆端剪力计算如下：

$$F_{SAB} = F_{SBA} = -F_{Ar} = -40\text{kN}$$
$$F_{SBD} = F_{SDB} = F_{Ay} = 40\text{kN}$$
$$F_{SCD} = F_{SDC} = 0$$
$$F_{SFE} = (20 \times 4)\text{kN} = 80\text{kN}$$
$$F_{SEF} = 0$$
$$F_{SDF} = F_{SFD} = -F_{Dy} = -40\text{kN}$$

绘出刚架的剪力图如图（f）所示。

（4）绘轴力图。各杆端轴力计算如下：

$$F_{NAB} = F_{NBA} = -F_{Ay} = -40\text{kN}$$
$$F_{NBD} = F_{NDB} = -F_{Ar} - 40\text{kN} = -80\text{kN}$$
$$F_{NCD} = F_{NDC} = -F_{Cy} = 20\text{kN}$$
$$F_{NEF} = F_{NFE} = -F_{Ey} = -40\text{kN}$$
$$F_{NDF} = F_{NFD} = -F_{Dr} = -80\text{kN}$$

绘出刚架的轴力图如图（g）所示。

计算题 16.19 试绘制图（a）所示刚架的弯矩图。

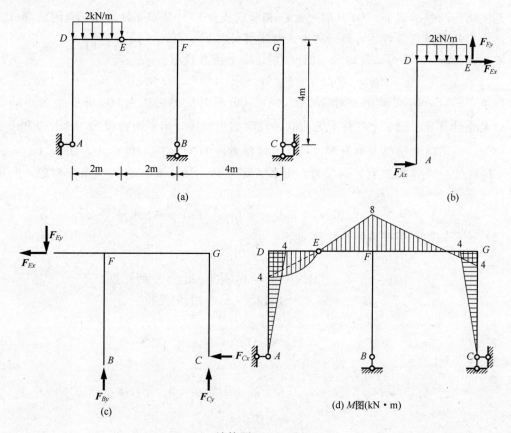

计算题 16.19 图

解 （1）求支座反力。刚架 $BCEFG$ 与基础相连，组成基本部分；ADE 部分通过铰 E 和水平支杆 A 与基本部分相连，为附属部分。分析时，先从附属部分 ADE 开始，然后再分析基本部分 $BCEFG$。

取附属部分 ADE 为研究对象 ［图（b）］，由平衡方程求得

$$F_{Ax} = -1\text{kN}, \quad F_{Ey} = 4\text{kN}, \quad F_{Ex} = 1\text{kN}$$

取基本部分为研究对象 ［图（c）］，由平衡方程求得

$$F_{Cx} = -1\text{kN}, \quad F_{Cy} = -3\text{kN}, \quad F_{By} = 7\text{kN}$$

（2）绘弯矩图。分别对附属部分 ADE 和基本部分 $CBEFG$ 的每一杆件计算杆端弯矩值如下：

$$M_{AD} = 0$$
$$M_{DA} = 1\text{kN} \times 4\text{m} = 4\text{kN} \cdot \text{m} \quad （右侧受拉）$$
$$M_{ED} = 0$$
$$M_{DE} = 1\text{kN} \times 4\text{m} = 4\text{kN} \cdot \text{m} \quad （下侧受拉）$$
$$M_{EF} = 0$$
$$M_{FE} = 4\text{kN} \times 2\text{m} = 8\text{kN} \cdot \text{m} \quad （上侧受拉）$$
$$M_{FG} = 4\text{kN} \times 2\text{m} = 8\text{kN} \cdot \text{m} \quad （上侧受拉）$$
$$M_{GF} = 1\text{kN} \times 4\text{m} = 4\text{kN} \cdot \text{m} \quad （下侧受拉）$$
$$M_{\alpha G} = 0$$

$$M_{GC} = 1\text{kN} \times 4\text{m} = 4\text{kN} \cdot \text{m} \quad (\text{左侧受拉})$$

$$M_{BF} = M_{FB} = 0$$

绘出刚架的弯矩图如图（d）所示。

计算题 16.20 试绘制图（a）所示刚架的弯矩图。

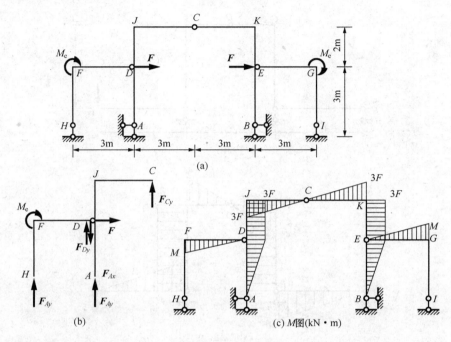

计算题 16.20 图

解 几何组成分析可知，$ADJCKEB$ 为基本部分，HFD 和 IGE 为附属部分。本题为对称结构受反对称荷载作用，可利用结构的对称性进行分析。从铰 C 处切开，由于荷载反对称，则内力亦为反对称，所以，切口 C 处的正对称内力 $F_{Cx} = 0$，只有竖向的反对称内力 F_{Cy} 存在。利用对称性，只须计算半结构［图（b）］。取 HFD 为研究对象，由平衡方程求得

$$F_{Hy} = -\frac{M_e}{3}, \quad F_{Dy} = \frac{M_e}{3}, \quad F_{Dx} = 0$$

由此求得杆端弯矩为

$$M_{HF} = M_{FH} = M_{DF} = 0$$

$$M_{FD} = M \quad (\text{下侧受拉})$$

取 $ADJC$ 为隔离体，由平衡方程求得

$$F_{Cy} = F, \quad F_{Ay} = \frac{M_e}{3} - F, \quad F_{Ax} = -F$$

由此求得杆端弯矩为

$$M_{DA} = 3F \quad (\text{内侧受拉})$$

$$M_{AD} = 0$$

$$M_{JD} = M_{DJ} = 3F \quad (\text{右侧受拉})$$

$$M_{JC} = 3F \quad (\text{下侧受拉})$$

$$M_{CJ} = 0$$

根据所求得杆端弯矩，即可绘出左半结构的弯矩图。利用对称性绘出整个结构的弯矩图如图（c）所示。

计算题 16.21　试用最简捷的方法绘制图（a）所示刚架的弯矩图。

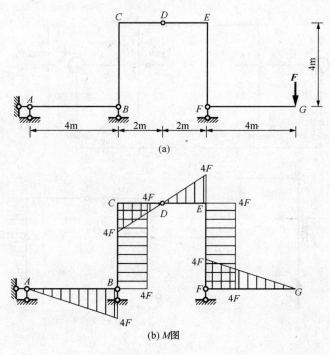

计算题 16.21 图

解　ABCD 为基本部分，DEFG 为附属部分。

先考虑附属部分。杆 FG 的弯矩图形状与悬臂梁相同，弯矩 $M_{GF}=0$，$M_{FG}=4F$，弯矩为一斜直线。支座 F 处的反力 F_{Fy} 与 EF 杆轴重合，不会在 EF 杆上引起弯矩，因此 EF 杆的弯矩是由与杆轴平行的力 **F** 引起的常数值，弯矩图形为一竖直线（外侧受拉）。杆 CE 上无荷载作用，弯矩图为一斜直线，结点 E 处有 $M_{EC}=M_{EF}=4F$，铰 D 处有 $M_D=0$，由此可作出斜直线，按比例关系可知 $M_{CE}=4F$（内侧受拉）。

CB 杆轴线是竖直的，支座 B 处的反力 F_{By} 与杆轴平行，因而知 BC 杆的弯矩图也是一条竖直线，$M_{BC}=4F$（内侧受拉）。最后，由结点 B 的力矩平衡可知：$M_{BA}=4F$（下侧受拉），因 $M_A=0$，AB 杆的弯矩图为一斜直线。由上述分析可得整个刚架的弯矩图，如图（b）所示。

计算题 16.22　试用较简捷的方法绘制图（a）所示刚架的弯矩图。

解　CDEF 是基本部分，ABC 是附属部分。

先考虑附属部分 ABC。ABC 部分有三个约束力，即支座 A 处的反力 F_{Ar}，铰 C 处的水平和竖向约束力 F_{Cr} 和 F_{Cy}。由于 ABC 部分没有荷载作用，所以这三个约束力都为零，也就是说，附属部分 ABC 不受力，也无内力产生。

基本部分的 CD 段弯矩为零。DE 段弯矩图为一斜直线，$M_{DE}=0$，$M_{ED}=8\text{kN} \cdot \text{m}$（上

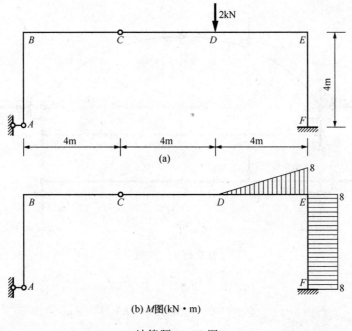

(b) M图(kN·m)

计算题 16.22 图

侧受拉)。杆 EF 的弯矩图为一竖直线。由上分析绘出刚架的弯矩图如图 (b) 所示。

计算题 16.23～计算题 16.27　三铰拱

计算题 16.23　图示圆弧三铰拱,受均布荷载 q 作用,试求其水平推力与半径 R 的关系。

解　与此三铰拱同跨度并承受相同均布荷载 q 的简支梁,其跨中最大弯矩为

$$M_C^0 = \frac{1}{8}ql^2$$

若以 l 表示跨度,以 f 表示拱高,则有

$$l = 2R\sin\theta$$
$$f = R(1-\cos\theta)$$

因此,水平推力与半径 R 的关系为

$$F_x = \frac{M_C^0}{f} = \frac{\frac{1}{8}ql^2}{f} = \frac{\frac{1}{2}qR^2(1-\cos^2\theta)}{R(1-\cos\theta)}$$
$$= \frac{1}{2}qR(1+\cos\theta)$$

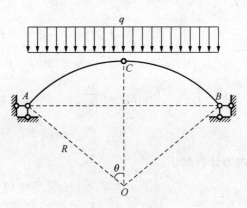

计算题 16.23 图

计算题 16.24　试求图 (a) 所示三铰拱截面 M 和 N 上的内力。已知拱轴方程为 $y = \frac{4f}{l^2}x(l-x)$。

解　(1) 相应简支梁有关数据计算。三铰拱的相应简支梁如图 (b) 所示,其支座反

541

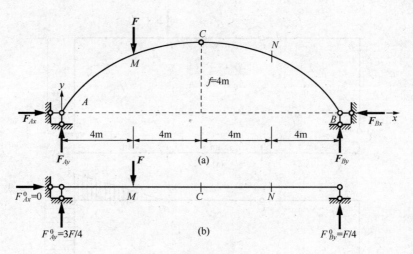

计算题 16.24 图

力为

$$F_{Ax}^0 = 0, \quad F_{Ay}^0 = \frac{3}{4}F, \quad F_{By}^0 = \frac{1}{4}F$$

截面 C 上的弯矩为

$$M_C^0 = 2F$$

（2）计算三铰拱的支座反力。三铰拱的支座反力为

$$F_{Ay} = F_{Ay}^0 = \frac{3}{4}F$$

$$F_{By} = F_{By}^0 = \frac{1}{4}F$$

$$F_{Ax} = F_{Bx} = F_x = \frac{M_C^0}{f} = \frac{F}{2}$$

（3）计算截面 M 上的内力。相关数据为

$$x_M = 4\text{m}, \quad y_M = \frac{4f}{l^2}x_M(l - x_M) = 3\text{m}$$

$$\tan\theta_M = \frac{\mathrm{d}x}{\mathrm{d}y}\bigg|_{x=4\text{m}} = 0.5, \quad \sin\theta_M = 0.447, \quad \cos\theta_M = 0.894$$

$$F_{SMA}^0 = \frac{3}{4}F, \quad F_{SMC}^0 = -\frac{1}{4}F, \quad M_M^0 = 3F$$

内力计算如下：

$$F_{SMA} = F_{SMA}^0\cos\theta_M - F_x\sin\theta_M = 0.453F$$

$$F_{SMC} = F_{SMC}^0\cos\theta_M - F_x\sin\theta_M = -0.447F$$

$$F_{NMA} = F_{SMA}^0\sin\theta_M + F_x\cos\theta_M = 0.78F$$

$$F_{NMC} = F_{SMC}^0\sin\theta_M + F_x\cos\theta_M = 0.335F$$

$$M_M = M_M^0 - F_x y_M = 1.5F$$

（4）计算截面 N 上的内力。相关数据为

$$x_N = 12\text{m}, \quad y_N = \frac{4f}{l^2}x_N(l - x_N) = 3\text{m}$$

$$\tan\theta_N = \frac{\mathrm{d}x}{\mathrm{d}y}\Big|_{x=12m} = -0.5, \quad \sin\theta_N = -0.447, \quad \cos\theta_N = 0.894$$

$$F_{SN}^0 = -0.25F, \quad M_N^0 = F$$

内力计算如下：

$$M_N = M_N^0 - F_H \cdot y_N$$

$$= F - \frac{F}{2} \times 3 = -\frac{1}{2}F = -0.5F$$

$$F_{SN} = F_{SN}^0 \cos\theta_N - F_H \sin\theta_N = 0$$

$$F_{NN} = F_{SN}^0 \sin\theta_N + F_H \cos\theta_N = 0.559F$$

计算题 16.25 试计算图（a）所示三铰拱中的最大、最小弯矩值，并与相应简支梁 [图（b）] 中的最大弯矩比较。已知拱轴方程为 $y = \frac{f}{l^2}(2l-x)x$。

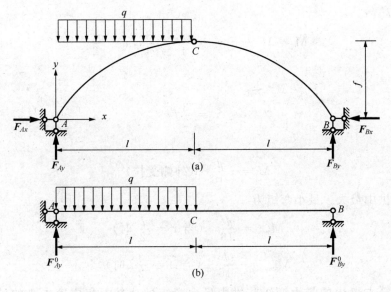

计算题 16.25 图

解 （1）计算支座反力。取整个三铰拱为研究对象，由平衡方程求得

$$F_{Ay} = \frac{1}{2l}\left(ql \times \frac{3}{2}l\right) = \frac{3}{4}ql, \quad F_{By} = \frac{1}{2l}\left(ql \times \frac{1}{2}l\right) = \frac{1}{4}ql$$

$$F_{Ax} = F_{Bx} = F_x$$

再取右半拱为研究对象，由平衡方程 $\sum M_C = 0$、$\sum X = 0$，得

$$F_{Bx} = \frac{1}{f}(F_{By}l) = \frac{ql^2}{4f}$$

$$F_x = F_{Ax} = F_{Bx} = \frac{ql^2}{4f}$$

（2）计算拱中最大、最小弯矩值。当 $0 \leqslant x \leqslant l$ 时，图（b）所示相应简支梁中弯矩为

$$M^0 = \frac{3ql}{4}x - \frac{1}{2}qx^2$$

拱中的弯矩为

$$M = M^0 - F_x y = \frac{ql}{4}x - \frac{1}{4}qx^2$$

由 $\dfrac{\mathrm{d}M}{\mathrm{d}x} = 0$，得

$$x = \frac{l}{2}$$

弯矩的极值为

$$M = \frac{ql}{4} \times \frac{l}{2} - \frac{q}{4} \times \left(\frac{l}{2}\right)^2 = \frac{ql^2}{16} \quad \text{（内侧受拉）}$$

当 $l \leqslant x \leqslant 2l$ 时，图（b）所示相应简支梁中的弯矩为

$$M^0 = \frac{3ql}{4}x - ql\left(x - \frac{l}{2}\right) = \frac{ql^2}{2} - \frac{ql}{4}x$$

拱中的弯矩为

$$M = M^0 - F_x y = \frac{qx^2}{4} - \frac{3}{4}qlx + \frac{ql^2}{2}$$

由 $\dfrac{\mathrm{d}M}{\mathrm{d}x} = 0$，得

$$x = \frac{3}{2}l$$

弯矩的极值为

$$M = -\frac{ql^2}{16} \quad \text{（外侧受拉）}$$

因此三铰拱中最大、最小弯矩为

$$M_{\max} = \frac{ql^2}{16} \quad \left(\text{当 } x = \frac{l}{2} \text{ 时}\right)$$

$$M_{\min} = -\frac{ql^2}{16} \quad \left(\text{当 } x = \frac{3}{2}l \text{ 时}\right)$$

（3）相应简支梁中的最大弯矩与拱中最大弯矩的比较。相应简支梁的最大弯矩计算如下：

当 $0 \leqslant x \leqslant l$ 时，梁中的弯矩为

$$M^0 = \frac{3}{4}qx - \frac{1}{2}qx^2$$

由 $\dfrac{\mathrm{d}M^0}{\mathrm{d}x} = 0$，得

$$x = \frac{3}{4}l$$

该截面上的弯矩为

$$M^0 = \frac{3ql}{4} \times \left(\frac{3l}{4}\right) - \frac{1}{2}q \times \left(\frac{3l}{4}\right)^2 = \frac{9ql^2}{32}$$

当 $l \leqslant x \leqslant 2l$ 时，M^0 为斜直线，$x = l$ 时 M 值为最大值。该截面也是均布荷载的右端点，其弯矩值一定比 $x = \dfrac{3}{4}l$ 截面上的小。而且，在相应简支梁中不可能产生负弯矩。故知

梁中最大弯矩值为

$$M_{max}^0 = \frac{9}{32}ql^2$$

因此，拱的最大弯矩与相应简支梁最大弯矩之比为

$$\frac{\dfrac{ql^2}{16}}{\dfrac{9ql^2}{32}} = \frac{2}{9} = 0.222$$

可见拱的最大弯矩为相应简支梁最大弯矩的 22.2%。

计算题 16.26 设在图示三铰拱的上面填土，填土表面为一水平面，试求在填土重力作用下三铰拱的合理轴线。设填土的容重为 γ，拱所受的竖向分布荷载为 $q = q_C + \gamma y$。

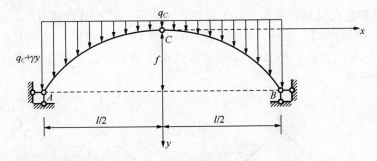

计算题 16.26 图

解 若为合理拱轴，则 $M = M^0 - F_x y = 0$，即

$$y = \frac{M^0}{F_x} \tag{a}$$

将式（a）对 x 微分两次得

$$\frac{d^2 y}{dx^2} = \frac{1}{F_x} \cdot \frac{d^2 M^0}{dx^2}$$

用 $q(x)$ 表示沿水平线单位长度的荷载值，则 $\dfrac{d^2 M^0}{dx^2} = -q(x)$，所以

$$\frac{d^2 y}{dx^2} = -\frac{q(x)}{F_x}$$

式中 y 轴向上为正。在本题中，y 轴以向下为正，故上式右边应取正号，即

$$\frac{d^2 y}{dx^2} = \frac{q(x)}{F_x} \tag{b}$$

上式为在竖向荷载作用下拱的合理轴线的微分方程。将 $q = q_C + \gamma y$ 代入式（b），得

$$\frac{d^2 y}{dx^2} - \frac{\gamma y}{F_x} = \frac{q_C}{F_x}$$

该微分方程的解为双曲线函数，其表达式为

$$y = A \cdot \mathrm{ch}\sqrt{\frac{\gamma}{F_x}}x + B \cdot \mathrm{sh}\sqrt{\frac{\gamma}{F_x}}x - \frac{q_c}{\gamma}$$

由边界条件

$$在\ x = 0\ 处 \quad y = 0$$

545

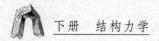

$$在\ x = 0\ 处 \quad \frac{\mathrm{d}y}{\mathrm{d}x} = 0$$

可得积分常数为

$$A = \frac{q_C}{\gamma}, \quad B = 0$$

故合理拱轴的方程为

$$y = \frac{q_C}{\gamma}\left(\mathrm{ch}\sqrt{\frac{\gamma}{F_x}}x - 1\right)$$

上式表明：在填土重力作用下三铰拱的合理轴线是一悬链线。

计算题 16.27 试证明图（a）、（b）中，不论铰 C 在结构轴线上任何位置，图示结构均为合理轴线。

解 合理拱轴是在拱轴各截面上既无弯矩，也无剪力，而只有轴力。

（1）当铰 C 在顶点时，如图（a）所示。由于荷载 F 作用于 C 点，从图中可以看出，杆件 AC 及 BC 均为二力杆，即 AC、BC 两杆只承受轴力，而无弯矩和剪力。因此图（a）所示结构为合理拱轴。

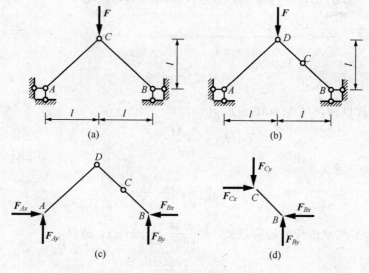

计算题 16.27 图

（2）当铰 C 在 AC 或 BC 杆轴线上任一点时，如图（b）所示。外力仍然作用于结构的顶点。取整体为研究对象〔图（c）〕，由平衡方程求得

$$F_{Ay} = \frac{F}{2}, \quad F_{By} = \frac{1}{2}F$$

$$F_{Ax} = F_{Bx}$$

取 CB 杆为研究对象〔图（d）〕，由平衡方程求得

$$F_{Bx} = F_{By} = \frac{F}{2}$$

$$F_{Ax} = F_{Bx} = \frac{F}{2}$$

考察 AD、DC 及 BC 三杆，分析其内力情况：

AD 杆：因支座反力 $F_{Ax} = F_{Ay} = \dfrac{F}{2}$，故杆的任一截面上的弯矩及剪力都为零。

BC 杆：BC 杆为二力杆，只有轴力；又因支座反力 $F_{Bx} = F_{By} = \dfrac{F}{2}$，故杆的任一截面上的弯矩及剪力都为零。

CD 杆：由于 BC 为二力杆，BC 杆对 CD 杆的作用力通过 CD 杆的轴线，所以 CD 杆同样不存在弯矩和剪力。

因此，图（b）所示结构也为合理拱轴。

计算题 16.28～计算题 16.38　静定平面桁架

计算题 16.28　试求图（a）所示桁架各杆的轴力。

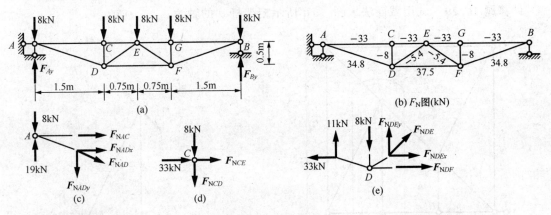

计算题 16.28 图

解　（1）求支座反力。取桁架整体为研究对象，由平衡方程求得支座反力为
$$F_{Ay} = F_{By} = 19\text{kN}$$

（2）计算各杆轴力。反力求出后，可截取结点解算各杆内力。从只包含两个未知力的结点 A 开始，然后依次分析其邻近结点。

1）取结点 A 为研究对象［图（c）］，未知力 F_{NAC} 和 F_{NAD} 假设为拉力，并将斜杆轴力 F_{NAD} 用其分力 F_{NADx} 和 F_{NADy} 代替。由平衡方程 $\sum Y = 0$，得
$$F_{NADy} = 11\text{kN}$$

利用比例关系得
$$F_{NADx} = 11\text{kN} \times \frac{1.5}{0.5} = 33\text{kN}$$

$$F_{NAD} = 11\text{kN} \times \frac{1.58}{0.5} = 34.8\text{kN} \quad (拉力)$$

再由平衡方程 $\sum X = 0$，得
$$F_{NAC} = -33\text{kN} \quad (压力)$$

2）取结点 C 为研究对象［图（d）］，由平衡方程 $\sum X = 0$、$\sum Y = 0$，得

$$F_{NCE} = -33\text{kN} \quad （压力）$$

$$F_{NCD} = -8\text{kN} \quad （压力）$$

3）取结点 D 为研究对象［图（e）］，由平衡方程 $\sum Y = 0$，得

$$F_{NDEy} = -3\text{kN}$$

$$F_{NDE} = -3\text{kN} \times \frac{0.9}{0.5} = -5.4\text{kN} \quad （压力）$$

$$F_{NDEx} = -3\text{kN} \times \frac{0.75}{0.5} = -4.5\text{kN}$$

再由平衡方程 $\sum X = 0$，得

$$F_{NDF} = 33\text{kN} - F_{NDEx} = (33 + 4.5)\text{kN} = 37.5\text{kN} \quad （拉力）$$

4）利用对称性得到其余杆的轴力。各杆的轴力示于图（b）中。

计算题 16.29 试用截面法求图（a）所示桁架杆 a 的轴力。

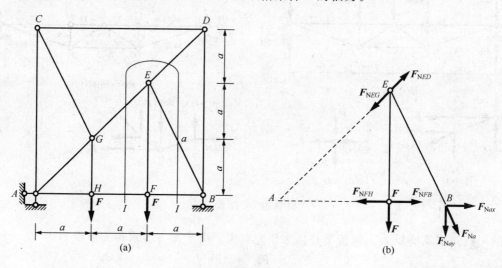

计算题 16.29 图

解 作截面Ⅰ—Ⅰ如图（a）所示，它虽然截断了五根杆件，但除杆 a 外，其余四杆均交于 A 点，故可利用 $\sum M_A = 0$ 求出 F_{Na}。

截取部分的受力图如图（b）所示，为避免计算力臂，将 F_{Na} 移至 B 点并分解为水平、竖向两分力。由平衡方程 $\sum M_A = 0$，得

$$F_{Nay} = -\frac{2}{3}F$$

利用比例关系得

$$F_{Na} = \frac{\sqrt{5}}{2}F_{Nay} = -\frac{\sqrt{5}}{3}F \quad （压力）$$

计算题 16.30 试求图（a）所示桁架中杆 a、b、c 的轴力。

解 （1）求支座反力。取桁架整体为研究对象，由平衡方程求得支座反力为

$$F_{Ay} = F_{By} = 100\text{kN}$$

（2）计算杆 a、b、c 的轴力。先求杆 a、b 的轴力。为此作截面Ⅰ—Ⅰ并截取左边部分为研究对象［图（b）］，以点4为矩心，由力矩平衡方程 $\sum M_4 = 0$，得

$$F_{Nax} = -160\text{kN}$$

利用比例并系得

$$F_{Na} = (-160)\text{kN} \times \frac{3.092}{3} = -164.91\text{kN} \quad（压力）$$

以13杆与24杆的交点 O 为矩心，由几何关系，可得 $OA = 6\text{m}$。由力矩平衡方程 $\sum M_0 = 0$，得

$$F_{Nby} = 20\text{kN}$$

利用比例关系得

$$F_{Nb} = 20\text{kN} \times \frac{3.75}{2.25} = 33.33\text{kN} \quad（拉力）$$

再求杆 c 的轴力。作截面Ⅱ—Ⅱ并截取左边部分为研究对象［图（c）］，由平衡方程 $\sum Y = 0$，得

$$F_{Ncy} = -(100 - 40 \times 2)\text{kN} = -20\text{kN}$$

利用比例关系得

$$F_{Nc} = -20 \times \sqrt{2}\text{kN} = -28.28\text{kN} \quad（压力）$$

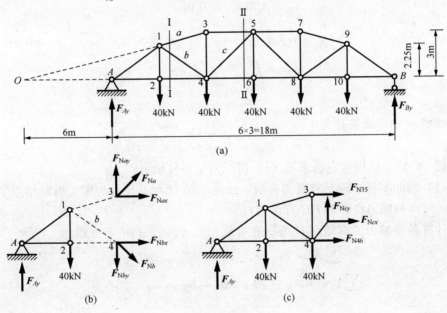

计算题 16.30 图

计算题 16.31 试求图（a）所示桁架中杆 a、b 的轴力。

解 该桁架是由两刚片 ADE 和 BCF 用三根链杆 AC、BD、EF 相联组成的联合桁架。分析时，先从联系处着手，将三根链杆 AC、BD、EF 截断，取图（b）所示的研究对象。

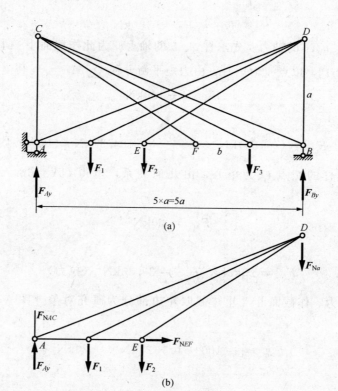

计算题 16.31 图

由平衡方程 $\sum M_A = 0$、$\sum X = 0$，得

$$F_{Na} = -\frac{1}{5}(F_1 + 2F_2)$$

$$F_{NEF} = 0$$

再由结点 F 的平衡条件可得

$$F_{Nb} = F_{NEF} = 0$$

计算题 16.32 试用结点法求图（a）所示桁架各杆轴力。

解　（1）判断零杆。因只有竖向荷载，故支座 A 的水平反力为零。由对结点 A 和结点 B 的分析，可以判断 AD 杆和 BD 杆为零杆。

（2）计算各杆轴力。取结点 D 为研究对象 [图（b）]，列平衡方程

$$\sum X = 0, \quad F_{NDF}\cos\alpha - F_{NDE}\cos\alpha = 0$$

$$\sum Y = 0, \quad -F_{NDF}\sin\alpha - F_{NDE}\sin\alpha - F = 0$$

式中：

$$\cos\alpha = \frac{4}{\sqrt{4^2 + 2^2}} = \frac{2}{\sqrt{5}}, \quad \sin\alpha = \frac{1}{\sqrt{5}}$$

得

$$F_{NDF} = F_{NDE} = -\frac{\sqrt{5}}{2}F \quad （压力）$$

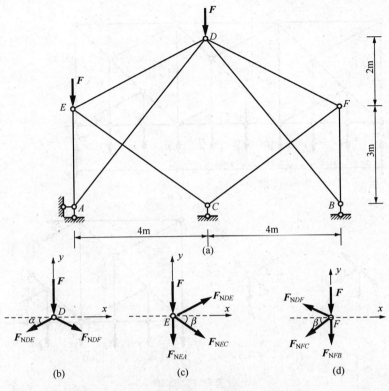

计算题 16.32 图

取结点 E 为研究对象 [图 (c)]，列平衡方程

$$\sum X = 0, \quad F_{NDE}\cos\alpha = F_{NEC}\cos\beta = 0$$

$$\sum Y = 0, \quad F_{NDE}\sin\alpha - F_{NEC}\sin\beta - F_{NEA} - F = 0$$

式中：

$$\cos\beta = \frac{4}{5}, \quad \sin\beta = \frac{3}{5}$$

得

$$F_{NEC} = \frac{5}{4}F（拉力）, \quad F_{NEA} = -\frac{9}{4}F \quad （压力）$$

取结点 F 为研究对象 [图 (d)]，列平衡方程

$$\sum X = 0, \quad -F_{NDF}\cos\alpha - F_{NFC}\cos\beta = 0$$

$$\sum Y = 0, \quad F_{NDF}\sin\alpha - F_{NFC}\sin\beta - F_{NFB} = 0$$

得

$$F_{NFC} = \frac{5}{4}F \quad （拉力）, \quad F_{NFB} = -\frac{5}{4}F \quad （压力）$$

计算题 16.33 试求图 (a) 所示桁架中 a、b、c、d、e 各杆的轴力。

解 该桁架的组成比较复杂，无论怎样选取截面都截断三根以上杆件。因此，不宜直接用截面法求解。但如利用结点 G、E、F、H 在一条直线上这一特点，分别截取结点 E 和

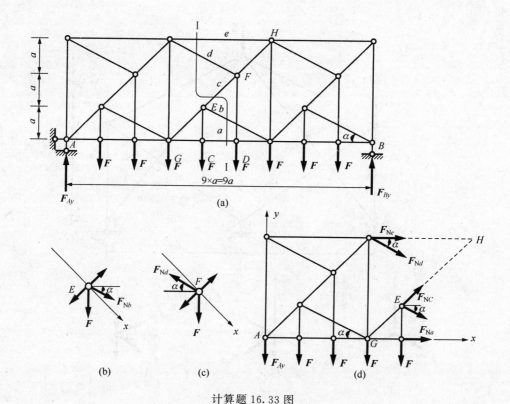

计算题 16.33 图

F 为研究对象,求出杆 b 和杆 d 的轴力,再用截面法求解就简单了。

(1)求杆 b 和杆 d 的轴力。考虑结点 C 和 D 的平衡,可分别求出杆 CE 和杆 DF 的轴力均为 F。

取结点 E 为研究对象[图(b)],x 坐标轴垂直于杆 EF。列平衡方程

$$\sum X = 0, \quad F\cos45° + F_{Nb}\cos(45° - \alpha) = 0$$

式中:

$$\cos\alpha = \frac{2}{\sqrt{5}}, \quad \sin\alpha = \frac{1}{\sqrt{5}}, \quad \cos(45° - \alpha) = \sqrt{\frac{9}{10}}$$

得

$$F_{Nb} = -\frac{\sqrt{5}}{3}F \quad (\text{压力})$$

取结点 F 为研究对象[图(c)],列平衡方程

$$\sum X = 0, \quad F\cos45° - F_{Nd}\cos(45° - \alpha) = 0$$

得

$$F_{Nd} = \frac{\sqrt{5}}{3}F \quad (\text{拉力})$$

(2)求杆 a、杆 c、杆 e 的轴力。由于桁架的荷载对称,所以支座反力 $F_{Ay} = F_{By} = 4F$。作截面 Ⅰ—Ⅰ,并截取左边部分的为研究对象[图(d)],列平衡方程

$$\sum M_H = 0, \quad 4F \times 6a - F_{Na} \times 3a - F_{Nd} \times 3a \sin\alpha - F_{Nb} \times 3a\cos\alpha - 4F \times 3.5a = 0$$

得

$$F_{Na} = \frac{11}{3}F \quad (拉力)$$

$$\sum M_G = 0, \quad F_{Nb} \times a \times \sin\alpha + F_{Nb} \times a \times \cos\alpha + F_{Nd} \times 3a \times \cos\alpha$$
$$+ F_{Na} \times 3a + F_{Ay} \times 3a - 4F \times 0.5a = 0$$

得

$$F_{Ne} = -\frac{11}{3}F \quad (压力)$$

$$\sum Y = 0, \quad F_{Ay} - 4F - F_{Nd}\sin\alpha - F_{Nb}\sin\alpha + F_{Nc}\sin45° = 0$$

得

$$F_{Nc} = 0$$

计算题 16.34 试求图（a）所示桁架中杆 a 的轴力。

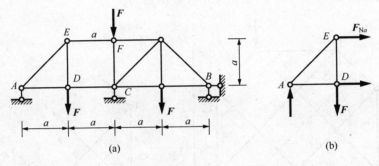

计算题 16.34 图

解 此桁架的支座链杆有四根，仅考虑整体平衡不能求出所有支座反力。对桁架进行几何组成分析知，FCB 及地基组成一刚片，ADE 是另一刚片。两刚片由链杆 EF、DC 和支座链杆 A 连接而成。因此，作截面截断此三根链杆便可将结构分成两部分，从而可用平衡方程求出支座 A 的反力和杆 EF、DC 的内力。

用截面截断杆 EF、DC 和支座链杆 A，取 AED 部分为研究对象［图（b）］，由平衡方程 $\sum M_A = 0$，得

$$F_{Na} = -F \quad (压力)$$

计算题 16.35 图（a）所示桁架中，结点 C 和 H 上的荷载大小相等，方向相反，并作用在同一直线上，试求桁架中杆 a 的轴力。

解 此桁架除支座结点外，其他各结点连接的杆件均为三个以上，用结点法求解是困难的。对桁架进行几何组成分析可知，桁架是由刚片 $AGHF$ 和刚片 $BECD$ 通过链杆 CG、HE 和 FD 连接而成。用一截面将这三根链杆截断便可将桁架分成两部分，考虑其中一部分的平衡便可求出链杆内力。进而可计算其他各杆的内力。由于作用于桁架上的荷载是一组平衡力系，故支座反力均为零。用截面截断链杆 CG、HE 和 FD，把桁架分成两部分。取右边部分为研究对象［图（b）］，列平衡方程

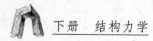
$$\sum M_O = 0, \quad -F \times 2a - F_{Na}\cos45° - F_{Na}\sin45° \times 4a = 0$$

得

$$F_{Na} = -\frac{2\sqrt{2}}{5}F \quad （压力）$$

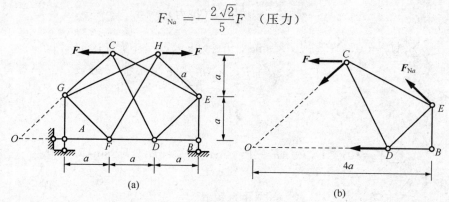

计算题 16.35 图

计算题 16.36 试求图（a）所示桁架中各杆的轴力。

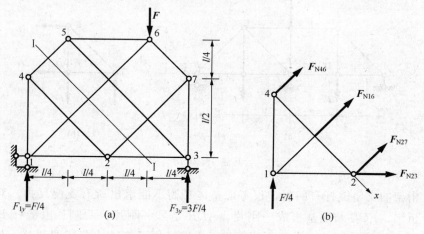

计算题 16.36 图

解 （1）求支座反力。取桁架整体为研究对象，由平衡方程求得支座反力为

$$F_{1x} = 0, \quad F_{1y} = \frac{F}{4}, \quad F_{3y} = \frac{3}{4}F$$

（2）计算各杆的轴力。作截面 Ⅰ—Ⅰ 并截取左边部分为研究对象 ［图（b）］，考虑到 45、16、27 三杆相互平行，故取与它们垂直的 x 轴为投影轴，由平衡方程 $\sum X = 0$，得

$$F_{N23} = \frac{F}{4}$$

依次取各结点为研究对象，由平衡方程可求得

$$F_{N35} = -\frac{\sqrt{2}}{4}F, \quad F_{N37} = -\frac{F}{2}$$

$$F_{N45} = -F_{N35} = \frac{\sqrt{2}}{4}F, \quad F_{N42} = -F_{N45} = -\frac{\sqrt{2}}{4}F$$

$$F_{N27} = -F_{N42} = \frac{\sqrt{2}}{4}F, \quad F_{N76} = -F_{N27} = -\frac{\sqrt{2}}{4}F$$

$$F_{N61} = -\frac{3\sqrt{2}}{4}F, \quad F_{N65} = \frac{F}{2}$$

$$F_{N12} = \frac{3}{4}F, \quad F_{N14} = \frac{F}{2}$$

计算题 16.37　试求图（a）所示桁架中 a、b、c 三杆的轴力。

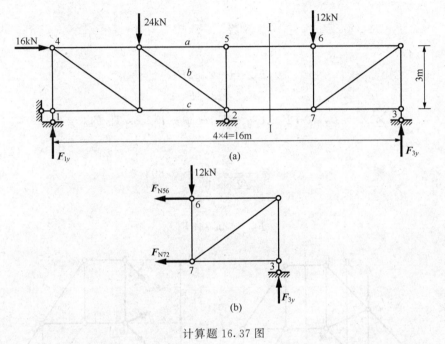

计算题 16.37 图

解　图示桁架是一主从结构，其中 1-4-5-2 是基本部分，6-3-7 是附属部分。

作截面 I—I 并截取右边部分为研究对象［图（b）］，由平衡方程得

$$F_{3y} = 12\text{kN}, \quad F_{N56} = -16\text{kN}, \quad F_{N72} = 16\text{kN}$$

再取桁架整体为研究对象，由平衡方程求得支座反力为

$$F_{1x} = 16\text{kN}, \quad F_{1y} = 12\text{kN}, \quad F_{2y} = 12\text{kN}$$

依次取结点 5、2 为研究对象，由平衡方程可得

$$F_{Na} = -16\text{kN}$$

$$F_{Nb} = -20\text{kN}$$

$$F_{Nc} = 32\text{kN}$$

计算题 16.38　试求图（a）所示桁架中 a、b、c 三杆的轴力。已知桁架各段的上下弦杆相互平行。

解　（1）求支座反力。作截面 I—I 并截取右边部分为研究对象，由平衡方程 $\sum Y = 0$，得

$$F_{By} = 0$$

再取桁架整体为隔离体，由平衡方程可求得

$$F_{Br} = F, \quad F_{Ar} = F_{Br} = F, \quad F_{Ay} = F$$

（2）计算 a、b、c 三杆的轴力。作截面 Ⅱ—Ⅱ 并截取右边部分为研究对象［图（b）］，列平衡方程

$$\sum M_D = 0, \quad F_{Na}\cos\alpha \times 3\text{m} + F_{Br} \times 6\text{m} = 0$$

$$\sum M_C = 0, \quad F_{Nc}\cos\alpha \times 3\text{m} + F_{Br} \times (6+1)\text{m} = 0$$

式中：

$$\cos\alpha = \frac{\sqrt{2}}{2}$$

得

$$F_{Na} = -2.83F$$

$$F_{Nc} = 3.3F$$

$$\sum X = 0, \quad -F_{Na}\cos\alpha - F_{Nb}\cos\beta - F_{Nc}\cos\alpha + F_{Br} = 0$$

式中：

$$\cos\beta = \frac{2}{\sqrt{2^2 + 1^2}} = 0.894$$

得

$$F_{Nb} = 0.746F$$

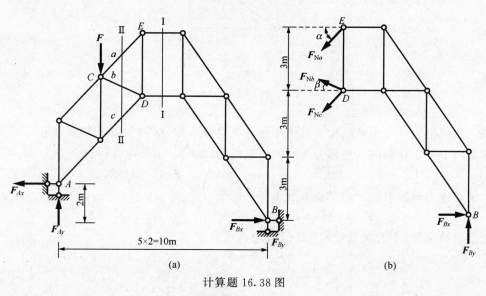

计算题 16.38 图

计算题 16.39～计算题 16.42　静定平面组合结构

计算题 16.39　试绘制图（a）所示下撑式五角形组合屋架的内力图。

解　（1）求支座反力。由对称性可求得支座反力为

$$F_{Ay} = F_{By} = \frac{1}{2}ql = 6\text{kN}$$

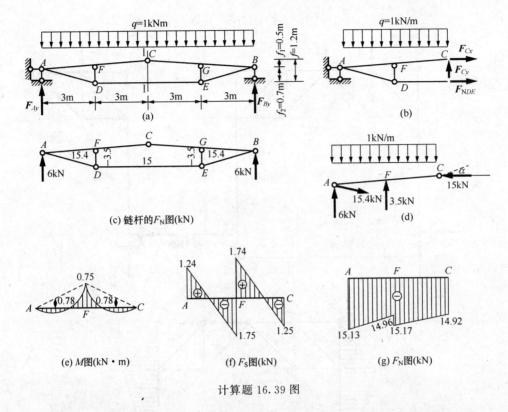

计算题 16.39 图

（2）计算链杆的内力。作Ⅰ—Ⅰ截面截断铰 C 和链杆 DE，取左边部分为研究对象［图(b)］，由平衡方程 $\sum M_C = 0$，得

$$F_{NDE} = 15\text{kN}$$

再由结点 D 和 E 的平衡条件求得各杆轴力，示于图（c）中。

（3）计算梁式杆的内力。取梁式杆 AFC 为研究对象［图（d）］，各分段点处的内力计算如下：

$$F_{SAF} = [(6-3.5)\cos\alpha - 15\sin\alpha]\text{kN} = 1.24\text{kN}$$

$$F_{NAF} = [-(6-3.5)\sin\alpha - 15\cos\alpha]\text{kN} = -15.13\text{kN}$$

$$F_{SFC} = 1.74\text{kN}, \quad F_{SCF} = -1.25\text{kN}$$

$$F_{NFA} = -14.96\text{kN}, \quad F_{NFC} = -15.17\text{kN}, \quad F_{NCF} = -14.92\text{kN}$$

$$M_{AF} = 0, \quad M_{FA} = -0.75\text{kN·m} \quad （上侧受拉）, \quad M_{CF} = 0$$

（4）绘梁式杆的内力图。梁式杆的内力图分别如图（d）、（e）、（f）所示。

计算题 16.40　试分析图（a）所示组合结构，绘制梁式杆的弯矩图。

解　该结构及荷载都是对称的，故其反力与内力也应对称，只须计算 AC 部分即可。在 AC 部分中，ADF 为梁式杆，其余各杆均为链杆。

（1）求支座反力。取整体为研究对象，由平衡方程得

$$F_{Ay} = F_{By} = 7.5\text{kN}, \quad F_{Ax} = F_{Bx}$$

作截面Ⅰ—Ⅰ并截取左边部分为研究对象［图（b）］，由平衡方程 $\sum M_C = 0$，得

$$F_{Ax} = F_{Bx} = 2.73\text{kN}$$

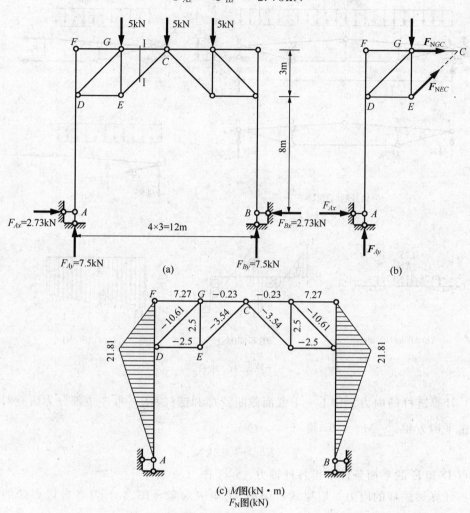

(a)

(b)

(c) M图(kN·m)
F_N图(kN)

计算题 16.40 图

（2）计算链杆的内力。在［图（b）］所示研究对象中，由平衡方程 $\sum X = 0$、$\sum Y = 0$，得

$$F_{NGC} = -0.23\text{kN}$$

$$F_{NEC} = -3.54\text{kN}$$

依次取结点 E、G 为研究对象，由平衡方程得

$$F_{NEG} = 2.5\text{kN}$$

$$F_{NED} = -2.5\text{kN}$$

$$F_{NGD} = -10.61\text{kN}$$

$$F_{NGF} = 7.27\text{kN}$$

各链杆的轴力示于［图（c）］中。

（3）绘梁式杆的弯矩图。梁式杆 ADF 的 D 截面上的弯矩为

$$M_{DA} = M_{DF} = 7.27\text{kN} \times 3\text{m} = 21.81\text{kN·m} \quad（左侧受拉）$$

绘出 ADF 杆的弯矩图如图（c）所示。

计算题 16.41 试计算图（a）所示组合结构各杆的内力，并绘制梁式杆的内力图。

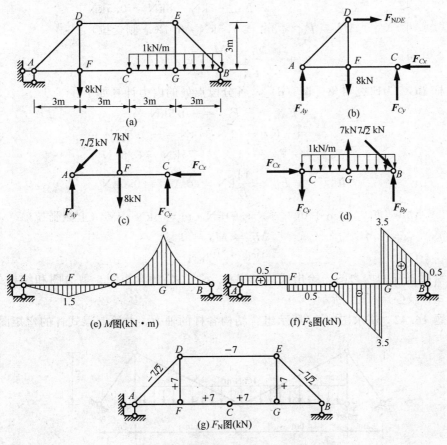

计算题 16.41 图

解 （1）求支座反力。取整体为研究对象，由平衡方程得支座反力为

$$F_{Ax} = 0, \quad F_{By} = 6.5\text{kN}, \quad F_{Ay} = 7.5\text{kN}$$

（2）计算链杆的内力。在铰 D 和铰 C 处把结构截开，取左边部分为研究对象 ［图（b）］，由平衡方程得

$$F_{NDE} = -7\text{kN}$$

$$F_{Cx} = -7\text{kN}$$

$$F_{Cy} = 0.5\text{kN}$$

依次取结点 D、E 为研究对象，由平衡方程得

$$F_{NDA} = -7\sqrt{2}\text{kN}$$

$$F_{NDF} = 7\text{kN}$$

$$F_{NEB} = -7\sqrt{2}\text{kN}$$

$$F_{NEG} = 7\text{kN}$$

（3）计算梁式杆的内力。取杆 AFC 为研究对象 ［图（c）］，各分段点处的内力计算

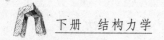

如下：

$$F_{SCF} = F_{SFC} = -F_{Cy} = -0.5\text{kN}$$

$$F_{SFA} = F_{SAF} = -F_{Cy} - 7\text{kN} + 8\text{kN} = 0.5\text{kN}$$

$$M_F = F_{Cy} \times 3\text{m} = 1.5\text{kN} \cdot \text{m} \quad (\text{下侧受拉})$$

$$M_C = M_A = 0$$

$$F_{NAC} = 7\text{kN}$$

再取杆 BGC 为研究对象〔图（d）〕，各分段点处的内力计算如下：

$$F_{SCG} = -F_{Cy} = -0.5\text{kN}$$

$$F_{SGC} = -F_{Cy} - (1 \times 3)\text{kN} = -3.5\text{kN}$$

$$F_{SGB} = -F_{Cy} - (1 \times 3 + 7)\text{kN} = 3.5\text{kN}$$

$$F_{SBG} = -F_{By} + \frac{14}{\sqrt{2}}\text{kN} \times \cos 45^0 = 0.5\text{kN}$$

$$M_G = F_{Cy} \times 3\text{m} + (1 \times 3 \times 1.5)\text{kN} \cdot \text{m} = 6\text{kN} \cdot \text{m} \quad (\text{上侧受拉})$$

$$M_C = M_B = 0$$

$$F_{NCB} = 7\text{kN}$$

（4）绘梁式杆的内力图。绘出梁式杆 AFC 和 BGC 的弯矩图、剪力图和结构的轴力图分别如图（f）、（e）、（g）所示。

计算题 16.42 试求图（a）所示组合结构各杆的轴力，并绘制梁式杆的弯矩图。

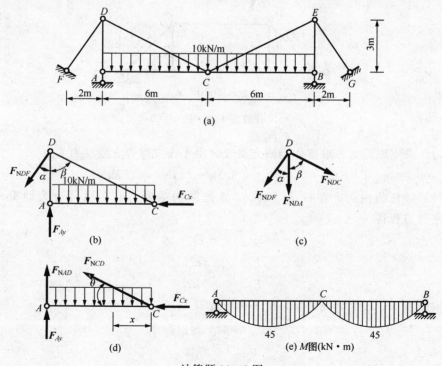

计算题 16.42 图

解 由于结构对称，荷载亦对称，则内力必然也对称。为简化计算，在铰 C 处把结构截成两部分，取左边部分为研究对象〔图（b）〕。因剪力为反对称内力，故知铰 C 处的剪力

为零。列平衡方程

$$\sum M_D = 0, \quad F_{Cx} \times 3\mathrm{m} + 10\mathrm{kN/m} \times 6\mathrm{m} \times 3\mathrm{m} = 0$$

得

$$F_{Cx} = -60\mathrm{kN}$$

$$\sum M_A = 0, \quad F_{\mathrm{NDF}} \times AD\sin\alpha - 10\mathrm{kN/m} \times 6\mathrm{m} \times 3\mathrm{m} = 0$$

得

$$F_{\mathrm{NDF}} = 108.2\mathrm{kN}$$

取 D 点为研究对象 [图（c）]，列平衡方程

$$\sum X = 0, \quad F_{\mathrm{NDF}}\sin\alpha - F_{\mathrm{NDC}}\sin\beta = 0$$

得

$$F_{\mathrm{NDC}} = 67.11\mathrm{kN}$$

$$\sum Y = 0, \quad F_{\mathrm{NDA}} + F_{\mathrm{NDF}}\cos\alpha + F_{\mathrm{NDC}}\cos\beta = 0$$

得

$$F_{\mathrm{NDA}} = -120.04\mathrm{kN}$$

由于铰 A、B、C 处弯矩均为零，于是可直接绘出 AC 杆和 BC 杆的弯矩图，如图（e）所示。

第十七章
静定结构的位移计算

内容提要

1. 概述

结构由于荷载、温度变化、支座移动及制造误差等各种因素作用下会发生变形，在结构各点引起位移。结构的位移可分为两种，即线位移和角位移。在验算结构刚度及对超静定结构进行内力计算等诸多方面都需要进行位移计算。所以结构位移计算是结构计算的一个重要方面。

对杆系结构进行位移计算的方法是建立在虚功原理基础上的单位荷载法。

2. 位移计算公式

（1）位移计算的一般公式。

$$\Delta = \sum \int_l \bar{F}_N \varepsilon ds + \sum \int_l \bar{F}_s \gamma ds + \sum \int_l \bar{M} k \, ds - \sum \bar{R} c \tag{17.1}$$

式中：$\bar{F}_N$、$\bar{F}_s$、$\bar{M}$——虚拟状态中由虚单位荷载引起的虚内力；

εds、γds、kds——实际状态中微段 ds 的轴向变形、剪切变形及弯曲变形；

$\bar{R}$——虚单位荷载引起的虚支座反力；

c——实际状态中已知的支座位移。

式（17.1）可用于弹性、非弹性、线性、非线性体系在各种外因作用下的位移计算。

（2）荷载作用引起的位移计算公式。

荷载作用下的位移计算公式可由式（17.1）导出为

$$\Delta = \sum \int_l \frac{\bar{F}_N F_N}{EA} ds + \sum \int_l K \frac{\bar{F}_s F_s}{GA} ds + \sum \int_l \frac{\bar{M} M}{EI} ds \tag{17.2}$$

式中：$\bar{F}_N$、$\bar{F}_s$、$\bar{M}$——意义同式（17.1）；

F_N、F_s、M——实际荷载引起的轴力、剪力、弯矩；

K——切应力分布不均匀系数，与截面形状有关。

对不同类型的结构，式（17.2）三项在位移计算中的影响不同，可分别采用不同的简化计算公式。

1）梁和刚架。在一般情况下，梁和刚架的主要变形是弯曲变形，而轴向变形和剪切变形的影响量很小，可以忽略不计。式（17.2）简化为

$$\Delta = \sum \int_l \frac{\overline{M}M}{EI}ds \tag{17.3}$$

2）拱。当不考虑曲率的影响时，可近似按式（17.3）计算。当拱轴接近合理拱轴时或计算扁平拱 $\left(f < \frac{l}{5}\right)$ 的水平位移时，位移计算公式为

$$\Delta = \sum \int_l \frac{\overline{M}M}{EI}ds + \sum \int_l \frac{\overline{F}_N F_N}{EA}ds \tag{17.4}$$

3）桁架。桁架中各杆只有轴向变形，且每一杆件的轴力和截面面积沿杆长不变，式（17.2）简化为

$$\Delta = \sum \frac{\overline{F}_N F_N l}{EA} \tag{17.5}$$

4）组合结构。在组合结构中，梁式杆主要发生弯曲变形，而链杆只有轴向变形。式（17.2）简化为

$$\Delta = \sum \int_l \frac{\overline{M}M}{EI}ds（梁式杆） + \sum \frac{\overline{F}_N F_N l}{EA}（链杆） \tag{17.6}$$

（3）图乘计算公式。

在荷载作用下，当结构的杆件为直杆，积分杆段 EI 为常数，各杆段 M 图和 $\overline{M}$ 图中至少有一个为直线图形时，可用图乘代替积分运算，其图乘公式为

$$\Delta = \sum \int_l \frac{\overline{M}M}{EI}ds = \frac{Ay_C}{EI} \tag{17.7}$$

式中：A——$\overline{M}$、M 图中某一图形的面积；

y_C——该面积对应的另一直线图形的竖标。

（4）支座移动引起的位移计算公式。

$$\Delta = -\sum \overline{R}c \tag{17.8}$$

式中：$\overline{R}$——虚单位荷载引起的虚支座反力；

c——实际状态中已知的支座位移；

$\sum \overline{R}c$——虚拟状态中的支座反力在实际状态中的支座移动上所作的虚功之和。

（5）温度改变引起的位移计算公式。

$$\Delta = \sum (\pm) \int_l \overline{F}_N \alpha_l t_0 ds + \sum (\pm) \int_l \overline{M} \frac{\alpha_l \Delta t}{h} ds \tag{17.9}$$

如果 t_0、Δt、h 沿每一杆全长为常数，则上式可写为

$$\Delta = \sum (\pm) A_{\overline{N}} \alpha_l t_0 + \sum (\pm) \alpha_l \frac{\Delta t}{h} A_{\overline{M}} \tag{17.10}$$

式中：α_l——材料线膨胀系数；

t_0——杆件轴线处的温度；

Δt——杆件上、下或左、右边缘的温度差；

$A_{\overline{N}}$——$\overline{F}_N$ 图面积；

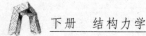

A_M——$\overline{M}$ 图面积。

公式前正负号按虚拟状态的变形与实际状态由于温度改变引起的变形方向一致取正号，反之取负号。

3. 线弹性体系的互等定理

（1）功的互等定理。

功的互等定理表述为：第一状态的外力在第二状态的相应位移上所作的虚功，等于第二状态的外力在第一状态的相应位移上所作的虚功。即

$$\sum F_1 \Delta_{12} = \sum F_2 \Delta_{21} \tag{17.11}$$

由功的互等定理可导出位移互等定理及反力互等定理。

（2）位移互等定理。

位移互等定理表述为：第二状态中由第二个单位力引起的第一个单位力作用点沿第一个单位力方向上的位移，等于第一状态中由第一个单位力引起的第二个单位力作用点沿第二个单位力方向上的位移。即

$$\delta_{12} = \delta_{21} \tag{17.12}$$

位移互等定理在力法计算中用到。

（3）反力互等定理。

反力互等定理表述为：在任一线弹性体系中，由支座 1 的单位位移引起的支座 2 的反力，在数值上等于由支座 2 的单位位移引起的支座 1 的反力。即

$$r_{21} = r_{12} \tag{17.13}$$

反力互等定理在位移法计算中用到。

4. 位移计算注意事项

（1）正确设置虚拟状态。

位移计算用的是虚功方程，求任何广义位移，虚拟单位荷载都要与所求广义位移相对应。虚拟单位荷载的指向可任意假设，若计算结果为正，则实际位移与虚拟单位荷载方向相同；反之与虚拟单位荷载方向相反。

（2）正确理解位移计算公式。

位移计算公式中每一项都是虚拟力状态在实际的位移状态上所作的虚功，当虚拟的反力或内力与实际变形一致时应为正，反之为负。

（3）正确使用图乘公式。

使用图乘公式代替积分运算，必须深入领会图乘公式的使用条件。正确使用面积计算公式。能合理地把复杂面积分成若干简单面积分别图乘然后再求和。

概念题解

概念题 17.1～概念题 17.13　荷载作用下的位移计算

概念题 17.1　结构位移计算依据的原理是_____；位移计算的方法是_____。

答 变形体虚功原理；单位荷载法。

概念题 17.2 所谓虚功并非不存在，只是强调作功过程中_____与_____彼此无关。

答 力；位移。

概念题 17.3 由变形体虚功原理得出的位移计算公式既适用于各类_____结构在各种因素作用下的位移计算，又适用于各类_____结构在各种因素作用下的位移计算。

答 静定；超静定。

概念题 17.4 若欲求的位移是结构上某一点沿某一方向的线位移，则虚单位荷载应该是作用于该点沿该方向的_____。

答 单位集中力。

概念题 17.5 若欲求的位移是结构上某一截面的角位移，则虚单位荷载应该是作用于此截面上的_____。

答 单位集中力偶。

概念题 17.6 图乘法用于计算( )的位移。

A. 曲杆结构在荷载作用下   B. 直杆结构在荷载作用下

C. 结构在非荷载作用下   D. 所有结构在各种因素作用下

答 B。

概念题 17.7 竖标 y_C 必须从_____图上取得。

答 直线。

概念题 17.8 乘积 Ay_C 的正负号规定为：当面积 A 与竖标 y_C 在杆的同侧时，乘积 Ay_C 取_____号；当 A 与 y_C 在杆的异侧时，Ay_C 取_____号。

答 正；负。

概念题 17.9 图示外伸梁，弯曲刚度为 EI，其 C 截面的竖向位移 Δ_{CV} 为( )。

A. $\dfrac{Fa^3}{2EI}$（↑）   B. $\dfrac{Fa^3}{4EI}$（↑）   C. $\dfrac{2Fa^3}{3EI}$（↓）   D. $\dfrac{2Fa^3}{EI}$（↑）

答 B。

概念题 17.10 图示悬臂梁，弯曲刚度为 EI，其 B 截面的转角 φ_B 为( )。

A. $\dfrac{ql^3}{4EI}$（↻）   B. $\dfrac{ql^3}{3EI}$（↻）   C. $\dfrac{ql^3}{6EI}$（↻）   D. $\dfrac{ql^3}{2EI}$（↻）

答 C。

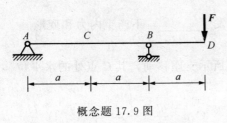

概念题 17.9 图

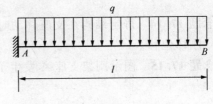

概念题 17.10 图

概念题 17.11 图示刚架各杆弯曲刚度均为 $EI = 8 \times 10^4 \, \text{kN} \cdot \text{m}^2$，其 D 截面的水平位移 Δ_{DH} 为( )。

A. 3mm（→）   B. 4mm（→）   C. 2mm（→）   D. 2.5mm（→）

答　A。

概念题 17.12　图示刚架各杆弯曲刚度均为 EI，其 C 截面的竖向位移 Δ_{CV} 为（　　　）。

A. $\dfrac{ql^4}{2EI}$（↓）　　　B. $\dfrac{ql^4}{3EI}$（↓）　　　C. $\dfrac{ql^4}{4EI}$（↓）　　　D. $\dfrac{ql^4}{6EI}$（↓）

答　D。

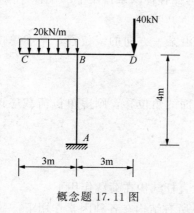

概念题 17.11 图　　　　　　　概念题 17.12 图

概念题 17.13　图示桁架各杆拉压刚度均为 EA，其 C 点处的水平位移 Δ_{CH} 为（　　　）。

A. $\dfrac{3.828Fa}{EA}$（→）　　B. $\dfrac{2.414Fa}{EA}$（→）　　C. $\dfrac{4.828Fa}{EA}$（→）　　D. $\dfrac{3.414Fa}{EA}$（→）

答　A。

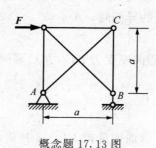

概念题 17.13 图

概念题 17.14～概念题 17.16　非荷载因素作用下的位移计算

概念题 17.14　静定结构在支座移动时，只发生_____，不产生内力和变形。

答　刚体位移。

概念题 17.15　图示刚架支座 A 发生了图中所示支座移动，其 C 点处的水平位移 Δ_{CH} 为（　　　）。

A. $a+\dfrac{bh}{l}$（←）　　　B. $a-\dfrac{bh}{l}$（←）　　　C. $a+\dfrac{bl}{h}$（←）　　　D. $\dfrac{bh}{l}-a$（←）

答　A。

概念题 17.16　图示刚架内侧温度升高 $10℃$，各杆均为矩形横截面，横截面高为 h，材料的线膨胀系数为 α_l，其 C 点处的转角 φ_C 为（　　　）。

A. $\dfrac{10\alpha_t l}{h}$ （⤸）　　　B. $\dfrac{20\alpha_t l}{h}$ （⤸）　　　C. $\dfrac{15\alpha_t l}{h}$ （⤸）　　　D. $\dfrac{30\alpha_t l}{h}$ （⤸）

答　B。

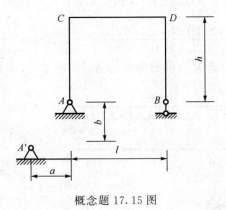

概念题 17.15 图

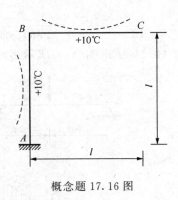

概念题 17.16 图

计算题解

计算题 17.1～计算题 17.25　荷载作用下的位移计算

计算题 17.1　试求图（a）所示静定梁 C 点的竖向位移 Δ_{CV}，已知梁为 18 号工字钢，$I=1640\times10^4\,\mathrm{mm}^4$，$E=210\mathrm{GPa}$。

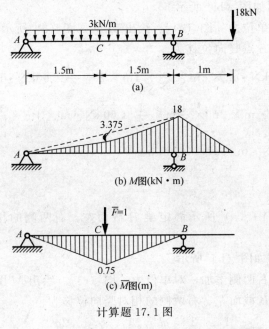

计算题 17.1 图

解　（1）绘出 M 图如图（b）所示。

（2）在 C 点处虚加单位力〔图（c）〕。绘出 $\overline{M}$ 图如图（c）所示。

（3）由图乘法计算 C 点的竖向位移为

$$\Delta_{CV} = \frac{1}{EI}\left[-\frac{1}{2}\times 0.75\text{m}\times 3\text{m}\times 9\text{kN}\cdot\text{m}+\frac{2}{3}\times 3.375\text{kN}\cdot\text{m}\times 1.5\text{m}\times\frac{5}{8}\times 0.75\text{m}\times 2\right]$$

$$= \frac{-6.961\times 10^3\text{N}\cdot\text{m}^3}{EI} = \frac{-6.961\times 10^3\text{N}\cdot\text{m}^3}{1.64\times 10^{-5}\text{m}^4\times 2.1\times 10^{11}\text{N/m}^2} = -2.02\text{mm}\quad(\uparrow)$$

计算题 17.2 试求图（a）所示多跨静定梁 E 点的竖向位移 Δ_{EV}。已知 $EI=$ 常数。

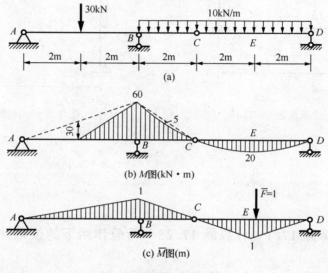

计算题 17.2 图

解（1）绘出 M 图如图（b）所示。

（2）在 E 点处虚加单位力〔图（c）〕。绘出 $\overline{M}$ 图如图（c）所示。

（3）由图乘法计算 E 点竖向位移为

$$\Delta_{EV} = \frac{1}{EI}\left(\frac{2}{3}\times 20\text{kN}\cdot\text{m}\times 2\text{m}\times\frac{5}{8}\times 1\text{m}\times 2+\frac{1}{2}\times 60\text{kN}\cdot\text{m}\times 2\text{m}\times\frac{2}{3}\times 1\text{m}\right.$$

$$-\frac{2}{3}\times 5\text{kN}\cdot\text{m}\times 2\text{m}\times\frac{1}{2}\text{m}+\frac{1}{2}\times 60\text{kN}\cdot\text{m}\times 4\text{m}\times\frac{2}{3}\times 1\text{m}$$

$$\left.-\frac{1}{2}\times 30\text{kN}\cdot\text{m}\times 4\text{m}\times\frac{1}{2}\text{m}\right)$$

$$= \frac{120}{EI}\text{kN}\cdot\text{m}^3\quad(\downarrow)$$

计算题 17.3 试求图（a）所示静定梁 B 截面左、右两侧的相对竖向位移 Δ_B。已知 $EI=$ 常数。

解（1）绘出 M 图如图（b）所示。

（2）在 B 截面左、右两侧虚加一对单位力〔图（c）〕。绘出 $\overline{M}$ 图如图（c）所示。

（3）由图乘法计算 B 截面左、右两侧的相对竖向位移为

$$\Delta_B = -\frac{1}{EI}\times\frac{2}{3}\times\frac{ql^2}{2}\times 2l\times l = -\frac{2ql^4}{3EI}\quad(\uparrow\downarrow)$$

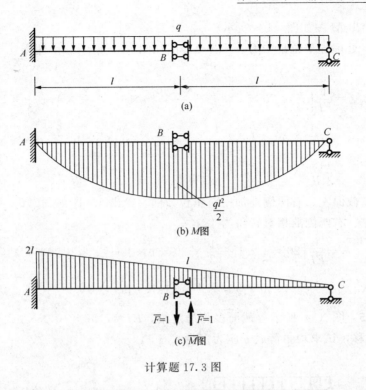

计算题 17.3 图

计算题 17.4 图（a）所示静定梁的 $EI =$ 常数。试求铰 C 的竖向位移 Δ_{CV} 及铰 C 左、右两侧截面的相对转角 φ。

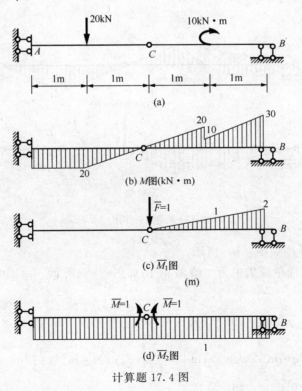

计算题 17.4 图

解 （1）绘出 M 图如图（b）所示。

（2）在铰 C 处虚加单位集中力。绘出 $\overline{M}_1$ 图如图（c）所示。由图乘法计算铰 C 的竖向位移为

$$\Delta_{CV} = \frac{1}{EI}\Big[\frac{1}{2}\times 20\times 1\times\frac{2}{3}+\frac{1}{2}\times 10\times 1\times\Big(\frac{2}{3}\times 1+\frac{1}{3}\times 2\Big)$$

$$+\frac{1}{2}\times 30\times 1\times\Big(\frac{1}{3}\times 1+\frac{2}{3}\times 2\Big)\Big]kN\cdot m^3$$

$$=\frac{115}{3EI}kN\cdot m^3(\downarrow)$$

（3）在铰 C 截面左、右两侧虚加一对单位力偶。绘出 $\overline{M}_2$ 图如图（d）所示。由图乘法计算铰 C 截面左、右两侧的相对转角为

$$\varphi = \frac{1}{EI}\Big[20\times 1\times 1+\frac{1}{2}\times 20\times 1\times 1-\frac{1}{2}\times 20\times 1\times 1$$

$$-\frac{1}{2}\times(10+30)\times 1\times 1\Big]kN\cdot m^2 = 0$$

计算题 17.5 图（a）所示等截面多跨静定梁，$EI = 7.56\times 10^5 N\cdot m^2$。若使 C 点产生 10mm 向上的位移，试求均布荷载 q 应为多少？

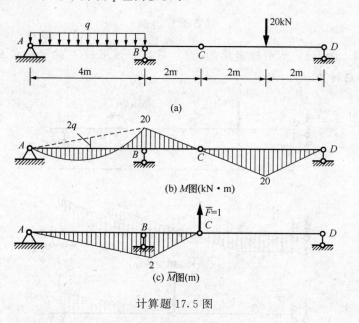

计算题 17.5 图

解 （1）绘出 M 图如图（b）所示。

（2）在 C 点处虚加单位集中力，绘出 $\overline{M}$ 图如图（c）所示。由图乘法计算 C 点处的向上的竖向位移为

$$\Delta_{CV} = \frac{1}{EI}\Big(-\frac{1}{2}\times 2m\times 20kN\cdot m\times\frac{2}{3}\times 2m-\frac{1}{2}\times 20kN\cdot m\times 4m\times\frac{2}{3}\times 2m$$

$$+\frac{2}{3}\times 2q\cdot m^2\times 4m\times 1m\Big)=\frac{1}{EI}\Big(-80kN\cdot m^3+\frac{16q}{3}m^4\Big)$$

令 $\Delta_{CV} = 10mm = 0.01m$，则

$$q = 16.4\text{kN/m}$$

计算题 17.6 半圆曲梁 EI＝常数，受均布荷载 q 作用如图（a）所示。假定此曲梁曲率很小，忽略轴力与剪力的影响，试求跨中点 C 的竖向位移 Δ_{CV} 及截面 B 的转角 φ_B。

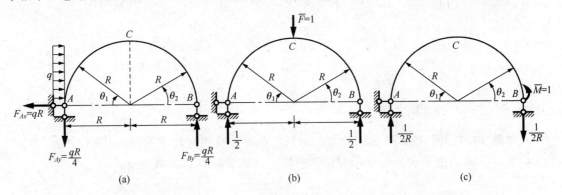

计算题 17.6 图

解　（1）列出 M 表达式为

AC 段：
$$M = qR^2\sin\theta_1 - \frac{qR^2}{2}\sin^2\theta_1 - \frac{qR^2}{4}(1-\cos\theta_1)$$

BC 段：
$$M = \frac{qR^2}{4}(1-\cos\theta_2)$$

（2）在 C 点处虚加单位集中力如图（b）所示。列出 $\overline{M}_1$ 表达式为

AC 段：
$$\overline{M}_1 = \frac{1}{2}R(1-\cos\theta_1)$$

BC 段：
$$\overline{M}_1 = \frac{1}{2}R(1-\cos\theta_2)$$

由积分法计算 C 点的竖向位移为

$$
\begin{aligned}
\Delta_{CV} &= \int_l \frac{\overline{M}_1 M}{EI}\mathrm{d}s \\
&= \frac{1}{EI}\int_0^{\frac{\pi}{2}} \frac{1}{2}R(1-\cos\theta_1)\left[qR^2\sin\theta_1 - \frac{qR^2}{2}\sin^2\theta_1 - \frac{qR^2}{4}(1-\cos\theta_1)\right]R\mathrm{d}\theta_1 \\
&\quad + \frac{1}{EI}\int_0^{\frac{\pi}{2}} \frac{1}{2}R(1-\cos\theta_2)\cdot\frac{qR^2}{4}(1-\cos\theta_2)R\mathrm{d}\theta_2 \\
&= \frac{qR^4}{2EI}\left(\frac{2}{3}-\frac{\pi}{8}\right) \\
&= 0.137\frac{qR^4}{EI}\quad(\downarrow)
\end{aligned}
$$

（3）在 B 截面虚加单位集中力偶如图（c）所示。列出 $\overline{M}_2$ 表达式为

AC 段：
$$\overline{M}_2 = \frac{1}{2}(1-\cos\theta_1)$$

BC 段：
$$\overline{M}_2 = \frac{1}{2}(1+\cos\theta_2)$$

由积分法计算 B 截面的转角为

$$\varphi_B = \int_l \frac{\overline{M}_z M}{EI} ds$$

$$= \frac{1}{EI} \int_0^{\frac{\pi}{2}} \frac{1}{2}(1-\cos\theta_1) \left[qR^2\sin\theta_1 - \frac{qR^2}{2}\sin\theta_1 - \frac{qR^2}{4}(1-\cos\theta_1) \right] R d\theta_1$$

$$+ \frac{1}{EI} \int_0^{\frac{\pi}{2}} \frac{1}{2}(1+\cos\theta_2) \cdot \frac{qR^2}{4}(1-\cos\theta_2) R d\theta_2$$

$$= \frac{qR^3}{2EI} \left(\frac{7}{6} - \frac{\pi}{4} \right)$$

$$= 0.19 \frac{qR^3}{EI} \quad (\curvearrowleft)$$

计算题 17.7 图（a）所示四分之一圆悬臂曲梁，受切向均布荷载 q 作用，$EI=$常数，不考虑曲率、轴向变形和剪切变形对位移的影响，试求截面 B 的转角 φ_B。

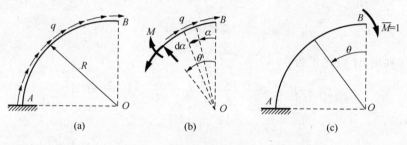

计算题 17.7 图

解 （1）列出与 B 截面成 θ 角截面上的弯矩表达式 ［图（b）］ 为

$$M = -\int_0^\theta qR d\alpha \cdot R[1-\cos(\theta-\alpha)] = -qR^2(\theta-\sin\theta)$$

（2）在 B 截面虚加单位集中力偶 ［图（c）］。列出 $\overline{M}$ 表达式为

$$\overline{M} = -1$$

（3）由积分法计算 B 截面的转角为

$$\varphi_B = \int_l \frac{\overline{M}M}{EI} ds = \frac{1}{EI} \int_0^{\frac{\pi}{2}} qR^2(\theta-\sin\theta) R d\theta = \frac{qR^3}{EI} \left(\frac{\pi^2}{8} - 1 \right) (\curvearrowright)$$

计算题 17.8 图（a）所示四分之一圆悬臂曲梁，受径向均布荷载 q 作用，$EI=$常数，不考虑曲率、轴向变形和剪切变形对位移的影响，试求 B 点的水平位移 Δ_{BH}。

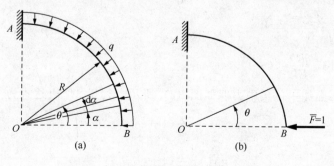

计算题 17.8 图

解 （1）列出与 B 截面成 θ 角截面上的弯矩表达式 ［图（a）］为

$$M = -\int_0^\theta qR\,\mathrm{d}\alpha \cdot R\sin(\theta-\alpha) = -qR^2(1-\cos\theta)$$

（2）在 B 点处虚加单位集中力 ［图（b）］。列出 $\overline{M}$ 表达式为

$$\overline{M} = -1 \cdot R\sin\theta = -R\sin\theta$$

（3）由积分法计算 B 点的水平位移为

$$\Delta_{BH} = \int_l \frac{\overline{M}M_F}{EI}\mathrm{d}s = \frac{1}{EI}\int_0^{\frac{\pi}{2}} qR^3\sin\theta(1-\cos\theta)R\,\mathrm{d}\theta = \frac{qR^4}{2EI}\quad(\leftarrow)$$

计算题 17.9 图（a）所示刚架 $EI=$ 常数，试求 C 点处的水平位移 Δ_{CH}。

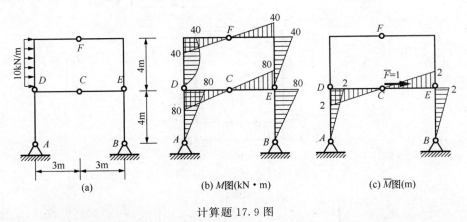

计算题 17.9 图

解 （1）绘出 M 图如图（b）所示。

（2）在 C 点处虚加单位集中力。绘出 $\overline{M}$ 图如图（c）所示。由图乘法计算 C 点处的水平位移为

$$\Delta_{CH} = \frac{1}{EI}\left(\frac{1}{2}\times 80\times 4\times\frac{2}{3}\times 2\times 2 + \frac{1}{2}\times 80\times 3\times\frac{2}{3}\times 2\times 2\right)\mathrm{kN}\cdot\mathrm{m}^3$$

$$= \frac{746.67}{EI}\mathrm{kN}\cdot\mathrm{m}^3\,(\rightarrow)$$

计算题 17.10 图（a）所示刚架受均布荷载 q 作用，$EI=$ 常数，试求 A、B 两点水平相对位移 Δ_{AB}。

解 （1）绘出 M 图如图（b）所示。

（2）在 A、B 两点处虚加一对单位力，绘出 $\overline{M}$ 图如图（c）所示。

（3）由图乘法计算 A、B 两点水平相对位移为

$$\Delta_{AB} = \frac{1}{EI}\left[\frac{a}{6}\left(2\times a\times\frac{5}{8}qa^2 + a\times\frac{qa^2}{8}\right) - \frac{2}{3}\times\frac{qa^2}{8}\times a\times\frac{a}{2}\right]\times 2$$

$$+ \frac{1}{EI}\left(\frac{5}{8}qa^2\times a\times a - \frac{2}{3}\times\frac{qa^2}{8}\times a\times a\right)$$

$$= \frac{11qa^4}{12EI}(\rightarrow\ \leftarrow)$$

计算题 17.11 图（a）所示刚架 $EI=$ 常数，试求 A、C 两截面的相对转角 φ_{AC} 及跨中点 D 的竖向位移 Δ_{DV}。

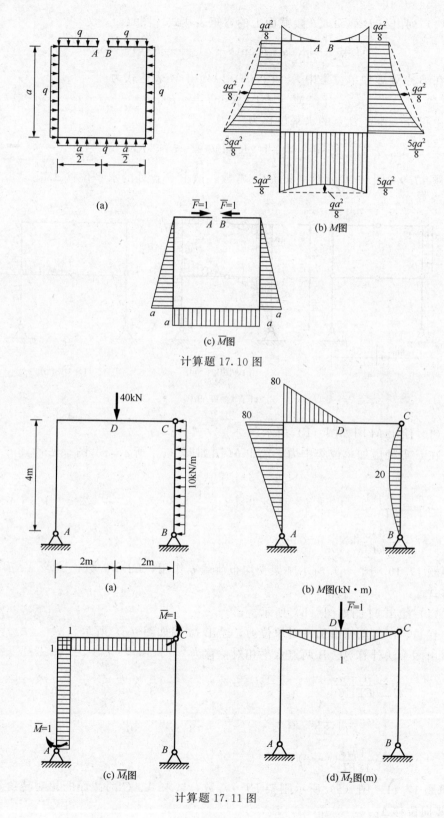

计算题 17.10 图

计算题 17.11 图

解　（1）绘出 M 图如图（b）所示。

（2）在 A、C 两截面虚加一对单位力偶，绘出 $\overline{M}_1$ 图如图（c）所示。由图乘法计算 A、C 截面的相对转角为

$$\varphi_{AC} = -\frac{1}{EI}\left(\frac{1}{2}\times 80\times 4\times 1 + \frac{1}{2}\times 80\times 2\times 1\right)\text{kN}\cdot\text{m}^2 = -\frac{240}{EI}\text{kN}\cdot\text{m}^2 \quad (\;)$$

（3）在 D 点虚加单位集中力，绘出 $\overline{M}_2$ 图如图（d）所示。由图乘法计算 D 点的竖向位移为

$$\Delta_{DV} = -\frac{1}{EI}\times\frac{1}{2}\times 80\text{kN}\cdot\text{m}\times 2\text{m}\times\frac{1}{3}\times 1\text{m} = -\frac{80}{3EI}\text{kN}\cdot\text{m}^3(\uparrow)$$

计算题 17.12　图（a）所示刚架 EI＝常数，试求 D、E 两点沿其连线方向的相对线位移 Δ_{DE}。

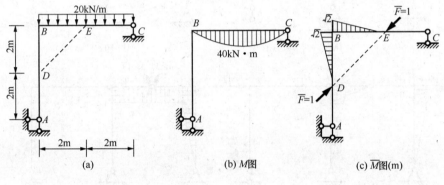

计算题 17.12 图

解　（1）绘出 M 图如图（b）所示。

（2）在 D、E 两点沿其连线方向虚加一对单位力，绘出 $\overline{M}$ 图如图（c）所示。

（3）由图乘法计算 Δ_{DE} 为

$$\Delta_{DE} = -\frac{1}{EI}\times\frac{2}{3}\times 40\text{kN}\cdot\text{m}\times 2\text{m}\times\frac{3}{8}\times\sqrt{2}\text{m} = -\frac{28.28}{EI}\text{kN}\cdot\text{m}^3(\;)$$

计算题 17.13　图（a）所示刚架 EI＝常数，试求铰 C 左、右两侧截面的相对角位移 φ。

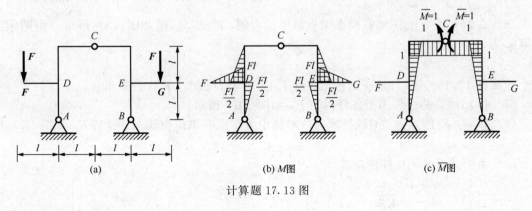

计算题 17.13 图

解　（1）绘出 M 图如图（b）所示。

（2）在铰C左、右两侧截面虚加单位力偶，绘出$\overline{M}$图如图（c）所示。

（3）由图乘法计算φ为

$$\varphi = \frac{2}{EI}\left[-\frac{l}{6}\left(2 \times \frac{Fl}{2} \times \frac{1}{2} + 1 \times \frac{Fl}{2}\right) + \frac{1}{3} \times \frac{Fl}{2} \times \frac{1}{2} \times l\right] = -\frac{Fl^2}{6EI}\ (\curvearrowleft)$$

计算题 17.14 图（a）所示刚架EI＝常数，试求F点处的水平位移Δ_{FH}及铰C左、右两侧截面的相对转角φ。

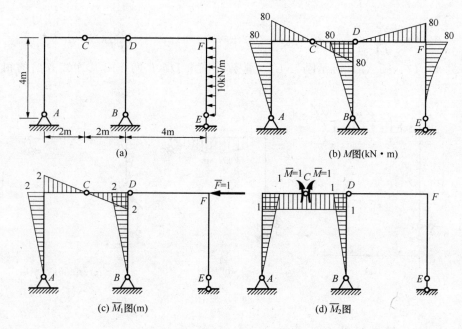

计算题 17.14 图

解 （1）绘出M图如图（b）所示。

（2）在F点处虚加单位集中力，绘出$\overline{M}_1$图如图（c）所示。由图乘法计算F点处的水平位移为

$$\Delta_{FH} = \frac{1}{EI}\left(\frac{1}{3} \times 80 \times 2 \times 4 \times 2 + \frac{1}{3} \times 80 \times 2 \times 2 \times 2\right)\mathrm{kN \cdot m^3} = \frac{640}{EI}\mathrm{kN \cdot m^3}\quad (\leftarrow)$$

（3）在铰C左、右两侧截面虚加一对单位力偶，绘出$\overline{M}_2$图如图（d）所示。由图乘法计算φ为

$$\varphi = 0$$

计算题 17.15 图（a）所示桁架各杆EA＝常数，试求CE杆的转角φ_{CE}。

解 （1）计算荷载作用下各杆内力F_N如图（b）所示。

（2）在C、D两点垂直CE杆虚加一对集中力形成一单位力偶，并计算$\overline{F}_N$如图（c）所示。

（3）由公式计算CE杆转角为

$$\varphi_{CE} = \sum \frac{\overline{F}_N F_N l}{EA} = \frac{1}{EA}\left[\frac{\sqrt{2}}{4} \times \sqrt{2}F \times 2\sqrt{2} + \left(-\frac{1}{4}\right) \times (-F) \times 4\right]$$

$$= \frac{2.414F}{EA}\ (\curvearrowleft)$$

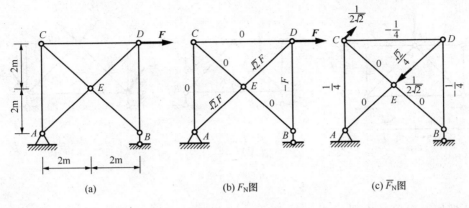

计算题 17.15 图

计算题 17.16　试求图（a）所示桁架中 AB 杆的转角时，是否可用图（b）所示的虚力状态？试加以证明。

解　可以。证明如下：

由图（c）中的几何关系可得

$$\varphi_{AB} = \frac{\Delta_A + \Delta_B}{d} \tag{a}$$

而图（b）所示虚力状态在图（a）相应位移上所作的外力虚功为

$$W_{外} = \frac{\Delta_{AH}}{l} + \frac{\Delta_{BH}}{l} = \frac{\Delta_A \sin\alpha}{l} + \frac{\Delta_B \sin\alpha}{l} = \frac{\Delta_A}{\frac{l}{\sin\alpha}} + \frac{\Delta_B}{\frac{l}{\sin\alpha}} = \frac{\Delta_A + \Delta_B}{d} \tag{b}$$

比较式（a）和式（b），则可得以上结论。

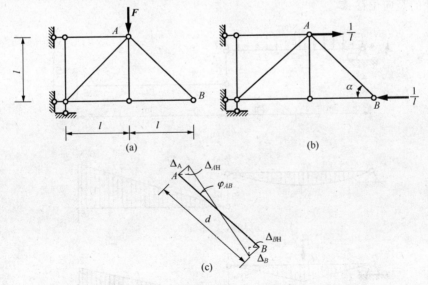

计算题 17.16 图

计算题 17.17　图（a）所示桁架各杆 $EA=$ 常数，试求桁架中 AEB 角度的改变量 φ。

解　（1）计算荷载作用下各杆内力 F_N 如图（b）所示。

577

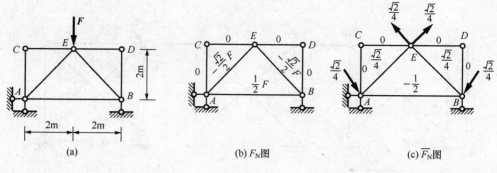

计算题 17.17 图

（2）虚加一对单位力偶如图（c）所示。即在 A、E、B 三点加集中力，使它们在 AE 杆和 EB 杆上各构成一单位力偶，该两个力偶转向相反。并计算出各杆内力 $\overline{F}_N$ 如图（c）所示。

（3）由公式计算 AEB 角度的改变量 φ 为

$$\varphi = \sum \frac{\overline{F}_N F_N l}{EA}$$

$$= \frac{1}{EA}\left[\frac{\sqrt{2}}{4} \times \left(-\frac{\sqrt{2}F}{2}\right) \times 2\sqrt{2} \times 2 + \left(-\frac{1}{2}\right) \times \frac{F}{2} \times 4\right]$$

$$= -\frac{2.414F}{EA}(\,)$$

即受力后角 AEB 变大。

计算题 17.18 图（a）所示结构中，已知 $E = 210\text{GPa}$，$I = 3.6 \times 10^{-5}\,\text{m}^4$，$A = 10^{-3}\,\text{m}^2$，试求 C 点处的竖向位移 Δ_{CV}。

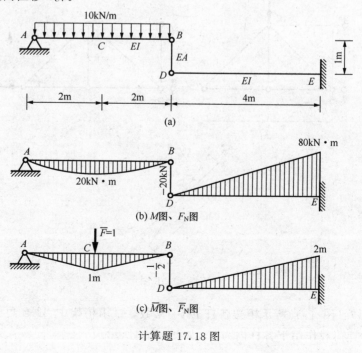

计算题 17.18 图

解 (1) 绘出 M 图并计算出 BD 杆轴力如图（b）所示。

(2) 在 C 点处虚加单位集中力，绘出 $\overline{M}$ 图，并计算出单位力引起的 BD 杆轴力如图 (c) 所示。

(3) 计算 C 点处的竖向位移为

$$
\begin{aligned}
\Delta_{CV} &= \sum \int_l \frac{\overline{M}M}{EI}\mathrm{d}s + \frac{\overline{F}_N F_N l}{EA} \\
&= \frac{1}{EI}\left(\frac{2}{3}\times 20\mathrm{kN\cdot m}\times 2\mathrm{m}\times\frac{5}{8}\times 2\mathrm{m}+\frac{1}{3}\times 80\mathrm{kN\cdot m}\times 2\mathrm{m}\times 4\mathrm{m}\right) \\
&\quad + \frac{1}{EA}\times(-20)\mathrm{kN}\times\left(-\frac{1}{2}\right)\mathrm{m}\times 1 \\
&= \frac{740\mathrm{kN\cdot m^3}}{3EI}+\frac{10\mathrm{kN\cdot m}}{EA} \\
&= \frac{740\times 10^3\,\mathrm{N\cdot m^3}}{3\times 210\times 10^9\,\mathrm{N/m^2}\times 3.6\times 10^{-5}\,\mathrm{m^4}}+\frac{10\times 10^3\,\mathrm{N\cdot m}}{210\times 10^9\,\mathrm{N/m^2}\times 10^{-3}\,\mathrm{m^2}} \\
&= 32.68\mathrm{mm}\quad(\downarrow)
\end{aligned}
$$

计算题 17.19 试求图（a）所示组合结构 D 截面的转角 φ_D。已知 $EA=\dfrac{EI}{l^2}$。

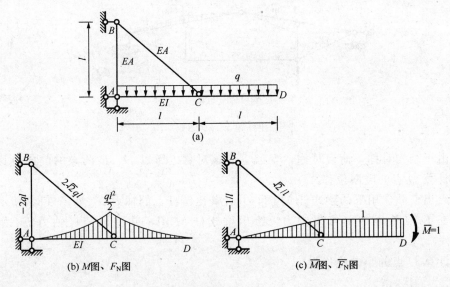

计算题 17.19 图

解 (1) 绘出荷载作用下梁式杆的 M 图，计算出链杆轴力 F_N 如图（b）所示。

(2) 在 D 截面虚加单位力偶，绘出梁式杆的 $\overline{M}$ 图，并计算出链杆轴力 $\overline{F}_N$ 如图（c）所示。

(3) 计算 D 截面的转角为

$$
\begin{aligned}
\varphi_D &= \frac{1}{EI}\left(\frac{1}{3}\times\frac{ql^2}{2}\times l\times\frac{3}{4}+\frac{1}{3}\times\frac{ql^2}{2}\times l\times 1\right) \\
&\quad + \frac{1}{EA}\left[(-2ql)\times\left(\frac{-1}{l}\right)\times l+2\sqrt{2}ql\times\frac{\sqrt{2}}{l}\times\sqrt{2}l\right]
\end{aligned}
$$

$$=\frac{7ql^3}{24EI}+\frac{7.656ql}{EA}=\frac{7.948ql^3}{EI}(\curvearrowright)$$

计算题 17.20 试求图（a）所示下撑式五角形屋架 D、E 两点的竖向位移。已知杆 AD、DE、DF、EG 的拉压刚度 EA 为常数，杆 AC、CB 的弯曲刚度 EI 为常数。

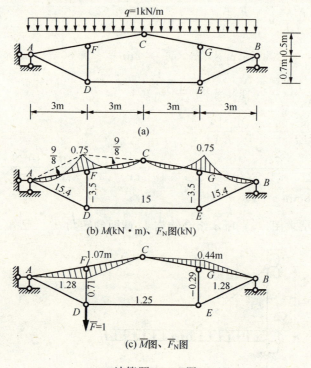

计算题 17.20 图

解 由于结构对称，荷载对称，变形也应该对称。所以 D、E 两点的竖向位移是相同的。现只计算 D 点的竖向位移 Δ_{DV}。

（1）绘出荷载作用下的梁式杆 M 图，并计算出链杆上的轴力 F_N 如图（b）所示。

（2）在 D 点处虚加单位集中力，绘出梁式杆 $\overline{M}$ 图，并求出链杆轴力 $\overline{F}_N$ 如图（c）所示。

（3）计算 D 点的竖向位移为

$$\Delta_{DV}=\frac{1}{EA}[15.4\times1.28\times3.08\times2+(-3.5)\times0.71\times0.95$$

$$+(-3.5)\times(-0.29)\times0.95+15\times1.25\times6]\text{kN}\cdot\text{m}$$

$$+\frac{1}{EI}\Big(-\frac{1}{3}\times0.75\times1.07\times3.01\times2+\frac{2}{3}\times\frac{9}{8}\times3.01\times\frac{1.07}{2}\times2$$

$$+\frac{1}{3}\times0.75\times0.44\times3.01\times2-\frac{2}{3}\times\frac{9}{8}\times3.01\times\frac{0.44}{2}\times2\Big)\text{kN}\cdot\text{m}^3$$

$$=\frac{232.53}{EA}\text{kN}\cdot\text{m}+\frac{0.474}{EI}\text{kN}\cdot\text{m}^3(\downarrow)$$

计算题 17.21 图（a）所示结构中，杆 AC、CE、DB、DF 拉压刚度 $EA=2.1\times10^4\text{kN}$，杆 AB 弯曲刚度 $EI=7.5\times10^7\text{kN}\cdot\text{m}^2$，试求 C、D 两点的水平相对位移 Δ_{CD}。

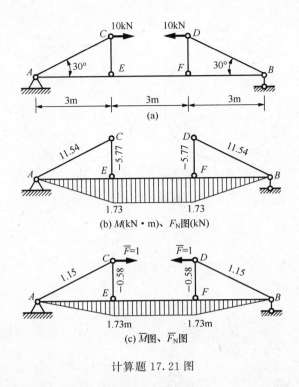

计算题 17.21 图

解 （1）绘出梁式杆 AB 的 M 图，计算出链杆 AC、CE、DB、DF 的 F_N 如图（b）所示。

（2）在 C、D 两点处虚加一对单位力，绘出梁式杆 $\overline{M}$ 图，并求出链杆轴力 $\overline{F}_N$ 如图（c）所示。

（3）计算 C、D 两点的水平相对位移为

$$\Delta_{CD} = \frac{1}{EA}[11.54 \times 1.15 \times 3.46 \times 2 + (-5.77) \times (-0.58) \times 1.73 \times 2] \text{kN} \cdot \text{m}$$

$$+ \frac{1}{EI}\left(\frac{1}{3} \times 17.31 \times 1.73 \times 3 \times 2 + 17.31 \times 1.73 \times 3\right) \text{kN} \cdot \text{m}^3$$

$$= \frac{103.41 \text{kN} \cdot \text{m}}{2.1 \times 10^4 \text{kN}} + \frac{149.73 \text{kN} \cdot \text{m}^3}{7.5 \times 10^7 \text{kN} \cdot \text{m}^2}$$

$$= 4.926 \text{mm}(\rightarrow \leftarrow)$$

计算题 17.22 将薄壁圆环切开，在切口处塞进一刚性小块，使圆环张开，如图（a）所示。已知块体宽度为 e，圆环平均半径为 R，试求圆环中的最大弯矩。已知 $EI =$ 常数。

解 设圆环切口处由于塞进刚性小块所引起的压力为 $\boldsymbol{F}$ ［图（b）］，则在 $\boldsymbol{F}$ 作用下，距切口成 θ 角截面上的弯矩为

$$M = FR(1 - \cos\theta)$$

在切口处两侧虚加一对单位力，距切口成 θ 角截面上的弯矩为

$$\overline{M} = R(1 - \cos\theta)$$

由积分法计算切口处的张开位移为

$$\Delta = \int_l \frac{M\overline{M}}{EI}\text{d}s = \frac{2}{EI}\int_0^\pi FR^2(1 - \cos\theta)^2 R\text{d}\theta = \frac{3FR^3\pi}{EI}$$

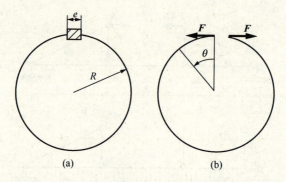

计算题 17.22 图

由于

$$\Delta = e$$

则

$$F = \frac{eEI}{3R^3\pi}$$

故

$$M = \frac{eEI}{3R^2\pi}(1-\cos\theta)$$

当 $\theta = \pi$ 时，M 有最大值，最大值为

$$M_{\max} = \frac{2eEI}{3R^2\pi}$$

计算题 17.23　设钢筋 ABC 长为 l，经冷加工后弯成半径为 R 的圆弧 AB_1C，如图（a）所示。在微小变形情况下，试求矢高 Δ 和角度 α。

解　（1）计算矢高 Δ。虚加如图（b）所示的平衡力系，则弯矩方程为

$$\overline{M} = \frac{1}{2}x \quad \left(0 \leqslant x \leqslant \frac{l}{2}\right)$$

实际变形状态中 $d\theta = \dfrac{ds}{R}$，由于是微小变形，$ds \approx dx$，所以 $d\theta \approx \dfrac{dx}{R}$。代入虚功方程，得

$$\Delta = \int_l \overline{M}\,d\theta = 2\int_0^{\frac{l}{2}} \frac{1}{2}x \cdot \frac{dx}{R} = \frac{l^2}{8R}$$

（2）计算角度 α。虚加如图（c）所示平衡力系，则弯矩方程为

$$\overline{M} = 1$$

由虚功方程得

$$2\alpha = 2\int_0^{\frac{l}{2}} \frac{dx}{R} = \frac{l}{R}$$

故

$$\alpha = \frac{l}{2R}$$

计算题 17.24　设三铰拱中的拉杆 AB 在 D 点装有花篮螺丝如图（a）所示。如果拧紧螺丝，使截面 A、B 彼此靠近的距离为 λ，试求 C 点的竖向位移 Δ。

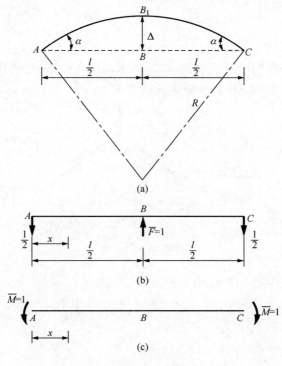

计算题 17.23 图

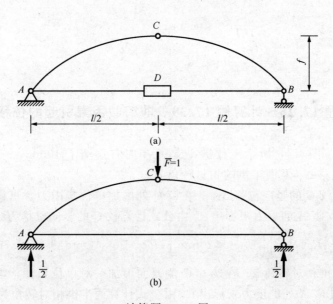

计算题 17.24 图

解　在 C 点处虚加单位集中力如图（b）所示，计算出 AB 杆中轴力为

$$\overline{F}_{\mathrm{N}} = \frac{l}{4f}$$

代入虚功方程，得

$$\Delta = \overline{F}_{\mathrm{N}} \cdot (-\lambda)$$

故

$$\Delta = -\frac{l\lambda}{4f} \quad (\uparrow)$$

计算题 17.25 折杆 ABC 受力如图（a）所示，杆 AB 和 BC 长均为 l，弯曲刚度 EI 相同，均为常数。试求 B 点到 AC 连线距离的改变量 Δ。

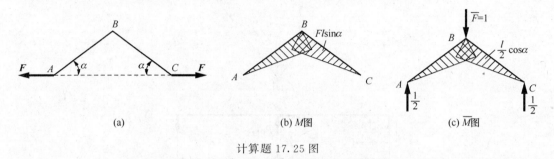

（a）　　　　　　　　（b）M图　　　　　　　　（c）$\overline{M}$图

计算题 17.25 图

解 （1）绘出荷载作用下的 M 图如图（b）所示。

（2）在 B 点处虚加单位集中力，并于 A、C 两点各加 1/2 的集中力构成一个平衡力系。绘出 $\overline{M}$ 图如图（c）所示。

（3）由图乘法计算 Δ 为

$$\Delta = \frac{1}{EI}\left(\frac{1}{3} \times Fl\sin\alpha \times \frac{l}{2}\cos\alpha \times l \times 2\right)$$

$$= \frac{1}{3EI}Fl^3\sin\alpha\cos\alpha$$

$$= \frac{Fl^3}{6EI}\sin2\alpha(\downarrow)$$

计算题 17.26～计算题 17.39　非荷载因素引起的位移计算

计算题 17.26 图（a）所示三铰拱，支座 B 向右移动了 10mm，向下移动了 20mm，试求铰 C 的竖向位移 Δ_{CV} 及两半拱的相对转角 φ。

解 （1）计算铰 C 的竖向位移 Δ_{CV}。在铰 C 处虚加单位集中力，求得支座 B 处的反力如图（b）所示（支座 A 的反力未标出）。由公式计算铰 C 的竖向位移为

$$\Delta_{CV} = -\sum \overline{R}c = -\left[\left(-\frac{1}{2} \times 20\text{mm}\right) + \left(-\frac{2}{3} \times 10\text{mm}\right)\right] = 16.7\text{mm} \quad (\downarrow)$$

（2）计算两半拱相对转角 φ。在铰 C 两侧截面虚加一对单位力偶，求得支座 B 处反力如图（c）所示（支座 A 处的反力未标出）。由公式计算两半拱相对转角为

$$\varphi = -\sum \overline{R}c = -\left(\frac{1}{3\text{m}} \times 0.01\text{m}\right) = -0.003\text{rad}(\curvearrowright)$$

注意：此题在计算支座反力时，长度单位应与支座移动的长度单位统一。

计算题 17.27 图（a）所示刚架的固定端支座 A 顺时针转动了 0.01 弧度，支座 B 下沉了 0.02m，试求 D 点的竖向位移 Δ_{DV} 及铰 C 左、右两侧截面的相对转角 φ。

解 （1）计算 D 点的竖向位移 Δ_{DV}。在 D 点处虚加单位集中力，求得相应支座反力如

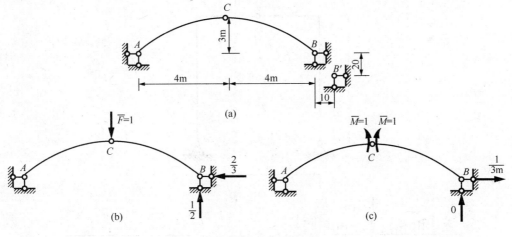

计算题 17.26 图

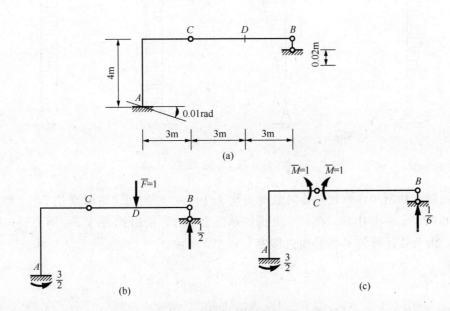

计算题 17.27 图

图（b）所示。由公式计算 D 点的竖向位移为

$$\Delta_{DV} = -\sum \bar{R}c = -\left[\left(-\frac{1}{2}\times 0.02\text{m}\right)+\left(-\frac{3}{2}\text{m}\times 0.01\right)\right] = 0.025\text{m}(\downarrow)$$

（2）计算铰 C 左、右两侧截面的相对转角 φ。在铰 C 左、右两侧截面虚加一对单位力偶，求得相应支座反力如图（c）所示。由公式计算 φ 为

$$\varphi = -\sum \bar{R}c = -\left[\left(-\frac{1}{6\text{m}}\times 0.02\text{m}\right)+\left(\frac{3}{2}\times 0.01\right)\right] = -0.012\text{rad}(\ \ )$$

计算题 17.28　图（a）所示三铰刚架的各杆均为矩形截面，截面高度 $h=0.4\text{m}$，材料线膨胀系数 $\alpha_l=10\times 10^{-6}1/℃$，建造时温度为 $10℃$。当内侧温度升高到 $20℃$，外侧温度下降到 $-10℃$ 时，试求铰 C 的竖向位移 Δ_{CV}。

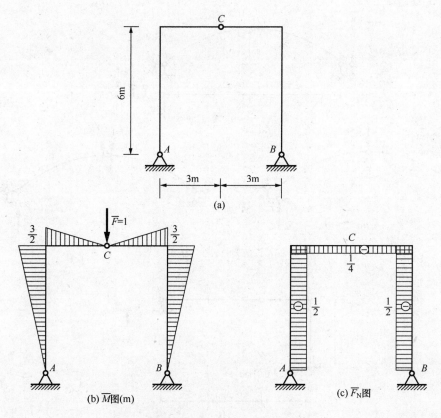

计算题 17.28 图

解 由题意知刚架内侧比建造时温度变化了 10℃，外侧比建造时变化了 -20℃。即各杆的 $\Delta t = 30$℃，$t_0 = -10$℃。在 C 点处虚加单位集中力，绘出 $\overline{M}$ 图及 $\overline{F}_N$ 图分别如图（b）、（c）所示。由公式计算铰 C 的竖向位移为

$$\Delta_{CV} = \sum(\pm)A_{\overline{N}}\alpha_l t_0 + \sum(\pm)\alpha_l\frac{\Delta t}{h}A_{\overline{M}}$$

$$= \left(-\frac{1}{2}\times 6\text{m}\times 2 - \frac{1}{4}\times 6\text{m}\right)\times 10\times 10^{-6}\times(-10) + 10\times 10^{-6}$$

$$\times\frac{30}{0.4\text{m}}\times\left(-\frac{3}{2}\text{m}\times 6\text{m}\times\frac{1}{2}\times 2 - \frac{3}{2}\text{m}\times 3\text{m}\times\frac{1}{2}\times 2\right)$$

$$= -9.375\text{mm}(\uparrow)$$

计算题 17.29 图（a）所示刚架各杆均为等截面矩形杆，截面高度为 h，材料线膨胀系数 α_l，当刚架内部温度升高 30℃，并且支座 A 下沉了 b 时，试求 C 点的水平位移 Δ_{CH}。

解 温度变化 $t_0 = \dfrac{30℃}{2} = 15$℃，$\Delta t = 30$℃。在 C 点处虚加单位集中力，绘出 $\overline{M}$ 图并计算出 A 支座的竖向反力如图（b）所示（其余反力未标出），绘出 $\overline{F}_N$ 图如图（c）所示。由公式计算 C 点的水平位移为

$$\Delta_{CH} = -\sum\overline{R}c + \sum(\pm)A_{\overline{N}}\alpha_l t_0 + \sum(\pm)\alpha_l\frac{\Delta t}{h}A_{\overline{M}}$$

$$=-\frac{1}{2}\times b+\left(\frac{3\sqrt{2}}{4}\times\sqrt{2}l-\frac{\sqrt{2}}{4}\times\sqrt{2}l\right)\times15\alpha_l+\frac{30\alpha_l}{h}\times\frac{l}{2}\times\sqrt{2}l\times\frac{1}{2}\times2$$

$$=-\frac{b}{2}+15\alpha_l l+15\sqrt{2}\frac{\alpha_l l}{h}$$

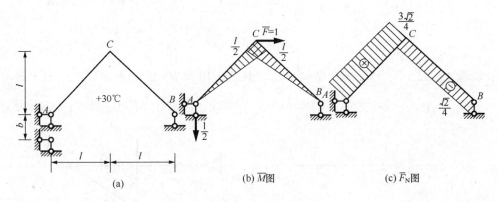

(a) (b) $\overline{M}$图 (c) $\overline{F}_N$图

计算题 17.29 图

计算题 17.30 图（a）所示静定梁由于制造误差 AB 和 BC 两段均制成半径 $R=500\text{m}$ 的圆弧形，装配时 AB 段凸向下，而 BC 段凸向上，试求 BC 段中点 D 的竖向位移 Δ_{DV}。

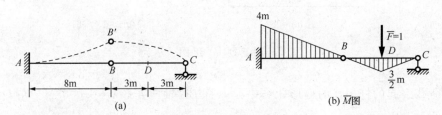

(a) (b) $\overline{M}$图

计算题 17.30 图

解 在 D 点处虚加单位集中力，并绘出 $\overline{M}$ 图如图（b）所示。

实际变形状态中 $\mathrm{d}\theta=\dfrac{\mathrm{d}s}{R}\approx\dfrac{\mathrm{d}x}{R}$，代入虚功方程，得

$$\Delta=\sum\int_l\overline{M}\mathrm{d}\theta=-\int_A^B\overline{M}_{AB}\frac{\mathrm{d}x}{R}-\int_B^C\overline{M}_{BC}\frac{\mathrm{d}x}{R}$$

$$=-\frac{1}{R}\left(\frac{1}{2}\times4\text{m}\times8\text{m}+\frac{1}{2}\times\frac{3}{2}\text{m}\times3\text{m}\times2\right)$$

$$=-41\text{mm}(\uparrow)$$

计算题 17.31 图（a）所示多跨静定梁的支座 A、B、C 下沉量分别为 $a=20\text{mm}$，$b=40\text{mm}$，$c=30\text{mm}$，试求铰 D 左、右两侧截面的相对转角 φ。

解 在铰 D 左、右两侧截面虚加一对单位力偶，并计算出支座 A、B、C 处的反力如图（b）所示。由公式计算 φ 为

$$\varphi=-\sum\overline{R}c=-\left(-\frac{1}{4}\times0.02+\frac{5}{8}\times0.04-\frac{3}{8}\times0.03\right)$$

$$=-0.00875\text{rad}(\curvearrowright)$$

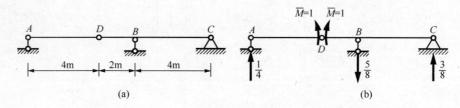

计算题 17.31 图

计算题 17.32 图（a）所示结构由于荷载的作用发生变形，杆 AB 产生向上凹的弯曲变形，曲率为 $\frac{1}{\rho}=6\times10^{-5}/\mathrm{m}$，杆 BC 缩短 $0.0008\mathrm{m}$，试求杆 AB 中点 D 的竖向位移 Δ_{DV}。

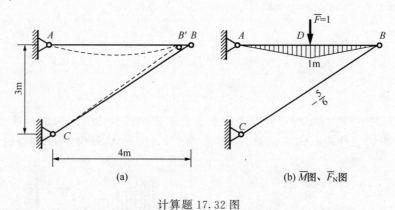

计算题 17.32 图

解 荷载引起的杆 AB 的变形 $\mathrm{d}\theta\approx\frac{1}{\rho}\mathrm{d}x$，杆 BC 轴向变形 $\lambda=0.0008\mathrm{m}$。在 D 点处虚加单位集中力，绘出杆 AB 的 $\overline{M}$ 图及计算出杆 BC 的轴力如图（b）所示。由虚功方程，D 点的竖向位移为

$$
\begin{aligned}
\Delta_{DV} &= \int_{AB}\overline{M}\,\mathrm{d}\theta + \int_{BC}\overline{F}_{\mathrm{N}}\,\mathrm{d}\lambda \\
&= \frac{1}{\rho}\int_{AB}\overline{M}\,\mathrm{d}x + \overline{F}_{\mathrm{N}}\lambda \\
&= 6\times10^{-5}/\mathrm{m}\times\frac{1}{2}\times1\mathrm{m}\times2\mathrm{m}\times2 + \frac{5}{6}\times0.0008\mathrm{m} \\
&= 0.79\mathrm{mm}(\downarrow)
\end{aligned}
$$

计算题 17.33 图（a）所示静定梁的截面为矩形，截面高为 h，其上侧温度升高 $20℃$，下侧温度升高 $10℃$。已知材料线膨胀系数为 α_l，试求 C 点右侧截面的竖向位移 Δ_{V}。

解 温度变化 $\Delta t=20-10=10℃$。在 C 点右侧截面虚加单位集中力，绘出 $\overline{M}$ 图如图（b）所示。由公式计算 Δ_{V} 为

$$
\Delta_{\mathrm{V}} = \sum(\pm)\alpha_l\frac{\Delta t}{h}A_{\overline{M}} = -\frac{10\alpha_l}{h}\left(\frac{1}{2}\times l\times l + l\times l\right) = -\frac{15\alpha_l}{h}l^2(\uparrow)
$$

计算题 17.34 图（a）所示组合结构在制造时杆 DE 比设计长度短了 λ，试求铰 C 左、右两侧截面的相对转角 φ。

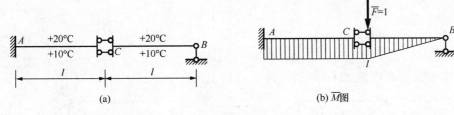

计算题 17.33 图

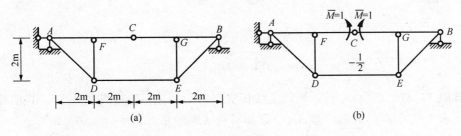

计算题 17.34 图

解　在铰 C 左、右两侧截面虚加一对单位力偶，并计算出杆 DE 的轴力 $\bar{F}_N = -\dfrac{1}{2}$，如图（b）所示。由虚功方程，铰 C 左、右两侧截面的相对转角 φ 为

$$\varphi = \left(-\frac{1}{2}\right) \times (-\lambda) = \frac{\lambda}{2} (\curvearrowright\curvearrowleft)$$

计算题 17.35　图（a）所示桁架由于制造误差下弦各杆均缩短 6mm，试求 C 点的竖向位移 Δ_{CV}。

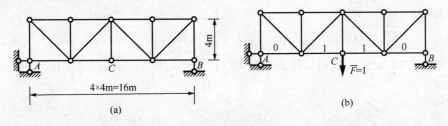

计算题 17.35 图

解　在 C 点处虚加单位集中力，计算出下弦各杆轴力如图（b）所示。由虚功方程，C 点的竖向位移为

$$\Delta_{CV} = -1 \times 6\text{mm} \times 2 = -12\text{mm} (\uparrow)$$

计算题 17.36　在图（a）所示桁架中，通过适当调整下弦杆设计长度使中点 C 向上拱起 20mm，而其他杆件长度按设计尺寸精确制造，并且下弦杆制成相同长度，试求下弦杆长度的改变量 λ。

解　在 C 点处虚加单位集中力，并计算出下弦杆轴力如图（b）所示。由虚功方程，C 点竖向位移为

$$\Delta_{CV} = 4 \times \frac{2}{3} \times \lambda = \frac{8\lambda}{3}$$

由于 $\Delta_{CV} = -20\text{mm}$，代入上式得

$$\lambda = -7.5\text{mm}$$

即下弦杆比原设计长度短 7.5mm 就可使 C 点向上拱起 20mm。

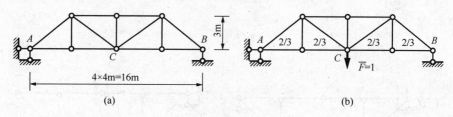

计算题 17.36 图

计算题 17.37　图（a）所示桁架上弦杆受到均匀加热，温度升高 $30℃$，其他杆无温度变化，试求上弦点 C 的竖向位移 Δ_{CV}。已知材料线膨胀系数 $\alpha_t = 12 \times 10^{-6}1/℃$。

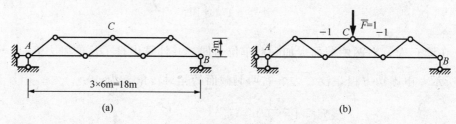

计算题 17.37 图

解　在 C 点处虚加单位集中力，并计算出上弦杆轴力如图（b）所示。由公式计算 C 点的竖向位移为

$$\Delta_{CV} = \sum \alpha_t t_0 A_{\bar{N}} = 12 \times 10^{-6} \times 30 \times (-1) \times 6\text{m} \times 2 = -4.32\text{mm}\quad(\uparrow)$$

计算题 17.38　图（a）所示屋架中杆 CD 在制造时短了 5mm，试求由此引起的 C 点的竖向位移 Δ_{CV}。

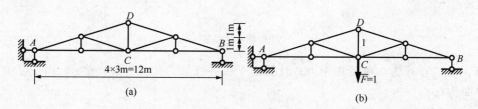

计算题 17.38 图

解　在 C 点处虚加单位集中力，求得杆 CD 的轴力 $\bar{F}_{NCD} = 1$，如图（b）所示。由虚功方程，C 点的竖向位移为

$$\Delta_{CV} = -\bar{F}_{NCD} \times 5\text{mm} = -5\text{mm}(\uparrow)$$

计算题 17.39　图（a）所示等截面刚架的截面为矩形，截面尺寸为 $b \times h$。当横杆上侧温度升高 $t℃$，下侧温度降低 $t℃$ 时，在自由端 C 施加一力偶 M_e，试求使 C 截面转角 $\varphi_C = 0$

时，力偶矩 M_e 应是多少？已知材料的弹性模量为 E，线膨胀系数为 α_l。

解 （1）绘出 M 图如图（b）所示。

（2）在 C 截面虚加单位力偶，绘出 $\overline{M}$ 图如图（c）所示。

（3）计算 C 截面的转角为

$$
\begin{aligned}
\varphi_C &= \sum \int_l \frac{\overline{M}M}{EI}\,\mathrm{d}s + \sum(\pm)\alpha_l \frac{\Delta t}{h} A_{\overline{M}} \\
&= \frac{1}{EI}\left(M_e \times \frac{l}{2} + \frac{M_e}{3} \times 1 \times l\right) - \alpha_l \frac{2t}{h}\left(\frac{1}{2} \times 1 \times l\right) \\
&= \frac{5M_e l}{6EI} - \alpha_l \frac{tl}{h}
\end{aligned}
$$

令 $\varphi_C = 0$，得

$$
M_e = \frac{\alpha_l t E b h^2}{10}
$$

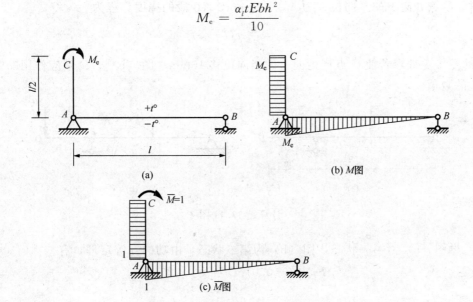

计算题 17.39 图

计算题 17.40～计算题 17.43 互等定理

计算题 17.40 图（a）所示为等截面两端固定梁，已知 AC 段挠度方程为 $y = \dfrac{Flx^2}{48EI}$ $\left(3 - 4\dfrac{x}{l}\right)$，试用功的互等定理求图（b）所示梁受均布荷载作用时，跨中点 C 的竖向位移 Δ_{CV}。

解 设图（a）所示为第一状态，图（b）所示为第二状态。由功的互等定理，有

$$
\begin{aligned}
F \cdot \Delta_{CV} &= 2\int_0^{\frac{l}{2}} qy\,\mathrm{d}x = 2\int_0^{\frac{l}{2}} q\frac{Flx^2}{48EI}\left(3 - 4\frac{x}{l}\right)\mathrm{d}x \\
&= \frac{Fql^4}{384EI}
\end{aligned}
$$

得

$$\Delta_{CV} = \frac{ql^4}{384EI}$$

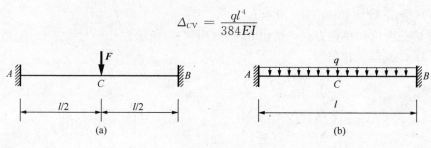

计算题 17.40 图

计算题 17.41　图（a）所示为外伸梁 ABD，已知当 AB 跨中 C 点处作用集中力 $F_1 = 20\text{kN}$ 时，C 点处向下的竖向位移为 $\Delta_{CV} = 20\text{mm}$，$AB$ 段的挠度方程为

$$y = \frac{4f}{l^2}x(l - x)$$

试用功的互等定理求若使 C 点产生向上的竖向位移 10mm［图（b）］，D 端应作用的竖向集中力 F_2 的数值。

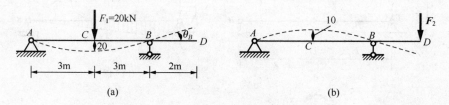

计算题 17.41 图

解　设图（a）为第一状态，图（b）为第二状态，由功的互等定理，有

$$F_1 \times (-0.01\text{m}) = F_2 \times 2\theta_B \tag{a}$$

而

$$\theta_B = y'\big|_{x=6} = \frac{4f}{l^2}(l - 2x)\bigg|_{x=6} = -0.013\text{rad}$$

代入式（a），得

$$F_2 = 7.69\text{kN}$$

计算题 17.42　已知图（a）所示单跨梁由支座 B 的移动 Δ_B 所引起的挠曲线方程为 $y(x) = \frac{\Delta_B}{2}\left(2 - \frac{3x}{l} + \frac{x^3}{l^3}\right)$，试用功的互等定理计算该梁在图（b）所示荷载作用下的支座反力 F_B 的数值。

解　设图（a）为第一状态，图（b）为第二状态，由功的互等定理，有

$$0 = -F_B \cdot \Delta_B + \int q(x)\mathrm{d}x \cdot y(x)$$

得

$$F_B = \frac{1}{\Delta_B}\int_0^l q\,\frac{x}{l} \times \frac{\Delta_B}{2}\left(2 - \frac{3x}{l} + \frac{x^3}{l^3}\right)\mathrm{d}x$$

$$= \frac{ql}{10} \quad (\uparrow)$$

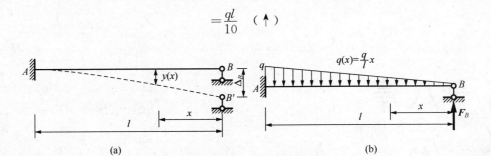

计算题 17.42 图

计算题 17.43 已知图（a）所示外伸梁在 C 点受集中力 $F = 10\text{kN}$ 作用时，A、B、C 三点的竖向位移分别为 0.6mm、1.2mm 和 1.6mm，试求该梁在图（b）所示荷载作用下 C 点的竖向位移 Δ_{CV}。

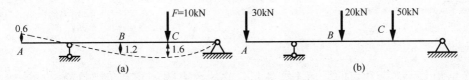

计算题 17.43 图

解 设图（a）为第一状态，图（b）为第二状态，由功的互等定理，有

$$10\text{kN} \times \Delta_{CV} = -30\text{kN} \times 0.6\text{mm} + 20\text{kN} \times 1.2\text{mm} + 50\text{kN} \times 1.6\text{mm}$$

得

$$\Delta_{CV} = 8.6\text{mm} \quad (\downarrow)$$

第十八章
力　法

内容提要

1. 概述

静定结构是无多余约束的几何不变体系，它的约束数正好等于维持静力平衡所必须的数目。因此，它可以仅用静力平衡方程解出全部未知量。而超静定结构是有多余约束的几何不变体系，仅由平衡方程不能解出所有未知量。其多余约束的个数即为超静定次数。确定超静定次数的方法是把原结构中的多余约束去掉，使之变成静定结构，去掉了几个多余约束即为几次超静定结构。

用力法求解超静定结构，首先要确定超静定次数，其次建立力法方程。

2. 力法计算原理与力法典型方程

（1）力法计算原理。

力法是以多余未知力作为基本未知量进行分析计算的方法。它按照基本结构上在多余未知力方向上的位移与原结构协调一致的原则，建立一组力法方程，解出多余未知力，从而把超静定结构的计算转化为静定结构的计算。

（2）力法典型方程。

对于 n 次超静定结构，按照基本结构上在 n 个多余未知力方向上的位移与原结构一致的原则，可建立 n 个力法方程，即

$$
\left.
\begin{array}{l}
\delta_{11} X_1 + \delta_{12} X_2 + \cdots + \delta_{1n} X_n + \Delta_{1\mathrm{W}} = \Delta_1 \\
\delta_{11} X_1 + \delta_{12} X_2 + \cdots + \delta_{1n} X_n + \Delta_{1\mathrm{W}} = \Delta_2 \\
\cdots\cdots\cdots\cdots\cdots\cdots\cdots\cdots\cdots\cdots\cdots\cdots\cdots\cdots\cdots \\
\delta_{n1} X_1 + \delta_{n2} X_2 + \cdots + \delta_{nn} X_n + \Delta_{n\mathrm{W}} = \Delta_n
\end{array}
\right\}
\qquad (18.1)
$$

式中：δ_{ii}——主系数。它表示基本结构上由多余未知力 $X_i = 1$ 引起的自身方向上的位移，恒为正值；

$\delta_{ij}(i \neq j)$——副系数。它表示基本结构上由多余未知力 $X_j = 1$ 引起的第 i 个多余未知力方向上的位移，可为正、为负或为零；

$\Delta_{iW}(\Delta_{iF},\ \Delta_{ic},\ \Delta_{it})$ ——自由项。它表示基本结构上由外因（荷载，支座移动，温度变化等）引起的第 i 个多余未知力方向上的位移，可为正、为负或为零；

Δ_i——原结构中 X_i 方向上的已知位移，可为零或不为零。

对于不同类型结构，计算系数和自由项时，可根据其表示的物理意义，参照第十七章的位移计算公式进行计算。如对于梁和刚架结构，其系数和自由项的计算公式为

$$
\left.
\begin{aligned}
\delta_{ii} &= \sum \int_l \frac{\overline{M}_i^2}{EI}\mathrm{d}s \\[4pt]
\delta_{ij} &= \sum \int_l \frac{\overline{M}_i\overline{M}_j}{EI}\mathrm{d}s \\[4pt]
\Delta_{iF} &= \sum \int_l \frac{\overline{M}_i M_F}{EI}\mathrm{d}s \\[4pt]
\Delta_{ic} &= -\sum \overline{R}c \\[4pt]
\Delta_{it} &= \sum (\pm)\alpha_l t_0 A_{\overline{N}} + \sum(\pm)\alpha_l \frac{\Delta t}{h}A_{\overline{M}}
\end{aligned}
\right\}
\tag{18.2}
$$

（3）叠加原理计算最后内力。

当解出多余未知力后，原结构的内力就相当于是在多余力及其他外因作用下的静定的基本结构的内力计算问题了。可用叠加原理求得，如梁和刚架的弯矩为

$$M = \overline{M}_1 X_1 + \overline{M}_2 X_2 + \cdots + \overline{M}_n X_n + M_F$$

3. 力法的简化计算

（1）利用结构的对称性简化计算。

1）采用对称的基本结构。对于对称结构可采用对称的基本结构，使多余未知力为对称性的多余未知力，这样可使力法方程自然分成两组：一组只包含对称的多余未知力，另一组只包含反对称多余未知力，从而使力法联立的典型方程降阶。

2）荷载分组法。对称结构受一般性荷载作用，总能将荷载分解成对称荷载与反对称荷载的叠加。在对称荷载作用下只有对称的多余未知力，反对称多余未知力为零；在反对称荷载作用下只有反对称的多余未知力，对称多余未知力为零。故可分别计算，最后将计算结果对应叠加，即为原结构的内力。

3）半刚架法。根据对称结构在对称荷载作用下，内力对称，变形对称；对称结构在反对称荷载作用下，内力反对称，变形也为反对称的原则，可取出半个刚架进行计算。

选取半个刚架的原则是该半刚架等效代替原结构的一半的受力与变形状态。即在对称轴切口处，按原结构的位移条件和静力等效条件特点设置相应约束。

（2）弹性中心法。

弹性中心法适用于解三次超静定的闭合结构（无铰拱、圆环、单跨刚架等）。弹性中心法是通过刚臂把结构的多余未知力作用点移至弹性中心处，使力法方程中全部副系数为零，使三个力法方程变为三个独立方程以达到简化计算的目的。

4. 解题注意问题

（1）正确选取力法基本结构。正确分析结构的超静定次数，一定要分清哪些约束可以

去掉，哪些约束是维持平衡必须的不能去掉，不能多去，也不能少去，正确选取力法基本结构。

（2）正确建立力法典型方程。力法典型方程是根据叠加原理，在基本结构上考虑各种因素单独作用引起的多余未知力 X_i 方向上的位移的代数和，与原结构在此方向上的已知位移相等的原则建立的。一定要掌握建立典型方程的原则，深入领会方程中每一项的物理意义。

（3）正确绘出 $\overline{M}_i$ 图及 M_F 图。在绘出各内力图后，一定要校核后再计算典型方程中各系数及自由项。

（4）求解方程后，将解代回原方程检查正确与否。

（5）校核最后内力图。

概念题解

概念题 18.1～概念题 18.18　力法计算的基本未知量与基本结构

概念题 18.1　超静定结构与静定结构的根本区别在于超静定结构存在（　　）。

A. 多余约束　　　　　　　　　　　　B. 多余荷载

C. 多余平衡方程　　　　　　　　　　D. 多余位移

答　A。

概念题 18.2　力法以＿＿＿＿作为基本未知量。

答　多余未知力。

概念题 18.3　多余约束所对应的力称为＿＿＿＿。

答　多余未知力。

概念题 18.4　力法适用于（　　）。

A. 静定结构计算　　　　　　　　　　B. 超静定结构计算

C. 位移计算　　　　　　　　　　　　D. 任意结构计算

答　B。

概念题 18.5　超静定结构中＿＿＿＿的数目，称为超静定次数。

答　多余约束。

概念题 18.6　去掉或切断一根链杆，相当于去掉＿＿＿＿个约束。

答　1。

概念题 18.7　切断一个刚性连接或去掉一个固定端支座，相当于去掉＿＿＿＿个约束。

答　3。

概念题 18.8　将一个固定端支座改为铰支座或将一个刚性连接改为单铰连接，相当于去掉＿＿＿＿个约束。

答　1。

概念题 18.9　切开一个封闭框，相当于去掉＿＿＿＿个约束。

答 3。

概念题 18.10 去掉一个铰支座或一个单铰，相当于去掉_____个约束。

答 2。

概念题 18.11 图示结构的超静定次数为_____。

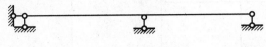

概念题 18.11 图

答 1。

概念题 18.12 图示结构的超静定次数为_____。

概念题 18.12 图

答 1。

概念题 18.13 图示结构的静定次数为（   ）。

A. 3   B. 2   C. 4   D. 5

答 C。

概念题 18.14 图示结构的超静定次数为（   ）。

A. 2   B. 4   C. 3   D. 1

答 C。

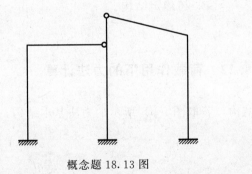

概念题 18.13 图

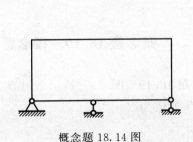

概念题 18.14 图

概念题 18.15 图示结构的超静定次数为（   ）。

A. 7   B. 2

C. 5   D. 6

答 A。

概念题 18.16 图示结构的超静定次数为（   ）。

A. 1   B. 3

C. 2   D. 5

答 C。

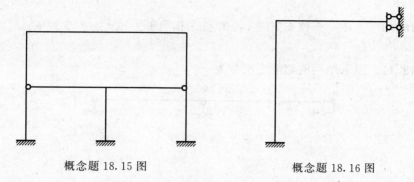

概念题 18.15 图   概念题 18.16 图

概念题 18.17 图示结构的超静定次数为_____。

答 4。

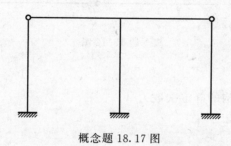

概念题 18.17 图

概念题 18.18 用力法求解时，原结构的基本结构是（   ）。

A. 唯一的   B. 和原结构无关

C. 不是唯一的   D. 超静定结构

答 C。

概念题 18.19～概念题 18.22   荷载作用下的力法计算

概念题 18.19 图（a）所示为超静定结构，若取图（b）所示的力法基本结构，则基本未知量 X_1 的值为（   ）。

A. $\dfrac{ql^2}{4}$ B. $\dfrac{5ql^2}{8}$ C. $\dfrac{1}{12}ql^2$ D. $\dfrac{1}{8}ql^2$

答 D。

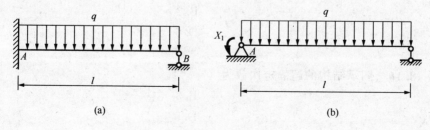

(a)   (b)

概念题 18.19 图

概念题 18.20 图（a）所示为超静定刚架，取基本结构如图（b）所示，已经计算出 $X_1 = -15\text{kN}$，则 BC 杆 B 端的弯矩 M_{BC} 的值为（ ）。

A. 30kN·m（上侧纤维受拉）　　　　B. 60kN·m（下侧纤维受拉）

C. 60kN（m（上侧纤维受拉）　　　　D. 120kN（m（上侧纤维受拉）

答 C。

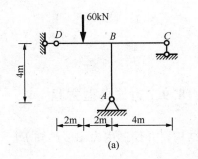 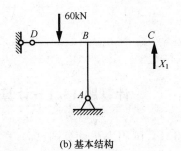

概念题 18.20 图

概念题 18.21 图（a）所示超静定结构的弯矩图如图（b）所示，则 AB 杆 A 端的弯矩 M_{AB} 的值为（ ）。

A. $\dfrac{1}{32}ql^2$　　　　B. $\dfrac{5}{16}ql^2$　　　　C. 0　　　　D. $\dfrac{1}{16}ql^2$

答 A。

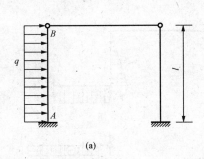 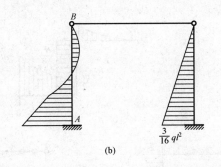

概念题 18.21 图

概念题 18.22 超静定刚架在荷载作用下的内力与结构各杆刚度 EI 的绝对值有关，而与 EI 的相对值无关。（ ）

答 错。

概念题 18.23～概念题 18.25　非荷载因素作用下的力法计算

概念题 18.23 超静定刚架在温度改变时的内力与结构各杆刚度 EI 的_____有关，各杆 EI _____，结构的内力越大。

答 绝对值；越大。

概念题 18.24 超静定刚架在温度改变时的弯矩与结构各杆刚度 EI 的_____成正比，

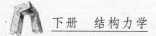
杆件温度＿＿＿＿的一侧受拉。

　　答　绝对值；低。

　　概念题 18.25　静定结构在非荷载因素作用下不会引起结构的内力，超静定结构在非荷载因素作用下会引起结构的内力。（　　）

　　答　对。

计算题解

计算题 18.1～计算题 18.9　力法典型方程

　　计算题 18.1　试用力法计算图（a）所示结构，并绘制内力图。已知 $EI=$ 常数。

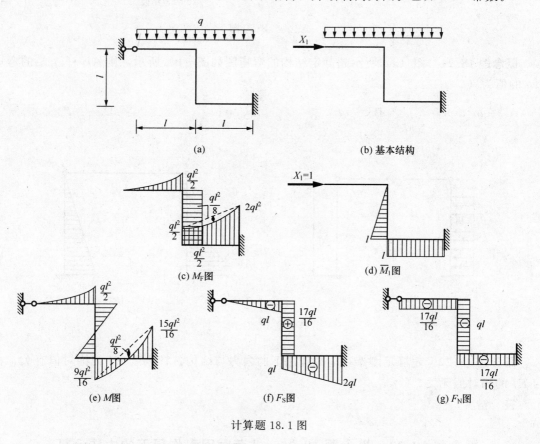

计算题 18.1 图

　　解　（1）选取如图（b）所示的基本结构。

　　（2）建立力法方程为

$$\delta_{11}X_1 + \Delta_{1F} = 0$$

　　（3）计算系数和自由项。分别绘出荷载及 $X_1=1$ 作用于基本结构的弯矩图 M_F、$\overline{M}_1$，如图（c）、（d）所示。图乘得

$$\delta_{11} = \frac{1}{EI} \times \left(\frac{1}{3} \times l \times l \times l + l \times l \times l \right) = \frac{4}{3EI}l^3$$

$$\Delta_{1F} = \frac{1}{EI} \left[-\frac{ql^2}{2} \times l \times \frac{l}{2} - \left(\frac{ql^2}{2} + 2ql^2 \right) \times l \times \frac{1}{2} \times l + \frac{2}{3} \times \frac{ql^2}{8} \times l \times l \right] = -\frac{17}{12EI}ql^4$$

（4）解方程求多余未知力。将系数和自由项代入力法方程，解得

$$X_1 = \frac{17}{16}ql$$

（5）绘内力图。绘出 M、F_S、F_N 图分别如图（e）、（f）、（g）所示。

计算题 18.2 试用力法计算图（a）所示结构，并绘制内力图。已知 $EI=$ 常数。

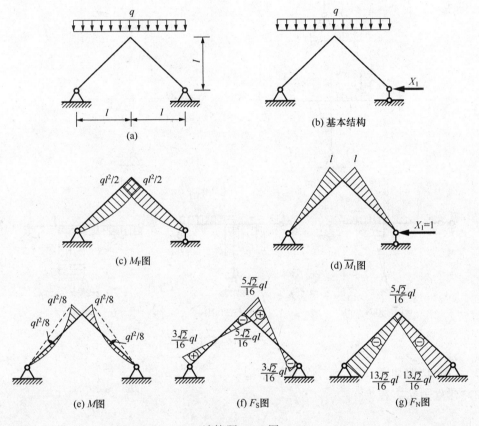

计算题 18.2 图

解 （1）选取如图（b）所示的基本结构。

（2）建立力法方程为

$$\delta_{11} X_1 + \Delta_{1F} = 0$$

（3）计算系数和自由项。分别绘出荷载及 $X_1=1$ 作用于基本结构的弯矩图 M_F、$\overline{M}_1$，如图（c）、（d）所示。图乘得

$$\delta_{11} = \frac{1}{EI} \times \frac{1}{3} \times l \times \sqrt{2}l \times l \times 2 = \frac{2\sqrt{2}}{3EI}l^3$$

$$\Delta_{1F} = -\frac{1}{EI} \times \frac{2}{3} \times \frac{ql^2}{2} \times \sqrt{2}l \times \frac{5}{8} \times l \times 2 = -\frac{5\sqrt{2}}{12EI}ql^4$$

（4）解方程求多余未知力。将系数和自由项代入力法方程，解得

$$X_1 = \frac{5}{8}ql$$

（5）绘内力图。绘出 M、F_S、F_N 图分别如图（e）、（f）、（g）所示。

计算题 18.3 试用力法计算图（a）所示刚架，并绘制内力图。已知 EI＝常数。

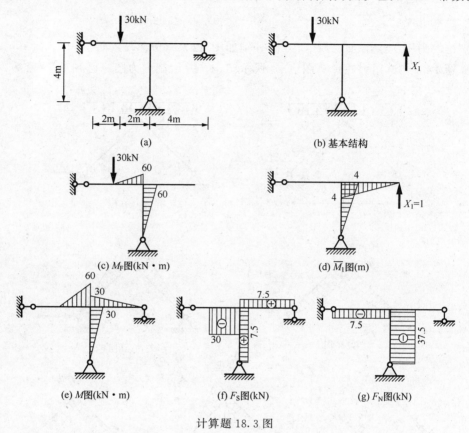

计算题 18.3 图

解 （1）选取如图（b）所示的基本结构。

（2）建立力法方程为

$$\delta_{11}X_1 + \Delta_{1F} = 0$$

（3）计算系数和自由项。分别绘出荷载及 $X_1 = 1$ 作用于基本结构的弯矩图 M_F、$\overline{M}_1$，如图（c）、（d）所示。图乘得

$$\delta_{11} = \frac{1}{EI} \times \frac{1}{3} \times 4\mathrm{m} \times 4\mathrm{m} \times 4\mathrm{m} \times 2 = \frac{128}{3EI}\mathrm{m}^3$$

$$\Delta_{1F} = \frac{1}{EI} \times \frac{1}{3} \times 60\mathrm{kN} \cdot \mathrm{m} \times 4\mathrm{m} \times 4\mathrm{m} = \frac{320}{EI}\mathrm{kN} \cdot \mathrm{m}^3$$

（4）解方程求多余未知力。将系数和自由项代入力法方程，解得

$$X_1 = -7.5\mathrm{kN}$$

（5）绘内力图。绘出 M、F_S、F_N 图分别如图（e）、（f）、（g）所示。

计算题 18.4 试用力法计算图（a）所示刚架，并绘制内力图。已知 EI＝常数。

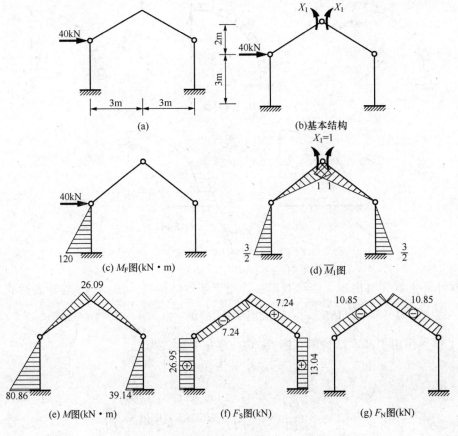

(a)　　　　　　　　(b)基本结构

(c) M_F图(kN·m)　　　　(d) $\overline{M}_1$图

(e) M图(kN·m)　　　(f) F_S图(kN)　　　(g) F_N图(kN)

计算题 18.4 图

解 （1）选取如图（b）所示的基本结构。

（2）建立力法方程为

$$\delta_{11}X_1 + \Delta_{1F} = 0$$

（3）计算系数和自由项。分别绘出荷载及 $X_1=1$ 作用于基本结构的弯矩图 M_F、$\overline{M}_1$，如图（c）、（d）所示。图乘得

$$\delta_{11} = \frac{1}{EI} \times \left(\frac{1}{3} \times 1 \times 1 \times \sqrt{13}\,\mathrm{m} \times 2 + \frac{1}{3} \times \frac{3}{2} \times \frac{3}{2} \times 3\mathrm{m} \times 2 \right) = \frac{6.9}{EI}\mathrm{m}$$

$$\Delta_{1F} = \frac{1}{EI} \times \frac{1}{3} \times 120\mathrm{kN} \cdot \mathrm{m} \times \frac{3}{2} \times 3\mathrm{m} = \frac{180}{EI}\mathrm{kN} \cdot \mathrm{m}^2$$

（4）解方程求多余未知力。将系数和自由项代入力法方程，解得

$$X_1 = -26.09\mathrm{kN} \cdot \mathrm{m}$$

（5）绘内力图。绘出 M、F_S、F_N 图分别如图（e）、（f）、（g）所示。

计算题 18.5 试用力法计算图（a）所示等截面四分之一圆环结构，并绘制弯矩图。

解 （1）选取如图（b）所示的基本结构。

（2）建立力法方程为

$$\delta_{11}X_1 + \Delta_{1F} = 0$$

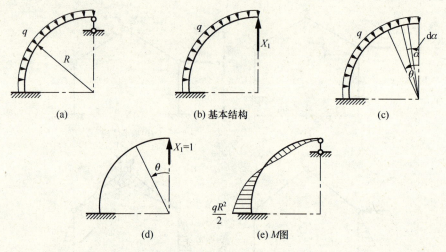

计算题 18.5 图

（3）计算系数和自由项。当荷载单独作用于基本结构时［图（c）］弯矩表达式为

$$M_F = -\int_0^\theta \mathrm{d}M_F = -\int_0^\theta qR\,\mathrm{d}\alpha \cdot R\sin(\theta-\alpha) = -qR^2(1-\cos\theta)$$

当 $X_1 = 1$ 单独作用于基本结构时［图（d）］，弯矩表达式为

$$\overline{M}_1 = R\sin\theta$$

由积分法得

$$\delta_{11} = \int_l \frac{\overline{M}_1^2}{EI}\mathrm{d}s = \frac{1}{EI}\int_0^{\frac{\pi}{2}} R^2\sin\theta \cdot R\mathrm{d}\theta = \frac{R^3}{EI}$$

$$\Delta_{1F} = \int_l \frac{\overline{M}_1 M_F}{EI}\mathrm{d}s = -\frac{1}{EI}\int_0^{\frac{\pi}{2}} qR^3\sin\theta(1-\cos\theta) \cdot R\mathrm{d}\theta = -\frac{qR^4}{2EI}$$

（4）解方程求多余未知力。将系数和自由项代入力法方程，解得

$$X_1 = \frac{qR}{2}$$

（5）由叠加原理求 M。

$$M = \overline{M}_1 X_1 + M_F = \frac{qR^2}{2}\sin\theta - qR^2(1-\cos\theta)$$

绘出 M 图如图（e）所示。

计算题 18.6 试用力法计算图（a）所示刚架，并绘制内力图。

解 （1）选取图（b）所示基本结构。

（2）建立力法方程为

$$\delta_{11}X_1 + \delta_{12}X_2 + \Delta_{1F} = 0$$
$$\delta_{21}X_1 + \delta_{22}X_2 + \Delta_{2F} = 0$$

（3）计算系数和自由项。绘出 M_F、$\overline{M}_1$、$\overline{M}_2$ 图分别如图（c）、（d）、（e）所示。图乘得

$$\delta_{11} = \frac{1}{EI}\left(\frac{1}{2}\times\frac{1}{3}\times 4\mathrm{m}\times 4\mathrm{m}\times 4\mathrm{m} + 4\mathrm{m}\times 4\mathrm{m}\times 5\mathrm{m}\right) = \frac{272}{3EI}\mathrm{m}^3$$

$$\delta_{12} = \delta_{21} = \frac{1}{EI} \times \frac{1}{2} \times 5\text{m} \times 5\text{m} \times 4\text{m} = \frac{50}{EI}\text{m}^3$$

$$\delta_{22} = \frac{1}{EI} \times \frac{1}{3} \times 5\text{m} \times 5\text{m} \times 5\text{m} \times 2 = \frac{250}{3EI}\text{m}^3$$

$$\Delta_{1F} = \frac{1}{EI} \times \frac{1}{3} \times 5\text{m} \times 250\text{kN} \cdot \text{m} \times 4\text{m} = \frac{5000}{3EI}\text{kN} \cdot \text{m}^3$$

$$\Delta_{2F} = \frac{1}{EI} \times \frac{1}{3} \times 5\text{m} \times 250\text{kN} \cdot \text{m} \times \frac{3}{4} \times 5\text{m} = \frac{1562.5}{EI}\text{kN} \cdot \text{m}^3$$

（4）解方程求多余未知力。将系数和自由项代入力法方程，解得

$$X_1 = -12.02\text{kN}, \quad X_2 = -11.54\text{kN}$$

（5）绘出 M、F_S、F_N 图分别如图（f）、（g）、（h）所示。

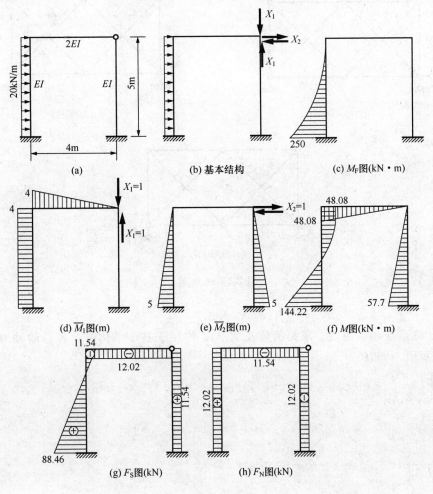

计算题 18.6 图

计算题 18.7 试用力法计算图（a）所示桁架，并求各杆轴力。已知 $EA=$ 常数。

解 （1）选取如图（b）所示的基本结构。

（2）建立力法方程为

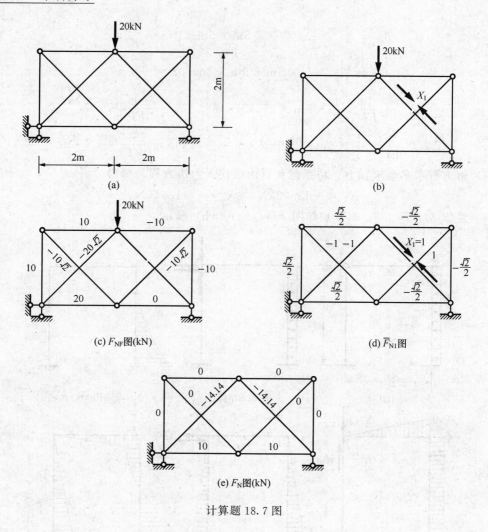

计算题 18.7 图

$$\delta_{11} X_1 + \Delta_{1F} = 0$$

（3）计算系数和自由项。求得荷载及 $X_1 = 1$ 作用于基本结构时，各杆的轴力分别如图（c）、（d）所示。则有

$$\delta_{11} = \frac{1}{EA}\left[\left(\frac{\sqrt{2}}{2}\right)^2 \times 2\mathrm{m} \times 3 + \left(-\frac{\sqrt{2}}{2}\right)^2 \times 2\mathrm{m} \times 3 + (-1)^2 \times 2\sqrt{2}\mathrm{m} \times 2 + 1^2 \times 2\sqrt{2}\mathrm{m} \times 2\right]$$

$$= \frac{17.31}{EA}\mathrm{m}$$

$$\Delta_{1F} = \frac{1}{EA}\left[10 \times \frac{\sqrt{2}}{2} \times 2 \times 2 + (-10) \times \left(-\frac{\sqrt{2}}{2}\right)\right.$$

$$\left. \times 2 \times 2 + 20 \times \frac{\sqrt{2}}{2} \times 2 + (-10\sqrt{2}) \times (-1) \times 2\sqrt{2}\right]\mathrm{kN \cdot m}$$

$$+ \frac{1}{EA}\left[(-20\sqrt{2}) \times (-1) \times 2\sqrt{2} + 10\sqrt{2} \times 1 \times 2\sqrt{2}\right]\mathrm{kN \cdot m}$$

$$= \frac{244.84}{EA}\mathrm{kN \cdot m}$$

（4）解方程求多余未知力。将系数和自由项代入力法方程，解得

$$X_1 = -14.14\text{kN}$$

（5）由叠加原理 $F_N = \bar{F}_{N1}X_1 + F_{NF}$ 得出各杆轴力如图（e）所示。

计算题 18.8　试用力法计算图（a）所示结构，并绘制弯矩图。

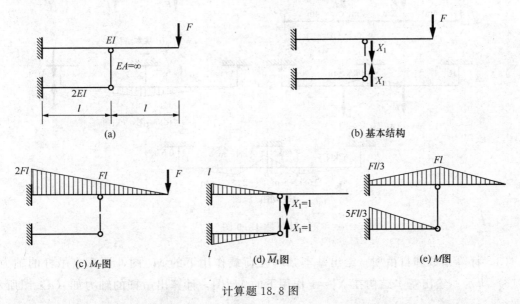

计算题 18.8 图

解　（1）选取如图（b）所示的基本结构。

（2）建立力法方程为

$$\delta_{11}X_1 + \Delta_{1F} = 0$$

（3）计算系数和自由项。绘出 M_F、$\bar{M}_1$ 图分别如图（c）、（d）所示。图乘得

$$\delta_{11} = \frac{1}{EI} \times \frac{1}{3} \times l \times l \times l + \frac{1}{2EI} \times \frac{1}{3} \times l \times l \times l = \frac{l^3}{2EI}$$

$$\Delta_{1F} = \frac{l}{6EI}(2 \times 2Fl \times l + Fl \times l) = \frac{5Fl^3}{6EI}$$

（4）解方程求多余未知力。将系数和自由项代入力法方程，解得

$$X_1 = -\frac{5}{3}F$$

（5）由叠加原理 $M = \bar{M}_1 X_1 + M_F$ 绘出弯矩图如图（e）所示。

计算题 18.9　20a 工字钢梁如图（a）所示，在 A、B、C 处分别由两根 $\phi 20$ 钢筋吊起，荷载 $F = 4.5\text{kN}$，考虑吊杆轴向变形，试求 A、B、C 三处吊杆的拉力，并绘制梁的弯矩图。

解　由型钢规格表查得 20a 工字钢的惯性矩 $I = 2370\text{cm}^4 = 0.237 \times 10^{-4}\text{m}^4$。吊杆的横截面面积 $A = 2 \times \frac{\pi d^2}{4} = 6.283 \times 10^{-4}\text{m}^2$。

（1）选取如图（b）所示的基本结构。

（2）建立力法方程为

$$\delta_{11}X_1 + \Delta_{1F} = \frac{X_1 l}{EA}$$

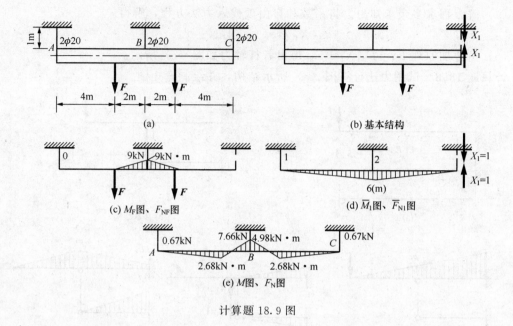

计算题 18.9 图

（3）计算系数和自由项。绘出基本结构在荷载作用下的 M_F 图，计算出吊杆的轴力如图（c）所示。绘出基本结构在 $X_1=1$ 作用下的 $\overline{M}_1$ 图，计算出吊杆的轴力如（d）图所示。图乘得

$$\delta_{11} = \frac{1}{EI} \times \frac{1}{3} \times 6\text{m} \times 6\text{m} \times 6\text{m} \times 2 + \frac{1}{EA}[1^2 \times 1\text{m} \times 2 + (-2)^2 \times 1\text{m}]$$

$$= \frac{144}{EI}\text{m}^3 + \frac{6}{EA}\text{m} \quad \Delta_{1F} = \frac{-2\text{m}}{6EI}(2 \times 9\text{kN} \cdot \text{m} \times 6\text{m} + 9\text{kN} \cdot \text{m} \times 4\text{m}) \times 2 + \frac{1}{EA}$$

$$\times (-2) \times 9\text{kN} \times 1\text{m} = -\frac{96}{EI}\text{kN} \cdot \text{m} - \frac{18}{EA}\text{kN} \cdot \text{m}$$

（4）解方程求多余未知力。将系数和自由项代入力法方程，并注意到 $I=0.237 \times 10^{-4}\text{m}^4$，$A=6.283 \times 10^{-4}\text{m}^2$。解得

$$X_1 = 0.67\text{kN}$$

（5）由叠加原理 $M = \overline{M}_1 X_1 + M_F$ 绘出弯矩图，并计算出各杆轴力如图（e）所示。

计算题 18.10～计算题 18.18　对称性的利用

计算题 18.10　试利用结构的对称性，用力法计算图（a）所示刚架，并绘制弯矩图。已知 $EI=$ 常数。

解　（1）选取图（b）所示基本结构。由于结构对称，荷载对称，故只有对称多余未知力，反对称多余未知力为零。

（2）建立力法方程为

$$\delta_{11}X_1 + \delta_{12}X_2 + \Delta_{1F} = 0$$
$$\delta_{21}X_1 + \delta_{22}X_2 + \Delta_{2F} = 0$$

（3）计算系数和自由项。绘出 M_F、$\overline{M}_1$、$\overline{M}_2$ 图分别如图（c）、（d）、（e）所示。图乘得

$$\delta_{11} = \frac{1}{EI}\left[\frac{1}{3}\times 2\mathrm{m}\times 2\mathrm{m}\times\sqrt{20}\mathrm{m}\times 2 + \frac{4\mathrm{m}}{6}(2\times 2\mathrm{m}\times 2\mathrm{m} + 2\times 6\mathrm{m}\times 6\mathrm{m} + 2\times 2\mathrm{m}\times 6\mathrm{m})\times 2\right]$$

$$= \frac{150.59}{EI}\mathrm{m}^3$$

$$\delta_{12} = \delta_{21} = \frac{1}{EI}\left(\frac{1}{2}\times 2\mathrm{m}\times\sqrt{20}\mathrm{m}\times 1\times 2 + \frac{2\mathrm{m}+6\mathrm{m}}{2}\times 4\mathrm{m}\times 1\times 2\right) = \frac{40.94}{EI}\mathrm{m}^2$$

$$\delta_{22} = \frac{1}{EI}(1^2\times\sqrt{20}\mathrm{m}\times 2 + 1^2\times 4\mathrm{m}\times 2) = \frac{16.94}{EI}\mathrm{m}$$

$$\Delta_{1F} = \frac{-4\mathrm{m}}{6EI}(2\times 4F\times 6\mathrm{m} + 2\mathrm{m}\times 4F)\times 2 = \frac{-74.67F}{EI}\mathrm{m}^2$$

$$\Delta_{2F} = -\frac{1}{EI}\times\frac{1}{2}\times 4\mathrm{m}\times 4F\times 1\times 2 = \frac{-16F}{EI}\mathrm{m}$$

（4）解方程求多余未知力。将系数和自由项代入力法方程，解得

$$X_1 = 0.7F,\quad X_2 = -0.75F$$

（5）由叠加原理 $M = \overline{M}_1 X_1 + \overline{M}_2 X_2 + M_F$ 绘出 M 图如图（f）所示。

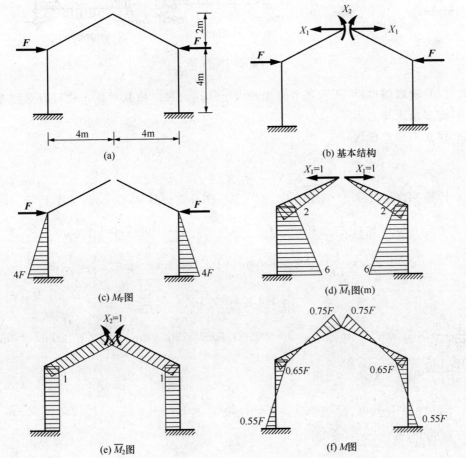

计算题 18.10 图

计算题 18.11　试利用结构的对称性，用力法计算图（a）所示刚架，并绘制弯矩图。

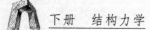
已知 $EI=$ 常数。

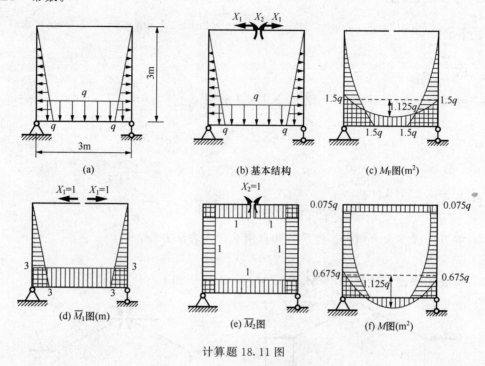

计算题 18.11 图

解 （1）选取图（b）所示基本结构。由于结构对称，荷载对称，故只有对称多余未知力，反对称多余未知力为零。

（2）建立力法方程为

$$\delta_{11}X_1 + \delta_{12}X_2 + \Delta_{1F} = 0$$
$$\delta_{21}X_1 + \delta_{22}X_2 + \Delta_{2F} = 0$$

（3）计算系数和自由项。绘出 M_F、$\overline{M}_1$、$\overline{M}_2$ 图分别如图（c）、（d）、（e）所示。图乘得

$$\delta_{11} = \frac{1}{EI}\left(\frac{1}{3} \times 3\text{m} \times 3\text{m} \times 3\text{m} \times 2 + 3\text{m} \times 3\text{m} \times 3\text{m}\right) = \frac{45}{EI}\text{m}^3$$

$$\delta_{12} = \delta_{21} = \frac{1}{EI}\left(\frac{1}{2} \times 3\text{m} \times 3\text{m} \times 1 \times 2 + 3\text{m} \times 3\text{m} \times 1\right) = \frac{18}{EI}\text{m}^2$$

$$\delta_{22} = \frac{1}{EI} \times 1 \times 3\text{m} \times 1 \times 4 = \frac{12}{EI}\text{m}$$

$$\Delta_{1F} = \frac{1}{EI}\left(\frac{1}{4} \times 1.5q\text{m}^2 \times 3\text{m} \times \frac{4}{5} \times 3\text{m} \times 2 + 1.5q\text{m}^2 \times 3\text{m} \times 3\text{m} - \frac{2}{3} \times 1.125q\text{m}^2 \times 3\text{m} \times 3\text{m}\right)$$

$$= \frac{12.15q}{EI}\text{m}^4$$

$$\Delta_{2F} = \frac{1}{EI}\left(\frac{1}{4} \times 1.5q\text{m}^2 \times 3\text{m} \times 1 \times 2 + 1.5q\text{m}^2 \times 3\text{m} \times 1 - \frac{2}{3} \times 1.125q\text{m}^2 \times 3\text{m} \times 1\right)$$

$$= \frac{4.5q}{EI}\text{m}^3$$

（4）解方程求多余未知力。将系数和自由项代入力法方程，解得

$$X_1 = -0.3q\text{m}, \quad X_2 = 0.075q\text{m}^2$$

（5）由叠加原理 $M = \overline{M}_1 X_1 + \overline{M}_2 X_2 + M_F$ 绘出 M 图如图（f）所示。

计算题 18.12 试利用结构的对称性，用力法计算图（a）所示刚架，并绘制弯矩图。已知 $A = 5I/\mathrm{m}^2$。

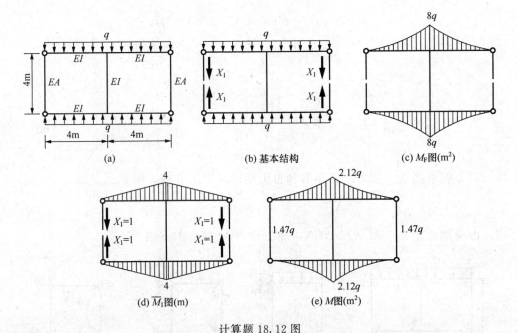

计算题 18.12 图

解 （1）选取图（b）所示的基本结构。由于结构对称，荷载对称，故多余未知力也应对称，左、右两链杆轴力应相同，都设其为 X_1。

（2）建立力法方程为

$$\delta_{11} X_1 + \Delta_{1F} = 0$$

（3）计算系数和自由项。绘出 M_F、$\overline{M}_1$ 图分别如图（c）、（d）所示。图乘得

$$\delta_{11} = \frac{1}{EI} \times \frac{1}{3} \times 4\mathrm{m} \times 4\mathrm{m} \times 4\mathrm{m} \times 4 + \frac{1}{EA} \times 1 \times 1 \times 4\mathrm{m} \times 2 = \frac{256}{3EI}\mathrm{m}^3 + \frac{8}{5EI}\mathrm{m}^3$$

$$\Delta_{1F} = \frac{1}{3EI} \times 8q\mathrm{m}^2 \times 4\mathrm{m} \times \frac{3}{4} \times 4\mathrm{m} \times 4 = \frac{128q}{EI}\mathrm{m}^4$$

（4）解方程求多余未知力。将系数和自由项代入力法方程，解得

$$X_1 = -1.47q\mathrm{m}$$

（5）由叠加原理 $M = \overline{M}_1 X_1 + M_F$ 绘出弯矩图如图（e）所示。

计算题 18.13 试利用结构的对称性，用力法计算图（a）所示刚架，并绘制弯矩图。已知 $EI =$ 常数。

解 由于结构对称，荷载对称，可取一半结构结构进行计算如图（b）所示，对称轴上的 GD 杆不能转动，也不能水平移动，只能竖向移动，故看成 $EI = \infty$，在 G、D 两点处相当于有两支杆限制水平移动。此结构为二次超静定结构。

（1）选取图（c）所示基本结构。

（2）建立力法方程为

$$\delta_{11}X_1 + \delta_{12}X_2 + \Delta_{1F} = 0$$
$$\delta_{21}X_1 + \delta_{22}X_2 + \Delta_{2F} = 0$$

（3）计算系数和自由项。绘出 M_F、$\overline{M}_1$、$\overline{M}_2$ 图分别如图（d）、（e）、（f）所示。图乘得

$$\delta_{11} = \frac{1}{EI} \times \frac{1}{3} \times 1 \times 1 \times l \times 3 = \frac{l}{EI}$$

$$\delta_{12} = \delta_{21} = \frac{1}{EI} \times \frac{1}{6} \times 1 \times l \times 1 = \frac{l}{6EI}$$

$$\delta_{22} = \frac{1}{EI} \times \frac{1}{3} \times l \times 1 \times 2 = \frac{2l}{3EI}$$

$$\Delta_{1F} = \frac{-2l}{3EI} \times \frac{ql^2}{8} \times \frac{1}{2} - \frac{l}{3EI} \times \frac{ql^2}{2} \times 1 = -\frac{5ql^3}{24EI}$$

$$\Delta_{2F} = 0$$

（4）解方程求多余未知力。将系数和自由项代入力法方程，解得

$$X_1 = \frac{5}{23}ql^2, \quad X_2 = -\frac{5}{92}ql^2$$

（5）由叠加原理 $M = \overline{M}_1 X_1 + \overline{M}_2 X_2 + M_F$ 绘出 M 图如图（g）所示。

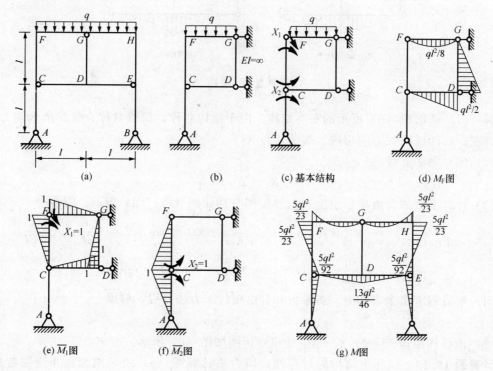

计算题 18.13 图

计算题 18.14 试利用结构的对称性，用力法计算图（a）所示刚架，并绘制弯矩图。

解 由于结构对称，荷载对称，变形也应对称，可取一半结构结构进行计算如图（b）所示。此结构为三次超静定结构。

（1）选取图（c）所示基本结构。

（2）建立力法方程为

$$\delta_{11}X_1 + \delta_{12}X_2 + \delta_{13}X_3 + \Delta_{1F} = 0$$
$$\delta_{21}X_1 + \delta_{22}X_2 + \delta_{23}X_3 + \Delta_{2F} = 0$$
$$\delta_{31}X_1 + \delta_{32}X_2 + \delta_{33}X_3 + \Delta_{3F} = 0$$

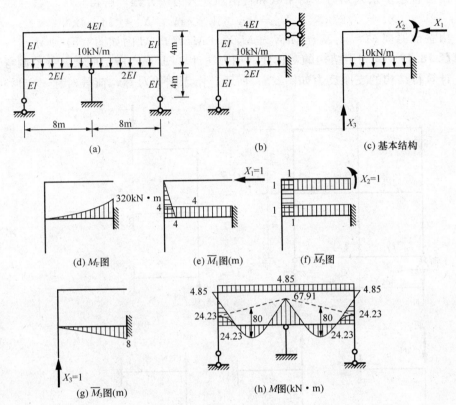

计算题 18.14 图

（3）计算系数和自由项。绘出 M_F、$\overline{M}_1$、$\overline{M}_2$、$\overline{M}_3$ 图分别如图（d）、（e）、（f）、（g）所示。图乘得

$$\delta_{11} = \frac{4\text{m}}{3EI} \times 4\text{m} \times 4\text{m} + \frac{8\text{m}}{2EI} \times 4\text{m} \times 4\text{m} = \frac{256}{3EI}\text{m}^3$$

$$\delta_{12} = \delta_{21} = \frac{4\text{m}}{2EI} \times 4\text{m} \times 1 + \frac{8\text{m}}{2EI} \times 4\text{m} \times 1 = \frac{24}{EI}\text{m}^2$$

$$\delta_{13} = \delta_{31} = -\frac{4\text{m}}{2EI} \times 8\text{m} \times 8\text{m} \times \frac{1}{2} = -\frac{64}{EI}\text{m}^3$$

$$\delta_{22} - \frac{1}{4EI} \times 1 \times 8\text{m} + \frac{1}{EI} \times 4\text{m} \times 1 + \frac{1}{2EI} \times 1 \times 8\text{m} = \frac{10}{EI}\text{m}$$

$$\delta_{23} = \delta_{32} = -\frac{8\text{m}}{2EI} \times 8\text{m} \times \frac{1}{2} \times 1 = -\frac{16}{EI}\text{m}^2$$

$$\delta_{33} = \frac{1}{2EI} \times \frac{1}{3} \times 8\text{m} \times 8\text{m} \times 8\text{m} = \frac{256}{3EI}\text{m}^3$$

$$\Delta_{1F} = \frac{1}{2EI} \times \frac{1}{3} \times 320\text{kN} \cdot \text{m} \times 8\text{m} \times 4\text{m} = \frac{5120}{3EI}\text{kN} \cdot \text{m}^3$$

$$\Delta_{2F} = \frac{1}{2EI} \times \frac{1}{3} \times 320\text{kN} \cdot \text{m} \times 8\text{m} \times 1 = \frac{1280}{3EI}\text{kN} \cdot \text{m}^2$$

$$\Delta_{2F} = -\frac{1}{2EI} \times \frac{1}{3} \times 320\text{kN} \cdot \text{m} \times 8\text{m} \times \frac{3}{4} \times 8\text{m} = -\frac{2560}{EI}\text{kN} \cdot \text{m}^3$$

（4）解方程求多余未知力。将系数和自由项代入力法方程，解得

$$X_1 = 7.27\text{kN}, \quad X_2 = -4.85\text{kN} \cdot \text{m}, \quad X_3 = 34.54\text{kN}$$

（5）由叠加原理 $M = \overline{M}_1 X_1 + \overline{M}_2 X_2 + \overline{M}_3 X_3 + M_F$ 绘出 M 图如图（h）所示。

计算题 18.15 试利用结构的对称性，用力法计算图（a）所示刚架，并绘制弯矩图。

解 计算得结构的支座反力如图（a）所示。由于结构对称，荷载对称，变形对称，故

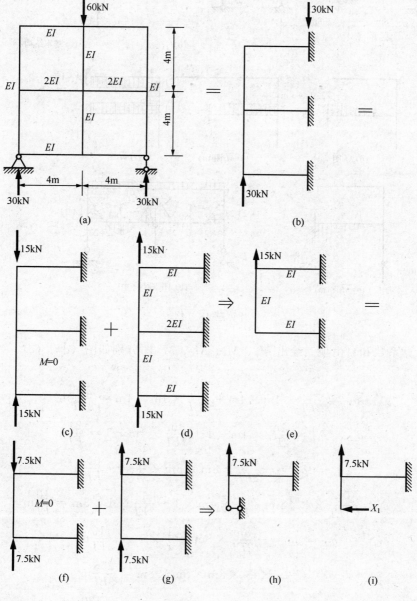

计算题 18.15 图

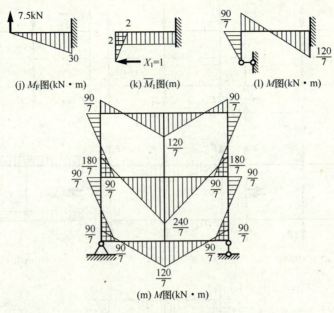

(j) M_F图(kN·m)　　　(k) $\overline{M}_1$图(m)　　　(l) M图(kN·m)

(m) M图(kN·m)

计算题 18.15 图（续）

可取图（b）所示二分之一结构进行分析。又由于图（b）所示半刚架也为对称结构，将其荷载分为两组分别如图（c）、（d）所示。在对称荷载作用的图（c）中弯矩为零。所以只需对图（d）所示反对称作用的一组进行计算。根据对称性，图（d）所示结构又可取图（e）所示半刚架计算，而图（e）的荷载又可分为图（f）、（g）两组。同理，图（f）中弯矩为零。图（g）又可取图（h）所示半刚架来计算，为一次超静定结构。下面对图（h）所示半刚架进行计算。

（1）选取图（i）所示基本结构。

（2）建立力法方程为

$$\delta_{11}X_1 + \Delta_{iF} = 0$$

（3）计算系数和自由项。绘出 M_F、$\overline{M}_1$ 图分别如图（j）、（k）所示。图乘得

$$\delta_{11} = \frac{1}{3EI} \times 2\text{m} \times 2\text{m} \times 2\text{m} + \frac{1}{EI} \times 2\text{m} \times 4\text{m} \times 2\text{m} = \frac{56}{3EI}\text{m}^3$$

$$\Delta_{1F} = \frac{1}{2EI} \times 30\text{kN} \cdot \text{m} \times 4\text{m} \times 2\text{m} = \frac{120}{EI}\text{kN} \cdot \text{m}^3$$

（4）解方程求多余未知力。将系数和自由项代入力法方程，解得

$$X_1 = -\frac{45}{7}\text{kN}$$

（5）由叠加原理 $M = \overline{M}_1 X_1 + M_F$ 绘出弯矩图如图（l）所示。据此由对称性绘出整个结构的弯矩图如图（m）所示。

计算题 18.16 试利用结构的对称性，用力法计算图（a）所示刚架，并绘制弯矩图。已知 $EI=$ 常数。

解 计算得刚架的支座反力如图（a）所示。将结构上的外力分解为对称力一组和反对称力一组分别如图（b）、（c）所示。对称力一组作用下 $M=0$，所以只需对反对称力一组的

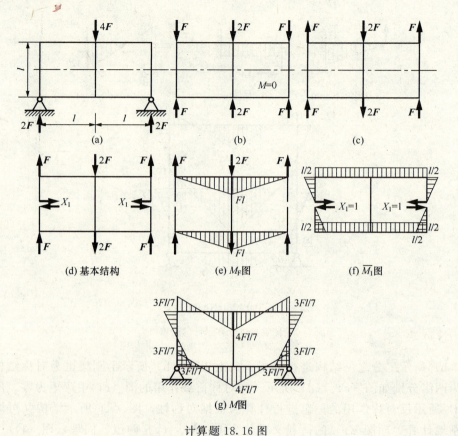

计算题 18.16 图

作用进行计算。

（1）选取如图（d）所示的基本结构。因外力对水平轴反对称，而对中间竖直轴正对称，故在结构切口处多余未知力相同，都设其为 X_1。

（2）建立力法方程为

$$\delta_{11} X_1 + \Delta_{1F} = 0$$

（3）计算系数和自由项。绘出 M_F、$\overline{M}_1$ 图分别如图（e）、（f）所示。图乘得

$$\delta_{11} = \frac{1}{EI} \times \frac{1}{3} \times \frac{l}{2} \times \frac{l}{2} \times \frac{l}{2} \times 4 + \frac{1}{EI} \times \frac{l}{2} \times 2l \times \frac{l}{2} \times 2 = \frac{7l^3}{6EI}$$

$$\Delta_{1F} = -\frac{1}{EI} \times Fl \times 2l \times \frac{1}{2} \times \frac{l}{2} \times 2 = -\frac{Fl^3}{EI}$$

（4）解方程求多余未知力。将系数和自由项代入力法方程，解得

$$X_1 = \frac{6F}{7}$$

（5）由叠加原理 $M = \overline{M}_1 X_1 + M_F$ 绘出弯矩图如图（g）所示。

计算题 18.17 试利用结构的对称性，用力法计算图（a）所示圆环结构，并绘制弯矩图。已知 $EI =$ 常数。

解 由对称性取四分之一结构进行计算，如图（b）所示。此四分之一结构为一次超静定结构。

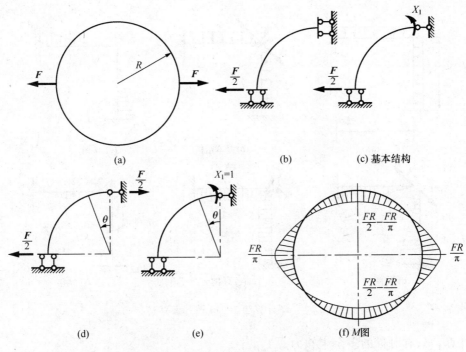

计算题 18.17 图

（1）选取如图（c）所示的基本结构。

（2）建立力法方程为

$$\delta_{11}X_1 + \Delta_{1F} = 0$$

（3）计算系数和自由项。由图（d）可得

$$M_F = -\frac{FR}{2}(1-\cos\theta)$$

由图（e）可得

$$\overline{M}_1 = 1$$

因此

$$\delta_{11} = \int_l \frac{\overline{M}_1^2}{EI}ds = \int_0^{\frac{\pi}{2}} \frac{Rd\theta}{EI} = \frac{\pi R}{2EI}$$

$$\Delta_{1F} = \int_l \frac{\overline{M}_1 M_F}{EI}ds = -\int_0^{\frac{\pi}{2}} \frac{FR^2}{2EI}(1-\cos\theta)d\theta = -\frac{FR^2}{2EI}\left(\frac{\pi}{2}-1\right)$$

（4）解方程求多余未知力。将系数和自由项代入力法方程，解得

$$X_1 = \frac{FR}{\pi}\left(\frac{\pi}{2}-1\right)$$

（5）由叠加原理 $M = \overline{M}_1 X_1 + M_F = \frac{F}{2}R\cos\theta - \frac{FR}{\pi}$ 绘出弯矩图如图（f）所示。

计算题 18.18 试利用结构的对称性，用力法计算图（a）所示刚架，并绘制弯矩图。已知 $EI=$ 常数。

解 由于结构及荷载关于与水平成 $45°$ 角的轴线对称，可从对称轴处截开取一半结构结

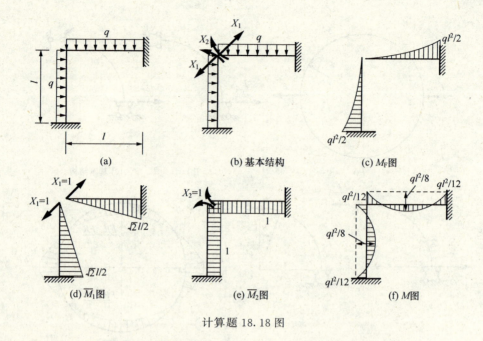

计算题 18.18 图

构进行计算，只有对称的多余未知力。

（1）选取图（b）所示基本结构。

（2）建立力法方程为

$$\delta_{11}X_1 + \delta_{12}X_2 + \Delta_{1F} = 0$$
$$\delta_{21}X_1 + \delta_{22}X_2 + \Delta_{2F} = 0$$

（3）计算系数和自由项。绘出 M_F、$\overline{M}_1$、$\overline{M}_2$ 图分别如图（c）、（d）、（e）所示。图乘得

$$\delta_{11} = \frac{1}{EI} \times \frac{1}{3} \times \frac{\sqrt{2}l}{2} \times \frac{\sqrt{2}l}{2} \times l \times 2 = \frac{l^3}{3EI}$$

$$\delta_{12} = \delta_{21} = \frac{1}{EI} \times \frac{1}{2} \times \frac{\sqrt{2}l}{2} \times l \times 1 \times 2 = \frac{\sqrt{2}}{2EI}l^2$$

$$\delta_{22} = \frac{1}{EI} \times 1 \times l \times 2 = \frac{2l}{EI}$$

$$\Delta_{1F} = -\frac{1}{EI} \times \frac{1}{3} \times \frac{ql^2}{2} \times l \times \frac{3}{4} \times \frac{\sqrt{2}l}{2} \times 2 = -\frac{\sqrt{2}ql^4}{8EI}$$

$$\Delta_{2F} = -\frac{1}{EI} \times \frac{1}{3} \times \frac{ql^2}{2} \times l \times 1 \times 2 = -\frac{ql^3}{3EI}$$

（4）解方程求多余未知力。将系数和自由项代入力法方程，解得

$$X_1 = \frac{\sqrt{2}}{2}ql, \quad X_2 = -\frac{1}{12}ql^2$$

（5）由叠加原理 $M = \overline{M}_1 X_1 + \overline{M}_2 X_2 + M_F$ 绘出 M 图如图（f）所示。

计算题 18.19 和计算题 18.20　弹性中心法

计算题 18.19　试用弹性中心法计算图（a）所示圆拱直墙刚架，并求支座 A 及拱顶 C 处的弯矩。已知 EI＝常数。

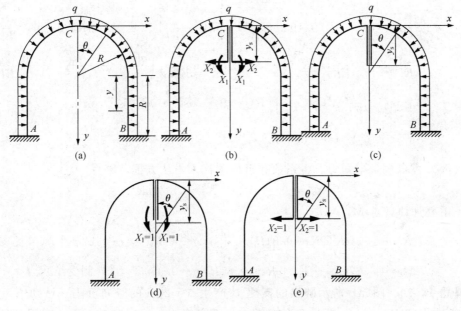

计算题 18.19 图

解　（1）求弹性中心位置。

$$y_s = \frac{\int_l y \dfrac{\mathrm{d}s}{EI}}{\int_l \dfrac{\mathrm{d}s}{EI}} = \frac{\dfrac{2}{EI}\displaystyle\int_0^{\frac{\pi}{2}} R(1-\cos\theta)R\,\mathrm{d}\theta + \dfrac{2}{EI}\displaystyle\int_R^{2R} y\,\mathrm{d}y}{\dfrac{2}{EI}\displaystyle\int_0^{\frac{\pi}{2}} R\,\mathrm{d}\theta + \dfrac{2}{EI}\displaystyle\int_R^{2R} \mathrm{d}y} = 0.81R$$

（2）选取图（b）所示基本结构。以 C 点为坐标原点建 x、y 坐标如图（b）所示。由于结构对称，荷载对称，故只有对称的多余未知力 X_1、X_2。

（3）建立力法方程。

$$\delta_{11}X_1 + \Delta_{1F} = 0$$
$$\delta_{22}X_2 + \Delta_{2F} = 0$$

（4）计算系数和自由项。由图（c）可得，曲杆段弯矩为

$$M_F = -qR^2(1-\cos\theta)$$

直杆段弯矩为

$$M_F = -\frac{qR^2}{2} - \frac{qy^2}{2}$$

由图（d）可得，直杆段和曲杆段的弯矩为

$$\overline{M}_1 = 1$$

由图（e）可得，曲杆段的弯矩为

619

$$\overline{M}_2 = R(1 - \cos\theta) - 0.81R = R(0.19 - \cos\theta)$$

直杆段的弯矩为

$$\overline{M}_2 = y - y_s = y - 0.81R$$

因此

$$\delta_{11} = \int_l \frac{\overline{M}_1^2 \mathrm{d}s}{EI} = \frac{2}{EI}\int_0^{\frac{\pi}{2}} R\mathrm{d}\theta + \frac{2}{EI}\int_R^{2R} \mathrm{d}y = \frac{5.14R}{EI}$$

$$\delta_{22} = \int_l \frac{\overline{M}_2^2}{EI}\mathrm{d}s = \frac{2}{EI}\int_0^{\frac{\pi}{2}} R^2(0.19 - \cos\theta)^2 \cdot R\mathrm{d}\theta + \frac{2}{EI}\int_R^{2R} (y - 0.81R)^2 \mathrm{d}y = \frac{2.04R^3}{EI}$$

$$\Delta_{1F} = \int_l \frac{\overline{M}_1 M_F}{EI}\mathrm{d}s = \frac{-2}{EI}\int_0^{\frac{\pi}{2}} qR^2(1 - \cos\theta)R\mathrm{d}\theta - \frac{2}{EI}\int_R^{2R}\left(\frac{qR^2}{2} - \frac{qy^2}{2}\right)\mathrm{d}y = -\frac{4.47qR^3}{EI}$$

$$\Delta_{2F} = \int_l \frac{\overline{M}_2 M_F}{EI}\mathrm{d}s = \frac{-2}{EI}\int_0^{\frac{\pi}{2}} R(0.19 - \cos\theta) \cdot qR^2(1 - \cos\theta) \cdot R\mathrm{d}\theta$$

$$- \frac{2}{EI}\int_R^{2R}(y - 0.81R) \cdot \frac{q}{2}(R^2 - y^2)\mathrm{d}y = -\frac{2.43qR^4}{EI}$$

（5）解方程求多余未知力。将系数和自由项代入力法方程，解得

$$X_1 = 0.87qR^2, \quad X_2 = 1.14qR$$

（6）由叠加原理求 M_A、M_C。

$$M_A = 0.87qR^2 + 1.14qR(2R - 0.81R) - \frac{qR^2}{2} - \frac{q}{2}(2R)^2 = -0.27qR^2 \quad (外侧受拉)$$

$$M_C = 0.87qR^2 - 1.14qR \times 0.81R = -0.05qR^2 \quad (外侧受拉)$$

计算题 18.20　图（a）所示圆拱的支座 B 产生 $\Delta = 2\mathrm{cm}$ 的竖向沉陷，已知 $E = 2 \times 10^{10}$ N/m²，拱圈半径 $R = 24\mathrm{m}$，横截面为矩形，截面高度 $h = 2.4\mathrm{m}$，$b = 1\mathrm{m}$。试用弹性中心法求支座 A、B 处的弯矩。

解　（1）求弹性中心位置。

$$y_s = \frac{\int_l y \dfrac{\mathrm{d}s}{EI}}{\int_l \dfrac{\mathrm{d}s}{EI}} = \frac{\dfrac{2}{EI}\int_0^{\frac{\pi}{3}} R(1 - \cos\theta)R\mathrm{d}\theta}{\dfrac{2}{EI}\int_0^{\frac{\pi}{3}} R\mathrm{d}\theta} = 0.173R$$

（2）选取图（b）所示基本结构，建立力法方程为

$$\delta_{11}X_1 + \Delta_{1c} = 0$$
$$\delta_{22}X_2 + \Delta_{2c} = 0$$
$$\delta_{33}X_3 + \Delta_{3c} = 0$$

（3）计算系数和自由项。由图（c）可得

$$\overline{M}_1 = 1$$
$$F_{By} = 0$$

由图（d）可得

$$\overline{M}_2 = y - y_s = R(1 - \cos\theta) - 0.173R = R(0.827 - \cos\theta)$$
$$F_{By} = 0$$

由图（e）可得

$$\overline{M}_3 = x = R\sin\theta$$

$$F_{By} = 1$$

因此

$$\delta_{11} = \int_l \frac{\overline{M}_1^2 \mathrm{d}s}{EI} = \frac{2}{EI}\int_0^{\frac{\pi}{3}} R\mathrm{d}\theta = \frac{2\pi R}{3EI}$$

$$\delta_{22} = \int_l \frac{\overline{M}_2^2}{EI}\mathrm{d}s = \frac{2}{EI}\int_0^{\frac{\pi}{3}} R^2(0.827 - \cos\theta)^2 \cdot R\mathrm{d}\theta = \frac{0.05R^3}{EI}$$

$$\delta_{33} = \int_l \frac{\overline{M}_3^2}{EI}\mathrm{d}s = \frac{2}{EI}\int_0^{\frac{\pi}{3}} R^2\sin^2\theta \cdot R\mathrm{d}\theta = \frac{0.61R^3}{EI}$$

$$\Delta_{1c} = 0$$
$$\Delta_{2c} = 0$$
$$\Delta_{3c} = -0.02$$

（4）解方程求多余未知力。将系数和自由项代入力法方程，解得

$$X_1 = 0, \quad X_2 = 0, \quad X_3 = 54.64\text{kN}$$

（5）由叠加原理求弯矩。

$$M = \overline{M}_3 X_3 = 54.64R\sin\theta$$

当 $\theta = \dfrac{\pi}{3}$ 时，$M_B = 1135.63\text{kN} \cdot \text{m}$（内侧受拉）

当 $\theta = -\dfrac{\pi}{3}$ 时，$M_A = -1135.63\text{kN} \cdot \text{m}$（外侧受拉）

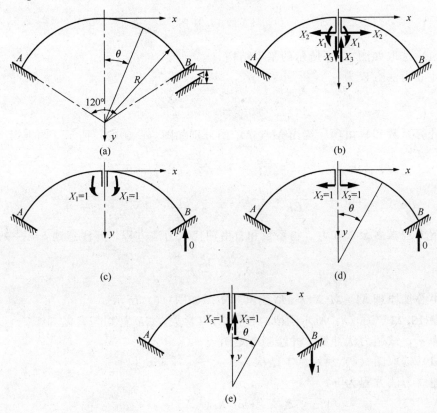

计算题 18.20 图

计算题 18.21～计算题 18.30　非荷载因素引起的超静定结构的内力

计算题 18.21　图（a）所示为具有弹性支承的梁，已知 $EI=$ 常数，弹簧刚度系数 $k=\dfrac{6EI}{l^3}$，试用力法计算，并绘制弯矩图。

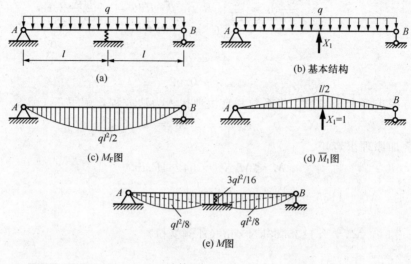

计算题 18.21 图

解　（1）选取如图（b）所示的基本结构。

（2）建立力法方程为

$$\delta_{11}X_1 + \Delta_{1F} = \frac{-X_1}{k}$$

（3）计算系数和自由项。绘出 M_F、$\overline{M}_1$ 图分别如图（c）、（d）所示。图乘得

$$\delta_{11} = \frac{l}{3EI} \times \frac{l}{2} \times \frac{l}{2} \times 2 = \frac{l^3}{6EI}$$

$$\Delta_{1F} = -\frac{2}{3EI} \times \frac{ql^2}{2} \times l \times \frac{5}{8} \times \frac{l}{2} \times 2 = -\frac{5ql^4}{24EI}$$

（4）解方程求多余未知力。将系数和自由项代入力法方程，并注意到 $k=\dfrac{6EI}{l^3}$，解得

$$X_1 = \frac{5}{8}ql$$

（5）由叠加原理 $M = \overline{M}_1 X_1 + M_F$ 绘出弯矩图如图（e）所示。

计算题 18.22　图（a）所示刚架的各杆 $EI=$ 常数，CD 杆均匀升温 50℃，已知材料线膨胀系数为 α_l，试用力法计算，并绘制弯矩图。

解　（1）选取图（b）所示基本结构。

（2）建立力法方程为

$$\delta_{11}X_1 + \delta_{12}X_2 + \Delta_{1t} = 0$$

$$\delta_{21}X_1 + \delta_{22}X_2 + \Delta_{2t} = 0$$

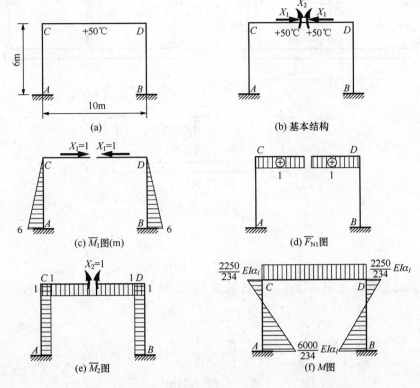

计算题 18.22 图

（3）计算系数和自由项。绘出 $\overline{M}_1$、$\overline{F}_{N1}$、$\overline{M}_2$ 图分别如图（c）、（d）、（e）所示。系数和自由项计算如下：

$$\delta_{11} = \frac{1}{3EI} \times 6\text{m} \times 6\text{m} \times 6\text{m} \times 2 = \frac{144}{EI}\text{m}^3$$

$$\delta_{12} = \delta_{21} = \frac{-6\text{m}}{2EI} \times 6\text{m} \times 1 \times 2 = -\frac{36}{EI}\text{m}^2$$

$$\delta_{22} = \frac{10\text{m}}{EI} \times 1 \times 1 + \frac{6\text{m}}{EI} \times 1 \times 1 \times 2 = \frac{22}{EI}\text{m}$$

$$\Delta_{1t} = \sum (\pm)\alpha_l t_0 A_{\overline{N}} = 50\alpha_l \times 1 \times 10\text{m} = 500\alpha_l \text{m}$$

$$\Delta_{2t} = 0$$

（4）解方程求多余未知力。将系数和自由项代入力法方程，解得

$$X_1 = -\frac{1375EI\alpha_l}{279\text{m}}, X_2 = -\frac{1625EI\alpha_l}{279}$$

（5）由 $M = \overline{M}_1 X_1 + \overline{M}_2 X_2$ 绘出弯矩图如图（f）所示。

计算题 18.23　图（a）所示刚性杆 BF 由三根吊杆吊起，其中 CD 杆比设计尺寸制短了 1mm，将其拉伸组装，试求各吊杆的轴力。已知材料的弹性模量 $E=210\text{GPa}$，吊杆的横截面积 $A=1\times10^{-3}\text{m}^2$。

解　（1）选取如图（b）所示的基本结构。

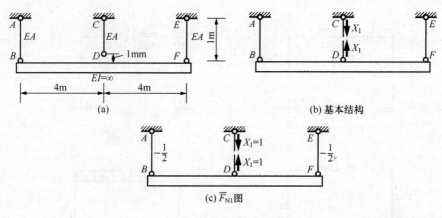

计算题 18.23 图

（2）建立力法方程为

$$\delta_{11}X_1 + \Delta_{1c} = 0$$

（3）计算系数和自由项。计算出各杆轴力 $\bar{F}_{N1}$ 如图（c）所示。系数和自由项计算如下：

$$\delta_{11} = \frac{l}{EA}(\bar{F}_{NAB}^2 l + \bar{F}_{NFE}^2 l + \bar{F}_{NDC}^2 l)$$

$$= \frac{1}{EA}\left[\left(-\frac{1}{2}\right)^2 \times 1\text{m} + \left(-\frac{1}{2}\right)^2 \times 1\text{m} + 1^2 \times 1\text{m}\right] = \frac{3}{2EA}\text{m}$$

$$\Delta_{1c} = -0.001\text{m}$$

（4）解方程求多余未知力。将系数和自由项代入力法方程，解得

$$X_1 = 140\text{kN}$$

（5）由 $F_N = \bar{F}_{N1}X_1$ 计算各吊杆轴力为

$$F_{NAB} = -\frac{1}{2} \times 140\text{kN} = -70\text{kN} \quad （压力）$$

$$F_{NEF} = -70\text{kN} \quad （压力）$$

$$F_{NCD} = 140\text{kN} \quad （拉力）$$

计算题 18.24 图（a）所示结构中杆 1、2 的横截面面积均为 $A = 2000\text{mm}^2$，材料的弹性模量均为 $E = 210\text{GPa}$，线膨胀系数 $\alpha_l = 10 \times 10^{-6} 1/℃$。杆 AB 弯曲刚度 $EI = 8.4 \times 10^4$ kN·m^2。若杆 2 均匀升温 30℃，其余杆件温度不变，试求此结构内力。

解 （1）选取如图（b）所示的基本结构。

（2）建立力法方程为

$$\delta_{11}X_1 + \Delta_{1t} = 0$$

（3）计算系数和自由项。绘出 $\bar{M}_1$ 图，计算出各杆轴力 $\bar{F}_{N1}$ 如图（c）所示。系数和自由项计算如下：

$$\delta_{11} = \frac{4\text{m}}{3EI} \times 2\text{m} \times 2\text{m} \times 2 + \frac{1}{EA}\left[1^2 \times 1\text{m} + \left(-\frac{1}{2}\right)^2 \times 1\text{m}\right] = 0.13 \times 10^{-6}\text{m/N}$$

$$\Delta_{1t} = -30\alpha_l \times \frac{1}{2} \times 1\text{m} = -1.5 \times 10^{-6}\text{m}$$

（4）解方程求多余未知力。将系数和自由项代入力法方程，解得

$$X_1 = 11.54\text{N}$$

（5）由 $M = \overline{M}_1 X_1$，$F_\text{N} = \overline{F}_\text{N1} X_1$ 计算出各杆内力如图（d）所示。

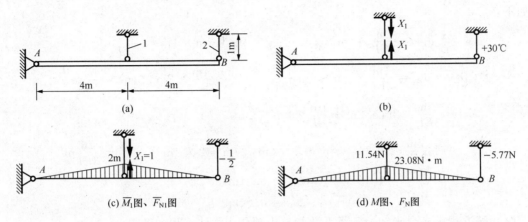

(a)

(b)

(c) $\overline{M}_1$图、$\overline{F}_\text{N1}$图

(d) M图、F_N图

计算题 18.24 图

计算题 18.25 试绘制图（a）所示刚架由支座移动引起的弯矩图。已知 $EI = 3.49 \times 10^3 \text{kN} \cdot \text{m}^2$。

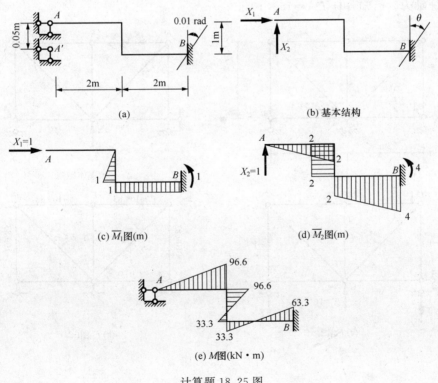

(a)

(b) 基本结构

(c) $\overline{M}_1$图(m)

(d) $\overline{M}_2$图(m)

(e) M图(kN·m)

计算题 18.25 图

解 （1）选取图（b）所示基本结构。

（2）建立力法方程为

$$\delta_{11} X_1 + \delta_{12} X_2 + \Delta_{1c} = 0$$

$$\delta_{21}X_1 + \delta_{22}X_2 + \Delta_{2c} = -0.05\text{m}$$

（3）计算系数和自由项。绘出 $\overline{M}_1$、$\overline{M}_2$ 图分别如图（c）、（d）所示。系数和自由项计算如下：

$$\delta_{11} = \frac{1\text{m}}{3EI} \times 1\text{m} \times 1\text{m} + \frac{1}{EI} \times 1\text{m} \times 2\text{m} \times 1\text{m} = \frac{7}{3EI}\text{m}^3$$

$$\delta_{12} = \delta_{21} = \frac{1\text{m}}{2EI} \times 1\text{m} \times 2\text{m} + \frac{1}{EI} \times \frac{2\text{m}+4\text{m}}{2} \times 2\text{m} \times 1\text{m} = \frac{7}{EI}\text{m}^3$$

$$\delta_{22} = \frac{2\text{m}}{3EI} \times 2\text{m} \times 2\text{m} + \frac{1\text{m}}{EI} \times 2\text{m} \times 2\text{m}$$

$$+ \frac{2\text{m}}{6EI}(2 \times 2\text{m} \times 2\text{m} + 2 \times 4\text{m} \times 4\text{m} + 2 \times 2\text{m} \times 4\text{m}) = \frac{76}{3EI}\text{m}^3$$

$$\Delta_{1c} = 0.01\text{m}$$

$$\Delta_{2c} = 0.04\text{m}$$

（4）解方程求多余未知力。将系数和自由项代入力法方程，解得

$$X_1 = 129.9\text{kN}, \quad X_2 = -48.3\text{kN}$$

（5）由 $M = \overline{M}_1 X_1 + \overline{M}_2 X_2$ 绘出弯矩图如图（g）所示。

计算题 18.26　图（a）所示桁架中，DC 杆在制造时比设计尺寸短了 0.01m，试求由此引起的各杆轴力。已知各杆 $EA = 15 \times 10^4 \text{kN} \cdot \text{m}^2$。

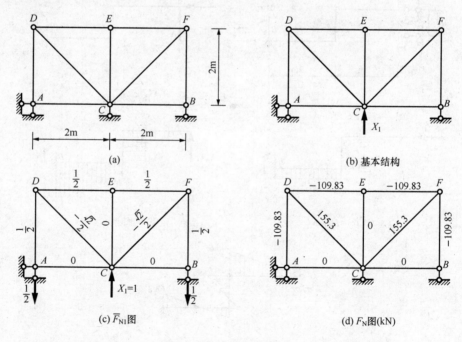

计算题 18.26 图

解　（1）选取如图（b）所示的基本结构。

（2）建立力法方程为

$$\delta_{11}X_1 + \Delta_{1c} = 0$$

（3）计算系数和自由项。计算出各杆轴力 $\overline{F}_{N1}$ 如图（c）所示。系数和自由项计算如下：

$$\delta_{11} = \frac{1}{EA}\left[\left(\frac{1}{2}\right)^2 \times 2m \times 4 + \left(-\frac{\sqrt{2}}{2}\right)^2 \times 2\sqrt{2}m \times 2\right] = \frac{4.828}{EA}m$$

$$\Delta_{1c} = -\frac{\sqrt{2}}{2} \times (-0.01)m = 0.707 \times 10^{-2}m$$

（4）解方程求多余未知力。将系数和自由项代入力法方程，解得

$$X_1 = -219.66kN$$

（5）由 $F_N = \overline{F}_{N1}X_1$ 计算出各杆轴力如图（d）所示。

计算题 18.27　图（a）所示刚架在浇注混凝土时温度为 15℃，冬季混凝土外皮温度为 −35℃，内皮温度为 15℃，试求由于温度变化引起的结构内力。已知 $EI=$ 常数。截面为矩形，截面宽度 $b=0.4m$，高度 $h=0.6m$，材料弹性模量 $E=2\times10^7 kN/m^2$，材料的线膨胀系数 $\alpha_l = 10\times10^{-6}1/℃$。

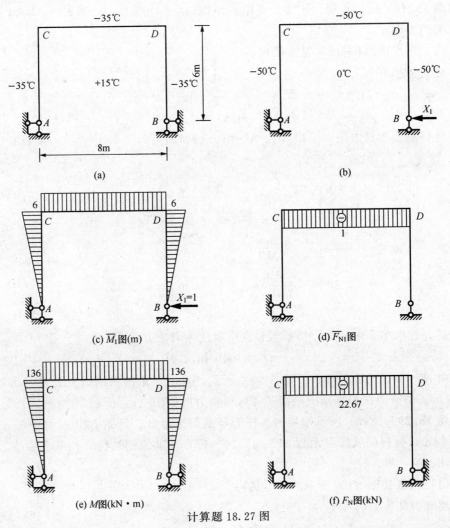

(a)

(b)

(c) $\overline{M}_1$图(m)

(d) $\overline{F}_{N1}$图

(e) M图(kN·m)

(f) F_N图(kN)

计算题 18.27 图

解　（1）选取如图（b）所示的基本结构。内侧温度比建造时无变化，外侧温度比建造时降低了 50℃。

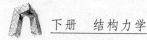

（2）建立力法方程为

$$\delta_{11}X_1 + \Delta_{1t} = 0$$

（3）计算系数和自由项。绘出 $\overline{M}_1$、$\overline{F}_{N1}$ 图分别如图（c）、（d）所示。$t_0 = -25℃$，$\Delta t = -50℃$。系数和自由项计算如下：

$$\delta_{11} = \frac{6^3\,m^3}{3EI} \times 2 + \frac{6m}{EI} \times 8m \times 6m = \frac{432}{EI}m^3$$

$$\Delta_{1t} = -25\alpha_l \times (-1 \times 8m) - \frac{50\alpha_l}{0.6m}\left(\frac{1}{2} \times 6m \times 6m \times 2 + 6m \times 8m\right) = -6800\alpha_l m$$

（4）解方程求多余未知力。将系数和自由项代入力法方程，解得

$$X_1 = 15.74\alpha_l EI\,m^2 = 22.67kN$$

（5）由 $M = \overline{M}_1 X_1$，$F_N = \overline{F}_{N1}X_1$ 绘出弯矩图和轴力图分别如图（e）、（f）所示。

计算题 18.28 图(a)所示刚架的支座 B 下沉 $\Delta_B = 0.005m$，已知 $EI = 3 \times 10^5\,kN \cdot m^2$，试绘制刚架内力图。

解 （1）选取图（b）所示基本结构。

（2）建立力法方程为

$$\delta_{11}X_1 + \delta_{12}X_2 + \Delta_{1c} = 0$$
$$\delta_{21}X_1 + \delta_{22}X_2 + \Delta_{2c} = 0$$

（3）计算系数和自由项。绘出 $\overline{M}_1$、$\overline{M}_2$ 图分别如图（c）、（d）所示。系数和自由项计算如下：

$$\delta_{11} = \frac{6m}{6EI}\left(2 \times 1 \times 1 + 2 \times \frac{1}{2} \times \frac{1}{2} - 2 \times 1 \times \frac{1}{2}\right) + \frac{10m}{2EI} \times \frac{1}{3} \times 1 = \frac{19}{6EI}m$$

$$\delta_{12} = \delta_{21} = 0$$

$$\delta_{22} = \frac{6m}{3EI} \times \frac{3}{2} \times \frac{3}{2} = \frac{9}{2EI}m$$

$$\Delta_{1c} = -\left(\frac{-1}{10}m^{-1} \times 0.005m\right) = 0.0005$$

$$\Delta_{2c} = 0$$

（4）解方程求多余未知力。将系数和自由项代入力法方程，解得

$$X_1 = -47.37kN \cdot m, \quad X_2 = 0$$

（5）由 $M = \overline{M}_1 X_1$ 绘出弯矩图如图（e）所示。再由弯矩图根据微分关系可得剪力图如图（f）所示。由剪力图根据结点平衡条件可得轴力图如图（g）所示。

计算题 18.29 图(a)所示刚架的各杆为等截面矩形杆。已知 $EI = 0.2GPa$，杆横截面高度 $h = 0.4m$，材料的线膨胀系数 $\alpha_l = 10 \times 10^{-6}1/℃$。试绘制结构在荷载和温度改变条件下的弯矩图。

解 （1）选取如图（b）所示的基本结构。

（2）建立力法方程为

$$\delta_{11}X_1 + \Delta_{1t} + \Delta_{1F} = 0$$

（3）计算系数和自由项。绘出 M_F、$\overline{M}_1$、$\overline{F}_{N1}$ 图分别如图（c）、（d）、（e）所示。$t_0 = 5℃$，$\Delta t = 30℃$。系数和自由项计算如下：

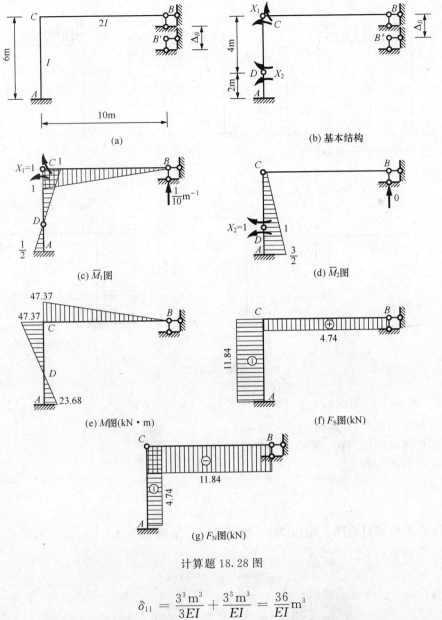

(a)　　　　　　　　　　　(b) 基本结构

(c) $\overline{M}_1$图　　　　　　　(d) $\overline{M}_2$图

(e) M图(kN・m)　　　　　(f) F_S图(kN)

(g) F_N图(kN)

计算题 18.28 图

$$\delta_{11} = \frac{3^3 \text{m}^3}{3EI} + \frac{3^3 \text{m}^3}{EI} = \frac{36}{EI}\text{m}^3$$

$$\Delta_{1t} = \sum (\pm)\alpha_l t_0 A_{\overline{N}} + \sum (\pm)\frac{\alpha_l \Delta t}{h}A_{\overline{M}}$$

$$= 5\alpha_l \times 1 \times 3\text{m} + \frac{30\alpha_l}{0.4\text{m}}\left(\frac{1}{2} \times 3\text{m} \times 3\text{m} + 3\text{m} \times 3\text{m}\right) = 1027.5\alpha_l \text{m}$$

$$\Delta_{1F} = -\frac{3\text{m}}{3EI} \times 90\text{kN} \cdot \text{m} \times \frac{3}{4} \times 3\text{m} - \frac{3\text{m}}{EI} \times 90\text{kN} \cdot \text{m} \times 3\text{m} = -\frac{1012.5}{EI}\text{kN} \cdot \text{m}^3$$

（4）解方程求多余未知力。将系数和自由项代入力法方程，解得

$$X_1 = -28.96\text{kN}$$

（5）由 $M = \overline{M}_1 X_1 + M_F$ 绘出弯矩图如图（f）所示。

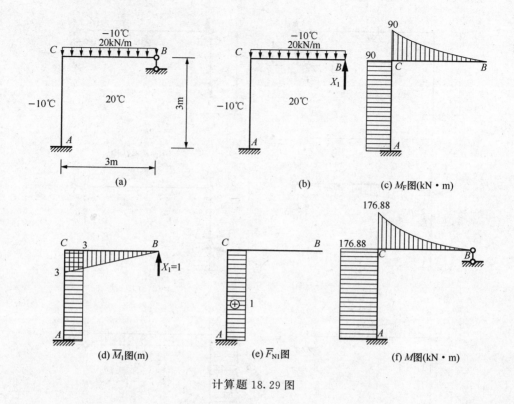

计算题 18.29 图

计算题 18.30 已知图（a）所示刚架的各杆 $EI = 7.2 \times 10^4 \text{kN} \cdot \text{m}^2$，试绘制由荷载和支座移动所引起的弯矩图。

解 （1）选取如图（b）所示的基本结构。

（2）建立力法方程为

$$\delta_{11} X_1 + \Delta_{1c} + \Delta_{1F} = 0$$
$$\delta_{22} X_2 + \Delta_{2c} + \Delta_{2F} = 0$$

（3）计算系数和自由项。绘出 M_F、$\overline{M}_1$、$\overline{M}_2$ 图分别如图（c）、（d）、（e）所示。系数和自由项计算如下：

$$\delta_{11} = \frac{6^3 \text{m}^3}{3EI} \times 2 = \frac{144}{EI} \text{m}^3$$

$$\delta_{22} = \frac{3^3 \text{m}^3}{3EI} \times 2 + \frac{3^2 \text{m}^2}{EI} \times 6\text{m} \times 2 = \frac{126}{EI} \text{m}^3$$

$$\Delta_{1c} = -6\text{m} \times 0.005 = -0.03\text{m}$$

$$\Delta_{2c} = 3\text{m} \times 0.005 = 0.015\text{m}$$

$$\Delta_{1F} = \frac{1}{3EI} \times 180\text{kN} \cdot \text{m} \times 6\text{m} \times \frac{3}{4} \times 6\text{m} = \frac{1620}{EI} \text{kN} \cdot \text{m}^3$$

$$\Delta_{2F} = \frac{1}{3EI} \times 180\text{kN} \cdot \text{m} \times 6\text{m} \times 3\text{m} = \frac{1080}{EI} \text{kN} \cdot \text{m}^3$$

（4）解方程求多余未知力。将系数和自由项代入力法方程，解得

$$X_1 = 3.75\text{kN}, \quad X_2 = -17.14\text{kN}$$

（5）由 $M=\overline{M}_1 X_1+\overline{M}_2 X_2+M_F$ 绘出弯矩图如图（f）所示。

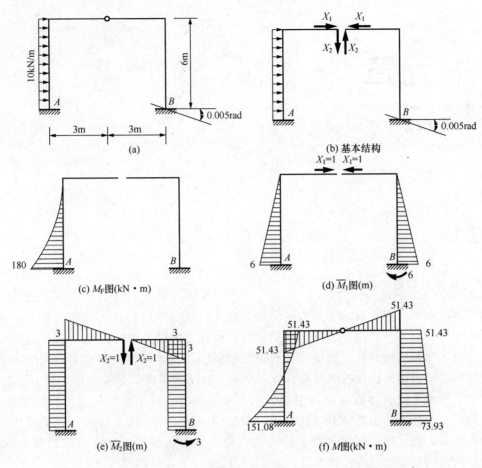

计算题 18.30 图

第十九章
位移法

内容提要

1. 位移法基本未知量的确定

用位移法解题，通常取刚结点的角位移和独立的结点线位移作为基本未知量。一般情况下，角位移数目等于结构中刚性连接的数目，而独立的结点线位移数目需分析判断后才能确定。对于简单结构的独立线位移数目可直接判断：在忽略轴向变形后，若结点能发生水平或竖向移动，则结构存在线位移，能发生几个移动就存在几个线位移；对于复杂结构，当结构独立的结点线位移数目由直观的方法判断不出时，可采用"铰化结点，增加链杆"的方法判断：先把原结构的所有非铰结点（包括固定端支座）都变成铰结，使原结构变成一个铰结体系，然后用几何组成分析的方法，使其成为几何不变所需添加的最少链杆数，就等于原结构的独立结点线位移个数。

2. 位移法的基本结构

对每一个刚结点都附加一个刚臂以限制结点的转角，对每一个独立的线位移附加一个链杆以限制结点的线位移，把原结构转化为一系列相互独立的单跨超静定梁的组合体，即为位移法的基本结构。

3. 位移法的典型方程

对于具有 n 个基本未知量的结构，利用附加约束上的受力与原结构一致的平衡条件建立的位移法方程称为位移法的典型方程，即

$$r_{11}Z_1 + r_{12}Z_2 + \cdots + r_{1n}Z_n + R_{1F} = 0$$
$$r_{21}Z_1 + r_{22}Z_2 + \cdots + r_{2n}Z_n + R_{2F} = 0$$
$$\cdots \quad \cdots \quad \cdots \quad \cdots \quad \cdots$$
$$r_{n1}Z_1 + r_{n2}Z_2 + \cdots + r_{nn}Z_n + R_{nF} = 0$$

式中：r_{ii}——主系数。其物理意义为基本结构上 i 附加约束产生单位位移 $Z_i = 1$ 时，附加约束 i 上的反力，主系数恒为正值；

r_{ij}——副系数。其物理意义为基本结构上 $Z_j = 1$ 时，附加约束 i 上的反力，副系数可为正、为负、或为零，并且由反力互等定理有 $r_{ij} = r_{ji}$；

R_{iF}——自由项。其物理意义为荷载作用于基本结构上时，附加约束 i 上的反力，其值可为正、为负、或为零。

4. 位移法解题的基本思路

位移法解题的基本思路是先将结构的角位移和独立的结点线位移分别用刚臂和链杆加以约束，作为原结构的基本结构，然后让基本结构的刚臂和链杆发生与原结构相同的位移，使基本结构与原结构的变形一致，从而利用基本结构代替原结构求解。

5. 解题注意问题

(1) 杆端弯矩的正、负号规定。

在位移法计算中，对杆端弯矩的正、负号规定为：对杆端而言弯矩以顺时针转向为正，反之为负；对支座或结点而言，则以逆时针转向为正。

(2) 典型方程中系数、自由项的正、负号规定。

典型方程中的系数、自由项，其方向和相应位移的方向一致时为正，反之为负。

概念题解

概念题 19.1～概念题 19.12　位移法计算的基本未知量与基本结构

概念题 19.1　位移法是以_____的组合体作为位移法计算的基本结构。

答　单跨超静定梁。

概念题 19.2　位移法是以_____和_____作为基本未知量。

答　刚结点的角位移；独立的结点线位移。

概念题 19.3　位移法中角位移未知量数目等于_____的数目。

答　结构中刚性连接。

概念题 19.4　图示结构用位移法计算时基本未知量个数为（　　）。

A. 3　　　　　　B. 2　　　　　　C. 1　　　　　　D. 4

答　A。

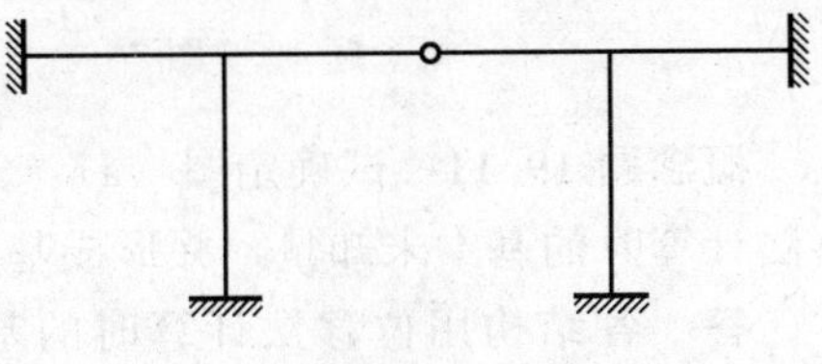

概念题 19.5　图示结构用位移法计算时基本未知量个数为（　　）。

A. 2　　　　　　　　　　B. 3

C. 1　　　　　　　　　　D. 4

答　C。

概念题 19.4 图

概念题 19.6　图示结构用位移法计算时基本未知量个数为（　　）。

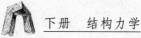
A. 2　　　　　　　　B. 3　　　　　　　　C. 1　　　　　　　　D. 4

答　A。

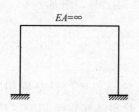

概念题 19.5 图

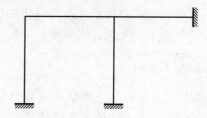

概念题 19.6 图

概念题 19.7　图示结构用位移法计算时基本未知量的个数为（　　）。

A. 2　　　　　　　　B. 4　　　　　　　　C. 5　　　　　　　　D. 3

答　D。

概念题 19.8　图示结构用位移法计算时基本未知量为_____个。

答　1。

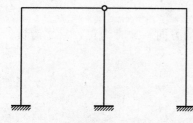

概念题 19.7 图

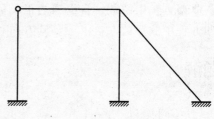

概念题 19.8 图

概念题 19.9　图示结构用位移法计算时基本未知量为_____个。

答　4。

概念题 19.10　图示结构用位移法计算时基本未知量为_____个。

答　1。

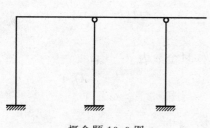

概念题 19.9 图

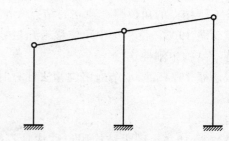

概念题 19.10 图

概念题 19.11　试确定图（a）、（c）、（e）、（g）、（i）、（k）、（m）、（o）所示各结构用位移法计算时的基本未知量，并形成基本结构。

答　各结构用位移法计算时的基本未知量以及基本结构分别如图（b）、（d）、（f）、（h）、（j）、（l）、（n）、（p）所示。

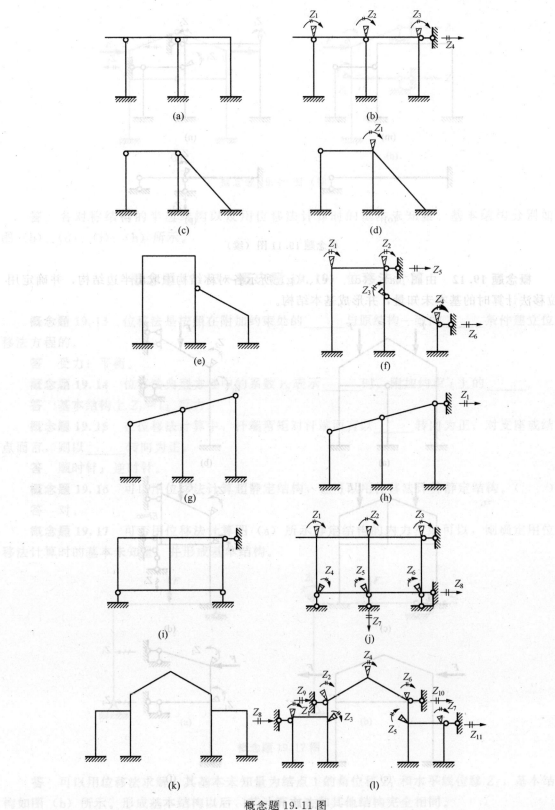

概念题 19.11 图

概念题 19.18 结构的杆端位移如图所示，i 为线刚度，则杆端弯矩 M_{AB}、M_{BA} 分别等于（　　）。

A. $2i$，$2i$　　　　　　　B. 0，0　　　　　　　C. $-2i$，$-2i$　　　　　　　D. $6i$，$6i$

答　D。

概念题 19.19 结构如图所示，i 为线刚度，则位移法方程中系数 r_{11} 为（　　）。

A. 1　　　　　　　　B. 3　　　　　　　　C. 4　　　　　　　　D. 7

答　D。

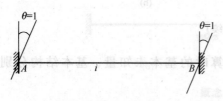

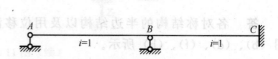

概念题 19.18 图　　　　　　　　　　　　　　概念题 19.19 图

计算题解

计算题 19.1～计算题 19.17　位移法典型方程

计算题 19.1 试用位移法计算图（a）所示刚架，并绘制内力图。

解　(1) 形成基本结构。此刚架的基本未知量为结点 1 的角位移 Z_1，基本结构如图（b）所示。

(2) 建立位移法方程为

$$r_{11}Z_1 + R_{1F} = 0$$

(3) 求系数和自由项。设 $i = \dfrac{EI}{4}$，分别绘出 $Z_1 = 1$ 和荷载作用于基本结构上的弯矩图，如图（c）、(d) 所示。

分别在图（c）、(d) 中利用结点 1 的平衡条件可计算出系数和自由项如下：

$$r_{11} = 11i, \quad R_{1F} = -110$$

(4) 解方程求基本未知量。将系数和自由项代入位移法方程，得

$$11iZ_1 - 110 = 0$$

解方程得

$$Z_1 = \frac{10}{i}$$

(5) 绘内力图。由 $M = \overline{M}_1 Z_1 + M_F$ 叠加绘出最后 M 图，如图（e）所示。利用杆件和结点的平衡条件可绘出 F_S、F_N 图，分别如图（f）、(g) 所示。

(6) 校核。在图（e）中取结点 1 为研究对象，验算是否满足平衡条件。由

$$\sum M_1 = (110\text{kN} \cdot \text{m} - 40\text{kN} \cdot \text{m} - 40\text{kN} \cdot \text{m} - 30\text{kN} \cdot \text{m}) = 0$$

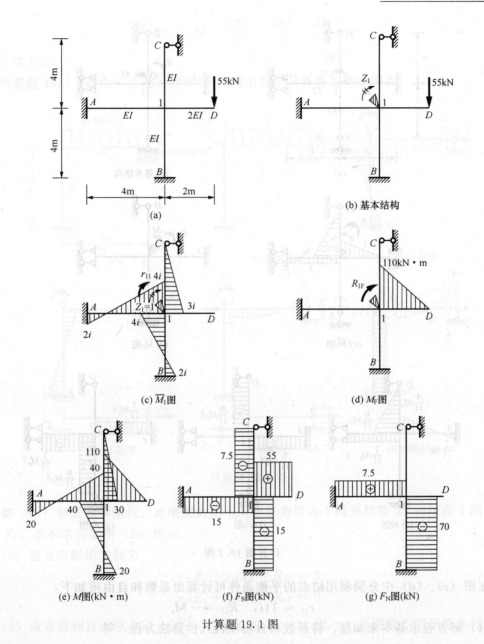

(a)

(b) 基本结构

(c) $\overline{M}_1$图

(d) M_F图

(e) M图(kN·m)

(f) F_S图(kN)

(g) F_N图(kN)

计算题 19.1 图

可知计算无误。

计算题 19.2 试用位移法计算图（a）所示刚架，并绘制内力图。

解 （1）形成基本结构。此刚架的基本未知量为结点 1 的角位移 Z_1，基本结构如图（b）所示。

（2）建立位移法方程为

$$r_{11}Z_1 + R_{1F} = 0$$

（3）求系数和自由项。设 $i = \dfrac{EI}{l}$，分别绘出 $Z_1 = 1$ 和荷载作用于基本结构上的弯矩图，如图（c）、（d）所示。

$$Z_1 = -\frac{10}{7i}, \quad Z_2 = -\frac{30}{7i}$$

（5）绘内力图。由 $M = \overline{M}_1 Z_1 + \overline{M}_2 Z_2 + M_F$ 叠加绘出最后 M 图，如图（f）所示。

（6）校核。在图（f）中取结点 1 为研究对象，验算是否满足 $\sum M_1 = 0$ 的平衡条件。由

$$\sum M_1 = 1.43 \text{kN} \cdot \text{m} - 1.43 \text{kN} \cdot \text{m} = 0$$

可知计算无误。

计算题 19.4 试用位移法计算图（a）所示刚架，并绘制弯矩图。

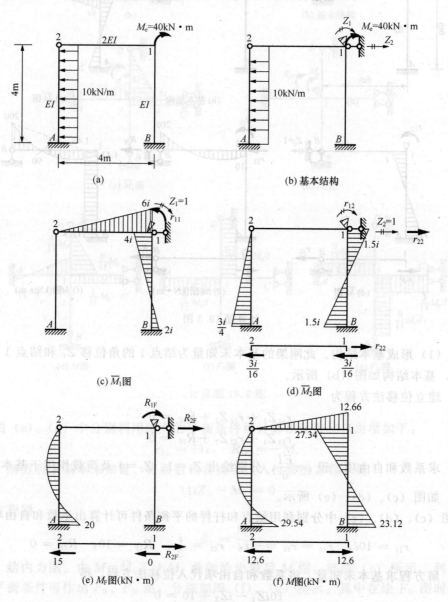

计算题 19.4 图

解 （1）形成基本结构。此刚架的基本未知量为结点 1 的角位移 Z_1 和结点 1 的水平线

$$r_{11} = 11i, \quad r_{12} = r_{21} = 0, \quad r_{22} = \frac{2i}{3}, \quad R_{1F} = 150, \quad R_{2F} = -60$$

（4）解方程求基本未知量。将系数和自由项代入位移法方程，得

$$11iZ_1 + 150 = 0$$

$$\frac{2i}{3}Z_2 - 60 = 0$$

解方程得

$$Z_1 = -\frac{13.6}{i}, \quad Z_2 = \frac{90}{i}$$

（5）绘弯矩图。由 $M = \overline{M}_1 Z_1 + \overline{M}_2 Z_2 + M_F$ 叠加绘出最后 M 图，如图（f）所示。

计算题 19.8　试用位移法计算图（a）所示刚架，并绘制弯矩图。已知 $EI =$ 常数。

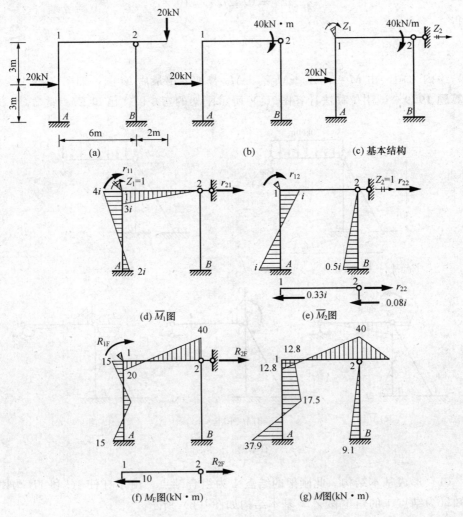

计算题 19.8 图

解　（1）形成基本结构。为计算方便将悬臂端向结点 2 简化，得到集中力和力偶，集中力作用在结点 2 上，不产生弯矩，故不考虑。力偶作用在杆件 12 上，如（b）图所示。

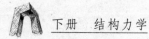

简化后刚架的基本未知量为结点 1 的角位移 Z_1 和水平线位移 Z_2，基本结构如图（c）所示。

（2）建立位移法方程为

$$r_{11}Z_1 + r_{12}Z_2 + R_{1F} = 0$$
$$r_{21}Z_1 + r_{22}Z_2 + R_{2F} = 0$$

（3）求系数和自由项。分别绘出 $Z_1 = 1$、$Z_2 = 1$ 及荷载作用于基本结构上的弯矩图，如图（d）、（e）、（f）所示。

在图（d）、（e）、（f）中分别利用结点和杆件的平衡条件可计算出系数和自由项如下：

$$r_{11} = 7i, \quad r_{12} = r_{21} = -i, \quad r_{22} = 0.42i, \quad R_{1F} = 35, \quad R_{2F} = -10$$

（4）解方程求基本未知量。将系数和自由项代入位移法方程，得

$$7iZ_1 - iZ_2 + 35 = 0$$
$$-iZ_1 + 0.42iZ_2 - 10 = 0$$

解方程得

$$Z_1 = -\frac{2.42}{i}, \quad Z_2 = \frac{18.1}{i}$$

（5）绘内力图。由 $M = \overline{M}_1 Z_1 + \overline{M}_2 Z_2 + M_F$ 叠加绘出最后 M 图，如图（g）所示。

计算题 19.9 试用位移法计算图（a）所示刚架的弯矩图。已知 $EI =$ 常数。

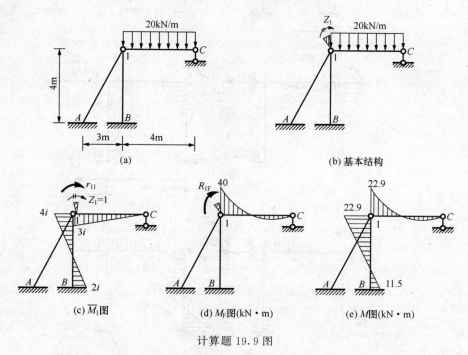

计算题 19.9 图

解 （1）形成基本结构。此刚架的结点 1 为组合结点，由于杆件 $1C$ 和 $1B$ 为刚结，故基本未知量为结点 1 的角位移 Z_1，基本结构如图（b）所示。

（2）建立位移法方程为

$$r_{11}Z_1 + R_{1F} = 0$$

（3）求系数和自由项。分别绘出 $Z_1 = 1$ 和荷载作用于基本结构上的弯矩图，如图（c）、

（d）所示。

分别利用图（c）、（d）中结点 1 的平衡条件可计算出系数和自由项如下：

$$r_{11} = 7i, \quad R_{1F} = -40$$

（4）解方程求基本未知量。将系数和自由项代入位移法方程，得

$$7iZ_1 - 40 = 0$$

解方程得

$$Z_1 = \frac{40}{7i}$$

（5）绘弯矩图。由 $M = \overline{M}_1 Z_1 + M_F$ 叠加绘出最后 M 图，如图（e）所示。

计算题 19.10　试用位移法计算图（a）所示的变截面梁，并绘制弯矩图。

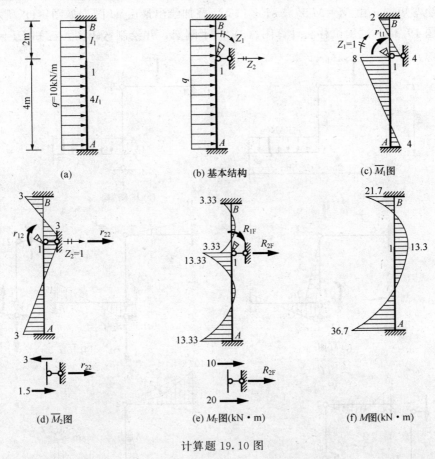

（a）

（b）基本结构

（c）$\overline{M}_1$ 图

（d）$\overline{M}_2$ 图

（e）M_F 图（kN・m）

（f）M 图（kN・m）

计算题 19.10 图

解　（1）形成基本结构。此结构虽无结点，但杆件刚度不同，为计算方便，将刚度变化处 1 的位移作为基本未知量，故基本未知量为结点 1 的角位移 Z_1 和结点水平线位移 Z_2，基本结构如图（b）所示。

（2）建立位移法方程为

$$r_{11}Z_1 + r_{12}Z_2 + R_{1F} = 0$$
$$r_{21}Z_1 + r_{22}Z_2 + R_{2F} = 0$$

（3）求系数和自由项。分别绘出 $Z_1=1$、$Z_2=1$ 及荷载作用于基本结构上的弯矩图，如图（c）、（d）、（e）所示。（设 $i_{1B}=EI/2=i=1$，$i_{1A}=4EI/4=2i=2$）

在图（c）、（d）、（e）中分别利用结点 1 的平衡条件可计算出系数和自由项如下：

$$r_{11}=12，\quad r_{12}=r_{21}=0，\quad r_{22}=4.5，\quad R_{1F}=10，\quad R_{2F}=-30$$

（4）解方程求基本未知量。将系数和自由项代入位移法方程，得

$$12Z_1+10=0$$
$$4.5Z_2-30=0$$

解方程得

$$Z_1=-\frac{5}{6}，\quad Z_2=\frac{20}{3}$$

（5）绘弯矩图。由 $M=\overline{M}_1Z_1+\overline{M}_2Z_2+M_F$ 叠加绘出最后 M 图，如图（f）所示。

计算题 19.11 试用位移法计算图（a）所示刚架，并绘制弯矩图。已知 $EI=$ 常数。

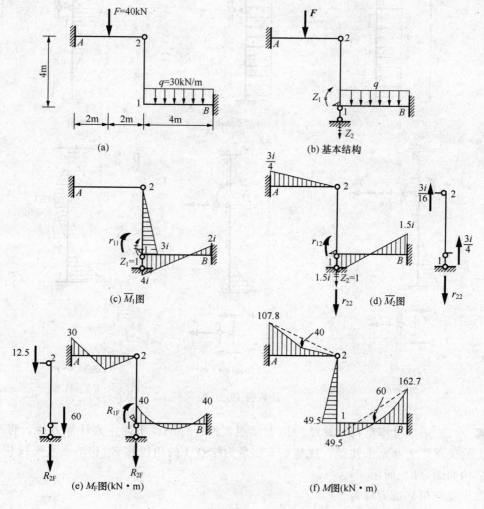

计算题 19.11 图

解 （1）形成基本结构。此刚架的基本未知量为结点 1 的角位移 Z_1 和结点竖向线位移 Z_2，基本结构如图（b）所示。

（2）建立位移法方程为

$$r_{11}Z_1 + r_{12}Z_2 + R_{1F} = 0$$
$$r_{21}Z_1 + r_{22}Z_2 + R_{2F} = 0$$

（3）求系数和自由项。分别绘出 $Z_1=1$、$Z_2=1$ 及荷载作用于基本结构上的弯矩图，如图（c）、（d）、（e）所示。

在图（c）、（d）、（e）中分别利用结点 1 和杆件 12 的平衡条件可计算出系数和自由项如下：

$$r_{11} = 7i, \quad r_{12} = r_{21} = 1.5i, \quad r_{22} = \frac{15i}{16}, \quad R_{1F} = -40, \quad R_{2F} = -72.5$$

（4）解方程求基本未知量。将系数和自由项代入位移法方程，得

$$7iZ_1 + 1.5iZ_2 - 40 = 0$$

$$1.5iZ_1 + \frac{15i}{16}Z_2 - 72.5 = 0$$

解方程得

$$Z_1 = -\frac{16.5}{i}, \quad Z_2 = \frac{103.8}{i}$$

（5）绘弯矩图。由 $M = \overline{M}_1 Z_1 + \overline{M}_2 Z_2 + M_F$ 叠加绘出最后 M 图，如图（f）所示。

计算题 19.12 试用位移法计算图（a）所示结构，并绘制弯矩图。

解 由于此结构中杆件 DE 的刚度为无穷大，则结点 D 无任何变形，故用位移法计算时此结构无基本未知量，按两端固定梁绘出 AD 杆的弯矩图，再利用结点 D 平衡条件得其他杆件的弯矩，最后弯矩图如图（b）所示。

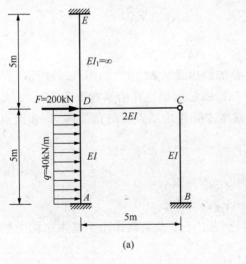
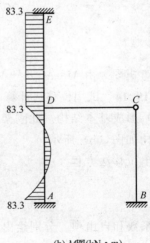

计算题 19.12 图

计算题 19.13 试用位移法计算图（a）所示刚架，并绘制弯矩图。已知 $EI =$ 常数。

解 （1）形成基本结构。此刚架的基本未知量为结点 1 的角位移 Z_1，基本结构如图

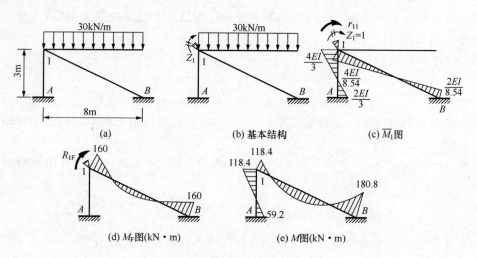

计算题 19.13 图

（b）所示。

（2）建立位移法方程为

$$r_{11}Z_1 + R_{1F} = 0$$

（3）求系数和自由项。分别绘出 $Z_1 = 1$ 和荷载作用于基本结构上的弯矩图，如图（c）、（d）所示。

在图（c）、（d）中分别利用结点的平衡条件可计算出系数和自由项如下：

$$r_{11} = 1.8EI, \quad R_{1F} = -160$$

（4）解方程求基本未知量。将系数和自由项代入位移法方程，得

$$1.8EIZ_1 - 160 = 0$$

解方程得

$$Z_1 = \frac{88.9}{EI}$$

（5）绘弯矩图。由 $M = \overline{M}_1 Z_1 + M_F$ 叠加绘出最后 M 图，如图（e）所示。

计算题 19.14 试用位移法计算图（a）所示刚架，并绘制弯矩图。

解 （1）形成基本结构。此刚架的基本未知量为结点 1 的角位移 Z_1 和结点竖向线位移 Z_2，基本结构如图（b）所示。

（2）列出位移法方程

$$r_{11}Z_1 + r_{12}Z_2 + R_{1F} = 0$$
$$r_{21}Z_1 + r_{22}Z_2 + R_{2F} = 0$$

（3）求系数和自由项。分别绘出 $Z_1 = 1$、$Z_2 = 1$ 及荷载作用于基本结构上的弯矩图，如图（c）、（d）、（e）所示。

在图（c）、（d）、（e）中分别利用结点 1 和杆件 12 的平衡条件可计算出系数和自由项如下：

$$r_{11} = 8i, \quad r_{12} = r_{21} = -\frac{6i}{l}, \quad r_{22} = \frac{18i}{l^2}, \quad R_{1F} = -\frac{Fl}{4}, \quad R_{2F} = -\frac{3F}{2}$$

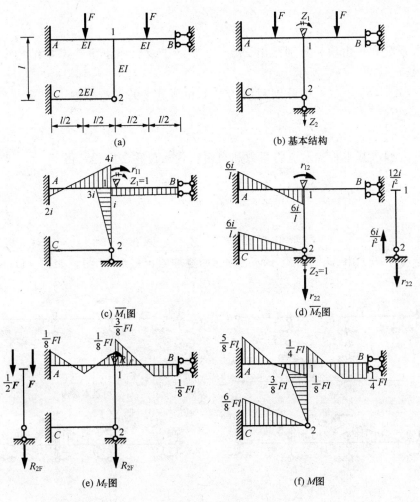

计算题 19.14 图

（4）解方程求基本未知量。将系数和自由项代入位移法方程，得

$$8iZ_1 - \frac{6i}{l}Z_2 - \frac{Fl}{4} = 0$$

$$-\frac{6i}{l}Z_1 + \frac{18i}{l^2}Z_2 - \frac{3F}{2} = 0$$

解方程得

$$Z_1 = \frac{Fl}{8i}, \quad Z_2 = \frac{Fl^2}{8i}$$

（5）绘弯矩图。由 $M = \overline{M}_1 Z_1 + \overline{M}_2 Z_2 + M_F$ 叠加绘出最后 M 图，如图（f）所示。

计算题 19.15 图（a）所示连续梁的支座 1、2 分别下沉 $\Delta = 0.02\text{m}$，试用位移法计算并绘制弯矩图。已知 $EI =$ 常数。

解 （1）形成基本结构。此结构的基本未知量为结点 1 的角位移 Z_1 和结点 2 的角位移 Z_2，基本结构如图（b）所示。

（2）建立位移法方程为

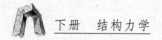
$$r_{11}Z_1 + r_{12}Z_2 + R_{1c} = 0$$
$$r_{21}Z_1 + r_{22}Z_2 + R_{2c} = 0$$

（3）求系数和自由项。分别绘出 $Z_1=1$、$Z_2=1$ 及支座下沉在基本结构上引起的弯矩图，如图（c）、（d）、（e）所示。

在图（c）、（d）、（e）中分别利用结点 1 和结点 2 的平衡条件可计算出系数和自由项如下：

$$r_{11} = 7i, \quad r_{12} = r_{21} = 2i, \quad r_{22} = 7i, \quad R_{1c} = -0.5i\Delta, \quad R_{2c} = 0.5i\Delta$$

（4）解方程求基本未知量。将系数和自由项代入位移法方程，得

$$7iZ_1 + 2iZ_2 - 0.5i\Delta = 0$$
$$2iZ_1 + 7iZ_2 + 0.5i\Delta = 0$$

解方程得

$$Z_1 = 0.002, \quad Z_2 = -0.002$$

（5）绘弯矩图。由 $M = \overline{M}_1 Z_1 + \overline{M}_2 Z_2 + M_c$ 叠加绘出最后 M 图，如图（f）所示。

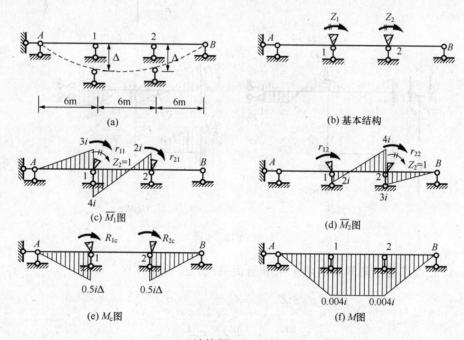

计算题 19.15 图

计算题 19.16 试用位移法计算并绘制图（a）所示结构由于支座移动引起的弯矩图。已知 $EI=$ 常数。

解 （1）形成基本结构。此结构的基本未知量为结点 1 的角位移 Z_1，基本结构如图（b）所示。

（2）建立位移法方程为

$$r_{11}Z_1 + R_{1c} = 0$$

（3）求系数和自由项。分别绘出 $Z_1=1$ 和支座下沉在基本结构上引起的弯矩图，如图（c）、（d）所示。

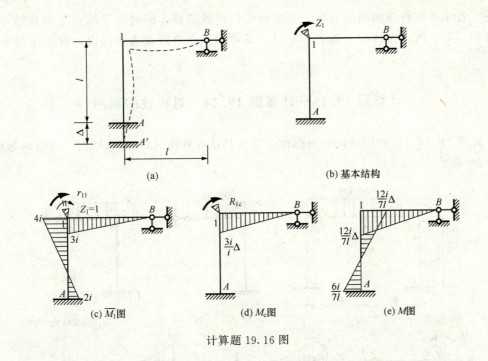

计算题 19.16 图

分别在图（c）、（d）中利用结点 1 的平衡条件可计算出系数和自由项如下：

$$r_{11} = 7i, \quad R_{1c} = \frac{3i}{l}\Delta$$

（4）解方程求基本未知量。将系数和自由项代入位移法方程，得

$$7iZ_1 + \frac{3i}{l}\Delta = 0$$

解方程得

$$Z_1 = -\frac{3}{7l}\Delta$$

（5）绘弯矩图。由 $M = \overline{M}_1 Z_1 + M_c$ 叠加绘出最后 M 图，如图（e）所示。

计算题 19.17　试讨论如何用位移法计算图（a）所示结构中各杆件的弯矩，在确定基本未知量时，不考虑杆件的轴向变形。

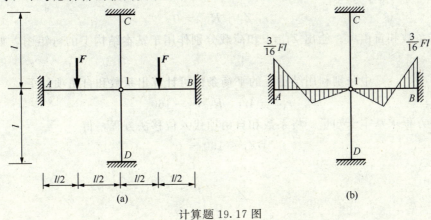

计算题 19.17 图

解 若不考虑杆件的轴向变形，则结构无任何线位移，同时由于结点 1 为铰结，故也无结点角位移，所以此结构无基本未知量，其弯矩可由单跨梁查表得出，弯矩图如图（b）所示。

计算题 19.18～计算题 19.24 对称性的利用

计算题 19.18 试利用结构的对称性，用位移法计算图（a）所示结构，并绘制弯矩图。已知 $EI=$ 常数。

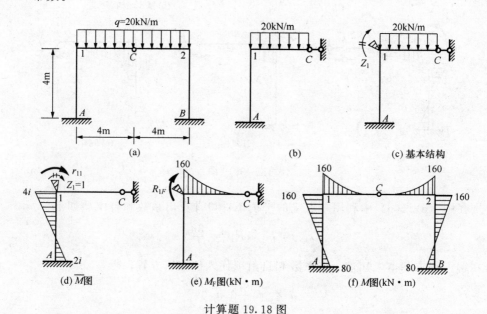

计算题 19.18 图

解 （1）此刚架有四个基本未知量：结点 1、2 的角位移，横梁的水平线位移及铰结点 C 的竖向线位移。但结构和荷载都关于中心轴线左右对称，故可利用对称性取图（b）所示的半边结构进行计算，此半边结构只有一个基本未知量，即结点 1 的角位移 Z_1，基本结构如图（c）所示。

（2）建立位移法方程为

$$r_{11}Z_1 + R_{1F} = 0$$

（3）求系数和自由项。绘出 $Z_1=1$ 和荷载分别作用于基本结构上的弯矩图，如图（d）、（e）所示。

在图（d）、（e）中分别利用结点 1 的平衡条件可计算出系数和自由项如下：

$$r_{11} = 4i, \quad R_{1F} = -160$$

（4）解方程求基本未知量。将系数和自由项代入位移法方程，得

$$4iZ_1 - 160 = 0$$

解方程得

$$Z_1 = \frac{40}{i}$$

（5）绘弯矩图。由 $M=\overline{M}_1 Z_1 + M_F$ 叠加绘出最后 M 图，利用对称性可得整个结构的弯矩图，如图（f）所示。

计算题 19.19 试利用结构的对称性，用位移法计算图（a）所示结构，并绘制弯矩图。已知 $EI=$ 常数。

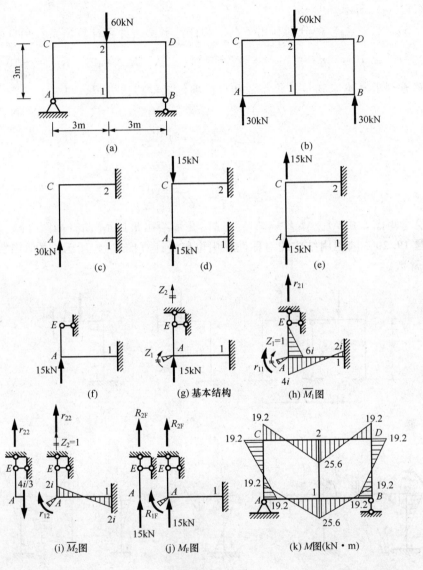

计算题 19.19 图

解 （1）选取半边结构并形成基本结构。此结构关于 12 杆对称，计算出支座反力可见，荷载也关于 12 杆对称［图（b）］。因此，取半边结构计算，如图（c）所示。为简化计算再将荷载分成对称荷载［图（d）］和反对称荷载［图（e）］两组分别求解。图（d）由于荷载正对称，且能自相平衡，不计轴向变形时，则刚架 M 图为零。图（e）的反对称荷载再取半边结构进行计算，如图（f）所示。反对称荷载作用时的半边结构有两个基本未知量：结点 1 的角位移 Z_1 和结点线位移 Z_2，基本结构如图（g）所示。

（2）建立位移法方程为

$$r_{11}Z_1 + r_{12}Z_2 + R_{1F} = 0$$
$$r_{21}Z_1 + r_{22}Z_2 + R_{2F} = 0$$

（3）求系数和自由项。绘出 $Z_1=1$、$Z_2=1$ 及荷载分别作用于基本结构上的弯矩图，如图（h）、（i）、（j）所示。

在图（h）、（i）、（j）中分别利用结点 1 和杆件平衡条件可计算出系数和自由项如下：

$$r_{11} = 10i, \quad r_{12} = r_{21} = -2i, \quad r_{22} = \frac{4i}{3}, \quad R_{1F} = 0, \quad R_{2F} = -15$$

（4）解方程求基本未知量。将系数和自由项代入位移法方程，得

$$10iZ_1 - 2iZ_2 = 0$$
$$-2iZ_1 + \frac{4i}{3}Z_2 - 15 = 0$$

解方程得

$$Z_1 = \frac{3.21}{i}, \quad Z_2 = \frac{16}{i}$$

（5）绘弯矩图。由 $M = \overline{M}_1 Z_1 + \overline{M}_2 Z_2 + M_F$ 叠加绘出最后 M 图，如图（k）所示。

计算题 19.20　试利用结构的对称性，用位移法计算图（a）所示结构，并绘制弯矩图。已知 $EI=$ 常数。

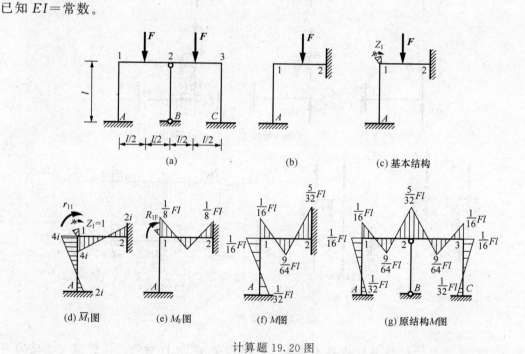

计算题 19.20 图

解　（1）取半边结构并形成基本结构。此结构为对称结构受对称荷载作用，可取图（b）所示的半边结构分析，其基本未知量为结点 1 的角位移 Z_1，基本结构如图（c）所示。

（2）建立位移法方程为

$$r_{11}Z_1 + R_{1F} = 0$$

（3）求系数和自由项。绘出 $Z_1=1$ 和荷载分别作用于基本结构上的弯矩图，如图（d）、（e）所示。

分别利用图（d）、（e）中结点 1 的平衡条件可计算出系数和自由项如下：

$$r_{11}=8i, \quad R_{1F}=-\frac{Fl}{8}$$

（4）解方程求基本未知量。将系数和自由项代入位移法方程，得

$$8iZ_1-\frac{Fl}{8}=0$$

解方程得

$$Z_1=\frac{Fl}{64i}$$

（5）绘弯矩图。由 $M=\overline{M}_1Z_1+M_F$ 叠加绘出最后 M 图，如图（f）所示。

计算题 19.21　试选用最简捷的方法计算图（a）所示结构，并绘制弯矩图。已知各杆 EI 均相同。

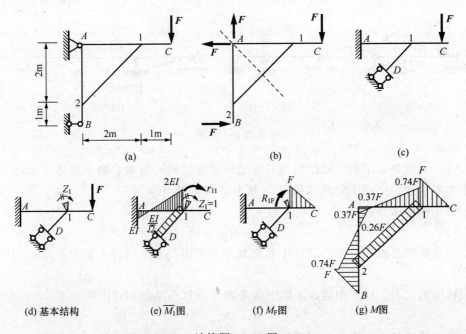

（a）　　　　　（b）　　　　　（c）

（d）基本结构　　　（e）$\overline{M}_1$图　　　（f）M_F图　　　（g）M图

计算题 19.21 图

解　（1）此结构为内部超静定，计算出支座反力如图（b）所示。可见对称轴沿对角线方向。在对称荷载作用下，其半边结构如图（c）所示。用力法计算有两个未知量，用位移法计算只有一个未知量，选用位移法计算。基本结构如图（d）所示。

（2）建立位移法方程为

$$r_{11}Z_1+R_{1F}=0$$

（3）求系数和自由项。绘出 $Z_1=1$ 和荷载分别作用于基本结构上的弯矩图，如图（e）、（f）所示。

分别利用图（e）、（f）中结点 1 的平衡条件可计算出系数和自由项如下：

$$r_{11} = 2.71EI, \quad R_{1F} = -F$$

（4）解方程求基本未知量。将系数和自由项代入位移法方程，得

$$2.71EIZ_1 - F = 0$$

解方程得

$$Z_1 = \frac{F}{2.71EI}$$

（5）绘弯矩图。由 $M = \overline{M}_1 Z_1 + M_F$ 叠加绘出最后 M 图，如图（g）所示。

计算题 19.22 试利用结构的对称性，用位移法计算图（a）所示结构，并绘制弯矩图。已知 $EI =$ 常数。

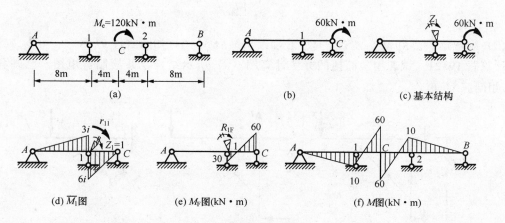

计算题 19.22 图

解 （1）形成基本结构。此结构为对称结构承受反对称荷载，取半边结构如图（b）所示。其基本未知量为结点 1 的角位移 Z_1，基本结构如图（c）所示。

（2）建立位移法方程为

$$r_{11}Z_1 + R_{1F} = 0$$

（3）求系数和自由项。绘出 $Z_1 = 1$ 和荷载分别作用在基本结构上的弯矩图，如图（d）、（e）所示。

分别利用图（d）、（e）中结点 1 的平衡条件可计算出系数和自由项如下：

$$r_{11} = 9i, \quad R_{1F} = 30$$

（4）解方程求基本未知量。将系数和自由项代入位移法方程，得

$$9iZ_1 + 30 = 0$$

解方程得

$$Z_1 = -\frac{10}{3i}$$

（5）绘弯矩图。由 $M = \overline{M}_1 Z_1 + M_F$ 叠加绘出最后 M 图，如图（f）所示。

计算题 19.23 试利用结构的对称性，用位移法计算图（a）所示结构，并绘制弯矩图。已知 $EI =$ 常数。

解 （1）形成基本结构。此结构为对称结构承受对称荷载，取半边结构如图（b）所示。其基本未知量为结点 1 的角位移 Z_1，基本结构如图（c）所示。

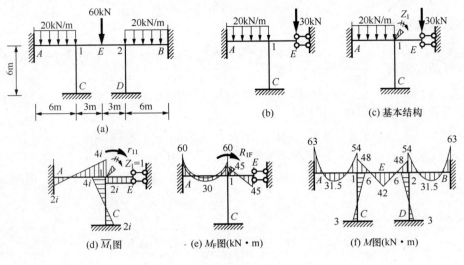

计算题 19.23 图

（2）建立位移法方程为

$$r_{11}Z_1 + R_{1F} = 0$$

（3）求系数和自由项。绘出 $Z_1 = 1$ 和荷载分别作用于基本结构上的弯矩图，如图（d）、（e）所示。

分别利用图（d）、（e）中结点 1 的平衡条件可计算出系数和自由项如下：

$$r_{11} = 10i, \quad R_{1F} = 15$$

（4）解方程求基本未知量。将系数和自由项代入位移法方程，得

$$10iZ_1 + 15 = 0$$

解方程得

$$Z_1 = -\frac{1.5}{i}$$

（5）绘弯矩图。由 $M = \overline{M}_1 Z_1 + M_F$ 叠加绘出最后 M 图，并利用对称性绘出整个结构的 M 图如图（f）所示。

计算题 19.24　图（a）所示刚架的 EI 为常数，已知刚架内降温 10℃，刚架外升温 20℃，线膨胀系数为 α_l，试绘制刚架的弯矩图。

解　（1）由于结构和荷载均为对称，刚架的中间柱没有弯曲，但有轴向变形。利用对称性取半边结构计算，如图（b）所示。

（2）求各杆的固端弯矩。各杆的固端弯矩有两部分组成：

1）由轴线的温度变化引起杆的轴向变形，使结点发生位移，因杆两端产生相对线位移而引起固端弯矩。对 AB、BC 杆，轴线处温度变化为

$$t_0 = \frac{20 - 10}{2} = 5℃$$

所以 AB 杆的伸长为

$$\delta_{AB} = \alpha_l t_0 \times 4 = 20\alpha_l$$

BC 杆的伸长为

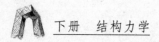

$$\delta_{BC} = \alpha_l t_0 \times 6 = 30\alpha_l$$

对 CD 杆，轴线处温度变化为

$$t_0 = -10℃$$

所以 CD 杆的收缩为

$$\delta_{CD} = \alpha_l t_0 \times 4 = -40\alpha_l$$

由此可求得各杆两端的相对线位移 Δ 为

$$\Delta_{AB} = \delta_{BC} = -30\alpha_l$$

$$\Delta_{BC} = \delta_{AB} + \delta_{CD} = 60\alpha_l$$

Δ 的正负号均按一端相对于另一端作顺时针转动的位移为正，反之为负。固端弯矩为

$$M_{AB1} = M_{BA1} = -6\frac{EI}{l^2}\Delta_{AB} = 11.25\alpha_l EI$$

$$M_{BC1} = M_{CB1} = -6\frac{EI}{l^2}\Delta_{BC} = -10\alpha_l EI$$

2）杆件两侧因存在温差引起杆件弯曲变形而引起的固端弯矩。对于 CD 杆，左、右边缘的温度差为

$$\Delta t = -10℃ - (-10)℃ = 0℃$$

所以 CD 杆的固端弯矩为零。

对于 AB、BC 杆，边缘的温度差为

$$\Delta t = 20℃ - (-10)℃ = 30℃$$

固端弯矩为

$$M_{AB2} = -M_{BA2} = \frac{EI\alpha_l \Delta t}{h} = \frac{30\alpha_l EI}{0.6} = 50\alpha_l EI$$

$$M_{BC2} = -M_{CB2} = \frac{EI\alpha_l \Delta t}{h} = \frac{30\alpha_l EI}{0.6} = 50\alpha_l EI$$

(a)

(b)

(c)

(d) M图$(\times \alpha_l EI)$

计算题 19.24 图

（3）列出各杆端的转角位移方程。

$$M_{AB} = 2i\varphi_B + M_{ABt} = 2\,\frac{EI}{4}\varphi_B + (11.25 + 50)\alpha_t EI$$

$$= 0.5EI\varphi_B + 61.25\alpha_t EI$$

$$M_{BA} = 4i\varphi_B + M_{BAt} = 4\,\frac{EI}{4}\varphi_B + (11.25 - 50)\alpha_t EI$$

$$= EI\varphi_B - 38.75\alpha_t EI$$

$$M_{BC} = 4i\varphi_B + M_{BCt} = 4\,\frac{EI}{6}\varphi_B + (-10 + 50)\alpha_t EI$$

$$= 0.67EI\varphi_B + 40\alpha_t EI$$

$$M_{CB} = 2i\varphi_B + M_{CBt} = 2\,\frac{EI}{6}\varphi_B + (-10 - 50)\alpha_t EI$$

$$= 0.33EI\varphi_B - 60\alpha_t EI$$

（4）建立位移法方程。考虑结点 B 的平衡，得

$$M_{BA} + M_{BC} = 0$$

或

$$EI\varphi_B - 38.75\alpha_t EI + 0.67EI\varphi_B + 40\alpha_t EI = 0$$

解得

$$\varphi_B = -0.75\alpha_t$$

（5）求杆端弯矩，绘弯矩图。杆端弯矩为

$$M_{AB} = 0.5EI(-0.75\alpha_t) + 61.25\alpha_t EI = 60.88\alpha_t EI$$

$$M_{BA} = EI(-0.75\alpha_t) - 38.75\alpha_t EI = -39.52\alpha_t EI$$

$$M_{BC} = 0.67EI(-0.75\alpha_t) + 40\alpha_t EI = 39.5\alpha_t EI$$

$$M_{CB} = 0.33EI(-0.75\alpha_t) - 60\alpha_t EI = -60.25\alpha_t EI$$

绘出弯矩图如图（d）所示。

此题也可选取基本结构用典型方程求解，请读者自行计算。

第二十章
力矩分配法和无剪力分配法

内容提要

1. 适用范围

力矩分配法和无剪力分配法不同与力法和位移法，力法和位移法解题时，都要建立和求解方程，而力矩分配法和无剪力分配法则不需要建立和求解联立方程，直接分析结构的受力情况，比较适合手算。力矩分配法的适用范围是连续梁和无结点线位移（无侧移）刚架的内力计算。无剪力分配法的适用范围是结点有线位移，但与结点线位移方向垂直的杆件为剪力静定杆的刚架的内力计算。

2. 基本概念

（1）转动刚度。杆件 AB 在 A 端转动单位角度时，转动端（又称近端）需要施加的力矩，称为该杆端的转动刚度，用 S_{AB} 表示。远端为不同约束时的转动刚度如下：

远端固定： $\qquad S_{AB} = 4i$

远端定向支承： $\qquad S_{AB} = i$

远端铰支： $\qquad S_{AB} = 3i$

远端自由： $\qquad S_{AB} = 0$

（2）分配系数。转动刚度 S_{1j} 与汇交于刚结点 1 处各杆端的转动刚度之和的比值，称为杆件 $1i$ 的 1 端的分配系数，用 μ_{1j} 表示，即

$$\mu_{1j} = \frac{S_{1j}}{\sum_{(1)} S}$$

（3）传递系数。杆件 AB 在 A 端作用弯矩 M_{AB} 产生转动时，在远端也将产生弯矩 M_{BA}，我们把远端弯矩 M_{BA} 和近端弯矩 M_{AB} 的比值，称为由近端向远端的力矩传递系数，用 C_{AB} 表示。远端为不同约束时的传递系数如下：

远端固定： $\qquad C_{AB} = \dfrac{1}{2}$

远端定向支承： $\qquad C_{AB} = -1$

远端铰支： $C_{AB} = 0$

3. 解题步骤

力矩分配法和无剪力分配法的主要解题步骤相同，具体如下：
(1) 计算力矩分配系数；
(2) 计算固端弯矩；
(3) 力矩分配和传递；
(4) 绘制内力图。

概念题解

概念题 20.1～概念题 20.11 力矩分配法和无剪力分配法

概念题 20.1 力矩分配法适用于计算（ ）。

A. 静定结构
B. 任意结构
C. 超静定结构
D. 连续梁和无侧移刚架

答 D。

概念题 20.2 转动刚度 S_{ij} 表示杆件在 i 端转动单位转角时，在 i 端需施加的_____。

答 力矩值。

概念题 20.3 杆件的转动刚度的大小与杆的_____及_____有关。

答 线刚度；远端的支承情况。

概念题 20.4 各杆由_____引起的杆端弯矩称为固端弯矩。

答 荷载。

概念题 20.5 结点处各杆端的_____的代数和称为结点的不平衡力矩。

答 固端弯矩。

概念题 20.6 图示结构的 BD 杆 B 端的分配系数为（ ）。

A. 0.5　　　　B. 0.3　　　　C. 0.2　　　　D. 1

答 A。

概念题 20.7 图示结构的 BC 杆 B 端的分配系数为_____。

答 0.5。

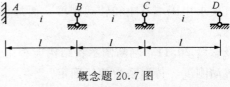

概念题 20.6 图　　　　　　　　　　　　概念题 20.7 图

概念题 20.8　图示结构用力矩分配法计算时，结点 B 的不平衡力矩为（　　）。

A. $\dfrac{1}{4}Fl$　　　　　　B. $\dfrac{3}{4}Fl$　　　　　　C. $\dfrac{3}{8}Fl$　　　　　　D. $\dfrac{3}{16}Fl$

答　C。

概念题 20.9　图示结构用力矩分配法计算时，结点 B 的不平衡力矩为_____。

答　30kN·m。

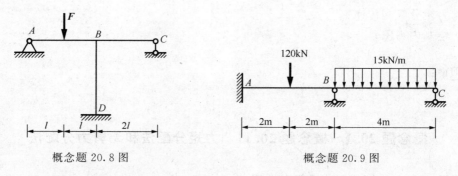

概念题 20.8 图　　　　　　　　　　　　概念题 20.9 图

概念题 20.10　判断图示各结构能否用无剪力分配法进行计算？并说明理由。

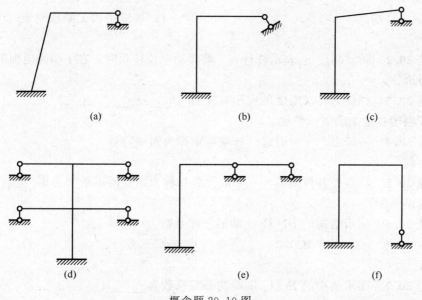

概念题 20.10 图

答　图（c）、（d）、（e）、（f）所示结构能用无剪力分配法进行计算。因为不阻止结点的线位移，就可直接求出各杆的固端弯矩、转动刚度和传递系数，进行无剪力力矩分配。

图（a）、（b）所示结构不能用无剪力分配法进行计算。因为不阻止结点的线位移，将不能直接求出固端弯矩和转动刚度。而加约束阻止结点的线位移，则只用无剪力分配法不能求解。

概念题 20.11　判断图示各结构能否用无剪力分配法进行计算？如能，则各杆的固端弯矩、转动刚度、传递系数如何确定？

答　图（a）、（b）所示结构均可用无剪力分配法进行计算。

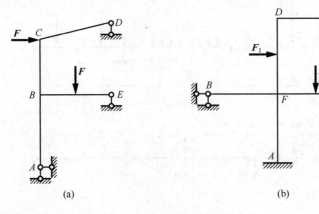

概念题 20.11 图

在求解图（a）结构各杆的固端弯矩时，杆 CD、BE 看作是一端固定、另一端铰支的梁，杆 CB 看作一端固定、另一端定向支承的梁，杆 BA 弯矩静定。各杆的转动刚度为

$$S_{CD} = 3i = S_{BE} = S_{BA}, \quad S_{CB} = i = S_{BC}$$

各杆的传递系数为

$$C_{CD} = C_{BE} = C_{BA} = 0, \quad C_{CB} = -1$$

在求解图（b）结构各杆的固端弯矩时，杆 DE、FC、FB 看作是一端固定、另一端铰支的梁，杆 FD 看作一端固定、另一端定向支承的梁，杆 FA 看作两端固定。各杆的转动刚度为

$$S_{DE} = 3i = S_{FC} = S_{FB}, \quad S_{FD} = i = S_{DF}, \quad S_{FA} = 4i$$

各杆的传递系数为

$$C_{DE} = C_{FC} = C_{FB} = 0, \quad C_{FD} = -1 = C_{DF}, \quad C_{FA} = 0.5$$

计算题解

计算题 20.1～计算题 20.12　力矩分配法

计算题 20.1　试用力矩分配法计算图（a）所示连续梁，并绘制弯矩图和剪力图。

解　（1）计算力矩分配系数为

$$\mu_{BA} = \frac{3 \times \dfrac{EI}{8}}{3 \times \dfrac{EI}{8} + 4 \times \dfrac{2EI}{10}} = 0.319 = \mu_{CD}$$

$$\mu_{BC} = \frac{4 \times \dfrac{2EI}{10}}{3 \times \dfrac{EI}{8} + 4 \times \dfrac{2EI}{10}} = 0.681 = \mu_{CB}$$

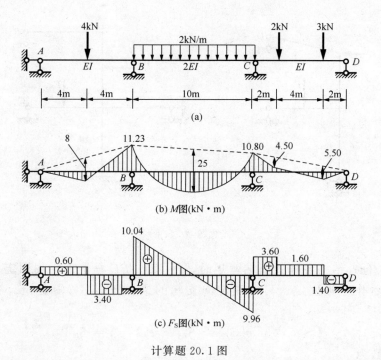

计算题 20.1 图

（2）计算固端弯矩为

$$M_{BA}^F = \frac{3Fl}{16} = \frac{3 \times 4 \times 8}{16} \text{kN} \cdot \text{m} = 6 \text{kN} \cdot \text{m}$$

$$M_{BC}^F = -\frac{ql^2}{12} = -\frac{2 \times 10^2}{12} \text{kN} \cdot \text{m} = -16.67 \text{kN} \cdot \text{m}$$

$$M_{CB}^F = \frac{ql^2}{12} = \frac{2 \times 10^2}{12} \text{kN} \cdot \text{m} = 16.67 \text{kN} \cdot \text{m}$$

$$M_{CD}^F = -\frac{F_1 a_1 b_1 (l + b_1) + F_2 a_2 b_2 (l + b_2)}{2l^2}$$

$$= -\frac{2 \times 2 \times 6 \times (8+6) + 3 \times 6 \times 2 \times (8+2)}{2 \times 8^2} \text{kN} \cdot \text{m} = -5.44 \text{kN} \cdot \text{m}$$

（3）力矩分配和传递。全部计算过程见计算题 20.1 算表。

计算题 20.1 算表（力矩单位：kN·m）

杆端	AB		BA	BC		CB	CD		DC
力矩分配系数			0.319	0.681		0.681	0.319		
固端弯矩	0		6	−16.67		16.67	−5.44		0
力矩分配与 力矩传递				−3.82	←	−7.65	−3.58	→	0
	0	←	4.62	9.87	→	4.93			
				−1.68	←	−3.36	1.57	→	0
	0	←	0.54	1.14	→	0.57			
				−0.19	←	−0.38	−0.19	→	0

续表

杆端	AB	BA	BC	CB	CD	DC
力矩分配与 力矩传递	0	← 0.06	0.13 →	0.07		
			−0.03	← −0.05	−0.02 →	0
		0.01	0.02			
最后弯矩	0	11.23	−11.23	10.80	−10.80	0

（4）绘制内力图。绘出 M 图、F_S 图分别如图（b）、（c）所示。

计算题 20.2 试用力矩分配法计算图（a）所示连续梁，并绘制弯矩图和剪力图。

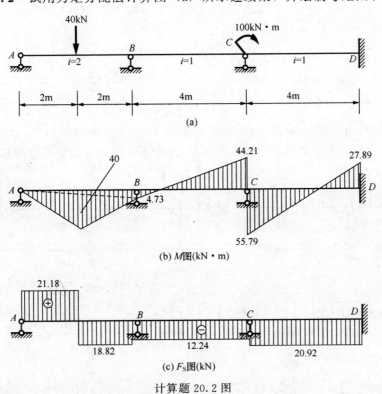

计算题 20.2 图

解 （1）计算力矩分配系数为

$$\mu_{BA} = \frac{3 \times 2}{3 \times 2 + 4 \times 1} = 0.6$$

$$\mu_{BC} = \frac{4 \times 1}{3 \times 2 + 4 \times 1} = 0.4$$

$$\mu_{CB} = \frac{4 \times 1}{4 \times 1 + 4 \times 1} = 0.5 = \mu_{CD}$$

（2）计算固端弯矩为

$$M_{BA}^F = \frac{3Fl}{16} = \frac{3 \times 40 \times 4}{16} \text{kN} \cdot \text{m} = 30 \text{kN} \cdot \text{m}$$

（3）力矩分配和传递。在结点 C 处要注意，虽然没有固端弯矩，但有结点不平衡力矩，为－100kN·m。全部计算过程见计算题20.2算表。

计算题 20.2 算表（力矩单位：kN·m）

杆端	AB	BA	BC	CB	CD	DC
力矩分配系数		0.6	0.4	0.5	0.5	
固端弯矩	0	30	0	0	0	0
力矩分配 与 力矩传递			25　←	50	50　→	25
	0　←	−33	−22　→	−11		
			2.75　←	5.50	5.50　→	2.75
	0　←	−1.65	−1.10	−0.55		
			−0.14　←	−0.28	−0.28　→	0.14
	0　←	−0.08	−0.06	−0.03		
					0.01	0.01
最后弯矩	0	−4.73	4.73	44.21	55.79	27.89

（4）绘制内力图。绘出 M 图、F_S 图分别如图（b）、（c）所示。

计算题 20.3　试用力矩分配法计算图（a）所示连续梁，并绘制弯矩图和剪力图。

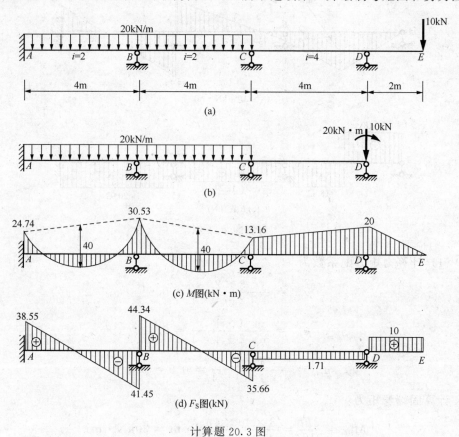

计算题 20.3 图

解 该梁的 DE 部分为一静定部分,其内力可由平衡条件求得,内力图可直接绘出。为了计算简便,对 DE 部分作等效代换,即可用图(b)所示连续梁来代替原结构进行计算。

(1)计算力矩分配系数为

$$\mu_{BA} = \frac{4 \times 2}{4 \times 2 + 4 \times 2} = 0.5 = \mu_{BC}$$

$$\mu_{CB} = \frac{4 \times 2}{4 \times 2 + 3 \times 4} = 0.4$$

$$\mu_{CD} = \frac{3 \times 4}{4 \times 2 + 3 \times 4} = 0.6$$

(2)计算固端弯矩为

$$M_{AB}^{F} = -\frac{ql^2}{12} = -\frac{20 \times 4^2}{12} \text{kN} \cdot \text{m} = -26.67 \text{kN} \cdot \text{m} = M_{BC}^{F}$$

$$M_{BA}^{F} = \frac{ql^2}{12} = \frac{20 \times 4^2}{12} \text{kN} \cdot \text{m} = 26.67 \text{kN} \cdot \text{m} = M_{CB}^{F}$$

$$M_{CD}^{F} = \frac{M_e}{2} = 10 \text{kN} \cdot \text{m}$$

$$M_{DC}^{F} = M_e = 20 \text{kN} \cdot \text{m}$$

(3)力矩分配和传递。全部计算过程见计算题20.3算表。

计算题 20.3 算表(力矩单位:kN·m)

杆端	AB	BA	BC	CB	CD	DC
力矩分配系数		0.5	0.5	0.4	0.6	
固端弯矩	−26.67	26.67	−26.67	26.67	10	20
力矩分配与力矩传递			−7.34 ←	−14.67	−22 →	0
	1.84 ←	−3.67	3.67 →	1.84		
			−0.36 ←	−0.73	−1.11 →	0
	0.09 ←	0.18	0.18 →	0.09		
			−0.02 ←	−0.04	−0.05 →	0
		0.01	0.01			
最后弯矩	−24.74	30.53	−30.53	13.16	−13.16	20

(4)绘制内力图。绘出 M 图、F_S 图分别如图(c)、(d)所示。

计算题 20.4 试用力矩分配法计算图(a)所示连续梁,并绘制弯矩图和剪力图。

解 该梁的 AB 部分为一静定部分,其内力可由平衡条件求得,内力图可直接绘出。为了计算简便,对 AB 部分作等效代换,即可用图(b)所示连续梁来代替原结构进行计算。

(1)计算力矩分配系数为

$$\mu_{CB} = \frac{\dfrac{3EI}{8}}{\dfrac{3EI}{8} + \dfrac{4EI}{12}} = \frac{9}{17} = 0.529 = \mu_{EF}$$

$$\mu_{CD} = \frac{\dfrac{4EI}{12}}{\dfrac{3EI}{8} + \dfrac{4EI}{12}} = \frac{8}{17} = 0.471 = \mu_{ED}$$

$$\mu_{DC} = 0.5 = \mu_{DE}$$

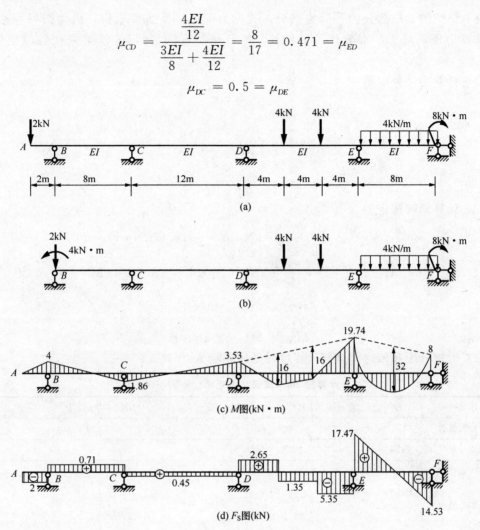

(a)

(b)

(c) M图(kN·m)

(d) F_S图(kN)

计算题 20.4 图

（2）计算固端弯矩为

$$M_{BC}^{F} = -M_{e1} = -4\text{kN} \cdot \text{m}$$

$$M_{CB}^{F} = -\frac{M_{e1}}{2} = -2\text{kN} \cdot \text{m}$$

$$M_{DE}^{F} = -\frac{F(a_1 b_1^2 + a_2 b_2^2)}{l^2} = -\frac{4(4 \times 8^2 + 8 \times 4^2)}{12^2}\text{kN} \cdot \text{m} = -10.67\text{kN} \cdot \text{m} = -M_{ED}^{F}$$

$$M_{EF}^{F} = -\frac{ql^2}{8} + \frac{M_{e2}}{2} = -\frac{4 \times 8^2}{8}\text{kN} \cdot \text{m} + 4\text{kN} \cdot \text{m} = -28\text{kN} \cdot \text{m}$$

$$M_{FE}^{F} = M_{e2} = 8\text{kN} \cdot \text{m}$$

（3）力矩分配和传递。全部计算过程见计算题 20.4 算表。

计算题 20.4 算表（力矩单位：kN·m）

杆端	BC	CB	CD	DC	DE	ED	EF	FE
力矩分配系数		0.529	0.471	0.5	0.5	0.471	0.529	
固端弯矩	−4	−2	0	0	−10.67	10.67	−28	8
力矩分配 与 力矩传递	0 ←	1.06	0.94 →	0.47	4.07 ←	8.15	9.18 →	0
			1.53 ←	3.06	3.07 →	1.53		
	0 ←	−0.81	−0.72 →	−0.36	−0.36 ←	−0.72	−0.81 →	0
			0.18	0.36	0.36	0.18		
	0 ←	0.10	−0.08 →	−0.04	−0.04 ←	−0.08	−0.10 →	0
			0.02	0.04	0.04	0.02		
			−0.01	−0.01			−0.01	−0.01
最后弯矩	−4	−1.86	1.86	3.53	−3.53	19.74	−19.74	8

（4）绘制内力图。绘出 M 图、F_s 图分别如图（c）、（d）所示。

计算题 20.5　试用力矩分配法计算图（a）所示无侧移刚架，并绘制弯矩图。

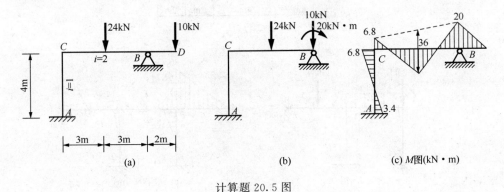

计算题 20.5 图

解　该刚架的 BD 部分为一静定部分，其内力可由平衡条件求得，弯矩图可直接绘出。为了计算简便可对该刚架的 BD 部分作等效代换，即可用图（b）所示刚架来代替原结构进行计算。

（1）计算力矩分配系数为

$$\mu_{CA} = \frac{4 \times 1}{4 \times 1 + 3 \times 2} = 0.4$$

$$\mu_{CB} = \frac{3 \times 2}{4 \times 1 + 3 \times 2} = 0.6$$

（2）计算固端弯矩为

$$M_{CB}^F = -\frac{3Fl}{16} + \frac{M_e}{2} = \left(-\frac{3 \times 24 \times 6}{16} + 10 \right) kN \cdot m = -17 kN \cdot m$$

$$M_{BC}^F = M_e = 20 kN \cdot m$$

（3）力矩分配和传递。全部计算过程见计算题 20.5 算表。

（4）绘制弯矩图。绘出 M 图如图（c）所示。

计算题 20.5 算表（力矩单位：kN·m）

结点	A	C		B
杆端	AC	CA	CB	BC
力矩分配系数		0.4	0.6	
固端弯矩	0	0	-17	20
力矩分配与传递	3.4	6.8	10.2	
最后弯矩	3.4	6.8	-6.8	20

计算题 20.6 试用力矩分配法计算图（a）所示无侧移刚架，并绘制弯矩图。已知各杆 $EI=$ 常数。

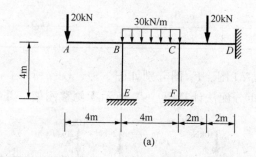

(a)

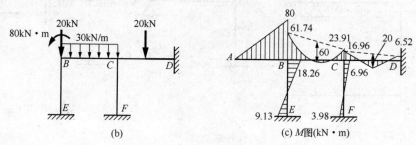

(b)   (c) M图(kN·m)

计算题 20.6 图

解 该刚架的 AB 部分为一静定部分，其内力可由平衡条件求得，弯矩图可直接绘出。为了计算简便可对该刚架的 AB 部分作等效代换，即可用图（b）所示刚架来代替原结构进行计算。

（1）计算力矩分配系数为

$$\mu_{BE} = \frac{4 \times \dfrac{EI}{4}}{4 \times \dfrac{EI}{4} + 4 \times \dfrac{EI}{4}} = 0.5 = \mu_{BC}$$

$$\mu_{CB} = \frac{4 \times \dfrac{EI}{4}}{4 \times \dfrac{EI}{4} + 4 \times \dfrac{EI}{4} + 4 \times \dfrac{EI}{4}} = \frac{1}{3} = \mu_{CF} = \mu_{CD}$$

（2）计算固端弯矩为

$$M_{BC}^F = -\frac{ql^2}{12} = -\frac{30 \times 4^2}{12} kN \cdot m = -40 kN \cdot m$$

$$M_{CB}^F = \frac{ql^2}{12} = \frac{30 \times 4^2}{12} kN \cdot m = 40 kN \cdot m$$

$$M_{CD}^F = -\frac{Fl}{8} = -\frac{20 \times 4}{8} kN \cdot m = -10 kN \cdot m$$

$$M_{DC}^F = \frac{Fl}{8} = \frac{20 \times 4}{8} kN \cdot m = 10 kN \cdot m$$

（3）力矩分配和传递。在结点 B 处要注意，此时的不平衡力矩为80kN·m−40kN·m＝40kN·m。全部计算过程见计算题20.6算表。

（4）绘制弯矩图。绘出 M 图如图（c）所示。

计算题 20.6 算表（力矩单位：kN·m）

结点	E	B		C			D	F
杆端	EB	BE	BC	CB	CF	CD	DC	FC
力矩分配系数		0.5	0.5	1/3	1/3	1/3		
固端弯矩	0	0	−40	40	0	−10	10	0
力矩分配 与 力矩传递	−10	−20	−20	−10				
			−3.34	−6.67	−6.67	−6.67	−3.34	−3.34
	0.84	1.67	1.67	0.84				
			−0.14	−0.28	−0.28	−0.28	−0.14	0.14
	0.03	0.07	0.07	0.03				
				−0.01	−0.01	−0.01		
最后弯矩	−9.13	−18.26	−61.74	23.91	−6.96	−16.96	6.52	3.48

计算题 20.7　若图（a）所示连续梁支座 C 下沉 $\Delta_c = 20mm$，试用力矩分配法计算，并绘制弯矩图。已知 $E = 210GPa$，$I = 4 \times 10^{-4} m^4$。

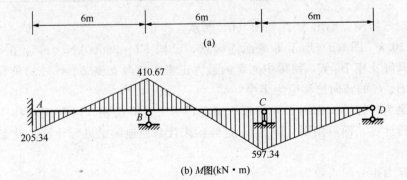

(a)

(b) M图(kN·m)

计算题 20.7 图

解 （1）计算力矩分配系数为

$$\mu_{BA} = \frac{4 \times \dfrac{3EI}{6}}{4 \times \dfrac{3EI}{6} + 4 \times \dfrac{3EI}{6}} = 0.5 = \mu_{BC}$$

$$\mu_{CB} = \frac{4 \times \dfrac{3EI}{6}}{4 \times \dfrac{3EI}{6} + 3 \times \dfrac{4EI}{6}} = 0.5 = \mu_{CD}$$

（2）计算固端弯矩。该梁的固端弯矩是由支座位移所引起的杆端弯矩，计算如下：

$$M_{BC}^{F} = -\frac{6i_{BC}}{l}\Delta_C = -\frac{6 \times 3 \times 2.1 \times 10^4 \times 10^3 \times 10^4 \times 4 \times 10^{-4} \times 20 \times 10^{-3}}{6^2} \text{kN} \cdot \text{m}$$

$$= -840 \text{kN} \cdot \text{m} = M_{CB}^{c}$$

$$M_{CD}^{F} = \frac{3i_{CD}}{l}\Delta_C = \frac{3 \times 4 \times 2.1 \times 10^4 \times 10^3 \times 10^4 \times 4 \times 10^{-4} \times 20 \times 10^{-3}}{6^2} \text{kN} \cdot \text{m}$$

$$= 560 \text{kN} \cdot \text{m}$$

（3）力矩分配和传递。全部计算过程见计算题 20.7 算表。

计算题 20.7 算表（力矩单位：kN·m）

杆端	AB		BA	BC		CB	CD		DC
力矩分配系数			0.5	0.5		0.5	0.5		
固端弯矩	0		0	−840		−840	560		0
力矩分配与力矩传递	210	←	420	420	→	210			
				17.50	←	35	35	→	0
	−4.38	←	−8.75	−8.75	→	−4.38			
				1.10	←	2.19	2.19	→	0
	−0.27	←	−0.55	−0.55	→	−0.27			
				0.06	←	0.135	0.135	→	0
	−0.01	←	−0.03	−0.03	→	−0.02			
						0.01	0.01		
最后弯矩	205.34		410.67	−410.67		−597.34	597.34		0

（4）绘制弯矩图。绘出 M 图如图（b）所示。

计算题 20.8 图（a）所示等截面连续梁，已知 $EI = 36000 \text{kN} \cdot \text{m}^2$，在荷载作用下，欲通过同时升降支座 B、C，使梁中间跨的最大正弯矩与两支座 B、C 处的负弯矩相等，试求此两支座 B、C 的竖向位移应为多少？

解 该梁为对称结构作用对称荷载的情况，为了计算简便，可利用对称性，用原连续梁的一半进行计算，即可用图（b）所示连续梁来代替原连续梁进行计算。设支座 C 向上发生位移 Δ。

（1）计算力矩分配系数为

$$\mu_{CG} = \frac{\dfrac{EI}{4}}{\dfrac{EI}{4} + \dfrac{3EI}{6}} = \frac{1}{3}$$

$$\mu_{CD} = \frac{\dfrac{3EI}{6}}{\dfrac{EI}{4} + \dfrac{3EI}{6}} = \frac{2}{3}$$

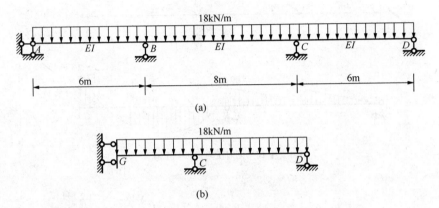

计算题 20.8 图

（2）计算固端弯矩为

$$M_{GC}^{\mathrm{F}} = \frac{ql^2}{6} = \frac{18 \times 4^2}{6} \mathrm{kN \cdot m} = 48 \mathrm{kN \cdot m}$$

$$M_{CG}^{\mathrm{F}} = \frac{ql^2}{3} = \frac{18 \times 4^2}{3} \mathrm{kN \cdot m} = 96 \mathrm{kN \cdot m}$$

$$M_{CD}^{\mathrm{F}} = -\frac{ql^2}{8} - \frac{3EI}{l^2}\Delta = \left(-\frac{18 \times 6^2}{8} - \frac{3 \times 36000}{36}\Delta \right) \mathrm{kN \cdot m}$$

$$= (-81 - 3000\Delta) \mathrm{kN \cdot m}$$

（3）力矩分配和传递。全部计算过程见计算题 20.8 算表。

计算题 20.8 算表（力矩单位：kN·m）

杆端	GC	CG	CD	DC
力矩分配系数		1/3	2/3	
固端弯矩	48	96	$-84-3000\Delta$	0
力矩分配与传递	$5-1000\Delta$	$1000\Delta-5$	$2000\Delta-10$	0
最后弯矩	$53-1000\Delta$	$1000\Delta+91$	$-1000\Delta-91$	0

（4）求竖向位移 Δ。由题意可知有 $M_{GC} = M_{CG}$，即

$$53 - 1000\Delta = 1000\Delta + 91$$

得

$$\Delta = -19 \mathrm{mm} \quad (\downarrow)$$

计算题 20.9 试用力矩分配法计算图（a）所示连续梁，并绘制在下述两种情况下的弯

矩图。已知 $E=210\text{GPa}$，$I=939.6\times10^{-8}\text{m}^4$。

（1）支座 A、C 同时沉陷 10mm；

（2）支座 C 顺时针转动 0.01rad。

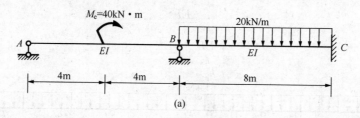

(a)

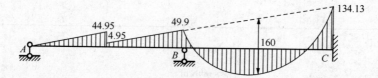

(b) 支座 A、C 同时沉陷 1cm 时 M 图 $(\text{kN}\cdot\text{m})$

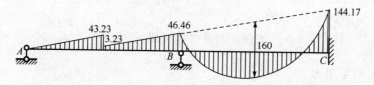

(c) 支座 C 顺时针转动 0.01rad 时 M 图 $(\text{kN}\cdot\text{m})$

计算题 20.9 图

解 （1）支座 A、C 同时沉陷 10mm。

1）计算力矩分配系数为

$$\mu_{BA} = \frac{3\times\dfrac{EI}{8}}{3\times\dfrac{EI}{8}+4\times\dfrac{EI}{8}} = \frac{3}{7}$$

$$\mu_{BC} = \frac{4\times\dfrac{EI}{8}}{3\times\dfrac{EI}{8}+4\times\dfrac{EI}{8}} = \frac{4}{7}$$

2）计算固端弯矩为

$$M_{BA}^{\text{F}} = M_{\text{e}}\frac{l^2-\dfrac{3l^2}{4}}{2l^2}+\frac{3EI}{l^2}\Delta = 5.93\text{kN}\cdot\text{m}$$

$$M_{BC}^{\text{F}} = -\frac{ql^2}{12}-\frac{6EI}{l^2}\Delta = -108.52\text{kN}\cdot\text{m}$$

$$M_{CB}^{\text{F}} = \frac{ql^2}{12}-\frac{6EI}{l^2}\Delta = 104.82\text{kN}\cdot\text{m}$$

3）力矩分配和传递。全部计算过程见计算题 20.9 算表（1）。

计算题 20.9 算表 (1)（力矩单位：kN·m）

杆端	AB		BA	BC		CB
力矩分配系数			3/7	4/7		
固端弯矩	0		5.93	−108.52		104.82
力矩分配与传递	0	←	43.97	58.62	→	29.31
最后弯矩	0		49.9	−49.9		134.13

4）根据最后杆端弯矩绘制内力图。绘出 M 图如图（b）所示。

（2）支座 C 顺时针转动 0.01rad。

1）计算力矩分配系数为

$$\mu_{BA} = \frac{3 \times \dfrac{EI}{8}}{3 \times \dfrac{EI}{8} + 4 \times \dfrac{EI}{8}} = \frac{3}{7}$$

$$\mu_{BC} = \frac{4 \times \dfrac{EI}{8}}{3 \times \dfrac{EI}{8} + 4 \times \dfrac{EI}{8}} = \frac{4}{7}$$

2）计算固端弯矩为

$$M_{BA}^{F} = M_e \frac{l^2 - \dfrac{3l^2}{4}}{2l^2} = 5\text{kN} \cdot \text{m}$$

$$M_{BC}^{F} = -\frac{ql^2}{12} + \frac{2EI}{l}\varphi = -101.74\text{kN} \cdot \text{m}$$

$$M_{CB}^{F} = \frac{ql^2}{12} + \frac{4EI}{l}\varphi = 116.53\text{kN} \cdot \text{m}$$

3）力矩分配和传递。全部计算过程见计算题 20.9 算表（2）。

计算题 20.9 算表 (2)（力矩单位：kN·m）

杆端	AB		BA	BC		CB
力矩分配系数			3/7	4/7		
固端弯矩	0		5	−101.74		116.53
力矩分配与传递	0	←	41.46	55.28	→	27.64
最后弯矩	0		46.46	−46.46		144.17

4）绘制弯矩图。绘出 M 图如图（c）所示。

计算题 20.10　试利用结构的对称性，用力矩分配法计算图（a）所示连续梁，并绘制弯矩图。

解　该梁为对称结构作用反对称荷载的情况，为了计算简便，可利用对称性，用原连续梁的一半进行计算，即可用图（b）所示连续梁来代替原连续梁进行计算。

（1）计算力矩分配系数为

$$\mu_{BA} = \frac{\dfrac{3EI_{AB}}{3}}{\dfrac{3EI_{AB}}{3} + \dfrac{3EI_{BE}}{2}} = \frac{1}{4}$$

$$\mu_{BG} = \frac{\dfrac{3EI_{BG}}{2}}{\dfrac{3EI_{AB}}{3} + \dfrac{3EI_{BG}}{2}} = \frac{3}{4}$$

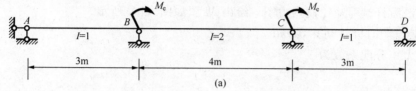

(a)

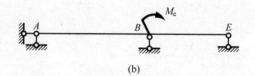

(b)

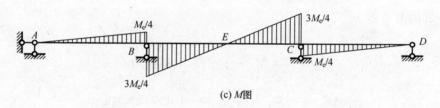

(c) M图

计算题 20.10 图

（2）计算固端弯矩。此时各杆固端弯矩均为零。

（3）力矩分配和传递。此时结点 B 的不平衡力矩为 $-M_e$，全部计算过程见计算题 20.10 算表。

（4）绘制弯矩图。绘出 M 图如图（c）所示。

计算题 20.10 算表

杆端	AB		BA	BC		CB
力矩分配系数			1/4	3/4		
固端弯矩	0		0	0		0
力矩分配与传递	0	←	Me/4	3Me/4	→	0
最后弯矩	0		Me/4	3Me/4		0

计算题 20.11 试用力矩分配法计算图示结构，并绘制弯矩图。

解 该结构的 AD 段为一静定部分，其内力可由平衡条件求得，弯矩图可直接绘出。为了计算简便可对该结构的 AD 部分作等效代换，即可用图（b）所示结构来代替原结构进行计算。

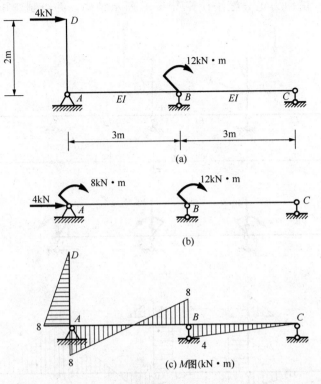

计算题 20.11 图

（1）计算力矩分配系数为

$$\mu_{BA} = \frac{\dfrac{3EI}{3}}{\dfrac{3EI}{3} + \dfrac{3EI}{3}} = 0.5 = \mu_{BC}$$

（2）计算固端弯矩为

$$M_{AB}^{F} = M_e = 8\text{kN} \cdot \text{m}$$

$$M_{BA}^{F} = \frac{M_e}{2} = 4\text{kN} \cdot \text{m}$$

（3）力矩分配和传递。此时结点 B 的不平衡力矩为 4kN·m－12kN·m＝－8kN·m，全部计算过程见计算题 20.11 算表。

计算题 20.11 算表（力矩单位：kN·m）

杆端	AB		BA	BC		CB
力矩分配系数			0.5	0.5		
固端弯矩	8		4	0		0
力矩分配与传递	0	←	4	4	→	0
最后弯矩	8		8	4		0

（4）绘制弯矩图。绘出 M 图如图（c）所示。

计算题 20.12 试用力矩分配法计算图（a）所示结构，并绘制弯矩图。

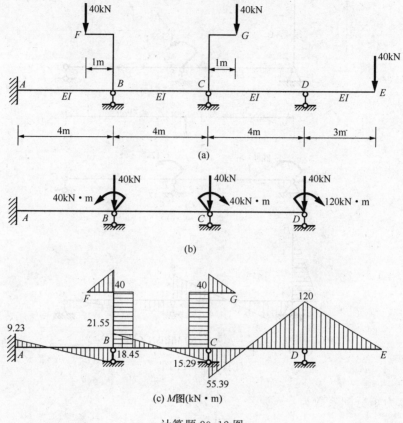

计算题 20.12 图

解 该结构的 BF、CG 和 DH 段均为静定部分，其内力可由平衡条件求得，弯矩图可直接绘出。为了计算简便可对该结构的 BF、CG 和 DH 段部分作等效代换，即可用图（b）所示结构来代替原结构进行计算。

（1）计算力矩分配系数为

$$\mu_{BA} = \frac{\dfrac{4EI}{4}}{\dfrac{4EI}{4} + \dfrac{4EI}{4}} = 0.5 = \mu_{BC}$$

$$\mu_{CB} = \frac{\dfrac{4EI}{4}}{\dfrac{4EI}{4} + \dfrac{3EI}{4}} = \frac{4}{7}$$

$$\mu_{CD} = \frac{\dfrac{3EI}{4}}{\dfrac{4EI}{4} + \dfrac{3EI}{4}} = \frac{3}{7}$$

（2）计算固端弯矩为

$$M_{DC}^{F} = M_{e} = 120 \text{kN} \cdot \text{m}$$

$$M_{CD}^F = \frac{M_e}{2} = 60\text{kN} \cdot \text{m}$$

（3）力矩分配和传递。此时结点 B 的不平衡力矩为 $40\text{kN} \cdot \text{m}$，结点 C 的不平衡力矩为 $60\text{kN} \cdot \text{m} - 40\text{kN} \cdot \text{m} = 20\text{kN} \cdot \text{m}$，全部计算过程见计算题 20.12 算表。

（4）绘制内力图。绘出 M 图如图（c）所示。

计算题 20.12 算表（力矩单位：kN·m）

杆端	AB	BA	BC	CB	CD	DC
力矩分配系数		0.5	0.5	4/7	3/7	
固端弯矩	0	0	0	0	60	120
力矩分配与力矩传递	−10	−20	−20	−10		
			−2.86	−5.71	−4.29	0
	0.72	1.43	1.43	0.72		
			−0.21	−0.42	−0.30	0
	0.05	0.105	0.105	0.05		
			−0.02	−0.03	−0.02	0
		−0.01	−0.01			
最后弯矩	−9.23	−18.45	−21.55	−15.39	55.39	120

计算题 20.13～计算题 20.15 无剪力分配法

计算题 20.13 试用无剪力分配法计算图示刚架的杆端弯矩。已知各杆 $EI =$ 常数。

解 （1）计算力矩分配系数为

$$\mu_{CD} = \frac{3 \times \dfrac{EI}{5}}{3 \times \dfrac{EI}{5} + \dfrac{EI}{4}} = \frac{12}{17}$$

$$\mu_{CB} = \frac{\dfrac{EI}{4}}{3 \times \dfrac{EI}{5} + \dfrac{EI}{4}} = \frac{5}{17}$$

$$\mu_{BC} = \frac{\dfrac{EI}{4}}{\dfrac{EI}{4} + \dfrac{EI}{4} + 3 \times \dfrac{EI}{4}} = \frac{1}{5} = \mu_{BA}$$

$$\mu_{BE} = \frac{3 \times \dfrac{EI}{4}}{\dfrac{EI}{4} + \dfrac{EI}{4} + 3 \times \dfrac{EI}{4}} = \frac{3}{5}$$

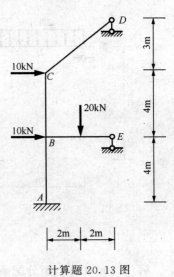

计算题 20.13 图

（2）计算固端弯矩为

$$M_{CB}^{F} = -\frac{Fl}{2} = -\frac{10 \times 4}{2} \text{kN} \cdot \text{m} = -20 \text{kN} \cdot \text{m} = M_{BC}^{F}$$

$$M_{BA}^{F} = -\frac{2Fl}{2} = -\frac{2 \times 10 \times 4}{2} \text{kN} \cdot \text{m} = -40 \text{kN} \cdot \text{m} = M_{AB}^{F}$$

$$M_{BE}^{F} = -\frac{3F_1 l}{16} = -\frac{3 \times 20 \times 4}{16} \text{kN} \cdot \text{m} = -15 \text{kN} \cdot \text{m}$$

（3）力矩分配和传递。全部计算过程见计算题 20.13 算表。

计算题 20.13 算表（力矩单位：kN·m）

结点	D	C		B			A	E
杆端	DC	CD	CB	BC	BE	BA	AB	EB
力矩分配系数		12/17	5/17	1/5	3/5	1/5		
固端弯矩	0	0	−20	−20	−15	−40	−40	0
力矩分配 与 力矩传递			−15	15	45	15	−15	0
	0	24.71	10.29	−10.29				
			−2.06	2.06	6.17	2.06	−2.06	0
	0	1.45	0.61	−0.61				
			−0.12	0.12	0.37	0.12	−0.12	0
	0	0.08	0.04					
最后弯矩	0	26.24	−26.24	−13.72	36.54	−22.82	−57.18	0

计算题 20.14 试用无剪力分配法计算图（a）所示刚架，并绘制弯矩图。

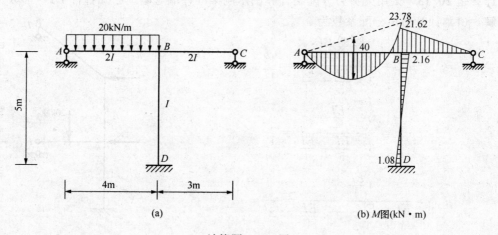

（a）　　　　　　　　　　　（b） M图(kN·m)

计算题 20.14 图

解　（1）计算力矩分配系数为

$$\mu_{BA} = \frac{3 \times \dfrac{2EI}{4}}{3 \times \dfrac{2EI}{4} + 3 \times \dfrac{2EI}{3} + \dfrac{EI}{5}} = \frac{45}{111}$$

$$\mu_{BC} = \frac{3 \times \frac{2EI}{3}}{3 \times \frac{2EI}{4} + 3 \times \frac{2EI}{3} + \frac{EI}{5}} = \frac{60}{111}$$

$$\mu_{BD} = \frac{\frac{EI}{5}}{3 \times \frac{2EI}{4} + 3 \times \frac{2EI}{3} + \frac{EI}{5}} = \frac{6}{111}$$

（2）计算固端弯矩为

$$M_{BA}^{F} = \frac{ql^2}{8} = 40 \text{kN} \cdot \text{m}$$

（3）力矩分配和传递。全部计算过程见计算题 20.14 算表。

计算题 20.14 算表（力矩单位：kN·m）

结点	A	B			C	D
杆端	AB	BA	BD	BC	CB	DB
力矩分配系数		45/111	6/111	60/111		
固端弯矩	0	40	0	0		0
力矩分配与传递	0	−16.22	−2.16	−21.62	0	−1.08
最后弯矩	0	23.78	−2.16	−21.62	0	−1.08

（4）绘制弯矩图。绘出 M 图如图（b）所示。

计算题 20.15　试用无剪力分配法计算图（a）所示刚架，并绘制弯矩。已知各杆 EI = 常数。

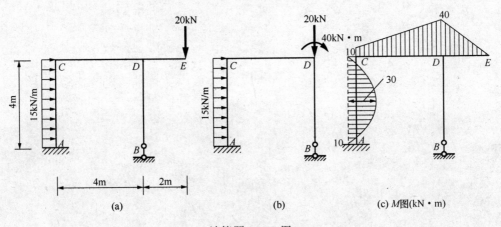

计算题 20.15 图

解　该结构的 DE 段为一静定部分，其内力可由平衡条件求得，弯矩图可直接绘出。为了计算简便可对该结构的 DE 部分作等效代换，即可用图（b）所示结构来代替原结构进行计算。且杆 DB 的弯矩和剪力均为零，所以 D 处相当于铰支座。

（1）计算力矩分配系数为

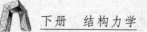

$$\mu_{CA} = \frac{i}{i+3i} = \frac{1}{4}$$

$$\mu_{CD} = \frac{3i}{i+3i} = \frac{3}{4}$$

（2）计算固端弯矩为

$$M_{AC}^{F} = -\frac{ql^2}{12} = -\frac{15 \times 4^2}{12} kN \cdot m = -20kN \cdot m$$

$$M_{CA}^{F} = \frac{ql^2}{12} = \frac{15 \times 4^2}{12} kN \cdot m = 20kN \cdot m$$

$$M_{DC}^{F} = M_e = 40kN \cdot m$$

$$M_{CD}^{F} = \frac{M_e}{2} = 20kN \cdot m$$

（3）力矩分配和传递。全部计算过程见计算题 20.15 算表。

（4）绘制弯矩图。绘出 M 图如图（c）所示。

计算题 20.15 算表（力矩单位：kN·m）

结点	A	C		D
杆端	AC	CA	CD	DC
力矩分配系数		1/4	3/4	
固端弯矩	−20	20	20	40
力矩分配与传递	10	−10	−30	0
最后弯矩	−10	10	−10	40

第二十一章

影响线

内容提要

1. 影响线的概念

表示结构上指定截面的某量值（内力、反力等）随单位集中荷载 $F=1$ 在结构上移动的变化规律的图形，称为该量值的影响线。

2. 绘制影响线的方法

绘制影响线的方法有两种：静力法和机动法。以单位移动荷载 $F=1$ 的作用位置 x 为变量，利用静力平衡条件列出某指定量值与 x 的关系式，这种关系式称为影响线方程，利用影响线方程绘制影响线的方法称为静力法。以刚体虚功原理为依据，利用体系的虚位移图绘制影响线的方法称为机动法。

3. 多跨静定梁影响线的绘制方法

绘制多跨静定梁的影响线，关键是要分清基本部分和附属部分，位于基本部分某量值的影响线要涉及到附属部分。先按相应单跨梁绘出基本部分的影响线，涉及到的附属部分的范围，其影响线为一直线，只需找出两个控制纵标即可将其绘出；位于附属部分的任何量值的影响线，只限于附属部分，而且可按相应单跨梁的影响线绘出，而该影响线在基本部分范围的纵标都为零。

4. 影响线和内力图的比较

影响线是指单位集中荷载在结构上移动时，结构某指定截面处的某一量值（内力、反力）变化规律的图形。在建立影响线方程时，变量 x 是指单位移动荷载的作用位置。

内力图反映的是在固定荷载的作用下，结构各截面处内力值的大小。在建立内力方程时，变量 x 是指结构上截面的位置。

5. 间接荷载作用下的影响线

荷载不直接作用于梁上，而是通过次梁（横梁和纵梁）将荷载传递到主梁，这种荷载称为间接荷载。

间接荷载作用下影响线的绘制步骤：

（1）先用虚线绘出直接荷载作用下该量值的影响线；

（2）由于间接荷载影响线在任意两个相邻结点之间为一直线，在结点处的竖标又与直接荷载作用的影响线竖标相等，因此将相邻两个结点在直接荷载作用下的影响线竖标的顶点，分别用直线相连，即得该量值在间接荷载作用下的影响线。

6. 影响线的应用

（1）利用影响线计算影响量。若有一组集中荷载 F_1、F_2、$\cdots$、F_n 作用于结构上，结构上某量值 S 的影响线在各荷载作用处的竖标为 y_1、y_2、$\cdots$、y_n，则

$$S = F_1 y_1 + F_2 y_2 + \cdots + F_n y_n = \sum_{i=1}^{n} F_i y_i \tag{21.1}$$

若均布荷载 q 作用于结构上，而 A_0 表示荷载作用段影响线图形的面积。则由此所产生的影响量 S 为

$$S = qA_0 \tag{21.2}$$

（2）确定最不利荷载位置。如果荷载移动到某一个位置时，使某量值达到最大值，则此位置称为该量值的最不利荷载位置。

7. 内力包络图

连接各截面上内力最大值的曲线称为内力包络图。内力包络图是针对某种移动荷载而言的，对不同的移动荷载，内力包络图也不相同。

概念题解

概念题 21.1～概念题 21.14 影响线

概念题 21.1 当一方向不变的_____沿一结构移动时，表示某指定截面的某一量值的_____称为该量值的影响线。

答 单位集中荷载；变化规律图形。

概念题 21.2 将单位集中荷载 $F=1$ 作用于结构上，以 x 表示其作用位置，由_____列出结构的某量值与单位集中移动荷载作用位置 x 的函数关系，此关系式称为_____。

答 平衡条件；影响线方程。

概念题 21.3 在结构的 F_{SE} 影响线上，某一点的竖标的物理意义为_____荷载作用于该位置时，_____截面上剪力的大小。

答 当单位集中移动；E。

概念题 21.4 在结构的 F_{SD} 影响线上，C 点处的竖标 y_C 表示的物理意义为（ ）。

A. 单位集中荷载移动到 C 截面时，D 截面上剪力的数值

B. 单位集中荷载移动到 D 截面时，C 截面上剪力的数值

C. 任意荷载作用下，D 截面上剪力的数值

D. 任意荷载作用下，C 截面上剪力的数值

答 A。

概念题 21.5 在结构的 M_C 影响线上，D 点处的竖标 y_D 表示的物理意义为（ ）。

A. 单位集中荷载作用下，D 截面上弯矩的数值

B. 任意荷载作用下，C 截面上弯矩的数值

C. 单位集中荷载移动到 D 截面时，C 截面上弯矩的数值

D. 单位集中荷载移动到 C 截面时，D 截面上弯矩的数值

答 C。

概念题 21.6 在结构的 F_{SB}^L 影响线上，D 点处的竖标 y_D 表示的物理意义为（ ）。

A. 单位集中荷载作用下，D 截面上剪力的数值

B. 单位集中荷载作用于 D 截面时，D 截面上剪力的数值

C. 单位集中荷载移动到 D 截面时，B 截面上剪力的数值

D. 单位集中荷载移动到 D 截面时，B 左侧截面上剪力的数值

答 D。

概念题 21.7 在结构的 F_{SB}^R 影响线上，C 点处的竖标 y_C 表示的物理意义为（ ）。

A. 单位集中荷载作用下，B 截面上剪力的数值

B. 单位集中荷载作用于 C 截面时，B 截面上剪力的数值

C. 单位集中荷载移动到 C 截面时，B 右侧截面上剪力的数值

D. 单位集中荷载移动到 C 截面时，B 截面上剪力的数值

答 C。

概念题 21.8 内力图反映的是在_____荷载的作用下，结构各截面处内力值的大小。

答 固定。

概念题 21.9 影响线方程中的 x 表示_____；而内力方程中的 x 表示_____。

答 单位集中移动荷载的作用位置；结构任意截面的位置。

概念题 21.10 量值 S 的影响线中的竖标表示_____；而内力图中的竖标表示_____。

答 单位集中移动荷载作用于该位置时，S 量值的大小；结构在指定固定荷载作用下，该截面上内力的大小。

概念题 21.11 在移动荷载作用下，结构某量值的最不利荷载位置是指（ ）。

A. 使该量值发生极值的荷载位置

B. 使该量值发生最大正值的荷载位置

C. 使该量值发生最大负值的荷载位置

D. 使该量值发生最大正值以及最大负值的荷载位置

答 D。

概念题 21.12 当量值 S 的影响线为三角形时，确定一组间距不变的移动集中荷载作用

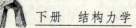

下的最不利荷载位置，需要先将可能的临界荷载放置于影响线顶点，判定此荷载是否为临界荷载。临界荷载的位置称为_____。再对每个临界位置求出 S 的极值，然后从各个极值中选出最大值，与此相对应的荷载位置即为_____。

答　临界位置；最不利荷载位置。

概念题 21.13　在设计承受移动荷载的结构时，必须求出结构每一截面上的内力最大值，连接各截面上内力最大值的曲线称为_____。

答　内力包络图。

概念题 21.14　结构的内力包络图是针对_____而言的，对不同的移动荷载，内力包络图也_____。

答　某种移动荷载；不同。

计算题解

计算题 21.1～计算题 21.11　静力法绘制影响线

计算题 21.1　简支梁受单位移动力偶 $M_e = 1$ 的作用，如图 (a) 所示，试用静力法绘制 F_A、F_B、M_C、F_{SC} 的影响线。

解　(1) 绘 F_A、F_B 的影响线。取 A 点为坐标原点，横坐标 x 以向右为正。对整体列平衡方程 $\sum M_B = 0$，得

$$F_A = -\frac{1}{8\text{m}} \quad (0 \leqslant x \leqslant 8\text{m})$$

由 $\sum M_A = 0$，得

$$F_B = \frac{1}{8\text{m}} \quad (0 \leqslant x \leqslant 8\text{m})$$

由影响线方程绘出 F_A、F_B 的影响线分别如图 (b)、(c) 所示。

(2) 绘 M_C、F_{SC} 的影响线。当荷载 $M_e = 1$ 作用于截面 C 以左时，取 BC 段为研究对象，列平衡方程，得

$$M_C = \frac{3}{4} \quad (0 \leqslant x < 2\text{m})$$

$$F_{SC} = -\frac{1}{8\text{m}} \quad (0 \leqslant x \leqslant 2\text{m})$$

当荷载 $M_e = 1$ 作用于截面 C 以右时，取 AC 段为研究对象，列平衡方程，得

$$M_C = -\frac{1}{4} \quad (2\text{m} < x \leqslant 8\text{m})$$

$$F_{SC} = -\frac{1}{8\text{m}} \quad (2\text{m} \leqslant x < 8\text{m})$$

由影响线方程绘出 M_C、F_{SC} 的影响线分别如图 (d)、(e) 所示。

计算题 21.2　试用静力法绘制图 (a) 所示结构的 F_C、M_A、M_B、F_{SB} 的影响线。

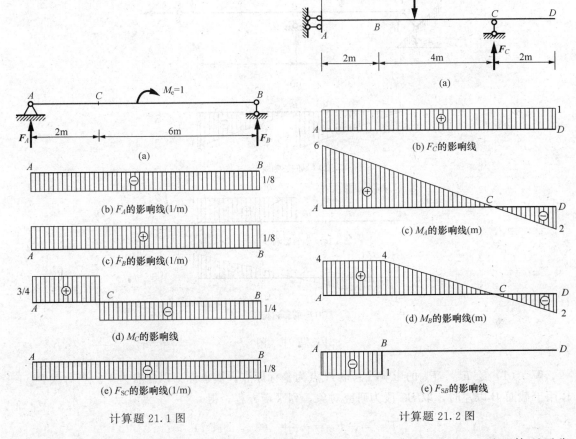

计算题 21.1 图

计算题 21.2 图

解　（1）绘 F_C 的影响线。取 A 点为坐标原点，横坐标 x 以向右为正。对整体列平衡方程 $\sum Y = 0$，得

$$F_C = 1 \quad (0 \leqslant x \leqslant 8\text{m})$$

由影响线方程绘出 F_C 的影响线如图（b）所示。

（2）绘 M_A 的影响线。对整体列平衡方程 $\sum M_A = 0$，得

$$M_A = 6\text{m} - x \quad (0 \leqslant x \leqslant 8\text{m})$$

由影响线方程绘出 M_A 的影响线如图（c）所示。

（3）绘 M_B、F_{SB} 的影响线。当荷载 $F=1$ 作用于截面 B 以左时，取 BC 段为研究对象，列平衡方程，得

$$M_B = 4\text{m} \quad (0 \leqslant x \leqslant 2\text{m})$$

$$F_{SB} = -1 \quad (0 \leqslant x < 2\text{m})$$

当荷载 $F=1$ 作用于截面 B 以右时，取 BC 段为研究对象，列平衡方程，得

$$M_B = 6\text{m} - x \quad (2\text{m} \leqslant x \leqslant 8\text{m})$$

$$F_{SB} = 0 \quad (2\text{m} < x \leqslant 8\text{m})$$

由影响线方程绘出 M_B、F_{SB} 的影响线分别如图（d）、（e）所示。

计算题 21.3　试用静力法绘制图（a）所示结构的 F_{SB}^{L}、F_{SB}^{R}、F_C 的影响线。

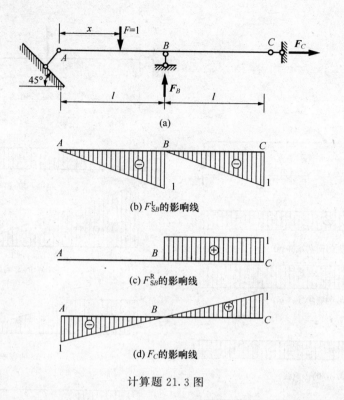

(a)

(b) F_{SB}^{L}的影响线

(c) F_{SB}^{R}的影响线

(d) F_C的影响线

计算题 21.3 图

解 （1）绘 F_{SB}^{L}、F_{SB}^{R} 的影响线。取 A 点为坐标原点，横坐标 x 以向右为正。当荷载 $F=1$ 作用于截面 B 以左时，取 BC 段为研究对象，列平衡方程，得

$$F_{SB}^{L} = -F_B = -\frac{x}{l} \quad (0 \leqslant x < l)$$

$$F_{SB}^{R} = 0 \quad (0 \leqslant x < l)$$

当荷载 $F=1$ 作用于截面 B 以右时，取 BC 段为研究对象，列平衡方程，得

$$F_{SB}^{L} = 1 - F_B = \frac{(l-x)}{l} \quad (l < x \leqslant 2l)$$

$$F_{SB}^{R} = 1 \quad (l < x \leqslant 2l)$$

由影响线方程绘出 F_{SB}^{L}、F_{SB}^{R} 的影响线分别如图（b）、（c）所示。

（2）绘 F_C 的影响线。当荷载 $F=1$ 在结构上移动时，取结构为研究对象，列平衡方程 $\sum X = 0$，得

$$F_C = -\frac{(l-x)}{l} \quad (l \leqslant x \leqslant 2l)$$

由影响线方程绘出 F_C 的影响线如图（d）所示。

计算题 21.4 试用静力法绘制图（a）所示斜梁的 F_A、M_C、F_{SC} 的影响线。

解 （1）绘 F_A 的影响线。取 B 点为坐标原点，横坐标 x 以向左为正。当荷载 $F=1$ 作用于梁上任一点 x 时，对整体列平衡方程 $\sum M_B = 0$，得

$$F_A = \frac{x}{3} \quad (0 \leqslant x \leqslant 4\text{m})$$

由影响线方程绘出 F_A 的影响线如图（b）所示。

（2）绘 M_C、F_{SC} 的影响线。当荷载 $F=1$ 作用于截面 C 以左时，取 CA 段为研究对象，列平衡方程，得

$$M_C = -\frac{x}{4} + 1\mathrm{m} \quad (1\mathrm{m} \leqslant x \leqslant 4\mathrm{m})$$

$$F_{SC} = \frac{x}{5\mathrm{m}} - \frac{4}{5} \quad (1\mathrm{m} < x \leqslant 4\mathrm{m})$$

当荷载 $F=1$ 作用于截面 C 以右时，仍取 CA 段为研究对象，列平衡方程，得

$$M_C = \frac{3x}{4} \quad (0 \leqslant x \leqslant 1\mathrm{m})$$

$$F_{SC} = \frac{x}{5\mathrm{m}} \quad (0 \leqslant x < 1\mathrm{m})$$

由影响线方程绘出 M_C、F_{SC} 的影响线分别如图（c）、（d）所示。

计算题 21.5 试用静力法绘制图（a）所示结构的 F_B、F_{Ax}、M_C、F_{SC} 的影响线。

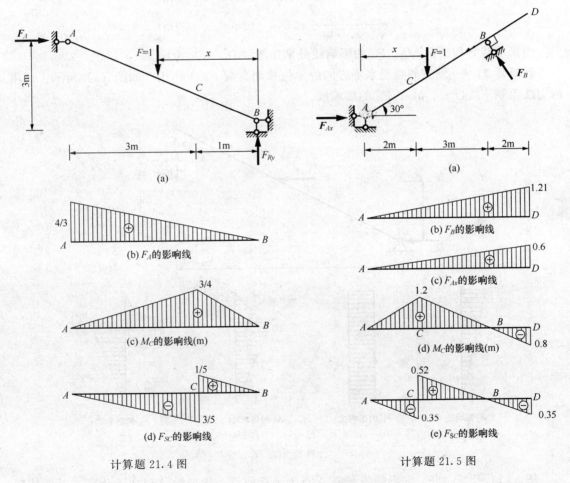

计算题 21.4 图　　　　计算题 21.5 图

解　（1）绘 F_B 的影响线。取 A 点为坐标原点，横坐标 x 以向右为正。对整体列平衡方程 $\sum M_A = 0$，得

$$F_B = \frac{x}{5.77\text{m}} \quad (0 \leqslant x \leqslant 7\text{m})$$

由影响线方程绘出 F_B 的影响线如图 （b） 所示。

（2）绘 F_{Ar} 的影响线。对整体列平衡方程 $\sum X = 0$，得

$$F_{Ar} = \frac{x}{11.54\text{m}} \quad (0 \leqslant x \leqslant 7\text{m})$$

由影响线方程绘出 F_{Ar} 的影响线如图 （c） 所示。

（3）绘 M_C、F_{SC} 的影响线。当荷载 $F=1$ 作用于截面 C 以左时，取 BC 段为研究对象，列平衡方程，得

$$M_C = 0.6x \quad (0 \leqslant x \leqslant 2\text{m})$$

$$F_{SC} = -\frac{x}{5.77\text{m}} \quad (0 \leqslant x < 2\text{m})$$

当荷载 $F=1$ 作用于截面 C 以右时，取 BC 段为研究对象，列平衡方程，得

$$M_C = 0.6x - (x - 2\text{m}) \quad (2\text{m} \leqslant x \leqslant 7\text{m})$$

$$F_{SC} = -\frac{x}{5.77\text{m}} + 0.866 \quad (2\text{m} < x \leqslant 7\text{m})$$

由影响线方程绘出 M_C、F_{SC} 的影响线分别如图 （d）、（e） 所示。

计算题 21.6　简支斜梁受水平方向的单位移动荷载 $F=1$ 作用，如图 （a） 所示，试用静力法绘制 F_B、F_{Ar}、M_C、F_{SC} 的影响线。

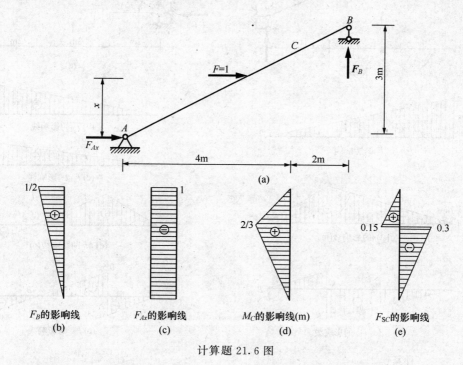

计算题 21.6 图

解　（1）绘 F_B、F_{Ar} 的影响线。取 A 点为坐标原点，横坐标 x 以向上为正。对整体列平衡方程 $\sum M_A = 0$，得

$$F_B = \frac{x}{6\text{m}} \quad (0 \leqslant x \leqslant 3\text{m})$$

由 $\sum X = 0$，得

$$F_{Ar} = -1 \quad (0 \leqslant x \leqslant 3\text{m})$$

由影响线方程绘出 F_B、F_{Ar} 的影响线分别如图（b）、（c）所示。

（2）绘 M_C、F_{SC} 的影响线。当荷载 $F=1$ 作用于截面 C 以下时，取 BC 段为研究对象，列平衡方程，得

$$M_C = \frac{x}{3} \quad (0 \leqslant x \leqslant 2\text{m})$$

$$F_{SC} = -\frac{x}{6.71\text{m}} \quad (0 \leqslant x < 2\text{m})$$

当荷载 $F=1$ 作用于截面 C 以上时，取 BC 段为研究对象，列平衡方程，得

$$M_C = \frac{x}{3} - (x-2\text{m}) \quad (2\text{m} \leqslant x \leqslant 3\text{m})$$

$$F_{SC} = \frac{3\text{m}-x}{6.71\text{m}} \quad (2\text{m} < x \leqslant 3\text{m})$$

由影响线方程绘出 M_C、F_{SC} 的影响线分别如图（d）、（e）所示。

计算题 21.7 试用静力法绘制图（a）所示结构的 F_B、M_C、F_{SC} 的影响线。

解 （1）绘 F_B 的影响线。取 F 点为坐标原点，横坐标 x 以向右为正。对整体列平衡方程 $\sum M_A = 0$，得

$$F_B = \frac{x}{8\text{m}} \quad (-1\text{m} \leqslant x \leqslant 9\text{m})$$

由影响线方程绘出 F_B 的影响线如图（b）所示。

（2）绘 M_C、F_{SC} 的影响线。用假想截面从 C 点截开，并取 CB 段为研究对象，由平衡方程 $\sum M_C = 0$，得

$$M_C = 2\text{m} \cdot F_B = \frac{x}{4} \quad (-1\text{m} \leqslant x \leqslant 9\text{m})$$

由 $\sum Y = 0$，得

$$F_{SC} = -F_B = -\frac{x}{8\text{m}} \quad (-1\text{m} \leqslant x \leqslant 9\text{m})$$

由影响线方程绘出 M_C、F_{SC} 的影响线分别如图（c）、（d）所示。

计算题 21.8 试用静力法绘制图（a）所示结构的 F_B、M_D、F_{NC} 的影响线。

解 （1）绘 F_B 的影响线。取 A 点为坐标

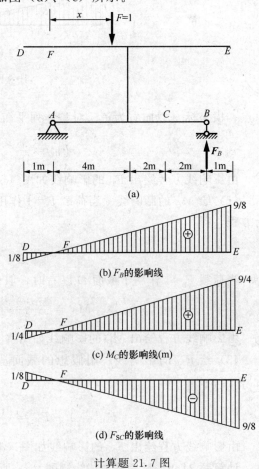

(a)

(b) F_B 的影响线

(c) M_C 的影响线(m)

(d) F_{SC} 的影响线

计算题 21.7 图

695

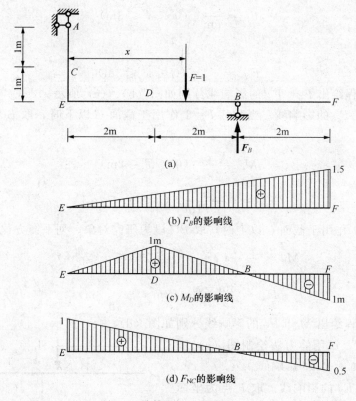

计算题 21.8 图

原点，横坐标 x 以向右为正。对整体列平衡方程 $\sum M_A = 0$，得

$$F_B = \frac{x}{4\text{m}} \quad (0 \leqslant x \leqslant 6\text{m})$$

由影响线方程绘出 F_B 的影响线如图（b）所示。

（2）绘 M_D 的影响线。当荷载 $F=1$ 作用于截面 D 以左时，取 BD 段为研究对象，列平衡方程，得

$$M_D = \frac{x}{2} \quad (0 \leqslant x \leqslant 2\text{m})$$

当荷载 $F=1$ 作用于截面 D 以右时，取 AED 段为研究对象，列平衡方程，得

$$M_D = \frac{4\text{m} - x}{2} \quad (2\text{m} \leqslant x \leqslant 6\text{m})$$

由影响线方程绘出 M_D 的影响线如图（c）所示。

（3）绘 F_{NC} 的影响线。用假想的截面从 C 点截开，取下部为研究对象，由平衡方程 $\sum Y = 0$，得

$$F_{NC} = 1 - F_B = \frac{4\text{m} - x}{4\text{m}} \quad (0 \leqslant x \leqslant 6\text{m})$$

由影响线方程绘出 F_{NC} 的影响线如图（d）所示。

计算题 21.9 试用静力法绘制图（a）所示结构的 F_{Ay}、M_A、M_B、F_{SB} 的影响线。

解 （1）绘 F_{Ay}、M_A 的影响线。取 C 点为坐标原点，横坐标 x_1 以向右为正。对整体列平衡方程 $\sum Y = 0$，得

$$F_{Ay} = 1 \quad (-4\mathrm{m} \leqslant x_1 \leqslant 3\mathrm{m})$$

由平衡方程 $\sum M_A = 0$，得

$$M_A = x_1 \quad (-4\mathrm{m} \leqslant x_1 \leqslant 3\mathrm{m})$$

由影响线方程绘出 F_{Ay}、M_A 的影响线分别如图（b）、（c）所示。

（2）绘 M_B、F_{SB} 的影响线。取 D 点为坐标原点，横坐标 x_2 以向右为正。用假想截面从 D 点截开，取 BDC 为研究对象，由平衡方程 $\sum Y = 0$，得

$$F_{SB} = -1 \quad (-2\mathrm{m} \leqslant x_2 \leqslant 5\mathrm{m})$$

由 $\sum M_B = 0$，得

$$M_B = x_2 \quad (-2\mathrm{m} \leqslant x_2 \leqslant 5\mathrm{m})$$

由影响线方程绘出 M_B、F_{SB} 的影响线分别如图（d）、（e）所示。

计算题 21.10 图（a）所示刚架的单位移动荷载 $F=1$ 沿柱高移动，试绘制 M_C、F_{SC} 的影响线（M_C 以内侧受拉为正）。

解 取 A 点为坐标原点，横坐标 x 以向上为正。对整体列平衡方程 $\sum M_A = 0$，

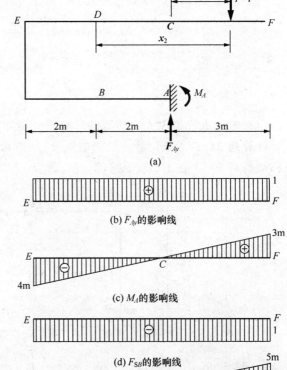

(a)

(b) F_{Ay}的影响线

(c) M_A的影响线

(d) F_{SB}的影响线

(e) M_B的影响线

计算题 21.9 图

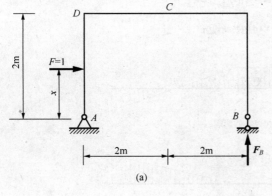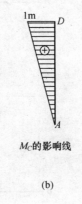

M_C的影响线　　F_{SC}的影响线

(a)　　　　(b)　　　　(c)

计算题 21.10 图

得

$$F_B = \frac{x}{4\mathrm{m}} \quad (0 \leqslant x \leqslant 2\mathrm{m})$$

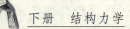

再用假想截面从 C 点截开，取 BC 部分为研究对象，由平衡方程 $\sum M_C = 0$，得

$$M_C = 2\text{m} \cdot F_B = \frac{x}{2} \quad (0 \leqslant x \leqslant 2\text{m})$$

由 $\sum Y = 0$，得

$$F_{SC} = -F_B = -\frac{x}{4\text{m}} \quad (0 \leqslant x \leqslant 2\text{m})$$

由影响线方程绘出 M_C、F_{SC} 的影响线分别如图（b）、（c）所示。

计算题 21.11 试用静力法绘制图（a）所示刚架的 M_A、M_K、F_{SK}、F_D 的影响线。单位移动荷载 $F=1$ 在 BE 段上移动（M_A、M_K 均以内侧受拉为正）。

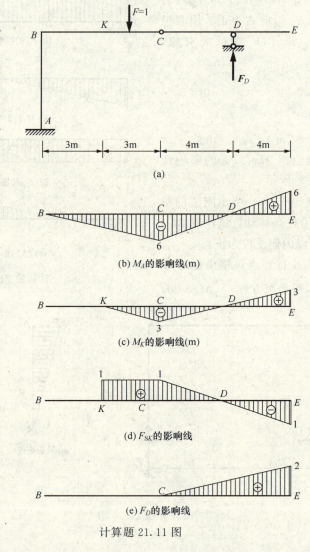

计算题 21.11 图

解（1）绘 M_A 的影响线。此结构为组合刚架，其影响线的绘制方法和多跨静定梁相同。取 B 点为坐标原点，横坐标 x 以向右为正。取基本部分 ABC 为研究对象，列平衡方程 $\sum M_A = 0$，得

$$M_A = -x \quad (0 \leqslant x \leqslant 6\text{m})$$

由此绘出 BC 段的影响线。至于附属部分，其影响线也为直线，C 点的纵标已知，D 点为支座，纵标为 0，连接 C、D 两点的纵标并延长至 E 点即可。M_A 的影响线如图（b）所示。

（2）绘 M_K、F_{SK} 的影响线。取 K 点为坐标原点，横坐标 x 以向右为正。当荷载 $F=1$ 作用于截面 K 以左时，取 CK 段为研究对象，列平衡方程，得

$$M_K = 0 \quad (-3\text{m} \leqslant x \leqslant 0)$$

$$F_{SK} = 0 \quad (-3\text{m} \leqslant x < 0)$$

当荷载 $F=1$ 作用于截面 K 以右时，取 CK 段为研究对象，列平衡方程，得

$$M_K = -x \quad (0 \leqslant x \leqslant 3\text{m})$$

$$F_{SK} = 1 \quad (0 < x \leqslant 3\text{m})$$

由上绘出 BC 段的影响线。附属部分的影响线为直线，C 点的纵标已知，D 点为支座，纵标为 0，连接 C、D 两点的纵标并延长至 E 点即可。M_K、F_{SK} 的影响线分别如图（c）、（d）所示。

（3）绘 F_D 的影响线。D 点位于附属部分，其影响线只限于附属部分。取 C 点为坐标原点，横坐标 x 以向右为正。当荷载 $F=1$ 作用于截面 C 以左时，取 CDE 段为研究对象，列平衡方程，得

$$F_D = 0 \quad (-6\text{m} \leqslant x \leqslant 0)$$

当荷载 $F=1$ 作用于截面 C 以右时，取 CDE 段为研究对象，列平衡方程，得

$$F_D = \frac{x}{4\text{m}} \quad (0 \leqslant x \leqslant 8\text{m})$$

由上绘出 F_D 的影响线如图（e）所示。

计算题 21.12～计算题 21.14　机动法绘制影响线

计算题 21.12　试用机动法绘制图（a）所示多跨静定梁的 M_A、F_{SC}、F_B 的影响线。

解　（1）绘 M_A 的影响线。A 点位于基本部分，其影响线涉及到整个结构。根据多跨静定梁影响线的绘制方法，基本部分的影响线可按相应单跨梁绘出。而基本部分的相应单跨梁为悬臂梁，故绘 M_A 的影响线时按悬臂梁考虑。解除截面 A 的转动约束，即将 A 点的固定端改为固定铰支座，并用 M_A 代替转动约束，让机构沿 M_A 的正方向发生虚位移，得图（b）所示的虚位移图。至于附属部分，确定两点的纵标即可。D 点的虚位移已知，B 点有支座，则 B 点不能移动，故 B 点的虚位移为 0，连接 B、D 两点虚位移的连线即为附属部分的虚位移图。令虚位移 $\alpha=1$，得各点纵标，标明正负，图（c）即为 M_A 的影响线。

（2）绘 F_{SC} 的影响线。解除 D 点的与剪力相对应的约束，即将 D 处改为定向支座，并用 $\boldsymbol{F}_{SC}$ 代替其约束，让机构沿 $\boldsymbol{F}_{SC}$ 的正方向发生单位虚位移，得图（d）所示的虚位移图。其中 AC 部分为几何不变，不能发生任何移动；DB 为附属部分，D 点的虚位移已知，B 点的虚位移为 0，连接 B、D 两点虚位移的连线即为附属部分的虚位移图。令虚位移 $\delta=1$，得各点纵标，标明正负，图（e）即为 F_{SC} 的影响线。

（3）绘 F_B 的影响线。B 点位于附属部分，其影响线只涉及附属部分，基本部分的纵标为 0。而附属部分的影响线可按相应单跨梁绘出。此结构附属部分的相应单跨梁为简支梁，

解除 B 点的竖向约束，并代之以 F_B，让机构沿 F_B 的正方向发生单位虚位移，得图（f）所示的虚位移图，利用比例关系得各点的纵坐标，F_B 的影响线如图（g）所示。

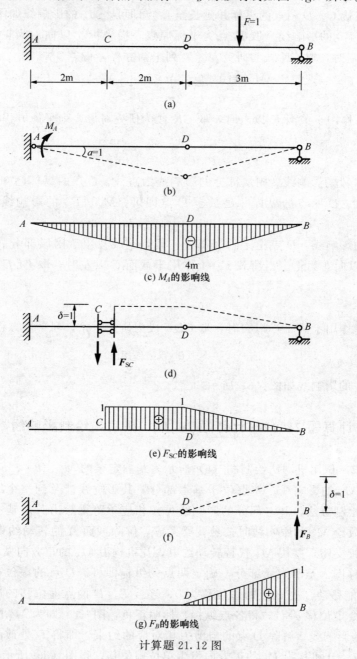

计算题 21.12 图

计算题 21.13 试用机动法绘制图（a）所示的多跨静定梁的 F_B、F_C、F_{SD} 的影响线。

解 （1）绘 F_B 的影响线。解除 B 点的竖向约束，代之以 F_B，让机构沿 F_B 的正方向发生单位虚位移 $\delta=1$，得图（b）所示的虚位移图，利用比例关系确定各点的纵坐标，F_B 的影响线如图（c）所示。

（2）绘 F_C 的影响线。解除 C 点的竖向约束，代之以 F_C，让机构沿 F_C 的正方向发生单

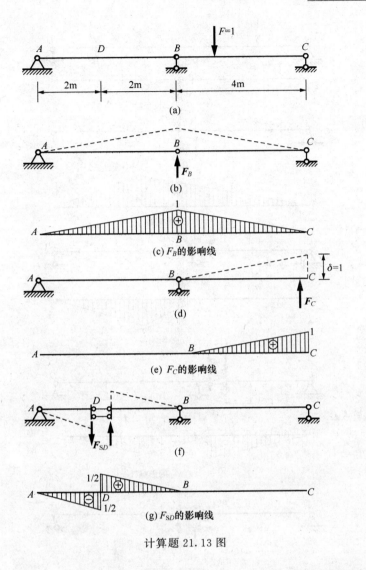

计算题 21.13 图

位虚位移 $\delta=1$，得图（d）所示的虚位移图，利用比例关系确定各点的纵标，F_C 的影响线如图（e）所示。

（3）绘 F_{SD} 的影响线。解除 D 点的与剪力相对应的约束，即将 D 处改为定向支座，让机构沿 F_{SD} 的正方向发生单位虚位移 $\delta=1$，得图（f）所示的虚位移图，利用比例关系确定各点的纵标，F_{SD} 的影响线如图（g）所示。

计算题 21.14 试用机动法绘制图（a）所示多跨静定梁的 F_B、M_B、F_{SB}^L、F_{SB}^R、M_K 的影响线。

解 （1）绘 F_B 的影响线。解除 B 点的竖向约束，代之以 F_B，让机构沿 F_B 的正方向发生单位虚位移 $\delta=1$，得图（b）所示的虚位移图，利用比例关系确定各点的纵标，F_B 的影响线如图（c）所示。

（2）绘 M_B 的影响线。解除 B 点的转动约束，即将 B 点改为铰连接，并代之以 M_B，让机构沿 M_B 的正方向发生单位虚位移，此时 AB 段为几何不变体系，不能发生任何虚位移，

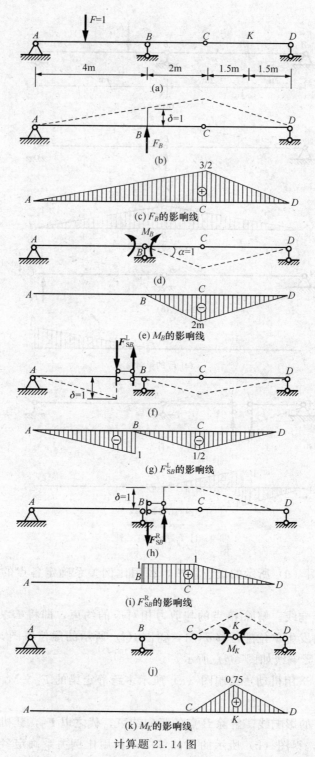

计算题 21.14 图

故得图（d）所示的虚位移图，利用比例关系确定各点的纵标，M_B 的影响线如图（e）所示。

（3）绘 F_{SB}^L 的影响线。解除 B 点左边的与剪力相对应的约束，即将 B 点左边改为定向支座，让机构沿 F_{SB}^L 的正方向发生单位虚位移 $\delta=1$，得图（f）所示的虚位移图，利用比例关系确定各点的纵标，F_{SB}^L 的影响线如图（g）所示。

（4）绘 F_{SB}^R 的影响线。解除 B 点右边的与剪力相对应的约束，即将 B 点右边改为定向支座，让机构沿 F_{SB}^R 的正方向发生单位虚位移 $\delta=1$，此时 AB 段为几何不变体系，不能发生任何虚位移，故得图（h）所示的虚位移图，利用比例关系确定各点的纵标，F_{SB}^R 的影响线如图（i）所示。

（5）绘 M_K 的影响线。K 点位于附属部分，其影响线仅涉及附属部分，基本部分的纵标为 0。解除 K 点的转动约束，即将 K 点改为铰连接，并代之以 M_K，让机构沿 M_K 的正方向发生单位虚位移，得图（j）所示的虚位移图，利用比例关系确定各点的纵标，M_K 的影响线如图（k）所示。

计算题 21.15～计算题 21.18　间接荷载作用下的影响线

计算题 21.15　试绘制图（a）所示结构的 F_A、M_F、F_{SG}、M_H 的影响线。其中荷载在 CD、DE 段上移动。

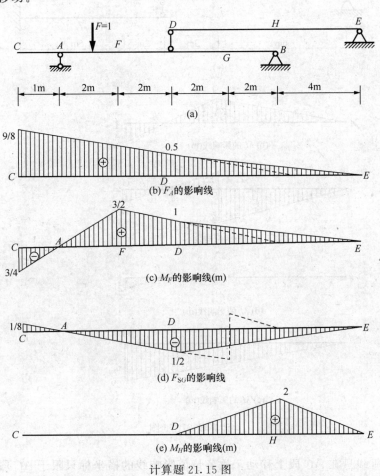

计算题 21.15 图

解 (1) 绘 F_A 的影响线。当荷载在 DE 段上移动时，结构受间接荷载作用，绘影响线时先按直接荷载作用绘出，再将结点间的纵标连以直线即可。A 点位于基本部分 AB，先按外伸梁 AB 绘出 F_A 的影响线，确定结点 D、E 的纵标，连以直线，则得 F_A 的影响线如图（b）所示。

(2) 绘 M_F 的影响线。同理，先绘出外伸梁 AB 的 M_F 的影响线，确定结点 D、E 的纵标，连以直线，M_F 的影响线如图（c）所示。

(3) 绘 F_{SG} 的影响线。先绘出外伸梁 AB 的 F_{SG} 的影响线，确定结点 D、E 的纵标，连以直线，F_{SG} 的影响线如图（d）所示。

(4) 绘 M_H 的影响线。A 点位于附属部分，荷载在 CD 段上移动不影响附属部分，故 M_H 的影响线在 CD 段的纵标为 0，DE 段的影响线按简支梁绘出，M_H 的影响线如图（e）所示。

计算题 21.16 试绘制图（a）所示结构的 M_F、F_{SF}、M_B、M_E 的影响线。其中荷载在 AC 段上移动。

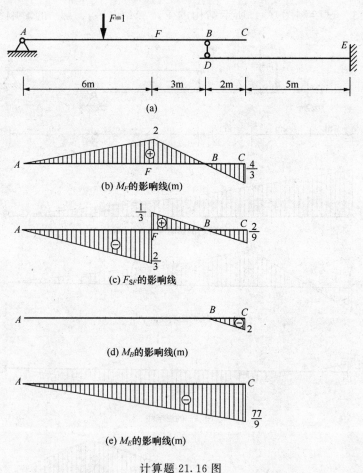

计算题 21.16 图

解 由于荷载只在 AC 段上移动，故各量值影响线的横坐标只限于 AC 段。

(1) 绘 M_F 的影响线。F 点位于附属部分，且荷载只在 AC 段移动，则 M_F 的影响线按外伸梁绘出即可，如图（b）所示。

（2）绘 F_{SF} 的影响线。同理可绘出 F_{SF} 的影响线如图（c）所示。

（3）绘 M_B 的影响线。按外伸梁绘出 M_B 的影响线如图（d）所示。

（4）绘 M_E 的影响线。E 点位于基本部分，其影响线是由支座 B 的反力引起的，利用平衡条件求出 M_E 的影响线方程即可绘出 M_E 的影响线，如图（e）所示。

计算题 21.17　试绘制图（a）所示结构的 F_B、M_C、M_D、F_{SD} 的影响线。

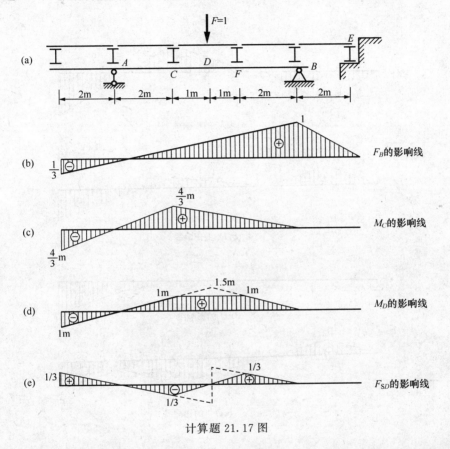

计算题 21.17 图

解　（1）绘 F_B 的影响线。此结构受间接荷载作用，先按直接荷载作用绘出影响线，确定各结点的纵标，再将相邻两结点的纵标连以直线即可。绘出外伸梁 AB 的 F_B 的影响线，当荷载作用于结点 E 时，B 点的支座反力为 0，即 E 点的影响线纵标为 0，连接相邻的 B、E 两点的纵标，F_B 的影响线如图（b）所示。

（2）绘 M_C 的影响线。按直接荷载绘出 M_C 的影响线，由于 C 点位于结点上，故间接荷载作用下的影响线和直接荷载作用时相同，M_C 的影响线如图（c）所示。

（3）绘 M_D 的影响线。先按直接荷载绘出 M_D 的影响线，确定各结点的纵标，再将 C、F 两点的纵标连以直线即可，M_D 的影响线如图（d）所示。

（4）绘 F_{SD} 的影响线。同理可绘出 F_{SD} 的影响线如图（e）所示。

计算题 21.18　试绘制图（a）所示结构的 M_E、F_{SE}、M_B、F_{SB}^L、F_{SB}^R 的影响线。

解　（1）绘 M_E 的影响线。先绘出外伸梁 AB 在直接荷载作用下 M_E 的影响线，确定各结点的纵标，再将各两结点间的纵标连以直线，M_E 的影响线如图（b）所示。

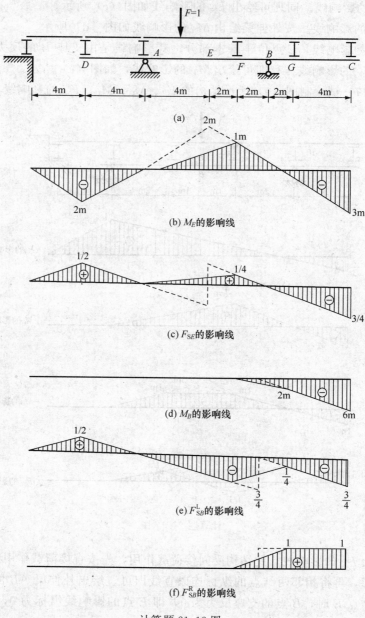

计算题 21.18 图

（2）绘 F_{SC} 的影响线。同理可绘出 F_{SC} 的影响线如图（c）所示。

（3）绘 M_B 的影响线。先按直接荷载绘出 M_B 的影响线，确定各结点的纵标，再将 F、G 两点的纵标连以直线即可，M_B 的影响线如图（d）所示。

（4）绘 F_{SB}^L 的影响线。先绘出外伸梁 AB 在直接荷载作用下 F_{SB}^L 的影响线，确定各结点的纵标，再将各两结点间的纵标连以直线，F_{SB}^L 的影响线如图（e）所示。

（5）绘 F_{SB}^R 的影响线。同理可绘出 F_{SB}^R 的影响线如图（f）所示。

计算题 21.19～计算题 21.23　影响线的应用

计算题 21.19　试利用影响线计算图（a）所示结构的 F_B、M_C、F_{SC} 的量值。

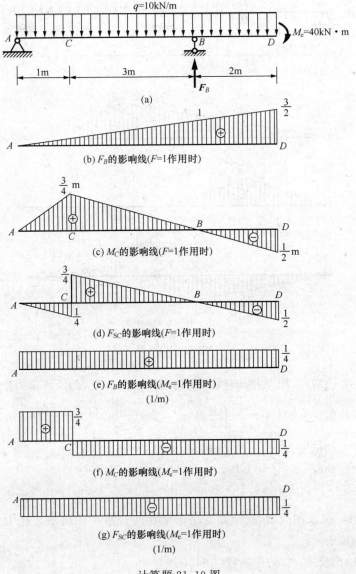

计算题 21.19 图

解　分别绘出 F_B、M_C、F_{SC} 在单位移动荷载 $F=1$ 及单位移动力偶 $M_e=1$ 作用时的影响线，如图（b）、（c）、（d）、（e）、（f）、（g）所示。则

$$F_B = 10\text{kN/m} \times \frac{1}{2} \times 6\text{m} \times \frac{3}{2} + \frac{40\text{kN} \cdot \text{m}}{4\text{m}} = 55\text{kN}$$

$$M_C = 10\text{kN/m} \times \left(\frac{1}{2} \times \frac{3}{4}\text{m} \times 4\text{m} - \frac{1}{2} \times \frac{1}{2}\text{m} \times 2\text{m} \right) - \frac{40\text{kN} \cdot \text{m}}{4} = 0$$

$$F_{SC} = 10\text{kN/m} \times \left(\frac{1}{2} \times \frac{3}{4} \times 3\text{m} - \frac{1}{2} \times \frac{1}{4} \times 1\text{m} - \frac{1}{2} \times \frac{1}{2} \times 2\text{m} \right) - \frac{40\text{kN} \cdot \text{m}}{4\text{m}} = -5\text{kN}$$

计算题 21.20 试利用影响线计算图（a）所示结构的 F_C、M_E、F_{SC}^L 的量值。

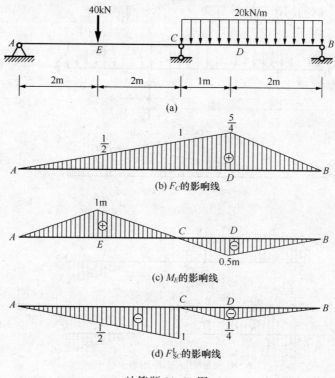

计算题 21.20 图

解 先绘出 F_C、M_E、F_{SC}^L 的影响线分别如图（b）、（c）、（d）所示。则

$$F_C = 40\text{kN} \times 0.5 + 20\text{kN/m} \times \left[\frac{1}{2} \times \frac{5}{4} \times 2\text{m} + \frac{1}{2} \times \left(1 + \frac{5}{4} \right) \times 1\text{m} \right] = 67.5\text{kN}$$

$$M_E = 40\text{kN} \times 1\text{m} - 20\text{kN/m} \times \left(\frac{1}{2} \times 0.5\text{m} \times 3\text{m} \right) = 25\text{kN} \cdot \text{m}$$

$$F_{SC}^L = -40\text{kN} \times 0.5 - 20\text{kN/m} \times \frac{1}{2} \times \frac{1}{4} \times 3\text{m} = -27.5\text{kN}$$

计算题 21.21 试求图（a）所示简支吊车梁在两台吊车作用下，柱 B 的最大反力 F_B。吊车荷载如图（a）所示。

解 （1）先绘出反力 F_B 的影响线 [图（b）]。

（2）验算临界荷载 F_{cr}。当吊车进入 AB 与 BC 跨时，对 F_B 才产生影响。通过直观判断，F_2 与 F_3 是可能的临界荷载。

1）验证 F_2 是否为临界荷载。由判别式得

$$\frac{324.5\text{kN} + (478.5)\text{kN}}{6\text{m}} > \frac{478.5\text{kN}}{6\text{m}}$$

$$\frac{324.5\text{kN}}{6\text{m}} < \frac{(478.5)\text{kN} + 478.5\text{kN}}{6\text{m}}$$

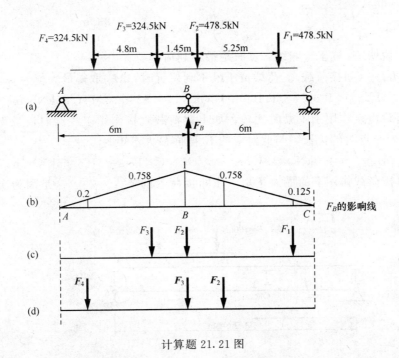

计算题 21.21 图

故 F_2 为临界荷载。

2）验证 F_3 是否为临界荷载。由判别式得

$$\frac{324.5\text{kN}+(324.5)\text{kN}}{6\text{m}}>\frac{478.5\text{kN}}{6\text{m}}$$

$$\frac{324.5\text{kN}}{6\text{m}}<\frac{(324.5)\text{kN}+478.5\text{kN}}{6\text{m}}$$

故 F_3 为临界荷载。

（3）确定最不利荷载位置，并求 $F_{B\max}$ 值。上述验算结果表明，这两个力居于影响线顶点时，都是临界荷载，故需从中选出最不利荷载位置。为此，分别算出两种情况下的 F_B 值如下：

$$(F_B)_1 = 478.5\text{kN}\times(1+0.125)+324.5\text{kN}\times0.758=784.3\text{kN}$$
$$(F_B)_2 = 324.5\text{kN}\times(1+0.2)+478.5\text{kN}\times0.758=752.1\text{kN}$$

比较可知：$F_{B\max}=784.3\text{kN}$，即当 F_2 居于三角形影响线顶点时，系列荷载位置是最不利荷载位置。

计算题 21.22 试求图（a）所示简支梁在图示荷载作用下，截面 K 的最大弯矩，并与直接荷载作用时的 M_K 值比较。

解（1）绘出 M_K 影响线［图（b）］。

（2）确定最不利荷载位置。把 $F_1=100\text{kN}$ 置于 M_K 影响线顶点 c' 处，由判别式得

向左移：

$$\sum F_i\tan\alpha_i = 100\text{kN}\times\frac{1.166\text{m}}{2\text{m}}+50\text{kN}\times\left(-\frac{0.833\text{m}}{2\text{m}}\right)=37.5\text{kN}>0$$

向右移：

709

$$\sum F_i \tan\alpha_i = 100\text{kN} \times \left(\frac{-0.333\text{m}}{2\text{m}}\right) + 50\text{kN} \times \left(-\frac{0.833\text{m}}{2\text{m}}\right) = -37.5\text{kN} < 0$$

满足判别式，说明 F_1 置于影响线 c' 点时是最不利荷载位置。

（3）求 $M_{K\max}$（间接荷载）。荷载位于最不利位置时，M_K 取得最大值为

$$M_{K\max} = 100\text{kN} \times 1.166\text{m} + 50\text{kN} \times 0.625\text{m} = 147.85\text{kN} \cdot \text{m}$$

（4）与荷载直接作用于主梁时比较。如上述荷载直接作用于主梁时，最不利荷载位置是当 F_1 作用于 k' 点时的位置，与此对应的 K 截面最大弯矩为

$$M_{K\max} = 100\text{kN} \times 1.458\text{m} + 50\text{kN} \times 0.417\text{m} = 166.65\text{kN} \cdot \text{m}$$

可见，直接荷载作用下的最大弯矩，比间接荷载的要大一些。这是因为次梁起了分散荷载的作用。

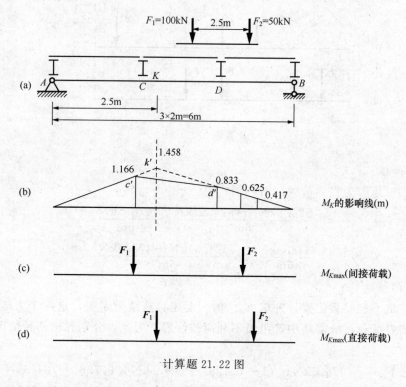

计算题 21.22 图

计算题 21.23 试绘制图（a）所示三跨等截面连续梁的弯矩包络图与剪力包络图。梁上承受的恒载 $q = 20\text{kN/m}$，均布活载 $q_1 = 40\text{kN/m}$。

解 （1）绘弯矩包络图。

1）绘恒载单独作用下的弯矩图 [图（b）]。每跨梁分作四等份，并算出各分点截面的弯矩值。

2）分别作出每跨活载作用下的弯矩图，并算出各分点截面的弯矩值，分别如图（c）、（d）、（e）所示。

3）算各分点截面的弯矩最大值与最小值。例如

$$M_{4\max} = -72\text{kN} \cdot \text{m} + 24\text{kN} \cdot \text{m} = -48\text{kN} \cdot \text{m}$$

$$M_{4\min} = -72\text{kN} \cdot \text{m} + (-96)\text{kN} \cdot \text{m} + (-72)\text{kN} \cdot \text{m} = -240\text{kN} \cdot \text{m}$$

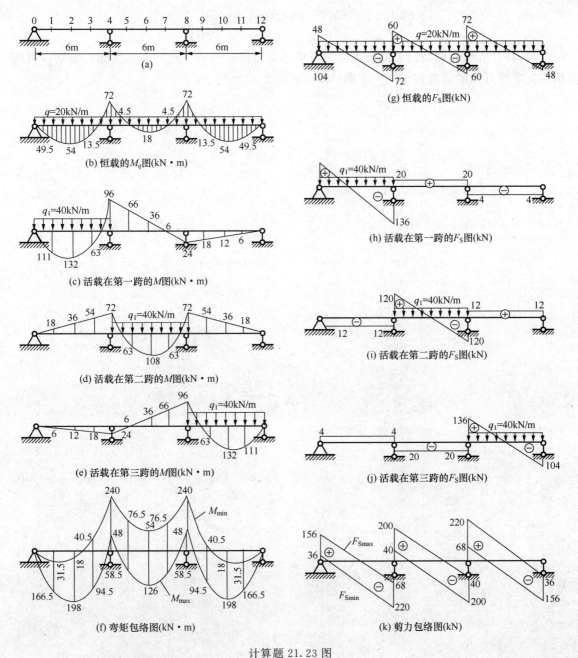

计算题 21.23 图

4）将各截面的最大弯矩与最小弯矩，按同一比例绘出纵标，分别以曲线相连，即得弯矩包络图，如图（f）所示。

（2）绘剪力包络图。

1）绘恒载单独作用下的剪力图［图（g）］。

2）分别绘出每跨活载作用下的剪力图，分别如图（h）、（i）、（j）所示。

3）计算各支座截面的剪力最大值与最小值。例如

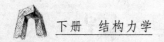
$$(F_{S8}^R)_{max} = 72kN + 12kN + 136kN = 220kN$$

$$(F_{S8}^R)_{min} = 72kN + (-4)kN = 68kN$$

4）将各支座两侧截面上的最大剪力与最小剪力值，按同一比例绘出纵标，分别以直线相连，即得近似的剪力包络图。如图（k）所示。

第二十二章
工程结构有限元计算初步

内容提要

1. 有限元法的基本思路

　　有限元法从计算简图上入手，用有限个单元组成的理想化结构来代替实际结构，其解决问题是从一个一个单元着手，进而研究由各种单元组成的离散化结构。有限元法包括以下三个主要步骤：离散化、单元分析和整体分析。

　　在对连续弹性体进行离散化时，可以采用杆单元、平面单元和块体单元等各种类型的单元。单元和单元之间的连接点称为结点（或角点）。有限元法选取基本未知量有三种方法：①选取结点位移作为基本未知量；②选取结点力作为基本未知量；③选取一部分结点位移和一部分结点力作为基本未知量。上述三种方法分别称为位移法（或刚度法）、力法（或柔度法）和混合法。由于位移法的基本结构是通过对结点施加约束使其不能产生位移而得到，故位移法的基本结构一般来说是唯一的，这样就可使计算程序系统化，并且通用性强。因此，一般选取结点位移作为基本未知量，并把这种分析方法称为有限元位移法，简称有限元法。

　　单元分析的目的是建立单元结点力与结点位移之间的转换关系，即单元刚度方程。将单元装配成结构，综合考虑平衡条件和变形协调条件进行整体分析，建立结构的结点力与结点位移之间的转换关系，即整体刚度方程。最后，通过求解线性方程组，得到结点位移，进而求得结构的内力。

　　在单元分析和整体分析中都采用矩阵计算。用矩阵进行运算可以使力学问题的表达紧凑，形式简洁，能够有效地形成和求解结构刚度方程（线性方程组），而且用矩阵表示的各种计算步骤容易实现标准化，适宜于编制计算机通用程序。因此，有限元法又称为结构矩阵分析。

2. 有限元法分析杆件结构的步骤

　　（1）结构离散化。

　　杆件结构的离散化比较简单，一般一个杆件取作一个单元，各杆件的连接处、结构支承处、截面突变处作为分割单元的结点。有时，为了计算方便，也把某些特殊点作为分割单元的结点，如集中力、集中力偶的作用点等。

（2）分析单元的力学特性。

① 求单元刚度矩阵（在单元坐标系下）。单元杆端力与杆端位移之间的转换矩阵称为单元刚度矩阵。对杆件结构，杆端内力与杆端位移之间的关系可由建筑力学的知识直接得出。

② 坐标变换。在整体分析之前，需要进行坐标变换，即把单元坐标系中的各项物理量转换到整体坐标系中。

③ 求整体坐标系中的单元刚度矩阵。

（3）集成刚度矩阵，建立整体刚度方程。

① 整体刚度矩阵的集成。

② 刚架结构中非结点荷载的处理。

③ 约束条件的处理。

（4）解结构刚度方程求未知结点位移，计算单元内力。

引入约束条件后，整体刚度方程就完全满足了支座结点处的位移边界条件。修改后的整体刚度方程称为结构刚度方程，求解结构刚度方程，就可以求得结构的未知结点位移。求得结构的各结点位移后，再转化为杆端位移，由杆端位移即可求得各单元的内力。

3. ANSYS 软件简介

有限元法的出现是 20 世纪力学界和工程界的一个重大事件。借助于各种大型通用结构分析程序和电子计算机，有限元法开辟了解决大型复杂工程问题的新天地。

ANSYS 软件是由总部设在美国宾夕法尼亚州匹兹堡的世界 CAE 行业最著名的 ANSYS 公司开发研究的大型 CAE 仿真分析软件，是融结构、热、流体、电磁、声学于一体的大型通用有限元分析软件，可广泛应用于核工业、铁道、石油化工、航空航天、机械制造、能源、汽车交通、国防军工、电子、土木工程、造船、生物医学、轻工、地矿、水力、日用家电等一般工业及科学研究，是一个功能强大灵活的设计分析及优化软件包，可浮动运行于从 PC 机、NT 工作站、UNIX 工作站直至巨型机的各类计算机及操作系统中。

ANSYS 具有丰富的单元库，提供了对各种物理场量的分析功能。ANSYS 的主要分析功能有：结构分析、热分析、高度非线性瞬态动力分析、流体动力学分析、电磁场分析、声学分析、压电分析、多场耦合分析等。

在结构分析中，ANSYS 可以进行线性及非线性结构静力分析、线性及非线性结构动力分析、线性及非线性屈曲分析、断裂力学分析、复合材料分析、疲劳分析及寿命估算、超弹性材料分析等，其中非线性包括几何非线性、材料非线性、接触非线性及单元非线性。

ANSYS 有两种工作模式，一种是交互式图形用户界面模式（interactive mode），一种是批命令模式（batch mode）。使用交互式图形用户界面所提供的命令菜单可以方便的实现交互式访问程序的建模、保存文件、图形打印及结果分析等功能，完成对问题的分析；使用批命令模式时，先把分析问题的命令用文本编辑软件作成文本文件，再利用 ANSYS 的批命令模式完成对问题的分析。

4. PKPM 软件简介

PKPM 系列软件系统是一套集建筑设计、结构设计、设备设计、节能设计于一体的大型建筑工程综合 CAD 系统。

PKPM2010 新规范版本设计软件的总菜单分建筑、结构、钢结构、特种结构、砌体结构、鉴定加固和设备 7 个模块。

PKPM 结构设计软件有先进的结构分析软件包，计算功能强大，容纳了国内最流行的各种计算方法；PKPM 结构设计软件有丰富和成熟的结构施工图辅助设计功能。按设计步骤及软件功能，PKPM 结构软件可分为结构建模、整体分析、基础设计、局部结构及构件设计和特殊结构等五类。

用 PKPM 系列软件中的 PK、STS-PK 软件对平面杆件结构进行内力计算时，其基本计算流程如下：

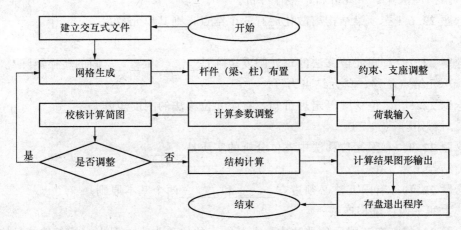

概念题解

概念题 22.1～概念题 22.17　有限元法基本知识

概念题 22.1　有限元位移法的单元刚度方程表示的是（　　）之间的相互关系。

A. 杆端力和结点外力
B. 杆端力与杆端位移
C. 杆端位移与结点位移
D. 结点力与结点位移

答　B。

概念题 22.2　连续梁的单元刚度矩阵为 $\begin{pmatrix} 4i & 2i \\ 2i & 4i \end{pmatrix}$，其中 i 是（　　）。

A. 梁的惯性半径 $i = \sqrt{\dfrac{I}{A}}$
B. 梁的惯性矩 I

C. 梁的抗弯刚度 EI
D. 梁的线刚度 $i = \dfrac{EI}{l}$

答　D。

概念题 22.3　连续梁的单元刚度矩阵中元素 k_{ij}^e 的物理意义是（　　）。

A. 当 $\theta_i^e=1$、$\theta_j^e=0$ 时引起的 J 端杆端力

B. 当 $\theta_i^e=1$、$\theta_j^e=0$ 时引起的 I 端杆端力

C. 当 $\theta_i^e=0$、$\theta_j^e=1$ 时引起的 I 端杆端力

D. 当 $\theta_i^e=0$、$\theta_j^e=1$ 时引起的 J 端杆端力

答　C。

概念题 22.4　有限元位移法是以_____作为基本未知量，采用矩阵运算求解结构_____的方法。

答　结点位移；内力。

概念题 22.5　有限元位移法的主要计算步骤包括_____、_____和_____。

答　结构离散化；单元分析；整体分析。

概念题 22.6　连续梁结构离散化后有 n 个结点，则其单元数为_____个。

答　$n-1$。

概念题 22.7　有限元位移法的单元刚度矩阵是_____和_____间的转换矩阵。

答　单元结点位移；单元结点力。

概念题 22.8　由位移互等定理可知，有限元位移法的刚度矩阵是_____。

答　对称矩阵。

概念题 22.9　有限元位移法中整体分析的实质是_____。

答　结点平衡。

概念题 22.10　有限元法必须遵守_____和_____两个基本原则。

答　力的平衡；位移连续。

概念题 22.11　在有限元位移法中，若某结点的位移为零，引入支撑条件的具体做法是修改整体刚度矩阵，即将与结点位移相对应的主对角元素改为_____，相应行、列的其他元素改为_____，相应的荷载也改为_____。

答　1；0；0。

概念题 22.12　有限元位移法中，非结点荷载需转换为_____。

答　等效结点荷载。

概念题 22.13　整体刚度矩阵有哪些性质？

答　整体刚度矩阵是为一对称矩阵；整体刚度矩阵为奇异矩阵；整体刚度矩阵为主对角元素占优的稀疏矩阵。

概念题 22.14　用有限元位移法分析杆件结构问题时，需要建立_____和_____两种坐标系。

答　单元；整体。

概念题 22.15　有限元位移法中，处理结构约束条件有_____和_____两种方法。

答　先处理法；后处理法。

概念题 22.16　在求解结构刚度方程的波前法中，结点是按_____的顺序退出波前区的。

答 进入波前区。

概念题 22.17 简述整体刚度矩阵的集成方法？

答 首先将每个单元的单元刚度矩阵 k^e 扩大成单元的贡献矩阵 K^e；然后将各单元的贡献矩阵 K^e 叠加即得到整体刚度矩阵 K。在实际应用中是将以上两步结合起来，同步进行，采用"边搬家，边叠加"的方法，把每个单元的单元刚度矩阵中的各子块直接按"对号入座"的方式叠加得到整体刚度矩阵中。

概念题 22.18～概念题 22.34　ANSYS 软件基本知识

概念题 22.18 ANSYS 主菜单有几种主要处理器？各自的功能是什么？

答 （1）前处理器（Preprocessor）：建立有限元模型；

（2）求解器（Solution）：施加荷载、定义位移约束条件并求解；

（3）通用后处理器（General postprocessor）：用于静态结构分析、屈曲分析及模态分析的结果处理，以数据或图形方式将分析结果显示出来；

（4）时间历程后处理器（Time domain postprocessor）：仅用于结构动态分析，用于与时间有关的时域处理。

概念题 22.19 在大多 ANSYS 对话框中，一般有 Ok 和 Apply 两个按钮，这两个按钮有什么区别？

答 单击 Ok 按钮，执行操作并退出对话框；单击 Apply 按钮，执行操作，但并不退出此对话框，可以重复执行操作。

概念题 22.20 ANSYS 有限元分析过程一般包含 _____、_____、_____ 和 _____ 等四个步骤。

答 开始准备工作；建立模型；施加荷载并求解；检查分析结果。

概念题 22.21 在 ANSYS 中，有 _____ 和 _____ 两种创建有限元模型的方法。

答 实体建模；直接生成。

概念题 22.22 在 ANSYS 结构分析中，有 _____、_____、_____、_____、_____ 和 _____ 等六类荷载。

答 位移约束；力（集中荷载）；表面荷载；体荷载；惯性力；耦合场荷载。

概念题 22.23 在 ANSYS 中，有几种施加荷载的途径？各有什么特点？

答 在 ANSYS 中，有两种施加荷载的途径。一种为在实体几何模型上施加荷载，其特点是将荷载施加于关键点、线、面或是体上，程序在求解时将自动转换到有限元模型上，荷载独立于有限元网格而存在，操作简单快捷，但要注意实体坐标系与有限元结点等坐标的一致性；另一种为在有限元模型上施加荷载，其特点是将荷载施加于结点或单元上，也是有限元分析的最终荷载施加状态，所以不会出现荷载施加冲突等问题，但会随有限元网格的改变而自动删除。

概念题 22.24 从低到高，模型图元的层次关系为 _____、_____、_____、_____。

答 关键点；线；面；体。

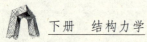

概念题 22.25 布尔运算是对生成的实体模型进行＿＿＿＿、＿＿＿＿、＿＿＿＿等逻辑运算处理。

答 相交；相加；相减。

概念题 22.26 在 ANSYS 中，单元特征是指＿＿＿＿、＿＿＿＿、＿＿＿＿等单元力学或物理特征，需在网格划分前定义好。

答 单元类型；材料属性；实常数。

概念题 22.27 在 ANSYS 中，有哪些求解联立方程的方法？

答 ANSYS 程序中求解联立方程的方法有波前法、稀疏矩阵直接解法、雅可比共轭梯度法、不完全乔类斯基共轭梯度法、预置条件共轭梯度法、自动迭代法六种，其中波前法为缺省解法。

概念题 22.28 使用 ANSYS 分析平面桁架问题时，单元类型应选择＿＿＿＿。

答 LINK1。

概念题 22.29 使用 ANSYS 分析空间桁架问题时，单元类型应选择＿＿＿＿。

答 LINK8。

概念题 22.30 使用 ANSYS 分析平面刚架问题时，单元类型应选择＿＿＿＿。

答 BEAM3。

概念题 22.31 使用 ANSYS 分析空间刚架问题时，单元类型应选择＿＿＿＿。

答 BEAM4。

概念题 22.32 ANSYS 图形用户界面（GUI）由＿＿＿＿、＿＿＿＿、＿＿＿＿、＿＿＿＿、＿＿＿＿、＿＿＿＿等六部分组成。

答 应用菜单；输入窗口；工具条；主菜单；图形窗口；输出窗口。

概念题 22.33 使用 ANSYS 进行结构分析时，分析模块应选择＿＿＿＿。

答 Structural。

概念题 22.34 ANSYS 有两种工作模式，一种是＿＿＿＿＿＿＿＿＿＿＿＿＿＿＿＿＿，一种是＿＿＿＿＿＿＿＿＿＿＿＿＿＿。

答 交互式图形用户界面模式（interactive mode）；批命令模式（batch mode）。

概念题 22.35～概念题 22.52　PKPM 软件基本知识

概念题 22.35 PKPM 系列软件有哪些技术特点？

答 ①数据共享的集成化系统；②独特的人机交互输入方式；③计算数据自动生成技术；④基于新规范、新方法的结构计算软件包；⑤智能化的施工图设计。

概念题 22.36 （　）软件是整个 PKPM 系统结构 CAD 的核心。

A. PK　　　　　　　B. JCCAD　　　　　　C. PMCAD　　　　　　D. STS

答 C。

概念题 22.37 PK 主菜单的操作，可分为＿＿＿＿和＿＿＿＿两个部分。

答 模型输入和计算；施工图设计。

概念题 22.38 在 PKPM 软件中，提供了哪三种建立 PK 计算模型的方法？

答　①通过 PK 主菜单[1. PK 数据交互输入和计算]，人机交互输入建立结构模型；②通过 PMCAD 主菜单 [4. 形成 PK 文件]，从整体空间模型中直接生成某一轴线框架或任一连续梁的结构计算数据文件；③按照 PKPM 的规定格式，由人工逐行填写，生成可描述平面杆件结构模型的结构计算数据文件（＊.SJ）。

概念题 22.39　PK 软件采用矩阵位移法进行内力分析，每一结点考虑水平位移、竖向位移和转角三个自由度。（　　）

答　对。

概念题 22.40　PK 软件可自动在网格线交叉处形成结点。如果不需要在网格线交叉处形成结点，可以用删除结点功能来实现。（　　）

答　错。

概念题 22.41　PK 软件内力分析时如何考虑柱的轴向变形？

答　PK 软件在恒载作用下采用增大柱轴向刚度的办法忽略柱轴向变形的影响。但在活载、风载和地震荷载作用下均按柱的实际轴向刚度考虑了柱轴向变形的影响。

概念题 22.42　PK 交互输入主菜单提供了恒载、活载、风载输入菜单。竖向荷载可采用_____、_____方式输入，水平荷载可采用_____、_____、_____方式输入。

答　恒载；活载；恒载；活载；风载。

概念题 22.43　PK 软件荷载输入时，正负号规定为：

A. 水平荷载向左为正，竖向荷载向上为正，顺时针方向的弯矩为正

B. 水平荷载向右为正，竖向荷载向下为正，顺时针方向的弯矩为正

C. 水平荷载向右为正，竖向荷载向上为正，逆时针方向的弯矩为正

D. 水平荷载向左为正，竖向荷载向下为正，逆时针方向的弯矩为正

答　B。

概念题 22.44　PK 软件在布置梁、柱杆件时，若未设置偏心，则柱形心与轴线重合，梁顶面与梁轴线重合。（　　）

答　对。

概念题 22.45　PK 软件默认会在所有柱的柱底自动设置（　　）。

A. 固定支座　　　　B. 活动铰支座　　　　C. 固定铰支座　　　　D. 定向支座

答　A。

概念题 22.46　STS-PK 软件可通过_____菜单来添加、删除支座或设置弹性约束支座。

答　[支座修改]。

概念题 22.47　PK 软件进行铰接构件布置时，在两个杆件铰接连接处，这两个杆件都要设铰。（　　）

答　对。

概念题 22.48　PK 软件用多道直线段的连接来近似模拟建立圆弧或抛物线形的轴线。分段数越多，计算结果越精确。（　　）

答　对。

概念题 22.49　用 PK 软件计算连续梁时，如何生成固定端支座？

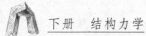

答　①通过[特殊梁柱/约束信息] 命令，修改节点的约束状态，从而生成固定端支座；②在需布置固定端支座处设置较大的柱截面，使柱刚度远远大于梁刚度，则该处可近似为固定端支座。

概念题 22.50　用 STS-PK 软件计算两端简支的静定平面桁架时，如何模拟桁架支座？

答　①通过将支座杆件均设置为两端铰接来近似实现。这种情况下，理论上形成了机构，但程序对于两端铰接杆进行了特殊处理（具有很小的抗弯刚度），可以正常进行内力计算。由于支座构件的刚度和其长度、截面大小有关，因此支座构件长度一般取 2m 左右，截面和弦杆相近，并定义为两端铰接；②通过设置杆件端部约束来真实模拟。将支座杆件均设置为上端铰接，下端固接，同时用杆端约束功能设置其中一个支座杆件为上端水平方向自由滑动，以释放水平位移，这样即可真实模拟简支支座情况。

概念题 22.51　在 STS-PK 中，桁架中的杆件一般忽略次内力的影响，按轴心拉杆或压杆考虑，所以无论杆件是水平还是垂直，均按＿＿＿＿的柱来输入。

答　两端铰接。

概念题 22.52　在 PK 软件中，杆件当作柱输入和当作梁输入，有何区别？

答　杆件当作柱输入和当作梁输入，其内力计算结果是一样的。区别在于：①当作柱杆件输入时，程序只记录柱的上下两个截面的内力，截面之间的弯矩包络图用直线相连，因此对于柱的弯矩包络图有可能出现突然拐点情况；②当作梁杆件输入时，记录了跨内 13 个截面的内力情况，包络图相对比较平滑。

计算题解

计算题 22.1～计算题 22.7　结构矩阵分析

计算题 22.1　试写出图示连续梁各单元的单元刚度矩阵。

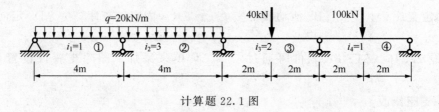

计算题 22.1 图

解　单元刚度矩阵为

$$\boldsymbol{k}^1 = \begin{pmatrix} 4i_1 & 2i_1 \\ 2i_1 & 4i_1 \end{pmatrix} = \begin{pmatrix} 4 & 2 \\ 2 & 4 \end{pmatrix}, \quad \boldsymbol{k}^2 = \begin{pmatrix} 4i_2 & 2i_2 \\ 2i_2 & 4i_2 \end{pmatrix} = \begin{pmatrix} 12 & 6 \\ 6 & 12 \end{pmatrix}$$

$$\boldsymbol{k}^3 = \begin{pmatrix} 4i_3 & 2i_3 \\ 2i_3 & 4i_3 \end{pmatrix} = \begin{pmatrix} 8 & 4 \\ 4 & 8 \end{pmatrix}, \quad \boldsymbol{k}^4 = \begin{pmatrix} 4i_4 & 2i_4 \\ 2i_4 & 4i_4 \end{pmatrix} = \begin{pmatrix} 4 & 2 \\ 2 & 4 \end{pmatrix}$$

计算题 22.2　试直接写出图示连续梁的整体刚度矩阵，并根据约束条件进行修正。

解　整体刚度矩阵为

$$K = \begin{bmatrix} 4 & 2 & 0 & 0 & 0 \\ 2 & 16 & 6 & 0 & 0 \\ 0 & 6 & 20 & 4 & 0 \\ 0 & 0 & 4 & 12 & 2 \\ 0 & 0 & 0 & 2 & 4 \end{bmatrix}$$

该连续梁两端为铰支座，故整体刚度矩阵不需修正。

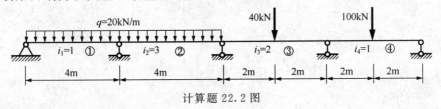

计算题 22.2 图

计算题 22.3　试直接写出图示连续梁的整体刚度矩阵，并根据约束条件进行修正。

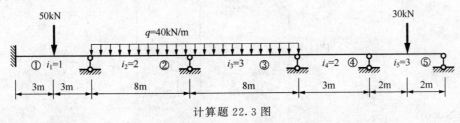

计算题 22.3 图

解　整体刚度矩阵为

$$K = \begin{bmatrix} 4 & 2 & 0 & 0 & 0 & 0 \\ 2 & 12 & 4 & 0 & 0 & 0 \\ 0 & 4 & 20 & 6 & 0 & 0 \\ 0 & 0 & 6 & 20 & 4 & 0 \\ 0 & 0 & 0 & 4 & 20 & 6 \\ 0 & 0 & 0 & 0 & 6 & 12 \end{bmatrix}$$

该连续梁左端为固定支座，修正后的整体刚度矩阵为

$$K = \begin{bmatrix} 1 & 0 & 0 & 0 & 0 & 0 \\ 0 & 12 & 4 & 0 & 0 & 0 \\ 0 & 4 & 20 & 6 & 0 & 0 \\ 0 & 0 & 6 & 20 & 4 & 0 \\ 0 & 0 & 0 & 4 & 20 & 6 \\ 0 & 0 & 0 & 0 & 6 & 12 \end{bmatrix}$$

计算题 22.4　试求图示连续梁的等效结点荷载。

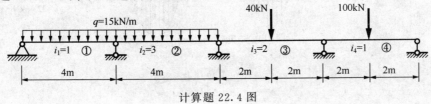

计算题 22.4 图

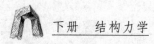

解　单元固端弯矩为

$$\boldsymbol{M}^{F1} = \boldsymbol{M}^{F2} = \begin{pmatrix} M_I^2 \\ M_J^2 \end{pmatrix} = \begin{pmatrix} -\dfrac{ql^2}{12} \\ \dfrac{ql^2}{12} \end{pmatrix} = \begin{pmatrix} -20 \\ 20 \end{pmatrix}$$

$$\boldsymbol{M}^{F3} = \begin{pmatrix} M_I^3 \\ M_J^3 \end{pmatrix} = \begin{pmatrix} -\dfrac{Fl}{8} \\ \dfrac{Fl}{8} \end{pmatrix} = \begin{pmatrix} -20 \\ 20 \end{pmatrix}$$

$$\boldsymbol{M}^{F4} = \begin{pmatrix} M_I^4 \\ M_J^4 \end{pmatrix} = \begin{pmatrix} -\dfrac{Fl}{8} \\ \dfrac{Fl}{8} \end{pmatrix} = \begin{pmatrix} -50 \\ 50 \end{pmatrix}$$

连续梁等效结点荷载为

$$\boldsymbol{P}^{eq} = \begin{pmatrix} -M_I^{F1} \\ -M_J^{F1} - M_I^{F2} \\ -M_J^{F2} - M_I^{F3} \\ -M_J^{F3} - M_I^{F4} \\ -M_J^{F4} \end{pmatrix} = \begin{pmatrix} 20 \\ 0 \\ 0 \\ 30 \\ -50 \end{pmatrix}$$

单位为 kN·m。

计算题 22.5　试用有限元位移法计算图（a）所示连续梁，并绘制弯矩图。

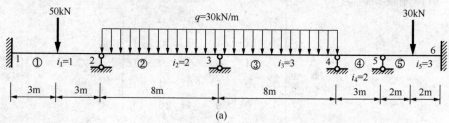

(a)

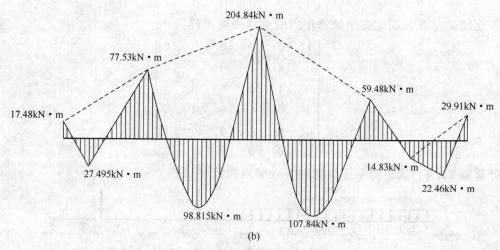

(b)

计算题 22.5 图

解　（1）结点编号。将图示连续梁分成五个单元，编号为①、②、③、④、⑤，结点编号为1、2、3、4、5、6。

（2）计算固端弯矩和等效结点荷载。五个单元的固端弯矩分别为

$$\boldsymbol{M}^{\mathrm{F1}} = \begin{pmatrix} M_I^1 \\ M_J^1 \end{pmatrix} = \begin{pmatrix} -\dfrac{Fl}{8} \\ \dfrac{Fl}{8} \end{pmatrix} = \begin{pmatrix} -37.5 \\ 37.5 \end{pmatrix}$$

$$\boldsymbol{M}^{\mathrm{F2}} = \boldsymbol{M}^{\mathrm{F3}} = \begin{pmatrix} M_I^3 \\ M_J^3 \end{pmatrix} = \begin{pmatrix} -\dfrac{ql^2}{12} \\ \dfrac{ql^2}{12} \end{pmatrix} = \begin{pmatrix} -160 \\ 160 \end{pmatrix}$$

$$\boldsymbol{M}^{\mathrm{F4}} = \begin{pmatrix} M_I^4 \\ M_J^4 \end{pmatrix} = \begin{pmatrix} 0 \\ 0 \end{pmatrix}$$

$$\boldsymbol{M}^{\mathrm{F5}} = \begin{pmatrix} M_I^5 \\ M_J^5 \end{pmatrix} = \begin{pmatrix} -\dfrac{Fl}{8} \\ \dfrac{Fl}{8} \end{pmatrix} = \begin{pmatrix} -15 \\ 15 \end{pmatrix}$$

连续梁的等效结点荷载为

$$\boldsymbol{P}^{eq} = \begin{pmatrix} -M_I^{\mathrm{F2}} \\ -M_J^{\mathrm{F1}} - M_I^{\mathrm{F2}} \\ -M_J^{\mathrm{F2}} - M_I^{\mathrm{F3}} \\ -M_J^{\mathrm{F3}} - M_I^{\mathrm{F4}} \\ -M_J^{\mathrm{F4}} - M_I^{\mathrm{F5}} \\ -M_J^{\mathrm{F5}} \end{pmatrix} = \begin{pmatrix} 37.5 \\ 122.5 \\ 0 \\ -160 \\ 15 \\ -15 \end{pmatrix}$$

（3）集成整体刚度矩阵和建立整体刚度方程。整体刚度矩阵为

$$\boldsymbol{K} = \begin{bmatrix} 4 & 2 & 0 & 0 & 0 & 0 \\ 2 & 12 & 4 & 0 & 0 & 0 \\ 0 & 4 & 20 & 6 & 0 & 0 \\ 0 & 0 & 6 & 20 & 4 & 0 \\ 0 & 0 & 0 & 4 & 20 & 0 \\ 0 & 0 & 0 & 0 & 6 & 12 \end{bmatrix}$$

由于此连续梁左、右端均为固定端，故需要修改刚度矩阵，得到刚度方程为

$$\begin{bmatrix} 1 & 0 & 0 & 0 & 0 & 0 \\ 0 & 12 & 4 & 0 & 0 & 0 \\ 0 & 4 & 20 & 6 & 0 & 0 \\ 0 & 0 & 6 & 20 & 4 & 0 \\ 0 & 0 & 0 & 4 & 20 & 0 \\ 0 & 0 & 0 & 0 & 0 & 1 \end{bmatrix} \begin{pmatrix} \theta_1 \\ \theta_2 \\ \theta_3 \\ \theta_4 \\ \theta_5 \\ \theta_6 \end{pmatrix} = \begin{pmatrix} 0.0 \\ 122.5 \\ 0.0 \\ -160.0 \\ 15.0 \\ 0.0 \end{pmatrix}$$

（4）解方程求未知结点转角。解刚度方程可求得各结点的转角为

$$\theta_1 = 0.0, \quad \theta_2 = 10.008, \quad \theta_3 = -0.602,$$
$$\theta_4 = -8.678, \quad \theta_5 = 2.486, \quad \theta_6 = 0.0$$

（5）求杆端弯矩。杆端弯矩为

$$\begin{pmatrix} M_I^1 \\ M_J^1 \end{pmatrix} = \begin{bmatrix} 4 & 2 \\ 2 & 4 \end{bmatrix} \begin{pmatrix} 0.0 \\ 10.008 \end{pmatrix} + \begin{pmatrix} -37.5 \\ 37.5 \end{pmatrix} = \begin{pmatrix} -17.48 \\ 77.53 \end{pmatrix}$$

$$\begin{pmatrix} M_I^2 \\ M_J^2 \end{pmatrix} = \begin{bmatrix} 8 & 4 \\ 4 & 8 \end{bmatrix} \begin{pmatrix} 10.008 \\ 0.602 \end{pmatrix} + \begin{pmatrix} -160 \\ 160 \end{pmatrix} = \begin{pmatrix} -77.53 \\ 204.84 \end{pmatrix}$$

$$\begin{pmatrix} M_I^3 \\ M_J^3 \end{pmatrix} = \begin{bmatrix} 12 & 6 \\ 6 & 12 \end{bmatrix} \begin{pmatrix} 0.602 \\ 8.678 \end{pmatrix} + \begin{pmatrix} -160 \\ 160 \end{pmatrix} = \begin{pmatrix} -204.84 \\ 59.48 \end{pmatrix}$$

$$\begin{pmatrix} M_I^4 \\ M_J^4 \end{pmatrix} = \begin{bmatrix} 8 & 4 \\ 4 & 8 \end{bmatrix} \begin{pmatrix} 8.678 \\ 2.486 \end{pmatrix} + \begin{pmatrix} 0.0 \\ 0.0 \end{pmatrix} = \begin{pmatrix} -59.48 \\ -14.83 \end{pmatrix}$$

$$\begin{pmatrix} M_I^5 \\ M_J^5 \end{pmatrix} = \begin{bmatrix} 12 & 6 \\ 6 & 12 \end{bmatrix} \begin{pmatrix} 3.486 \\ 0.0 \end{pmatrix} + \begin{pmatrix} -15.0 \\ 15.0 \end{pmatrix} = \begin{pmatrix} 14.83 \\ 29.91 \end{pmatrix}$$

由此绘出弯矩图如图（b）所示。

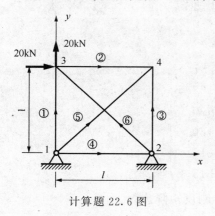

计算题 22.6 图

计算题 22.6 试求图示平面桁架各杆的轴力。已知各杆 EA 相同，结点荷载 $F_{x3} = 20\text{kN}$，$F_{y3} = 20\text{kN}$。

解 （1）结点编号、单元编号及坐标系如图所示。

（2）求各单元的单元刚度矩阵。各单元在单元坐标系中的单元刚度矩阵为

$$\bar{\boldsymbol{k}}^1 = \bar{\boldsymbol{k}}^2 = \bar{\boldsymbol{k}}^3 = \bar{\boldsymbol{k}}^4 = \frac{EA}{l} \begin{bmatrix} 1 & -1 \\ -1 & 1 \end{bmatrix}$$

$$\bar{\boldsymbol{k}}^5 = \bar{\boldsymbol{k}}^6 = \frac{EA}{\sqrt{2}\,l} \begin{bmatrix} 1 & -1 \\ -1 & 1 \end{bmatrix}$$

（3）求各单元的坐标变换矩阵。由

$$\boldsymbol{T} = \begin{bmatrix} \cos\alpha & \sin\alpha & 0 & 0 \\ 0 & 0 & \cos\alpha & \sin\alpha \end{bmatrix}$$

得

单元 ① 和单元 ③：$\quad \alpha = \dfrac{\pi}{2}, \quad \boldsymbol{T}_1 = \boldsymbol{T}_3 = \begin{bmatrix} 0 & 1 & 0 & 0 \\ 0 & 0 & 0 & 1 \end{bmatrix}$

单元 ② 和单元 ④：$\quad \alpha = 0, \quad \boldsymbol{T}_2 = \boldsymbol{T}_4 = \begin{bmatrix} 1 & 0 & 0 & 0 \\ 0 & 0 & 1 & 0 \end{bmatrix}$

单元 ⑤：$\quad \alpha = \dfrac{3\pi}{4}, \quad \boldsymbol{T}_5 = \dfrac{1}{\sqrt{2}} \times \begin{bmatrix} -1 & 1 & 0 & 0 \\ 0 & 0 & -1 & 1 \end{bmatrix}$

单元 ⑥：$\quad \alpha = \dfrac{\pi}{4}, \quad \boldsymbol{T}_6 = \dfrac{1}{\sqrt{2}} \times \begin{bmatrix} 1 & 1 & 0 & 0 \\ 0 & 0 & 1 & 1 \end{bmatrix}$

（4）求各单元在整体坐标系中的单元刚度矩阵。在整体坐标系中的单元刚度矩阵分别为

$$\boldsymbol{k}^1 = \boldsymbol{k}^3 = \boldsymbol{T}_1^{\mathrm{T}}\bar{\boldsymbol{k}}^1\boldsymbol{T}_1 = \frac{EA}{l}\begin{bmatrix} 0 & 0 & 0 & 0 \\ 0 & 1 & 0 & -1 \\ 0 & 0 & 0 & 0 \\ 0 & -1 & 0 & 1 \end{bmatrix}$$

$$\boldsymbol{k}^2 = \boldsymbol{k}^4 = \boldsymbol{T}_2^{\mathrm{T}}\bar{\boldsymbol{k}}^2\boldsymbol{T}_2 = \frac{EA}{l}\begin{bmatrix} 1 & 0 & -1 & 0 \\ 0 & 0 & 0 & 0 \\ -1 & 0 & 1 & 0 \\ 0 & 0 & 0 & 0 \end{bmatrix}$$

$$\boldsymbol{k}^5 = \boldsymbol{T}_5^{\mathrm{T}}\bar{\boldsymbol{k}}^5\boldsymbol{T}_5 = \frac{EA}{2\sqrt{2}l}\begin{bmatrix} 1 & -1 & -1 & 1 \\ -1 & 1 & 1 & -1 \\ -1 & 1 & 1 & -1 \\ 1 & -1 & -1 & 1 \end{bmatrix}$$

$$\boldsymbol{k}^6 = \boldsymbol{T}_6^{\mathrm{T}}\bar{\boldsymbol{k}}^6\boldsymbol{T}_6 = \frac{EA}{2\sqrt{2}l}\begin{bmatrix} 1 & 1 & -1 & -1 \\ 1 & 1 & -1 & -1 \\ -1 & -1 & 1 & 1 \\ -1 & -1 & 1 & 1 \end{bmatrix}$$

（5）用刚度集成法求整体刚度矩阵。各单元的 I、J 结点的编号为

单元	I、J 结点编号	
编号	I	J
1	1	3
2	3	4
3	2	4
4	1	2
5	2	3
6	1	4

由上述单元结点对应关系，依次把每个单元刚度矩阵 $\boldsymbol{k}^e$ 中的子块搬家并叠加，得

$$\boldsymbol{K} = \begin{bmatrix} k_{\mathrm{II}}^1 + k_{\mathrm{II}}^4 + k_{\mathrm{II}}^6 & k_{\mathrm{IJ}}^4 & k_{\mathrm{IJ}}^1 & k_{\mathrm{IJ}}^6 \\ k_{\mathrm{JI}}^4 & k_{\mathrm{II}}^2 + k_{\mathrm{JJ}}^4 + k_{\mathrm{II}}^5 & k_{\mathrm{IJ}}^5 & k_{\mathrm{IJ}}^3 \\ k_{\mathrm{JI}}^1 & k_{\mathrm{JI}}^5 & k_{\mathrm{JJ}}^1 + k_{\mathrm{II}}^2 + k_{\mathrm{JJ}}^5 & k_{\mathrm{IJ}}^2 \\ k_{\mathrm{JI}}^6 & k_{\mathrm{JI}}^3 & k_{\mathrm{JI}}^2 & k_{\mathrm{JJ}}^2 + k_{\mathrm{JJ}}^3 + k_{\mathrm{JJ}}^6 \end{bmatrix}$$

$$= \frac{EA}{l} \times \begin{bmatrix} 1.35 & 0.35 & -1 & 0 & 0 & 0 & -0.35 & -0.35 \\ 0.35 & 1.35 & 0 & 0 & 0 & -1 & -0.35 & -0.35 \\ -1 & 0 & 1.35 & -0.35 & -0.35 & 0.35 & 0 & 0 \\ 0 & 0 & -0.35 & 1.35 & 0.35 & -0.35 & 0 & -1 \\ 0 & 0 & -0.35 & 0.35 & 1.35 & -0.35 & -1 & 0 \\ 0 & -1 & 0.35 & -0.35 & -0.35 & 1.35 & 0 & 0 \\ -0.35 & -0.35 & 0 & 0 & -1 & 0 & 1.35 & 1.35 \\ -0.35 & -0.35 & 0 & -1 & 0 & 0 & 1.35 & 1.35 \end{bmatrix}$$

（6）形成结点荷载向量。结点荷载向量为

$$\boldsymbol{F} = (0 \quad 0 \quad 0 \quad 0 \quad 20 \quad 20 \quad 0 \quad 0)^{\mathrm{T}}$$

（7）引入支承条件，修改整体刚度方程。在图示桁架中，$u_1 = v_1 = u_2 = v_2 = 0$，修改后的整体刚度方程为

$$\frac{EA}{l} \times \begin{bmatrix} 1 & 0 & 0 & 0 & 0 & 0 & 0 & 0 \\ 0 & 1 & 0 & 0 & 0 & 0 & 0 & 0 \\ 0 & 0 & 1 & 0 & 0 & 0 & 0 & 0 \\ 0 & 0 & 0 & 1 & 0 & 0 & 0 & 0 \\ 0 & 0 & 0 & 0 & 1.35 & -0.35 & -1 & 0 \\ 0 & 0 & 0 & 0 & -0.35 & 1.35 & 0 & 0 \\ 0 & 0 & 0 & 0 & -1 & 0 & 1.35 & 0.35 \\ 0 & 0 & 0 & 0 & 0 & 0 & 0.35 & 1.35 \end{bmatrix} \begin{bmatrix} u_1 \\ v_1 \\ u_2 \\ v_2 \\ u_3 \\ v_3 \\ u_4 \\ v_4 \end{bmatrix} = \begin{bmatrix} 0 \\ 0 \\ 0 \\ 0 \\ 20 \\ 20 \\ 0 \\ 0 \end{bmatrix}$$

（8）解整体刚度方程求结点位移。结点位移为

$$\boldsymbol{\Delta} = \begin{pmatrix} u_1 \\ v_1 \\ u_2 \\ v_2 \\ u_3 \\ v_3 \\ u_4 \\ v_4 \end{pmatrix} = \frac{l}{EA} \times \begin{pmatrix} 0 \\ 0 \\ 0 \\ 0 \\ 53.88 \\ 28.84 \\ 42.72 \\ -11.16 \end{pmatrix}$$

（9）求各杆的轴力。对于单元①，从结点位移向量中取出单元①的杆端位移为

$$\boldsymbol{\Delta}^1 = \begin{pmatrix} u_1^1 \\ v_1^1 \\ u_3^1 \\ v_3^1 \end{pmatrix} = \frac{l}{EA} \times \begin{pmatrix} 0 \\ 0 \\ 53.88 \\ 28.84 \end{pmatrix}$$

由 $\overline{\boldsymbol{\Delta}}^e = \boldsymbol{T}\boldsymbol{\Delta}^e$ 和 $\overline{\boldsymbol{F}}^e = \overline{\boldsymbol{k}}^e\,\overline{\boldsymbol{\Delta}}^e$，得

$$F_{N1} = 28.84 \text{kN}$$

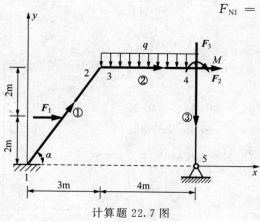

计算题 22.7 图

同理，求得其他各杆的轴力为

$F_{N2} = -11.16\text{kN}, F_{N3} = -11.16\text{kN}, F_{N4} = 0$

$F_{N5} = -12.52\text{kN}, \quad F_{N6} = -11.16\text{kN}$

计算题 22.7 在图示平面刚架中，已知 $F_1 = 15\text{kN}$，$q = 21\text{kN/m}$，$F_2 = 10\text{kN}$，$F_3 = 20\text{kN}$，$M = 25\text{kN·m}$，$E = 200\text{GPa}$，杆件横截面面积 $A = 0.5\text{m}^2$，截面惯性矩 $I = 0.06\text{m}^4$，试求各结点的位移。

解　（1）结点编号、单元编号及坐标系如图所示。

（2）求各单元的单元刚度矩阵。各单元在单元坐标系中的单元刚度矩阵为

$$\bar{k}^1 = 10^{10} \times \begin{bmatrix} 2.0 & 0.0 & 0.0 & -2.0 & 0.0 & 0.0 \\ 0.0 & 0.1152 & -0.288 & 0.0 & -0.1152 & -0.288 \\ 0.0 & -0.288 & 0.96 & 0.0 & 0.288 & 0.48 \\ -2.0 & 0.0 & 0.0 & 2.0 & 0.0 & 0.0 \\ 0.0 & -0.1152 & 0.288 & 0.0 & 0.1152 & 0.288 \\ 0.0 & -0.288 & 0.48 & 0.0 & 0.288 & 0.96 \end{bmatrix}$$

$$\bar{k}^2 = 10^{10} \times \begin{bmatrix} 2.5 & 0.0 & 0.0 & -2.5 & 0.0 & 0.0 \\ 0.0 & 0.225 & -0.45 & 0.0 & -0.225 & -0.45 \\ 0.0 & -0.45 & 1.2 & 0.0 & 0.45 & 0.6 \\ -2.5 & 0.0 & 0.0 & 2.5 & 0.0 & 0.0 \\ 0.0 & -0.225 & 0.45 & 0.0 & 0.225 & 0.45 \\ 0.0 & -0.45 & 0.6 & 0.0 & 0.45 & 1.2 \end{bmatrix}$$

$$\bar{k}^3 = 10^{10} \times \begin{bmatrix} 2.5 & 0.0 & 0.0 & -2.5 & 0.0 & 0.0 \\ 0.0 & 0.225 & -0.45 & 0.0 & -0.225 & -0.45 \\ 0.0 & -0.45 & 1.2 & 0.0 & 0.45 & 0.6 \\ -2.5 & 0.0 & 0.0 & 2.5 & 0.0 & 0.0 \\ 0.0 & -0.225 & 0.45 & 0.0 & 0.225 & 0.45 \\ 0.0 & -0.45 & 0.6 & 0.0 & 0.45 & 1.2 \end{bmatrix}$$

（3）求各单元的坐标变换矩阵。由

$$T = \begin{bmatrix} \cos\alpha & \sin\alpha & 0 & 0 & 0 & 0 \\ -\sin\alpha & \cos\alpha & 0 & 0 & 0 & 0 \\ 0 & 0 & 1 & 0 & 0 & 0 \\ 0 & 0 & 0 & \cos\alpha & \sin\alpha & 0 \\ 0 & 0 & 0 & -\sin\alpha & \cos\alpha & 0 \\ 0 & 0 & 0 & 0 & 0 & 1 \end{bmatrix}$$

得

单元①：$\alpha = \arccos\dfrac{3}{5}$，$T_1 = \begin{bmatrix} 0.6 & 0.8 & 0.0 & 0.0 & 0.0 & 0.0 \\ -0.8 & 0.6 & 0.0 & 0.0 & 0.0 & 0.0 \\ 0.0 & 0.0 & 1.0 & 0.0 & 0.0 & 0.0 \\ 0.0 & 0.0 & 0.0 & 0.6 & 0.8 & 0.0 \\ 0.0 & 0.0 & 0.0 & -0.8 & 0.6 & 0.0 \\ 0.0 & 0.0 & 0.0 & 0.0 & 0.0 & 1.0 \end{bmatrix}$

单元②：$\alpha = 0$，$T_2 = \begin{bmatrix} 1.0 & 0.0 & 0.0 & 0.0 & 0.0 & 0.0 \\ 0.0 & 1.0 & 0.0 & 0.0 & 0.0 & 0.0 \\ 0.0 & 0.0 & 1.0 & 0.0 & 0.0 & 0.0 \\ 0.0 & 0.0 & 0.0 & 1.0 & 0.0 & 0.0 \\ 0.0 & 0.0 & 0.0 & 0.0 & 1.0 & 0.0 \\ 0.0 & 0.0 & 0.0 & 0.0 & 0.0 & 1.0 \end{bmatrix}$

$$
\text{单元 ③}: \alpha = -\frac{\pi}{2}, \quad \boldsymbol{T}_3 = \begin{bmatrix} 0.0 & -1.0 & 0.0 & 0.0 & 0.0 & 0.0 \\ 1.0 & 0.0 & 0.0 & 0.0 & 0.0 & 0.0 \\ 0.0 & 0.0 & 1.0 & 0.0 & 0.0 & 0.0 \\ 0.0 & 0.0 & 0.0 & 0.0 & -1.0 & 0.0 \\ 0.0 & 0.0 & 0.0 & 1.0 & 0.0 & 0.0 \\ 0.0 & 0.0 & 0.0 & 0.0 & 0.0 & 1.0 \end{bmatrix}
$$

（4）求各单元在整体坐标系中的单元刚度矩阵。在整体坐标系中的单元刚度矩阵分别为

$$
\boldsymbol{k}^1 = \boldsymbol{T}_1^{\mathrm{T}} \bar{\boldsymbol{k}}^1 \boldsymbol{T}_1 = 10^{10} \times \begin{bmatrix} 0.7937 & 0.9047 & 0.2304 & -0.7937 & -0.9047 & 0.2304 \\ 0.9047 & 1.321 & -0.1728 & -0.9047 & -1.321 & -0.1728 \\ 0.2304 & -0.1728 & 0.96 & -0.2304 & 0.1728 & 0.48 \\ -0.7937 & -0.9047 & -0.2304 & 0.7937 & 0.9047 & -0.2304 \\ -0.9047 & -1.321 & 0.1728 & 0.9047 & 1.321 & 0.1728 \\ 0.2303 & -0.1728 & 0.48 & -0.2304 & 0.1728 & 0.96 \end{bmatrix}
$$

$$
\boldsymbol{k}^2 = \boldsymbol{T}_2^{\mathrm{T}} \bar{\boldsymbol{k}}^2 \boldsymbol{T}_2 = 10^{10} \times \begin{bmatrix} 2.5 & 0.0 & 0.0 & -2.5 & 0.0 & 0.0 \\ 0.0 & 0.225 & -0.45 & 0.0 & -0.225 & -0.45 \\ 0.0 & -0.45 & 1.2 & 0.0 & 0.45 & 0.6 \\ -2.5 & 0.0 & 0.0 & 2.5 & 0.0 & 0.0 \\ 0.0 & -0.225 & 0.45 & 0.0 & 0.225 & 0.45 \\ 0.0 & -0.45 & 0.6 & 0.0 & 0.45 & 1.2 \end{bmatrix}
$$

$$
\boldsymbol{k}^3 = \boldsymbol{T}_3^{\mathrm{T}} \bar{\boldsymbol{k}}^3 \boldsymbol{T}_3 = 10^{10} \times \begin{bmatrix} 0.225 & 0.0 & -0.45 & -0.225 & 0.0 & -0.45 \\ 0.0 & 2.5 & 0.0 & 0.0 & -2.5 & 0.0 \\ -0.45 & 0.0 & 1.2 & 0.45 & 0.0 & 0.6 \\ -0.225 & 0.0 & 0.45 & 0.225 & 0.0 & 0.45 \\ 0.0 & -2.5 & 0.0 & 0.0 & 2.5 & 0.0 \\ -0.45 & 0.0 & 0.6 & 0.45 & 0.0 & 1.2 \end{bmatrix}
$$

（5）用先处理法集成整体刚度矩阵。结点位移分量的编号为

结点编号	结点位移分量编号		
	u	v	θ
1	0	0	0
2	1	2	3
3	1	2	4
4	5	6	7
5	0	0	8

单元的结点信息和单元定位向量为

单元编号	单元结点信息		单元定位向量
	I	J	
1	1	2	0, 0, 0, 1, 2, 3
2	3	4	1, 2, 4, 5, 6, 7
3	4	5	5, 6, 7, 0, 0, 8

由单元定位向量，依次把每个单元刚度矩阵 k^e 的元素叠加，得

$$K=\begin{bmatrix} k_{44}^1+k_{11}^2 & k_{45}^1+k_{12}^2 & k_{46}^1 & k_{13}^2 & k_{14}^2 & k_{15}^2 & k_{16}^2 & 0.0 \\ k_{54}^1+k_{21}^2 & k_{55}^1+k_{22}^2 & k_{56}^1 & k_{23}^2 & k_{24}^2 & k_{25}^2 & k_{26}^2 & 0.0 \\ k_{64}^1 & k_{65}^1 & k_{66}^1 & 0.0 & 0.0 & 0.0 & 0.0 & 0.0 \\ k_{31}^2 & k_{32}^2 & 0.0 & k_{33}^2 & k_{34}^2 & k_{35}^2 & k_{36}^2 & 0.0 \\ k_{41}^2 & k_{42}^2 & 0.0 & k_{43}^2 & k_{44}^2+k_{11}^3 & k_{45}^2+k_{12}^3 & k_{46}^2+k_{13}^3 & k_{16}^3 \\ k_{51}^2 & k_{52}^2 & 0.0 & k_{53}^2 & k_{54}^2+k_{21}^3 & k_{55}^2+k_{22}^3 & k_{56}^2+k_{23}^3 & k_{26}^3 \\ k_{61}^2 & k_{62}^2 & 0.0 & k_{63}^2 & k_{64}^2+k_{31}^3 & k_{65}^2+k_{32}^3 & k_{66}^2+k_{33}^3 & k_{36}^3 \\ 0.0 & 0.0 & 0.0 & 0.0 & k_{61}^3 & k_{62}^3 & k_{63}^3 & k_{66}^3 \end{bmatrix}$$

$$=10^{10}\times\begin{bmatrix} 3.2937 & 0.9047 & -0.2304 & 0.0 & -2.5000 & 0.0 & 0.0 & 0.0 \\ 0.9047 & 1.5460 & 0.1728 & -0.4500 & 0.0 & -0.2250 & -0.4500 & 0.0 \\ -0.2304 & 0.1728 & 0.9600 & 0.0 & 0.0 & 0.0 & 0.0 & 0.0 \\ 0.0 & -0.4500 & 0.0 & 1.2000 & 0.0 & 0.4500 & 0.6000 & 0.0 \\ -2.5000 & 0.0 & 0.0 & 0.0 & 2.7250 & 0.0 & -0.4500 & -0.4500 \\ 0.0 & -0.2250 & 0.0 & 0.4500 & 0.0 & 2.7250 & 0.4500 & 0.0 \\ 0.0 & -0.4500 & 0.0 & 0.6000 & -0.4500 & 0.4500 & 2.4000 & 0.6000 \\ 0.0 & 0.0 & 0.0 & 0.0 & -0.4500 & 0.0 & 0.6000 & 1.2000 \end{bmatrix}$$

（6）形成结点荷载向量。分别求单元①、②的固端力为

$$\overline{F}^{F1}=\begin{bmatrix} 4.5 \\ 0 \\ 0 \\ 4.5 \\ 0 \\ 0 \end{bmatrix}+\begin{bmatrix} 0 \\ 6.0 \\ -7.5 \\ 0 \\ 6.0 \\ 7.5 \end{bmatrix}=\begin{bmatrix} 4.5 \\ 6.0 \\ -7.5 \\ 4.5 \\ 6.0 \\ 7.5 \end{bmatrix},\quad \overline{F}^{F2}=\begin{bmatrix} 0 \\ 42.0 \\ -28.0 \\ 0 \\ 42.0 \\ 28.0 \end{bmatrix}$$

把单元固端力乘以 $-\{T\}^T$，求得各单元等效结点荷载 P^{eq} 为

$$P^{1q}=-\begin{bmatrix} 0.6 & -0.8 & 0.0 & 0.0 & 0.0 & 0.0 \\ 0.8 & 0.6 & 0.0 & 0.0 & 0.0 & 0.0 \\ 0.0 & 0.0 & 1.0 & 0.0 & 0.0 & 0.0 \\ 0.0 & 0.0 & 0.0 & 0.6 & -0.8 & 0.0 \\ 0.0 & 0.0 & 0.0 & 0.8 & 0.6 & 0.0 \\ 0.0 & 0.0 & 0.0 & 0.0 & 0.0 & 1.0 \end{bmatrix}\times\begin{bmatrix} 4.5 \\ 6.0 \\ -7.5 \\ 4.5 \\ 6.0 \\ 7.5 \end{bmatrix}=\begin{bmatrix} 2.1 \\ -7.2 \\ 7.5 \\ 2.1 \\ -7.2 \\ -7.5 \end{bmatrix}$$

$$P^{2q}=-\begin{bmatrix} 1.0 & 0.0 & 0.0 & 0.0 & 0.0 & 0.0 \\ 0.0 & 1.0 & 0.0 & 0.0 & 0.0 & 0.0 \\ 0.0 & 0.0 & 1.0 & 0.0 & 0.0 & 0.0 \\ 0.0 & 0.0 & 0.0 & 1.0 & 0.0 & 0.0 \\ 0.0 & 0.0 & 0.0 & 0.0 & 1.0 & 0.0 \\ 0.0 & 0.0 & 0.0 & 0.0 & 0.0 & 1.0 \end{bmatrix}\times\begin{bmatrix} 0.0 \\ 42.0 \\ -28.0 \\ 0.0 \\ 42.0 \\ 28.0 \end{bmatrix}=\begin{bmatrix} 0.0 \\ -42.0 \\ 28.0 \\ 0.0 \\ -42.0 \\ -28.0 \end{bmatrix}$$

将单元①、②的等效结点荷载和结点 4 的结点荷载叠加，最后得到整体荷载向量为

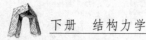

$$\boldsymbol{F} = (2.1000 \quad -49.2000 \quad -7.5000 \quad 28.0000 \quad 10.0000 \quad -62.0000 \quad -3.0000 \quad 0.0)^{\mathrm{T}}$$

（7）求结点位移。结构刚度方程为

$$10^{10} \times \begin{bmatrix} 3.2937 & 0.9047 & -0.2304 & 0.0 & -2.5000 & 0.0 & 0.0 & 0.0 \\ 0.9047 & 1.5460 & 0.1728 & -0.4500 & 0.0 & -0.2250 & -0.4500 & 0.0 \\ -0.2304 & 0.1728 & 0.9600 & 0.0 & 0.0 & 0.0 & 0.0 & 0.0 \\ 0.0 & -0.4500 & 0.0 & 1.2000 & 0.0 & 0.4500 & 0.6000 & 0.0 \\ -2.5000 & 0.0 & 0.0 & 0.0 & 2.7250 & 0.0 & -0.4500 & -0.4500 \\ 0.0 & -0.2250 & 0.0 & 0.4500 & 0.0 & 2.7250 & 0.4500 & 0.0 \\ 0.0 & -0.4500 & 0.0 & 0.6000 & -0.4500 & 0.4500 & 2.4000 & 0.6000 \\ 0.0 & 0.0 & 0.0 & 0.0 & -0.4500 & 0.0 & 0.6000 & 1.2000 \end{bmatrix} \begin{pmatrix} u_2 \\ v_2 \\ \theta_2 \\ \theta_3 \\ u_4 \\ v_4 \\ \theta_4 \\ \theta_5 \end{pmatrix} = \begin{pmatrix} 2.1000 \\ -49.2000 \\ -7.5000 \\ 28.0000 \\ 10.0000 \\ -62.0000 \\ -3.0000 \\ 0.0 \end{pmatrix}$$

解以上方程即可求得结点位移为

结点编号	u	v	θ
1	$.0000E+00$	$.0000E+00$	$.0000E+00$
2	$.2936E-04$	$-.2351E-04$	$.1050E-04$
3	$.2936E-04$	$-.2351E-04$	$-.5309E-05$
4	$.2912E-04$	$-.3369E-05$	$.1775E-06$
5	$.0000E+00$	$.0000E+00$	$.1083E-04$

线位移的单位为 m，角位移单位为 rad。

（8）求各杆的轴力。单元①在单元坐标系中的单元位移向量为

$$\varDelta^1 = [0000E+00 \quad 0000E+00 \quad .0000E+00 \quad .2936E-04 \quad -.2351E-04 \quad .1050E-04]^{\mathrm{T}}$$

单元②在单元坐标系中的单元位移向量为

$$\varDelta^2 = [.2936E-04 \quad -.2351E-04 \quad .1050E-04 \quad .2936E-04 \quad -.2351E-04 \quad -.5309E-05]^{\mathrm{T}}$$

单元③在单元坐标系中的单元位移向量为

$$\varDelta^3 = [2912E-04 \quad -.3369E-05 \quad .1775E-06 \quad 0000E+00 \quad .0000E+00 \quad .1083E-04]^{\mathrm{T}}$$

由 $\bar{\boldsymbol{\varDelta}}^{\mathrm{e}} = \boldsymbol{T}\boldsymbol{\varDelta}^{\mathrm{e}}$ 和 $\bar{\boldsymbol{F}}^{\mathrm{e}} = \bar{\boldsymbol{k}}^{\mathrm{e}}\bar{\boldsymbol{\varDelta}}^{\mathrm{e}}$，得

单元编号	单元结点	单元杆端力		
		F_x	F_y	M_z
1	I	$.2840E+05$	$.1908E+05$	$-.6539E+05$
	J	$-.1940E+05$	$-.7077E+04$	$.0000E+00$
2	I	$.5980E+04$	$.1977E+05$	$.0000E+00$
	J	$-.5980E+04$	$.6423E+05$	$.8892E+05$
3	I	$.8423E+05$	$.1598E+05$	$-.6392E+05$
	J	$-.8423E+05$	$-.1598E+05$	$.0000E+00$

力的单位为 N，力偶的单位为 N·m。

计算题 22.8～计算题 22.11　用 ANSYS 软件计算实例

计算题 22.8　试用 ANSYS 软件计算图（a）所示连续梁，并绘制剪力图和弯矩图。已

知 $A=0.2\text{m}^2$，$I=0.4\text{m}^4$，$E=2.0\times10^5\text{MPa}$。

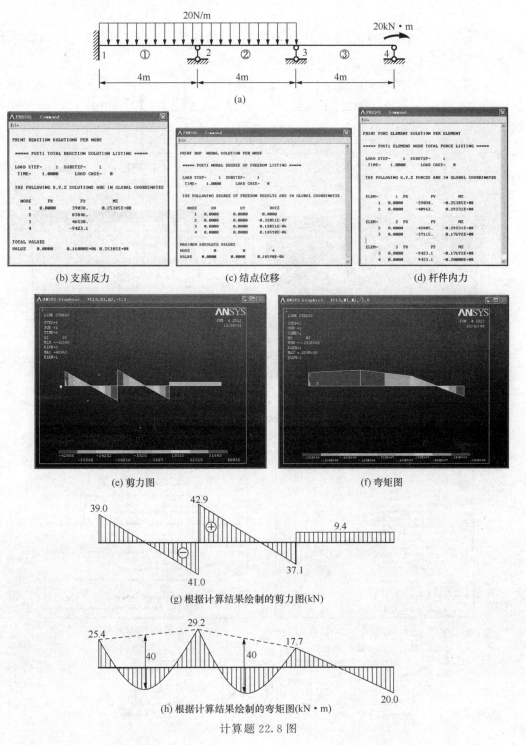

(a)

(b) 支座反力　　　　　　　(c) 结点位移　　　　　　　(d) 杆件内力

(e) 剪力图　　　　　　　　　　　　(f) 弯矩图

(g) 根据计算结果绘制的剪力图(kN)

(h) 根据计算结果绘制的弯矩图(kN·m)

计算题 22.8 图

解　结点和单元编号如图（a）所示，其中 1、2、3、……为结点编号，①、②、③、……为单元编号。计算结果如图（b）、（c）、（d）、（e）、（f）所示，图中位移的单位为 mm、

力的单位为 N、弯矩的单位为 N·mm。根据计算结果绘制的剪力图和弯矩图分别如图
(g)、(h) 所示。

　　计算题 22.9　试用 ANSYS 软件计算图 (a) 所示桁架，并绘制轴力图。已知 $F=$
50kN，$A=0.2\text{m}^2$，$E=2.0\times10^5\text{MPa}$。

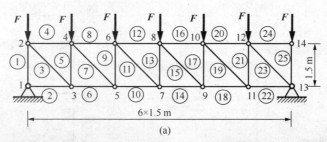

(a)

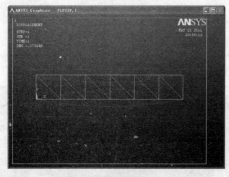

(b) 结构变形图

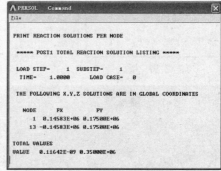

(c) 支座反力

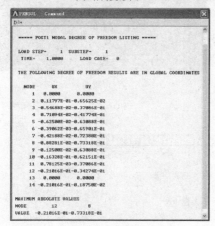

(d) 结点位移

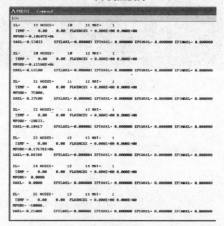

(e) 部分杆件轴力和应力

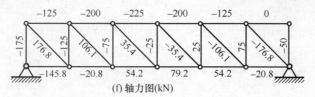

(f) 轴力图(kN)

计算题 22.9 图

解　结点和单元编号如图（a）所示，其中 1、2、3、……为结点编号，①、②、③、……为单元编号。计算结果如图（b）、（c）、（d）、（e）所示，图中位移的单位为 mm、力的单位为 N、应力的单位为 MPa。根据计算结果绘制的轴力图如图（f）所示。

　　计算题 22.10　试用 ANSYS 软件计算图（a）所示刚架，并绘制弯矩图。已知 $F=50\text{kN}$，$q=20\text{kN/m}$，$A=0.2\text{m}^2$，$I=0.15\text{m}^4$，$E=2.0\times10^5\text{MPa}$。

　　解　结点和单元编号如图（a）所示，其中 1、2、3、……为结点编号，①、②、③、……为单元编号。计算结果如图（b）、（c）、（d）、（e）、（f）所示，图中位移的单位为 mm、力的单位为 N、弯矩的单位为 N·mm。根据计算结果绘制的弯矩图如图（g）所示。

　　计算题 22.11　试用 ANSYS 软件计算图（a）所示刚架，并绘制弯矩图。已知 $F=50\text{kN}$，$q=20\text{kN/m}$，$A=0.2\text{m}^2$，$I=0.15\text{m}^4$，$E=2.0\times10^5\text{MPa}$。

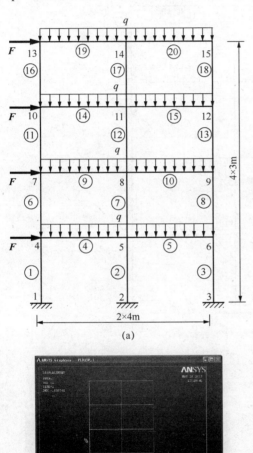

(a)

(c) 支座反力

(d) 结点位移

(b) 结构变形图

计算题 22.10 图

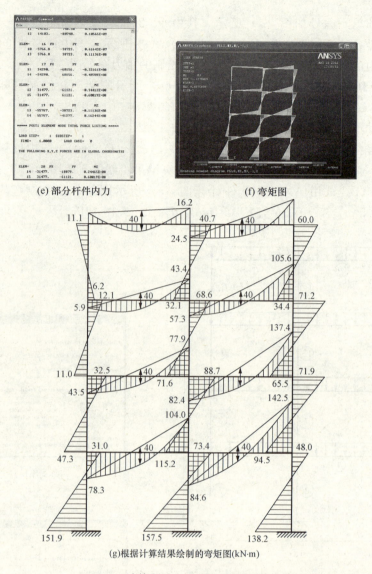

(e) 部分杆件内力　　　　　　　(f) 弯矩图

(g)根据计算结果绘制的弯矩图(kN·m)

计算题 22.10 图 （续）

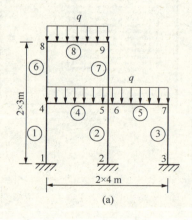

(a)

(b) 结构变形图

计算题 22.11 图

(c) 支座反力

(d) 结点位移

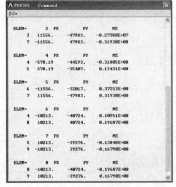

(e) 部分杆件内力

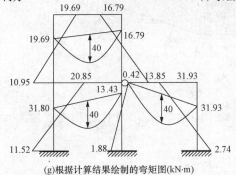

(f) 弯矩图

(g)根据计算结果绘制的弯矩图(kN·m)

计算题 22.11 图（续）

解　结点和单元编号如图（a）所示，其中 1、2、3、……为结点编号，①、②、③、……为单元编号。计算结果如图（b）、（c）、（d）、（e）、（f）所示，图中位移的单位为 mm、力的单位为 N、弯矩的单位为 N（mm。根据计算结果绘制的弯矩图如图（g）所示。

计算题 22.12～计算题 22.19　用 PKPM 软件计算实例

在计算题 22.12～计算题 22.19 中，以下操作均相同，计算过程中不再单独说明。

（1）每道题均须经过"设定工作目录"、"校核计算简图"、"输入计算结果文件名"等过程。

（2）所有柱构件，均对轴线无偏心；所有荷载均采用恒载输入。

（3）"计算参数调整"时，如无特殊说明，均不考虑"地震作用"、"梁柱自重"及"恒载下柱轴向变形"。

（4）计算说明中，符号含义约定如下：［…］表示某项菜单命令；［…/…］表示主菜单或下拉菜单的某项下级子菜单命令；"…"表示弹出的人机对话内容，或对话框中输入和选择的参数；＜…＞表示对话框中的选项；「…」表示键盘上的某一个键。

计算题 22.12　试用 PKPM 软件计算图（a）所示连续梁，并绘制弯矩图。已知各杆 E 为常数。

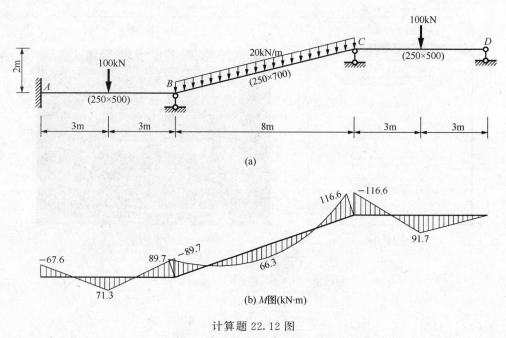

计算题 22.12 图

解　（1）网格生成。启动 PK 主菜单［1. PK 数据交互输入和计算］，进入"PK 数据交互输入"界面。

① 执行［网格生成/平行直线］。

② 命令提示区提示"输入第一点"，在命令行中输入"0，0"，按「Enter」键。

③ 命令提示区提示"输入下一点"，按「F4」功能键打开角度距离捕捉方式，移动光标，使屏幕上的红色直线处于垂直状态，在命令行中输入"800"，按「Enter」键；在弹出的对话框中，输入"复制间距"为"6000"，点击＜确定＞按钮，再点＜取消＞按钮退出。

④ 在"输入第一点"提示下，输入"14000，2000"，按「Enter」键。

⑤ 在"输入下一点"提示下，按「F4」功能键打开角度距离捕捉方式，移动光标，使屏幕上的红色直线处于垂直状态，在命令行中输入"800"，按「Enter」键；在弹出的对话框中，输入"复制间距"为"6000"，点击＜确定＞按钮，再点＜取消＞按钮退出。

⑥ 执行［网格生成/两点直线］。

⑦ 在"输入第一点"提示下，捕捉最左边竖直网格线上端结点；在"输入下一点"提示下，捕捉左边第 2 条竖直网格线上端结点。

⑧ 在"输入第一点"提示下，捕捉左边第 2 条竖直网格线上端结点；在"输入下一点"提示下，捕捉左边第 3 条竖直网格线上端结点。

⑨ 在"输入第一点"提示下，捕捉左边第 3 条竖直网格线上端结点；在"输入下一点"提示下，捕捉最右边竖直网格线上端结点，即形成连续梁网格线。

（2）杆件布置。点击［柱布置/截面定义］，定义柱截面为"500×500"，点击［柱布置/柱布置］，用光标依次点取"B"、"C"、"D"处柱网格线；点击［梁布置/截面定义］，分别定义梁截面为"250×500"和"250×700"，点击［梁布置/梁布置］，用光标布置在相应的梁网格线上。

（3）约束、支座调整。

① 点击［铰接构件/布置柱铰］，将"B"、"C"、"D"处 3 根柱子均设置为两端铰接；

② 点击［铰接构件/布置梁铰］，将"CD"段设置为右端铰接；

③ 点击［特殊梁柱/约束信息］，将"A"节点布置为固定端支座。

（4）荷载布置。点击［恒载输入/梁间恒载］，选择满跨均布线荷载（KL＝1），输入"20" kN/m，布置在"BC"段；选择集中荷载（KL＝4），"P"值和"x"值，在"AB"段和"CD"跨布置集中荷载。

（5）结构计算。校核计算简图后，点击［计算］。执行［恒载弯矩］命令，可得到连续梁 M 图如图（b）所示。

计算题 22.13　试用 PKPM 软件计算图（a）所示连续梁，并绘制弯矩图。已知 B、C 处为弹性支座，弹簧的刚度系数 $k＝250\,000$ kN/m，各杆 E 为常数。

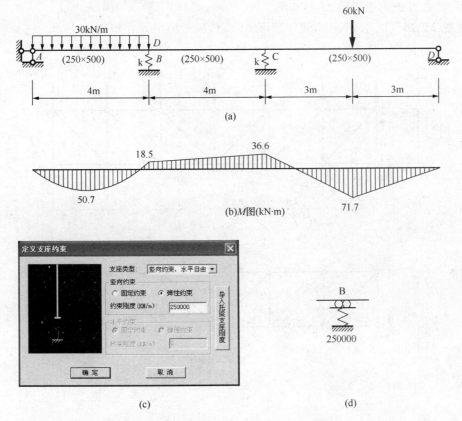

计算题 22.13 图

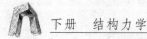

解 在 PKPM 总菜单＜钢结构＞页中，选择＜框架＞项，双击［B. PK 交互输入与优化计算］，进入"STS-PK 交互输入与优化计算"界面。

(1) 网格生成。点击［网格生成/快速建模/框架］，在"框架网线输入导向"对话框中：选择"跨度"，依次输入"4000"、"4000"、"6000"；选择"层高"，输入"800"，单击＜确定＞按钮，形成连续梁网格线。

(2) 杆件布置。点击［柱布置/截面定义］，定义柱截面为"500×500"，点击［柱布置/柱布置］，用光标拾取"A"结点和"D"结点处的柱网格线；点击［梁布置/截面定义］，定义梁截面为"250×500"，点击［梁布置/梁布置］，用光标依次点取所有梁网格线。

(3) 铰接构件。点击［铰接构件/布置柱铰］，将"A"、"D"处的柱子均设置为两端铰接；点击［铰接构件/布置梁铰］，"AB"段设置为左端铰接，"CD"段设置为右端铰接。

(4) 支座修改。点击［支座修改/增加支座］，弹出图（c）所示对话框，按图示输入参数后点击＜确定＞按钮，捕捉"B"结点和"C"结点，"B"、"C"结点即形成图（d）所示的弹性支座。

(5) 荷载布置。点击［恒载输入/梁间恒载］，选择满跨均布线荷载（KL＝1），输入"30" kN/m，布置在"AB"段；选择集中荷载（KL＝4），输入"P"为"60" kN，"x"为"3000" mm，点击＜确定＞后拾取"CD"梁段，完成荷载布置。

(6) 结构计算。校核计算简图后，点击［结构计算］，执行［6.恒载内力图］命令，选择"弯矩图"，可得到连续梁 M 图如图（b）所示。

计算题 22.14 试用 PKPM 软件计算图（a）所示桁架，并绘制轴力图。已知各杆 EA 为常数。

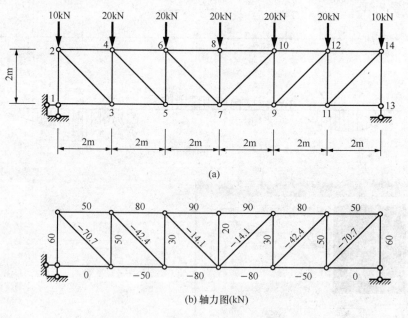

计算题 22.14 图

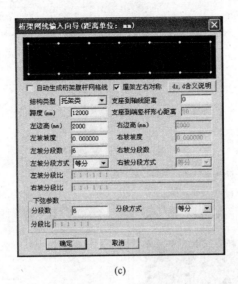

(c)

计算题 22.14 图（续）

解　（1）网格生成。通过＜钢结构＞页＜桁架＞项，启动［1. PK 交互输入与优化计算］，进入"STS-PK 交互输入与优化计算"界面。点击［网格生成/快速建模/桁架］，弹出"桁架网线输入导向"对话框。按图（c）所示输入参数，单击＜确定＞按钮，用［两点直线］命令连接生成腹杆网格线。

（2）杆件布置。执行［柱布置］，定义柱截面为箱型钢截面柱"500×500×10×10"，布置在所有网格线上。

（3）铰接构件。点击［铰接构件/布置柱铰］，将所有杆件均设置为两端铰接。

（4）荷载布置。点击［恒载输入/节点恒载］，分别输入"垂直力"为"10"kN 和"20"kN，点击＜确定＞按钮后按图（a）所示布置在相应的结点上。

（5）结构计算。校核计算简图后，点击［结构计算］，执行［6. 恒载内力图］命令，选择"轴力图"，可得到桁架各杆轴力如图（b）所示，杆件以受压为正。

计算题 22.15　试用 PKPM 软件计算图（a）所示刚架，并绘制弯矩图。已知各杆 EI 为常数。

解　在 PKPM 总菜单＜钢结构＞页中，选择＜门式刚架＞项，选择［3. 门式刚架二维设计］，点击＜应用＞，进入"STS-PK 交互输入与优化计算"界面。

（1）网格生成。点击［网格生成/快速建模/门式刚架］，在"门式刚架快速建模"对话框中，按图（c）、（d）所示输入参数，点＜确定＞按钮。

（2）杆件布置。依次执行［柱布置］和［梁布置］，定义梁、柱截面均为焊接组合 H 型钢截面"H500×250×8×10"，将柱布置在 2 道竖直网格线上，梁布置在 2 道横向斜网格线上。

（3）铰接构件。点击［铰接构件/布节点铰］，拾取"D"结点。

（4）荷载布置。点击［恒载输入/梁间恒载］，选择集中荷载（KL＝4），输入"P"为"10"kN，"x"为"2000"mm，点击＜确定＞后拾取"CD"和"DE"梁段，完成荷载

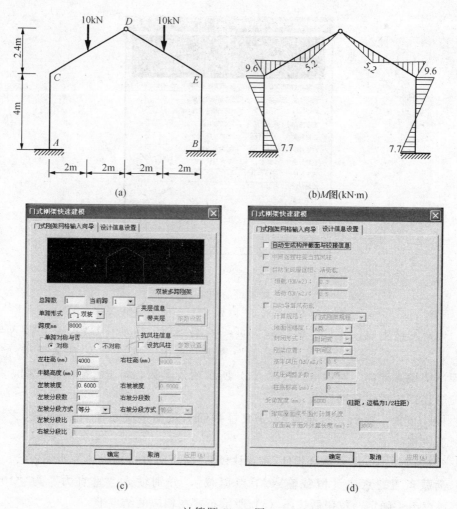

计算题 22.15 图

布置。

（5）结构计算。点击［结构计算］，执行［6. 恒载内力图］命令，选择"弯矩图"，可得到 M 图如图（b）所示。

计算题 22.16 试用 PKPM 软件计算图（a）所示结构，并绘制弯矩图。已知各杆 EI 为常数。

解 在 PKPM 总菜单＜钢结构＞页中，选择＜框排架＞项，双击［1. PK 交互输入与优化计算］，进入"STS-PK 交互输入与优化计算"界面。

（1）网格生成。点击［网格生成/快速建模/框架］，在"框架网线输入导向"对话框中：选择"跨度"，依次输入"3000"、"6000"、"3000"；选择"层高"，依次输入"3000"、"1500"，单击＜确定＞按钮。点击［网格生成/删除节点］，删除多余结点后，形成结构网格线。

（2）杆件布置。依次执行［柱布置］和［梁布置］，定义柱、梁截面均为箱型钢截面柱"500×500×10×10"；将柱布置在 6 道竖直网格线上，梁布置在 3 道水平网格线上。

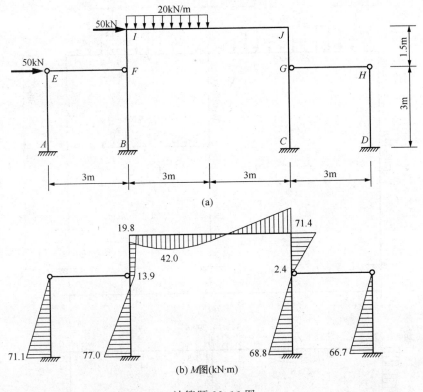

(a)

(b) M图(kN·m)

计算题 22.16 图

(3) 铰接构件。点击 [铰接构件/布置柱铰]，将"AE"柱和"DH"柱设置为上端铰接；点击 [铰接构件/布置梁铰]，将"EF"段和"GH"段设置为两端铰接。

(4) 荷载布置。点击 [恒载输入/梁间恒载]，选择非满跨均布线荷载（KL=2），输入"P"为"20"kN/m，"x"为"3000"mm，点击＜确定＞后拾取"IJ"段；点击 [恒载输入/节点恒载]，输入"水平力"为"50"kN，点击＜确定＞按钮，用光标拾取"E"、"I"结点，完成荷载布置。

(5) 结构计算。校核计算简图后，点击 [结构计算]，执行 [6.恒载内力图]命令，选择"弯矩图"，可得到 M 图如图（b）所示。

计算题 22.17 试用 PKPM 软件计算图（a）所示复式刚架，并绘制弯矩图。已知各杆 E 为常数。

解 在 PKPM 总菜单＜结构＞页中，双击 PK 主菜单 [1.PK 数据交互输入和计算]，进入"PK 数据交互输入"界面。

(1) 网格生成。点击 [网格生成/框架网格]，在"框架网线输入导向"对话框中：选择"跨度"，依次输入"7200"、"6000"；选择"层高"，依次输入"5100"、"3900"，单击＜确定＞按钮，形成复式刚架网格线。

(2) 杆件布置。依次执行 [柱布置] 和 [梁布置]，按图（a）所示分别定义柱、梁截面并布置在相应的网格线上。

(3) 铰接构件。点击 [铰接构件/布置梁铰]，将"DE"段设置为两端铰接。

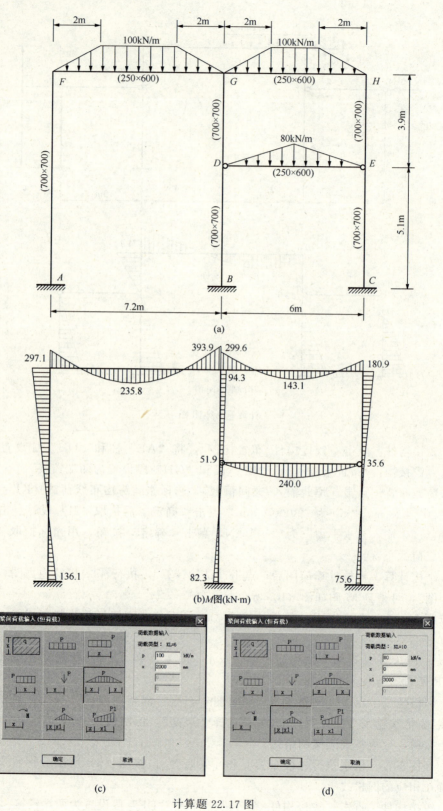

(a)

(b)M图(kN·m)

(c)

(d)

计算题 22.17 图